Von der wissenschaftlichen Tatsache zur Wissensproduktion

Studien zur Ethik in Ostmitteleuropa

Herausgegeben von Jan C. Joerden

Band 11

PETER LANG
Frankfurt am Main · Berlin · Bern · Bruxelles · New York · Oxford · Wien

Bożena Chołuj/Jan C. Joerden
(Hrsg.)

Von der wissenschaftlichen Tatsache zur Wissensproduktion

Ludwik Fleck und seine Bedeutung für die Wissenschaft und Praxis

PETER LANG
Internationaler Verlag der Wissenschaften

Bibliografische Information der Deutschen Nationalbibliothek
Die Deutsche Nationalbibliothek verzeichnet diese Publikation in der Deutschen Nationalbibliografie; detaillierte bibliografische Daten sind im Internet über <http://www.d-nb.de> abrufbar.

Deutsch-Polnisches Jahr
Rok Polsko-Niemiecki
2005/2006
www.de-pl.info

GEFÖRDERT VOM

Bundesministerium
für Bildung
und Forschung

ISSN 1437-9783
ISBN 978-3-631-56508-7

www.peterlang.de

VORWORT

Dieser Band ist hervorgegangen aus der Tagung „Von der wissenschaftlichen Tatsache zur Wissensproduktion. Ludwik Fleck und seine Bedeutung für die Diskussion um Wissen, Kultur und Macht in Deutschland und Polen“ vom 24. bis 26.11.2005 am *Collegium Polonicum*, Słubice.

Die Tagung wurde von der *Professur für deutsch-polnische Literatur- und Kulturbeziehungen und Gender Studies* (Prof. Dr. Bożena Chołuj) mit Unterstützung des *Interdisziplinären Zentrums für Ethik, IZE*, veranstaltet. Die Tagung war zugleich die Jahrestagung des Arbeitskreises „Ethik und Wissenschaftstheorie der Medizin in Ostmitteleuropa“, der auf einer Kooperationsvereinbarung des Instituts für Geschichte und Ethik der Medizin der Martin-Luther-Universität Halle-Wittenberg (Prof. Dr. Josef N. Neumann) und des IZE (Prof. Dr. Jan C. Joerden) beruht.

Die Herausgeber danken allen Autoren dieses Bandes herzlich für ihre engagierte Mitwirkung an diesem Projekt. Für die Finanzierung der Tagung und der Drucklegung danken wir dem Internationalen Büro im Bundesministerium für Bildung und Forschung (BMBF), das unser Projekt in das Programm „Deutsch-polnisches Jahr – Rok Polsko-Niemiecki 2005/2006“ aufgenommen hat. Für einen erheblichen Zuschuss zu den Kosten ist weiterhin dem DaimlerChrysler-Fonds im Stifterverband für die Deutsche Wissenschaft, Essen, zu danken.

Zu besonderem Dank sind wir im Hinblick auf die Bearbeitung der Druckvorlagen und die Durchführung der Drucklegung Frau Christa Joerden, Frau Catherine Venner, Herrn Marek Klodnicki und Herrn Ulrich Räther verpflichtet. Die geduldige Betreuung des Projektes im Peter Lang Verlag hat dankenswerterweise Frau Martina Polster, Berlin, übernommen.

Europa-Universität Viadrina, Frankfurt (Oder) im August 2007

Bożena Chołuj / Jan C. Joerden

INHALTSVERZEICHNIS

Auseinandersetzungen mit Flecks Ideen

Einführung: Von der wissenschaftlichen Tatsache zur Wissensproduktion. Ludwik Fleck und seine Bedeutung für die Wissenschaft und Praxis

Bożena Choluj

Ludwik Fleck (1896-1961) verbindet in sich mehrere Schicksale, das eines Arztes, eines Natur- und Kulturwissenschaftlers, eines Juden, eines Polen. Mit seinen Konzepten ging er weit über die Mikrobiologie, die er beruflich betrieb, hinaus, und mit seinen Laborexperimenten erinnert er ein wenig an einen Kulturwissenschaftler, der über die Entstehung des Wissens reflektiert. Gibt es bei Fleck nur Denkanstöße, die zwischen allen Stühlen landen, weil die Interdisziplinarität in der wissenschaftlichen Praxis meistens als Postulat, jedoch selten als Methode gilt, oder eröffnet er mit seiner Denk- und Arbeitsweise eine Chance für eine anwendungsfähige Interdisziplinarität? Letzteres war auf jeden Fall sein Anliegen. Neben der wissenschaftlichen und praktischen Laborarbeit interessierten ihn vor allem Zusammenhänge, die sich zu wissenschaftlichen Tatsachen bündeln lassen, und dies jeweils neu, in einem nie endenden Prozess. Wie dieser Prozess zustande kommt, wie er funktioniert, war für ihn genauso spannend wie der Mechanismus der wissenschaftlichen Erkenntnis. Darin spiele nicht das Individuum an sich, sondern der Kontext, in dem es lebt und wirkt, die entscheidende Rolle. Manchmal entsteht der Eindruck, dass dieser Mechanismus wie ein Selbstläufer funktioniert. Das ist aber nicht der Fall, denn es entsteht immer wieder etwas Neues. Sobald wissenschaftliche Erkenntnisse benannt und so genannte wissenschaftliche Tatsachen definiert werden, entstehen neue Fragen, eröffnen sich andere Perspektiven und manche Tatsachen bekommen neue Namen, verändern ihre Form. Während die Erkenntnis eher zur Destabilisierung des Erkannten führt, dienen Wiederholungen der Stabilisierung des erworbenen Wissens.

Diesen Fragen und Aspekten gehen die Autoren und Autorinnen im vorliegenden Band nach, der zugleich auch aus den Erfahrungen des akademischen Milieus hier an der deutsch-polnischen Grenze inspiriert ist. Es erweist sich, dass bei internationalen Kontakten nicht nur das angesammelte Wissen von Bedeutung ist, welches man sich gegenseitig präsentiert. Als ebenso wichtig, wenn nicht wichtiger, erweist sich die Kenntnis der Traditionen und soziokulturellen Kontexte, in denen dieses Wissen entsteht, die Kenntnis der Art, wie dieses gepflegt und weitergegeben wird. Details lassen sich meistens relativ einfach erlernen, jedoch nicht die Regeln, nach denen Erkenntnisse vor Ort ins Kulturgut aufgenommen werden. Gerade diese Regeln können die Kommunikation in multikulturellen Alltagssituationen beeinträchtigen, ebenso in den internationalen Beziehungen und sogar im akademischen Bereich, von dem irrtümlich angenommen wird, hier könnten sich die Menschen auf einer fachlichen Ebene problemlos verständigen. Auch hier, wo das Wissen produziert und vermittelt wird, machen sich die kulturellen Unterschiede bemerkbar. Das kann in einem Grenzgebiet besonders intensiv erfahren werden, in dem es nicht nur sporadische Kontakte gibt, etwa durch Konferenzen oder Symposien, sondern ständige, die gleichsam zum akademischen Alltag gehören, wie in der deutsch-polnischen Grenzregion, an der Viadrina und am Collegium Polonicum. Dort gibt es seit den neunziger Jahren regelmäßige internationale wissenschaftliche Kooperationen. Im akademischen Alltag stoßen wir hierbei immer wieder auf Momente, Signale, an denen zu erkennen ist, dass in der Wissenschaftspraxis der Mangel an Wissen über die Kulturbedingtheit von Erkenntnis dem produktiven Austausch im Wege steht. Zu schauen, wie das Wissen in unterschiedlichen Traditionen entsteht, erweist sich als wichtig, wenn man gemeinsam auf internationaler Ebene zusammenarbeiten möchte.

So haben wir uns bei der Tagung am Collegium Polonicum 2005 unter dem Titel „Von der wissenschaftlichen Tatsache zur Wissensproduktion. Ludwik Fleck und seine Bedeutung für die Diskussion um Wissen und Macht in Deutschland und Polen“ in enger Anlehnung an Ludwik Fleck der Problematik der Wissensentstehung zugewandt. Flecks Theorie der wissenschaftlichen Tatsache und des Denkkollektivs liefert, wie sich erwies, einen guten Ansatz für unsere Fragestellungen. Mit Hilfe seiner Kategorien lassen sich nämlich Erkenntnisprozesse beobachten, zu denen es weder einen empirischen noch einen apriorischen Zugang gibt. Seiner These, dass jede wissenschaftliche Tatsache ein historisch und kulturell bedingtes Phänomen sei und dass sie nicht einfach vorliegt, sondern sich aus unterschiedlichen, heute würden wir sagen: Diskursen ergibt, liegt die Erkenntnis zugrunde, dass sie nicht ein Werk einzelner Forscher, sondern Produkt von Denkkollektiven ist. Den Begriff Denkkollektiv fasst Fleck sehr weit: Er umfasst sowohl Spezialisten (esoterische Kreise) als auch ihre lebensweltliche Umgebung (exoterische Kreise). Nicht nur das akademische Milieu also, sondern auch die politischen Interessen, ethischen Werte, konfessionellen Überzeugungen und sogar die Alltagspraxis, die mit der Lebenswelt der Wissenschaftler eng zusammenhängt, sind entscheidend dafür, wie die Objekte dieser Lebenswelt im wissenschaftlichen Verfahren „zusammengewürfelt“ werden. Dabei können Zufälle, Fehler und Inkonsequenzen von Bedeutung sein.

Sobald ein Zugriff nicht mehr funktioniert, weil die Methode im Umgang mit jenen Objekten auf zu großen Widerstand stößt, muss nach neuen Formeln gesucht werden, mit denen die bisherigen wissenschaftlichen Tatsachen korrigiert oder manchmal sogar verworfen werden.

Die Fleck-Lektüre inspirierte den amerikanischen Wissenschaftsphilosophen Thomas S. Kuhn zur Entwicklung seiner Idee vom Paradigmenwechsel.[1] Obwohl er dieses Konzept nur auf die Naturwissenschaften beschränkt sehen wollte, entwickelte sich dessen Anwendung mit der Zeit zu einer floskelhaften Bezeichnung für jeglichen strukturellen Wandel. Das zeugt von einem Bedürfnis, zu begreifen, was eigentlich zu Umbrüchen, Veränderungen und neuen Erkenntnissen führt. Dieses Bedürfnis scheint nach der politischen Wende in Ost- und Mitteleuropa (1989) und nach der Osterweiterung der Europäischen Union (2004) zuzunehmen. Die Menschen sind mobiler und die Kontakte zwischen ihnen auch im wissenschaftlichen Bereich intensiver geworden. Die bestehenden Denkkollektive begannen sich neu zu orientieren, neu zu sortieren, sich zu reorganisieren. Von Jahr zu Jahr werden sie internationaler. So scheint es an der Zeit zu sein, zu Ludwik Flecks Erörterungen, zu seinen Konzepten, und nicht nur zu seinem Hauptwerk „Entstehung und Entwicklung einer wissenschaftlichen Tatsache. Einführung in die Lehre vom Denkstil und Denkkollektiv" zurückzukehren. Rainer Egloff stellt am Ende seiner Ausführungen in diesem Band fest, dass Fleck „weniger als soziologischer Klassiker von gestern, denn als soziologischer Klassiker von heute und morgen" zu sehen ist. Flecks Ideen umfassen nämlich ein breites Spektrum an Lebensbereichen, die die wissenschaftlichen Tatsachen und somit auch das Wissen hervorbringen. Man kann sie in Bezug auf möglichst viele Disziplinen und gesellschaftliche Praxis ohne die Kuhnsche Einschränkung erproben.

Dies wird aus den meisten Beiträgen des vorliegenden Bandes der Autorinnen und Autoren, die jeweils Spezialistinnen und Spezialisten unterschiedlicher wissenschaftlicher Provenienz (Kulturwissenschaft, Literaturwissenschaft, Medizingeschichte, Philosophie, Physik, Soziologie und Rechtswissenschaft) sind, ersichtlich. Das, was sie verbindet, sind die Reflexionen, bei denen sie über ihre eigene Disziplin hinausgehen und sich im Bereich der Wissenschaftstheorie und Wissenschaftsgeschichte bewegen. Neben der Exegese der Fleckschen Theorie (Gert-Rüdiger Wegmarshaus), der Analyse seiner Ideen und Inspirationen (Rainer Egloff), sowie der Herausarbeitung seiner innovativen Gedanken (Karol Sauerland) und der praktischen Anwendung seiner Kategorien in der Schilderung

1 *Thomas S. Kuhn*, The Structure of Scientific Revolutions, Chicago 1962.

neuer wissenschaftlicher Tatsachen (Erich Graf, Karl Mutter, Dorothea Dornhof) kommt es auch immer wieder zu einer schöpferischen Auseinandersetzung mit seiner Methode. Sowohl Jan Doroszewski, Torger Möller und Arnd Wasserloos als auch Claus Zittel suchen nach Lücken, als wollten sie diese füllen und Flecks Methode theoretisch abdichten. In diesem kritischen Umgang mit Fleck lässt sich ein hoher Anspruch erkennen, der an seine Leistung gestellt wird, mit dem Ziel, deren Potenzial für die Ergründung der Mechanismen der Entstehung des Wissens und seines Stellenwertes in verschiedenen Machtkonstellationen zu bewahren.

Einen anderen Weg gehen Reinhard Schulz und Alexander Schütz. Sie stellen Flecks Konzepte denen anderer Wissenschaftler gegenüber und erweitern damit die Flecksche Perspektive. Reinhard Schulz tut dies im Zusammenhang mit Karl Poppers und Edgar Winds Ideen. Er zeigt Gemeinsamkeiten auf, die sich zwischen ihnen trotz unterschiedlicher Ansätze erkennen lassen. Daraus ergibt sich eine Erweiterung des Konzeptes von Fleck um einen Bereich, der ansatzweise in seinem Aufsatz „Schauen, sehen, wissen" angesprochen wird, und zwar dass man über der Geschichte der Instrumente und Geräte Denkkollektive, esoterische Kreise erforschen kann. Mit Karl Mannheims Ideen zum Denkstil arbeitet Alexander Schütz. Er sucht nach einem Weg, den Wahrheitsbegriff von Fleck zu verdeutlichen. Dabei konstatiert er den dauerhaften Zuwachs an ontologischer Wahrheit und versucht, „Konstanz und Verlässlichkeit des Seins" aufrechtzuerhalten. Gunnar Berg ist in seinen Ausführungen radikaler, indem er Passagen aus dem Werk von Fleck zusammenstellt, die der Empirie ein „gewisses Primat" verleihen. An der Geschichte der Quantenphysik versucht er zu zeigen, wie wichtig für Empiriker das Bewusstsein sei, dass es eine Wirklichkeit gäbe.

Karol Sauerland dagegen warnt in seinem Beitrag davor, das Flecksche Denken einem bestimmten Wissenschaftskonzept zuzuordnen. Er betont die Originalität seiner Ideen, die sich von den damals in Polen bekannten neuen Konzepten eines Twardowski, Chwistek, Ajdukiewicz und anderen unterscheiden. Fleck war nach Sauerland ein besonderer Querdenker, der sich von allerlei Ideen inspirieren ließ, sie aber umdrehte bzw. zu Gegenideen konzipierte. Nach Sauerland spielten Zufälle und der Eigenwille für Fleck eine viel größere Rolle, als man bisher angenommen hat. Dies verbindet Sauerland mit Flecks Erfahrungen in der Mikrobiologie und Medizin. Es sind Bereiche, in denen die wissenschaftliche Erkenntnis versagt, denn alle Kranken kommen mit sehr unterschiedlichen Symptomen zum Arzt und müssten eigentlich immer individuell behandelt werden. So manches Mal erweist sich, dass die Anwesenheit von Bakterien in einem Organismus nicht bedeuten muss, dass er krank werden wird. Die wissenschaftliche Erkenntnis dient daher mehr der Kommunikation unter den Ärzten als der Behandlung der Patienten. Durch die Zusammenführung von ärztlichem Denken, das permanent mit „nicht typischen, nicht normalen“ Erscheinungen zu tun hat, und wissenschaftlichem Denken, das nach Gesetzmäßigkeiten sucht, gewinnt Fleck, so Sauerland, einen besonderen Zugang zum kollektiven Denkprozess, für den er eine eigene Untersuchungsmethode schuf. Am Ende seiner Ausführungen schreibt Sauerland: „Es gab für seine Überlegungen einfach nicht das Denkkollektiv, das er sich wünschte, selbst nicht bei den Soziologen“.

Es wäre zu fragen, ob diejenigen, die nach Fleckschen Prinzipien arbeiten, bereits als ein solches Denkkollektiv anzusehen sind. Dieser Gedanke entsteht vor allem bei der Lektüre der recht unkonventionellen Beiträge von Karl Mutter und Erich Graf, die zeigen, wie man die Ideen vom Denkkollektiv und Denkstil direkt anwenden könnte. Sie zeigen, dass man mit Flecks Kategorien des Denkkollektivs und Denkzwangs mehr zu leisten vermag als mit dem Kuhnschen Begriff des Paradigmenwechsels. Man kann mit ihnen in Bereichen agieren, in denen es nicht unbedingt um die Lösung von wissenschaftlichen Fragen geht. Beide Autoren wenden sich der Logistik des Wissenschaftsbetriebs zu. Bettina Berger bewegt sich in eine ähnliche Richtung, indem sie demonstriert, wie nach der Entdeckung des leicht verträglichen Insulins mit Diabeteskranken umgegangen wird. Auch Josef N. Neumann wendet sich der Medizin zu, aber nicht als Exemplum, sondern mit dem Ziel, den Fleckschen Ansatz in Bezug auf die moderne Medizin zu erörtern und darauf zu verweisen, dass er nicht nur ein Deutungsmuster für wissenschaftliche, sondern auch für laienmedizinische Krankheits- und Heilungsauffassungen liefert. Außerdem ist er für den internationalen und interkulturellen Vergleich der Medizinsysteme richtungsweisend.

Der Beitrag Andrzej Grzybowskis gibt eine Orientierung über die polnische Fleck-Rezeption. Jarosław Sak legt den Schwerpunkt seiner Ausführungen auf Flecks Wirken in seinen Lubliner Jahren (1945-52) unter besonderer Berücksichtigung der Rezeption durch Tadeusz Bilikiewicz. Obwohl Fleck in Polen bis 1957 wirkte, geriet er hier in Vergessenheit. Sein Hauptwerk gehört weder zum philosophischen noch zum wissenschaftshistorischen Kanon. Nach der Wende begann das Interesse an ihm intensiver zu werden, obwohl die polnische Übersetzung der „Entstehung und Entwicklung einer wissenschaftlichen Tatsache“ bereits 1986 erschien. Jedoch auch jetzt, trotz der Bemühungen von Zdzisław Cackowski und Stefan Symiotuk, wird das Werk von Fleck nur zögernd rezipiert. Erst nach unserer Tagung erschien auf ihre Initiative der erste Sammelband mit Flecks Aufsätzen auf Polnisch,[2] ein zweiter wurde von einem internationalen Team vorbereitet.[3] In den westlichen Ländern dagegen gehört sein Werk zum Kanon der Wissenschaftsgeschichte, seitdem es dank Thomas Kuhns Verweis und vor allem durch die Dissertation von Thomas Schnelle bekannt wurde.

Ein Novum in dem vorliegenden Band stellt der Beitrag von Jan C. Joerden dar, der nach dem Fleckschen Modell die Idee der rechtswissenschaftlichen Tatsache ausarbeitet und zeigt, wie der Begriff des Denkkollektivs auch für die Analyse juristischer Diskurse fruchtbar gemacht werden kann. Dorothea Dornhof integriert Flecks Erkenntnisse in eine der neuesten Disziplinen, in die Gender Studies, indem sie die Geschichte von Gender als einer wissenschaftlichen Tatsache verfolgt. Einen integrativen Gedanken verfolgt auch Frank Stahnisch. Er postuliert sogar direkt die Aufnahme der wissenschaftssoziologischen und -historischen Einsichten von Fleck in die aktuelle Wissenschaftsphilosophie. Zu diesem Postulat kommt er, indem er die Rolle der „Harmonie der Täuschungen" als Beharrungstendenzen in Lehre und Forschung aus dem Werk von Fleck herausgreift und analysiert. Robert Roczeń beleuchtet – ausgehend von Fleck – den Einfluss vorwissenschaftlicher Ideen und Vorstellungswelten für den empirischen Erkenntnisprozess. Petra Schaper-Rinkel ergründet mit Hilfe von Flecks Kategorien das technologiepolitische Feld am Beispiel der Nanotechnologie. Ihr gelingt es zu zeigen, wie mit dieser neuen Technologie eine Wissenschaftspolitik betrieben wird, die sich zum Ziel setzt, ein „Höchstmaß an neuen Produkten und Verfahren zu generieren". Mit der Nanotechnologie wird eine Öffentlichkeit geschaffen, die wirtschaftspolitisch genutzt werden kann. Dass die Erfindungen und die Öffentlichkeit aufs engste miteinander verbunden werden können, wenn ökonomische Ziele verfolgt werden, zeigt Peter Heering in historischer Perspektive.

Das sind Aspekte, die über Flecks Theorie weit hinausgehen, aber sich leicht in sie integrieren lassen. Fleck schrieb nämlich 1960 in Israel: „Jeder Politiker und jeder Geschäftsmann weiß, dass die Propaganda, also das Erwecken der erwünschten gemeinschaftlichen Stimmung, grundlegend für jede gemeinschaftliche Tätigkeit ist. Die Wissenschaften verkennen diesen Umstand – zumindest

---

2 *Z. Cackowski / S. Symiotuk* (Hg.), Ludwik Fleck. Psychologia poznania naukowego. Lublin 2006.

3 *Sylwia Werner / Claus Zittel / Florian Schmaltz* (Hg.), Ludwik Fleck: Style myślowe i fakty. Artykuły i świadectwa. [Ludwik Fleck. Denkstile und Tatsachen. Aufsätze und Zeugnisse], Warszawa 2007.

offiziell – und werden sein Opfer".[4] Es bleibt offen, ob das die Erkenntnis eines Wissenschaftlers ist, der sowohl die Erfahrung des nationalsozialistischen Verfolgungs- und Vernichtungssystems als auch die des kommunistischen Regimes als Jude und Pole hinter sich hatte, oder eine Weiterführung der Gedanken zur Lehre vom Denkstil und Denkkollektiv darstellt, die er bereits 1935 in seinem erkenntnistheoretischen Hauptwerk „Entstehung und Entwicklung der wissenschaftlichen Tatsache" formuliert hatte.

Aus heutiger Sicht ist Flecks sehr breit angelegtes Konzept vom Denkstil und Denkkollektiv ein interessantes Modell zur Erklärung der kulturellen und soziologischen Bedingtheit moderner Wissensproduktion. Ergänzt um die politische Dimension der Verfügbarkeit von Wissen könnten wir in Weiterführung seiner Denkweise ein Instrumentarium zur Analyse von Wissenspolitik und Wissenschaftspolitik erarbeiten, d. h. von Bereichen, die ein immer größeres Machtpotential in der heutigen Wissensgesellschaft darstellen.

Es gibt noch viele Fragen, die nicht nur das Werk von Fleck betreffen, sondern auch sein Leben. Am wenigstens erforscht ist sein Leben nach dem Zweiten Weltkrieg in der Volksrepublik Polen. Deswegen eröffnen wir den Band mit einer biographischen Skizze von Justyna Górny und Katarzyna Leszczyńska, die die Nachkriegszeit beschreiben. Im realsozialistischen Polen, in dem die Natur- und Geisteswissenschaften den dialektischen und historischen Materialismus zu legitimieren hatten, konnte Flecks Auffassung von ihrer Prozessualität keine Wurzeln schlagen. Zu Flecks Forschung in der Nachkriegszeit in Polen und danach in Israel wäre noch viel Material zu sammeln. Wichtige Dokumente aus der Vorkriegszeit fand Erich Graf, der in Basel ein kleines Fleck-Archiv angelegt hat, und durch Kontakte mit Marcus Klingberg die Gründung des Fleck-Zentrums am Collegium Helveticum der Universität Zürich initiierte.

Alle Beiträge unseres Bandes sind in vier Kapiteln thematisch gebündelt: Leben und soziologische Konzepte; Medizin und ihr kultureller Kontext; Mit Fleck handeln und forschen; Auseinandersetzungen mit Flecks Ideen. Sie sollten ursprünglich um die Dokumentation einer Ausstellung „ ... was überhaupt möglich ist – Zugänge zum Leben und Denken Ludwik Flecks im Labor der Moderne" bereichert werden, die am Max-Planck-Institut für Wissenschaftsgeschichte 2002 von Erich Otto Graf und Karl Mutter, Pit Arens, Stephan Hesper, Martina

---

4 *Ludwik Fleck*, „Krise in der Wissenschaft. Zu einer freien und menschlicheren Naturwissenschaft", in: *ders.*, Erfahrung und Tatsache. Gesammelte Aufsätze. Hrsg. von *Lothar Schäfer* und *Thomas Schnelle*, Frankfurt am Main 1983, S. 175-180, hier S. 180.

Schlünder und Antke Tammen geschaffen wurde. Dafür fehlten aber Geldgeber, solche, die im Sinne von Fleck arbeiten würden, disziplinübergreifend, d.h. sie müssten genauso wie er meinen, dass es zwischen der wissenschaftlichen und der künstlerischen Leistung nicht so große Unterschiede gibt, wie man anzunehmen gewohnt ist. Trotzdem hoffen wir, dass der Band zur Vertiefung der Fleckforschung und ihrer Entwicklung in möglichst vielen Disziplinen beitragen wird.

Leben und soziologische Konzepte

Ludwik Flecks Leben in der Volksrepublik Polen

Justyna Górny / Katarzyna Leszczyńska

In einer Biographie finden wir nicht nur Bruchstücke einer rekonstruierten Vergangenheit. Sie ist immer durch die Gegenwart der die Biographie schreibenden Person geprägt. Diese betrachtet das Leben, das sie in einen Text verwandelt, durch die Brille des eigenen Denkstils, stellt bestimmte Zusammenhänge her, lässt Details weg, die aus ihrer Perspektive oder aus der Perspektive ihrer Zeit unwesentlich sind und die vielleicht in der Zukunft wieder entdeckt werden. Auch für Biographien trifft Flecks Formulierung zu: „Wir schauen mit den eigenen Augen, wir sehen mit den Augen des Kollektivs.“[1]

Eine polnische Autorin, Hanna Krall, hat ihr Leben dem Erzählen der Schicksale des 20. Jahrhunderts gewidmet. Seit Jahren führt sie ihren Kampf gegen das Vergessen, in dem jede Geste, jedes Wort, jedes Detail von Bedeutung und jedes erzählte Leben ein Teil der Geschichte ist. Sie wählt eine literarische Form, in der die Konstruktion, die literarischen „Nähte“, die Werkstatt des Schriftstellers und die oft verwischte Grenze zwischen Erinnerung und Phantasie zur Schau gestellt werden. Mit dem Bewusstsein dieser Verschwommenheit zwischen dem Erlebten, Erdachten und Hineininterpretierten aus jeweiliger Perspektive versucht sie, sich durch Erzählen dem Geschehenen zu nähern. Jeder Versuch, eine Biographie zu schreiben, verläuft, oft unbewusst, nach diesem Muster, das Krall zur Schau stellt. Und für jeden solchen Versuch sind die Details, die manchmal wie zufällig das Wesentliche enthüllen, unentbehrlich.

Im Fall von Fleck muss man diese Details erst suchen. Die zurzeit verfügbaren Dokumente aus seinem Nachlass sind nur Kopien und unvollständig. Thomas Schnelle konnte sie während einer 1979 nach Israel unternommenen Forschungsreise aufgrund der ihm von Marcus Klingberg – dem testamentarischen Willensvollstrecker und Nachlassverwalter von Ludwik Fleck – zur Verfügung gestellten Originale erstellen.[2] Auf diese Weise hat er mindestens einen Teil dieser

---

1 *Fleck, Ludwik*, Schauen, sehen, wissen, in: Erfahrung und Tatsache, Frankfurt am Main 1983, S. 154.

2 Ein Teil dieser Dokumente ist schon jetzt in Form von Kopien im Online-Archiv des Fleck Zentrums in Zürich zugänglich. Dem Zentrum steht aufgrund der am 20. Mai 2005 in Paris von Marcus Klingberg mit dem Collegium Helveticum getroffenen Ver-

Dokumente gerettet. Das Schicksal der anderen ist ungeklärt.[3] Die Geschichte der Briefe von und an Fleck und der ihn betreffenden Dokumente ist ein unzertrennlicher Teil seiner Biographie: teilweise sind sie in den Kriegswirren verschwunden, man muss sie in den Privatarchiven der Exilpolen in der ganzen Welt, in den Archiven verschiedener Länder suchen, nicht zuletzt in den Archiven der Sicherheitsdienste.[4] Einige Briefe, vor allem an Ludwik Hirszfeld werden im Archiv der polnischen Akademie der Wissenschaften in Warschau aufbewahrt, viele weitere müsste man vermutlich im Nachlass der Personen suchen, die Fleck kannten, oder bei ihren Nachkommen nachfragen. Für unsere Recherchen benutzten wir das Schnelle-Archiv und das Archiv der Polnischen Akademie der Wissenschaften. Wir versuchten ebenfalls an die Personen zu gelangen, die Fleck persönlich kannten. Der Mensch Ludwik Fleck wird in den Dokumenten und Erinnerungen sehr unterschiedlich „erzählt", abhängig davon, wer und von wo und mit welchen Erfahrungen redet. Seine Briefe an ehemalige polnische Mitarbeiterinnen, die Herzlichkeit, Traurigkeit, aber auch Ironie oder Koketterie ausstrahlen, lange Adressenlisten, teilweise mit Vermerken, was wem und warum zu schreiben ist, handschriftliche Notizen, von Fleck verfasste Lebensläufe, Erinnerungen der von Schnelle interviewten Personen, all das sind Bruchstücke eines bewegten Lebens. Aufgrund dieses Materials wagen wir einen biographischen Versuch, in dem wir uns auf Flecks Nachkriegsjahre in der Volksrepublik Polen beschränken. Diese Wahl ist einerseits dadurch bedingt, dass wir uns als Mitglieder eines Denkkollektivs empfinden, das die Nachkriegsgeschichte Polens neu zu lesen und zu verstehen versucht. Andererseits bildet das Ende des Zweiten Weltkrieges eine wichtige Zäsur in Flecks Leben: die sich anbahnende Zugehörigkeit Polens zum östlichen Lager, die politischen und gesellschaftlichen Folgen des Krieges haben ihn als den jüdischen Überlebenden, den Polen, den Wissenschaftler und den Philosophen vor grundlegende Entscheidungen gestellt.

---

einbarung das Recht zu, „sämtliche Objekte aus dem wissenschaftlichen Nachlass von Ludwik Fleck in eigener Verantwortung von den aktuellen privaten oder öffentlichen Inhabern herauszuverlangen."

3 Der Epidemiologe Marek Klingberg, der zusammen mit Fleck im Zentrum für biologische Forschung in Ness Ziona nahe Tel Aviv arbeitete, wurde im Januar 1983 unter dem Verdacht der Spionage für den KGB verhaftet. Sämtliche Originaldokumente von Ludwik Fleck, die in seinem Besitz waren, sind vom israelischen Inlandsgeheimdienst Shin Beth beschlagnahmt worden. Seither gelten sie als verschollen.

4 Józef Parnas, der Fleck aus Lublin kannte, behauptete in einem Gespräch mit Schnelle, dass die Briefe von Fleck, die er hatte, vom polnischen Sicherheitsdienst bei seiner Verhaftung 1968 beschlagnahmt wurden.

Wahrscheinlich Anfang Mai 1945 haben sich Ernestyna, Ludwik und ihr Sohn Ryszard Fleck nach der Befreiung aus den Konzentrationslagern in Lemberg getroffen – eine geradezu deprimierende Heimkehr. Die Situation, die sie dort vorfanden, ließ sich nicht mit dem nach dem Krieg herrschenden Chaos erklären und als vorübergehend deuten: Lemberg war keine multikulturelle Stadt mehr, sondern eine Stadt in der Ukrainischen Räterepublik, die man schnell sowjetisieren wollte. Polen waren nicht erwünscht, Juden gab es nur wenige. Die polnische Jan Kazimierz-Universität,[5] mit der Fleck teilweise beruflich, teilweise durch soziale Kontakte verbunden war, konnte unter den veränderten politischen Bedingungen nicht weiter funktionieren. Flecks Sohn, Ryszard, wurde in die Rote Armee einberufen[6] und erkrankte an Tuberkulose.[7]

---

5 1661 hat König Jan Kazimierz eine jesuitische Universität in Lemberg bewilligt, die bis 1805 funktionierte. Die Lemberger Hochschule wurde 1817 als österreichische Universität in dem von Wien eroberten südlichen Teil Polens reaktiviert. In der zweiten Hälfte des 19. Jahrhunderts wurde die Universität völlig polonisiert und zum wichtigen Zentrum der polnischen Kultur und Wissenschaft. Sie nutzte die Politik der Kulturautonomie aus und lockte die Jugend aus allen Teilungsgebieten Polens. Lemberger Wissenschaftler hatten Kontakte mit wissenschaftlichen Kreisen in Europa. Aus der Lemberger Mathematik-Schule waren Stefan Banach und Hugo Steinhaus berühmt, dort arbeiteten der Philosoph und Logiker Kazimierz Ajdukiewicz, Tatarkiewicz, der Typhusforscher Rudolf Weigl. Unter der sowjetischen Besatzung ab September 1939, konnte die Universität – trotz Repressalien und in veränderter Gestalt – noch einigermaßen funktionieren. Die deutsche Besatzung im Juli 1941 brachte eine Massenexekution an 25 Lemberger Professoren und viele Verhaftungen.

6 Ryszard Fleck wurde als ein sowjetischer Bürger einberufen. Anfang November 1939 wurden die angeschlossenen polnischen Gebiete offiziell der Sowjetunion einverleibt. Allen polnischen Bürgern wurde die sowjetische Staatsangehörigkeit aufgezwungen. Im Frühjahr 1940 erfolgte dann die sog. paszportyzacja, d.h. die Ausgabe der sowjetischen Pässe für alle neuen Bürger. Die Aktion war für den NKWD eine geeignete Möglichkeit, die Bevölkerung zu kontrollieren. Wer den Pass – und mit ihm die sowjetische Staatsangehörigkeit – nicht annehmen wollte (oder wem der NKWD den Pass verweigerte) wurde verhaftet und deportiert. In der jüdischen Bevölkerung herrschte die Stimmung, dass man den sowjetischen Pass vermeiden soll. Man bemühte sich, auf die westliche Seite der Grenze zwischen Sowjetrussland und dem Generalgouvernement (GG) zu gelangen, und stand Schlange, um eine Bescheinigung der GG-Organe zu bekommen. Da Fleck Dozent an der von den Sowjets in Lemberg gegründeten Universität wurde, kam die Ablehnung des sowjetischen Passes für ihn und seine Familie vermutlich gar nicht in Frage.

7 Nach Angaben von Frau Fleck, Jellinek und Kielanowski. Auch Hugo Steinhaus schreibt darüber, dass Ludwik und Ernestyna nach Krakau ohne ihren Sohn gekom-

Die Flecks entschlossen sich – wie viele Lemberger Wissenschaftler – nach Krakau auszureisen, wo sie u. a. Hugo Steinhaus trafen, einen berühmten Mathematiker, der in Lemberg bei der Resultatbearbeitung der Experimente über Leukozyten mit Fleck zusammengearbeitet hat. Steinhaus beschreibt in seinen Erinnerungen die Unsicherheit der ersten Monate oder sogar Jahre nach dem Krieg, die Ungewissheit, welche Regeln jetzt gelten, ob man überhaupt in Polen bleiben soll. Flecks Überlegungen aus dieser Zeit sind fast unmöglich zu rekonstruieren. Er musste aber bestimmt über das Judenpogrom in Kielce gewusst haben,[8] über die oft feindliche Begrüßung der heimkehrenden jüdischen Überlebenden, deren Häuser schon von den Polen besetzt wurden.[9] Während der ersten jüdischen Ausreisewelle nach dem Krieg in den Jahren 1945-1947 hat auch Flecks Sohn, gegen den Willen des Vaters, Polen verlassen. Marek Klingberg ist überzeugt, dass Fleck selber nicht ausreisen wollte. Steinhaus erwähnt in einer Notiz vom Oktober 1945, Fleck habe eine wissenschaftliche Einladung

---

men seien, eine Zeitlang auch nicht wussten, wo er sich befindet. *Hugo Steinhaus*, Wspomnienia i zapiski. Wrocław 2002.

8 Beim Pogrom von Kielce (4.7.1946) wurden aufgrund eines Gerüchts über die angebliche Entführung eines Kindes über vierzig polnische Juden ermordet und weitere achtzig Überlebende des Holocaust verletzt. Unter den Opfern befanden sich auch zwei nichtjüdische Polen, die den Angegriffenen zu Hilfe geeilt waren. Das Pogrom von Kielce gilt als der bekannteste Übergriff von Zivilisten auf Juden nach dem Ende des Zweiten Weltkriegs in Polen. Die Rolle der staatlichen kommunistischen Stellen bei diesem Pogrom ist bis zum heutigen Tage nicht geklärt – man vermutet einen bedeutenden Anteil des Sicherheitsdienstes an der Organisierung dieser Morde. Dann wäre das Pogrom, das aber ohne antisemitische Stimmungen nicht möglich gewesen wäre, ein Teil der politischen Strategie der kommunistischen Regierung. Das Pogrom von Kielce löste in der jüdischen Bevölkerung eine Angstwelle aus, auch in den Ortschaften, in denen es keine antijüdischen Exzesse gab. Das Gefühl der Bedrohung war so groß, dass sich die Zahl der Ausreiseanträge beträchtlich vermehrte. Viele Juden gaben die Arbeit von einem Tag auf den anderen auf und begannen, ihre Habe zu verkaufen und sich auf die Ausreise vorzubereiten. Jüdische Organisationen vereinbarten mit der polnischen Regierung eine halb-offizielle Ausreiseaktion der Juden. Die Juden konnten die polnische Grenze illegal überschreiten, wobei die WOP (Grenzpolizei) darüber informiert war und nicht einschritt. In den ersten Monaten nach dem Pogrom von Kielce sollen 500 bis 800 Juden am Tag in gut organisierten Gruppen die Grenze überschritten haben. Die polnische Grenze wurde im Februar 1947 wieder geschlossen, höchstwahrscheinlich nachdem Großbritannien die polnische Regierung unter diplomatischen Druck gesetzt hatte. Vgl. *Natalia Aleksiun*, Dokąd dalej? Ruch syjonistyczny w Polsce (1944-1950). Warszawa 2002, S. 167-175.

9 Darüber berichtet ausführlich *Steinhaus* (2002), Wspomnienia.

nach Amerika erhalten, die er aber zu diesem Zeitpunkt nicht annehmen wollte.[10] Tadeusz Kielanowski berichtet wiederum,[11] dass Fleck mehrmals einen Antrag auf einen Pass gestellt habe, der jedoch immer abgelehnt wurde.[12] Jellinek, ein Zuckerbäcker aus Wien, Flecks Mithäftling aus Buchenwald, erzählte Schnelle, dass ihm Fleck aus Polen schrieb, dass sein Sohn in die Armee musste und in seinen Briefen „von antisemitischen Dingen" berichtete. Fleck soll ihm auch geschrieben haben, dass die ganze Familie nach Palästina wollte, man habe ihr aber erhebliche Schwierigkeiten gemacht.[13]

Für die Universitäten in den „wiedergewonnenen Gebieten" versuchte man die Forscher aus den verlorenen Ostgebieten zu gewinnen. Die Wissenschaftler wurden mit Arbeits- und Wohnungsmöglichkeiten in den neuen Westen Polens gelockt. Zahlreiche Lemberger Professoren wollten gern weiterhin gemeinsam an den vor dem Krieg angefangenen Projekten arbeiten,[14] was vermutlich auch ein Grund war, warum die meisten Überlebenden aus Lemberg, das Angebot der Arbeit an der Universität in Breslau angenommen haben.[15] So kamen sie an eine Universität, an der sich zwei Traditionen kreuzten: die der deutschen Friedrich-

---

10 Ebenda, S. 341: „[Fleck] hat eine (wissenschaftliche) Einladung nach Amerika, aber irgendwie hat er zur Zeit keine Lust zu fahren".

11 Tadeusz Kielanowski (1905-1992) war ein Lemberger Arzt. Nach der Besetzung Lembergs durch die Rote Armee (am 22. September 1939) arbeitete er als Assistent in der Tuberkulose-Abteilung der Klinik für Innere Krankheiten des Staatlichen Instituts für Medizin in Lemberg. Während der deutschen Besatzung Lembergs (1941-1944) war er weiter in diesem Krankenhaus tätig. Er war Angehöriger der polnischen Untergrundarmee (AK). Im Oktober 1944 verließ er Lemberg und ging nach Lublin, wo er am Aufbau der Medizinischen Fakultät an der neuen Maria-Curie-Skłodowska-Universität (UMCS) beteiligt war. In den Jahren 1948-1950 war er Rektor der UMCS. 1950 ging er nach Białystok und später nach Danzig, wo er an den Akademien für Medizin tätig war.

12 *Tadeusz Kielanowski*, „My Meetings with Ludwik Fleck in Lublin During The Years 1945-1950". In: Kwartalnik Historii Nauki i Techniki, Nr. 3-4, 1983, S. 583-587.

13 Schnelle-Archiv: A 38/5. Gespräch mit Walter Jellinek, durchgeführt von Thomas Schnelle.

14 Vgl. *Krzysztof Ruchniewicz*: „Von Lemberg nach Breslau – eine Universität zwischen Tradition und Neubestimmung", in: Orbis Linguarum 21, Wrocław-Legnica 2002, S. 9-11.

15 In den ersten Jahren stammen 58% der „selbständigen wissenschaftlichen Mitarbeiter", 40% der jüngeren Mitarbeiter, wie auch viele Studenten aus Lemberg. Die Wissenschaftler gingen im Grunde genommen denselben Weg wie ihre Landsleute, da die Bevölkerung aus den östlichen Gebieten Polens auf Stalins Veranlassung in die ehemaligen deutschen Gebiete zwangsumgesiedelt wurde.

Wilhelms-Universität und die der polnischen Jan-Kazimierz-Universität in Lemberg.[16]

Viele Lemberger Berühmtheiten trafen sich zuerst in Krakau, wo Bolesław Drobner, der erste polnische Präsident von Breslau noch während der Kämpfe das Büro „Stadtverwaltung von Breslau – Filiale Krakau" eröffnete. Drobner suchte nach dem Personal, das ihm die Verwaltung der Stadt ermöglichen würde. Parallel dazu und in Zusammenarbeit mit Drobner stellte Prof. Stanisław Kulczyński eine „wissenschaftlich-kulturelle Gruppe" zusammen.[17] In Breslau ließ sich auch eine für Polen so wichtige Institution wie das Lemberger Ossolineum mit einem geretteten Teil ihrer Bibliothek nieder.

Gerade in Breslau fand, noch im Herbst 1945, das zweite Treffen zwischen Steinhaus und Fleck statt. Fleck besuchte dort Ludwik Hirszfeld, einen europaweit anerkannten Bakteriologen und Immunologen, der direkt nach dem Krieg die Lubliner Medizinische Fakultät mitgründete.[18] Hirszfeld stimmte zwar seinem Habilitationsvorhaben zu, schlug ihm aber keine Zusammenarbeit vor und empfahl ihn für einen Posten in Lublin. Steinhaus erklärt diese Entscheidung

16 Zwei Traditionen, die verschwiegen wurden: die deutsche, in den Gebäuden und Sammlungen erhalten, passte nicht zu den „urpolnischen" Gebieten und musste ausradiert werden; die Lemberger, durch die Menschen vertreten, wurde als „reaktionär" verschwiegen, weil sie an die Grenzverschiebung erinnerte.

17 *Gregor Thum*, Die fremde Stadt Breslau 1945. Berlin 2003, S. 67-75. Vgl. S. 67-68. Weitere Sekundärliteratur: *Cezary Buśko u.a.* (Hg.), Historia Wrocławia. Wrocław 2001, Bd. 1-3.

18 Hirszfeld hat in den Jahren 1907-1911 in Heidelberg und Zürich an der Bezeichnung der Blutgruppen gearbeitet und hat maßgeblich zur Feststellung der Erblichkeit der Blutgruppen beigetragen. Die heutigen Bezeichnungen der Blutgruppen A, B, AB und 0 wurden von ihm eingeführt. Während des 1. Weltkrieges hat er zusammen mit seiner Frau Hanna gegen die Fleckfieberepidemie in Serbien gekämpft. Während des 2. Weltkrieges wurde er mit seiner Frau und seiner Tochter ins Warschauer Ghetto verschleppt, dessen Alltag und Zerstörung er in seinen Erinnerungen beschrieb (*Ludwik Hirszfeld*, Historia jednego życia [Geschichte eines Lebens]). Hirszfeld war im Ghetto als Arzt und Bakteriologe tätig, leitete Kurse für Medizinstudenten und ein bakteriologisches Labor. Er schlug dem Judenrat des Warschauer Ghettos Maßnahmen gegen die Verbreitung der Fleckfieberepidemie vor. Kurz vor den Deportationen im Ghetto gelang ihm und seiner Familie die Flucht. Seine Tochter, die im Ghetto an Tuberkulose erkrankte, starb kurz danach. Nach dem Krieg wurde Hirszfeld Professor der Universität Lublin, seit 1945 in Breslau. Dort hat er das Rhesus-System der Blutgruppen mitentwickelt. 1954 war er Gründer des Instituts der Immunologie der Polnischen Akademie der Wissenschaften in Breslau.

damit, dass Hirszfeld „zwei Sonnen“ in Breslau nicht duldete.[19] Diese Entscheidung hatte jedoch auch andere Gründe. Der Rektor der Maria-Curie-Skłodowska-Universität (UMCS), Prof. Henryk Raabe, hat nämlich Maßnahmen ergriffen, die die junge Universität vor dem Verlust der Lehrkräfte schützen sollten: wer gehen wollte, musste jemanden für seinen Posten empfehlen.[20] Ludwik Hirszfeld empfahl Fleck. Am 14.10.1945 bedankte sich Fleck dafür in einem ergebenen Brief aus Krakau:

> „Lieber Herr Professor! In Lublin bis jetzt alles bestens. Ich kehre dorthin in drei Tagen zurück, diesmal mit meiner Frau und mit Gepäck. Ich gebe mir Mühe, die mir von Herrn Professor auferlegte Aufgabe so gut wie möglich zu erfüllen und ich möchte noch einmal betonen, dass ich von diesem Posten zurücktreten werde, wenn Herr Professor ihn wieder übernehmen möchte.“[21]

Der Tenor dieses Briefes zeugt von größter Dankbarkeit, es ist jedoch fraglich, ob Fleck diese Ehre wirklich so hoch schätzte. Hugo Steinhaus berichtet ein paar Monate später in seinen Erinnerungen, im Februar 1946:

> „Fleck ist gekommen [nach Breslau], zur Habilitation, es stellt sich heraus, dass Hirszfeld mit ihm über seine (wirklich schönen) Resultate nicht sprechen will, und dass er ihn nach Lublin gesteckt hat, wo es keine Menschen und Bücher gibt. Der Dekan ist ein Chirurg aus Posen, der Fleck weder charakterlich noch wissenschaftlich das Wasser reichen könnte, der ihn aber herablassend behandelt.“[22]

Flecks Enttäuschung über das Bleiben in Lublin wird auch von seinen Lubliner Mitarbeitern bestätigt.[23]

Flecks Aufgabe, das Institut für Ärztliche Mikrobiologie der Medizinischen Fakultät an der 1944 gegründeten Lubliner Maria-Curie-Skłodowska-Universität (UMCS) zu organisieren, war ein ständiger Kampf gegen die Misere der Nachkriegsjahre. Erst 1946 wurden ihm einige Räume im monumentalen, sechsstöckigen Gebäude der ehemaligen, weltweit bekannten Talmud-Akademie zugewiesen. Das Talmud Studium in Lublin hatte eine lange Tradition, die auf die

---

19 Vgl. *Steinhaus* (2002), Wspomnienia, S. 343.

20 *Kielanowski* (1983), „My Meetings...“, S. 584.

21 Archiv der PAN in Warschau, Nachlass von Ludwik Hirszfeld: III-157, jedn. 109. Brief von Ludwik Fleck an Ludwik Hirszfeld, Krakau, den 14.10.1945.

22 *Steinhaus* (2002), Wspomnienia, S. 352.

23 Z.B. von Maria Tuszkiewicz, Flecks Assistentin in Lublin.

erste Hälfte des 16. Jahrhunderts zurückgeht. Das für seine Zeit sehr moderne Gebäude in der Lubartowska-Straße wurde in den dreißiger Jahren des 20. Jahrhunderts dank dem Engagement von Rabbi Jehuda Majer Szapiro gebaut und hat damals als Zentrum der jüdischen Wissenschaft ein reges Interesse hervorgerufen. 1945 stand es leer und gespenstisch, ein Zeuge der verlorenen Welt, man empfand es als grau und deprimierend, erwähnte seine Vergangenheit nicht gern. Seine Vorträge gerade in diesem Gebäude soll Fleck mit folgenden Worten angefangen haben: „Ich bin Ludwik Fleck, Jude, Mikrobiologe“. Noch 1947 beschwerte sich Fleck in einem Interview für „Sztandar Ludu“, dass die Renovierungsarbeiten in der Lubartowska-Strasse kein Ende nehmen.[24] Unsicher schien auch die Lage der ganzen Universität zu sein. Regelmäßig tauchten Gerüchte auf, dass die medizinische Fakultät oder die Universität geschlossen werden sollten. Es fehlte an Büchern, Räumen, an Labormaterialien. Die Probleme der UMCS waren einer der Gründe dafür, dass die Mitarbeiter gern nach Warschau, Krakau, Posen oder Breslau flohen. Von Bedeutung konnte dabei auch die Tatsache sein, dass die UMCS eine neue Universität war, gegründet in der Stadt, in der es schon eine, und zwar eine katholische, 1918 gegründete Universität (KUL) gab. Es kam zu ideologischen Reibungen zwischen den beiden Universitäten, die zumindest für die Lubliner bemerkbar sein mussten. So schrieben die Vertreter der KUL an das Kultusministerium entrüstet über die Feier zum 1. Mai 1949, die in der UMCS veranstaltet wurde. Während der Feier habe ein Mitarbeiter der UMCS eine Rede gehalten, in der er die Priester und das Episkopat angriff. Die ca. 40-50 Gäste aus der KUL, die zur Feier eingeladen wurden, hätten danach den Saal verlassen.[25]

Interessant im Hinblick auf die ersten Nachkriegsjahre an der Lubliner Universität sind die Erinnerungen von Janina Opieńska-Blauth, einer Mitarbeiterin der UMCS, die Fleck noch aus Lemberg kannte und die das Institut für physische Chemie leitete.[26] Beide Institute – das Institut von Opieńska-Blauth und das von Fleck – wurden im Gebäude in der Lubartowska-Straße untergebracht. Opieńska-Blauth beschreibt, gegen welche Schwierigkeiten sie als Leiterin der Abteilung zu kämpfen hatte. Die Voraussetzung der Forschungsaufnahme in ihrer Abteilung war, dass sie sich als Leiterin selbst um die Ausstattung der Labore kümmern wird. So habe sie z.B. ihre Mitarbeiter in den Westen Polens geschickt, damit sie Laborglas, Instrumente u.ä. holen. In den

24 *Anonym*, Wielkie odkrycia naukowe uczonego lubelskiego, in: Sztandar Ludu, 1947.

25 AAN, sygn 690 Ministerstwo Oświaty w Warszawie, Gabinet Ministra, List do Ministra Oświaty z KUL Lublin 2. 5.1949.

26 *Janina Opieńska-Blauth*, Drogi i spotkania. Lublin 1979.

ehemaligen deutschen Gebieten gab es z.B. noch Apotheken, von denen man die Herausgabe der nötigen Materialien aufgrund einer amtlichen Bescheinigung verlangen konnte.[27] Aber nicht nur die Organisation der Labore bereitete Schwierigkeiten. Auch die Neueinrichtung der privaten Existenz war für die Angestellten der neuen Universität – Opieńska-Blauth selbst nicht ausgeschlossen – nicht einfach. Die Gesuche an den Dekan um eine Wohnmöglichkeit, zusätzliches Geld oder Schuhe gehörten zum Alltag. Opieńska-Blauth erinnert sich an die ersten Nachkriegsjahre als eine schwierige Zeit, in der man aber mit großer Intensität arbeitete und lebte. Die Erfahrungen von Fleck als Leiter der Abteilung für Mikrobiologie konnten nicht sehr anders gewesen sein. Tadeusz Kielanowski berichtet, dass Fleck und seine Frau in einem kleinen Zimmer wohnten und dass Fleck einen Anzug aus dem KZ trug: „a frayed jacket with a red stripe painted on its back".[28] Fleck soll ihm gesagt haben, dass er sich keine Sorgen um das Geld mache, er sei schon einmal reich gewesen, er könne jetzt auch arm sein.[29] Opieńska-Blauth betont Flecks Zurückgezogenheit und Verschwiegenheit, wenn es um seine philosophischen Interessen ging, und seinen guten, aber leicht distanzierten Umgang mit den Menschen: „Prof. Fleck sprach nie über sein Interesse an den Problemen, die Philosophie mit jedem anderen Wissensgebiet verbinden. Aber er hatte in seiner Einstellung zu den Menschen die Eigenschaften der Philosophen, eine Verhaltensweise, die trotz großer Herzlichkeit an die Beziehung Opa-Enkel erinnerte".[30] Trotz dieser Distanziertheit erinnern sich Flecks Mitarbeiter an ihn als einen fürsorglichen Chef. Viele von ihnen berichten von Flecks ständiger Bereitschaft zum Gespräch über wissenschaftliche Themen, aber auch über seine „Güte" und Hilfsbereitschaft in alltäglichen Problemen. Ewa Pleszczyńska, die Mitarbeiterin in seinem Labor, zeitweise gleichzeitig seine Sekretärin, erinnert sich, wie sie Fleck ihren Bräutigam vorgestellt hat. Fleck habe mit ihm ein „väterliches" Gespräch unter vier Augen geführt.[31]

Die Berufung nach Lublin bedeutete für Fleck die Wiederaufnahme seiner akademischen Tätigkeit, denn die wissenschaftliche Arbeit als solche hat er weder im Ghetto in Lemberg noch im Konzentrationslager unterbrochen. For-

---

27 Diese Bescheinigungen bezeugten, dass die Mitarbeiter der UMCS im Auftrag des Staates handeln und nicht etwa Diebe sind.

28 *Kielanowski* (1983), „My Meetings...", S. 585.

29 Ebenda, S. 586.

30 Schnelle-Archiv: Dc 4. Prof. Janina Opieńska-Blauth an Schnelle, Brief vom 10.8.1983.

31 Brief von Ewa Pleszczyńska an Justyna Górny vom 2.4.2003.

schung war seine geistige Leidenschaft, aber auch seine Antwort auf die Frage, wie es sich überhaupt leben lässt: „Dass die Welt dumm und etwas verrückt ist – wussten wir seit langem. Man darf sie nicht allzu ernst nehmen und man muss den eigenen Garten pflegen. Und unser Gärtchen ist unsere Arbeit“[32], schrieb er 1960 an seine Warschauer Mitarbeiterin Maria Narbutowicz. Fleck ist dabei keine Ausnahme – auch Steinhaus, Hirszfeld und viele andere berichten in ihren Kriegserinnerungen über intensive Arbeit als ein Mittel gegen die Erniedrigung, Leid, Hunger, über geistige Arbeit und Freiheit als Protest gegen den Raub der menschlichen Würde. Hirszfeld erwähnt seine Schüler, die er im Ghetto getroffen hat: „Einer von ihnen sagte mir, dass er einen Wunsch hat: er möchte sterben mit dem Gedanken an die ärztlichen Fragen, denen er sein Leben gewidmet hat. Und nicht in der Erniedrigung.“[33] Er erzählt über die Kurse im Ghetto und die Wissensgier der Verhungernden, jeden Tag mit dem Tod Bedrohten, und über die eigene wissenschaftliche Arbeit. Nach dem Krieg war für diese Menschen die Rückkehr an die Universitäten eine Selbstverständlichkeit, auch psychologisch gesehen eine Fortsetzung, kein Neuanfang.

Die veränderten politischen Verhältnisse, das Trauma des Krieges verstärkten das Bedürfnis nach der Kontinuität. Die Überlebenden aus Lemberg waren in einer doppelt komplizierten Situation: zuerst Erfahrungen mit zwei Totalitarismen, nachher der Verlust ihrer Stadt, Zwangsumsiedlungen. Der Wechsel von der multikulturellen, offenen, europäischen Lebensweise in die geschlossene, homogene Gesellschaft im neuen, kommunistischen Polen konnte nicht einfach sein. Man suchte deshalb alte Bekannte und Mitarbeiter, man versuchte mit ihnen gemeinsam etwas aufzubauen. Dadurch wurde der Bruch mit der Vorkriegswelt einigermaßen gemildert. So arbeitete Fleck in Lublin mit einigen Lembergern zusammen;[34] 1952 übernahm er die Leitung des Bakteriologischen und Immunologischen Labors im Institut für Mutter und Kind in Warschau,[35] dessen Direktor, Franciszek Groër,[36] Kinderarzt, vor dem Krieg Professor an der Lemberger Universität war. Fleck war während der sowjetischen Besatzung Lembergs sein Mitarbeiter. Flecks Mitgliedschaft in der Polnischen Akademie

32 Schnelle-Archiv: B 12/7. Brief von Ludwik Fleck an Barbara Narbutowicz vom 15.1.1960

33 *Ludwik Hirszfeld*, Historia jednego życia. Warszawa 1967, S. 214.

34 Z.B. Janina Opieńska-Blauth, Józef Parnas, Tadeusz Kielanowski.

35 Das Institut befand sich im Gebäude des ehemaligen jüdischen Krankenhauses, das vor dem Krieg zu den modernsten Krankenhäusern in Warschau gehörte.

36 Franciszek Groër war auch ein Jahr lang Leiter der Oper in Lemberg und eine wichtige Persönlichkeit für die polnische Vorkriegsfotografie.

der Wissenschaften (1954) wurde von zwei gebürtigen Lembergern befürwortet: vom Mikrobiologieprofessor Edward Mikulaszek und von Józef Heller, einem Biochemiker und Flecks Armeekameraden aus der Zeit des Ersten Weltkrieges. Seine Habilitation schrieb Fleck bei einem Professor, der eine Berühmtheit der polnischen Vorkriegswissenschaft war – 1946 erwarb er die *venia legendi* bei Ludwik Hirszfeld. Es sei in diesem Zusammenhang noch einmal an den Brief von Fleck an Hirszfeld erinnert, in dem er ein eindrucksvolles Bekenntnis abgibt: „Ich halte mich einfach für den Schüler Herrn Professors, obwohl ich nie die Ehre hatte, unter Ihrer direkten Leitung zu arbeiten. Ich bitte Sie um Ihre Genehmigung für diesen Titel, den ich höher schätze als einen Titel, den mir Lublin oder Warschau verleihen könnte.“[37] Fleck war bei seiner Hinwendung zu einer Autorität aus der Vorkriegszeit kein Einzelgänger. Kielanowski betont, dass sich in diesen ersten Nachkriegsjahren viele Wissenschaftler, deren wissenschaftliche Karriere der Krieg unterbrochen hatte, nach dem Vorkriegsverfahren habilitierten. Außer den persönlichen Kontakten war die Kontinuität natürlich auch bei den Themen und wissenschaftlichen Gepflogenheiten sichtbar.[38]

Auch nach der Habilitation scheint Flecks wissenschaftliche Karriere in Nachkriegspolen ohne größere Schwierigkeiten verlaufen zu sein. Er bekam leitende Positionen in Forschungsinstituten, wurde Mitglied des Präsidiums der Polnischen Akademie der Wissenschaften (PAN), durfte zu internationalen Kongressen fahren, man ehrte ihn mit zahlreichen staatlichen Auszeichnungen, die Presse interessierte sich für seine Arbeit, man berichtete gern von der Sabotage in Buchenwald. Bezeichnend für Flecks Situation sind jedoch Worte seiner Frau, die in einem Gespräch mit Thomas Schnelle erzählte, dass sie zwar ein Dienstauto besessen hätten, aber nie zusammen ins Ausland fahren durften.

Vieles davon, was für Flecks Wissenschaftsverständnis vor dem Krieg wichtig war, setzte er auch in der Volksrepublik Polen fort. Auffallend präsent ist seine Überzeugung von der Wichtigkeit der interdisziplinären kollektiven Arbeit und der Propagierung der Forschungsresultate. Wie seine Mitarbeiter aus Lublin und aus Warschau berichten, veranlasste Fleck wöchentliche Besprechungen, in denen über laufende Arbeit verschiedener Abteilungen informiert und

---

37 Archiv der PAN in Warschau, Nachlass von Ludwik Hirszfeld: III-157, jedn. 109. Brief von Ludwik Fleck an Ludwik Hirszfeld, Krakau, den 14.10.1945.

38 Z. B. das Ergebnis der noch vor dem Krieg angefangenen Zusammenarbeit mit Steinhaus war der Artikel von *Ludwik Fleck, Hugon Kowarzyk* und *Hugo Steinhaus*, „La distribution des leukocytes dans les preparations du sang“, in: Schweizerische Medizinische Wochenschrift 77 (1947), S. 1283-1284. Mit den Forschungen über den Typhuserreger beschäftigte sich Fleck seit dem Ersten Weltkrieg.

unter Beteiligung eingeladener Gäste heftig diskutiert wurde.[39] Auch Steinhaus referierte bei Fleck und Groër über mathematische Methoden in der Medizin. In einem Artikel aus dem Jahr 1947 lobte Fleck die Zeitschrift „Polski Tygodnik Lekarski" für die Einführung einer neuen Rubrik *Aus der medizinischen Wissenschaft*, die zum Austausch zwischen einzelnen Fächern beitragen und eine interdisziplinäre Zusammenarbeit fördern könne. In diesem Zusammenhang erscheinen auch einige Bemerkungen aus seinem Bericht vom Hematologen-Kongress in Boston aus dem Jahr 1957 interessant, die – möchte man sagen – noch immer an Aktualität nichts eingebüßt haben:

> „Ich bin der Ansicht, dass man – unabhängig von den Publikationen in Polen – unseren Wissenschaftlern die Veröffentlichung in den Auslandszeitschriften anempfehlen muss [...] Auch persönliche Kontakte nützen viel mehr als das Lesen und Schreiben [...] In dieser Hinsicht sind die Amerikaner wahre Meister: ihre Dokumentarfilme, Zeichnungen, Diagramme, Tabellen sind erstaunlich demonstrativ. Wir müssen das von ihnen lernen. Erst wenn solche ‚Werbung' auf eine Arbeit aufmerksam gemacht hat, wird man sich mit ihr gründlich auseinandersetzen, sie analysieren, überprüfen und in ein dauerhaftes Inventar der Wissenschaft aufnehmen. Wie viele unserer Resultate verschwinden spurlos wegen der Unfähigkeit, sie zu präsentieren!"[40]

Diese Aussage passt zu Flecks Vorstellung vom wissenschaftlichen Dialog und Austausch, zu seiner Überzeugung von der Notwendigkeit der verständlichen Vermittlung der Forschungsresultate, etwas weniger zur polnischen Realität jener Jahre. Vielleicht spricht aus diesen Ausführungen die Hoffnung, die das politische „Tauwetter" in Polen erweckt hat. Im gleichen Jahr 1957 verlässt jedoch Fleck Polen. Im Oktober, als die regierungskritische Wochenzeitschrift „Po prostu" geschlossen und die Zensur wieder verschärft wird, ist er schon in Israel und ein Jahr später schreibt er an seine ehemalige Mitarbeiterin nach Warschau:

---

39 Wöchentliche Besprechungen und große Intensivität der wissenschaftlichen Arbeit scheinen ein Merkmal der frühen, von der Aufbruchstimmung gekennzeichneten Nachkriegszeit zu sein; ähnliche Berichte gibt es z.B. von den Schülern von Opieńska-Blauth, die sie aus den unveröffentlichten Manuskripten ihrer Schüler in ihren Erinnerungen zitiert.

40 *Ludwik Fleck*, Sprawozdanie z podróży naukowej, in: Postępy Wiedzy Medycznej 1957/4, S. 406-410.

„Basia, glaube nicht ans Tauwetter, verbrenne den Brief, fremden Menschen soll man nur Allgemeinplätze servieren."[41]

Flecks Arbeit in der Volksrepublik Polen blieb – wie vor dem Krieg[42] – praxisbezogen, wichtig ist das Experiment geblieben, die Prüfung der theoretischen Resultate in der Laborpraxis. Wie sich eine seiner Mitarbeiterinnen aus Lublin erinnert, war das von ihm organisierte Labor an der neuen Universität „damals wohl die einzige Laborstelle in Lublin, die neben didaktischer Arbeit und wissenschaftlicher Forschung auch bakteriologische Untersuchungen und Analysen für Kliniken und Krankenhäuser durchführte".[43] Auch sein Wechsel von Lublin nach Warschau war zugleich ein Wechsel von der Universität in ein Krankenhaus mit wissenschaftlichen Aufgaben. Intensiv blieb sein Einsatz für die Popularisierung der Wissenschaft: Fleck schreibt Artikel und Buchbesprechungen, versucht, die öffentliche Meinung in Fragen der Hygiene und medizinischer Aufklärung zu beeinflussen und kämpft gegen die Symptome der Abgestumpftheit und Passivität im sozialistischen Alltag:

> „Wir gehen gleichgültig neben Schmutz vorbei, wir gewöhnen uns an Wasserleitungen außer Betrieb, an kaputte Badezimmer, verstopfte, schreckliche Toiletten. Uns empört nicht, beleidigt nicht mehr Spucke auf dem Bürgersteig, ein nach Exkrementen stinkendes Haustor, Dreck an Bahnhöfen."[44]

Ewa Pleszczyńska erinnert sich, wie Fleck die Käfige der Labortiere kontrollierte. Einmal habe er während dieser Kontrolle festgestellt, dass der kleine Stall, in dem ein Schafbock untergebracht war, voll von Kot war. Fleck habe den für das Aufräumen verantwortlichen Herrn Dylon gerufen und ihn gefragt, was das zu bedeuten habe. Der Mann soll geantworetet haben, dass es doch normal

---

41 Schnelle-Archiv: B12/30. Brief von Ludwik Fleck an Barbara Narbutowicz.

42 Vor dem Krieg schrieb Fleck viele praxisorientierte Artikel z.B. über die Probenentnahme und Verschickung der Patientenproben an die Labors, über die Wichtigkeit der Laboranalysen, die von den unvorbereiteten Ärzten nicht durchgeführt werden sollten, über die Notwendigkeit der Zusammenarbeit zwischen den Analytikspezialisten und Ärzten bei der Diagnosestellung. Sein Privatlabor verband analytische und wissenschaftliche Tätigkeit. Eine Ärztin, Aniela Wolańska (Schnelle-Archiv: Dc 33) berichtet, dass er die Methode für Frühdiagnose der Schwangerschaft in seinem Labor einführen wollte - sie demonstrierte ihm das an den Mäusen.

43 Ewa Pleszczyńska im Brief an Justyna Górny vom 2.4.2003.

44 *Ludwik Fleck*, Rezension zu Kazimierza Ostrowskiego „O czarach, znachorach i lecznictwie" (Zauberei, Quacksalber und das Heilwesen), in: Trybuna Ludu, 27.3.1955, S. 6.

sei, dass ein Schafbock pisst. Darauf habe Fleck ganz außer sich dreimal gesagt: „Der Schafbock pisst und Dylon räumt auf!“[45] In dieser fast anekdotischen Reaktion spiegelt sich sein Widerwillen gegen Passivität und Nachlässigkeit wider.

Fleck bleibt nicht nur seinen medizinwissenschaftlichen Themen und Methoden, sondern auch seiner philosophischen Leidenschaft treu.[46] So wie er in Lemberg an philosophischen Diskussionen teilnahm und mit seinen Theorien mindestens zwei Debatten in wichtigen Zeitschriften auslöste,[47] so findet er auch nach dem Krieg schnell Anschluss an philosophische Kreise. Er soll engere Kontakte mit Narcyz Łubnicki gehabt haben, dem Gründer des philosophischen Institutes in Lublin.[48] Er wurde Mitglied der Philosophisch-Psychologischen Gesellschaft, in deren Berichten von 1946/1947 ein Referat von Fleck *Problem obserwacji naukowej* (*Das Problem der wissenschaftlichen Beobachtung*) und seine Wortmeldungen zu anderen Vorträgen, z.B. zum Vortrag *Psychologische Untersuchungen über ehemalige Gefangene der Konzentrationslager* von Prof.

45 Ewa Pleszczyńska im Brief an Justyna Górny vom 2.4.2003.

46 Ein Geheimnis bleibt wahrscheinlich, ob der zweite Band von Flecks Buch entstanden ist. Fleck berichtete 1957 für Trybuna Ludu (Nr. 93) „Ich muss mich zu noch etwas bekennen: ich beschäftige mich mit der Methodologie der Naturwissenschaften und bereite eine ausführliche Arbeit auf diesem Gebiet vor. Dies wird der zweite Band des Werkes, dessen ersten Band ich 1935 in der Schweiz herausgegeben habe.“ Die einzige Person, die das bis jetzt bestätigte, war Józef Parnas (im Gespräch mit Schnelle). Bis jetzt wurde kein Manuskript gefunden, Ernestyna Fleck wusste auch nichts von einer Fortsetzung. Diese Gerüchte verweisen darauf, dass sich Fleck von dieser Problematik nicht abgewendet hat. Und trotzdem veröffentlichte er philosophische Texte nur direkt nach dem Krieg (1946-48). Man könnte sagen, bei den zahlreichen Fachpublikationen muss das Fehlen anderer Texte nicht wundern. Vielleicht wäre es jedoch eine Untersuchung wert, ob sich nicht die Lage der Philosophie in der Volksrepublik Polen auf Flecks Schweigen auf dem philosophisch-wissenschaftstheoretischen Gebiet auswirkte. 1950 begann eine marxistische Offensive, viele Philosophieprofessoren durften nur Logik unterrichten, viele mussten die Universitäten verlassen. Erst 1956 hat sich die Situation etwas verändert, aber 1957 war Fleck schon in Israel.

47 Seine Polemik mit der Philosophin Izydora Dąmbska: *Ludwik Fleck*, „W sprawie artykułu pani Izydory Dąmbskiej“ (In der Angelegenheit des Artikels von Fr. Izydora Dąmbska in Przegląd Filozoficzny, Jg. 40, Heft III), in: Przegląd Filozoficzny 41 (1937), S. 192-195. Polemik mit Tadeusz Bilikiewicz: *Ludwik Fleck*, „Nauka a środowisko (Wissenschaft und Umwelt). In: Przegląd Współczesny 18 (1939), Heft 8/9, S. 149-156 und „Odpowiedź na uwagi Tadeusza Bilikiewicza“ (Antwort auf die Anmerkungen von Tadeusz Bilikiewicz). Ebenda, S. 168-174.

48 Schnelle-Archiv: Db 46 13.8.78. Józef Parnas im Gespräch mit Thomas Schnelle.

Tadeusz Tomaszewski vermerkt wurden. Fleck wies dort auf die oft vorkommende „sklavische“ Fügsamkeit der Häftlinge ihren Verfolgern gegenüber hin und meinte: „Ein Grundmittel dagegen wäre die Erziehung der Menschen im Gefühl der demokratischen Gleichheit.“[49] Damit das gelingt, müsste man Methoden erfinden, wie man der dieses Prinzip verletzenden Propaganda entgegenwirkt. Der Krieg und die Reflexionen über die Propaganda, die Diktatur und ihre Macht, über die Instrumentalisierung der Begriffe *Wirklichkeit* und *Wahrheit*, für die ihm das Leben in zwei Totalitarismen genug Stoff geliefert hat, bleiben in verschiedener Form, nicht immer direkt, präsent in Flecks Schriften. So ist es auch in zwei Artikeln aus der Nachkriegszeit, in denen er die aus seinem Buch bekannten Überlegungen zur Wissenschaft und Erkenntnis erörtert. Im Text *Wissenschaftstheoretische Probleme* (1946) beschreibt Fleck die Geburt des Fehlers aus gleichen Quellen wie die einer Entdeckung am Beispiel eines wissenschaftlichen Laienkollektivs im Konzentrationslager. Die Erfahrungen des 20. Jahrhunderts reden mit, wenn er sich im Artikel *Schauen, sehen, wissen* (1947) Gedanken über das Nebeneinanderexistieren und die Isoliertheit verschiedener – auch weltanschaulicher – „einzig richtiger“ Denkstile macht und ziemlich mutig für diese Zeit die Lehre von Rassen und Klassen in einem Atemzug nennt:

> „Wir schauen mit den eigenen Augen, aber wir sehen mit den Augen des Kollektivs Gestalten, deren Sinn und Bereich zulässiger Transpositionen das Kollektiv geschaffen hat. [...] Wenn durch den historischen Verlauf der Umstände zwei Kollektive zusammentreffen, die längere Zeit voneinander isoliert waren, erscheinen die Mitglieder einander als Wahnsinnige oder Lügner: ‚Wie kann man Rassen nicht sehen?‘ – ‚Wie kann man Klassen nicht sehen?‘ – ‚Wie kann man nicht die schlechten und guten Geister sehen, die an jeder Ecke erscheinen?‘ – ‚Wie kann man nicht die Gesetze der Natur sehen, die in jedem Phänomen erscheinen?‘“[50]

Der Soziologie des Denkens, die das Phänomen der Denkkollektive und Denkstile zu erforschen hat, die helfen sollte zu begreifen, warum die Menschen einander nicht verstehen und warum sie so anfällig für ideologisierte „Wahrheiten“ sind, stellt Fleck eine anspruchsvolle Aufgabe. Sie soll nicht nur das

---

49 Sprawozdanie z działalności Towarzystwa Filozoficznego i Psychologicznego w Lublinie w latach 1945-1947, Lublin 1948, S. 29.

50 *Ludwik Fleck*, „Patrzeć, widzieć, wiedzieć“ (Schauen, sehen, wissen), in: Problemy 1947, Heft 2, S. 74-84. Zitiert nach: *Ludwik Fleck*, Erfahrung und Tatsache, hrsg. von *Lothar Schäfer* und *Thomas Schnelle*, S.147-173. Hier S. 157-158.

intellektuelle Leben der Gesellschaft „rationell lenken", sondern auch die Masse gegen die Propaganda abhärten und dem Fanatismus entgegenwirken – ziemlich mutige Postulate in einem Staat, den man mit Hilfe massiver Propaganda gerade aufzubauen versuchte:

> „Statt einer Weltanschauung, die fortwährenden Veränderungen unterliegt und abhängig von Zeit und Ort ist, bietet sie eine Anschauung des Entstehungsmechanismus von Weltanschauungen. Statt dessen, was die Menschen teilt, zeigt sie ihnen das, was allen gemeinsam ist, was sie einander nähert."[51]

Mit diesen Überlegungen tritt Fleck als ein politischer Mensch auf, dessen Wissenschaftstheorie auch solche Mechanismen entlarvt, die für politische Analysen hilfreich sein könnten und in dieser Hinsicht noch genauer erforscht werden sollten. Das Problem der Propaganda und der Struktur der Weltanschauung tauchte in *Entstehung und Entwicklung einer wissenschaftlichen Tatsache* auf. In *Wissenschaft und Umwelt*, einem Text, der direkt vor dem Krieg erschien und in dem er sehr treffend die damalige Entwicklung charakterisierte, warnte er die Wissenschaftler, die es verweigern, über die sozialen Abhängigkeiten der Wissenschaft nachzudenken, dass die Politiker nicht zögern würden, sie für demagogische Ziele zu verwenden:

> „Die Tatsache der soziologischen, kollektiven Erkenntnisnatur hat man zuerst in die politische Parole des sozialen, klassenbedingten Wissens verwandelt, dann hat die konkurrierende politische Strömung den Geist des Volkes und der Rasse erschaffen, damit er Jahrhunderte hindurch den weltanschaulichen Mythos spinnt. Weil jedes Wissen von der Umwelt abhängig ist, müsse man den Prozess umdrehen: zur künstlich veränderten Umwelt müsse man ein entsprechendes Wissen schaffen. Es gebe ja sowieso keine objektive Wissenschaft! Man muss also schnell linke oder rechte, proletarische oder nationale Physik, Chemie usw. ‚machen'. Zu den politisch notwendigen, von vornherein angenommenen Ergebnissen werden wir die Beweise fabrizieren. Wir werden die Planwirtschaft der Gedanken einführen, die bürokratischen Zentren ersetzen das freie Schaffen, die Propaganda ersetzt das autonome Durchdringen der Gesellschaft."[52]

---

51 Ebenda, S. 173.

52 *Ludwik Fleck* (1939), Nauka a środowisko, S. 151.

Diese Warnung, dass die Wissenschaft es versäumt, die Mechanismen zu erkennen und zu erforschen, die die Politik, oft verbrecherisch, anwendet, wiederholt er am Ende seines Lebens. Im letzten philosophisch-wissenschaftstheoretischen Text *Krise und Wissenschaft. Zu einer freien und menschlicheren Naturwissenschaft* (1960 verfasst, zu seiner Lebzeit wollte niemand den Text veröffentlichen) reflektiert er über die Beziehung des Individuums zur Gemeinschaft, die blenden oder klarsehend machen kann:

> „Jeder Politiker und jeder Geschäftsmann weiß, daß die Propaganda, also das Erwecken der erwünschten gemeinschaftlichen Stimmung, grundlegend für jede gemeinschaftliche Tätigkeit ist. Die Wissenschaftler verkennen diesen Umstand – und werden sein Opfer."[53]

Und trotz aller seiner Erfahrungen verliert er nicht die Hoffnung: „Mit offenen Augen zur Propaganda zu stehen, macht das Subjekt gegen ihren Mißbrauch widerstandsfähig."[54]

Auch mit den Forschungsresultaten aus Ghetto und KZ, mit denen sich Fleck noch in Israel auseinandersetzt, kommt die Erinnerung an den Krieg immer wieder zurück. In dem Artikel *Zur Frage ärztlicher Experimente an Menschen* (1948) verdeutlicht Fleck die moralischen Gefahren, denen die Wissenschaft ausgesetzt ist – nicht nur in der Zeit des Krieges:

> „Noch ein Umstand spricht dafür: gefährliche Experimente an Menschen wurden seit langem durchgeführt und viele klassische Helden der modernen Medizin machten mehrmals solche Experimente. Sie machten sie an den farbigen Eingeborenen in den Kolonien, in stillen Waisenheimen, in geschlossenen Krankenhäusern für Wahnsinnige und Unheilbare, in Gefängnissen. Man redet nicht viel darüber, aber die Verteidiger von Hitlers Wissenschaftlern beriefen sich darauf. Und das ist nicht gut."[55]

---

53 *Ludwik Fleck*, Crisis in Science (Krise in der Wissenschaft), unveröffentlichtes Manuskript aus dem Nachlass. Zitiert nach: *Ludwik Fleck* (1983), Erfahrung und Tatsache, S. 175-180. Hier S. 180.

54 Ebenda, S. 180.

55 *Ludwik Fleck*, „W sprawie doświadczeń lekarskich na ludzich" (Zur Frage ärztlicher Experimente an Menschen), in: Polski Tygodnik Lekarski 3, Heft 35, 1948, S. 1052-1054. Als den ersten Grund für die Notwendigkeit einer Regulierung der Frage der Experimente an Menschen nennt Fleck die Stimmen, die für die nazistische Wissenschaft und Experimente an Menschen Verständnis aufbringen wollten. Er zitiert die Aussage eines englischen Arztes.

Seine Überlegungen zu diesem Thema wurden sicher u.a. dadurch angeregt, dass er Anfang 1948 als Sachverständiger im Prozess der IG-Farben nach Nürnberg berufen wurde. Fleck schien mit dieser Aufgabe Schwierigkeiten zu haben, was man aus der Antwort auf seinen Brief an den ersten Staatsanwalt des Höchsten Nationaltribunals schlussfolgern kann. In diesem Schreiben vom Dezember 1947 wird mahnend empfohlen:

> „Im Zusammenhang mit dem Schreiben des Genossen Professors vom 1.12.1947 möchte ich darauf hinweisen, dass meines Erachtens jeder Pole verpflichtet ist, zur Aufklärung der verbrecherischen Aktivitäten der deutschen Behörden beizutragen. Im Fall der IG Farbenindustrie ist die Präsentation entsprechenden Beweismaterials bezüglich der deutschen Verbrechen auf dem polnischen Territorium umso wesentlicher, als dieser Prozess eine internationale Bedeutung besitzt. Im Anschluss an das oben Gesagte, wenn Genosse Professor über Informationen über den Gegenstand der verbrecherischen Aktivitäten des Konzerns IG Farben im Konzentrationslager Auschwitz, insbesondere über Experimente an Menschen zwecks Testens neuer und ungeprüfter pharmazeutischer Präparate verfügt – bitte ich höflich, Ihr Einverständnis zu dieser Reise zu geben."[56]

In einem Brief an Ludwik Hirszfeld berichtet Fleck über seine Eindrücke aus dem Prozess. Er schreibt emotionsgeladen über den „Fall der deutschen Wissenschaft", über „Lügen und Feigheit" der Menschen, die ihre Taten leugneten: „Das ist so ekelhaft, dass ich ungeduldig darauf wartete, von dort wegzukommen, dieses arme Lublin erschien mir aus der Entfernung als eine Oase des Glücks."[57]

Besonders schmerzhaft holt ihn jedoch der Krieg nach seiner Ausreise im Jahr 1957 ein, als in Polen Kollaborationsvorwürfe gegen ihn verbreitet wurden.[58] Flecks Mithäftling aus Buchenwald, Bałachowski, behauptete im Buch von F. Bayle, *Croix Gamme contre Caducée*, 1950, Fleck habe zur Durchführung eines Experiments an den Häftlingen beigetragen und sich somit des Todes von mehreren Menschen schuldig gemacht. In den Briefen nach Polen schreibt Fleck, wie sehr ihn dieser „sinnlose, ignorante und böswillige Angriff"

---

56 Schnelle-Archiv: A 44/6. Brief von Pierwszy prokurator Najwyższego Trybunału Narodowego an Ludwik Fleck vom Dezember 1947.

57 Brief von Ludwik Fleck an Ludwik Hirszfeld, Lublin den 22.2.1948.

58 Er war nicht das einzige Opfer solcher Anklagen – auch sein Vorkriegsprofessor, ein weltberühmter Typhusspezialist, Rudolf Weigel wurde auf diese Weise verleumdet.

verletzt.[59] Er bekommt Briefe von seinen Freunden, u.a. von Prof. Groër, der ihm verspricht, alles für die Veröffentlichung seiner Erklärung in Polen zu tun. In dieser Erklärung zitiert Fleck verschiedene Zeugenaussagen und Dokumente, die Bałachowskis Vorwürfe absurd erscheinen lassen.[60] Seine Schrift endet mit den Worten: „Ich bin überzeugt, dass in Polen, wo ich über 50 Jahre verbracht habe, wo es viele Zeugen meines Aufenthaltes in Auschwitz gibt und einige meiner Zeit in Buchenwald, dieses Gerücht keinen Glauben finden wird."[61] Flecks Erklärung blieb unveröffentlicht.

In den Briefen an Narbutowicz, seine Lubliner und nachher Warschauer Assistentin, warnt Fleck mehrmals seine polnischen Freunde, dass ihnen Kontakte mit ihm als Emigranten und vermutlich als mit einem ausgewanderten Juden schaden könnten: „Ich kann nicht der offizielle Referent bei der Hauptkommission sein, das könnte Ihnen schaden, ein Emigrant, persona non grata"[62] oder „verbindet nicht euer Schicksal in jenem Land mit meiner Person. Zitiert mich nicht, tretet nicht als meine Schüler auf."[63] Andererseits, wie Józef Heller berichtet, blieb Fleck auch nach der Ausreise Auslandsmitglied von PAN, begutachtete mindestens eine Doktorarbeit. Um seine Ausreise aus Polen mehren sich Fragezeichen. Einige Umstände deuten auf persönliche Gründe hin. Kurz davor wurde bei ihm Krebs diagnostiziert, er befürchtete, bald zu sterben und seine Frau allein zu lassen: der Sohn ging schon 1947 nach Palästina, die restliche Familie kam während des Krieges ums Leben. Die Frage nach den Gründen von Flecks Ausreise scheint für viele seiner polnischen Mitarbeiter und Bekannten problematisch zu sein, als ob man einem Tabuthema zu nah treten würde. Die Annahme, Flecks Ausreise könne durch die antisemitische Stimmung dieser Jahre bedingt gewesen sein, wird kategorisch abgelehnt, gar nicht erwogen, interessanterweise auch nicht von denjenigen, die seine Entlassung 1935 aus der Staatlichen Versicherung in Lemberg auf die „antijüdische Säuberung"

---

59 Schnelle-Archiv: B12/18. Brief von Ludwik Fleck an Barbara Narbutowicz vom 14.6.1958.

60 Vgl. *Eugen Kogon*, Der SS-Staat. Das System der deutschen Konzentrationslager. Frankfurt am Main 1946. S. 134-135 und 140-141. *Klemens Barbarski*, „Sabotaż w ampułce" (Sabotage in der Ampulle), in: Przekrój 1947, Nr. 99. Gegen diese Vorwürfe spricht auch das Zeugnis von Prof. Robert Weitz, der auch in Buchenwald war, wie auch eine Danksagung vom Nürnberger Tribunal für die Zusammenarbeit.

61 Schnelle-Archiv: B12/25 Verteidigung von Ludwik Fleck gegen Kollaborationsvorwürfe.

62 Schnelle-Archiv, Brief von Ludwik Fleck an Barbara Narbutowicz vom 24.2.1958.

63 Schnelle-Archiv, Brief von Ludwik Fleck an Barbara Narbutowicz vom 16.12.1959.

zurückführen. Die Ursache solcher Reaktionen sollte man vielleicht darin suchen, dass die polnische Gesellschaft den Antisemitismus – besonders denjenigen während und nach dem Zweiten Weltkrieg – kaum aufgearbeitet hat. Die Verdrängung einer kollektiven Schuld macht eine Reflexion über die Vergangenheit ohne Emotionen unmöglich und man versucht durch eine kollektive Amnesie das Problem, mit dem man nicht zurecht kommt, aus der Welt zu schaffen. Bis heute werden in den Lebensläufen der Menschen, die Polen während einer der jüdischen Emigrationswellen verlassen haben, die Gründe der Ausreise verschwiegen. Charakteristisch ist, dass die Frage nach Flecks Judentum Beteuerungen über sein Polentum und seinen polnischen Patriotismus auslöst. Im Zeugnis der Ethik-Kommission, die Fleck zum Habilitationsverfahren zugelassen hat und die Hirszfeld leitete, stand: „In der Gefahr im Lager hat er Geistesstärke bewiesen und hat nie gegen die Würde eines Arztes und Polen verstoßen.“[64] Irena Rubaszko schrieb 1978: „Prof. Fleck war und fühlte sich als Pole, er war Sohn unseres Vaterlandes, obwohl Israel die Nationalgefühle von Prof. Fleck in einem etwas anderen Licht darstellt.“[65] Solche Aussagen, obwohl von Menschen gemacht, die Fleck schätzten und nicht antisemitisch gesinnt sind, zeugen paradoxerweise von der großen Lebendigkeit des antisemitischen Diskurses in Polen: es scheint weiterhin unmöglich zu sein, Flecks „doppelte“, jüdisch-polnische Identität anzuerkennen. Das Wort Jude, das Fleck neben dem Wort Pole in Bezug auf sich selber benutzte,[66] wird wohl zwischen den Zeilen als ein Schimpfwort gedeutet, das man Fleck nicht zumuten will. Im Kontext seiner Auswanderung gewinnt das noch eine besondere Bedeutung. Die Darstellung Flecks als eines polnischen Patrioten konnte gegen die kommunistische Propaganda gerichtet sein, die das Bild eines „kosmopolitischen, heimat- und wurzellosen“ Juden propagierte. Die Beteuerungen seines Polentums und seines Patriotismus erscheinen als eine Art Geleitschutz vor dem Vorwurf des Vaterlandsverrats.

All das führt dazu, dass seine Ausreise als eine vorwiegend persönliche Entscheidung gedeutet wird, was aber nur die halbe Wahrheit zu sein scheint. Im Informationsbulletin der Lubliner Abteilung der Polnischen Akademie der Wis-

---

64 http://www.pan-ol.lublin.pl/biul_2/fleck.htm

65 Schnelle-Archiv: Dc 70, 7.11.1978. Brief von Irena Rubaszko an Thomas Schnelle.

66 Mit dem Bekenntnis zu seinem Judentum begann er seine Vorlesungen in Lublin, er sehnte sich in Israel nach Polen, Polnisch blieb seine Sprache auch im Exil. Jellinek schreibt über diese doppelte Identität von Fleck: „LF ein typischer Ostjude – sich immer von Feinden verfolgt gefühlt, jeden Streit vermeidend.“ Bei der Befreiung habe er gesagt: „Ich bin Pole, will nur nach Hause.“ (Schnelle-Archiv: A 38/5).

senschaften aus dem Jahr 1998 wird sie folgendermaßen kommentiert: „Die Entscheidung, Polen für immer zu verlassen, war sehr schwierig. Schon vor der Ausreise wusste er, dass er sich nach dem Land, nach den Menschen, nach den Landschaften sehnen wird. Er war deprimiert.“[67] Hugon Kowarzyk behauptet: „Die Sehnsucht nach seinem Sohn war der einzige Grund, daß er nach Israel emigrierte, obwohl seine Stellung in Polen, insbesondere in der Polnischen Akademie der Wissenschaften, sehr vorteilhaft für ihn war.“[68] Diese Meinung teilen die meisten seiner Mitarbeiter. Außer Steinhaus weisen vor allem die ausgewanderten Juden aus seinem Bekanntenkreis – also diejenigen, die auch betroffen waren – auf antisemitische Vorfälle hin, die ihn zur Ausreise bewegen konnten. Józef Parnas, der nach 1968 ausgewandert ist, behauptet, Fleck habe 1952 schon Lublin wegen der antisemitischen Stimmung verlassen.[69] Gisa Dickmann, die mit Fleck in Lemberg im Labor der Staatlichen Versicherung arbeitete und 1949 nach Israel ausgewandert ist, behauptet in einem Gespräch mit Schnelle: „Er hörte, wie die Kinder in Lublin auf der Straße über ihn sagten: Das ist ein Jude, den haben die Deutschen nicht umgebracht. Warum nicht? Er fühlte sich damals nicht mehr als polnischer Patriot.“[70]

Die Auseinandersetzung mit den Gründen von Flecks Ausreise ist also dadurch erschwert, dass die jüdisch-polnische Zeitgeschichte noch nicht aufgearbeitet ist.[71] Einzelne jüdische Zeugnisse über die Nachkriegszeit werden erst

---

67 http://www.pan-ol.lublin.pl/biul_2/fleck.htm

68 Schnelle-Archiv: Dc 116. Brief von Hugon Kowarzyk vom Zakład Patofizjologii AM in Wrocław an Thomas Schnelle.

69 Schnelle-Archiv: Db 72. Brief von Jakub Parnas an Thomas Schnelle.

70 Schnelle-Archiv: Da 52. Gespräch mit Gisa Dickmann, durchgeführt von Thomas Schnelle.

71 Von großer Bedeutung für die Aufarbeitung des polnischen Antisemitismus waren die Diskussionen über das Buch von Jan Gross über den Mord an den Juden in Jedwabne. Sein Buch: Sąsiedzi. Historia zagłady żydowskiego miasteczka (Nachbarn. Geschichte der Vernichtung eines jüdischen Städtchens). Sejny 2000 (auf Deutsch: Nachbarn: der Mord an den Juden von Jedwabne, München 2001) löste eine heftige Debatte aus, auf deren Höhepunkt fast jeden Tag in allen Medien neue Stimmen und Stellungnahmen veröffentlicht wurden. Es ist unmöglich, die Debatte, in der ideologische und emotionelle Faktoren eine so große Rolle gespielt haben, an dieser Stelle zusammenzufassen. Es sei daher nur auf einige Veröffentlichungen verwiesen. Mit den Morden in Jedwabne haben sich Historiker und Staatsanwälte aus dem IPN (Instytut Pamięci Narodowej – Institut für Nationales Gedächtnis; Kommission für die Verfolgung der Verbrechen an der polnischen Nation) beschäftigt. Die Ermittlungen wurden eingestellt mit der Begründung, dass es nicht gelungen sei, die Täter zu finden. Die Ergebnisse dieser Arbeit wurden als das sog. Weißbuch veröffentlicht:

jetzt wahrgenommen. Allerdings ist es fraglich, ob man zu diesem Zeitpunkt über ihre Aufnahme ins kollektive Gedächtnis sprechen kann. Erschwert wurde dieser Prozess in Nachkriegspolen gewiss durch die Tatsache, dass die kommunistischen Regierungen den vorgefundenen Antisemitismus nach dem sowjetischen Muster als eine politische Waffe benutzten, also ihn noch schürten, die offizielle Geschichtsschreibung die jüdische Geschichte in Polen ausblendete und das Problem des Antisemitismus ein Tabuthema war.[72] Nach 1989 setzte die Rekonstruierung der jüdischen Vergangenheit des Landes ein, verbunden mit historischen Forschungen, mit dem Ziel, das Nicht-mehr-Existierende dem Vergessen zu entreißen.[73]

Bei Erwägungen über Flecks Ausreise darf man deshalb nicht vergessen, dass die Jahre 1955-56 einen parteigesteuerten Antisemitismus gebracht haben und damit die zweite der drei großen Ausreisewellen der Juden aus Polen. Für die politische Krise dieser Zeit wählte die Partei eine Lösung, für die sie einen Sündenbock brauchte: man benutzte das Argument der persönlichen Verantwortung für den Stalinismus und klagte die Angestellten des Sicherheits- und Propagandadienstes an – besonders ausdrücklich auf die Menschen jüdischer Abstammung hinweisend. Der antisemitische Impuls war 1956 so deutlich, dass

---

Paweł Machcewicz, Krzysztof Persak (Hg.): Wokół Jedwabnego (Um Jedwabne). Bd. 1: Studia (Studien), Bd. 2: Dokumenty (Dokumente). Warszawa 2002. Vgl. auch *Karol Sauerland*, Polen und Juden. Jedwabne und die Folgen, Berlin 2004 und *Anna Bikont*, My z Jedwabnego (Wir aus Jedwabne), Warszawa 2004. Zum Thema Antisemitismus in Polen vgl. auch: *Krystyna Kersten*, Polacy, Żydzi: anatomia półprawd 1939-68 (Polen, Juden. Anatomie der Halbwahrheiten), Warszawa 1992; *Jan Tomasz Gross*, Upiorna dekada: trzy eseje o stereotypach na temat Żydów, Polaków, Niemców i komunistów, 1939-1948 (Das gespenstische Jahrzehnt. Drei Essays zu Stereotypen über Juden, Polen, Deutsche und Kommunisten), Kraków, 1998.

72 Als Beispiel kann das Schicksal der Erinnerungen von Hugo Steinhaus dienen, die erst 2002 ohne Kürzungen veröffentlicht wurden.

73 Exemplarisch dafür sind Aktivitäten (Ausstellungen, Theatervorstellungen, Rekonstruktion der lokalen jüdischen Geschichte, Arbeit mit der Jugend und den Lehrern, die Versuche in künstlerischen Aktionen das Vernichtete präsent zu machen, die Spuren des Vergessenen zu entdecken) von Pogranicze aus Sejny und Brama Grodzka aus Lublin. Das sind Beispiele einer intensiven Auseinandersetzung mit Vergangenheit, Bewusstmachung des Verlustes. Auch gibt es viele Beispiele der kommerziellen Entdeckung der jüdischen Vergangenheit in Polen – wie z.B. unzählige Kneipen mit jüdischer Küche und Klezmermusik.

manche Intellektuelle, z.B. Leszek Kołakowski, öffentlich davor warnten.[74] Auch Hugo Steinhaus spricht in seinen Erinnerungen von wachsenden antisemitischen Stimmungen in Polen, die viele Juden, u.a. Flecks, auswandern ließen, wobei er deutlich die Verfolgung der Menschen aus Hirszfelds Umfeld suggeriert und auch andere Gründe nennt, die für die Ausreise sprachen:

> „Die neue Zeit hat eine neue Erscheinung mitgebracht: Antisemitismus. Im besten Fall beschränkt er sich auf die Schmiererei von Schmähungen an den Türen und telephonische Beschimpfungen, aber z.B. in Dzierżoniów haben die jüdischen Kinder Angst, ohne Eltern auf die Straße zu gehen, und Staatsbehörden haben der Delegation der Jüdischen Gemeinde geantwortet, dass sie keine Zeit für die Juden haben. Nach dem Vertrag mit der Sowjetunion kommen jede Woche Tausende von Menschen von den Sowjets nach Polen; die polnischen Juden, die dort auch seit zwei Generationen leben, haben keine Probleme mit der Ausreise – es ist eine antisemitische Aktion, dort schon sehr fortgeschritten. Die Befürchtung, dass diese Tendenz auch bei uns stärker wird, bewegt die große Mehrheit der Juden zur Emigration. Ausreisen möchten: Dr. Ludwik Fleck (...), Milgrom und Majski (Hirszfelds Schüler), Dekierkunst (aus Hirszfelds Institut, jetzt in Rokitnica), der Biologe Baer, Prof. Dobrot etc. Die polnischen Behörden machen keine Schwierigkeiten. Die Einfachheit der Ausreise, die wirtschaftliche Katastrophe des Landes, Angst vor dem Militärangriff der Sowjets, das sind Motive, die nicht weniger dafür sprechen, als diejenigen, die die meisten Emigranten nennen. Auch Palästinas Prosperität, die Möglichkeit, in die USA, nach Kanada oder Australien weiter zu reisen, spielen eine Rolle."[75]

Zu klären wäre auch die Rolle der israelischen Botschaft, die nach Marek Klingbergs Aussagen für die Ausreise der polnischen Juden warb und auch Fleck eine wichtige Position in Aussicht stellte und Versprechungen machte, die nachher – weil Fleck kein Hebräisch sprach – nicht so einfach zu erfüllen waren.

---

74 Leszek Kołakowski schrieb 1956 in einem kurzen Text über Antisemitismus: „Die elementare Voraussetzung der blutigen Judenpogrome, Schlächtereien und der Grausamkeit war immer eine gesellschaftliche emotionelle Stimmung, die den Antisemitismus duldete, auch wenn in einer ganz milden und verwässerten Form. Ein System der Diskriminierung und des Misstrauens, auch wenn sie harmlos erschienen, kumulierte überall dort, wo es nachher zum Verbrechen kam, Reservoire einer destruktiven gesellschaftlichen Energie, die die Verbrecher ernährten und züchteten." In: Antysemici. 5 tez nienowych i przestroga, „Po prostu" Nr. 22, S. 1, 7.

75 *Steinhaus* (2002), Wspomnienia, S. 466.

Nach der Ausreise verlor Fleck keinesfalls den Kontakt zu Polen. Er pflegte einen erstaunlich intensiven Briefwechsel mit seinen polnischen Freunden, nahm Anteil an den wissenschaftlichen Karrieren und dem Privatleben seiner Assistentinnen, erteilte Ratschläge für die interne Personalpolitik des Instituts und suggerierte Strategien, die das Überleben und die wissenschaftliche Arbeit in einer absurden Welt des Sozialismus ermöglichen sollten, schickte tonnenweise Orangen und Zitronen nach Polen, ließ sich polnische Bücher zuschicken. In seinen Berichten über Israel spürt man oft die Faszination durch das Exotische:

> „Das Land ist schön, das Wetter wunderbar, hübsche Blumen und Vögel. Das Institut, in dem wir arbeiten, steht in einem Orangenhain [...] Abends duftet es unglaublich. Am Himmel gibt es mehr Sterne als in Polen, weil die Luft viel klarer ist. Die Umrisse von Palmen und Kakteen, Schakale heulen. Ganz wie im Kino.“[76]

Dieses Exotische und Schöne blieb aber eine Herausforderung und etwas Fremdes, auch wenn er davon überzeugt war, dass die Ausreise die einzige richtige Entscheidung war:

> „Liebe Frau Basia, das Schicksal hat das Glück und die Ruhe nur den Toren und Lumpen bestimmt – mindestens in unseren Zeiten. Das sind übrigens interessante Zeiten, aber eben deshalb gibt es keine Ruhe, und das Glück muss man dem Schicksal abtrotzen. [...] Denken Sie nicht, dass ich ausgereist bin, um ein einfaches Leben zu suchen. Die Emigration in meinem Alter ist sehr schwierig.“[77]

Auch in dieser fremden Welt, in der er am Anfang nicht mehr der berühmte Prof. Fleck und durch die Krankheit geschwächt war, im Land, dessen Sprache ihm fremd geblieben ist,[78] scheint er seine Tatkraft nicht verloren zu haben:

> „Dieses Land hat seine Probleme. Offene, feindliche, immer gefährliche Grenzen. Die gemischte, mehrsprachige, nicht vereinte Bevölkerung. Der ständige Zufluss neuer Emigranten, oft sehr armen. [...] Der riesige Idealismus einerseits, schreckliche Selbstsucht demoralisierter Nichtsnutze andererseits. Die hier geborene Jugend versteht nicht, was eigentlich diese immer neuen, fremden, unbegreiflichen Ankömmlinge wollen.

---

76 Schnelle-Archiv: B 14/2. Brief von Ludwik Fleck an Ewa Pleszczyńska vom 3.1958.

77 Schnelle-Archiv: B 12/30 Brief von Ludwik Fleck an Barbara Narbutowicz vom 7.8.1959.

78 Fleck beschwerte sich oft über die Schwierigkeiten, die ihm Hebräisch bereitete, manche Referate in Israel hat er auf Polnisch gehalten.

> Das ist keine einfache Welt. Aber trotzdem fühlen wir uns hier gut. Schade nur, dass ich nicht jünger bin, ich könnte dann nützlicher sein. Denn hier kann man viel Gutes tun.“[79]

Wir haben versucht, aufgrund der uns zugänglichen Materialien einige Fleck-Bilder zu malen. Fleck als Wissenschaftler, als Philosoph, als ein polnischer Jude, als ein politischer Mensch in Nachkriegspolen und auch Fleck als ein Emigrant tauchte auf ihnen auf. Sie sind jedoch nur Skizzen, die man mit wieteren Details ergänzen muss, deren Hintergrund mit vielen weiteren Zusammenhängen erklärt werden müsste. Auch andere Bilder aus anderen Lebensphasen sind möglich. Ein Traum wäre eine Forschungsgruppe, die an Flecks Biographie in der Ukraine, Polen und Israel gemeinsam arbeiten würde.

Literatur

AAN (Archiv der Neuen Akten), sygn 690, Ministerstwo Oświaty w Warszawie, Gabinet Ministra, List do Ministra Oświaty z KUL Lublin 2.5.1949.

Aleksiun, Natalia, Dokąd dalej? Ruch syjonistyczny w Polsce (1944-1950). Warszawa 2002.

Anonym, „Wielkie odkrycia naukowe uczonego lubelskiego“, in: Sztandar Ludu, 1947.

Archiv der PAN in Warschau, Nachlass von Ludwik Hirszfeld: III-157, jedn. 109. Brief von Ludwik Fleck an Ludwik Hirszfeld, Krakau, den 14.10.1945.

Barbarski, Klemens, „Sabotaż w ampułce“ (Sabotage in der Ampulle), in: Przekrój 1947, Nr 99.

Biuletyn Informacyjny PAN Lublin: http://www.pan-ol.lublin.pl/biul_2/fleck.htm.

Buśko, Cezary u.a. (Hg.), Historia Wrocławia. Wrocław 2001, Bd. 1-3.

Fleck, Ludwik, „Crisis in Science“, in: *derselbe*, Erfahrung und Tatsache. Hrsg. von *Lothar Schäfer* und *Thomas Schnelle*. Frankfurt am Main 1983. S. 175-180.

Fleck, Ludwik, Erfahrung und Tatsache. Hrsg. von *Lothar Schäfer* und *Thomas Schnelle*. Frankfurt am Main 1983.

79 Schnelle-Archiv: B 12/32. Brief von Ludwik Fleck an Barbara Narbutowicz vom 9.11.1958.

Fleck, Ludwik, „Nauka a środowisko“ (Wissenschaft und Umwelt), in: Przegląd Współczesny 18 (1939), Heft 8/9, S. 149-156.

Fleck, Ludwik, „Patrzeć, widzieć, wiedzieć“ (Schauen, sehen, wissen), in: Problemy 1947, Heft 2, S. 74-84.

Fleck, Ludwik, Rezension zu Kazimierz Ostrowski „O czarach, znachorach i lecznictwie“ (Zauberei, Quacksalber und das Heilwesen), in: Trybuna Ludu, 27.3.1955, S. 6.

Fleck, Ludwik, „Sprawozdanie z podróży naukowej“, in: Postępy Wiedzy Medycznej 1957/4, S. 406-410.

Fleck, Ludwik, „W sprawie doświadczeń lekarskich na ludziach“ (Zur Frage ärztlicher Experimente an Menschen), in: Polski Tygodnik Lekarski 3, Heft 35, 1948, S. 1052-1054.

Fleck, Ludwik, Bericht für Trybuna Ludu, 1957 (Nr. 93).

Hirszfeld, Ludwik, Historia jednego życia (Geschichte eines Lebens), Warszawa 1967.

Kielanowski, Tadeusz, „My Meetings with Ludwik Fleck in Lublin During The Years 1945-1950“, in: Kwartalnik Historii Nauki i Techniki, Nr. 3-4, 1983, S. 583-587.

Kogon, Eugen, Der SS-Staat. Das System der deutschen Konzentrationslager. Frankfurt am Main 1946.

Kołakowski, Leszek, „Antysemici. 5 tez nienowych i przestroga“ (Antisemiten. 5 nicht neue Thesen und eine Warnung), in: Po prostu, Nr. 22, S. 1, 7.

Opieńska-Blauth, Janina, Drogi i spotkania. Lublin 1979.

Pleszczyńska, Ewa, Brief vom 2.4.2003 an Justyna Górny.

Ruchniewicz, Krzysztof, „Von Lemberg nach Breslau – eine Universität zwischen Tradition und Neubestimmung“, in: Orbis Linguarum 21, Wrocław-Legnica 2002, S. 9-11.

Schnelle-Archiv: A 38/5. Gespräch mit Walter Jellinek, durchgeführt von Thomas Schnelle.

Schnelle-Archiv: A 44/6. Brief von Pierwszy prokurator Najwyższego Trybunału Narodowego an Ludwik Fleck vom Dezember 1947.

Schnelle-Archiv: B 12/7. Brief von Ludwik Fleck an Barbara Narbutowicz vom 15.1.1960.

Schnelle-Archiv: B 12/18. Brief von Ludwik Fleck an Barbara Narbutowicz vom 14.6.1958.

Schnelle-Archiv: B 12/25. Verteidigung von Ludwik Fleck gegen Kollaborationsvorwürfe.

Schnelle-Archiv: B 12/30. Brief von Ludwik Fleck an Barbara Narbutowicz.

Schnelle-Archiv: B 12/32. Brief von Ludwik Fleck an Barbara Narbutowicz vom 9.11.1958.

Schnelle-Archiv: B 14/2. Brief von Ludwik Fleck an Ewa Pleszczyńska vom 3.1958.

Schnelle-Archiv: Da 52. Gespräch mit Gisa Dickmann, durchgeführt von Thomas Schnelle.

Schnelle-Archiv: Db 46 13.8.1978. Józef Parnas im Gespräch mit Thomas Schnelle.

Schnelle-Archiv: Db 72. Brief von Jakub Parnas an Thomas Schnelle.

Schnelle-Archiv: Dc 4. Prof. Janina Opieńska-Blauth an Schnelle, Brief vom 10.8.1983.

Schnelle-Archiv: Dc 70, 7.11.1978. Brief von Irena Rubaszko an Thomas Schnelle.

Schnelle-Archiv: Dc 116. Brief von Hugon Kowarzyk vom Zakład Patofizjologii AM in Wrocław an Thomas Schnelle.

Schnelle-Archiv: Brief von Ludwik Fleck an Barbara Narbutowicz vom 24.2.1958.

Schnelle-Archiv: Brief von Ludwik Fleck an Barbara Narbutowicz vom 16.12.1959.

Sprawozdanie z działalności Towarzystwa Filozoficznego i Psychologicznego w Lublinie w latach 1945-1947, Lublin 1948, S. 29.

Steinhaus, Hugo, Wspomnienia i zapiski. Wrocław 2002.

Śródka, Andrzej, Uczeni polscy XIX-XX stulecie, t.1-4, Warszawa 1998.

Thum, Gregor, Die fremde Stadt Breslau 1945. Berlin 2003.

Vom Denkstil zum Paradigma: Zum Schicksal einer unzeitgemäßen Einsicht

Gert-Rüdiger Wegmarshaus

Einleitung

Die Arbeit des polnischen Mediziners Ludwik Fleck „Entstehung und Entwicklung einer wissenschaftlichen Tatsache. Einführung in die Lehre vom Denkstil und Denkkollektiv" erschien in deutscher Sprache in einem kleinen Schweizer Verlag im Jahre 1935. Das Buch blieb damals weitgehend unbeachtet. Allerdings war die von Fleck entwickelte wissenschaftstheoretische Konzeption, in der soziologische Aspekte (die Betrachtung wissenschaftlicher „Denkkollektive", Forschergruppen) und wissenschaftstheoretische Aspekte (die Untersuchung bestimmter „Denkstile", konzeptioneller Denkmuster) in innovativer Weise zusammen geführt wurden, der etablierten Wissenschaftsforschung jener Zeit weit voraus. Flecks Ansatz wurde bekanntlich erst ein gutes Vierteljahrhundert später unter veränderten Voraussetzungen und Argumentationszusammenhängen durch den amerikanischen Wissenschaftshistoriker Thomas S. Kuhn wiederbegründet. Mit Kuhn setzte in der Wissenschaftsforschung die Abkehr vom wissenschaftstheoretischen Positivismus ein; es begann die Verabschiedung des Logischen Empirismus des Wiener Kreises. Ausgelöst durch die Arbeiten von Kuhn vollzog sich – unter Wiederbelebung des Ansatzes von Fleck – die Hinwendung zur Untersuchung der den Forschungsprozess bestimmenden sozialen und kommunikativen Interaktionen. In den Mittelpunkt rückte die Untersuchung der Erzeugung neuen Wissens in den jeweiligen spezifischen Laborsituationen und experimentellen Zusammenhängen. Kurzum, die Wissenschaftsforschung nach Kuhn veränderte ihren Fokus: Von der logischen Analyse der Geltung wissenschaftlichen Wissens hin zur Soziologie und Anthropologie der Wissensproduktion. Ludwik Flecks wissenschaftstheoretische Arbeiten der Zwischenkriegszeit können als frühe Vorboten einer erst in den 60er Jahren sich durchsetzenden postpositivistischen Wende der Wissenschaftsforschung angesehen werden.

Dieser Beitrag verfolgt zwei miteinander verbundene Ziele:

Erstens, die Erhellung der eigentümlichen Bedingungen von Rezeptions- und Wirkungsgeschichte der wissenschaftstheoretischen Arbeit Ludwik Flecks.

Zweitens, die Darstellung der von Fleck innovativ eingeführten wissenschaftstheoretischen Sichtweise in ihren spezifischen Denkvoraussetzungen und Begründungszusammenhängen.

1. Wissenschaftstheorie im 20. Jahrhundert – Kontinuitäten und Brüche

1.1. Rezeption und Wirkungsgeschichte der Konzeption von Ludwik Fleck.

Das Schicksal der Wissenschaftstheorie Ludwik Flecks belegt eindrucksvoll sowohl Forschungskontinuitäten und Beharrungstendenzen wie auch konzeptionelle Brüche und innovative Schübe in der Wissenschaftsforschung des 20. Jahrhunderts. Man darf sicher feststellen, dass in der ersten Hälfte des vorigen Jahrhunderts die Untersuchung von Wissenschaft unter philosophischen und erkenntnistheoretischen Prämissen stattfand, welche entweder dem forschenden Individuum und dessen erkenntnisbezogenen Unsicherheiten sich zuwandten oder aber welche die logischen und sprachlichen Begründungsmöglichkeiten für exaktes und verlässliches wissenschaftliches Wissen thematisierten. Wissenschaftsforschung in jener Zeit basierte also entweder auf Vorstellungen eines individual-sensualistischen Empirismus (*Ernst Mach, Richard Avenarius*: Empirio-Kritizismus, Empirio-Monismus) oder aber auf logisch- und sprachanalytischen Konzeptionen zur Fixierung wissenschaftlichen Wissens in Protokollsätzen. Dieser sprachlogische Ansatz verfolgte das Ziel, wissenschaftliches Wissen von metaphysischen Annahmen und philosophischen Spekulationen auf sichere Weise zu unterscheiden, pseudowissenschaftliche Aussagen als solche zu erkennen und aus der Wissenschaft zu entfernen (*Rudolf Carnap, Moritz Schlick, Hans Reichenbach*: Logischer Empirismus). Kurzum, es ging hierbei um ein Programm des wissenschaftstheoretischen Isolationismus, um einen wissenschaftslogischen Purismus, dem es angelegen war, eindeutige, exakte und dauerhaft verlässliche naturwissenschaftliche Welterkenntnis zu ermöglichen und den Einfluss metaphysischen, spekulativen Denkens auf die wissenschaftliche Forschung abzuwehren.

Vor dem Hintergrund dieses in den dreißiger Jahren des 20. Jahrhunderts vorherrschenden wissenschaftstheoretischen Mainstreams erscheint Ludwik Fleck als ein „Zu früh Gekommener". Seine Einsichten in den prozessualen Verlauf, in den vorläufigen, tastenden Charakter wissenschaftlichen Wissens, sowie in die genuin sozialen und kommunikativen Bedingungen der Formierung wissenschaftlicher Erkenntnis lagen quer zu dem vorherrschenden wissenschaftslogischen Forschungsprogramm; Flecks Einsichten fügten sich nicht in die damals praktizierte wissenschaftstheoretische Argumentationskultur. Das Diskussions- und Rezeptionsfeld war in West- und Mitteleuropa vom Logischen Empirismus des Wiener Kreises besetzt. In Polen spielte die Lemberger Tarski-Schule wissenschaftstheoretisch eine dominierende Rolle.[1] Aufgrund des vorherrschenden Einflusses von Logischem Positivismus und Kritischem Rationalismus blieben Flecks Ideen in der Wissenschaftsforschung der Zwischen- und Nachkriegszeit fast ohne Widerhall. Man darf vermuten, dass zumindest zwei wissenschaftsimmanente Ursachen zu der geringen Aufmerksamkeit für die Flecksche Wissenschaftskonzeption beitrugen: Erstens spielte, wie bereits gesagt, der wissenschaftstheoretische Mainstream des Wiener Kreises eine bedeutsame Rolle, da dessen Fokussierung auf die begründungslogischen Zusammenhänge wissenschaftlichen Wissens das Argumentationsfeld dominant besetzt hielt. Zweitens fügten die von Fleck durchgeführten biologie- und medizinhistorischen Fallstudien sich in gar keiner Weise in den allgemeinen wissenschaftstheoretischen Diskurs jener Jahre ein, in dem vornehmlich an den konzeptionell entscheidenden und das naturwissenschaftlich-kosmologische Weltbild umstürzenden Erkenntnissen der zeitgenössischen physikalischen Forschung argumentiert wurde: Im Mittelpunkt des wissenschaftstheoretischen Interesses standen damals die Relativitätstheorie und die Quantenmechanik.

Wissenschaftsexterne Faktoren, die für die schwache Rezeption der Fleckschen Thesen möglicherweise auch ursächlich waren, sind ebenfalls zu beachten. Die krisenhaften politisch-gesellschaftlichen Zustände im Europa der 30er Jahre dürften durchaus dazu beigetragen haben, dass die wissenssoziologischen Schriften von Fleck zu jener Zeit wenig Beachtung und kaum Verbreitung fanden. Allerdings ist es aus heutiger Sicht schwer abzuschätzen, wie groß der Einfluss gesellschaftlicher, politischer Umstände auf den Verlauf wissenschaftstheoretischer Debatten in jenen Jahren wirklich war. Daher dürfte es eine weitgehend offene Frage bleiben, ob und inwieweit diese allgemeinen Zeitumstände als eine weitere Ursache für die damals unterbliebene Fleck-Rezeption in Betracht kommen.[2]

---

1 Zur Rezeption der Arbeiten von Fleck in den wissenschaftstheroretischen Diskussionen der Schule von Lwów siehe: *Thomas Schnelle*, „Microbiology and Philosophy of Science, Lwów and the German Holocaust: Stations of a Life – Ludwik Fleck 1896-1961", in: *Cohen, Robert S. / Schnelle, Thomas*, Cognition and Fact. Materials on Ludwik Fleck. D. Reidel Publishing Company: Dordrecht, Boston, 1986, pp. 14-17. Ausführlich: *Schnelle, Thomas*, „Ludwik Fleck and the Influence of the Philosophy of Lwów", in: Ebenda, S. 231-266.

2 Lothar Schäfer und Thomas Schnelle machen in ihrer Einleitung zur Schrift von Fleck zwar plausibel geltend, dass die allgemeinen politischen Umstände nach der Machtergreifung der Nazis sowie die damit beginnende Vertreibung jüdischer Gelehrter aus

Fleck selbst hat in seiner wissenschaftstheoretischen Konzeption, in seinen wissenschaftshistorischen und -soziologischen Studien sehr schön gezeigt, wie außer- und vorwissenschaftliches Wissen in die einzelwissenschaftliche Begriffsbildung eingehen und wie sie zu Begriffsumformungen beitragen. Er hat glänzend demonstriert, wie soziale und kommunikative Interaktionen in den Fachgemeinschaften der Naturforscher neuartige Sichtweisen erzeugen und neues wissenschaftliches Wissen generieren. Fleck entwickelte eine klare Vorstellung von der Rolle der sozialen und kommunikativen Beziehungen bei der Genese und bei der Rezeption wissenschaftlicher Erkenntnis. Es ist daher nicht verwunderlich, dass die von Fleck anhand der Mikrobiologie und Serologie entwickelten wissenssoziologischen Einsichten ihre Geltung auch für seine eigenen Arbeiten unter Beweis stellten. Die Flecksche These der sozialen, kollektiven Bedingtheit wissenschaftlichen Wissens gilt daher, nicht in paradoxer Weise, sondern durchaus konsequent, auch für Fleck selbst, und zwar sowohl für dessen eigene geistige Produktion, wie auch für die Rezeption seiner Ideen in der wissenschaftlichen Gemeinschaft. Einerseits, hinsichtlich seiner wissenschaftlichen Produktion erscheint Ludwik Fleck als ein kenntnisreicher und engagierter Teilnehmer des Diskurszusammenhanges innerhalb der deutschen Wissens- und Wissenschaftssoziologie, das belegen seine Argumentationsmuster und die von ihm zu Rate gezogene Literatur. Somit bewegt Fleck sich in einem spezifischen, ihm sehr gut vertrauten Anregungs- und Argumentationszusammenhang. Andererseits, hinsichtlich der Rezeption von Flecks Arbeiten erweist sich wiederum die Wirkung des kommunikativen Feldes und des gruppenspezifischen Milieus als ausschlaggebend. Die zeitgenössische Rezeption Flecks scheiterte – in keiner Weise überraschend – an dem soziologischen Phänomen der intellektuellen Vorherrschaft der logisch-empiristischen Wissenschaftstheorie des Wiener Kreises und der in Fachdiskursen durchgesetzten Argumentationsmuster und Diskus-

Deutschland für eine Rezeption des Buches von Fleck im deutschen Sprachraum und darüber hinaus im europäischen Kulturraum ganz offensichtlich hinderlich gewesen sein dürften. Sicher muss man konstatieren, dass die mit der Nazi-Diktatur eingetretenen politischen Erschütterungen und die sich abzeichnende Kriegsgefahr den wissenschaftlichen Austausch generell beeinträchtigten. Gleichwohl lässt sich zeigen, dass in Naturwissenschaft und Philosophie wissenschaftliche Arbeitstreffen und kollegiale Debatten bis zum Kriegsausbruch – wenn auch mit gewissen Restriktionen – immer noch möglich waren und in Europa bis 1939 auch stattfanden. Belege dafür liefern in prominenter Weise die Tagungen und Konferenzen, auf denen die Grundlegungen der Quantenphysik diskutiert wurden. Vgl. *Fleck, Ludwik*, Entstehung und Entwicklung einer wissenschaftlichen Tatsache. Einführung in die Lehre vom Denkstil und Denkkollektiv. Mit einer Einleitung herausgegeben von Lothar Schäfer und Thomas Schnelle. Suhrkamp: Frankfurt/Main, 1980, S. VIII-IX, XLV-XLVI.

sionszusammenhänge. Fleck war sich über die Rückbezüglichkeit seiner Theorie für sein eigenes Schaffen und dessen Rezeptionsaussichten durchaus im Klaren.

1.2. Die Wiederentdeckung der Thesen von Fleck durch Thomas S. Kuhn – Die Wissenschaftsdominanz der USA und das verpasste „Deutsche Jahrhundert"

Die grundlegenden wissenschaftssoziologischen Ideen von Ludwik Fleck wurden bekanntlich eine Generation später durch den amerikanischen Wissenschaftshistoriker Thomas S. Kuhn erneut entwickelt und in dessen Monographie „Die Struktur wissenschaftlicher Revolutionen" 1962 einer fachwissenschaftlichen und publizistischen Öffentlichkeit vorgestellt. Die Rezeption dieser Arbeit begann zunächst durchaus verhalten, indessen stellte sich ziemlich rasch der bahnbrechende Erfolg dieses Textes ein: Thomas S. Kuhn avancierte zu einem der meistgelesenen und meistzitierten Wissenschaftshistoriker, dessen prägnante Begrifflichkeiten: „Paradigma", „Anomalie", „Paradigmenwechsel", „Scientific Community" einen dauerhaften Eingang in sozial- und politikwissenschaftliche Fachsprachen ebenso wie in die Alltagslexik fanden. Thomas Kuhn war es auch, der durch eine Randbemerkung auf die damals weithin vergessene wissenschaftstheoretische Schrift von Ludwik Fleck aufmerksam machte, indem er erstens deren konzeptionell originären Charakter hervorhob und zweitens deren neu zu entdeckende ideengeschichtliche Bedeutung betonte.

Der Umstand, dass gerade ein US-amerikanischer Wissenschaftshistoriker die grundlegenden Züge einer in der europäischen Zwischenkriegszeit quasi verschollenen, zum Zeitpunkt ihrer Entstehung aber überaus innovativen wissenssoziologischen Konzeption in seiner eigenen Forschung in den späten fünfziger Jahren wiederentdeckte, einer Konzeption, die von einem polnisch-jüdischen Mediziner und Mikrobiologen in deutscher Sprache verfasst worden war, erscheint aus heutiger Sicht nicht nur als bemerkenswert, sondern als überaus symptomatisch für eine tief gehende Verlagerung des Schwerpunktes wissenschaftlicher Forschungsaktivitäten von Europa nach Amerika. In den 20er und 30er Jahren waren die USA zwar bereits eine wirtschaftliche Weltmacht, und sie waren wissenschaftlich und technologisch Europa auf vielen Gebieten durchaus ebenbürtig. Aber Amerika war damals in Forschung und Innovation nicht generell führend. Die USA avancierten zur leistungsfähigsten Wissenschafts- und Technologiemacht erst im Zusammenhang mit dem Zweiten Weltkrieg. Der Zustrom von ins Exil getriebenen europäischen, zumal deutsch-jüdischen, Forschern und deren insgesamt erfolg- und ertragreiche akademische Integration bewirkten zusammen mit der atemberaubenden wirtschaftlichen Dynamik der

USA (New Deal, Kriegsproduktion, Wiederaufbau und Marshallplan) deren kolossalen wissenschaftlich-technologischen Aufstieg. Thomas Kuhn war nicht nur biographisch ein Kind jener Zeit, weit wichtiger ist: Kuhns Forschungsinteressen, seine wissenschaftshistorischen Arbeiten wurden geformt unter dem Einfluss groß angelegter wissenschaftlicher, technologischer und bildungspolitischer Programme (Kernkraft und Raketenbau, Genetik und Molekularbiologie, Computerbau und Kybernetik), die von führenden und weitblickenden Köpfen im amerikanischen Hochschul- und Forschungssystem initiiert worden waren, um den Vereinigten Staaten eine dauerhaft unanfechtbare Vorrangstellung in der Welt zu sichern. Die Bildungsprogramme der großen US-Universitäten leisteten ihren Beitrag dazu: Wissenschaftsgeschichte und Wissenschaftssoziologie waren ein integraler Bestandteil der Hochschullehre und der Doktorandenausbildung in Naturwissenschaften und Technik.[3] Die Untersuchung der sozialen und sozialpsychologischen Dimensionen wissenschaftlicher Forschung, die zunehmend arbeitsteilig-kooperative Züge annahm, war dabei ebenso wichtig wie die Beschäftigung mit geistesgeschichtlich bedeutsamen, das Weltbild prägenden wissenschaftlichen Umbrüchen. Die Erforschung der Wissenschaftsgeschichte wurde konzeptionell tragend für ein neues Wissenschaftsverständnis, das, den Imperativen der Zeit folgend, sich abwandte von der bloßen Befassung mit Begründungslogik (Logic of Justification) wissenschaftlicher Aussagen und sich verstärkt hinwandte zu einer Forschungslogik von Entdeckungen (Logic of Inquiry). In dieser wissenschaftspolitischen Konstellation und unter Förderung in einem Doktoranden- und Forschernetzwerk gelangte Kuhn zu seiner Konzeption wissenschaftlichen Wandels, in der die ursprünglichen wissenssoziologischen Ideen von Fleck in neuer terminologischer Gestalt und in anderen disziplinären Begründungszusammenhängen wieder aufscheinen.

Ludwik Fleck in seiner Zeit konnte demgegenüber nicht – wie Thomas Kuhn – sich auf ein eingespieltes intellektuelles und organisatorisches Netzwerk einer renommierten Graduate School verlassen. Fleck wirkte in seinem studierten Berufe als Mediziner und Mikrobiologe unter schwierigen professionellen und wissenschaftlichen Arbeitsbedingungen. Umso höher ist das ausgeprägte und dauerhafte erkenntnistheoretische und wissenschaftshistorische Forschungsinteresse zu werten, das Fleck neben seiner ärztlich-praktischen Arbeit dazu veranlasste,

---

3 Eine überragende Rolle für die amerikanische Spitzenforschung spielten die Wissenschaftsorganisatoren Warren Weaver und James Conant. Zu den strategischen Bildungsaktivitäten an den US-Universitäten siehe: *Conant, James Bryant,* Foreword, in: *Kuhn, Thomas S.,* The Copernican Revolution. Planetary Astronomy in the Development of Western Thought. Random House: New York, 1959, pp. IX-XII.

seine medizinische Fachkompetenz in die Ausarbeitung einer eigenen wissenssoziologischen Konzeption in profunder Weise einzubringen. Fleck verstand es glänzend, sein fachärztlich geschultes Wissen, seine weite medizinhistorische Bildung und seine Fähigkeiten als praktizierender Mediziner mit jenen wissenssoziologischen Ansätzen zu verbinden, die damals im deutschen Geistesraum aktuell in der Diskussion waren. Das Ergebnis war eine originäre Konzeption, welche die sozialen und kommunikativen Faktoren naturwissenschaftlicher Forschungstätigkeit erstmalig und grundlegend in den Blick nimmt.

Das Verdienst von Fleck kann in dieser Hinsicht gar nicht überschätzt werden. Hinzu kommt ein weiteres Moment. In den Arbeiten Flecks tritt die überragende Bedeutung interkultureller, interdisziplinärer Begegnung und wechselseitiger intellektueller Anregung deutlich zu Tage.

Fleck war in der polnischen Forschungslandschaft in angesehenen Positionen tätig. Zugleich war er auch im deutschen Wissenschafts-, Geistes- und Kulturraum zu Hause. Es scheint, dass das schwierige Schicksal der wissenschaftstheoretischen Arbeiten Flecks und mehr noch die tragischen persönlichen Lebensumstände Ludwik Flecks während der furchtbaren Nazidiktatur ein negativer Beleg sein können für eine These von Fritz Stern: Nach dem 16. Jahrhundert Spaniens, dem 17. Jahrhundert Hollands, dem 18. Jahrhundert Frankreichs und dem 19. Jahrhundert Englands hätte das 20. Jahrhundert eine Zeit wissenschaftlicher, kultureller und wirtschaftlicher Größe und Bedeutung Deutschlands werden können, basierend auf einer ökonomisch, kulturell-geistig und sprachlich abgesicherten deutschen Hegemonialposition in Mitteleuropa.[4] Ludwik Fleck war im deutschsprachigen Kulturraum wissenschaftlich, intellektuell zu Hause. Aber als Pole und als Jude hatte er nach 1939 von den Nazis nichts als den sicheren Tod zu erwarten. Auf wunderbare Weise überlebte er Krieg, Okkupation und Terror. Sein wissenschaftliches Werk und sein Lebensschicksal spiegeln eindrucksvoll, wie in einem Brennglas, den geistigen Reichtum des mitteleuropäischen Kulturraumes und dessen tragisches Ende: Flecks Wissenschaftstheorie belegt, welche großartigen schöpferischen, wissenschaftlichen Leistungen dank der interkulturellen Begegnung zwischen Deutschen, Polen und Juden in Europas Mitte für eine lange Zeit möglich waren. Mit der Naziherrschaft war es damit vorbei. So gesehen erfolgte die Wiederentdeckung der Thesen Flecks nach 1945 nicht zufällig in den USA. Amerikas Universitäten, im ausgehenden neunzehnten Jahrhun-

---

4 *Stern, Fritz,* „Die zweite Chance? Deutschland am Anfang und am Ende des Jahrhunderts", in: *Stern, Fritz,* Verspielte Größe. Essays zur deutschen Geschichte des 20. Jahrhunderts. C.H. Beck: München 1996, S. 11 ff.

dert unter Rückgriff auf die Vorstellungen Alexander von Humboldts reformiert, erwiesen sich nach dem Zweiten Weltkrieg als prosperierende Orte innovativer Forschung und interdisziplinärer Begegnung.

2. Der Zusammenhang zwischen Denkstil und Denkkollektiv bei Ludwik Fleck

Ludwik Fleck thematisiert in seiner Konzeption das Verhältnis von wissenschaftlicher Tatsache, Denkstil und Forscherkollektiv. Er untersucht diese Dreiecksbeziehung am Beispiel der Syphilisforschung. Dabei verwendet er sowohl älteres medizinhistorisches Material als auch moderne, zeitgenössische bakteriologische und serologische Vorgehensweisen und klinische Befunde zur Erforschung der Syphilis. Fleck will zeigen, dass wissenschaftliche Tatsachen nichts Feststehendes, nichts Unveränderliches sind. Er will nachweisen, dass wissenschaftliche Tatsachen, dass empirische Fakten in der Wissenschaft nicht als etwas unzweifelhaft Vorhandenes, schlichtweg Gegebenes anzusehen sind. Fleck versucht die landläufige Vorstellung zu erschüttern, dass Fakten sozusagen objektiv vorhanden sind und dass Fakten, wissenschaftliche Tatsachen daher das verlässliche, unerschütterliche Fundament aller Hypothesen- und Theoriebildung in der Forschung darstellen. Die Auffassung von der fraglosen Gegebenheit wissenschaftlicher Tatsachen ist allerdings weit verbreitet: Sie taucht im Alltagsdenken in der Form des häufig anzutreffenden naiven Realismus auf. Sie findet sich in Philosophie und Wissenschaftstheorie in dem positivistischen Credo, dass harte, belastbare, reproduzierbare experimentelle Fakten, kurzum dass „empirische Gegebenheiten“ die verlässliche, sichere Basis der wissenschaftlichen Welterkenntnis bilden.

Demgegenüber demonstriert Fleck anhand der Syphilisforschung, dass wissenschaftliche Tatsachen experimentell hergestellt und im sozialen kommunikativen Austausch zwischen den Wissenschaftlern erzeugt werden. Fleck bewegt sich in seiner Schrift argumentativ auf mehreren Ebenen:

Erstens argumentiert er begriffshistorisch: Er zeigt mit Blick auf die Syphilis, wie in der Medizingeschichte der jeweils maßgebliche Begriff der Krankheitseinheit (mystisch-ethische, empirisch-therapeutische, pathogenetische und ätiologische Dimensionen) die jeweilige Sichtweise auf die empirischen Fakten der Syphiliserkrankung bestimmten.

Zweitens argumentiert er soziologisch und wahrnehmungspsychologisch: Fleck stellt dar, wie ganz bestimmte Wahrnehmungsweisen in wissenschaftlichen Kollektiven erzeugt werden, wie die spezifischen Sichtweisen (geschultes

Schauen, Gestaltsehen), die einem ganzheitlichen Muster, einem jeweiligen „Stil" folgen, gelernt, weitergegeben und tradiert werden.

Drittens argumentiert Fleck unter Verweis auf experimentelle Techniken und Verfahren: Er legt plastisch dar, wie die Entwicklung und Anwendung bestimmter biologischer Verfahren (Züchtung von Zellkulturen, Durchführung serologischer Tests etc.) zur Herausbildung und Anerkennung jeweils spezifischer wissenschaftlicher Tatsachen, welche die Syphilis in je eigener Weise charakterisieren, geführt haben.

Die wissenschaftssoziologische Argumentation von Fleck beruht auf einer komplementären Verwendung der Begriffe „Denkstil" und „Denkkollektiv", beide verweisen aufeinander, beide sind nur in ihrer wechselseitigen Bezogenheit verständlich und argumentativ überzeugend.

Fleck definiert „Denkstil" wie folgt:

> „Der Denkstil besteht, wie jeder Stil, aus einer bestimmten Stimmung und der sie realisierenden Ausführung. Eine Stimmung hat zwei eng zusammenhängende Seiten: sie ist Bereitschaft für selektives Empfinden und für entsprechend gerichtetes Handeln. [...] Wir können also *Denkstil als gerichtetes Wahrnehmen, mit entsprechendem gedanklichen und sachlichen Verarbeiten des Wahrgenommenen, definieren.* Ihn charakterisieren gemeinsame Merkmale der Probleme, die ein Denkkollektiv interessieren; der Urteile, die es als evident betrachtet; der Methoden, die es als Erkenntnismittel anwendet."[5]

Das Denkkollektiv wird von Fleck als *„Gemeinschaft der Menschen, die im Gedankenaustausch oder in gedanklicher Wechselwirkung stehen"* definiert.[6] Für Fleck ist daher ausgemacht, dass wir *„in ihm den Träger geschichtlicher Entwicklung eines Denkgebietes, eines bestimmten Wissensbestandes und Kulturstandes, also eines besonderen Denkstiles"* besitzen.[7]

Bemerkenswert ist, wie Fleck in konsequenter Weise das Denkkollektiv, das für ihn der eigentliche Träger wissenschaftlicher Arbeit und des Erkenntnisforschrittes ist, verbindet mit dem Denkstil. Beide Begriffe verhalten sich spie-

---

5 *Fleck, Ludwik,* Entstehung und Entwicklung einer wissenschaftlichen Tatsache, a.a.O., S. 130.

6 Op. cit. S. 54.

7 Op. cit. S. 54/55.

gelbildlich, beide Sachverhalte sind komplementär und beide Definitionen verweisen aufeinander.

> „Obwohl das Denkkollektiv aus Individuen besteht, ist es nicht deren einfache Summe. Das Individuum hat nie, oder fast nie das Bewußtsein des kollektiven Denkstiles, der fast immer einen unbedingten Zwang auf sein Denken ausübt und gegen den ein Widerspruch einfach undenkbar ist. Das Vorhandensein des Denkstiles macht die Konstruktion des Begriffes ‚Denkkollektiv' notwendig und unentbehrlich."[8]

Allerdings sind Denkstil und Denkkollektiv für Fleck nicht nur ein begriffliches Paar: Im realen, wissenschaftlichen Forschungs- und Erkenntnisprozess bilden Denkstil und Denkkollektiv eine nicht auflösbare funktionale Einheit:

> „Den gemeinschaftlichen Träger des Denkstiles nennen wir: das Denkkollektiv. Dem Begriff des Denkkollektives, wie wir ihn als Untersuchungsmittel sozialer Bedingtheit des Denkens verwenden, kommt nicht der Wert einer fixen Gruppe oder Gesellschaftsklasse zu. Es ist sozusagen mehr funktioneller als substanzieller Begriff [...] Ein Denkkollektiv ist immer dann vorhanden, wenn zwei oder mehrere Menschen Gedanken austauschen: dies sind momentane, zufällige Denkkollektive, die jeden Augenblick entstehen und vergehen. Doch auch in ihnen stellt sich eine besondere Stimmung ein, der keiner der Teilnehmer sonst habhaft wird, die aber oft wiederkehrt, wenn die bestimmten Personen zusammenkommen."[9]

Unter wissenschaftstheoretischen Gesichtspunkten interessieren Fleck jedoch nicht die zufälligen Denkkollektive, die spontan im geistigen Austausch entstehen, sondern die stabilen, dauerhaften Denkkollektive, die sich mit besonders organisierten sozialen Gruppen bilden. Existieren diese über längere Zeiträume,

> „so fixiert sich der Denkstil und bekommt formale Struktur. Die realisierende Ausführung dominiert über die schöpferische Stimmung, die auf ein gewisses diszipliniertes, gleichmäßiges, diskretes Niveau sinkt. In dieser Situation befindet sich die gegenwärtige Wissenschaft als ein spezifisches denkkollektives Gebilde."[10]

---

8 Op. cit. S. 56/57.

9 Op. cit. S. 135.

10 Op. cit. S. 135/136.

Bei seiner Untersuchung von stabilen Denkkollektiven betont Fleck deren geistige Ganzheitlichkeit, deren intellektuelle Geschlossenheit und methodische Stabilität.

> „Solche stabile (oder verhältnismäßig stabile) Denkgemeinschaften pflegen, wie andere organisierte Gemeinden, eine gewisse formelle und inhaltliche Abgeschlossenheit. Gesetzliche und sittengemäße Einrichtungen, manchmal besondere Sprache, oder wenigstens besondere Worte und dergleichen, schließen formal, wenn auch nicht absolut bindend, die Denkgemeinde ab."[11]

Denkkollektive also treten für Fleck nicht nur als eigenständige, das Denken ihrer Mitglieder normierende Gemeinschaften auf, sondern sie erscheinen als in sich geschlossene, sogar als „hermetisch" abgeschlossene Gebilde, die die innewohnende Tendenz haben, sich zu verfestigen.

> „Die allgemeine Struktur des Denkkollektivs bringt es mit sich, *daß der intrakollektive Denkverkehr ipso sociologico facto – ohne Rücksicht auf den Inhalt und die logische Berechtigung – zur Bestärkung der Denkgebilde führt:* Vertrauen zu den Eingeweihten, deren Abhängigkeit von der öffentlichen Meinung, gedankliche Solidarität Gleichgestellter, die im Dienste derselben Idee stehen, sind gleichgerichtete soziale Kräfte, die eine gemeinsame besondere Stimmung schaffen und den Denkgebilden Solidität und Stilgemäßheit in immer stärkerem Maße verleihen."[12]

Denkkollektive üben auf ihre Mitglieder über den Denkstil intellektuellen Konformitätsdruck aus, sie erzwingen gleichgerichtetes intellektuelles Verhalten, sie normieren Problemsicht und Wahrnehmung, formieren das Denken der beteiligten Individuen. Dies gilt, wie Fleck am medizin- und biologiehistorischen Material zeigt, auch und besonders für die Naturwissenschaft.

> „Die organische Abgeschlossenheit jeder Denkgemeinde geht parallel einer stilgemäßen Beschränkung der zugelassenen Probleme: es müssen immer viele Probleme unbeachtet oder als unwichtig oder sinnlos abgewiesen werden. Auch die moderne Naturwissenschaft unterscheidet ‚wirkliche Probleme' von unnützen ‚Scheinproblemen'. Daraus entsteht spezi-

11 Op. cit. S. 136.

12 Op. cit. S. 140.

fische Wertung und charakteristische Intoleranz: gemeinsame Züge jeder abgeschlossenen Gemeinschaft."[13]

Der in den jeweiligen Wissenschaftlergemeinschaften akzeptierte und gepflegte Denkstil verleiht den experimentellen Fakten und den Beobachtungstatsachen ihre jeweilige, spezifische Bedeutung, mehr noch, er entscheidet darüber, was als Fakt, was als wissenschaftliche Tatsache angesehen wird und somit überhaupt als „real" in Erscheinung tritt. An dieser Stelle schließt sich der Kreis der wissenssoziologischen Argumentation beim Wissenschaftshistoriker Fleck: In der Wissenschaft existieren keine isolierten Fakten. Wissenschaftliche Tatsachen werden erzeugt in denkstilgebundenen Experimentier- und Diskussionsprozessen, welche mental und sozial-strukturell im Denkkollektiv verankert sind. Denken und Forschen sind für Fleck genuin soziale Tätigkeiten. Er verabschiedet die Vorstellung vom souveränen, isolierten, einzelnen Forscher als Fiktion; das Wissenschaftlerkollektiv denkt vermittels der in ihm tätigen, forschenden, agierenden Individuen. Der im Denkkollektiv vorhandene Denkstil entscheidet darüber, welche beobachtbaren Phänomene als wissenschaftliche Fakten anerkannt werden, welche Sachverhalte überhaupt wahrgenommen, gesehen werden. Daraus folgt, dass isolierte, für sich stehende Fakten nicht existieren. Fakten, wissenschaftliche Tatsachen werden gemeinschaftlich, denk-gemeinschaftlich verfertigt, sie werden von den beteiligten Forschern – dem geltenden Denkstil gemäß, dem Denkzwang folgend – anerkannt. In seiner Argumentation steht Fleck unter starkem Einfluss der deutschen Wissenssoziologie und Philosophie sowie der französischen Sozialanthropologie. Er stützt sich dabei insbesondere auf die Schriften von Scheler, Jerusalem und Levy-Brühl.[14] Allerdings erscheint Flecks wissenssoziologische Argumentation etwas überzogen. Fleck betont die prägende Rolle des Denkstiles für den einzelnen Wissenschaftler. Er beschreibt diese Rolle mit dem Wort „Denkzwang". Es entsteht der Eindruck, dass in Flecks Konzeption das Denkkollektiv als – zumindest tendenziell – hermetisch geschlossen angesehen wird. Wissenschaftler, als Mitglieder eines jeweiligen Denkkollektives, werden dargestellt als im Banne des jeweiligen Denkstiles stehend, als vollkommen im Einklang mit ihm agierend. Der Denkstil erscheint nicht schlichtweg als ein approbiertes Raster wissenschaftlicher Problemsicht, sondern, mehr noch, als ein Wahrnehmungsdruck und Denkzwang.

Flecks Betonung, dass wissenschaftliche Tatsachen keine isolierten, für sich stehenden, unverrückbaren Sachverhalte der Forschung bilden, steht in scharfer

13 Op. cit. S. 137.

14 Siehe: Op. cit. S. 61 ff.

Opposition zum wissenschaftslogischen Programm des Wiener Kreises. Bemerkenswert aber ist, dass die von Fleck vorgetragene wissenssoziologische Auffassung von der sozialen Verfertigung wissenschaftlicher Tatsachen offenkundige Parallelen zu der von John Dewey entwickelten pragmatistischen Konzeption wissenschaftlicher Forschung aufweist. Auch für Dewey sind wissenschaftliche Tatsachen nicht schlichtweg gegeben; sprechen wissenschaftliche Fakten nicht für sich. Diese erscheinen stets als eingebettet in eine Forschungssituation. Auch für Dewey erhalten Fakten ihre Signifikanz in einer spezifischen, erkenntnisorientierten Situation, die immer eine soziale Gegebenheit ist. In seiner „Logic: The Theory of Inquiry“ betont er, dass wissenschaftliche Fakten in einem „operationalen“, auf Erkenntnisgewinnung ausgerichteten situativen Zusammenhang stehen:

> „What is meant by calling facts operational? Upon the negative side what is meant is that they are not self-sufficient and complete in themselves. They are selected and described (...) for a purpose, namely statement of the problem involved in such a way that its material both indicates a meaning relevant to resolution of the difficulty and serves to test its worth and validity. In regulated inquiry facts are selected and arranged with the express intent of fulfilling this office. They are not merely results of operations of observation which are executed with the aid of bodily organs or auxiliary instruments of art, but they are the particular facts and kinds of facts that will link up with one another in the definite ways that are required to produce a definite end. [...] If ‚the facts of the case‘ were final and complete in themselves, if they did not have a special operative force in resolution of the problematic situation, they could not serve as evidence."[15]

Deweys zentraler erkenntnistheoretischer Begriff ist bekanntlich „the problematic situation“. Dieser Begriff erlaubt eine erfolgreiche Fokussierung der Epistemologie auf menschliches Handeln, auf Erkenntniszwecke, auf soziale Interaktionen. Auch für Dewey sind daher wissenschaftliche Erkenntnis und Forschung genuin soziale Prozesse, in denen empirische Fakten, wissenschaftliche Tatsachen ihre funktionale Einbettung in Erkenntnisinteressen, Erklärungszusammenhängen und menschlichem Handeln erfahren. Gleichzeitig aber umschifft Dewey mit seinem pragmatistischen Ansatz die gemeinschafts-idealistischen Klippen der Wissenssoziologie. Deweys Pragmatismus vermeidet die Vorstellung von kollektiv-soziologischem Denkzwang, von hermetischer Geschlossenheit der

---

15 *Hickman, Larry A. / Alexander, Thomas M.*, The Essential Dewey, Vol. 2. pp. 175.

Denkgemeinde. Ludwik Fleck war, wie seine Texte zeigen, mit den Schriften von Wilhelm Jerusalem gut vertraut, der ein großer Vermittler des amerikanischen Pragmatismus im deutschen Kulturraum war. Berührungspunkte mit Deweys Wissenschaftstheorie und Epistemologie hätte Fleck unzweifelhaft bemerken können; bekanntermaßen aber fand der Pragmatismus im deutschen Sprachraum der Zwischenkriegszeit keine große Aufmerksamkeit. Flecks Konzeption spiegelt den attraktiven Einfluss der deutschen Wissenssoziologie. Sein Verdienst, die Wissenssoziologie auf die „harte" Naturwissenschaft gewendet zu haben, bleibt groß und dauerhaft. Naturwissenschaft ist ein soziales Unterfangen zur gemeinschaftlichen, systematischen, methodisch organisierten, Problemlösung; zum „Puzzle-Solving", wie Thomas Kuhn ein halbes Menschenalter nach Ludwik Fleck formulierte.

Literatur

Carnap, Rudolf, Der logische Aufbau der Welt. Meiner: Hamburg 1966.

Carnap, Rudolf, The Unity of Science. Translated with an introduction by M. Black. Thoemmes: Bristol 1995.

Cohen, Robert S. / Schnelle, Thomas, Cognition and Fact. Materials on Ludwik Fleck. D. Reidel Publishing Company: Dordrecht, Boston 1986.

Conant, James Bryant, Foreword, in: *Kuhn, Thomas S.*, The Copernican Revolution. Planetary Astronomy in the Development of Western Thought. Random House: New York 1959, S. IX-XII.

Dewey, John, The Quest for Certainty. A Study of the Relation of Knowledge and Action. Gifford Lectures 1929. G.P.Putnam's Sons: New York 1960.

Fleck, Ludwik, Entstehung und Entwicklung einer wissenschaftlichen Tatsache. Einführung in die Lehre vom Denkstil und Denkkollektiv. Mit einer Einleitung herausgegeben von Lothar Schäfer und Thomas Schnelle. Suhrkamp: Frankfurt am Main 1980.

Fleck, Ludwik, „Scientific Observations and Perceptions in General", in: *Cohen, Robert S. / Schnelle, Thomas,* Cognition and Fact. Materials on Ludwik Fleck. D. Reidel Publishing Company: Dordrecht, Boston 1986, S. 59-78.

Fleck, Ludwik, „The Problem of Epistemology", in: *Cohen, Robert S. / Schnelle, Thomas,* Cognition and Fact. Materials on Ludwik Fleck. D. Reidel Publishing Company: Dordrecht, Boston 1986, S. 79-112.

Giedymin, Jerzy, „Polish Philosophy in the Inter-War Period and Ludwik Fleck's Theory of Thought-Styles and Thought-Collectives“, in: *Cohen, Robert S. / Schnelle, Thomas,* Cognition and Fact. Materials on Ludwik Fleck. D. Reidel Publishing Company: Dordrecht, Boston 1986, S. 179-216.

Hickman, Larry A. / Alexander, Thomas M., The Essential Dewey. Volume II. Ethics, Logic, Psychology. Indiana University Press: Bloomigton 1998.

Kuhn, Thomas S., Die Struktur wissenschaftlicher Revolutionen. Suhrkamp: Frankfurt am Main 1973.

Kuhn, Thomas, S., The Copernican Revolution. Planetary Astronomy in the Development of Western Thought. Random House: New York 1959.

Mach, Ernst, Erkenntnis und Irrtum: Skizzen zur Psychologie der Forschung. Wissenschaftliche Buchgesellschaft: Darmstadt 1968.

Mach, Ernst, Die Analyse der Empfindungen und das Verhältnis des Physischen zum Psychischen. Fischer: Jena 1919.

Popper, Karl, Logik der Forschung. Mohr: Tübingen 1969.

Reichenbach, Hans, Philosophie der Raum-Zeit-Lehre. De Gruyter: Berlin, Leipzig 1928.

Schlick, Moritz, Raum und Zeit in der gegenwärtigen Physik: Zur Einführung in das Verständnis der Relativitäts- und Gravitationstheorie. Springer: Berlin 1922.

Schlick, Moritz, General Theory of Knowledge. With an introduction by A. E. Blumberg and H. Feigl; translated by Albert E. Blumberg. Springer: Wien, New York 1974.

Schnelle, Thomas, „Microbiology and Philosophy of Science, Lwów and the German Holocaust: Stations of a Life – Ludwik Fleck 1896-1961“, in: *Cohen, Robert S. / Schnelle, Thomas,* Cognition and Fact. Materials on Ludwik Fleck. D. Reidel Publishing Company: Dordrecht, Boston 1986, S. 3-38.

Schnelle, Thomas, „Ludwik Fleck and the Influence of the Philosophy of Lwów“, in: *Cohen, Robert S. / Schnelle, Thomas,* Cognition and Fact. Materials on Ludwik Fleck. D. Reidel Publishing Company: Dordrecht, Boston 1986, S. 231-266.

Stern, Fritz, „Die zweite Chance? Deutschland am Anfang und am Ende des Jahrhunderts“, in: *Stern, Fritz,* Verspielte Größe. Essays zur deutschen Geschichte des 20. Jahrhunderts. C.H. Beck: München 1996, S. 11-36.

Ludwik Flecks unerwünschter soziologischer Blick

Karol Sauerland

Man hat den Eindruck, dass eine Fleckforschung zu entstehen beginnt, deren Ehrgeiz es ist, seine Arbeiten einem bestimmten Wissenschaftskonzept zuzuordnen und ihn in ein konkretes Denkkollektiv einzubetten. Das ist möglich, doch droht damit, dass die Besonderheit seiner Ideen verdeckt wird, auf die er eher durch Zufälle und durch Eigenwillen gekommen ist. Ein solcher Zufall war wahrscheinlich die Aufforderung, in der Lemberger Gesellschaft der Freunde der Geschichte der Medizin einen Vortrag zu halten. Er erschien 1927 unter dem Titel „O niektórych swoistych cechach myślenia lekarskiego“ in einer polnischen Zeitschrift.[1] Fleck spricht hier vom ärztlichen Denken, das er dem wissenschaftlichen entgegensetzt. Während man in den Wissenschaften nach festen Gattungsmerkmalen und Gesetzen sucht, hat es der praktizierende Arzt in erster Linie mit Besonderheiten, „nicht typischen, nicht normalen“ Erscheinungen zu tun.[2] Zwar möchte er gern die Krankheitssymptome mit einem Namen versehen, um die Krankheit routinehaft zu bekämpfen, aber wenn er ein guter, nicht einer übertriebenen Logik verfallener Arzt ist, weiß er, dass er mit dem Namen keineswegs „den ganzen Reichtum“ der „individuellen Krankheitsmerkmale“ erfasst hat.[3] Die Fiktivität eines Gattungsbegriffs sei in der Medizin bedeutend größer als in anderen Wissensbereichen, denn der Arzt habe es nicht nur mit einem je anderen Individuum, sondern auch mit einem je anderen Krankheitsverlauf zu tun. Er versucht zwar, einen Kausalzusammenhang aufzudecken, aber er kann seiner Sache nie sicher sein. Ohne Intuition kommt er nicht aus.

Das alles klingt plausibel – so ist es nun einmal in der Medizin. Jedoch ist ein wissenschaftstheoretisch geschulter Kopf entsetzt. Er muss von Fleck vernehmen, dass man bei der Behandlung von Krankheiten von einem „konsequenten

---

1 In deutscher Sprache erschienen unter dem Titel „Über einige besondere Merkmale des ärztlichen Denkens“, in: *Ludwik Fleck*, Erfahrung und Tatsache. Gesammelte Aufsätze. Mit einer Einleitung herausgegeben von *Lothar Schäfer* und *Thomas Schnelle*, Frankfurt am Main 1983, S. 37-45.

2 Ebd. S. 37.

3 Ebd. S. 40.

Denkstandpunkt“ zurücktreten müsse, denn Krankheitsphänomene seien „irrational als Ganzes, rational im Einzelnen“.[4]

Streng genommen wäre – könnte man hinzufügen – ein solcher Denkstandpunkt auch in vielen anderen Wissensbereichen angebracht, denn wo gibt es schon die fest voraussehbaren Ereignisketten. Fleck lässt diesen Schluss jedoch bewusst offen. Er berichtet erst einmal über seine eigenen Erfahrungen, deren Besonderheit ihn sehr zu beschäftigen scheint.

In seinem nächsten theoretischen Aufsatz, den er 1929 auf Deutsch veröffentlichte, drehte er alles um. Wir sind nicht imstande, intuitiv, behutsam unter Vermeidung von fertigen Schablonen, von Gattungsnamen, vorzugehen, denn unsere Bemühungen um Erkenntnis sind sozial vorgeprägt. Beim Erkennen bringt der Erkennende sich selber ein, so dass wir nie sicher sein können, ob wir den Erkenntnisgegenstand nicht umgeformt haben. „Beobachten, Erkennen ist immer ein Abtasten, also wörtlich Umformen des Erkenntnisgegenstandes“, konstatiert Fleck.[5] Allerdings könnten die Naturwissenschaften ihre Abhängigkeit sowohl von der Zeit wie auch den Umständen minimieren, wenn sie demokratisch vorgingen, d.h. die Informationen kursieren ließen, und wenn sie den Glauben aufgeben würden, Fertiges hervorzubringen. Wissensaneignung und Wissensvermittlung müssen als ein dynamischer Prozess in einem breiten Kontext aufgefasst werden. Fleck gebraucht das Bild eines Stromes, der sein Bett formt und zu keinem Ende kommt.

Das Erlernen von Sehen treibt Fleck offensichtlich um, was nur zu gut verständlich ist: tagtäglich sitzt er in seinem privaten Laboratorium und beobachtet mit dem Mikroskop die verschiedensten Blutproben und Bakterienkulturen mit professionellem Blick, aber stets voller Zweifel. Gleichzeitig musste er auch andere, vor allem Hilfskräfte, schulen, um ihnen das Sehen beizubringen, d.h. die „Fähigkeit, bestimmte Gestalten wahrzunehmen“. Dazu braucht man, wie Fleck es nennt, eine „spezifische Denkbereitschaft“, denn man muss von den vielen Möglichkeiten, andere Gestalten als die erforderliche zu sehen, abstrahieren können.[6]

Fleck scheint an die vielen Mikrobiologen zu denken, die alle herauszufinden suchen, wie man mit Hilfe mikroskopischer Beobachtungen und Berechnungen unter Anwendung der sich entwickelnden Wahrscheinlichkeitslehre (hierher ge-

4 Ebd. S. 42.

5 Ebd. S. 53.

6 Siehe ebd. S. 62.

hört die Zusammenarbeit mit dem Mathematiker Hugo Steinhaus)[7] eine Krankheitserscheinung bestimmen kann. Hierbei wird ein bestimmter Denkstil entwickelt, der sich von anderen Denkstilen unterscheidet. Die Mikrobiologen und auch Bakteriologen bilden in dieser Hinsicht ein Denkkollektiv, ohne einander zu kennen. Sie verbindet aber ein gemeinsamer Denkstil.

Fleck arbeitet jedoch nicht nur im Laboratorium, sondern studiert auch emsig Medizingeschichte, wahrscheinlich inspiriert durch die Mitarbeit in der Gesellschaft, in der er 1926 seinen Vortrag über ärztliches Denken gehalten hatte. Er geht verschiedenen Fragen nach: wie entsteht überhaupt der Begriff einer Krankheitseinheit, wie verändert er sich, welche praktischen, ideellen und sozialen Voraussetzungen müssen dafür erfüllt sein? – um nur einige zu nennen.

Als eine solche Krankheitseinheit wurde relativ früh die Syphilis aus anderen Krankheiten ausgesondert. Entscheidend dafür war nach Fleck, dass sich die Astrologie und die Kirche der angeblichen Ursachen ihrer Verbreitung annahmen, wie er in seinem grundlegenden Werk *Entstehung und Entwicklung einer wissenschaftlichen Tatsache. Einführung in die Lehre vom Denkstil und Denkkollektiv* ausführt[8]. Sie schufen die „sozialpsychische Stimmung" dafür,[9] dass man diese eine unter anderen seuchenartig verbreiteten Krankheiten hervorhob. An die Herausbildung eines naturwissenschaftlichen, pathogenetischen Syphilisbegriffs war damals noch nicht zu denken. Dazu fehlte es an den entsprechenden kulturhistorischen Bedingungen, wie Fleck unterstreicht. Die Anwendung von Quecksilber führte keineswegs zu einer Differenzierung der Geschlechtskrankheiten nach solchen, die auf Quecksilber reagieren, und solchen, deren Zustand sich bei der Behandlung durch dieses Metall verschlechtert. Erst die Entdeckung der Wassermann-Reaktion brachte eine Wende. Es war eine „epochemachende Tat".[10] Der Syphilis wurden nun gewisse Grenzen gesetzt, „hauptsächlich im Bereiche des sekundären und tertiären Stadiums [...]".[11] Später kamen die bakteriologischen Entdeckungen hinzu, doch diese schufen wiederum neue Ungewissheiten, denn die Anwesenheit von Bakterien bedeutet noch keineswegs, dass eine

7 1939 sollten zwei gemeinsame Artikel veröffentlicht werden (siehe die bibliographischen Angaben in: *Ludwik Fleck*, Erfahrung und Tatsache, a.a.O., S. 186).

8 Hrsg. von *Lothar Schäfer* und *Thomas Schnelle*, Frankfurt am Main 1980.

9 Ebd. S. 5.

10 Ebd. S. 22.

11 Ebd.

Krankheit entstehen muss.[12] Der Erregergedanke verliert „seine zur klassischen Zeit der Bakteriologie alleinherrschende Bedeutung“ oder anders ausgedrückt: „Der Syphiliserregergedanke führt in die Ungewißheit des bakteriologischen Artbegriffes und wird an dessen Schicksalen teilhaben“.[13] Das Kapitel „Wie der heutige Syphilisbegriff entstand“ endet Fleck mit der Feststellung, dass die Begriffsbildung keineswegs abgeschlossen sei und der derzeitige Begriff „an allen Entdeckungen und Neuerungen der Pathologie, der Mikrobiologie und der Seuchenlehre“ teilnehmen wird.[14] Es seien damit neue Probleme und Wissensgebiete entstanden, „so daß eigentlich gar nichts abgeschlossen wurde“, wie es im letzten Satz des Kapitels heißt.[15]

Nach Fleck ist selbst der Begriff Krankheitseinheit ein gewordener, das „Ergebnis einer Entwicklung“, keineswegs ein natürlicher. Man könnte auch „andersartige Krankheitseinteilungen“ einführen und ohne diesen Begriff auskommen. Man spräche dann „nur von verschiedenen Symptomen und Zuständen, von verschiedenen Kranken und Zufällen“.[16] Das wäre nicht einmal unpraktisch, „da doch immer die verschiedenen Formen und Stadien, wie auch die verschiedenen Kranken und Konstitutionen anders zu behandeln sind“.[17] Diese Bemerkung Flecks sollte man mit derjenigen, die er in einer Fußnote in einem etwas anderen Zusammenhang macht, in Beziehung setzen: „Es existieren realerweise keine Krankheiten, sondern nur kranke Menschen“.[18] Wenn man dies sehr wörtlich nimmt, wäre vom Arzt eine absolut individuelle Herangehensweise an den Kranken zu erwarten. Doch ist das schon deswegen unmöglich, weil es in diesem Falle kaum eine einheitliche Kommunikation zwischen den Ärzten geben würde. Es würde das Denkkollektiv fehlen, das nach Fleck für jede Erkenntnis entscheidend ist.

Unter Denkkollektiv versteht Fleck eine „Gemeinschaft der Menschen, die im Gedankenaustausch oder in gedanklicher Wechselwirkung stehen [...]“.[19] Ein Denkkollektiv können bereits zwei Personen darstellen, wenn sie viel miteinan-

12 „Mit Kranksein ist das Vorkommen eines Mikroorganismus also nicht identisch [...]“ (ebd., S. 27).

13 Ebd. S. 28.

14 Ebd.

15 Ebd. S. 29.

16 Ebd. S. 32 f.

17 Ebd. S. 33.

18 Ebd. S. 34.

19 Ebd. S. 54.

der über bestimmte Probleme debattieren. Das Kollektiv würde sich jedoch verändern, wenn eine dritte Person hinzukäme. Insgesamt geht es Fleck aber um eine Gruppe von Menschen, die gewisse Probleme oder Interessen verbinden. Diese bilden ein Denkkollektiv, was nicht ausschließt, dass jeder Einzelne auch anderen Denkkollektiven angehören kann.[20]

Denkkollektive zeichnen sich durch einen bestimmten Denkstil aus, dessen sich die Mitglieder im Allgemeinen nicht bewusst sind. Vom herrschenden Denkstil hängt es ab, ob eine Erkenntnis als solche anerkannt wird oder nicht. Alles Erkennen und Denken ist sozial, vor allem durch die Sprache, aber auch durch andere Faktoren des gemeinsamen Wirkens. Eine zeitlose oder überzeitliche Erfahrung, zeitloses Denken gibt es nicht. Daher lässt sich die Idee, dass die Menschheit schon immer in bestimmten Kategorien der Logik oder anderer übergeordneter Systeme gedacht und gehandelt hat, nicht aufrechterhalten. Aber auch Meinungen, dass einst, in sogenannten primitiven Gesellschaften falsch gedacht worden sei, seien nicht haltbar. Die Mitglieder dieser Gesellschaften haben die Welt einfach anders gesehen und sind mit ihren Sichtweisen sogar zurecht gekommen. Auch sie haben Menschen geheilt und Erkenntnisse gewonnen, mit deren Hilfe sie die Welt erklärten. Ihre Denkweisen haben sich zum Teil in unserem Unterbewusstsein erhalten und, wie Fleck zeigt, zu modernen Erfindungen beigetragen.

Nach Fleck ist es unmöglich, Tatsachen zu artikulieren, die nicht im jeweiligen Denkstil des Denkkollektivs ausgedrückt sind. Da es verschiedene Denkkollektive und verschiedene Denkstile gibt, entsteht die Frage nach der Übersetzung des einen in den anderen. Prinzipiell sei die Abgrenzung, die Denkkollektive gegeneinander vornehmen, größer als eine gegenseitige Durchdringung; doch wenn sie sich relativ ähnlich ausdrücken, müsste eine Übersetzung möglich sein. Es kommt dann zu einem „interkollektiven Denkverkehr".[21] Hierbei verändert sich allerdings zumeist die Bedeutung des jeweiligen Begriffs. Jedes Kollektiv ordnet ihn in anderer Weise in seinen Denkstil ein.

Fleck begibt sich in seinem Buch von 1935 insgesamt auf ein Gebiet, das damals nur in Ansätzen ausgebildet war: das der Kulturwissenschaften. Nicht allein Flecks Feststellung, dass jeder Weg zu einer Lehre „kulturbedingt" sei und dass es in der Naturwissenschaft „gleichwie in der Kunst und im Leben" keine „andere Naturtreue als Kulturtreue" gebe, lässt das erkennen, sondern auch seine

---

20 Siehe ebd. S. 61.

21 Ebd. S. 142.

Erörterungen über Denkstil, Denkstimmung, Denkzwang, über die Herausbildung von sogenannten wissenschaftlichen Tatsachen, d.h. zu der Frage, wann etwas als solche zu funktionieren beginnt, zeugen davon.

Thomas Schnelle hat in seiner äußerst wertvollen, leider zu wenig beachteten Arbeit über Fleck versucht, diesen einem Denkkollektiv zuzuordnen. Es sei in Lemberg zu suchen, wo Kazimierz Twardowski, Kazimierz Ajdukiewicz und Leon Chwistek wirkten. Von jedem habe Fleck gewisse Fragestellungen übernommen. Er habe sich mit den in ihren Denkstilen angelegten zentralen Problemen auseinandergesetzt. Sie hätten „die Entwicklung seiner Theorie inhaltlich" bestimmt.[22] Dem ist schwer zu widersprechen, nur würde ich es anders formulieren: soweit sich Fleck tatsächlich mit den Schriften dieser drei Denker, die er persönlich kannte, beschäftigt hat, verhielt er sich zu ihnen polemisch, da in ihren Schriften die historisch, kulturell und sozial bedingten Voraussetzungen des Denkens und seiner Ergebnisse völlig fehlten.

Nach Schnelle tritt Fleck zwar den Ambiguitäten Twardowskis kritisch entgegen, aber in der Auseinandersetzung mit der Twardowski-Schülerin Izydora Dąmbska sei er dem Standpunkt ihres Meisters näher gekommen, da er von verschiedenen Wirklichkeiten spreche.[23] Ich sehe dies nicht. Fleck sagt einzig, dass er selber nicht die Sprache der Alchemisten spreche. Wenn man heute den Namen Gold verwendet, meint man etwas ganz anderes als die Alchemisten und umgekehrt. Der These, dass die Ähnlichkeiten zwischen den Darlegungen Twardowskis und Flecks zutage treten würden, wenn man anstelle des Subjekts das Kollektiv setze, kann man nur folgen, wenn man bereit ist, die prinzipiellen Unterschiede zwischen beiden zugunsten der Idee zu nivellieren, dass es in der gemeinsamen Wirkungsstätte Lemberg/Lwów ein quasi gleichgesinntes Denkkollektiv gab.

Im Falle von Ajdukiewicz geht Schnelle so weit, Fleck Widersprüche in seinem eigenen System nachzuweisen, die es bei Ajdukiewicz verständlicherweise nicht gibt. Er geht ja fast mathematisch vor. Schnelle wendet auf Fleck nicht dessen Denksystem an, das die Voraussetzungen für einen Denkstil nicht klar benennen kann, denn sie sind jedesmal andere. Sie gehorchen keiner Logik. Der Satz: „Jedem Erkennen, jedem Erkenntnissystem, jedem sozialen Beziehungs-

---

22 *Thomas Schnelle*, Ludwik Fleck – Leben und Denken: zur Entstehung und Entwicklung des soziologischen Denkstils in der Wissenschaftsphilosophie, Freiburg i.Br. 1982, S. 230.

23 Siehe *Schnelle*, S. 236 f.

eingehen entspricht eine eigene Wirklichkeit",[24] bedeutet nicht, wie Schnelle meint, dass die Wirklichkeit „vollständig auf Erkenntnis zurückgeführt" werden soll, sondern dass sich das Erkennen eine eigene Wirklichkeit schafft. Heute würden wir sagen, Erkennen ist ein performativer Akt. Ob wir aufgrund des Geschaffenen die Art des Schaffens, der Kreation, zu rekonstruieren vermögen, wäre eine gesonderte Frage. Fleck versucht es. Er geht wie ein Ethnologe vor.

Die größte Nähe zu Fleck scheint Leon Chwistek aufzuweisen. Dessen Relativierung der Wirklichkeit wird sein Interesse erweckt haben, obwohl er ihn nicht zitiert. Chwistek erklärt in seinem Buch *Granice nauki. Zarys logiki i metodologii nauk ścisłych* (Grenzen der Wissenschaft. Abriß der Logik und Methodologie der exakten Wissenschaften), dass die Wirklichkeit uns nie als etwas Fertiges gegeben ist, wir erfassen sie nur in Schemata. Für jedes Schema finden wir eine Entsprechung, schreibt er, wobei er bewusst nicht von einer Entsprechung der Wirklichkeit bzw. in der Wirklichkeit spricht. Wir denken uns aber zumeist den Genitiv Wirklichkeit hinzu, ohne zu wissen, ob es die Wirklichkeit tatsächlich gibt. Nach Chwistek bleibt sie irrational, wir können sie nur „teilweise rationalisieren",[25] d.h. im Grunde geht Chwistek davon aus, dass sie in irgendeiner Weise existiert. Davon zeugt u.a. seine Berufung auf den Juristen Petrażycki, der in seiner Einführung in die Rechts- und Moralwissenschaften gezeigt habe, dass das Recht die Wirklichkeit immer nur in groben Umrissen erfasse. Chwistek behandelt dann interessanterweise jene Theorien, die die Ursachen für die Aufstellung und Dauerhaftigkeit bestimmter Schemata aufzuzeigen suchen, wie etwa den dialektischen Materialismus, den er vor allem aus der Darstellung von Friedrich Engels und Bucharin zu kennen scheint.

Chwistek spricht von einer Vertiefung der Schematisierung des Lebens, die man gern annimmt, wenn man durch sie mehr Möglichkeiten in den Griff bekommt. Die Beamten werden beispielsweise eilfertig Schematisierungen übernehmen, wenn sie dadurch immer größeren Überblick erhalten. Chwistek denkt an den Überblick über individuelle nicht akzeptierbare Taten, wie Diebstähle oder Verbrechen, nicht an eine willkürliche Machtausübung. Schematisieren lasse sich nur das Objektive, nie das Subjektive, welches immer dem Augenblick verhaftet sei. Die indische Philosophie habe zu Recht gesagt, dass man über ein lebendiges Wesen nur schweigen könne.

---

24 Zitiert nach *Schnelle*, S. 276.

25 *Leon Chwistek*, Granice nauki. Zarys logiki i metodologii nauk ścisłych (Grenzen der Wissenschaft. Abriß der Logik und Methodologie der exakten Wissenschaften), Lwów, S. 237.

Als Vorbild für seine Schematisierungsidee dient Chwistek Russels Typentheorie und vor allem die sich daraus ergebende Typenhierarchie. Die Wirklichkeit wird in hierarchisch angeordneten Schemen erfasst, man könnte auch sagen, über sie werden Netze geworfen, so dass sie nie lückenlos erkennbar wird. Es wäre auch sinnlos, meint Chwistek, eine solche Lückenlosigkeit anzustreben. Die Absicht, alles zu formalisieren, wie sie Carnap verfolgt, widerspreche jedem gesunden Menschenverstand, an dessen Existenz Chwistek zu glauben scheint, der aber in Kombination mit den Schemata aus den Metawissenschaften angewandt werden muss. Er lässt uns die Wahrscheinlichkeit, dass das Schema zu etwas führt, besser einschätzen, aber ein starres Beharren auf den gesunden Menschenverstand führe zu einer Verengung unserer Erfahrungsmöglichkeiten, zumal wir durch die neuen Instrumente wie das Teleskop und Mikroskop vollkommen andere Wirklichkeiten entdecken. Wir benennen sie auch mit neuen Worten, etwa mit dem Begriff der physikalischen Welt. Chwistek beruft sich hier auf Eddingtons Werk *The Nature of the physical World* von 1933, für den diese Welt eine Wirklichkeit höheren Typs ist. Eine andere Wirklichkeit höheren Typs habe Mach in seiner Analyse der Empfindungen entworfen. Er habe mit seiner Elementenlehre eine begriffliche Unabhängigkeit der Wirklichkeit vom Subjekt geschaffen. Die Aufgabe der Wissenschaft sei es, die Relationen zwischen den konventionellen Objekten aufzudecken. Sonne und Mond mögen eine stets andere Erscheinung für unsere Beobachtungen und Empfindungen sein, wichtig aber ist, dass man die Stellung beider Sternengebilde zueinander mittels Ellipsen beschreiben kann.

Ein besonderes Problem ist für Chwistek die Abhängigkeit der Eindrücke von den Vorstellungen, die bereits Bergson bemerkt, aber Fleck viel eindrücklicher in seinem Artikel für die Zeitschrift *Die Naturwissenschaft* aufgezeigt habe. Vorstellungen als solche sind subjektiver Natur, sie können daher leicht zu einem Chaos in der Wirklichkeitsauffassung führen. Um damit „fertig zu werden, muß man notwendigerweise die Wirklichkeit der Empfindungen und die physikalische Wirklichkeit erleben und sich zutiefst die Tatsache bewußt machen, daß es nicht nur eine **wahre** Wirklichkeit gibt".[26]

Das sei Relativismus, aber kein Konventionalismus, konstatiert Chwistek. Er will sich damit von älteren Theorien á la Mach abgrenzen. Gleichzeitig betont er, Relativismus bedeute nicht, dass man sich selber untreu werden müsse. Im Gegenteil, durch die Annahme von Metatheorien würde der gesunde Menschen-

26 Ebd. S. 256.

verstand dort zurechtgerückt werden, wo er angesichts der neuen Wirklichkeiten durcheinander zu geraten droht.

Fleck werden einzig die Relativierung der Wirklichkeit und die Idee, dass die Wissenschaftler die Wirklichkeit konstruieren, angesprochen haben. Die Idee des gesunden Menschenverstands passt dagegen überhaupt nicht in seine Erwägungen hinein. Wahrscheinlich wird Fleck die Arbeiten von Poincaré, Mach und Meyerson gelesen haben, bevor er die von Chwistek kennenlernte. Auf sie beruft er sich auch, was außergewöhnlich ist, da er nur selten Namen nennt. Die Literaturwissenschaftler hätten es natürlich gern gesehen, dass auch Hofmannsthal und Musil von Fleck genannt werden. Gerade die Ähnlichkeit verschiedener Aussagen Musils zu denen von Fleck ist frappierend.[27]

Eine ganz wesentliche Quelle für Flecks Reflexionen über den Wissenschaftsbetrieb und die Herausbildung von Wissen sind die Anfänge der Wissenssoziologie. Er beruft sich vor allem auf Wilhelm Jerusalems Beitrag „Die soziologische Bedingtheit des Denkens und der Denkformen" in dem von Max Scheler herausgegebenen Sammelband *Versuche zu einer Soziologie des Wissens*. Hier ist wiederum das Zitat aus dem Grundriß der Soziologie von Gumplowicz von Bedeutung, in dem es heißt, dass „das, was im Menschen denkt", nicht er, „sondern seine soziale Gemeinschaft" ist. „Die Quelle seines Denkens liegt gar nicht in ihm, sondern in der sozialen Umwelt, in der er lebt, in der sozialen Atmosphäre, in der er atmet, und er kann nicht anders denken als so, wie es aus den in seinem Hirn sich konzentrierenden Einflüssen der ihn umgebenden sozialen Umwelt mit Notwendigkeit sich ergibt".[28] Jerusalem nutzt in seinen weiteren Erörterungen diesen Gedanken kaum. Er konzentriert sich auf die moderne Zeit, in der sich das Individuum hat selbstständig machen können. Es denkt in ihm nicht mehr eine soziale Gemeinschaft. Immerhin nimmt er gegen die von Kant herrührende Annahme der Aprioriker Stellung, dass „es eine zeitlose, ganz unveränderliche logische Struktur unserer Vernunft" gäbe. Er verweist auf die Forschungen des Durkheimschülers Lévy-Bruhl über das Denken der Naturvölker und leitet daraus die Forderung ab, die Völkerkunde und Geschichte zu befragen, um das „Werden und die stetige Entfaltung des Menschengeistes" in

27 Siehe hierzu *meinen* Beitrag „Die Kunst, die Verwirrung mitzudenken oder ein Mann ohne Eigenschaften zu bleiben", der demnächst in einem von Birgit Griesecke herausgegebenen Sammelband erscheinen wird.

28 Versuche zu einer Soziologie des Wissens, hrsg. von *Max Scheler*, München, Leipzig 1924, S. 182. *Fleck* zitiert diese Stelle in: Entstehung und Entwicklung einer wissenschaftlichen Tatsache..., a.a.O., S. 63 f.

„ihren wichtigsten Phasen zu verfolgen [...]".[29] Fleck nimmt diese Ideen auf und versucht sie konsequent auf seine Denkkollektivtheorie anzuwenden. Sowohl Lévy-Bruhl wie auch Jerusalem sind seiner Meinung nach immer noch einem gewissen Apriorismus verhaftet. „Ihre Meinung" ginge „dahin, als ob unsere heutigen wissenschaftlichen Auffassungen in vollständigem Gegensatz zu allen anderen Denkarten stünden, als ob wir sozusagen klug und sehend geworden, die kindischen Befangenheiten des primitiven und archaischen Denkens einfach abgestreift hätten". Das sei eben nicht der Fall. Man müsse erkennen, dass die „Fruchtbarkeit der Denkkollektivtheorie [...] sich eben in der Möglichkeit [zeige], primitives, archaisches, kindliches und psychotisches Denkens zu vergleichen und einheitlich zu untersuchen".[30] Man muss mit anderen Worten jedes Denken in seiner sozialen Bedingtheit, als Produkt eines Denkkollektiv untersuchen. Fleck entwickelt eine Methode, wie man kollektive Denkprozesse analysieren sollte und was dabei alles zu berücksichtigen wäre. Ihn interessieren einerseits die Petrifizierung des in den kollektiven Denkprozessen Erreichten durch den Wissenschaftsbetrieb, durch Lehrbücher und sonstige Festlegungen, andererseits die Veränderungen im Denken, die er durch den Begriff der Denkstile und seiner Veränderung zu fassen sucht. Den Wechsel des Denkstils nennt man heute etwas großspurig Paradigmawechsel. Fleck nennt es die „Mutation des Denkstils",[31] „Denkstilumwandlung",[32] „Denkstiländerung".[33] Dazu komme es immer wieder. Jede empirische Entdeckung, jeder neue Gedanke kann Anstoß für eine Veränderung geben, vorausgesetzt, es bildet sich eine entsprechende Stimmung dafür heraus.

Fleck lässt sich Ende der dreißiger Jahre in zwei Polemiken ein. 1937 greift ihn die Twardowski-Schülerin Izydora Dąmbska in der recht bedeutenden Zeitschrift Przegląd Filozoficzny (Philosophische Rundschau) an. Sie nimmt auf seinen Artikel Bezug, der in der gleichen Zeitschrift ein Jahr zuvor unter dem Titel „Zagadnienie teorii poznania" (Probleme der Erkenntnistheorie) erschienen war. Sie wirft Fleck vor, er würde mit seiner Denkstiltheorie gegenseitige Kommunikation und damit Erkenntnis ausschließen. Er sollte wissen, dass normale Menschen einander immer verstehen, wenn sie in einfachen empirischen Sätzen

29 Ebd. S. 187. *Jerusalem* hatte *Lévy-Bruhls* Les fonctions mentales dans les sociétés inférieures auf deutsch unter dem Titel: Das Denken der Naturvölker 1921 herausgegeben und mit einer Einleitung versehen.

30 Entstehung und Entwicklung einer wissenschaftlichen Tatsache..., a.a.O., S. 70.

31 Ebd. S. 38.

32 Ebd. S. 122.

33 Ebd. S. 163.

miteinander sprechen. Fleck reagiert auf diese Kritik sehr heftig. Man hat den Eindruck, dass er den Augenblick nutzen will, um sowohl seine wissenschaftstheoretische wie auch soziologisch-historische Sicht auszubreiten, zumal sich Dąmbska nicht einmal die Mühe gemacht hatte, Flecks deutsches Buch zu lesen. Sie war des Deutschen mächtig. Er ist empört, dass sie leichthin von „normalen Menschen" spricht (an wen denke sie, wen wolle sie ausschließen?) und dass sie zu meinen scheint, man erkenne „wissenschaftliche Tatsachen" ohne Schulung. Am Ende gibt er ihr zu bedenken, dass die Theorie der Denkstile zu einer Befreiung von Vorurteilen führen und sie sich zu einem wichtigen Wissenszweig entwickeln könnte.[34]

1939 veröffentlicht Fleck einen kurzen Artikel über die Wechselbeziehung zwischen Wissenschaft und Milieu. Er führt hierzu Schrödingers Artikel „Ist die Naturwissenschaft umweltbedingt" (1932) und vor allem das Buch *Die Embryologie im Zeitalter des Barock und des Rokoko* von Tadeusz Bilikiewicz (1932 bei Thieme erschienen) an, dessen Ausführungen ihn in seiner Ansicht von der Kulturbedingtheit wissenschaftlicher Entdeckungen bestätigen.[35] Die Entdeckung der Spermien als selbstständige Wesen im 17. Jahrhundert hatte etwas mit der neuen Sicht von individueller Bewegung zu tun, wie Bilikiewicz zeigt. Ohne eine gewisse Unruhe, schlussfolgert Fleck, wäre es nicht zu dieser Entdeckung gekommen. Er reflektiert auch darüber, warum man sich in neuester Zeit so sehr für die Wissenschaften interessiert, obwohl diese äußerst kompliziert geworden

---

34 Ausführlicher habe ich dazu in *meinem* Beitrag „Die Auseinandersetzung zwischen Izydora Dąmbska und Ludwik Fleck" für den von Birgit Griesecke herausgegebenen Sammelband geschrieben. Siehe hierzu auch *Birgit Griesecke*, „Was machen normale Menschen, wenn sie nicht schlafen? Ludwik Fleck, Izydora Dąmbska und die ethnographische Herausforderung der frühen Wissenschaftssoziologie", in: Tatsache – Denkstil – Kontroverse: Auseinandersetzungen mit Ludwik Fleck, hrsg. von *Rainer Egloff*, Collegium Helveticum Hefte unter der Leitung von Gerd Folkers, Nr. 1, Zürich 2005, S. 21-27.

35 Bilikiewicz hatte am 6. Juli 1937 in der Sektion „Geschichte und Philosophie der Medizin" des XV. Kongresses der polnischen Ärzte und Naturwissenschaftler, der in Lemberg (Lwów) stattfand, ein Referat über den Sinn der Geschichtswissenschaft gehalten. Er führte dort u.a. aus, dass man bei der Abfassung einer Geschichte der Pharmazie auch Pharmazeutiker sein muss, man in einem bestimmten Augenblick vielleicht mehr Pharmazeutiker als Historiker sein wird, wenn man nämlich bei seinen Nachforschungen zu meinen glaubt, dass man zu einst verwendeten Arzneien zurückgreifen sollte. Bilikiewicz konstatiert auch, dass es nie möglich sein wird, die ganze Wirklichkeit zu rekonstruieren. Das könne nicht die Aufgabe des Historikers sein, es sei auch praktisch nicht ausführbar (das Referat ist abgedruckt in Przegląd Współczesny u.d.T. „Z rozważań nad ‚sensem' historii", 1939, S. 119-126).

sind. Die Natur sei am Ende einfacher als eine Lehre über sie, wie es auch einfacher sei, einen Kranken zu heilen, als zu wissen, woran er wirklich gelitten hat. Fleck benutzt den Artikel auch, um noch einmal – wenn auch indirekt – gegen Dąmbska aufzutreten. Die Erkenntnistheorie, schreibt er, halte immer noch an der veralteten Anschauung fest, dass es ein zeitlich und räumlich unveränderliches „epistemologisches Subjekt" gebe, welches prinzipiell über nur zwei Organe verfügt: einem Auge gleich einer Kamera und einem Gehirn gleich einer Registratur von Fotogrammen. „Welch primitives Bild!", ruft er aus, „Wie überaus naiv nimmt sich dies sogar in Bezug auf die Kamera aus!"[36]

Die Redaktion der Zeitschrift muss Flecks Artikel Bilikiewicz vor dem Druck gezeigt haben, damit dieser sofort antworten konnte. Er fand, Fleck würde den Einfluss des Milieus auf wissenschaftliche Forschung überschätzen und vor allem nicht sehen, dass man diesen minimieren muss, wenn man zu echten wissenschaftlichen Ergebnissen gelangen will. Seine eigenen Forschungen würden sich auch von den Fleckschen unterscheiden. Sie seien historischer Natur, er habe sich von den Arbeiten von Joël und Wölfflin leiten lassen, während Fleck Wissenschaftsgeschichte aus soziologischer Sichtweise betreibe. Er hätte, wäre er der Fleckschen Methode gefolgt, nicht herausgefunden, dass eine große Ähnlichkeit zwischen dem Leibnizschen Begriff der prästabilisierten Harmonie und dem Präformismus zu beobachten sei. Diese Dinge würden einen Forscher der Wissenschaftsgeschichte einfach nicht interessieren.

Der Einwurf von Bilikiewicz bleibt nicht unbeantwortet. Fleck weist den Vorwurf, er hänge einem Erkenntnisrelativismus nach, energisch zurück. Jede Zeit hege nun einmal die Überzeugung, sie habe die Wahrheit entdeckt und wisse nicht, dass diese vom jeweiligen Denkstil abhänge, durch ihn bedingt sei. Der Wunsch, dass der Einfluss des Milieus auf die wissenschaftliche Tätigkeit maximal ausgeschlossen werde, sei Utopie und auch gar nicht erstrebenswert, denn die Umgebung wirkt auf die Forschung nicht nur störend, sondern vermag sie auch zu inspirieren. Das treffe sogar auf die nichtwissenschaftliche Umgebung zu. „Wie würde die Wissenschaft aussehen", fragt Fleck, „ohne die Begriffe Standard, Puffer, Niveau, Schwelle, Reserve, Depot, Zentrum, Regulierung – und viele andere Begriffe, die dem modernen Leben, der Straße, dem Laden, der Reise entlehnt sind? Würde ein Einsamer, der nur über alte Bücher verfügt, einen von ihnen prägen? Ich bezweifle, dass Schrödinger auf die Elemente in der modernen Physik verzichten wollte, die mit der modernen Kunst und dem modernen

36 *Ludwik Fleck*, Przegląd Współczesny, 1939, 8-9, S. 156.

Charakter des Lebens verbunden sind".[37] Auch sei der Unterschied zwischen der Kunst und der Wissenschaft nicht besonders groß. Der Künstler könne nicht Beliebiges schaffen, denn nur bestimmte Erzeugnisse werden als Kunstwerke anerkannt. Seine Freiheit ist daher auch begrenzt, wenngleich weniger als in der Wissenschaft, wo die sozialen Abhängigkeiten viel größer sind.

Erstaunlich ist, dass Fleck kurz nach dem Krieg seine furchtbaren Lagererlebnisse als Bestätigung der Theorie vom kollektiven Denkstil interpretiert.[38] Man erkennt daran, wie sehr ihm an einer Fortsetzung der Erforschung des sozial bedingten Denkens gelegen hatte, aber er musste schnell erkennen, dass in Volkspolen wie im gesamten „Ostblock" nicht-marxistische Untersuchungen unerwünscht waren. Die Soziologie war lange Zeit verdammt. Soziologische Lehrstühle durfte es nicht mehr geben. Ein großes Vorbild für Fleck, Georg Simmel,[39] wurde von Georg Lukács als ein „Ideologe des imperialistischen Rentnerparasitismus" hingestellt.[40] Fleck kehrte erst nach dem Tauwetter zu seinen wissenschaftstheoretischen Interessen wieder zurück, aber es war ihm nur noch eine kurze Lebenszeit vergönnt.

Im Ganzen gesehen ist es verwunderlich, mit welcher Energie Fleck um die Herausbildung einer neuen Wissenschaftsdisziplin ringt, ohne die geringste Aussicht auf einen Erfolg zu haben. Es gab für seine Überlegungen einfach nicht das Denkkollektiv, das er sich wünschte, selbst nicht bei den Soziologen. Daher geriet er auch so lange in Vergessenheit.

---

37 Przegląd Współczesny, 1939, 8-9, S. 173.

38 Ich meine hier seinen Artikel „Problemy naukoznawstwa" (Probleme der Wissenschaftstheorie), der 1946 im Przegląd Filozoficzny erschienen war (liegt in deutscher Sprache in: *Ludwik Fleck*, Erfahrung und Tatsache, a.a.O., S. 128-146 vor).

39 Er verweist in seinem Buch von 1935 auf *Simmels* Soziologie, insbesondere auf dessen zweites Kapitel, in dem dieser die Bedeutung der quantitativen Größen für die zwischenmenschlichen Beziehungen behandelt. Fleck hat sich durch die Lektüre dieses Kapitels höchstwahrscheinlich darin bestärkt gefühlt, dass man bereits zwei Menschen als ein Kollektiv ansehen könne, und dass das Hinzukommen eines Dritten den Charakter dieses Kollektivs verändere. Simmel muss in vieler Hinsicht inspirierend auf Fleck gewirkt haben.

40 *Georg Lukács*, Die Zerstörung der Vernunft, Berlin 1954, S. 364. Erstaunlich ist, welch breiten Raum Lukács Simmels Werk widmet. Tat er es, weil er ihn einst, in seiner vorkommunistischen Zeit, als nachahmenswertes Vorbild ansah? Er behandelt ihn übrigens nicht als einen Soziologen, sondern als Lebensphilosophen. Gumplowicz ist für ihn dagegen ein Vertreter des Sozialdarwinismus und damit ein Vorläufer der Rassenideologie (siehe ebd. S. 541-548).

Leidenschaft und Beziehungsprobleme: Ludwik Fleck und die Soziologie

Rainer Egloff

Insbesondere durch seine Monographie *Entstehung und Entwicklung einer wissenschaftlichen Tatsache* von 1935 gilt Ludwik Fleck heute als Pionier einer soziologischen Analyse von Wissenschaft, und bezogen auf die Rezeption des Fleckschen Werkes stellte Thomas Schnelle 1986 im Band *Cognition and Fact* fest:

> „In the reactions to Fleck's work since his death, which began in 1966 with W. Baldamus, it is above all his sociological innovations which have been emphasized. The suspicion has been repeatedly voiced in this connection that Fleck was very familiar with recent European sociology of knowledge, and that he was particularly influenced by it in his own conceptual development (as I, too, have stated; cf. Schäfer and Schnelle, 1980)."[1]

Trotz dieses offenbar doppelten Interesses an Flecks Beiträgen *zur* Soziologie und zu seiner Beeinflussung *durch die* Soziologie fehlen bislang ausführlichere Würdigungen zur Beziehung zwischen Fleck und Soziologie. Die gründlichste Erörterung dieser Beziehung stammt noch immer von Thomas Schnelle selbst.[2] Der vorliegende Artikel nimmt Schnelles Erwägungen auf, unterzieht sie einer neuerlichen Prüfung und versucht sie weiter zu entwickeln. An obiges Zitat anschließend soll *einerseits* nach dem soziologischen Programm bei Fleck gefragt werden. Zweifellos hat Fleck selbst einer soziologischen Analyse bzw. einem soziologischen Verständnis von Wissenschaft das Wort geredet. Doch wie weit ist er selbst damit gegangen? Bringt er soziologische Theorie und Methode in Anschlag? Hat er selbst solche neu geschaffen oder schaffen wollen? Hat sich Fleck selbst – irgendwie – als Soziologe verstanden: wollte er als Soziologe wahrgenommen und anerkannt werden? Wie lässt sich Fleck *umgekehrt* in soziologische Denkstile und Denkkollektive seiner Zeit einordnen? Welche soziologischen Autoren und Schriften hat Fleck rezipiert, und wie haben sie sein eigenes

1 *Schnelle* (1986), S. 6.

2 *Schnelle* (1982), insbesondere Kapitel 4, S. 69-82.

Werk beeinflusst? Ist sein Denkstil soziologisch geprägt? Letzlich geht es hier auch um die Frage, inwiefern Fleck als Soziologe originär war. *Schließlich* möchte ich Konsequenzen diskutieren, die sich aus diesen werkgeschichtlichen Kontextualisierungen für eine heutige Rolle Flecks als Soziologen ableiten lassen. Inwiefern taugt Fleck aus heutiger Sicht als Soziologe, wo liegen seine Potentiale, und welche neuen Beziehungen könnten zwischen Fleck und der Soziologie geknüpft werden?

Ich will zunächst von einem quasi nominalistisch definierten Untersuchungsfeld ausgehen, das durch Textstellen gebildet wird, an denen der Autor Fleck explizit von „Soziologie" oder von „soziologisch" und Ähnlichem spricht oder aber auf „Soziologen" bzw. „soziologische" Werke verweist. Auf diese Spur expliziter Verweise können Erörterungen zu impliziten Einflüssen, theoretischen Strukturähnlichkeiten und versteckten Beziehungen zwischen Soziologie und Fleck aufbauen. Der von Schäfer und Schnelle bei Suhrkamp deutschsprachig edierte Textkorpus von Arbeiten Flecks aus den Jahren zwischen 1927 und 1960 dient mir als Quellenbasis für meine kleine Erörterung.[3] Zusätzlich werden die in den beiden genannten Bänden nicht wiederveröffentlichten Aufsätze Flecks „Zur Frage der Grundlagen der medizinischen Erkenntnis" aus dem Jahre 1935 und „Science and Social Context" aus dem Jahr 1939 beigezogen.[4]

Während Fleck schon in seinem 1927er Referat „Über einige Merkmale des ärztlichen Denkens" die „Historizität, die Zeitlichkeit des Krankheitsbegriffs" betont und auf die erhellenden Möglichkeiten der Wissenschaftsgeschichte verweist, kommt das Soziale (als analytische Kategorie) und die Soziologie (als Analysemittel) hier noch nicht vor.[5] Die Soziologie wird jedoch erwähnt.[6] Erstmals prominent eingeführt wird das Soziale im Aufsatz „Zur Krise der ‚Wirklichkeit'", der 1929 in der renommierten Zeitschrift *Die Naturwissenschaften* erschienen ist. Fleck unterscheidet hier drei

> „... an jedem Erkennen mitwirkende, miteinander verknüpfte und aufeinander einwirkende Faktorensysteme: die Last der Tradition, das Gewicht der Erziehung und die Wirkung der Reihenfolge des Erkennens.

3 *Fleck* (1980) und *Fleck* (1983).

4 *Fleck* (1935a) und *Fleck* (1939).

5 *Fleck* (1927), S. 43 u. 39.

6 „Die Rolle der Statistik in der Medizin ist enorm. Allein zahlreiche, sehr zahlreiche Beobachtungen entfernen die Individualität dessen, was krankhaft ist, und in komplizierten Bereichen, wie der Pathologie oder der Soziologie, ist das individuelle Merkmal mit dem Zufall identisch und muss entfernt werden." Ebd., S. 38.

> Dies sind *soziale* Momente und deshalb muss jede Erkenntnistheorie mit *Sozialem* und weiterhin mit Kulturhistorischem in Beziehung gebracht werden, insofern sie nicht in schweren Widerspruch mit der Geschichte der Erkenntnis und der täglichen Erfahrung des Lehrenden geraten will.“[7]

Fleck stellt hier also neu das Soziale neben das Kulturhistorische. Er spricht im Weiteren vom „sozialen Gepräge“ wissenschaftlichen Fortschritts[8] und betont die Existenz unterschiedlicher sozialrelativer individueller Wirklichkeiten:

> „Jedes denkende Individuum hat also als Mitglied irgendeiner *Gesellschaft* seine eigene Wirklichkeit, in der und nach der es lebt. Jeder Mensch besitzt sogar viele, zum Teil einander widersprechende Wirklichkeiten: die Wirklichkeit des alltäglichen Lebens, eine berufliche, eine religiöse, eine politische und eine kleine wissenschaftliche Wirklichkeit. Und verborgen eine abergläubisch-schicksalsvolle, das eigene Ich zur Ausnahme machende, persönliche Wirklichkeit.
>
> Jedem Erkennen, jedem Erkenntnissysteme, jedem *sozialen Beziehungseingehen* entspricht eine eigene Wirklichkeit. Dies ist der einzig gerechte Standpunkt.“[9]

Weiter unten konstatiert Fleck dann:

> „Wie alles *sozial Bedingte* hat das Erkannte sein eigenes, vom Individuum unmittelbar unabhängiges Leben, seine Eigenschaften, seinen zeitlichen und örtlichen Stil, folglich sein eigenes Schicksal.“[10]

Eine stilvolle Wirklichkeit wird umso wirksamer, wichtiger, nachhaltiger, je stärker sie sozial geteilt werden kann:

> „Auch der Schizophrene, dessen *asozialer* Augenblickswirklichkeit Aussprüche wie ‚1 – 2 – 3 das ist Apotheke, das ist Buchs, Rio de Janeiro‘ entspringen, gebraucht *sozial* entstandene Begriffe. Doch seine Wirklichkeit bleibt für andere – und wahrscheinlich auch für ihn selbst im nächsten Augenblick – verschlossen. Sie ist wohl für niemanden dauernd wichtig.
>
> Es gibt aber stilvolle Wirklichkeiten, die auf ernster, langer Arbeit großer Gruppen und großer Männer aufgebaut sind, in deren Sinn man lebt und

---

7 *Fleck* (1929), S. 46 [Hervorhebung durch mich, R. E.].

8 Ebd., S. 47 [Hervorhebung durch mich, R. E.].

9 Ebd., S. 48 [Hervorhebung durch mich, R. E.].

10 Ebd., S. 48 f. [Hervorhebung durch mich, R. E.].

für die man stirbt. Sie entstehen, blühen, dauern, verkümmern – führen ihr eigenes Leben wie eine Regierungsform, oder *wie soziale Einrichtungen.*"[11]

Fleck schildert in der Folge die Naturwissenschaften als ein umfassendes und einflussreiches „System des sozialen Denkens", das die vormals sozial und theoretisch fest verankerte und großen gesellschaftlichen Einfluss ausübende Astrologie abgelöst habe:

> „Es gab bestimmt immer naturwissenschaftliches Denken. Es ist bei den Handwerkern zu suchen, bei den Seeleuten, den Wundärzten, den Schindern, den Gärtnern, und wohl auch bei den spielenden Kindern. Dort, wo ernste oder spielerische Arbeit von Vielen verrichtet wurde, wo sich gemeinsame und entgegengesetzte Interessen immer wieder trafen, war diese einzige demokratische Denkart unentbehrlich. Ich nenne die naturwissenschafliche Denkart demokratisch, denn sie beruht auf Organisation und jederzeitigem Unterkontrollestehen, lehnt das Privileg der göttlichen Vernunft ab und will jedem zugänglich und nützlich sein. Die Erfahrung lehrt jedoch, daß jede Demokratie ihre kleinen Lügen hat; man will eben eine imponierende, majestätische Regierung, nicht bloß eine nützliche und kluge. Deshalb gibt es Orden, Titel, Fahnen und Präsidenten. Die Naturwissenschaften haben deshalb ihre Naturphilosophie und ihre Weltanschauung."[12]

In Nuce scheint hier ein ganzes wissenssoziologisches Programm auf. Diese Soziologie operiert methodisch historisch-vergleichend und integriert eine interaktionistische mikrotheoretische Perspektive mit einer Entwicklungs- und Modernisierungstheorie auf gesamtgesellschaftlicher Ebene, sie konzentriert sich auf einer mittleren Ebene auf soziale Gruppen (der Wahrnehmung), interessiert sich für soziale Organisation und ist sensibel gegenüber sozialer und kultureller Macht. Diese Soziologie wird von Fleck jedoch nicht als solche bezeichnet, er benutzt auch nicht den Begriff „soziologisch", wohl aber jenen des „Sozialhistorischen".[13]

Woher hat Fleck diese seine Soziologie *avant la lettre*? Im genannten Aufsatz nennt Fleck wohl einige historische und zeitgenössische Autoren aus Medi-

---

11 Ebd., S. 49 [Hervorhebung durch mich, R. E.].

12 Ebd., S. 49 f.

13 Ebd., S. 54.

zin und Naturwissenschaften,[14] und er dokumentiert die Referenzen in Fußnoten teils auch bibliographisch. Außer dem Philosophen Kurt Riezler, auf dessen in derselben Zeitschrift erschienenen Artikel „Die Krise der ‚Wirklichkeit'" sich Flecks eigener Artikel mit fast gleichem Titel bezieht, nennt Fleck keinen mit Sozial- oder Geisteswissenschaften verbundenen Namen bzw. Fachbeitrag.[15] Dieses Ungleichgewicht zwischen natur- und geistes- bzw. sozialwissenschaftlichen Referenzen mag der Ausrichtung auf die naturwissenschaftlich interessierte Leserschaft geschuldet sein. In zwei von dreien der in meinem Textkorpus chronologisch nächstfolgenden Texte aus 1935 zeigt sich diesbezüglich jedoch ein ähnliches Bild. Vom tendenziell abweichenden Zielpublikum her wäre besonders der auf Polnisch in der philosophischen Zeitschrift *Przegląd Filozoficzny* erschienene Aufsatz „Über die wissenschaftliche Beobachtung und die Wahrnehmung im allgemeinen" interessant.[16] Auch hier dominieren aber die Namen naturwissenschaftlicher Autoren – vom Physiker Bohr bis zu verschiedenen Bakteriologen – bei Weitem.[17] Mit Soziologie konnotierte Namen werden keine genannt, obwohl diese Wissenschaftsrichtung in der Fleckschen Diktion nun noch deutlicher aufscheint. Verglichen mit dem vorangehenden Aufsatz von 1929 ist hier jetzt weniger von „Sozialem", dafür aber von „Soziologischem" die Rede. Bei der Explikation seiner nun auch die Begriffe „Denkstil"[18] und „Denkkollektiv"[19] umfassenden Theorie spricht Fleck etwa von „spezifischen soziologischen Gesetzen," denen der Denkstil unterliegt und von „soziologischen Wegen", auf denen der Denkstil den Mitgliedern der Gemeinschaft eine Bereitschaft zum spezifischen Wahrnehmen verleiht.[20] Erstmals führt Fleck die Begriffe der „Soziologie des Denkens" und der „soziologischen Geschichte der Wissenschaftsentwicklung" für seine Programmatik einer „Theorie des Erkennens" ein.[21] Diese kann den verwickelten Weg zur Bereitschaft, neue spezifische Gestalt zu sehen, zu einer anderen „Denkbereitschaft"[22] erforschen:

---

14 Darunter ist insbesondere Niels Bohr mit einem quantentheoretischen Aufsatz zu vermerken, der vor Flecks Artikel in derselben Zeitschrift erschienen ist. *Bohr* (1928).

15 *Riezler* (1928).

16 *Fleck* (1935).

17 Einzig genannter Geisteswissenschaftler ist Rudolf Carnap, von dem sich Fleck klar distanziert. Ebd., S. 64.

18 Ebd., S. 68.

19 Ebd., u.a. S. 74 u. 81.

20 Ebd., S. 68, 75.

21 Ebd., S. 75.

22 Ebd., S. 81.

> „Das Denken ist eine kollektive Tätigkeit wie der Chorgesang oder das Gespräch. Es unterliegt spezifischen Veränderungen mit der Zeit; es zeigt die geschichtliche Kontinuität dieser Veränderungen auf. Sein Ergebnis ist ein gewisses Bild, sichtbar nur für den, der an dieser sozialen Tätigkeit teilnimmt, oder ein Gedanke, ebenso klar nur für die Mitglieder des Kollektivs."[23]

Der zweite hier zu nennende Aufsatz aus dem Jahre 1935 ist Flecks „Zur Frage der Grundlagen der medizinischen Erkenntnis" in der *Klinischen Wochenschrift.*[24] Der Artikel setzt an mit einer emphatischen Feststellung zur engen Beziehung von moderner Medizin und Naturwissenschaft und plädiert für die historiographische Reflexion der beiden.[25] Unter Nennung von Namen wie Bohr, Heisenberg und Schrödinger konstatiert Fleck dann die in den modernen Naturwissenschaften akzeptierte Relativität der Beobachtung:

> „Beobachten ist also im Grunde dasselbe wie erschaffen, ‚Subjekt' und ‚Objekt' des Erkennens treten hierbei in Wechselbeziehung, überhaupt kann keinem von ihnen sinnvoll eine selbständige Existenz zugesprochen werden."[26]

Nachdem Fleck im Weiteren seine Begriffe „Ideogramm" (grafische Darstellung gewisser Ideen) und „Denkstil" zur Analyse der postulierten kulturgeprägten Beobachtungsrelativität eingeführt hat, schliesst er mit einem Plädoyer zur Beziehung naturwissenschaftlicher und soziologischer Fragen:

> „Der Denkstil ist ein soziales Erzeugnis, d.h. er bildet sich innerhalb eines Kollektivs durch Wirkung sozialer Kräfte aus. Dieser Umstand verbindet naturwissenschaftliche Probleme mit der Soziologie und besonders mit der Soziologie des Denkens, einer Wissenschaft, die leider noch sehr vernachlässigt wird, aber bald sicher in den Mittelpunkt geistigen Interesses vorrücken wird. Die Medizin wird für sie vieles liefern können, worauf hier ausführlicher einzugehen, der Raum verbietet."[27]

---

23 Ebd.

24 *Fleck* (1935a)

25 Ebd., S. 1255 f.

26 Fleck verweist hier in der Fußnote auf seinen eigenen Aufsatz „Zur Krise der Wirklichkeit" von 1929. Ebd., S. 1256.

27 Ebd., S. 1259.

Der einzige Literaturverweis, den Fleck hier in einer Fußnote angibt, betrifft seine eigene, im selben Jahr erschienene Monografie *Entstehung und Entwicklung einer wissenschaftlichen Tatsache.* Das Fleck'sche Opus magnum tritt damit auch für die Frage nach expliziten soziologischen Bezügen Flecks in den Brennpunkt der Aufmerksamkeit. Tatsächlich elaboriert Fleck in der Monographie von 1935 nicht nur seine „Lehre vom Denkstil und Denkkollektiv" anhand der Geschichte des Syphilisbegriffs, sondern verweist an zwei längeren Stellen auf eine Handvoll von Soziologen und soziologischen Werken.[28]

Die erste referiert Beiträge, die die „Bedeutung soziologischer Methode für die Untersuchung geistiger Betätigung" anerkennen, und erwähnt namentlich Auguste Comte, Emile Durkheim und seine Schule, Lucien Levy-Brühl (einer dieser Durkheim-Schüler), Wilhelm Jerusalem (der von Fleck allerdings als Philosoph vorgestellt wird) sowie Ludwig Gumplowicz.[29] Die Auseinandersetzung erstreckt sich über mehrere Seiten, weist aber als Grundlagen nur Levy-Brühls *Das Denken der Naturvölker*, das Vorwort dazu von Jerusalem, der diese deutsche Übersetzung Levy-Brühls herausgegeben hat, sowie einen weiteren Aufsatz von Jerusalem nach, der unter dem Titel „Die soziale Bedingtheit des Denkens und der Denkformen" im Sammelband *Versuche zu einer Soziologie des Wissens* 1924 von Max Scheler herausgegeben wurde.[30] Die von Fleck hier zitierten Texte repräsentierten keine damals aktuellen Forschungen, denn sie sind zu jener Zeit bereits mindestens 10 Jahre alt, und außer Levy-Brühl sind alle genannten Autoren zu jenem Zeitpunkt auch schon verstorben. Wohl mochte Fleck mit seinem Verweis auf die Durkheim-Schule und Jerusalem Vorläufer für seine Soziologie des Denkens aufweisen und Anschlüsse herstellen, die seine eigene Position zugänglicher machten. Eine Möglichkeit dazu bieten auch Adaptionen von einzelnen Ausdrücken aus dem Werk der Anderen, wie sie für die von Jerusalem beschriebene Befestigung von Glaubensgebilden durch sog. *soziale Verdichtung* erfolgen.[31] Es erscheint auch durchaus wahrscheinlich, dass Fleck, durch die Lektüre von Jerusalem und Levy-Brühl angeregt, seine eigenen Konzepte und Begriffe modifizierte. So möchte ich die These aufstellen, dass gerade die Fleck'sche Wortschöpfung des *Denkkollektivs* von den *Kollektivvorstellungen*, wie sie im Buch von Levy-Brühl beschrieben werden, abgeleitet ist. Der

---

28 Auf eine detailliertere Darstellung des Fleck'schen Hauptwerkes muss hier verzichtet werden. Es sei dafür jedoch auf verschiedene andere Beiträge in diesem Band verwiesen.

29 *Fleck* (1980), S. 62-69.

30 *Levy-Brühl* (1921), *Jerusalem* (1921), *Jerusalem* (1924).

31 *Fleck* (1980), S. 64.

Fleck'sche Begriff des Denkkollektivs würde sich damit allerdings nur vordergründig, vielleicht gar ironisch, an Levy-Brühl und Jerusalem anlehnen, denn Fleck kritisiert die beiden Autoren vehement für ihre Position, nach der die soziale Verhaftung des Individuums in kollektiven, vorrationalen Vorstellungen unzivilisierten Gesellschaften vorbehalten war, während das moderne Individuum sich als Folge sozialer Differenzierung in seinem Denken aus dem Sozialen zu lösen vermochte und nur so. Für Fleck ist jedes Denken und insbesondere das moderne wissenschaftliche sozial bedingt und kollektiv geprägt. Mit Bezug auf Durkheim und Levy-Brühl hat Wilhelm Jerusalem im besagten Aufsatz „Die soziologische Bedingtheit des Denkens und der Denkformen“ eine Position formuliert, die jener von Fleck geradezu diametral entgegensteht:

> „Der Mensch hat erst durch seine Befreiung von der sozialen Gebundenheit theoretisch denken gelernt und erst dadurch ist die Wissenschaft überhaupt möglich und dann wirklich geworden.“[32]

Es muss also festgehalten werden, dass Fleck diese soziologischen Positionen weniger als positive Bezüge einführt, sondern als Vorläufer bzw. Gescheiterte, von denen er sich abgrenzt und die er überwinden will.[33] Denn, so Fleck:

> „Die Fruchtbarkeit der Denkkollektivtheorie zeigt sich eben in ihrer Möglichkeit primitives, archaisches, kindliches und psychotisches Denken zu vergleichen und einheitlich zu untersuchen. Schließlich auch das Denken eines Volkes, einer Klasse, einer wie immer gearteten Gruppe.“[34]

Die zweite Stelle, an der Fleck Soziologennamen und sozialwissenschaftliche Werke erwähnt, beschränkt sich auf eine Fußnote, die an Erörterungen des intra- und interkollektiven Gedankenverkehrs anschließt.[35] Am Anfang dieser Fußnote wird Georg Simmel mit seinem Buch „Soziologie“ in einer langen Fußnote eingeführt, in der sich Fleck auch mit der Massenpsychologie Le Bons und Freuds, Mc Dougalls „Group Mind“ und Hans Kelsens Kritik am Begriff der Massenseele auseinandersetzt. Dabei erscheint die Simmel-Referenz schlüsselhaft. Als Beleg für die soziologische Vertrautheit mit dem „sozialen Verkehr der Denkgebilde“ ist Simmels 1908 erschienene *Soziologie* und darin „speziell Kapitel II,

---

32 *Jerusalem* (1924), S. 189.

33 Dazu passt auch die Anschlusspassage an die Soziologen-Kritik, wo Fleck den „philosophierenden Naturforschern“ des Wiener Kreises die Leviten liest. *Fleck* (1980), S. 69.

34 Ebd., S. 70.

35 *Fleck* (1980), Fn. 7, S. 145-148.

worin er die soziale Differenzierung bespricht" angegeben..[36] Die Kapitelangabe ist vermutlich falsch, denn gemeint sein dürfte das sechste Kapitel „Die Kreuzung sozialer Kreise". Hier referiert Simmel soziale Differenzierung in verschiedene, sich überschneidende soziale Gruppengebilde.[37] So oder so ist Flecks Aufnahme von Simmel eine positive und umfassendere.

Im 1936er Aufsatz „Das Problem einer Theorie des Erkennens" nimmt Fleck seine Auseinandersetzung mit den bereits 1935 kritisierten Soziologen nochmal auf. Die bibliografischen Verweise nun gänzlich weglassend fasst er kurz zusammen:

> „Einen Ansatz zu einer modernen Theorie des Erkennens stellen die Untersuchungen der Schule von Durkheim und Lévy-Bruhl über die Soziologie des Denkens und das Denken der Urvölker dar. Auch Gumplowicz, Jerusalem und andere unterstreichen die ‚soziale Bedingtheit des Denkens und seiner Formen'. Diesen Ansätzen fehlt jedoch die Konsequenz, denn sie konnten sich nicht von dem Vorurteil befreien, nach dem das heutige, europäische wissenschaftliche Denken eine grundsätzliche Ausnahme darstelle, es ‚objektiv' wäre, dem Grundsatz sozialer Bedingtheit nicht unterworfen. Lévy-Bruhl glaubt z.B. an objektive Merkmale der Phänomene, auf die sich die Aufmerksamkeit automatisch richte, sobald nur die mystischen Elemente des Denkens verschwinden. Genauso schreibt Jerusalem über eine Möglichkeit des rein ‚objektiven' Feststellens der Tatsachen, die das Individuum angeblich erlangt, wenn es sich aus der vollkommenen sozialen Abhängigkeit befreit."[38]

Das obgenannte Zitat ist die letzte Stelle im meiner Analyse zugrundegelegten Textkorpus, wo Fleck sich direkt auf Soziologen oder soziologische Positionen von anderen bezieht.[39]

Wie eingangs zitiert, konstatierte Thomas Schnelle (1986), es sei wiederholt vermutet worden, und er selbst hätte entsprechend votiert, dass Fleck seinerzeit

---

36 *Fleck* (1980), S. 145.

37 *Simmel* (1992), S. 456-511.

38 *Fleck* (1936), S. 85 f.

39 Im zu Lebzeiten unpubliziert gebliebenen kurzen Aufsatz „Krise in der Wissenschaft", nimmt Fleck allerdings Bezug auf den Wissenschaftsphilosophen Michael Polanyi, bei welchem Fleck „viele ähnliche Feststellungen über die Wissenschaft und die Gesellschaft", aber auch ganz andere daraus gezogene Schlussfolgerungen sieht. *Fleck* (1960), S. 179.

sehr vertraut gewesen sei mit der neueren europäischen Wissenssoziologie, und dass jene einen besonderen Einfluss auf die Entwickung seiner eigenen Auffassung gehabt hätte. Wie oben erläutert, führte Fleck zwar in den Aufsätzen zwischen 1927 und 1935 soziologische Konzepte und Begrifflichkeiten bzw. eine soziologisierende Ausdrucksweise ein, ohne sich aber je auf einen Soziologen, geschweige denn auf ein soziologisches Werk zu beziehen. Ausführlichere Verweise auf Soziologen bzw. soziologische Werke finden sich nur in der Monographie von 1935, und die hier referierte soziologische Literatur ist tendenziell veraltet und wird überwiegend negativ beurteilt. An näherhin Wissenssoziologischem zitiert Fleck lediglich drei Texte von zwei Autoren aus total zwei Büchern. So muss Thomas Schnelle denn auch treffend einräumen: „The literature in the sociology of knowledge to which Fleck refers here is of very narrow breadth.“[40] Schnelle relativiert damit aber – und ich stimme ihm zu – seine eigenen Aussagen zum Konnex Fleck – zeitgenössische Wisssenssoziologie stark.

Nachdem ich die Spur expliziter Auseinandersetzung Flecks mit Soziologen abgesucht habe, bleibt die Frage, ob Fleck neuere und schlagkräftigere wissenssoziologische Literatur nicht bekannt war und ob er die in seinem Werk trotzdem aufscheinende Begrifflichkeit aus anderen Quellen übernahm, wie Schnelle mutmaßt.[41] Oder hat Fleck vielleicht entsprechende Referenzen einfach unterschlagen? War Fleck noch von weiteren wissens- bzw. allgemeinen soziologischen Quellen beeinflusst, ohne diese Quellen zu nennen? Hubert Knoblauch etwa behauptet in seinem rezenten Buch *Wissenssoziologie*, Flecks Denkstilkonzept sei „offenkundig in Anlehnung an Mannheim konzipiert.“[42] Knoblauch begründet oder belegt seinen Befund nicht weiter, tatsächlich findet sich jedoch das Wort „Denkstil“ verschiedentlich in Mannheims Aufsatz „Das Problem einer Soziologie des Wissens“, welcher mit seinem Erscheinungsjahr 1925 der Erstbenutzung des Denkstil-Terms bei Fleck um eine gute Dekade vorangeht.[43] Thaddeus Trenn und Thomas Schnelle hatten sich ein Vierteljahrhundert vor Knoblauch noch sehr viel vorsichtiger als jener zur möglichen Beeinflussung Flecks durch Mannheim geäussert. Mit Verweis auf den genannten Aufsatz von 1925 vermerkt Trenn im Vorwort zur amerikanischen Erstausgabe von Flecks *Genesis and Development of a Scientific Fact*, Mannheim habe das Wort „Denkstil“ im Deutschen eingeführt.[44] Thomas Schnelle räumt zwar ein, dass Flecks Begriff-

40 *Schnelle* (1986), S. 7

41 *Schnelle* (1986), S. 72 ff.

42 *Knoblauch* (2005), 238.

43 *Mannheim* (1925), S. 323, 360, 374 f., 377-381.

44 *Trenn* (1979), S. XV u. 168.

lichkeiten an jene „Jerusalems, Schelers und Mannheims erinnern," vermutet aber, dass Mannheim, an den Fleck vielleicht fruchtbar hätte anschliessen können, diesem unbekannt war.[45]

Die These, dass Fleck von Mannheims Aufsatz von 1925 oder von *Ideologie und Utopie* aus dem Jahre 1929 inspiriert wurde, kann hier weder definitiv ausgeschlossen noch bestätigt werden. Einiges spricht dafür, dass Fleck von Mannheim gewisse Ideen, Konzeptionen und Begriffe übernommen hat.[46] Selbst wenn dies zutreffen sollte, bleibt jedoch festzuhalten, dass sich Flecks Position nicht aus jener Mannheims ableiten lässt. Fleck konnte sich Mannheim weniger zum Vorbild genommen haben, sondern musste sich zu seinem wissenssoziologischen Programm tendenziell ebenfalls kritisch verhalten. Denn Mannheim hat ja wie Durkheim naturwissenschaftlichem und mathematischem Wissen einen epistemischen Sonderstatus der Objektivität zugesprochen und aus seinem wissenssoziologischen Programm ausgeschlossen.[47] Denkbar wäre dann, dass Fleck von Mannheim den Denkstil-Begriff strategisch übernommen und zu eigenen Zwecken transformiert hat, um die Soziologie des Denkens dann radikalisiert auch auf die Naturwissenschaften anzuwenden, wie er von Levy-Brühl zum Begriff des Denkkollektivs inspiriert worden sein dürfte. Es ist ein Begriff, der in seiner Übertragung auch auf Wissenschaftlergruppen in der zivilisierten Moderne die soziologischen Lehren von Levy-Brühl offensichtlich in Frage stellt.

Lässt sich Fleck (wissens-)soziologischen Denkkollektiven und Denkstilen seiner Zeit zuordnen? Zweifellos finden sich in seinen Reflexionen über wissenschaftliche Praxis dezidiert soziologische Programmatiken. Der Standpunkt einer genuin sozialen Prägung von Wirklichkeit und Erkenntnis ist im Fleck'schen Werk ab 1929 deutlich sichtbar. Fleck darf insofern als Wissens- und Wissenschaftssoziologe betrachtet werden, als er soziologische Argumente, Begrifflichkeiten und Konzepte zum Denken und zur Wissenschaft formuliert. Diese lassen sich jedoch nur beschränkt aus einer bestehenden wissens- und wissenschaftssoziologischen Tradition ableiten. Fleck bezieht sich bis 1935 selbst auf keinerlei Soziologen. Dies ändert sich erst mit der Monographie *Zur Entstehung und Entwicklung einer wissenschaftlichen Tatsache*, wo Fleck verschiedene Soziologen – allerdings meist kritisch-abgrenzend – diskutiert und als Bezüge ausweist.

---

45 *Schnelle* (1982), S. 71.

46 Ähnlichkeiten fallen gerade im Vergleich mit *Ideologie und Utopie* auf. *Mannheim* (1995).

47 *Heintz, Bettina*: „Wissenschaft im Kontext" (1993), S. 531.

Nach 1936 lässt sich ein spezifisch soziologisches Anliegen im Fleck'schen Schaffen weniger feststellen.[48]

Trotz offensichtlichem Enthusiasmus für eine Soziologisierung der Wissenschaft scheint Fleck nie besonders darum bemüht zu sein, soziologischen Denkstilen bzw. Denkkollektiven zugeordnet zu werden. Fleck hat sich selbst kaum als Soziologe verstanden und blieb Zeit seines Lebens auf medizinische und naturwissenschaftliche Denkkollektive ausgerichtet. Für Fleck war Soziologie wie Philosophie und Geschichte ein Mittel, wissenschaftliche Praxis zu reflektieren – mit dem Ziel, diese Praxis und Reflexion zu verbessern.[49] Dabei suchte Fleck auch immer wieder die Auseinandersetzung mit anderen Wissenschafts-Theoretikerinnen und Theoretikern.[50] Die Soziologie erlangt für Fleck nicht einen prioritären Status, denn Fleck findet im soziologischen Schaffen anderer ebenso Abgrenzungs- wie Identifikationsbedarf.[51] Flecks Soziologie ist gerade in der Ausdehnung ihres Anwendungsanspruchs auf alle Arten des Denkens und Wissens derart radikal, dass selbst Pioniere wie Mannheim, die heute als Klassiker der Wissenssoziologie etabliert sind, neben Fleck zaghaft erscheinen und vermutlich dessen Kritik herausgefordert hätten. Flecks Soziologie bleibt aber rudimentär und wenig formalisiert. Soziologisch hochrelevante Bereiche sind konzeptionell unterbelichtet, z.B. fehlt trotz starker historischer Ausrichtung eine Theorie sozialen Wandels. Gerade deshalb erscheinen genauere vergleichende Untersuchungen von Soziologen wie Simmel und Mannheim für eine vertiefte Rekonstruktion des Fleck'schen Ansatzes vielversprechend. Hervorragende Beiträge für eine kreative „Mesalliance" zwischen Durkheim und Fleck hat bereits Mary Douglas vorgelegt.[52]

Flecks soziologische Auffassung ist sehr aktuell. Mit der Betonung des *Handlungsaspekts* und der *sozialen Interaktion* in Denken, Wissen und Wissenschaft steht Fleck einer heute auch im deutschsprachigen Raum wichtig gewor-

48 Für ein weiteres dezidiertes Plädoyer zugunsten der Soziologie des Denkens siehe jedoch *Fleck* (1939).

49 Flecks Seite als politischer Philosoph der Wissenschaft kommt etwa im zu Lebzeiten unveröffentlichten Aufsatz „Krise in der Wissenschaft. Zu einer freien und menschlichen Wissenschaft" gut zum Ausdruck. *Fleck* (1960).

50 Zur Einordnung des Fleckschen Denkens in die Medizin- und Wissenschaftsphilosophie seines polnischen Umfelds siehe *Schnelle* (1982) und *Löwy* (1990).

51 Eine mögliche Einordnung Flecks in das polnische Zwischenkriegs-Programm einer breitangelegten, interdisziplinären „Wissenschaft der Wissenschaft" harrt noch der Klärung. Vgl. *Walentynowicz* (1982).

52 U.a. *Douglas* (1986).

denen pragmatistisch orientierten Soziologie nahe, wie sie klassisch die Chicagoer Schule der Soziologie vertrat.[53] Auch eine vertiefte Rekonstruktion der bei Fleck deutlich vorhandenen pragmatistischen Züge und Einflüsse würde sich daher lohnen.[54]

Wenn wir Fleck als Soziologen charakterisieren wollten, wäre er wohl der Subdisziplin der *Wissenschaftssoziologie,* aber auch der *Wissenssoziologie* zuzurechnen. Sein Ansatz wäre wohl am ehesten als *kultursoziologisch* zu bezeichnen. In der Thematisierung von Wahrnehmungsbereitschaften, die das Individuum nicht einfach negiert, sondern in einem kommunikativen Aushandlungsprozess konzipiert, der in kulturellen und sozialen Gruppen unterschiedlichster Qualität und Größe stattfindet, nimmt Fleck konzeptuell aber auch vieles von dem vorweg, auf das sich die sogenannten *Cultural Studies* im Laufe der letzten Jahrzehnte aufgebaut haben.

So oder so sollte der Befund, dass sich Fleck nur sehr bedingt in die Soziologie und insbesondere Wissenssoziologie seiner Zeit einordnen lässt, nicht (nur) als ein Defizit, sondern (auch) als Chance und Einladung wahrgenommen werden, die Fleck'sche Theorie in ihrer Originalität kreativ zu rekonstruieren und zu rekombinieren. In seiner gleichzeitigen Radikalität und Offenheit bietet sich Fleck weniger als soziologischer Klassiker von gestern, denn als soziologischer Klassiker von heute und morgen an.

Literatur

Bohr, Niels (1928): „Das Quantenpostulat und die neuere Entwicklung der Atomistik", Die Naturwissenschaften 16, Nr. 15, S. 245-257.

Cohen, Robert S. / Thomas Schnelle (Hg.) (1986): Cognition and Fact: Materials on Ludwik Fleck. Dordrecht: Reidel (Boston Studies in the Philosophy of Science, 87).

---

53 *Joas* (1992). Ein Bindeglied zwischen Chicago und Polen war Florian Znaniecki, der mit William Isaac Thomas zwischen 1918-20 das 5-bändige Monumentalwerk *The Polish Peasant in Europe and America* veröffentlichte, das in den 20er und 30er Jahren als zentrales Standardwerk der amerikanischen Soziologie galt. Znaniecki (1882-1958) war zwischen 1920-1939 Soziologieprofessor an der Universität von Posen. Von ihm stammt einer der frühen, polnischen Beiträge zur Wissenschaftssoziologie. *Znaniecki* (1923).

54 Fleck selbst dürfte unter anderem über die Jerusalem-Lektüre selbst mit dem amerikanischen Pragmatismus in Berührung gekommen sein.

Douglas, Mary (1986): How Institutions Think,. Syracuse N.Y: Syracuse University Press.

Fleck, Ludwik (1927): „Über einige besondere Merkmale des ärztlichen Denkens", in: *ders.* (1983), S. 37-45.

Fleck, Ludwik (1929): „Zur Krise der ‚Wirklichkeit'", in: *ders.* (1983), S. 46-58.

Fleck, Ludwik (1935a): „Zur Frage der Grundlagen der medizinischen Erkenntnis", Klinische Wochenschrift 14, Nr. 35 (31. August 1935), S. 1255-1259.

Fleck, Ludwik (1935b): „Über die wissenschaftliche Beobachtung und die Wahrnehmung im allgemeinen", in: *ders.* (1983), S. 59-83.

Fleck, Ludwik (1936): „Das Problem einer Theorie des Erkennens", in: *ders.* (1983), S. 84-127.

Fleck, Ludwik (1939): „Science and Social Context", in: *Löwy* (1990), S. 249-256.

Fleck, Ludwik (1960): „Krise in der Wissenschaft. Zu einer freien und menschlicheren Naturwissenschaft", in: *ders.* (1983), S. 175-180.

Fleck, Ludwik (1979): Genesis and Development of a Scientific Fact. Chicago: University of Chicago Press.

Fleck, Ludwik (1980): Entstehung und Entwicklung einer wissenschaftlichen Tatsache. Einführung in die Lehre vom Denkstil und Denkkollektiv. M. e. Einl. hg. v. Lothar Schäfer und Thomas Schnelle. Frankfurt a.M.: Suhrkamp (stw 312) [Erstausgabe 1935].

Fleck, Ludwik (1983): Erfahrung und Tatsache. Gesammelte Aufsätze. M. e. Einl. hg. v. Lothar Schäfer und Thomas Schnelle. Frankfurt a.M.: Suhrkamp (stw 404).

Jerusalem, Wilhelm (1921): „Vorbemerkungen des Herausgebers", in: *Levy-Brühl* (1921), S. V-XVII.

Jerusalem, Wilhelm (1924): „Die soziologische Bedingtheit des Denkens und der Denkformen", in: *Scheler* (1924), S. 182-207.

Joas, Hans (1992): „Von der Philosophie des Pragmatismus zu einer soziologischen Forschungstradition", in: *ders.*, Pragmatismus und Gesellschaftstheorie. Frankfurt a.M.: Suhrkamp (stw 1018), S. 23-65.

Knoblauch, Hubert (2005): Wissenssoziologie. Konstanz: UVK (UTB 2719).

Levy-Brühl, Lucien (1921): Das Denken der Naturvölker. In deutscher Übersetzung hg. und eingel. v. Wilhelm Jerusalem. Wien und Leipzig: Wilhelm Braumüller [franz. Original 1910].

Löwy, Ilana (Hg.) (1990): The Polish School of Philosophy of Medicine. From Tytus Chalubinski (1820-1889) to Ludwik Fleck (1896-1961). Dordrecht: Kluwer (Philosophy and Medicine, 37).

Mannheim, Karl (1925): „Das Problem einer Soziologie des Wissens", in: *ders.*, Wissenssoziologie. Berlin u. Neuwied: Luchterhand, S. 308-387.

Mannheim, Karl (1995): Ideologie und Utopie. 8. Aufl. Frankfurt a.M.: Klostermann [Erstausgabe 1929].

Riezler, Kurt (1928): „Die Krise der ‚Wirklichkeit'", Die Naturwissenschaften 16, Nr. 37/38 (14. September 1928), S. 705-712.

Scheler, Max (Hg.) (1924): Versuche zu einer Soziologie des Wissens. München u. Leipzig: Duncker & Humblot (Schriften des Forschungsinstituts für Sozialwissenschaften in Köln, Bd. 2).

Schnelle, Thomas (1982): Ludwik Fleck – Leben und Denken. Zur Entstehung und Entwicklung des soziologischen Denkstils in der Wissenschaftsphilosophie. Freiburg: HochschulVerlag, (HochschulSammlung Philosophie, Philosophie
sophie
Bd. 3).

Schnelle, Thomas (1986): „Microbiology and Philosophy of Science, Lwow and the German Holocaust: Stations of a Life – Ludwik Fleck 1896-1961", in: *Cohen/Schnelle* (eds.) (1986), S. 3-36.

Shapin, Steven (1986): „History of Science and its sociological Reconstructions", in: *Cohen/Schnelle* (eds.) (1986), S. 325-386.

Simmel, Georg (1992): Soziologie. Untersuchungen über die Formen der Vergesellschaftung. Georg Simmel Gesamtausgabe, Bd. 11. Frankfurt a.M.: Suhrkamp (stw 811).

Trenn, Thaddeus J. (1979): „Preface", in: *Fleck* (1979), S. xiii-xix.

Walentynowicz, Bohdan (Hg.) (1982): Polish Contributions to the Science of Science. Dordrecht, Warszawa (Theory and Decision Library).

Znaniecki, Florian (1923): „The Subject Matter and Tasks of the Science of Knowledge," in: *Walentynowicz* (Hg.) (1982), S. 1-81.

1934/35: Das Experiment zwischen Theorie und Kultur – Ludwik Fleck im Vergleich mit Karl Popper und Edgar Wind[1]

Reinhard Schulz

1. Einleitung

Ludwik Fleck gilt als einer der Klassiker der Wissenschaftsgeschichte und der Wissenschaftsforschung, was jüngst noch einmal durch einen einleitenden Beitrag von Hans-Jörg Rheinberger in *Epistemologie des Konkreten*[2] unterstrichen worden ist. Das Forschungsprogramm der Wissenschaftsforschung hat sich in den vergangenen Jahrzehnten auf die „Ereignisgeschichte" konzentriert, wobei das Verhältnis zur Disziplingeschichte „mittlerer Dauer" und zu Traditionen oder Trends „der längsten Dauer"[3] weitgehend ungeklärt bleibt. Ich sehe mich daher zu der These veranlasst, dass die Wissenschaftsgeschichte gegenwärtig strukturell unterbestimmt ist. Einer sich in der möglichst genauen Analyse einzelner Fallbeispiele erschöpfende Ereignisgeschichte der Naturwissenschaften wäre genau dieser Vorwurf des Bruchstückhaften zu machen, solange ihr Verhältnis zu den strukturalen Ansprüchen der Begriffs- und Ideengeschichte ungeklärt bleibt bzw. dieser Anspruch einfach pauschal als zu oberflächlich abgelehnt oder umgedeutet wird, wie sich das z.B. Bruno Latour gerne zu eigen macht.[4] Auch

---

1 Dieses ist das überarbeitete und erweiterte Kapitel eines am 24. September 2005 auf der 88. Jahrestagung der Deutschen Gesellschaft für Geschichte der Medizin, Naturwissenschaft und Technik e. V. (DGGMNT) in Oldenburg gehaltenen Plenarvortrages mit dem Titel: „Rekonstruieren: Praktiken und Begrenzungen."

2 *Rheinberger, Hans-Jörg,* „Zur Historizität wissenschaftlichen Wissens: Ludwik Fleck, Edmund Husserl", in: *ders.*, Epistemologie des Konkreten. Studien zur Geschichte der modernen Biologie, Frankfurt am Main 2006, S. 21-36. Neben Ludwik Fleck werden in dem einleitenden Kapitel „Historische Epistemologie" mit Gaston Bachelard und Georges Canguilhem zwei weitere Klassiker vorgestellt.

3 *Rheinberger, Hans-Jörg,* ebd., S. 17 f.

4 „Als wäre die flüchtige und grobschlächtige Geschichte der modernen Philosophie nicht genug, mag der Leser denken, mußten wir nun auch noch den ganzen Weg bis zu den Griechen zurücklegen, nur um die Frage dieses Psychologen in Brasilien zu

Hans-Jörg Rheinberger sieht „die Fragmentierung der Wissenschaft in auseinanderfallende Gebiete [...] seit geraumer Zeit auf der Tagesordnung der Wissenschaftsforschung“[5] und verweist in einer Fußnote auf Bundesgenossen wie *Dupré* (1993), *Rosenberg* (1994), *Galison* und *Stump* (1996) sowie *Clarke* (1998),[6] die das genauso sehen würden. Da die Fragmentierungsthese in der Wissenschaftsgeschichtsschreibung auf der Tagesordnung steht, komme ich als Philosoph anscheinend in gehörige Beweisnot, wenn ich für eine strukturale Überwindung dieser Fragmentierung und damit für mehr Theorie (nicht Metaphysik!) in der Wissenschaftsgeschichte eintrete. Dennoch möchte ich mit der argumentativen Unterstützung eines Historikers, nämlich Reinhart Koselleck, an dieser Stelle auf ein methodisches Problem aufmerksam machen, was in den möglichst genauen Rekonstruktionsbemühungen vor allem der soziologisch orientierten Wissenschaftsforschung m.E. zu wenig gesehen wird und das spannungsreiche Verhältnis von Sozial- und Begriffsgeschichte betrifft. Koselleck bemerkt dazu:

> „Begriffe, die vergangene Tatbestände, Zusammenhänge und Prozesse umgreifen, werden für den Sozialhistoriker, der sich ihrer im Erkenntnisgang bedient, zu Formalkategorien, die als Bedingungen möglicher Geschichte gesetzt werden. Erst Begriffe mit dem Anspruch auf Dauer, wiederholbare Anwendbarkeit und empirische Einlösbarkeit, also Begriffe mit strukturalem Anspruch, geben den Weg frei, wie eine ehemals ‚wirkliche‘ Geschichte heute überhaupt als möglich erscheinen und somit dargestellt werden kann. [...] Wir befinden uns in einer methodisch unauflösbaren Spannung, daß zwar Geschichte während sie sich ereignet und nach dem Geschehen, auch etwas anderes ist, als ihre sprachliche Artikulation leisten kann: daß aber dieses Andere ebenfalls nur im Medium der Sprache erkennbar gemacht werden kann.“[7]

---

begreifen?“, in: *Latour, Bruno*, Die Hoffnung der Pandora, Frankfurt am Main 2000, S. 21.

5 *Rheinberger, Hans-Jörg*, Experimentalsysteme und epistemische Dinge. Eine Geschichte der Proteinsynthese im Reagenzglas, Göttingen 2001, S. 196.

6 *Dupré, John*, The Disorder of Things. Metaphysical Foundations of the Disunity of Science, Cambridge (MA) 1993; *Rosenberg, Alexander*, Instrumental Biology or the Disunity of Science, Chicago 1994; *Galison, Peter* und *Stump, David J.*, The Disunity of Science: Boundaries, Contexts and Power, Stanford 1996; *Clarke, Steve*, Metaphysics and the Disunity of Scientific Knowledge, Aldershot 1998.

7 *Koselleck, Reinhart*, Vergangene Zukunft, Frankfurt am Main (1979) 1984, S. 126 und S. 301.

Sozial- und Begriffsgeschichte stehen also laut Koselleck über den strukturalen Anspruch der verwendeten Begriffe in einem gegenseitigen Abhängigkeitsverhältnis, das nach keiner der beiden Seiten hin vollständig aufgelöst werden kann. Die sozialgeschichtliche Rekonstruktion vergangener sowohl sprachlicher wie nichtsprachlicher Zusammenhänge ist so auf die begriffliche Konstruktion mit Hilfe der Gegenwartssprache angewiesen und diese wiederum benötigt das historische „Material" für die Etablierung neuer Begriffe. Ein direkter Zugriff auf die „Wirklichkeit" ist dem Menschen prinzipiell nicht möglich und Denken und Tun erweisen sich als der Doppelaspekt[8] eines sprachlich verfassten Bildungsprozesses. Folglich ist keine der sprachlich vermittelten Rekonstruktionen identisch mit dem historischen Geschehen selbst. Der Doppelaspekt des menschlichen Weltbezuges ist sogar in der Sprache selbst beheimatet. Denn die sprachliche Rekonstruktion der Geschichte zielt einerseits auf ein nichtsprachliches Außerhalb ihrer selbst und andererseits vollziehen sich in der spracheigenen Entwicklung im historischen Maßstab Veränderungen am grammatikalischen Regelwerk und am semantischen Bedeutungshaushalt. Diese unaufhebbare Differenz und zugleich Abhängigkeit zwischen der Sprache und dem historischen Geschehen ist für das Rekonstruieren der Wissenschaftsgeschichte wesentlich und muss ständig vergegenwärtigt werden.

Nur unter Zugrundelegung einer künstlichen Trennung dieses grundlegenden Sachverhaltes in ein freischwebendes Denken einer angeblich theoriedominierten Philosophie und einer davon unabhängigen Welt „da draußen", kann es zu der schroffen Entgegensetzung kommen, die sich zwischen der Wissenschaftsforschung und einer von ihr kritisierten Philosophie zuweilen auftut und wobei die Begriffe „Theorie" und „Kultur" für die Kritik der Gegenseite dann oft missbraucht werden. Ich möchte daher das naturwissenschaftliche Experiment im folgenden Kapitel als idealtypischen Schnittpunkt von Theorie und Kultur vorstellen, an dem sich die Verschränkung der beiden Seiten sehr gut studieren lässt. Während in einer Karl Popper nahe stehenden Forschungstradition das Experiment lediglich zur Überprüfung von Theorien geeignet zu sein scheint, wird in einer Neuerscheinung mit dem programmatischen Titel *Kultur im Experiment*[9]

---

8 „Alle geistige Bewältigung der Wirklichkeit ist an diesen doppelten Akt des Fassens gebunden: an das Begreifen der Wirklichkeit im sprachlich-theoretischen *Denken* und an ihr Erfassen durch das Medium des *Wirkens;* an die gedankliche wie an die technische Formgebung", in: *Cassirer, Ernst,* „Form und Technik", in: *ders.*, Symbol, Technik, Sprache, Hamburg 1995, S. 52.

9 *Schmidgen, Henning / Geimer, Peter / Dierig, Sven* (Hg.), Kultur im Experiment, Berlin 2004.

im Zuge einer Entgrenzung des Labors auf das Weltganze die schöne neue Welt des „World Wide Lab" propagiert. Ein vergleichender Rückblick auf Karl Popper, Ludwik Fleck und Edgar Wind scheint mir hingegen i.U. zu solchen kulturalistischen Entgrenzungsphantasien zu einer größeren Sachlichkeit gegenüber dem naturwissenschaftlichen Experiment und den spezifischen Schwierigkeiten der Rekonstruktion historischer Experimente zu verhelfen.

2. 1934/35: Das Experiment zwischen Theorie und Kultur

1934/35 sind drei für das Verständnis des naturwissenschaftlichen Experiments bedeutende Arbeiten erschienen: Ludwik Flecks *Entstehung und Entwicklung einer wissenschaftlichen Tatsache*[10], Karl Poppers *Logik der Forschung*[11] und Edgar Winds *Das Experiment und die Metaphysik*[12], mit der er sich bereits 1930 in Hamburg unter Beteiligung von Ernst Cassirer als Gutachter habilitierte. So wie Fleck zum Helden der Wissenschaftsgeschichte geworden ist, ist Popper ihr Antiheld. Von Edgar Wind wird dagegen trotz der Neuausgabe seines Buches 2001 und einer 1998 dokumentierten Tagung des Potsdamer Einstein Forums[13] so gut wie keine Notiz genommen. Mich interessieren bei allen sonst auszumachenden und teilweise breit diskutierten Unterschieden einige bemerkenswerte Gemeinsamkeiten dieser drei Positionen. Dies betrifft vor allem die Kritik der „Tatsachen" und den damit verbundenen Zweifel an einem direkten Zugang zur wissenschaftlichen „Wahrheit". Alle drei berufen sich übereinstimmend auf weder empirische noch apriorische, aber einer „inneren Grenzsetzung" (*Wind*) unseres endlichen Erkenntnisvermögens verdankende Systeme, die für die Entstehung wissenschaftlicher „Tatsachen" konstitutiv sind. Bei Popper ist das der Streit in der Gemeinschaft der Kritiker, bei Fleck sind das die Denkkollektive und bei Wind sind das die „Eignungsurteile", d.h. die Verkörperung der wissenschaftlichen Vernunft durch Messinstrumente. Eine Verbindung zu Kant besteht über den Konstruktivismus aller drei Positionen, der sich in verschiedenen Gestalten zeigt.

---

10 *Fleck, Ludwik,* Entstehung und Entwicklung einer wissenschaftlichen Tatsache. Einführung in die Lehre vom Denkstil und Denkkollektiv (1935) Frankfurt am Main 1980.

11 *Popper, Karl,* Logik der Forschung (Wien 1935 / erschienen bereits 1934) Tübingen 1966 (11. Aufl. 2005 durchgesehen und ergänzt).

12 *Wind, Edgar,* Das Experiment und die Metaphysik (Tübingen 1934) Frankfurt am Main 2001.

13 *Bredekamp, Horst / Buschendorf, Bernhard / Hartung, Freia / Krois, John* (Hg.), Edgar Wind. Kunsthistoriker und Philosoph, Berlin 1998.

3. Karl Popper

Karl Popper (1902-1994) favorisiert einen *Hypothesenkonstruktivismus*, mit dem er einen Mittelweg zwischen Realismus und Idealismus sucht. Theorien und Hypothesen sind unsere eigenen Ideen und Erfindungen, selbst gemachte Instrumente des Denkens, die uns von niemandem aufgezwungen werden. Immer dann, wenn diese Instrumente mit der „Wirklichkeit“ in Konflikt geraten, können sich diese Vorstellungen als falsch erweisen. Die Wahrheit allgemeiner Naturgesetze lässt sich durch die stets begrenzte Anzahl von wissenschaftlichen Sätzen nicht vollständig beweisen, die die experimentellen Beobachtungen beschreiben, welche das Gesetz bestätigen sollen. Umgekehrt kann eine einzige Falsifikation, die dem Naturgesetz widerspricht, dieses zu Fall bringen. Das naturwissenschaftliche Experiment ist das Mittel der Wahl, um diesen Konflikt und damit die Falsifikation zu provozieren.

> „Kant hat wohl als erster gesehen, daß die Objektivität erfahrungswissenschaftlicher Sätze aufs engste mit der Theoriebildung, mit der Aufstellung von Hypothesen, von allgemeinen Sätzen zusammenhängt. Nur dort, wo gewisse Vorgänge (Experimente) auf Grund von Gesetzmäßigkeiten sich wiederholen, bzw. reproduziert werden können, nur dort können Beobachtungen, die wir gemacht haben, grundsätzlich von jedermann nachgeprüft werden. [...]
> Der Gedanke ist es, der auch die Prüfung durch die Erfahrung leitet: Experimentieren ist planmäßiges Handeln, beherrscht von der Theorie.“[14]

Popper verlässt sich also letztlich im Rahmen eines endlosen wissenschaftlichen Fortschritts auf die Prüfbarkeit experimenteller und die Sicherheit negativer Erfahrungen (Falsifikationen). Analog einem Gesetz in der Rechtsprechung ist jede leistungsfähige wissenschaftliche Theorie ein *Verbot*, das bestimmte Phänomene oder Ereignisse ausschließt (verbietet). Bestätigungen von Theorien sind demgegenüber eher langweilig, weil sie etwas herbeiführen, was wir ohnehin erwartet haben.

4. Ludwik Fleck

Ludwik Fleck (1896-1961) ist der Urheber des *Sozialkonstruktivismus*, der sich bei Wissenschaftsforschern, wie eingangs erwähnt, großer Beliebtheit erfreut, seitdem externen Faktoren immer größeres Gewicht für die Entwicklung der Wissenschaften eingeräumt wurde. Im Unterschied zu Popper beschränkt Fleck

---

14 *Popper, Karl,* Logik der Forschung, a.a.O., S. 22 u. S. 268.

sich nicht auf die Rekonstruktion der logischen Strukturen von Theorien und der Analyse verschiedener Aussagesysteme innerhalb wissenschaftlicher Testverfahren (nach dem Modell eines Gerichtsverfahrens), sondern interessiert sich für all die kulturell geprägten variablen Größen, in denen die wissenschaftliche Forschung verankert ist.

> „*Ein ahistorisches, von der Geschichte abgetrenntes Erkennen ist unmöglich, ähnlich wie auch ein asoziales, von einem isolierten Forscher ausgeführtes Erkennen unmöglich ist.* Der ‚leere Geist' nimmt nicht wahr, vergleicht nicht, ergänzt nicht, vertieft nicht: Er denkt nicht."[15]

Fleck betont den historischen und den sozialen Charakter der Wissenschaft und hebt die dynamische tätige Seite kollektiver wissenschaftlicher Praxis hervor. Das aus Individuen bestehende Denkkollektiv ist die Summe seiner Teile, da das Individuum von dem (Stimmungs-)Zwang, der von Seiten des Kollektivs auf dieses ausgeübt wird, kein oder kaum ein Bewusstsein hat. „Schon in dem Aufbau der Sprache liegt eine zwingende Philosophie der Gemeinschaft, schon im einzelnen Wort sind verwickelte Theorien gegeben. Wessen Philosophien, wessen Theorien sind das?"[16] Fragen wie diese können ganz unterschiedlich aufgefasst werden. Sie können Anlass für mehr historisch-empirische Forschung sein, im Sinne eines strukturalen Verständnisses von Rekonstruktion, aber auch als implizite Denkvoraussetzungen gedeutet werden, zu denen es keinen empirischen Zugang gibt. Mir scheint, dass über die mit Fleck herbeigeführte „kulturalistische Wende" der Wissenschaftsgeschichte einige Gemeinsamkeiten übersehen worden sind, die Fleck durchaus mit den als nur formal gescholtenen Rekonstruktionen Poppers teilt. Dies betrifft die „relative Unabhängigkeit des Erkannten vom Individuum",[17] die an Poppers Trennung von Erkenntnislogik und Erkenntnispsychologie erinnert, weiterhin die Verherrlichung der Naturwissenschaft als „Kunst, eine demokratische Wirklichkeit zu formen",[18] vor allem aber den dritten Weg einer *spezifischen Entwicklung des Denkens, die sich weder auf eine logische Entfaltung der Denkinhalte, noch auf ein einfaches Anwachsen der*

---

15 *Fleck, Ludwik,* „Das Problem einer Theorie des Erkennens", in: *ders.*, Erfahrung und Tatsache, Frankfurt am Main 1983, S. 123.

16 *Fleck, Ludwik,* Entstehung und Entwicklung einer wissenschaftlichen Tatsache, a.a.O., S. 58.

17 *Fleck, Ludwik,* „Zur Krise der ‚Wirklichkeit'" (1929). In: *ders.*, Erfahrung und Tatsache, a.a.O., S. 49.

18 *Fleck, Ludwik,* ebd., S. 54.

Einzelkenntnisse zurückführen lässt,[19] sondern sich auf *eine identische allgemeine innere Struktur*[20] eines beständigen Denkkollektivs bezieht. Ich sehe hierin eine Popper verwandte Suche nach einem Mittelweg zwischen Realismus und Idealismus und die Bestätigung dafür, dass es in der historischen Rekonstruktion naturwissenschaftlicher Experimentierpraxis primär um die theoretische Aufdeckung dieser inneren Strukturen gehen sollte. Dem diskriminierenden (Verbots)-Charakter von Theorien bei Popper entspräche so gesehen der diskriminierende Charakter von Denkstilen bei Fleck.

5. Edgar Wind

Edgar Winds (1900-1971) *Instrumentenkonstruktivismus* konfrontiert die Transzendentalphilosophie Kants mit der experimentellen Methode der Naturwissenschaften und entdeckt dabei einen „Zirkel der physikalischen Forschung", der sich auf die Kurzformel bringen lässt: „Der Physiker sucht allgemeine Gesetze der Natur durch Instrumente zu erschließen, die diesen Gesetzen selbst unterworfen sind."[21] Wind konstatiert einen Grundwiderspruch der naturwissenschaftlichen Forschungspraxis in der Übereinstimmung der Forschungsmittel mit den Forschungsobjekten, der zu der Paradoxie führt, „daß der letzte Zweck des Experiments darin besteht, seine eigene Voraussetzung zu erproben."[22] Wind erkennt in dieser Problematik die Struktur des *hermeneutischen Zirkels* bzw. der Beziehung von empirischem Teil und metaphysischem Ganzen, die sich gegenseitig voraussetzen und leitet daraus eine Verwandtschaft von physikalischer und historischer Forschung ab [„Was sich für das *physikalische Instrument* herausgestellt hat, läßt sich auch für das *historische Dokument* erweisen."].[23] Wir sehen uns hier also mit dem von Cassirer angesprochenen Problem des Spannungsverhältnisses von „Lücke" und Einheit bzw. der Frage konfrontiert, wie „Einzelbeobachtungen in systematischer Weise aufeinander zu beziehen"[24] sind. Genau wie bei Popper und Fleck führen auch die Überlegungen Winds zu einer doppelten Frontstellung gegenüber empirischer und apriorischer Erkenntnis:

---

19 *Fleck, Ludwik,* Das Problem einer Theorie des Erkennens, a.a.O., S. 96.

20 *Fleck, Ludwik,* ebd., S. 111.

21 *Wind, Edgar,* Über einige Berührungspunkte zwischen Naturwissenschaft und Geschichte, a.a.O., S. 256.

22 *Wind, Edgar,* Das Experiment und die Metaphysik, a.a.O., S. 83.

23 *Wind, Edgar,* ebd., S. 84.

24 *Wind, Edgar,* ebd., S. 85.

„Die Kenntnis dieser Vorgänge als ‚empirisch' zu bezeichnen (in dem Sinne, daß sie ein unmittelbares Empfindungserlebnis darstellen), wäre sinnlos. Denn was wir überhaupt von ihnen wissen, verdanken wir den Begriffen des Systems, das wir vorausgesetzt haben. Sie andererseits (in irgendwelchem Sinne) als ‚apriorische' Erkenntnisse zu betrachten, wäre gleichfalls sinnlos. Denn obwohl wir die *Bedeutung* dieser Ereignisse nur mit den Mitteln des vorgefassten Systems beurteilen können, können wir ihr *Eintreffen* doch niemals vorherwissen."[25]

Wind stützt sich hier also sowohl in der physikalischen wie auch in der historischen Forschung auf sinngebende Strukturprinzipien der Erfahrung, die durch empirische Erfahrung weder bestätigt noch widerlegt werden können. Diesen logischen Zirkel löst Wind durch seinen Instrumentenkonstruktivismus in der Weise auf, dass „durch einen Akt der Verkörperung eine Maßsetzung in ihn (den Zirkel, R.S.) eingeschaltet wird, in der eine logische Forderung sich in eine metaphysische Frage, auf die es empirische Antworten gibt, verwandelt."[26] Gemäß diesem Verständnis würden physikalische Messinstrumente die kantische Unterscheidung von apriorisch und empirisch bzw. Ding an sich und Erscheinung in der Weise unterlaufen, dass sie *zugleich* „Mittel" und „Teile" der zu untersuchenden Gegenstände bzw. der zu erkennenden Welt sind. Wind führt hier den Begriff der „Eignungsurteile" ein, womit die Transzendierung vernünftiger Prinzipien in instrumentelle Verkörperungen gemeint ist. Im Eignungsurteil sind transzendentale Urteile (z.B. „euklidisch-nicht-euklidisch", „einfach-zusammengesetzt", „determiniert-indeterminiert"[27]) über eine Welt enthalten, dem das Messinstrument angehört, die man dem Messinstrument aber nicht (empirisch) „entnehmen" oder ansehen könnte. In dieser am experimentellen Vorgehen der Naturwissenschaften gefundenen Verkörperungstheorie glaubt Wind ein Prinzip entdeckt zu haben, das allen Humanwissenschaften, d.h. u.a. auch der Geschichte und Kunstgeschichte zugrunde liegt. Er bezeichnet dieses Prinzip als das der „inneren Grenzsetzung" und zieht hieraus die methodische Konsequenz, die aus der Tatsache folgt, dass wir unser Wissen über die Welt nur durch Mittel (Verkörperungen) gewinnen können, die aus dieser Welt selbst stammen. Der auch von Cassirer angesprochene Doppelaspekt eines gleichzeitigen Fassens und Erfassens bzw. Wirkens und Denkens mittels „Organprojektionen" über die technischen Verkörperungen meint bei Wind die der zu erforschenden Welt

---

25 *Wind, Edgar,* ebd., S. 86.

26 *Wind, Edgar,* ebd., S. 117.

27 *Wind, Edgar,* ebd., S. 118.

angehörenden und ihren Gesetzen unterworfenen Mittel, die Teil (Messinstrument) und Ganzes (Welt) „von innen" her zusammenschließen. Praktisch kommt das darin zum Ausdruck, dass der Physiker die Naturgesetze, die im Experiment überprüft werden sollen, ideell als bereits bekannt voraussetzen muss. In der Geschichtswissenschaft ist es nicht anders, auch hier können Dokumente nur sinngemäß ausgelegt werden, wenn ihr Bezug zu einem historischen Zusammenhang vorab unterstellt wird. Wind führt dieser Umstand zu einer „Dialektik des historischen Dokuments":

> „Dieses Umschlagen der Erkenntnisrichtung vom eigentlichen *Gegenstand* der Forschung auf das Forschungs*mittel* und die damit verbundene Vorwegnahme dessen, was man eigentlich erst ergründen wollte, ist aller historischen Untersuchung eigen [...].
> Grundsätzlich könnte man also dies als die Dialektik des historischen Dokuments bezeichnen: daß man diejenigen Kenntnisse, die man mit Hilfe des Dokuments zu gewinnen sucht, für dessen adäquaten Gebrauch bereits voraussetzen müßte."[28]

6. Verkörperung

Ich sehe mich nun durch die über das Prinzip der inneren Grenzsetzung deutlich werdende notwendige Verschränkung von Empirie und Metaphysik bei Edgar Wind veranlasst, eine Verwandtschaft zu den Auffassungen Poppers und Flecks zu behaupten. Popper und Wind ist gemeinsam, dass das Denken in einem fortschreitenden iterativen Prozess seine allgemeinen Theorien und Hypothesen am „Anderen seiner selbst" (d.h. den symbolischen Verkörperungen der Messapparaturen) erproben und gegebenenfalls modifizieren (falsifizieren) muss. Die naturwissenschaftliche Forschung „vollzieht sich somit in einer Art zyklischer Progression, in der der logische Akt der Deutung und der meta-logische Akt der Verkörperung dergestalt miteinander verschränkt sind, daß sie einander beständig hervorrufen und so die Erschließung der Welt sukzessive vorantreiben."[29]

Fleck und Wind ist gemeinsam, dass die Instanz bzw. das Denkkollektiv, das über die Triftigkeit unserer Hypothesen und Theorien entscheidet, weder dem Denken noch der Empirie zugänglich ist. Die drei Gründe, die Wind für diesen

---

28 *Wind, Edgar,* Über einige Berührungspunkte zwischen Naturwissenschaft und Geschichte, a.a.O., S. 256.

29 *Buschendorf, Bernhard,* „Das Prinzip der inneren Grenzsetzung und seine methodologische Bedeutung für die Kulturwissenschaften", in: Nachwort in *Wind, Edgar,* Das Experiment und die Metaphysik, a.a.O, S. 282.

Umstand anführt, könnten auch zur Charakterisierung von Flecks Denkkollektiven dienen, nämlich die Unentbehrlichkeit dieser Instanz für den Erkenntnisfortschritt über die Verkörperung geeigneter Instrumente oder Dokumente, weiterhin hat unser Denken keine Macht über diese Instanz bzw. das Denkkollektiv und schließlich wird der wissenschaftlichen Erkenntnis durch diese Instanz inhaltlich nichts Neues hinzugefügt.

> „Empirisch erforschen kann er (der Wissenschaftler, R.S.) die Stücke nur dadurch, daß er sie zu einem Ganzen, das er ahnt, hypothetisch verbindet; und die Hypothese des Ganzen muß er bewähren, indem er sie an der Erkenntnis der Stücke experimentell erprobt. Was aber diese Verbindung von Ganzem und Stück, von Hypothese und Experiment immer von neuem ermöglicht, ist die Verkörperung im Instrument und die darauf bezogenen Eignungsurteile. Die Erprobung solcher Eignungsurteile ist das Mittel, kraft dessen ein endlicher Geist durch metaphysische Fragen empirische Antworten erzielt.“[30]

Welche Konsequenzen sind aus den bis hierher angestellten philosophischen Überlegungen nun aber zu ziehen? Ein erster Anhaltspunkt aus dem Vergleich eines *Hypothesenkonstruktivismus* bei Popper, eines *Sozialkonstruktivismus* bei Fleck und eines *Instrumentenkonstruktivismus* bei Wind scheint mir darin zu liegen, dass diese Positionen sich weder gegenseitig erklären noch aufeinander zurückgeführt werden können. Zwischen Theorie und Kultur, um auf den Titel dieses Beitrages anzuspielen, besteht also kein vollständiger Gegensatz. Weiterhin ist deutlich geworden, dass Begrenzungen in allen drei Ansätzen eine große Bedeutung zukommt. Bei Popper artikuliert sich diese Begrenzung über den ausschließenden Charakter theoretischer Urteile, die analog einem Gerichtsverfahren durch die „Anklage“ (Hypothese), das Beweisverfahren (methodische Prüfung) und das Verbot (Urteil) zustande kommen. Bei Fleck handelt es sich um den analog einem Initiationsritus von einem Denkkollektiv ausgeübten Denkzwang, der durch eine interne Ausdifferenzierung des Denkens jenseits von Logik und Empirie erfolgt. Wind versucht im Sinne einer Metaphysik im Menschen der inneren Grenzsetzung, die von diesem Zwang ausgeht, auf die Spur zu kommen. Das Hauptaugenmerk richtet sich dabei auf die „Lücke“, die sich zwischen den *theoretisch* überprüfbaren Axiomen und Lehrsätzen auf der einen Seite und den *empirisch* überprüfbaren experimentellen Handlungen auf der anderen Seite auftut und wie diese Kluft mit einer instrumentellen Verkörperung durch die „richtige“ Wahl von Messapparaturen überbrückt werden kann.

---

30 *Wind, Edgar,* Das Experiment und die Metaphysik, a.a.O., S. 109.

Herbert Pietschmann hat *Die drei Grenzen der physikalischen Erkenntnis*[31] als technologische, methodologische und ontologische Grenzen bestimmt. Die technologische Grenze bezieht sich auf die Leistungsfähigkeit der Experimentiergeräte, die methodologische Grenze bezieht sich auf die Messbarkeit („Nur was messbar ist, hat seinen Platz im naturwissenschaftlichen Weltbild."[32]) und die ontologische Grenze, die laut Pietschmann den eigentlichen Antrieb der physikalischen Forschung bildet, beinhaltet die möglichst widerspruchsfreie Abstrahierung des physikalischen Weltbildes aus der übrigen „Wirklichkeit."[33] Ganz im Einklang mit den zuvor angestellten Überlegungen gibt Pietschmann zu bedenken, dass, wer die physikalische Forschung von ihren Grenzen und nicht von ihrem Ende (d.h. der bloßen Denkmöglichkeit einer „Weltformel") zu denken bereit ist, zu dem „Eingeständnis" gezwungen sei, „daß unsere Handlungen letztlich nie ‚gerechtfertigt' werden können, sondern immer persönliche Entscheidungen sind, die jeder selbst auf sich nehmen muß. Und das erzeugt Angst."[34] Diesen *Entscheidungen* bei Pietschmann entspricht die *Wahl* möglichst gewagter Hypothesen bei Popper, eines Denkstils bei Fleck oder instrumenteller Verkörperungen bei Wind, „die Maßbegriffe in der Erfahrungswelt vertreten" sollen.[35]

Für die Theoretisierung der Wissenschaftsgeschichte führt die Berücksichtigung dieser *strukturellen* Dimension zu einer „Überlegenheit einer solchen Wissenschaftsgeschichte über die bloß erzählende",[36] weil die einzelnen wissenschaftshistorischen Fallstudien durch die strukturelle Integration technischer Möglichkeiten und Fertigkeiten, methodologischer Standards der Messbarmachung und ontologischer Entscheidungen über die Reichweite physikalischer Forschung zu einem Ganzen organisiert werden können, bei dem „Wiederholungsstrukturen"[37] sichtbar werden, die den geschichtlichen Verlauf der Wissen-

31 *Pietschmann, Herbert,* Die drei Grenzen der physikalischen Erkenntnis. In: Philosophia naturalis 17, 1978/79, S. 90-98.

32 *Pietschmann, Herbert,* a.a.O., S. 93.

33 „Der Wunsch, die Wirklichkeit vernünftig zu begreifen, sie zu ordnen, sie logisch zu erfassen, liegt ja aller physikalischen Arbeit zugrunde. Dies ist aber gleichbedeutend mit dem Wunsch, die ontologische Grenze hinauszuschieben. Immer mehr von der Wirklichkeit soll ‚messbar gemacht werden'." In: *Pietschmann, Herbert,* ebd., S. 97.

34 *Pietschmann, Herbert,* ebd.

35 *Wind, Edgar,* Vortrag: „Das Experiment und die Metaphysik." In: *ders.*, a.a.O. S. 214.

36 *Böhme, Gernot,* „Kann es theoretische Wissenschaftsgeschichte geben?", in: *ders.*, Das Ende des Baconischen Zeitalters, Frankfurt am Main 1993, S. 207.

37 „Ein Gedankenexperiment kann dies klären helfen: Wenn sich alles in dieser Welt in immer gleicher Weise wiederholte, gäbe es keine Veränderung und auch keine Über-

schaftsgeschichte zwar nicht auf eine bestimmte „Wahrheit" hin steuern, aber doch sukzessive vorantreiben.

Mit Edgar Wind wollte ich zeigen, dass dieses Strukturbewusstsein vor allem über die Rezeption des amerikanischen Pragmatismus in der deutschen Philosophie zu Beginn des zwanzigsten Jahrhunderts angekommen ist.[38] Beeinflusst durch Charles S. Peirce[39] hat der Kunsthistoriker Wind das bis dahin für die Philosophie unwichtige Thema der *Sichtbarmachung* am Leitfaden der Werke der bildenden Kunst in die philosophische Diskussion gebracht und durch seine Habilitationsschrift auf die Physik ausgedehnt. „Bei Wind steht nicht mehr der Begriff, das Bewusstsein, die Erkenntnis, das Verstehen und auch nicht die Welt oder das Sein im Mittelpunkt seiner philosophischen Untersuchungen, sondern, wie er es nannte: die „Verkörperung".[40] Die sichtbare „Verkörperung" springt dort ein, wo das begriffliche Instrumentarium allein nicht weiterhilft.

Brigitte Falkenburg hat darauf hingewiesen, dass es Parallelen zwischen Winds Prinzip der „inneren Grenzsetzung" und Hilary Putnams „internem Realismus" gibt, da in beiden Ansätzen kantische und pragmatische Ansätze miteinander kombiniert werden.[41] Die in *Representing and Intervening* zwischen Ian

---

raschung – weder in der Liebe noch in der Politik, noch in der Wirtschaft oder in der Dichtung. Gähnende Leere und Langeweile breiteten sich aus. Wenn dagegen alles nur neu oder innovativ wäre, fiele die Menschheit von einem Tag auf den anderen in ein schwarzes Loch, hilflos und bar jeder Orientierung." In: *Koselleck, Reinhart*, Was sich wiederholt, Frankfurter Allgemeine Zeitung, 21. Juli 2005, S. 6.

38 Ebenso wie für Edgar Wind gilt der Einfluss von Charles S. Peirce auch für Ernst Cassirer: „Während in den USA einige Ansätze entstanden, die z.T. an Cassirer anknüpfen, ist Cassirer im deutschsprachigen Raum, von historischen Untersuchungen im Umkreis des Neu-Kantianismus und der Phänomenologie einmal abgesehen, wohl vor allem auf dem Umweg über die Fragestellungen amerikanischer Philosophen wie Charles S. Peirce interessant geworden." In: *Graeser, Andreas*, Ernst Cassirer, München 1994, S. 191.

39 „Wind kam während seines Aufenthalts in den Vereinigten Staaten von 1924-27 mit dem amerikanischen Pragmatismus in Berührung, insbesondere mit den Schriften von Charles S. Peirce. Dadurch entwickelte er analytische Standards des philosophischen Argumentierens, die aus neukantianischer Sicht ebenso der Tradition der Aufklärungsphilosophie zuzurechnen sind wie Kants Erkenntniskritik." In: *Falkenburg, Brigitte*, Die Maßsetzung im Endlichen. Einleitung zu *Wind, Edgar*, Das Experiment und die Metaphysik, a.a.O. S. 15.

40 *Krois, John Michael*, „Kunst und Wissenschaft in Edgar Winds Philosophie der Verkörperung", in: *Bredekamp, Horst* et al. (Hg.), Edgar Wind: Kunsthistoriker und Philosoph, a.a.O., S. 181.

41 *Falkenburg, Brigitte*, Die Maßsetzung im Endlichen, a.a.O., S. 55.

Hacking und Hilary Putnam geführte Kontroverse[42] zeigt beispielhaft, dass Kant sowohl dualistisch (Hacking), wie holistisch (Putnam) interpretiert werden kann. Allein eine der Tradition des Pragmatismus entspringende holistische Perspektive, die von der prinzipiellen Abhängigkeit und gegenseitigen Durchdringung von Wissen, Tatsachen, Theorien, Werten und Interpretationen ausgeht, kann verhindern, dass diese Bereiche durch einseitige Hervorhebungen wie: „Die Experimentiertätigkeit führt ein Eigenleben"[43] gegeneinander ausgespielt werden. Im Rückblick auf Hackings Buch ist zu bedauern, dass die Wissenschaftsforschung Hacking so kritiklos gefolgt ist und mit Putnams Einwänden vor zwanzig Jahren so wenig anfangen konnte. Den Hauptgrund sehe ich in der weitgehenden Unkenntnis des Pragmatismus in Europa zu diesem Zeitpunkt und des zu geringen Vertrautseins mit der Transzendentalphilosophie in den USA, wodurch es vermittelnde Positionen wie die von Cassirer und Wind oder eben auch Putnam schwer hatten, wahrgenommen zu werden. Doch die Zeiten ändern sich und der Pragmatismus erfährt gerade eine Renaissance,[44] sowohl in Europa wie in den USA, wovon auch die Wissenschaftsgeschichte profitieren könnte. Mit dem *kreativen* Handeln[45] tritt dabei neben dem technisch-rationalen und dem ethisch-normativen Handeln eine dritte Variante von Handlungstheorie in den Vordergrund, die tief in der Tradition des Pragmatismus verwurzelt ist. Sobald man die von Hilary Putnam gestellte *offene Frage* des Pragmatismus[46] für die Wissenschaftsgeschichte sinngemäß umformuliert: *Es ist eine offene Frage, ob eine aufgeklärte Gesellschaft einem zersetzenden kulturalistischen Skeptizismus entgehen kann, ohne in einen wissenschaftsgläubigen Autoritarismus zurückzufallen,* merkt man, was gegenwärtig auf dem Spiel steht. Die neuzeitliche Erkenntniskritik hat gezeigt, dass die moderne Naturwissenschaft nicht von ihrer empiri-

---

42 *Schulz, Reinhard,* „Darstellen und Rekonstruieren: Eine hermeneutische Erwiderung auf Ian Hacking", in: Journal for General Philosophy of Science 30, 1999, S. 365-375; *ders.*, Naturwissenschaftshermeneutik. Eine Philosophie der Endlichkeit in historischer, systematischer und angewandter Hinsicht, Würzburg 2004, S. 166-170.

43 *Hacking, Ian,* Einführung in die Philosophie der Naturwissenschaften, a.a.O., S. 250.

44 *Sandbothe, Mike,* Die Renaissance des Pragmatismus. Aktuelle Verflechtungen zwischen analytischer und kontinentaler Philosophie, Weilerswist 2000.

45 *Joas, Hans,* Pragmatismus und Gesellschaftstheorie, Frankfurt am Main 1992; *ders.*, Die Kreativität des Handelns, Frankfurt am Main 1996.

46 „Es ist eine offene Frage, ob eine aufgeklärte Gesellschaft einem zersetzenden moralischen Skeptizismus entgehen kann, ohne in einen moralischen Autoritarismus zurückzufallen." In: *Putnam, Hilary,* Pragmatismus. Eine offene Frage, Franfurt/New York 1995, S. 10; siehe auch: *Raters, Marie-Luise* und *Willaschek, Marcus* (Hg.), Hilary Putnam und die Tradition des Pragmatismus, Frankfurt am Main 2002.

schen Basis her zu vollenden ist. Der Mensch hat als endliches Wesen keine Möglichkeit, die sichtbaren „Verkörperungen" *von* Sachverhalten *mit* Sachverhalten selbst zu vergleichen,[47] sondern kann nur versuchen, sie mit anderen „Verkörperungen" in Übereinstimmung zu bringen. Vielleicht ist das gegenwärtige Interesse am kreativen Handeln der Einsicht zu verdanken, dass weder die theoretische noch die praktische Erkenntnis *sachlich* vollendet werden können.

> „Es kann kein *allgemeiner* Standpunkt der ‚richtigen' Nähe oder der ‚richtigen' Distanz zu einer Sache eingenommen werden. Unter dem Druck der Zeit und der Dringlichkeit des Handelns muß in individueller Verantwortung *entschieden* werden, an welchen Stellen des Kontextes welche Sicht und welcher *Grad* der Explizitheit der ‚Interpretation' von etwas als ‚hinreichend' erscheinen und somit der Text (‚die Verkörperung' R.S.) in seiner momentanen (ästhetischen) Version ‚als objektiv gültig' gelten gelassen werden *darf*."[48]

In *Schauen, sehen, wissen*[49] setzt sich Ludwik Fleck über Begriffe wie „Ganzheit", „Gestalt", „Stimmung", „Wahrnehmungsbereitschaft" und „Konstruktion" intensiv mit der Verkörperungsthese auseinander und verbindet dies mit der Kritik an der angeblich objektiven Beobachtbarkeit physikalischer Gegenstände in der klassischen Physik. „Es ist unmöglich, den Gegenstand der Beobachtung abzusondern, ohne nicht bereits im voraus bestimmte seiner Merkmale vorauszusetzen."[50] Die Paradoxie der physikalischen Forschung, auf die Edgar Wind aufmerksam gemacht hatte, begegnet uns bei Fleck unter einem anderen Gesichtspunkt wieder. Denn die Verwendung einer physikalischen Apparatur sei „immer Ausdruck eines gewissen, bereits entwickelten Stils des Denkens", der „das Denken auf die Gleise des Denkstils der Wissenschaft"[51] lenke und „schließlich zu den allgemeinsten Merkmalen des physikalischen Stils: zur Mathematik"[52] führe. Der angesichts dieser frappierenden Gemeinsamkeiten zwi-

---

47 „Wenn man aber sagt: „Wie soll ich wissen, was er meint, ich sehe ja nur seine Zeichen", so sage ich: „Wie soll *er* wissen, was er meint, er hat ja auch nur seine Zeichen." In: *Wittgenstein, Ludwig,* Philosophische Untersuchungen 504, Frankfurt am Main 1975 (Dritte Auflage).

48 *Simon, Josef* (Hg.), Distanz im Verstehen. Zeichen und Interpretation II, Frankfurt am Main 1995, Vorwort, S. 13.

49 *Fleck, Ludwik,* „Schauen, sehen, wissen", in: *ders.*, Erfahrung und Tatsache, a.a.O., S. 147-174.

50 *Fleck, Ludwik,* ebd., S. 162.

51 *Fleck, Ludwik,* ebd., S. 164.

52 *Fleck, Ludwik,* ebd., S. 167.

schen Fleck und Wind scheinbar noch bestehende Unterschied liegt darin, dass Fleck hier „soziologische Kräfte“[53] am Werk sieht, während Wind auf den „endlichen Geist“ schaut, der über die Verkörperungen in physikalischen Messapparaturen seine „Eignungsurteile“ erprobt. Dieser Unterschied erscheint mir jedoch überpointiert im Hinblick auf die sowohl den wissenschaftlichen Gemeinschaften wie auch den Verkörperungen zu Grunde liegenden Prozessstrukturen naturwissenschaftlicher Erkenntnis. Wenn Ludwik Fleck schreibt: „Wir stehen schließlich einem System von Anschauungen gegenüber, deren Autorschaft in keinem Individuum liegt: [...]“, so würde Wind dem wahrscheinlich zustimmen. Wenn der Zusatz jedoch lautet: „Sein Autor ist die Gemeinschaft.“,[54] so könnte man aufgrund der vorausgegangenen Überlegungen dieses Beitrages vielleicht auch einen anderen Begriff vorschlagen. Würde man nämlich „Gemeinschaft“ durch „Verkörperung“ ersetzen, könnten beide Positionen womöglich leichter zusammen geführt werden. Denn über erhaltene oder nachgebaute Verkörperungen historischer Messinstrumente[55] können auch noch über historische Zeiträume „mittlerer“ oder „längster Dauer“ hinweg Verbindungslinien zwischen jetzigen und längst vergangenen historischen Forschergemeinschaften rekonstruiert werden. Wenn in dem eingangs zitierten Aufsatz von Rheinberger über die „überraschenden Parallelen zwischen Husserl und Fleck“[56] unter Bezugnahme auf Gaston Bachelard daher von der „konstitutiven Unschärfe der subjektiven Seite des Erkenntnisvorgangs“ als „epistemologisches Hindernis“[57] die Rede ist, ist dem einschränkungslos zuzustimmen. Welche „epistemologische(n) Grundentscheidungen“ zur Beseitigung dieses Hindernisses im Kräftefeld der soziologischen Kraft des Denkkollektivs und der symbolischen Kraft sichtbarer Verkörperungen (wie z.B. Messapparaturen) jedoch zu treffen sind, scheint mir dagegen als vorläufiges Ergebnis dieses Beitrages eine „offene Frage“ zu sein, deren Klärung eine Verhältnisbestimmung der Wissenschaftsgeschichte „kürzester“ und „längster Dauern“ nach Möglichkeit mit einschließen sollte.

---

53 *Fleck, Ludwik,* ebd., S. 161.

54 *Fleck, Ludwik,* ebd., S. 170.

55 *Heering, Peter / Rieß, Falk / Sichau, Christian,* Im Labor der Physikgeschichte. Zur Untersuchung historischer Experimentalpraxis, Oldenburg 2000.

56 *Rheinberger, Hans-Jörg,* Zur Historizität wissenschaftlichen Wissens: Ludwik Fleck, Edmund Husserl, a.a.O., S. 33.

57 Ebd., S. 32.

Disharmonien der Täuschung: Warum blieb Ludwik Flecks dynamische Erkenntnistheorie selbst so lange statisch?*

Frank Stahnisch

Der polnische Mediziner und Wissenschaftsphilosoph Ludwik Fleck (1896-1961) gilt heute weiten Kreisen als wichtiger Vorgänger konstruktivistischer Tendenzen in der Wissenschaftsgeschichte, -soziologie und -theorie, welche den Prozess, die Ergebnisse und auch die Theoriendynamiken der experimentellen Lebenswissenschaften als vielschichtiges Produkt von Kontingenzen, lokalen Praktiken und situierten Wissensordnungen des Labors betrachten. Flecks „Entstehung und Entwicklung einer wissenschaftlichen Tatsache"[1] ist jedoch rezeptionsgeschichtlich häufig in das Fahrwasser einseitiger Interpretationsversuche geraten, nicht zuletzt deshalb, weil viele Kommentatoren gerade die begrifflichen und theoretischen Erörterungen seines Hauptwerks in den Vordergrund gerückt haben. Und nur wenige Rezipienten unterzogen sich der mühsamen Kleinarbeit, auch die empirischen und forschungsleitenden Aussagen seiner „Lehre vom Denkstil" anhand konkreter wissenschaftlicher Fallbeispiele und historischer Einzelentwicklungen zu beleuchten und im Vergleich mit den Forschungstendenzen in den Objektwissenschaften kritisch zu hinterfragen.[2] Vor dem Hintergrund einer eher an den konzeptuellen Aufgabenstellungen und theoretischen Implikationen orientierten Forschungsrichtung der Wissenschaftshistoriographie und -philosophie kommt es daher nicht von ungefähr, dass Flecks Arbeiten als

* Für konstruktive Kritik und Anregungen danke ich den Diskutantinnen und Diskutanten auf der Tagung „Von der wissenschaftlichen Tatsache zur Wissensproduktion" im Herbst 2005 in Słubice (Polen). Zugleich möchte ich in meinen Dank auch die Teilnehmerinnen und Teilnehmer früherer Leseseminare zu Ludwik Fleck am Institut für Geschichte der Medizin der Freien Universität Berlin einschließen, in denen ich erste Gedanken zu diesem Thema entwickeln konnte, die hier weiter ausgearbeitet sind.

1 *Ludwik Fleck*, Entstehung und Entwicklung einer wissenschaftlichen Tatsache. Einführung in die Lehre vom Denkstil und Denkkollektiv (Basel 1935). 2. Aufl. Frankfurt/M.: Suhrkamp 1993.

2 Für einen solchen Versuch siehe etwa *Henk van den Belt*, „Ludwik Fleck and the causative agent of syphilis: sociology or pathology of science? A rejoinder to Jean Lindemann", in: Studies in History and Philosophy of Biological and Biomedical Sciences 33 (2002), S. 733-750.

der *Long Lost Philosopher's Stone* behandelt worden sind,[3] insbesondere dann, wenn seine Verdienste um die Wissenschaftsphilosophie der biomedizinischen Experimentalwissenschaften Würdigung gefunden haben.

Retrospektiv betrachtet scheinen die epistemologischen Positionen dieses herausragenden Mediziners und Wissenschaftstheoretikers somit in einer seltsamen „Sandwich-Position" zu stehen: Zum einen wendete sich Fleck als einer von wenigen Wissenschaftsforschern schon 1935 gegen den vorherrschenden physikalischen *Bias* in der Wissenschaftstheorie seiner Zeit und machte sich für eine breit angelegte Beachtung von vielfältigen Facetten der wissenschaftlichen Erkenntnisproduktion stark.[4] Dabei hob er besonders den empirischen und wenig abstrakten Charakter des Erkenntnisprozesses in den biomedizinischen Experimentalwissenschaften hervor, dessen Fokus vor allem auf die Varianzen und Abweichungen der von ihnen untersuchten wissenschaftlichen Phänomene gerichtet ist und zugleich den „gewaltigen Reichtum und [die] Individualität dieser Phänomene, die die Vielheit ohne klare, abgegrenzte Einheiten begleiten, voller Übergangs- und Grenzzustände"[5] im Blick behalten muss. In der Konzentration der zeitgenössischen Wissenschaftsphilosophie auf die Theoriebildung und -struktur in den physikalischen Wissenschaften fühlte sich Fleck als Biomediziner mit theoretischen Interessen wohl nicht besonders gut aufgehoben. Zum anderen kritisierte er die statischen und logozentristischen Ansätze des einflussreichen „Wiener Kreises", der auch auf das intellektuelle Milieu von Lemberg (Lwów) in Ostpolen prägend gewesen ist.[6]

Während die philosophischen Entwürfe Rudolf Carnaps (1891-1970), Carl Gustav Hempels (1905-1997) oder Herbert Feigels (1902-1988) auch die wissenschaftstheoretische Landschaft Amerikas in der Nachkriegszeit in einer ähnli-

---

3 Siehe hierzu *Steve Fuller*, „Thomas Kuhn. A Philosophical History for Our Times." Chicago/London: University of Chicago Press, S. 60.

4 Vgl. auch *Ludwik Fleck*, „Über die wissenschaftliche Beobachtung und die Wahrnehmung im allgemeinen", in: *Lothar Schäfer* und *Thomas Schnelle* (Hg.): Ludwik Fleck. Erfahrung und Tatsache. Gesammelte Aufsätze. Frankfurt/M.: Suhrkamp 1983, S. 59-83, hier insbesondere S. 59.

5 *Ludwik Fleck*, „Über einige besondere Merkmale des ärztlichen Denkens", in: *Lothar Schäfer / Thomas Schnelle* (Hg.), Ludwik Fleck. Erfahrung und Tatsache. Gesammelte Aufsätze. Frankfurt/M.: Suhrkamp 1983, S. 37-45, hier S. 37.

6 Vgl. *Lothar Schäfer / Thomas Schnelle*, „Die Aktualität Ludwik Flecks in Wissenschaftssoziologie und Erkenntnistheorie", in: *Dies.* (Hg.): Ludwik Fleck. Erfahrung und Tatsache. Gesammelte Aufsätze. Frankfurt/M.: Suhrkamp 1983, S. 9-34, hier S. 11-18.

chen Weise zu dominieren begannen, wie dies im deutschen Sprachraum zuvor der Fall gewesen war, tat sich der Flecksche Ansatz schwer, die heute so plausibel erscheinenden analytischen Konzeptionen des „Denkstils", des „Denkkollektivs" oder des „Systems von Experimenten" ebenfalls in den Adelsstand der amerikanischen Wissenschaftsphilosophie zu erheben. Es bedurfte wohl auch hier des besonderen akademischen *Settings* der Harvard Universität und der einflussreichen Stimme seines amerikanischen physikhistorischen Kollegen Thomas S. Kuhn (1922-1996), dessen akzidentelle Rezeption Fleck – 1979 – auf einen Schlag in Amerika bekannt werden ließ. Das heißt jedoch nicht, dass Fleck breitenwirksam von amerikanischen Wissenschaftsphilosophen rezipiert worden wäre, wie dies Kuhn – ebenfalls in einer nicht unkritischen und ambivalenten Form – zuteilgeworden ist.[7]

Am Beispiel des Begriffs vom „Denkkollektiv" soll im Folgenden nach Antworten auf diejenige Frage gesucht werden, warum Flecks dynamische Erkenntnistheorie rezeptionshistorisch betrachtet sehr lange statisch geblieben ist. Denn mit dem Fokus auf diese Konzeption ist besonders von wissenschaftssoziologischer Seite argumentiert worden, dass der Begriff der *Scientific Community* nach Kuhn doch etwas anderes sei, als der des Fleckschen „Denkkollektivs".[8] In derjenigen Weise nämlich, in der Kuhns *Scientific Community* auch hierarchische Momente der wissenschaftlichen Sozialisation und der Forschungsabläufe impliziert, wurde das Denkkollektiv von Fleck bereits wesentlich egalitärer gedacht, da es ganz stark von Momenten der Partizipation der einzelnen Individuen ausging, die über den Prozess des „interkollektiven Denkverkehrs" in die Wissenschaft eingeführt worden sind. Das wissenschaftspsychologische Moment einer „Harmonie der Täuschungen", dessen Bedeutung Fleck für die Beharrungstendenzen in Lehre und Forschung eindrucksvoll herausgearbeitet hat,[9] war hier selbst am Beispiel des elitären Milieus der amerikanischen Wissenschaftsphilosophie des 20. Jahrhunderts beobachtbar und beeinflusste die Aufnahme seines eigenen Ansatzes vor Ort. Es scheint somit das besondere Verdienst der an den wissenschaftssoziologischen „Randbedingungen" der Erkenntnisproduktion interessierten *Science Studies* zu sein, dass sich die Fleckschen Auffassungen letzt-

---

7 Siehe auch *Alexander Bird*, Thomas Kuhn. Princeton/New Jersey: Princeton University Press 2001, S. 267-280.

8 *Fuller* (wie Anm. 3), S. 292-295.

9 Vgl. *Fleck*, 1935a (wie Anm. 1), S. 40-53.

lich doch in einem anderen Denkkollektiv etablieren und schließlich auch in der amerikanischen Wissenschaftsphilosophie Fuß fassen konnten.[10]

Eingehend auf das nähere Verhältnis von *Science Studies* und *Philosophy of Science* soll hier versucht werden, diese Disharmonien der Täuschung mit dem Fokus auf Flecks Lehre vom „Denkstil" etwas aufzulösen, welche sich in Anknüpfung an Allan Franklins Feststellung eines „*Neglect of Experiment*" (1986)[11] in der Wissenschaftstheorie sogar als ein „*Neglect of Biomedicine*" charakterisieren lassen. Zugleich geht es mir in diesem Beitrag besonders darum, die Selbstverständlichkeiten – nicht nur der modernen Wissenschafts- und Medizinhistoriographie – am Beispiel der Fleckschen Unzeitmäßigkeit kritisch zu hinterfragen und die Evidenz vieler seiner Beobachtungen für die moderne biomedizinische Forschung herauszuheben, die sich längst nicht mehr allein als eine an Hypothese und Einzelexperiment orientierte Wissenschaft beschreiben lässt.[12] Über den engeren Bereich der Medizintheorie hinaus werde ich deshalb auf das epistemologische und wissenschaftshistoriographische Potential Flecks für die moderne Biomedizin eingehen und dabei den Fokus auf die sozialen und praktischen Aspekte des experimentalwissenschaftlichen Arbeitens legen. Anschließend diskutiere ich Flecks eigene Sozialisation als Laborforscher als einen wichtigen Begleitumstand der langen Rezeptionspause seines medizintheoretischen Ansatzes, um mit dem Blick auf das Verhältnis von *Philosophy of Science* und *Science Studies* diese Disharmonien der Täuschung in Flecks Werk selbst etwas deutlicher zu machen.

1. Flecks biophilosophisches und wissenschaftshistoriographisches Potential

Zunächst soll hier jedoch die Anschlussfähigkeit der Fleckschen Erkenntnistheorie in den Bereichen von Wissenschaftsforschung und Medizinhistoriographie an moderne biophilosophische Problemlagen herausgehoben und die Entwicklungsfähigkeit seiner Kategorien bei der Entstehung von neuen wissenschaftlichen

10 Ähnlich auch *Robert S. Cohen / Thomas Schnelle*, Introduction, in: *Dies*. (Hg.): Cognition and Fact. Materials on Ludwik Fleck. Dordrecht/Boston/Lancaster/Tokyo: D. Reidel Publishing Company 1986, S. IX-XXXIII.

11 *Allan Franklin*, The Neglect of Experiment. Cambridge: Cambridge University Press 1986.

12 Siehe hierzu auch *Hans-Jörg Rheinberger*: Experiment, Differenz, Schrift. Marburg: Basilisken Presse 1992, und *Timothy Lenoir*, „Shaping Biomedicine as an Information Science", in: *Mary E. Bowden / Trudi B. Hahn / Robert V. Williams* (Hg.), Proceedings of the 1998 Conference on the History and Heritage of Science Information Systems. Medford, NJ: Information Today 1998, S. 27-45.

Tatsachen in den Blick genommen werden. Ich möchte meinen Überlegungen deshalb zunächst ein Zitat aus Flecks „Entstehung und Entwicklung einer wissenschaftlichen Tatsache“ voranstellen, das die inhärente Verflechtung zwischen den Bereichen von Medizin, Philosophie und Wissenschaftsgeschichte besonders gut zum Ausdruck bringt:

> „Die Entstehungsgeschichte eines wissenschaftlichen Begriffes könnte jenem Erkenntnistheoretiker gleichgültig sein, der glaubt, daß z. B. die Irrtümer eines Robert Mayer [1814-1878] gar keine Bedeutung für den Wert des Energieerhaltungssatzes hätten.
>
> Dem ist zu entgegnen: Erstens gibt es wahrscheinlich keine vollständigen Irrtümer, so wenig wie vollständige Wahrheiten. Es wird sich früher oder später eine Umarbeitung des Energieerhaltungssatzes als notwendig erweisen – und dann wird man vielleicht an einem verlassenen ‚Irrtum‘ rück-anknüpfen müssen.
>
> Zweitens, ob wir wollen oder nicht, wir können nicht von der Vergangenheit – mit allen ihren Irrtümern – loskommen. Sie lebt in überkommenen Begriffen weiter, in Problemfassungen, in schulmäßiger Lehre, im alltäglichen Leben, in der Sprache und in Institutionen.“[13]

In diesem Kernzitat aus Flecks medizintheoretischem Hauptwerk sind die Frage nach der Beständigkeit wissenschaftlicher Fakten – hier sogar eines physikalischen Naturgesetzes – sowie nach der Gradlinigkeit des Forschungsprozesses beziehungsweise der prinzipiellen Reversibilität von Wissensbeständen im Hintergrundwissen der jeweiligen Zeit eng miteinander verwoben. Diese Perspektive auf die kulturelle Fortdauer von Vorannahmen der Forscherinnen und Forscher ist natürlich Wasser auf die Mühlen der Wissenschaftshistoriographie, bedient sie doch lange gepflegte Topoi der Ideen-, Sozial- oder Institutionengeschichte und zählt heute noch zu den festen Koordinaten wissenschaftshistoriographischer Arbeit.[14]

Die Aktualität der Fleckschen Ansätze lässt sich recht deutlich in den rezenten Entwicklungen einer ihrer Bezugswissenschaften – der biomedizinischen Laborforschung – wahrnehmen, die auch der Hauptgegenstand seiner erkenntnistheoretischen Erörterungen gewesen sind: Ohne die Notwendigkeit längerer Recherchen lassen sich in den zurückliegenden zwei Jahrzehnten gleich mehrere wichtige Umwälzungen zentraler biomedizinischer Dogmen ausmachen, die hier

---

13 *Fleck*, 1935a (wie Anm. 1), S. 31.

14 Vgl. etwa die Einzelbeiträge in *Pickering, Andrew* (Hg.), Science as Practice and Culture. Chicago/London: Chicago University Press 1992.

als gute Indikatoren für den stetigen und tiefgreifenden Wandel in der biomedizinischen Forschung stehen können: so etwa die neue Rolle des Bakteriums *Helicobacter pylori* für die ätiologische Entstehung des Magengeschwürs, durch die ältere säure- beziehungsweise läsionspathologische und psychosomatische Erklärungsansätze abgelöst worden sind.[15] Auf dem Gebiet der biochemischen und molekularmedizinischen Forschung ist darüber hinaus nach und nach ein Bild von den katalytischen, nicht rein informationstragenden Eigenschaften der Ribonukleinsäure in biologischen Zellen entstanden,[16] und auch die Bedeutung neuroregenerativer Prozesse für die zerebrale Plastizität hat längst das traditionelle Dogma vom als entwicklungsmäßig rigide verstandenen adulten Gehirn obsolet werden lassen.[17]

Es kann deshalb kaum überraschen, dass sich einige der genannten Autoren in ihren analytischen Arbeiten direkt auf Fleck beziehen, und es lassen sich sicherlich unzählige weitere Entwicklungen allein auf dem Gebiet der biomedizinischen Forschung und der klinischen Behandlungspraxis in den letzten zwei Jahrzehnten finden, die die Wandlung der „wissenschaftlichen Denkstile" nachhaltig belegen. Wenn hierbei ferner davon zu sprechen ist, dass die Objektwissenschaften häufig einen ausgeprägten *Time Lag* des aktuellen Wissens von den Originalpublikationen wissenschaftlicher Artikel über Lehr- und Handbücher hin zu den Praktikern sowie den Dozierenden im Wissenschaftsbetrieb aufweisen,[18] so bleiben diese Veränderungen als „gelebte Geschichte" virulent und zeigen die Gleichwertigkeit von aktuellen Befunden neben revisionswürdigen Wissensbeständen, anachronistischen und sogar für „falsch" gehaltenen Überzeugungen als normale und immer wieder anzutreffende Phänomene im Prozess wissenschaftlicher Forschung auf.

15 *Alfred Reckenfelderbäumer*, Medizin und Wissenschaftstheorie: die Geschichte der Wismuttherapie als wissenschaftstheoretische Fallstudie. Husum: Matthiessen 1995.

16 Siehe hierzu *Hans-Jörg Rheinberger*, Experimentalsysteme und epistemische Dinge. Eine Geschichte der Proteinsynthese im Reagenzglas. Göttingen: Wallstein 2001, insbesondere S. 156-192, und *Lenoir* (wie Anm. 12).

17 Vgl. etwa *Carl F. Craver*, „The Making of a Memory Mechanism", in: Journal of the History of Biology 36 (2003), S. 153-195, und *Stanley Finger* et al., Brain Injury and Recovery. Theoretical and Controversial Issues. New York/London: Plenum Press 1988, insbesondere S. 117-132.

18 Siehe hierzu bereits *Fleck*, 1935a (wie Anm. 1), S. 146-150.

2. Die langsame Rezeption der Fleckschen Theorie

Zweifellos zählt Ludwik Fleck zu den bedeutendsten Wissenschaftsforschern und -philosophen auf dem Gebiet der Biomedizin des 20. Jahrhunderts, und er ist für eine Generation international arbeitender Wissenschaftsforscher und -forscherinnen philosophisch prägend geworden, die sich wie Robert S. Cohen[19], Ilana Löwy[20], Hans-Jörg Rheinberger[21] oder Karin Knorr-Cetina[22] intensiv mit dem Fragenbereich der Wissenschaftssoziologie und der Kultur des lebenswissenschaftlichen Experimentierens beschäftigt haben. Obwohl Fleck selbst kein ausgebildeter Historiker, Philosoph oder Soziologe gewesen ist, entfaltete seine „Entstehung und Entwicklung einer wissenschaftlichen Tatsache" doch eine nachhaltige Wirkung auf die Wissenschaftsphilosophie der biomedizinischen Experimentalwissenschaften. Das gilt überdies – wie Ilana Löwy bereits früher überzeugend argumentiert hat – entgegen dem allgemeinen Trend der „Polnischen Schule der Medizintheorie", die sich zuvor insbesondere an den Problemen der klinischen Medizin kritisch abarbeitete.[23]

Retrospektiv betrachtet erscheinen die epistemologischen Auffassungen Flecks aber interessanter Weise in einer seltsamen „*Sandwich-Position*" zu stehen: Denn er wendete sich zum einen bereits mit dem Erscheinen seines Hauptwerks – 1935 – gegen den physikalischen *Bias* der zeitgenössischen Wissenschaftstheorie und machte sich für eine breit angesetzte Betrachtung der pluralen Formen wissenschaftlicher Erkenntnisproduktion stark:

> „In diesen Fragen [zur Theoriegeladenheit wissenschaftlicher Beobachtungen] verlassen sich die Theoretiker hauptsächlich auf die Erfahrung des vorigen [des 19.] Jahrhunderts und dabei überwiegend auf die Erfahrung der Physiker. Das Problem der Beobachtung schien damals bedeutend einfacher, als es sich heute darstellt. Man urteilte z. B., daß die Beobachtung grundsätzlich keinen Einfluß auf den Zustand des beobachteten Gegenstands hat. Heute folgt aus der Quantentheorie, daß jede Be-

19 *Cohen* (etwa Anm. 10).

20 *Ilana Löwy*, „Ludwik Fleck on the social construction of medical knowledge", in: Sociology of Health & Illness 10 (1988), S. 133-155.

21 *Rheinberger* (wie Anm. 16).

22 *Karin Knorr-Cetina*, Epistemic Cultures. How the Sciences Make Knowledge. Cambridge, MA/London: Routledge 1999.

23 Vgl. *Ilana Löwy*, The Polish School of Philosophy of Medicine. From Tytus Chałubiński (1820-1889) to Ludwik Fleck (1896-1961). Dordrecht/Boston/London: Kluwer Academic Publishers 1990, insbesondere S. 121-184.

obachtung atomarer Phänomene Einfluß auf ihren Ablauf ausübt. Aber vollkommen zeigt sich die Verwicklung des Problems der Beobachtung erst in den *biologischen Wissenschaften* [Herv. F. S.], als den weniger deduktiven und weniger abstrakten.“[24]

In der Konzentration auf die Theorienbildung und -struktur in den physikalischen Wissenschaften, wie sie sich auch in den philosophischen Werken des „Wiener Kreises“ abbildete,[25] fühlte sich Fleck verständlicherweise als Mediziner mit eigenständigen theoretischen Interessen kaum adäquat aufgehoben, da für ihn wichtige Aspekte der Andersartigkeit von lebendigen Phänomenen, der Theorie der Organisation und der Subjektivität menschlicher Handlungen hier nicht adressiert waren. Dies geht auch aus folgendem Zitat hervor:

> „Ähnlich, in mancher Beziehung zumindest, erfaßt [Jakob von] Uexküll [1864-1944] das Problem der Subjektbedingtheit des Weltbildes (Uexküll: Theoretische Biologie, Berlin 1928, S. 30)[26]: ‚Die Physik hat sich mit ihrem Glauben an die absolute Existenz einer objektiven Welt vollkommen festgefahren.‘ S. 61: ‚Demgegenüber behauptet der Biologe, daß es ebensoviel Welten gibt als Subjekte vorhanden sind, daß alle Welten Erscheinungswelten sind, die nur im Zusammenhang mit den Subjekten verstanden werden können.‘ Doch heißt es dort auf S. 231: ‚Das Universum besteht aus Subjekten mit ihren Umwelten, die durch Funktionskreise zu einem planvollen Ganzen verbunden sind.‘ [...] Abgesehen von vielen Sätzen der Uexküllschen Umweltlehre, die nicht annehmbar sind: es fehlt seiner Auflösung das richtige Bewerten des sozialen Faktors der Erkenntnis.“[27]

Aber auch wenn die Frage nach der theoretischen Relation von Physik und Biomedizin hier auf Momente der experimentellen Beobachtung und der „sozialen

---

24 *Ludwik Fleck*, Über die wissenschaftliche Beobachtung und die Wahrnehmung im allgemeinen, in: *Schäfer / Schnelle* (wie Anm. 4), S. 59.

25 *Manfred Geier*, Der Wiener Kreis. Mit Selbstzeugnissen und Bilddokumenten. Reinbek bei Hamburg: Rowohlt 1998. Zudem machen Schäfer und Schnelle darauf aufmerksam, wie sehr die strukturalistischen und logozentristischen Ansätze des „Wiener Kreises“ auch auf das intellektuelle Milieu von Lemberg gewirkt und in den dortigen akademischen Kreisen die Beschäftigung mit wissenschaftstheoretischen Fragen auf physikalische Forschungsgegenstände gelenkt haben. Siehe *Schäfer / Schnelle* (Anm. 5).

26 Vgl. *Jakob von Uexküll*, Theoretische Biologie (1. Aufl. 1928). Frankfurt/M.: Suhrkamp 1973.

27 *Fleck*, 1935a (wie Anm. 1), S. 138, Fn. 6.

Fakten der Erkenntnis" zugespitzt ist,[28] kann dies kaum darüber hinwegtäuschen, dass Flecks epistemologische Stoßrichtung deutlich weiter gefasst war: Diente ihm etwa die Beobachtung im Mikroskop als paradigmatischer Fall für die Diskussion des philosophischen Anti-Realismus in Medizin- und Wissenschaftstheorie, so lässt sich gerade auf diesem Gebiet die besondere Ausrichtung des Fleckschen Ansatzes gut erkennen: So machte er vor allem von der Theorie der Plurimorphie von Mikroorganismen bei variierenden Kulturbedingungen, wie sie von seinem Lemberger Mentor in der Mikrobiologie – Rudolf Weigl (1883-1957) – vertreten wurde, als zentrales Beispiel für die eigene historiographische Arbeit Gebrauch. Und hierdurch strebte er natürlich nicht ohne entsprechende Eigeninteressen eine Ausdehnung der sozialen Faktoren von Erkenntnis auf alle Untersuchungsebenen – und somit auch auf die der *Hard Sciences* wie der Physik und der Chemie – an.

Mit seiner pointierten Analyse von diskursiven Konstruktionen wissenschaftlicher Fakten und epistemischer Objekte (im „intrakollektiven Denkverkehr") hat Fleck das Diskussionsfeld in entscheidender Form geöffnet, an das heutige Wissenschaftsforscher nach dem *Practical Turn* in der Wissenschaftsgeschichte gut anknüpfen können, um Veränderungen in der Materialität der Laborforschung und der Einschreibepraxis von kulturellen Deutungsmustern in den Entwicklungsgang lebenswissenschaftlicher Experimentalsysteme zu rekonstruieren.[29] An dieser Stelle wich Fleck somit stark von den epistemischen Überzeugungen des Wiener Kreises ab, da er experimentelles Arbeiten in den Lebenswissenschaften nicht als ein reines Faktensammeln begriff. Vielmehr nahm er die epistemischen Konstruktionsbedingungen des Forschungslabors zentral in den Blick und fragte am Beispiel des mikrobiologischen Arbeitens nach den Strategien der Sichtbarmachung sowie der Bedeutung wissenschaftlicher Tatsachen für die Entwicklung und Dynamik des Wissenschaftsbetriebs.[30]

Die Ausrichtung des Fleckschen Gesamtwerks macht außerdem deutlich, dass dies nicht primär für die *Community* zeitgenössischer Wissenschaftsforscher, sondern vor allem für wissenschaftstheoretisch interessierte Mediziner und

28 Siehe auch *Jürg Ulrich*, „Ludwik Fleck (1896-1961), Bakteriologe und Wissenschaftstheoretiker: Die Wissenschaft wächst im Denkkollektiv", in: Gesnerus 49 (1992), S. 11-20.

29 Vgl. etwa *Henning Schmidgen / Peter Geimer / Sven Dierig* (Hg.), Kultur im Experiment. Berlin: Kulturverlag Kadmos 2004.

30 Siehe auch in: *Deborah Mayo*, Error and the Growth of Experimental Knowledge. Chicago/London: Chicago University Press 1996, *passim*.

Philosophen geschrieben worden war.[31] Zudem erscheint die Präsentationsform der Fleckschen Arbeiten in vielerlei Hinsicht als avantgardistisch – in ihrer Zeit mitunter als verfrüht. Dennoch gilt es zu beachten, wie etwa Steve Fuller herausgearbeitet hat, dass Flecks Monografie schon 1935 in soziologienahen Kreisen rezipiert worden ist, während ihr die medizinhistorische Anerkennung zunächst abzugehen schien.[32] Die Lehre vom „Denkstil" war gleichwohl nicht neu, denn bereits von Karl Mannheim (1893-1947) war sie in der Arbeit: „Das Problem einer Soziologie des Wissens" (1925) eingehender behandelt worden.[33] Fuller hat deshalb Fleck in dem allgemeinen geistig-kulturellen Hintergrund der Weimarer Republik verortet, was überdies durch die vielfältigen und engen Beziehungen, die Fleck zur psychologischen Gestalttheorie herstellte, weiter eindrucksvoll belegt wird.[34]

In diesem Zusammenhang ist auch die wichtige Beobachtung Löwys aufzugreifen, die in ihrer Monografie über die *„Polish School of Philosophy of Medicine"* überzeugend argumentiert hat, dass das besondere Interesse polnischer Mediziner an wissenschaftstheoretischen Fragen zu dieser Zeit gleichzeitig Ausdruck ihrer Marginalität in internationalen wissenschaftlichen Netzwerken und obendrein häufig schwieriger ökonomischer Situationen war. In Abgrenzung von der medizintheoretischen Vorgängergeneration – wie sie etwa durch Claude Bernard (1813-1878) in Frankreich und dessen „Einführung in das Studium der experimentellen Medizin" (1865)[35] oder Friedrich Oesterlen (1812-1877) in Deutschland und seine „Medizinische Logik" (1852)[36] symbolisiert wurde und ihren Gegenstand in den Experimentalansätzen der physiologischen Laborwissenschaften gefunden hatte – ist in der polnischen Medizintheorie zu Beginn des

---

31 Hierauf haben auch Schnelle und Schäfer in ihren Einleitungen immer wieder hingewiesen. Vgl. *Schäfer / Schnelle* in *Fleck*, 1935a (wie Anm. 1), S. VII-XLIX und *dies.*, 1983 (wie Anm. 4), S. 9-34.

32 *Fuller* (wie Anm. 3). Dies gilt zum Teil auch für Polen selbst, wo sich 1939 der Psychiater und Medizinistoriker Tadeusz Bilikiewicz (1901-1980) eher ablehnend über Fleck geäußert hatte. Siehe auch *Löwy* (Anm. 23), S. 223.

33 *Karl Mannheim*, „Das Problem einer Soziologie des Wissens", in: Archiv für Sozialwissenschaft und Sozialpolitik 53 (1925), S. 577-652.

34 Vgl. auch *Thomas Schnelle*, „Microbiology and Philosophy of Science, Lwów and the German Holocaust: Stations of a Life – Ludwik Fleck 1896-1961", in: *Cohen / Schnelle* (wie Anm. 10), S. 3-36, insbesondere S. 6.

35 *Claude Bernard*, Einführung in das Studium der experimentellen Medizin (frz. 1865). Leipzig: Barth 1961.

36 *Friedrich Oesterlen*, Medizinische Logik. Tübingen: Laupp 1852.

20. Jahrhundets eine deutliche Abwendung von der Laborforschung hin zu klinischen Belangen spürbar, was Flecks Interesse zusätzlich wachgerufen hat.

Der von dem Wiener Medizinhistoriker Max Neuburger (1868-1955) in einem Brief an Władysław Biegański (1857-1917) vom 7. November 1908 als „brilliante Theorie der medizinischen Kognition" gefeierte Reflexionsansatz der *Polish School* konzentrierte sich in besonderem Maße auf Probleme der klinischen Diagnostik und der Entscheidungsfindung und war einem selbstkritischen Umgang mit der medizinischen Praxis verpflichtet.[37] Aber anders als im deutschsprachigen Raum – und auch hier nur punktuell, wie etwa die Beiträge im Sammelband über „Die Institutionalisierung der Medizinhistoriographie" von Andreas Frewer und Volker Roelcke erkennen lassen –,[38] sind internationale Bezüge auf die polnische Medizintheorie in der ersten Hälfte des 20. Jahrhunderts vergleichsweise selten. Dies gilt auch für die führenden französischen Epistemologen Gaston Bachelard (1884-1962) und Georges Canguilhem (1904-1995), obwohl diese eigentlich ein ausgeprägtes Interesse an lebenswissenschaftlichen Fragen besaßen.[39]

Fleck scheint sich somit selbst in einer ambivalenten Position befunden zu haben: Auf der einen Seite war er in den medizinischen wie auch in den wissenschaftlichen Diskussionen seiner Zeit sehr bewandert, wie sich auch aus seiner weit reichenden Briefkommunikation entnehmen lässt.[40] Auf der anderen Seite blieb der Mikrobiologe Fleck vor dem 2. Weltkrieg auf Distanz zur internationalen medizinischen Debatte und mit Ausnahme des Wiener Kreises – als Wissenschaftstheoretiker – ebenfalls zum philosophischen Establishment.

37 Zitiert nach *Löwy* (Anm. 23), S. 278, siehe hierzu auch *Artur Dorobiski*, Zur Wissenschafts- und Erkenntnisauffassung von Ludwik Fleck. Berlin: Diss. phil. 1987, *passim.*

38 Siehe *Andreas Frewer / Volker Roelcke*, Die Institutionalisierung der Medizinhistoriographie. Entwicklungslinien vom 19. ins 20. Jahrhundert. Stuttgart: Franz Steiner 2001, *passim.*

39 Vgl. zu den Ansätzen der französischen Epistemologen *Cornelius Borck / Volker Hess / Henning Schmidgen* (Hg.), Maß und Eigensinn: Studien im Anschluss an Georges Canguilhem. München: Fink 2005.

40 Siehe hierzu insbesondere die rezente Veröffentlichung von *Rainer Egloff* (Hg.), Tatsache – Denkstil – Kontroverse. Auseinandersetzungen mit Ludwik Fleck (Collegium Helveticum, 1). Zürich: Collegium Helveticum 2005.

3. Flecks wissenschaftliche Sozialisation und die „Harmonien der Täuschung“

Retrospektiv betrachtet erstaunt die geringe Rezeption der Fleckschen Ideen zu seiner Zeit gegenüber einer starken sozialkonstruktivistischen Konjunktur in der Wissenschaftsforschung im Verlauf der letzten drei Jahrzehnte, durch die seine Ideen eine Wiederentdeckung erfahren haben und entscheidend fortentwickelt worden sind. Dies gilt spätestens seit dem *Revival* der polnischen Medizintheorie in den 1970er Jahren – wie sie etwa im Zusammenhang mit der Medizinischen Philosophie und Ethik in Edmund Murphy's „The Logic of Medicine“ (1976)[41] oder Lester King's „Medical Thinking“ (1982)[42] aufgegriffen worden ist. Diese Entwicklung wurde zudem durch das Auftreten spezialisierter wissenschaftlicher Zeitschriften wie „The Journal of Medicine and Philosophy“ (seit 1976) und „Theoretical Medicine and Bioethics“ (seit 1979) weiter befördert.

Über die verzögerte beziehungsweise nicht vorhandene Rezeption Fleckscher Ideen unter den Wissenschaftsphilosophen des deutschen Sprachraums sind in der Forschungsliteratur bereits einige Hypothesen aufgestellt worden.[43] Und auch hier wurde auf den besonderen Zusammenhang mit den oben erwähnten Theorien Carnaps, Hempels und Feigels hingewiesen, welche die wissenschaftstheoretische Landschaft Amerikas noch weit über die Nachkriegszeit hinaus in einer ähnlichen Weise dominiert haben, so wie dies zuvor im deutschen Sprachraum vor der erzwungenen Emigration dieser Mitglieder des Wiener Kreises der Fall gewesen war.[44] Der Flecksche Ansatz tat sich somit recht schwer, die heute so plausibel erscheinenden Konzepte des „Denkstils“, des „Denkkollektivs“ und der „Systeme von Experimenten“ in den Adelsstand amerikanischer Wissenschaftsphilosophie zu erheben, auch wenn dies keineswegs eine Besonderheit des Fleckschen Ansatzes gewesen ist. Denn, wie einer der ebenfalls von den Neopositivisten beeinflussten Nestoren der amerikanischen Biophilosophie – Michael Ruse – 1989 bemerkt hat, blieb die Frage „What is Life?“ in der US-

41 *Edmund Murphy*, The Logic of Medicine. Baltimore: Johns Hopkins University Press 1976.

42 *Lester King*, Medical Thinking. Princeton: Princeton University Press 1982.

43 Vgl. etwa *Thomas Schnelle*, Ludwik Fleck – Leben und Denken. Zur Entstehung und Entwicklung des soziologischen Denkstils in der Wissenschaftsphilosophie. Freiburg: Hochschulverlag 1982 Freiburg, insbesondere S. 5-38, *Löwy* (wie Anm. 23), oder *Ulrich* (wie Anm. 28).

44 Vgl. etwa *Friedrich Stadler* (Hg.), Vertriebene Vernunft. Emigration und Exil österreichischer Wissenschaft 1930-1940. Wien: Jugend und Volk 1987, *passim*.

amerikanischen Nachkriegsphilosophie kaum gestellt.[45] Die nötigen wissenschaftshistorischen Erklärungsansätze sind im vorliegenden Beitrag einzusparen, doch ist die Konstatierung einer Dominanz der theoretischen Beschäftigung mit den *Hard Sciences* – besonders im Zusammenhang mit physikalischen Großforschungsprojekten – bereits hinreichend, um den weiteren Gang der Entwicklung abzusehen.[46] Es bedurfte letztlich des besonderen intellektuellen Milieus der Harvard Universität sowie der einflussreichen Stimme seines amerikanischen physikhistorischen Kollegen Thomas S. Kuhn (1922-1996) sowie dessen akzidenteller Rezeption der Fleckschen Arbeiten, durch die letzterer ab 1979 auch in Amerika bekannt werden konnte.[47]

Dabei bietet der Begriff des „Denkkollektivs“ auch selbst Antworten auf die Frage, warum Flecks dynamische Erkenntnistheorie rezeptionshistorisch so lange statisch geblieben ist: Denn Fleck hatte selbst am Ende der 1920er Jahre mit dem Blick auf die krisenhafte Situation der Zeit im Vorwort zur Originalausgabe von „Entstehung und Entwicklung einer wissenschaftlichen Tatsache“ herausgearbeitet, in welcher Weise der sozialökonomische Gesamtkontext gesellschaftliche Majoritäten fehlleiten kann. Hiervon blieben die Wissenschaften kaum ausgenommen, und im kollektiven Umfeld von sozialen Massen- und Gruppenphänomenen hatte Fleck bereits mögliche Schwierigkeiten für die Rezeption seines eigenen Buches vorausgesehen.

Besonders das Moment einer „Harmonie der Täuschungen“, dessen Bedeutung Fleck für die Beharrungstendenzen in den Wissenschaften so eindrücklich herausarbeitete, kann in seiner Bedeutung für das elitäre Milieu der amerikanischen Wissenschaftsphilosophie im 20. Jahrhundert kaum unterbewertet werden. Und wie Fleck in „Entstehung und Entwicklung einer wissenschaftlichen Tatsa-

---

45 *Michael Ruse*, Introduction, in: *Ders.* (Hg.): Philosophy of Biology. New York/ London: Macmillan Publishers 1989, S. 1-26, insbesondere 3 f., ähnlich auch *Elliott Sober*, Philosophy of Biology. Oxford: Oxford University Press 1993, S. XVII-XIX. Als eine der wenigen Ausnahmen ist hier vielleicht Carl Hempel zu nennen, der seinen wissenschaftstheoretischen Überlegungen häufig illustrierende biomedizinische Beispiele zu Grunde gelegt und darüber hinaus für seine philosophische Argumentation starke Anleihen bei der Gestaltpsychologie gemacht hat. Siehe hierzu etwa *Carl Hempel*, Aspects of Scientific Explanations and other Essays in the Philosophy of Science. New York: The Free Press 1965.

46 Dies wird umfassender erläutert in *Jeff Hughes*, The Manhattan Project: Big Science and the Atomic Bomb. New York: Columbia University Press 2003.

47 *Fuller* (wie Anm. 3), insbesondere S. 393. Vgl. auch *Thomas S. Kuhn*, Die Struktur wissenschaftlicher Revolutionen (engl. 1962). 2. Aufl. Frankfurt/M.: Suhrkamp 1991.

che" aufgezeigt hat, lässt sich erst mit dem Blick auf die gängigen Anforderungen und akademischen Erwartungen der allgemeinen Philosophie ein „Verständnis für unsere Epoche"[48] erreichen. So war es auch nur konsequent, wenn die Wissenschaftstheorie der amerikanischen Kriegs- und Nachkriegszeit eng an die Auffassung eines kategorialen Bedeutungsunterschiedes zwischen den physikalischen Wissenschaften und der Biomedizin gekoppelt geblieben ist.

Mit seinem übergreifenden, fast holistisch erscheinenden Ansatz einer „*Sociology of Cognition*"[49] war Fleck der Wissenschaftstheorie seiner Zeit bereits weit voraus, wenn er etwa davon sprach, dass es in den Naturwissenschaften ebenso wie in der Kunst und im Alltagsleben „keine andere Naturtreue als die Kulturtreue" gibt.[50] Diese Auffassung lässt sich beinahe nahtlos in die modernen Ansätze der *Science Studies* nach deren kulturalistischen Wende einfügen und nun produktiv weiterentwickeln.[51]

4. Fleck zwischen „*Science Studies*" und „*Philosophy of Science*"

Wenn nun Fleck, wie auch in der Einleitung zum vorliegenden Tagungsband festgestellt worden ist, „mit seinen Konzepten [weit] über die Mikrobiologie hinaus[ging]" und mit seiner epistemologischen Analyse von Experimentalsystemen ein wenig an einen „Kulturwissenschaftler [erinnert], der über die Entstehung des Wissens reflektierte", so wird sein Erfolg primär über dessen Wirkmächtigkeit in den Bereichen der Soziologie und der Wissenschaftshistoriographie erklärt. Das hierbei zu Tage tretende Erstaunen und die Interpretation Flecks als eines modernen Kulturwissenschaftlers des Experiments muss jedoch erstaunen, da dies seine aktuale Situation nur unzureichend historisiert. Ein solcher Ansatz denkt Fleck gewissermaßen vom Ende – seiner methodischen Bedeutung für das wissenschaftssoziologische und -historische Arbeiten – her.[52] Dadurch geraten aber die einzelnen Überraschungsmomente in den Auflösungs- und Beharrungstendenzen der Wissenschaftsphilosophie seiner Zeit aus dem Blick, was besonders für Flecks Leitmotiv der Frage nach „wissenschaftlichen Tatsachen"

---

48 *Fleck*, 1935a (wie Anm. 1), S. 41.

49 *Thaddeus J. Trenn*, „Ludwik Fleck's ‚On the Question of the Foundations of Medical Knowledge'", in: The Journal of Medicine and Philosophy 6 (1981), S. 237-256.

50 *Fleck*, 1935a (wie Anm. 1), S. 48.

51 Vgl. etwa *Pickering* (wie Anm. 14) oder *Schmidgen* et al. (Anm. 29).

52 Ähnlich auch *Josef Neumann*, „Der historisch-soziale Ansatz medizinischer Wissenschaftstheorie von Ludwik Fleck (1896-1961)", in: Sudhoffs Archiv 73 (1989), S. 12-25.

gilt, welches bis in die modernen sozialkonstruktivistischen Ansätze hinein virulent geblieben ist.[53] Während die Suche nach wissenschaftlichen Tatsachen in den meisten Bereichen der Lebenswissenschaften im 19. Jahrhundert empiristisch vorausgesetzt wurde – vor allem in den Bereichen der physiologischen Chemie und experimentellen Physiologie[54], so sind es im frühen 20. Jahrhundert die Felder der sich gerade etablierenden lebenswissenschaftlichen Disziplinen, in denen am härtesten um eine Identifizierung wissenschaftlicher Fakten gerungen worden ist. Dies wird mit Bezug auf die Mikrobiologie und die Praxis des Erregernachweises im Mikroskop ganz besonders deutlich.[55] Mit Fleck gelten überdies die „Beharrungstendenzen", die „Harmonien der Täuschung" und die „sozialen Kräfte des Denkkollektivs" als wichtige Orientierungsmarken einer Entwicklung des Faktischen in der Wissenschaft, wobei die Biomedizin für ihn deutlich von den physikalischen Wissenschaften abweicht, wie er in seinem Aufsatz „Über einige besondere Merkmale des ärztlichen Denkens" (1929) geschrieben hat:

> „Der Gegenstand ärztlicher Erkenntnis selbst unterscheidet sich im Grundsatz vom Gegenstand naturwissenschaftlicher Erkenntnis. Während der Naturwissenschaftler typische, normale Phänomene sucht, studiert der Arzt gerade nicht die typischen, nicht normalen, krankhaften Phänomene. Und dabei trifft er auf diesem Weg sofort auf einen gewaltigen Reichtum und Individualität dieser Phänomene, die die Vielheit ohne klare, abgegrenzte Einheiten begleiten, voller Übergangs- und Grenzzustände. Es gibt keine genaue Grenze zwischen dem, was gesund ist, und dem, was krank ist, und nirgends trifft man wirklich ein zweites Mal auf dasselbe Krankheitsbild. Aber diese unerhört reiche Vielheit immerfort anderer

---

53 Für ein Anwendungsbeispiel vgl. *Christian Bonah*, „‚Experimental Rage': The Development of Medical Ethics and the Genesis of Scientific Facts. Ludwik Fleck: An Answer to the Crisis of Modern Medicine in Interwar Germany?", in: Social History of Medicine 15 (2002), S. 187-207.

54 Siehe hierzu etwa *Frank Stahnisch*, „Ideas in Action – Der Funktionsbegriff und seine methodologische Rolle im Forschungsprogramm des Experimentalphysiologen François Magendie (1783-1855)." Münster/Hamburg/London: LIT-Verlag 2003, insbesondere S. 24-30 und S. 225-249.

55 Vgl. die Arbeiten von *Henk van den Belt*, „Ludwik Fleck and the causative agent of syphilis: sociology or pathology of science? A rejoinder to Jean Lindemann", in: Studies in History and Philosophy of Biological and Biomedical Sciences 33 (2002), S. 733-750, und *ders.* zus. mit *Bart Gremmen*, „Specificity in the Era of Koch and Ehrlich: A Generalized Interpretation of Ludwik Fleck's ‚Serological' Thought Style", in: Studies in History and Philosophy of Science 21 (1990), S. 463-479.

und anderer Varianten muß gedanklich bezwungen werden, denn dies ist die Erkenntnisaufgabe der Medizin."[56]

Mit dem Hinweis auf eine solche Formierung von Übergangs- und Grenzzuständen natürlicher Phänomene geht Fleck deutlich über die später so erfolgreiche Leitdifferenz des „Normalen und Pathologischen" bei Georges Canguilhelm hinaus.[57] Und seine „*Social Constructivness of Disease*" wird zur methodisch fruchtbaren Forderung, alles Wissen in seinen Anteilen an sozialen Konstruktionsformen zu untersuchen. Es kann deshalb als besonderes Verdienst der auf die wissenschaftssoziologischen „Randbedingungen" und die materiellen *Constraints* der Erkenntnisproduktion gerichteten *Science Studies* verstanden werden, dass sich die Fleckschen Auffassungen wieder in einem breiten Denkkollektiv etablieren und sogar in der amerikanischen Wissenschaftsphilosophie an Einfluss gewinnen konnten.[58] Dies gilt umso mehr, als der Flecksche sinn- und symboltheoretische Analyserahmen des „Denkkollektivs" besonders für die moderne informations- und datenbasierte laborwissenschaftliche Forschung mit ihren technologischen Hybridbildungen wie „*Knock-Out*-Mäusen", „Gen-Fähren" oder „Neuronen-*Chip-Interfaces*" wesentlich geeigneter ist, die zeitliche Genese sowie die Entwicklung hin zur zunehmenden Technologisierung des Experimentierens verdeutlichen zu können.

5. Schluss

Wenn wir uns Flecks Anschlussfähigkeit an die Gegenstände der *Science Studies* und die modernen kulturwissenschaftlichen Untersuchungen über das Experiment in den Lebenswissenschaften zuwenden, um nach seiner Aktualität für die *historische Epistemologie* der Lebenswissenschaften zu fragen,[59] geraten erneut die Leitdifferenzen von Physik und Lebenswissenschaften beziehungsweise von *Hard Sciences* und *Soft Sciences* in den Blick. Fleck selbst stellte diesen Unterschied zwischen Biologie und Physik immer wieder ins Zentrum, als er auf die

---

56 *Ludwik Fleck*, „Über einige besondere Merkmale des ärztlichen Denkens", in: *Schäfer / Schnelle* (wie Anm. 4), S. 37.

57 *Georges Canguilhem*, Le normal et le pathologique (frz. 1966). 6. Aufl. Paris: Presses Universitaires de France 1996.

58 Vgl. etwa *Cohen / Schnelle* (wie Anm. 10), insbesondere S. IX-XXIV.

59 Zur Einführung in einige aktuelle Arbeitsfelder der historischen Epistemologie auf dem Gebiet der biomedizinischen Experimentalwissenschaften siehe *Frank Stahnisch*, „History and Philosophy of Medicine and the Practice of Experimental Research", in: Theoretical Medicine and Bioethics 26 (2005), S. 397-425.

Etablierung eines übergreifenden wissenschaftstheoretischen Modells zugearbeitet hat, das mindestens in den experimentellen Wissenschaften gültig sein sollte:

> „Vergleichen wir Denkstile untereinander, so bemerken wir ohne weiteres, daß die Differenzen zwischen zwei Denkstilen kleiner oder größer sein können. So ist im allgemeinen die Differenz zwischen dem Denkstil der Physiker und der Biologen nicht sehr groß, wenn letztere sich nicht gerade zum Denkstil der Vitalisten bekennen. Sie ist viel größer, wenn es sich um Physiker und Philologen handelt, noch viel größer zwischen dem Denkstil des modernen europäischen Physikers und eines chinesischen Arztes oder eines Kabbala-Mystikers: in diesem Falle ist die Divergenz der Denkstile so groß, daß ihr gegenüber diejenige zwischen dem Physiker und dem Biologen überhaupt verschwindet. Man könnte direkt von Stilnuancen, Stilvarietäten und differenten Stilen sprechen. Doch kann es nicht Aufgabe der vorliegenden Arbeit sein, eine vollständige Lehre von Denkstilen aufzubauen."[60]

Betrachtet man insbesondere die hoch technisierten Verfahren – wie das „*High-Throughput-Screening*" in der modernen Pharmakologie und Molekulargenetik[61] oder die Forschungsansätze in der Halbleiter- und Quantenphysik[62] – scheinen sich diese Grenzziehungen seit geraumer Zeit aufzulösen und vor dem Hintergrund eines allgemeinen Wandels in den Forschungspraktiken und technologischen Kontexten der experimentellen Wissenschaften sogar zu verschwinden. Dieser Tendenz kann die Flecksche Beobachtung der „kollektiven Arbeit" einer „Wissenschaftsbürokratie" im Labor jedoch adäquater begegnen als die hypothesenzentrierten logozentristischen Methoden des Wiener Kreises, welche primär auf einem ahistorischen Ansatz basierten.[63]

Es sind gerade die neuen Herausforderungen in den modernen Lebenswissenschaften, welche die besondere Entwicklung hin zu einer hochtechnologischen

---

60 *Fleck*, 1935a (wie Anm. 1), S. 142.

61 Siehe etwa in *Norbert W. Paul*, „Genes, Information, Morphing Bodies: On the Mutually Dependent Reinvention of Biomedicine and Humans", in: Perspectives in Biology and Medicine (im Druck).

62 *Brigitte Falkenburg*, „Funktionen der Anschauung in der Quantenphysik", in: *Wolfgang Buschlinger* und *Christoph Lütge* (Hg.): Kaltblütig. Philosophie von einem rationalen Standpunkt. Festschrift für Gerhard Vollmer zum 60. Geburtstag. Stuttgart: Hirzel 2003, S. 169-196.

63 Vgl. *Lenoir* (wie Anm. 12) und *Paul* (wie Anm. 61), sowie *Fleck* 1935a (wie Anm. 1), S. 91-106.

Unternehmung durchlaufen haben, wodurch gleichermaßen schwierige wissenschaftstheoretische wie ethische Fragen aufgeworfen worden sind – genannt seien hier nur die die klinische Praxis revolutionierenden Fortschritte in der Herz-Lungen-Wiederbelebung, der Organtransplantation, der Pränataldiagnostik, der In-Vitro-Fertilisation oder der Stammzellforschung, die die heftig debattierten Topoi der modernen Biomedizin markieren.

Flecks dynamische Erkenntnistheorie und sein Verständnis von einer Theorie der Lebenswissenschaften, die durch die materielle Praxis der Laborforschung selbst informiert ist, bleiben damit nicht nur mit dem neuen Experimentalismus in der Wissenschaftsforschung gut vereinbar,[64] sondern sind für das Verständnis der modernen biotechnologischen Aspekte der Medizin ungenommen aktuell. Insofern steht zu hoffen, dass Flecks wissenschaftssoziologische und -historische Einsichten verstärkt Eingang in die methodologischen und konstruktivistischen Debatten aktueller Wissenschaftsphilosophie Eingang finden werden.

Literatur

Bernard, Claude, Einführung in das Studium der experimentellen Medizin (frz. 1865). Dt. von P. Szendrö und biogr. eingef. u. komm. von K. E. Rothschuh (= Sudhoffs Klassiker der Medizin, 35). Leipzig: Barth 1961.

Bird, Alexander, Thomas Kuhn. Princeton/New Jersey: Princeton University Press 2001.

Bonah, Christian, „‚Experimental Rage': The Development of Medical Ethics and the Genesis of Scientific Facts. Ludwik Fleck: An Answer to the Crisis of Modern Medicine in Interwar Germany?", in: Social History of Medicine 15 (2002), S. 187-207.

Borck, Cornelius / Hess, Volker / Schmidgen, Henning (Hg.), Maß und Eigensinn: Studien im Anschluss an Georges Canguilhelm. München: Fink 2005.

Canguilhem, Georges, Le normal et le pathologique (frz. 1966). 6. Aufl. Paris: Presses Universitaires de France 1996.

64 Vgl. auch *Michael Heidelberger*, „Die Erweiterung der Wirklichkeit im Experiment", in: *Michael Heidelberger / Friedrich Steinle* (Hg.): Experimental Essays – Versuche zum Experiment. Baden-Baden: Max Niemeyer 1998, S. 71-92.

Cohen, Robert S. / Schnelle, Thomas (Hg.), Cognition and Fact. Materials on Ludwik Fleck. Dordrecht/Boston/Lancaster/Tokyo: D. Reidel Publishing Company 1986.

Craver, Carl F., „The Making of a Memory Mechanism", in: Journal of the History of Biology 36 (2003), S. 153-195.

Dorobiski, Artur, Zur Wissenschafts- und Erkenntnisauffassung von Ludwik Fleck. Berlin 1987 (= Diss. phil. HU Berlin 1987).

Egloff, Rainer (Hg.), Tatsache – Denkstil – Kontroverse. Auseinandersetzungen mit Ludwik Fleck (Collegium Helveticum, 1). Zürich: Collegium Helveticum 2005.

Falkenburg, Brigitte, „Funktionen der Anschauung in der Quantenphysik", in: *Buschlinger, Wolfgang / Lütge, Christoph* (Hg.), Kaltblütig. Philosophie von einem rationalen Standpunkt. Festschrift für Gerhard Vollmer zum 60. Geburtstag. Stuttgart: Hirzel 2003, S. 169-196.

Finger, Stanley et al., Brain Injury and Recovery. Theoretical and Controversial Issues. New York/London: Plenum Press 1988.

Fleck, Ludwik, Entstehung und Entwicklung einer wissenschaftlichen Tatsache. Einführung in die Lehre vom Denkstil und Denkkollektiv (Basel 1935). Hg. von *Lothar Schäfer / Thomas Schnelle*. 2. Aufl. Frankfurt/M.: Suhrkamp 1993 [= *Fleck*, 1935a].

Fleck, Ludwik, „Über die wissenschaftliche Beobachtung und die Wahrnehmung im allgemeinen", in: *Schäfer, Lothar / Schnelle, Thomas* (Hg.), Ludwik Fleck. Erfahrung und Tatsache. Gesammelte Aufsätze. Frankfurt/M.: Suhrkamp 1983, S. 59-83 [= *Fleck*, 1935b].

Fleck, Ludwik, Erfahrung und Tatsache. Gesammelte Aufsätze. Hg. von *Lothar Schäfer / Thomas Schnelle*. Frankfurt/M.: Suhrkamp 1983a.

Fleck, Ludwik, „Über einige besondere Merkmale des ärztlichen Denkens", in: *Schäfer, Lothar / Schnelle, Thomas* (Hg.), Ludwik Fleck. Erfahrung und Tatsache. Gesammelte Aufsätze. Frankfurt/M.: Suhrkamp 1983b, S. 37-45.

Franklin, Allan, The Neglect of Experiment. Cambridge: Cambridge University Press 1986.

Frewer, Andreas / Roelcke, Volker (Hg.), Die Institutionalisierung der Medizinhistoriographie. Entwicklungslinien vom 19. ins 20. Jahrhundert. Stuttgart: Franz Steiner 2001.

Fuller, Steve, Thomas Kuhn. A Philosophical History for Our Times. Chicago/London: University of Chicago Press 2000.

Geier, Manfred, Der Wiener Kreis. Mit Selbstzeugnissen und Bilddokumenten. Reinbek bei Hamburg: Rowohlt 1998.

Heidelberger, Michael, „Die Erweiterung der Wirklichkeit im Experiment", in: *Heidelberger, Michael / Steinle, Friedrich* (Hg.), Experimental Essays – Versuche zum Experiment (= Interdisziplinäre Studien, 3). Baden-Baden: Max Niemeyer 1998, S. 71-92.

Hempel, Carl, Aspects of Scientific Explanations and other Essays in the Philosophy of Science. New York: The Free Press 1965.

Hughes, Jeff, The Manhattan Project: Big Science and the Atomic Bomb (Revolutions in Science). New York: Columbia University Press 2003.

King, Lester, Medical Thinking. Princeton: Princeton University Press 1982.

Knorr-Cetina, Epistemic Cultures. How the Sciences Make Knowledge. Cambridge, MA/London: Routlegde 1999.

Kuhn, Thomas S., Die Struktur wissenschaftlicher Revolutionen (engl. 1962). 2. Aufl. Frankfurt/M.: Suhrkamp 1991.

Lenoir, Timothy, „Shaping Biomedicine as an Information Science", in: *Bowden, Mary E. / Hahn, Trudi B. / Williams, Robert V.* (Hg.), Proceedings of the 1998 Conference on the History and Heritage of Science Information Systems. Medford, NJ: Information Today 1998, S. 27-45.

Löwy, Ilana, The Polish School of Philosophy of Medicine. From Tytus Chałubiński (1820-1889) to Ludwik Fleck (1896-1961) [Philosophy and Medicine, 37]. Dordrecht/Boston/London: Kluwer Academic Publishers 1990.

Löwy, Ilana, „Ludwik Fleck on the social construction of medical knowledge", in: Sociology of Health & Illness 10 (1988), S. 133-155.

Mannheim, Karl, „Das Problem einer Soziologie des Wissens", in: Archiv für Sozialwissenschaften und Sozialpolitik 53 (1925), S. 577-652.

Mayo, Deborah, Error and the Growth of Experimental Knowledge. Chicago/ London: Chicago University Press 1996.

Murphy, Edmund, The Logic of Medicine. Baltimore: Johns Hopkins University Press 1976.

Neumann, Josef, „Der historisch-soziale Ansatz medizinischer Wissenschaftstheorie von Ludwik Fleck (1896-1961)", in: Sudhoffs Archiv. Zeitschrift für Wissenschaftsgeschichte 73 (1989), S. 12-25.

Oesterlen, Friedrich, Medizinische Logik. Tübingen: Laupp 1852.

Paul, Norbert W., „Genes, Information, Morphing Bodies: On the Mutually Dependent Reinvention of Biomedicine and Humans", in: Perspectives in Biology and Medicine (im Druck).

Pickering, Andrew (Hg.), Science as Practice and Culture. Chicago/London: Chicago University Press 1992.

Reckenfelderbäumer, Alfred, Medizin und Wissenschaftstheorie: die Geschichte der Wismuttherapie als wissenschaftstheoretische Fallstudie (= Abhandlungen zur Geschichte der Medizin und der Naturwissenschaften, 73). Husum: Matthiessen 1995 (= Diss. med. FU Berlin 1995).

Rheinberger, Hans-Jörg, Experimentalsysteme und epistemische Dinge. Eine Geschichte der Proteinsynthese im Reagenzglas (= Wissenschaftsgeschichte). Göttingen: Wallstein 2001.

Rheinberger, Hans-Jörg, Experiment, Differenz, Schrift: Zur Geschichte epistemischer Dinge. Marburg: Basilisken Presse 1992.

Ruse, Michael (Hg.), Philosophy of Biology (= Philosophical Topics). New York /London: Macmillan Publishers 1989.

Schmidgen, Henning / Geimer, Peter / Dierig, Sven (Hg.), Kultur im Experiment. Berlin: Kulturverlag Kadmos 2004.

Schnelle, Thomas, Ludwik Fleck – Leben und Denken. Zur Entstehung und Entwicklung des soziologischen Denkstils in der Wissenschaftsphilosophie (= Hochschulsammlung Philosophie, 3). Freiburg: Hochschulverlag 1982 Freiburg (= Diss. phil. Hamburg 1982).

Sober, Elliott, Philosophy of Biology (Dimensions of Philosophy, 4). Oxford: Oxford University Press 1993.

Stadler, Friedrich (Hg.), Vertriebene Vernunft. Emigration und Exil österreichischer Wissenschaft 1930-1940. Wien: Jugend und Volk 1987.

Stahnisch, Frank, Ideas in Action – Der Funktionsbegriff und seine methodologische Rolle im Forschungsprogramm des Experimentalphysiologen François Magendie (1783-1855) [= Naturwissenschaft – Philosophie – Geschichte, 18]. Münster/Hamburg/London: LIT-Verlag 2003.

Stahnisch, Frank, „History and Philosophy of Medicine and the Practice of Experimental Research", in: Theoretical Medicine and Bioethics 26 (2005), S. 397-425.

Trenn, Thaddeus J., „Ludwik Fleck's *On the Question of the Foundations of Medical Knowledge*", in: The Journal of Medicine and Philosophy 6 (1981), S. 237-256.

Ulrich, Jürg, „Ludwik Fleck (1896-1961), Bakteriologe und Wissenschaftstheoretiker: Die Wissenschaft wächst im Denkkollektiv", in: Gesnerus. Swiss Journal for the History of Medicine and Sciences 49 (1992), S. 11-20.

van den Belt, Henk, „Ludwik Fleck and the causative agent of syphilis: sociology or pathology of science? A rejoinder to Jean Lindemann", in: Studies in History and Philosophy of Biological and Biomedical Sciences 33 (2002), S. 733-750.

van den Belt, Henk, Spirochaetes, Serology and Salvarsan. Ludwik Fleck and the Construction of Medical Knowledge About Syphilis. Grafisch bedrijf Ponsen & Looijen: Wageningen 1997 (= Diss. phil. Wageningen 1997).

van den Belt, Henk / Gremmen, Bart, „Specificity in the Era of Koch and Ehrlich: A Generalized Interpretation of Ludwik Fleck's ‚Serological' Thought Style", in: Studies in History and Philosophy of Science 21 (1990), S. 463-479.

Das Problem der Wahrheit wissenschaftlicher Tatsachen

Alexander Schütz

1. Der Denkstil- und Wahrheitsbegriff bei Karl Mannheim

Ausgehend von seiner Überzeugung, das Aufsteigen und Untergehen von Fragen und Problemen und ihre Wiederkehr in veränderter Form folge in den Geisteswissenschaften einem eigentümlichen, erforschbaren Rhythmus, der von den Alternativen und Spannungen der Epoche abhängig sei, in der man lebe,[1] hat Karl Mannheim in einem richtungweisenden Aufsatz von 1925 seine Idee einer soziologischen Betrachtung des Denkens und Wissens entwickelt.[2] Weil hierfür die Herkunft und das Zustandekommen geistiger Akte das Hauptobjekt der Analyse ist, muss die Grundbedingung einer solchen Betrachtung der Glaube an die Möglichkeit einer Selbsttranszendierung und -relativierung des Denkens sein.[3] Diese Selbsttranszendierung soll dadurch gelingen, dass sich das Denken in Unterordnung zu einem ihm gegenüberstehenden und es bestimmenden Seinsträger bringt und damit zu einem Partialphänomen innerhalb des Weltganzen macht: das Denken bildet dann nicht die Sphäre der letzten Gegenstandskonstitution, sondern wird nur als Reflexion und Ausdruck der jeweils wahrgenommenen Gehalte der Existenz interpretiert.[4] Der Fortschritt in das ontologisch Unbekannte geschieht dabei v. a. über Intuition, dialektisches Erkennen und empirische Forschung.[5] Das Spezifische der neuen Epoche der Selbsttranszendierung im Unterschied zu früheren sei, dass das Denken sich jetzt nicht mehr als eine Emanation religiöser Offenbarung oder der Weltvernunft, sondern als eine Funktion des sozialen Seins begreife.[6] Diese Erkenntnis über die Dependenz der Gesamtheit unserer Vorstellungen und der Art unseres Denkens vom sozialen Sein und

1 *Mannheim* (1925), S. 578.

2 Ebenda, S. 579: „Soziologie des Wissens“, S. 580: „Soziologie des Denkens“, S. 635: „Erkenntnissoziologie“; zwischen den Begriffen wird nicht differenziert.

3 Ebenda, S. 582.

4 Ebenda, S. 582 f. So sei schon die Opposition von Sein als dem Ganzen und Denken als Teilhabe am Sein bei den Griechen zu sehen, S. 583.

5 Ebenda, S. 582 f.

6 Ebenda, S. 589.

dessen Geschichte werde wissenschaftlich durch den Positivismus repräsentiert, der seinerseits gerade zur Formulierung der Erkenntnis der Korrelation von Denken und sozialem Sein die Soziologie hervorgebracht habe und als die dominierende Seinsmetaphysik unserer Zeit gelten könne.[7]

Mannheim fasst den Positivismus „in seiner metaphysischen Intention, im Lebensgefühl, dessen theoretischer Ausdruck er ist",[8] als ‚Denkstil' auf, der die Gewinnung von Realität zum Ziel habe.[9] Um einen Denkstil handele es sich, weil der Positivismus mit seiner empirischen Methode und der historisch-sozialen Perspektive nicht mehr nur die Lebenssphären lediglich beeinflusse, sondern allmählich zum Fundament geworden sei, von dem aus die anderen Bereiche des Lebens gesehen würden, so dass die durch ihn strukturierte Welt als die natürliche empfunden und unmittelbar erlebt werde.[10] Das Verhältnis zwischen Denkstil und Erkenntnis ist offenbar so aufzufassen, dass unserem Weltbild eine „unbewußte latente Tendenz"[11] des Denkens entspringt, ein ‚Denkwollen', das den Denkstil prägt, aus dem seinerseits die Denkstandorte, in denen das Denken seine Inhalte als Tatsachen erkennt, hervorgehen.[12] Entscheidend für die Konstituierung, die Art der Integration und der Verortung eines neu auftauchenden Faktums sind die von unserem Weltanschauungssystem und Denkstil geleiteten Systematisierungsintentionen, mit denen wir an die ‚Wirklichkeit' herantreten.[13] Fakten zeigen ein verschiedenes Gesicht je nach dem Sinnzusammenhang, in den sie eingestellt werden, aber sie bedeuten, nachdem sie einmal sichtbar geworden sind, zugleich eine kontrollfähige Instanz gegenüber willkürlichen Konstruktio-

---

7 Ebenda, S. 587.

8 Ebenda, S. 627.

9 Ebenda, S. 627. Es gibt immer mehrere Denkstile in jeder Epoche, davon einen beherrschenden: S. 640. Der Begriff des ‚Denkstils' außerdem S. 592, Anm. 5, 641, 643-647 u. 651. Mannheim verwendet ihn mindestens seit 1921, vgl. *Pels* (1996), S. 36f. Den Stilbegriff übernimmt er aus der Kunstgeschichte (Alois Riegl) und Literaturtheorie (Lukács); vgl. *Frisby* (1983), S. 124, *Pels* (1996), S. 36, und vgl. *Mannheim* (1952), S. 36: Riegls ‚Kunstwollen' als der Faktor, dessen Mutationen die Änderungen im Stil bewirken. – Mannheims Kritik am Positivismus bes. S. 597-599.

10 Ebenda, S. 627 f.

11 Ebenda, S. 647, Anm. 20.

12 Ebenda, S. 645: „Nur auf diesem Umwege über den Begriff der Weltanschauungstotalität [...] kann also der Versuch einer Soziologie des Wissens unternommen werden, und es können nicht Denkstandorte unmittelbar zu sozialen Schichten, sondern nur Denkstile, in denen solche Denkstandorte sich entwickeln, zum ‚Denkwollen' verschiedener Schichten in Beziehung gesetzt werden."

13 Ebenda, S. 594 f.

nen insofern, als 1. ihre Beurteilung alle Denkstandorte betrifft, 2. wir aus der eigenen Perspektive an ihnen die Möglichkeit und Notwendigkeit der anderen Aspekte verstehen, 3. die Massivität von Tatsachen von uns allen erlebt wird, wodurch sie uns Anlass geben zu vermuten, dass wir uns im selben ‚Wirklichen' bewegen.[14]

Nun sei zwar noch kein Wirklichkeits- und Wahrheitsbegriff geschaffen, der die Geschichtlichkeit und soziale Gebundenheit des Erkennens zur Grundlage hätte.[15] Aus dem empirischen Nachweis, dass sowohl die Inhalte als auch die Strukturformen des Denkens einem steten Wandel unterworfen seien, müsse aber auf einen Wandel in der Strukturform der zu ihnen gehörigen Wahrheitssphären und auf die Historizität aller Wahrheitsbegriffe geschlossen werden.[16] Eine statische Wahrheitskonzeption, den Glauben an eine Wahrheit an sich oder an ein einziges, einheitliches System von Wahrheit lehnt Mannheim daher ab,[17] ebenso wie die Vorstellung präexistenter Wesenswahrheiten, die von der Geschichte und vom Realgeschehen ablösbar wären, vielmehr sei deren eigenes Sein und Schicksal mit dem Geschichtsprozeß verbunden.[18] ‚Wahrheit' ergebe sich in einer Soziologie des Wissens am ehesten durch das genaue Herausarbeiten der in einem Zeitalter vertretenen Denkstandorte und durch das Aufdecken von deren historischer Entwicklung, und der Wahrheitsgehalt bei der Auslegung einer jeden Etappe des Denkens bemesse sich danach, ob eine Rationalisierung der geistigen und sozialen Welt in der Weise vorgenommen werden könne, dass der nächste Schritt des Werdens als notwendige Konsequenz dieser Rationalisierung erscheine.[19] Allerdings hält Mannheim daran fest, dass es mit Hilfe des geschichtsphilosophisch-soziologischen Ansatzes möglich sei, wenigstens approximativ einen Gesamtsinn des Geschichtsprozesses enthüllen und durchleuchten zu können, wozu er voraussetzt, „daß Gottes Auge auf dem Prozeß ruht (daß also der Prozeß nicht sinnwidrig ist)“,[20] und als durchgängiges Element in der Dynamik und Relativität der Standorte erscheint wiederum das Wahre.[21]

---

14 Ebenda, S. 626.

15 Ebenda, S. 631.

16 Ebenda, S. 628 und 631.

17 Ebenda, S. 636.

18 Ebenda, S. 630.

19 Ebenda, S. 635 f.

20 Ebenda, S. 637.

21 Ebenda, S. 637: „So bleibt nur die Lösung übrig, daß man den eigenen Standort zwar als relativ, aber im Elemente des Wahren sich konstituierend sieht“.

2. Der Denkstil- und Wahrheitsbegriff bei Ludwik Fleck

Ludwik Fleck hat die Idee einer Soziologie des Wissens zunächst auf die Medizin angewendet. Schon in seiner ersten wissenschaftstheoretischen Arbeit, einem Vortrag, den er 1926 unter dem Titel „Über einige besondere Merkmale des ärztlichen Denkens" auf einer Sitzung der Gesellschaft der „Freunde der Geschichte der Medizin in Lwów" hielt und der 1927 veröffentlicht wurde, gebraucht er dazu den Terminus ‚Denkstil':[22] weil der Gegenstand ärztlichen Erkennens, die Krankheit, in sich durch Vielfalt, Individualität und zahlreiche Übergangs- und Grenzzustände charakterisiert ist, hat das ärztliche Wissen einen besonderen Stil hervorgebracht, medizinische Probleme zu erfassen, und eine besondere Art, sich zu medizinischen Phänomenen zu verhalten; es verfügt also über einen besonderen Denktyp, der seinerseits durch höhere Fiktionalität der Gattungsbegriffe und der Kausalbezüge (wie ‚innere Veranlagung', ‚äußerer Nährboden') gekennzeichnet ist.[23] Dieser insgesamt von der Sache her als ‚Stil' qualifizierte Denktyp lässt sich wiederum temporal in Epochen mit einem je eigentümlichen Stil gliedern. Verantwortlich dafür, dass Entwicklungsetappen in der Wissenschaft einen spezifischen Denkstil zeigen, sind nicht Zeitlauf, Zufall und technische Möglichkeiten allein, vielmehr ist es im wesentlichen eine spezifische Intuition, ein Vorherfühlen der Probleme, Ideen und zukunftsträchtigen Gedanken auf einem bestimmten Gebiet, die dafür sorgt, dass Wandlungen im Verständnis der Krankheitseinheiten eintreten und allgemein zugängliche Phänomene im gegebenen Moment fast gleichzeitig von mehreren Forschern beobachtet werden.[24]

Diesen noch auf den medizinischen Kontext beschränkten Entwurf hat Fleck in seinen späteren epistemologischen Schriften weiterverfolgt, differenziert und insbesondere auf alle die Wissenschaften ausgedehnt, deren Forschungstätigkeit in Arbeitsgruppen stattfindet. Seine Begriffe untersucht er dabei meist am Beispiel des Zustandekommens neuer wissenschaftlicher Erkenntnis. In seinem 1935 in Basel erschienenen Hauptwerk zur Erkenntnissoziologie ‚Entstehung und Entwicklung einer wissenschaftlichen Tatsache' definiert Fleck die ‚wissenschaftliche Tatsache' als eine Begriffsrelation zwischen aktiven, willentlich festgesetzten, und passiven, sich aus dem Vorausgesetzten notwendig ergebenden Anteilen,[25] als eine Koppelung von Erscheinungen, die innerhalb einer For-

---

22 In das Deutsche übersetzt in: *Fleck* (1983), S. 37-45; vgl. dazu S. 11, 37 und 182 f.

23 *Fleck* (1983), S. 37 und 40.

24 Ebenda, S 39. Wer Träger der Intuition ist, wird nicht gesagt.

25 *Fleck* (1994), S. 110 und 56.

schergruppe als unauflösbar gilt,[26] und als Aviso, also als die Meldung oder Anzeige eines Widerstandes im Denken.[27] Der Prozess des Erkennens während des Beobachtens und Experimentierens verläuft nach Fleck von einem chaotischen anfänglichen Denken über das Bemerken einer Resistenz gegen die freie Willkürlichkeit des Denkens hin auf einen bestimmten Denkzwang und auf das mit ihm verbundene unmittelbare Wahrnehmen einer Gestalt.[28] Existenz, Gültigkeit und Bedeutung hat eine Tatsache nur innerhalb eines Denkkollektivs. Das Verhältnis zwischen Tatsache und Denkkollektiv weist für Fleck drei besondere Merkmale auf: das Widerständige, das als Tatsache Akzeptanz finden soll, muss in den Bereich des Erkenntnisinteresses eines Denkkollektivs fallen, weil ein Widerstreben nur einem Streben opponieren kann; jeder Teilnehmer muss den durch ein Faktum hervorgerufenen Widerstand als Denkzwang erleben; und die Tatsache muss, um verständlich zu sein, im Stil des Denkkollektivs ausgedrückt werden. Das ‚Denkkollektiv' fasst Fleck funktionell als Personengruppe auf, die Träger eines bestimmten ‚Denkstils' ist. Der ‚Denkstil' basiert auf einer je eigenen Grundstimmung. Er bezeichnet die Bereitschaft für ein selektives Fühlen und Wahrnehmen und ein aus dieser Grundstimmung entspringendes Handeln.[29] Charakteristika eines Denkstils seien vor allem die gleichartige Bewertung von Problemen und Urteilen und die Anwendung gleicher Methoden. Er könne begleitet sein durch einen je eigenen technischen und literarischen Stil des zugehörigen Wissenssystems. Die ‚Wahrheit' einer Tatsache ergibt sich daraus als stilgemäßer Denkzwang, der für ein konkretes Problem nur eine einzige Auflösung zulässt, als eine Koppelung von Phänomenen, die innerhalb eines durch seinen

---

26 Ebenda, S. 132 f. Sein Beispiel hier: der früher für wahr gehaltene Satz von der Unveränderlichkeit der Artmerkmale in der klassischen Bakteriologie, eine Auffassung, die hauptsächlich durch die angewandte Methodik bedingt gewesen sei. Vgl. dazu *Löwy* (1988), S. 227 und 229.

27 Ebenda, S. 124. Um eine zweite Art wissenschaftlicher Tatsachen handelt es sich bei denen, die aus einer noch unklaren Expertenmeinung durch Simplifizierung und Deutungsreduzierung der beobachteten Sachverhalte bei der Kommunikation im Alltagsleben als bewiesene Wirklichkeit entstehen, vgl. *Fleck* (1994), S. 164.

28 Ebenda, S. 124. „Und sie ist [...] immer Ergebnis bestimmten Denkstiles", S. 124.

29 Ebenda, S. 187. „Denkstil [...] ist bestimmter Denkzwang und noch mehr: die Gesamtheit geistiger Bereitschaften, das Bereitsein für solches und nicht anderes Sehen und Handeln. Die Abhängigkeit der wissenschaftlichen Tatsache vom Denkstil ist evident." *Fleck* (1994), S. 85. S. 144: Jede Denkstilveränderung ist eine Veränderung der Bereitschaft für gerichtetes Wahrnehmen und schafft neu Tatsachen. In *Fleck* (1983), S. 111, schreibt er dem Denkstil die Eigenschaften einer Monade zu, wenn er sagt, der Stil sei ein geschlossener Organismus, und es gebe keine Möglichkeit, auf einem allgemein-menschlichen, rationalen Weg Zugang zu ihm zu finden.

spezifischen Denkstil bestimmten Denkkollektivs nicht anders gedacht werden könne. Für die Bestimmung der Wahrheit einer wissenschaftlichen Tatsache gilt also, was Fleck die generelle Richtung der Erkenntnisarbeit nennt: wahr ist das, was den größten Denkzwang bei kleinster Denkwillkürlichkeit fordert. Wissenschaftlicher Fortschritt, der sich vorwiegend in der Entdeckung neuer und der mit einer Entdeckung meist einhergehenden Korrektur überkommener Wahrheiten reflektiert, besteht dann in der kollektiven Entfaltung des Denkstils. Durch die Dependenz dieser Wahrheiten vom Denkstil und von dessen Persistenz ist die Validität dieser Wahrheiten nicht nur beschränkt auf den Personenkreis, der am Stil partizipiert, sondern auch temporärer Natur: sie lassen sich nicht von einem Stil in einen anderen transponieren. Das Wissen hat kein absolutes Fundament, „das Getriebe der Ideen und Wahrheiten erhält sich nur durch fortwährende Bewegung und Wechselwirkung".[30] Und so kann Fleck in seinem Aufsatz „Das Problem einer Theorie des Erkennens"[31] auch sagen, der Begriff der Wahrheit in seiner klassischen Bedeutung als vom Erkennenden und den gesellschaftlichen Kräften unabhängiger Wert zwinge zu der Annahme, dass die Wahrheit ein unerreichbares Ideal sei; es müsse eher anerkannt werden, dass es kein allgemeines Kriterium der Wahrheit gebe.[32] Dem naturwissenschaftlichen Ideal der Erkenntnis der Wahrheit in der Zukunft und dem aristokratischen Ideal der Suche nach einer in der Vergangenheit geoffenbarten Wahrheit hält Fleck einen Wahrheitsbegriff entgegen, dem gemäß Wahrheit nichts anderes als die aktuelle Etappe der Veränderungen eines Denkstils sei und keine objektive Qualität habe.[33] Insgesamt muss konstatiert werden, dass Flecks Aussagen über das Verhältnis von Wahrheit und Denkstil nicht sehr zahlreich sind; die Konturierung des Denkstilbegriffs ist deutlich das Zentrum seiner Erkenntnistheorie geblieben.[34]

---

30 Ebenda, S. 70.

31 Veröffentlicht 1936 in polnischer Sprache, in das Deutsche übertragen in: *Fleck* (1994), S. 84-127.

32 *Fleck* (1983), S. 125.

33 Ebenda, S. 125 und 153.

34 *Fleck* (1994), S. 129: „Alle Wege einer fruchtbaren Erkenntnistheorie münden im Begriffe des Denkstils." (im Jahr 1935); *Fleck* (1983), S. 108: Eine entwicklungsfähige Erkenntnistheorie muss „Wissenschaft über die Denkstile" sein (im Jahr 1936); S. 180: „Die Geschichte der Wissenschaft, die des Denkens allgemein, verstanden als Evolution gemeinschaftlicher Denkstile und aufgebaut auf strukturelle Veränderungen in den betreffenden Gemeinschaften, hört auf, eine Sammlung lächerlicher Anekdoten [...] zu sein." (im Jahr 1960).

3. Das Problem der Quellen Flecks

Von verschiedener Seite wurde bereits darauf aufmerksam gemacht, dass Fleck seine Quellen häufig nicht nennt,[35] wodurch er die literarischen Fundamente seiner Darstellung der Identifizierung und Nachprüfbarkeit entzieht, und dass er seinen Texten nachträglich Referenzen hinzugefügt hat, die von ihm gar nicht konsultiert worden waren.[36] Dieser fehlende Nexus zu den Quellen gibt nicht nur zu Mutmaßungen über die Situierung Flecks in der Wissenschaftsgeschichte Anlass, die zu falschen Schlüssen führen können;[37] sie erschweren es auch, die Genese seiner Gedanken zurückzuverfolgen, die Entscheidung für die Wahl der Begriffe, mit denen er operiert, zu rekonstruieren und zu erkennen, woher ihm Anregungen zuflossen. Auch eine Synopse, mit welchen Aussagen anderer zeitgenössischer Autoren die seinen in Verbindung gesehen werden müssen und als Reaktion auf welche Vorgänge und Veröffentlichungen seine Texte zu interpretieren sind, wird auf diese Weise zu einem hindernisreichen Unterfangen.

Wie die enge Anlehnung Flecks an den Denkstilbegriff Mannheims und die Ähnlichkeit im Entwurf einer Soziologie der Erkenntnis belegen, muss Fleck zumindest eine der Publikationen Mannheims gekannt haben, obwohl er ihn nicht nennt. Da er aber Durkheim, Jerusalem, Scheler, Lévy-Bruhl und andere Wissenschaftssoziologen erwähnt, ist es, so stellt Pels fest, äußerst unwahrscheinlich, dass er von Mannheims Texten keine Notiz genommen haben sollte.[38] Nach Pels stammt Flecks Kenntnis über die Soziologie vermutlich vorrangig von einem Beitrag Jerusalems zu Schelers ‚Versuche zu einer Soziologie des Wissens' aus dem Jahr 1924, Jerusalems Artikel bezieht sich dabei jedoch weder auf Mannheim noch auf das Denkstilkonzept.[39] Schäfer und Schnelle gehen davon aus, dass er mit den Schriften der über die Landesgrenzen hinaus bekannten Philosophen an der Universität seiner Heimatstadt Lwów vertraut war (Ajdukie-

---

35 Vgl. dazu insgesamt *Hedfors* (2006). Darin S. 136: „(...) the difficulty of tracing and evaluating Fleck's sources has frequently been articulated. It has also been stressed that he does not always mention his sources." Vgl. S. 147.

36 *Schnelle* (1986a), S. 12; *Hedfors* (2006), S. 147 und S. 150 (‚pseudo references').

37 „(...) the alleged lack of apparent sources in Fleck's epistemic writings has also lent itself to a conception of Fleck as having prescient views of science in general and the sociology of science in particular." *Hedfors* (2006), S. 137.

38 *Pels* (1996), S. 36: „It is almost inconceivable that he could have missed Mannheim's contributions."

39 Ebenda, S. 36, Anm. 16.

wicz, Chwistek[40], Twardowski) und dass sie als intellektuelle Opponenten auf seine Erkenntnistheorie einwirkten, „auch wenn er selbst sie nie zitiert hat."[41] Löwy konnte zeigen, dass einige der Thesen Flecks wie die, dass Krankheiten nicht an sich in der Natur vorhanden, sondern ärztliche Konstrukte sind und dass objektive, wertfreie Beobachtungen nicht existieren, Übernahmen aus Artikeln verschiedener Mitglieder der Polnischen Schule für Philosophie der Medizin waren,[42] deren Vertreter von Fleck aber wiederum nicht angeführt werden.[43] Giedymin wies nach, dass Fleck seinen Begriff der aktiven und passiven ‚Koppelungen' in seiner Definition des Wissens entweder aus Heinrich Hertz' ‚Prinzipien der Mechanik' von 1894 oder aus den Anmerkungen zur deutschen Übersetzung von Poincarés ‚La Science et l'Hypothèse' (‚Wissenschaft und Hypothese', 1904, erneut 1928), in denen F. und L. Lindemann Hertz' Koppelungsbegriff referieren, geschöpft haben dürfte, auch wenn Fleck sich auf keinen der beiden Autoren bezieht.[44] Bonah ließ in seiner Studie plausibel werden,[45] dass Flecks „Entstehung und Entwicklung einer wissenschaftlichen Tatsache" nicht zuletzt Antworten auf Fragen zu geben versuchte, die eine Tragödie, die sich 1931 in Lübeck ereignet hatte, aufgeworfen hatte, als bei der Erprobung der Schutzimpfung gegen Tuberkulose an Neugeborenen von etwa 250 geimpften Kindern 77 an Komplikationen gestorben und 131 erkrankt waren,[46] ein Vorfall, dessen ethische, sozialmedizinische und bakteriologische Aspekte für Fleck sicher von hohem Interesse gewesen sein dürften, der aber in seinem Buch keine Erwähnung findet. Hedfors kommt nach ihrer Untersuchung von Flecks Darstellung der Entwicklung des Syphiliskonzepts und seiner Beschreibung der Wassermann-

40 Mit beiden scheint Fleck in persönlichem Kontakt gestanden zu haben. *Schnelle* (1986a), S. 16-18.

41 *Schäfer, Schnelle* (1983), S. 23; vgl. *Schnelle* (1986a), S. 19. Zum möglichen Einfluss ihrer Schriften auf Fleck cf. insgesamt *Schnelle* (1986b) und *Giedymin* (1986), S. 187-212.

42 *Löwy* (2000), S. 115 f mit Fußnote 228. S. 119: „ (...) the fundamental approach of Fleck was not very different from attitudes developed by other thinkers of the Polish School". *Hedfors* (2006), S. 137: „Despite his apparent familiarity with it, he never refers to the PSPM [Polish School of Philosophy of Medicine] or its members in his writings."

43 *Löwy* (2000), S. 118 f. Durch Briefe und Artikel dokumentiert ist die Auseinandersetzung mit Bilikiewicz, vgl. z. B. *Löwy* (1990), S. 268 und 274.

44 *Giedymin* (1986), S. 186 und 213, Anm. 3: „ (...) though he does not refer to either."

45 *Bonah* (2002), besonders S. 196.

46 Ebenda, S. 193.

Reaktion[47] zu dem Urteil, dass er auf dem Gebiet der Medizin und der Medizingeschichte eine marginale Position eingenommen,[48] über nur ungenügende Kenntnis des aktuellen Forschungsstandes verfügt und es ihm an Literatur gemangelt habe.[49] Die Quellen für seine Monographie gehörten zur Populärwissenschaft, und er habe nicht nur die Quellen selbst willkürlich ausgewählt,[50] sondern diese dann auch noch selektiv gelesen, seine Quellenlektüre scheine dabei auf die einleitenden oder abschließenden Passagen von Artikeln beschränkt geblieben zu sein,[51] was offenbar die Ursache für seine Missverständnisse in Bezug auf die Geschichte der Wassermann-Reaktion und des Syphilis-Konzepts sei.[52]

Ohne den Weg über die Quellen ist es kaum möglich, Widersprüche in seinen Argumentationslinien herzuleiten und seinen Bildungs- und geistigen Hintergrund angemessen zu berücksichtigen; es lässt sich auch nicht ohne weiteres ersehen, ob ein Begriff der Alltagssprache zuzurechnen ist oder ob mit ihm zugleich ein umfassenderes, eventuell von einem bestimmten Autor ausgearbeitetes fachspezifisches Konzept übernommen wird.[53] Insbesondere bereitet es

---

47 *Hedfors* (2006), S. 133: die Darstellungen seien irrig („equivocal").

48 So für beide Fachgebiete auch *Löwy* (2000), S. 114 und 118.

49 *Hedfors* (2006), S. 138.

50 Vgl. auch *Schnelle* (1986a), S. 11 f: Die Auswahl der Quellen, die Fleck zitiert, „seems to have been primarily due to chance: either thanks to its being mentioned by the philosophers of Lwów, Adjukiewicz and Chwistek, [...] or to the reading of the journal ‚Die Naturwissenschaften', in which several of the writings quoted by Fleck were published."

51 „The problem was not only Fleck's selection of sources but also his very selective reading of the ones selected. [...] Fleck seems often, however, to have restricted his reading to the introductory or concluding parts, shunning the more complex and often difficult problems posed. Furthermore, when relying on these parts his statements frequently emerge as easily identified reprints." *Hedfors* (2006), S. 150. Viele von Flecks Ansichten über die Bakteriologie und Infektionskrankheiten und viele seiner Metaphern gehen auf den ersten Abschnitt eines Artikels von L. Hirszfeld, ‚Prolegomena zur Immunitätslehre', in der Klinischen Wochenschrift 10 (1931), S. 2153-2159, zurück, so *Hedfors* (2006), S. 151.

52 *Hedfors* (2006), S. 150.

53 Dies ist etwa der Fall bei seinem Begriff der ‚Stimmung' oder ‚Grundstimmung', auf der ein Denkstil aufbaut und bei dem es hilfreich wäre, ermitteln zu können, ob er mit der Philosophie Heideggers in Verbindung gebracht werden kann oder ob ihm ein eher künstlerisches oder individualpsychologisches Verständnis zugrundeliegt; ebenso hilfreich wäre ein unmittelbarer Verweis Flecks auf Schelers Werk ‚Die Wissensformen und die Gesellschaft' von 1926, dem offenbar die Idee des ‚Denkwiderstandes' für ‚Tatsache' geschuldet zu sein scheint, vgl. *Rotenstreich* (1986), S. 173.

erhebliche Schwierigkeiten, die unausgesprochenen und unbewußten Voraussetzungen seines Tatsachen- und Wahrheitsbegriffs zu erkennen und zu klären.[54]

4. Die Frage nach der Wahrheit

Wenn so wie in Flecks Entwurf die Wahrheit von Tatsachen in die Abhängigkeit zu einem bestimmten Denkstil gebracht wird, erhebt sich die Frage, ob wir nicht zur Rechtfertigung des Anspruchs der wissenschaftlichen Forschung auf allgemeingültige Erkenntnis annehmen sollten oder sogar müssten, dass durch die Wissenschaften doch wenigstens teilweise ein Erkenntnisfortschritt im Sinne der kontinuierlichen Annäherung an eine allgemeine Wahrheit des Seins stattfindet und es sich bei den epistemologischen Entdeckungen und Ergründungen nicht nur um denkstilbezogene Wahrheiten handelt, die zwar einen Wandel in den Ansichten über das Sein und in den Möglichkeiten der Erschließung des Seins herbeiführen, mit denen aber kein dauerhafter Zuwachs an ontologischer Wahrheit verbunden wäre. Versteht man unter wissenschaftlichem Fortschritt die auf möglichst perpetuierende Geltung hin orientierte Gewinnung umfassender Erkenntnisse über die Welt der Tatsachen und präziser Erklärungen für das Geschehen in ihr, so sind hierfür immerhin Beispiele die Zunahme des Wissens über die Verteilung der Landmassen und der Meere auf dem Globus seit dem 16. Jh. und über den Wandel der Oberflächenformen durch die Kontinentaldrift oder der Übergang von der humoralpathologischen Interpretation von Krankheitsursachen zur zellularpathologischen durch Virchow im 18. Jh. und in der Gegenwart zu genetischen Erklärungsmustern. Solche Erkenntnisse reklamieren eine generelle, denkstilunabhängige Wahrheit für sich, ein Anspruch, der auf dem antiken griechischen Geistesmodell beruht, nach dem jeder Mensch im logos einen Ableger des nous, der Weltvernunft, in sich hat, der ihn befähigt, die Einheit des Geschehens in der Welt zu verstehen, eine Einheit, deren Ordnungsprinzipien in der Zuwendung zur Welt zu erkennen und dadurch an der Wahrheit des nous teilzuhaben ihm als Forderung aufgegeben ist.[55] Fleck dagegen lehnt die Vorstellung eines allen Menschen gemeinsamen Verstandes und eines alles menschliche Denken durchwaltenden Geistes ab.

> „Jener symbolische ‚menschliche' Geist ist ein asoziales und ahistorisches Wesen: Da er der eine, einzige, also einsam ist, verkehrt er mit niemandem, führt er keine Diskussion, ahmt er nicht nach, hat er weder Gefährten, Freunde oder Feinde. […] Der ‚menschliche Verstand', dieser

54 Vgl. auch *Giedymin* (1986), S. 186 f.

55 Vgl. dazu *Rombach* (1987), S. 19-27.

> fiktive Vertreter des Verstands aller Menschen, soll darüber hinaus in seiner ‚logischen Struktur' immer und überall derselbe, sogar überhaupt der einzig mögliche sein. Daraus ergibt sich [...]: Alle Formen des archaischen und exotischen Denkens werden einfach als nicht untersuchungswert übergangen."[56]

Es stellt sich die Frage, ob uns vielleicht eine Differenzierung des Wahrheitsbegriffs in die Lage versetzt, diesen seinen beiden Aspekten, dem Fleckschen der Temporalität des Wahren wie dem einer zeitlosen Unabhängigkeit aller Wahrheit vom Denken, Genüge zu leisten.

5. Der aristotelische Wahrheitsbegriff

Aristoteles unterscheidet in der ‚Nikomachischen Ethik' mehrere Haltungen oder Qualitäten des Menschen,[57] die auf das Erlangen des Wahren gerichtet sind: ars, scientia, prudentia, sapientia und intellectus, wovon aber nur die Wissenschaft derjenige habitus ist, durch den wir fähig sind, zu begründen oder zu beweisen, und nur das Begründete und Bewiesene erzeugt Wissen. So eben heißt es in der ‚Ersten Analytik': „Zu wissen meinen wir einen jeden Sachverhalt, wenn wir erstens die Ursache zu kennen meinen, deretwegen dieser Sachverhalt besteht, dass es eben dessen Ursache ist, und zweitens, dass sich dies gar nicht anders verhalten kann."[58] Wissenschaft ist also nicht eigentlich Forschung, sondern ein Erklären aus Ursachen, und dieses Erklären hat die Form eines logischen Schlusses, bei dem die wissenschaftlichen Sätze das Gefolgerte sind, die Konklusion, die aus den beiden Prämissen unter Ausgliederung des gemeinsamen Mittelterms die Außenterme zusammenführt. Der Syllogismus stellt eine Grundfigur unseres Denkens dar und hat als erkanntes, abgesichertes Verhältnis zwischen Begriffen unbedingte Notwendigkeit. Die Prämissen, aus denen der Schlußsatz abgeleitet wird, müssen, wenn die Ableitung wahr sein soll, von uns bereits vorweg als wahr oder evident angenommen worden sein. Zu ihnen zählt Aristoteles insbesondere die Definitionen. Definitionen und Konklusionen zeigen auf, was etwas ist: das Denken folgt dem Sein, die Logik ist ihrem Wesen nach Ontologik.

Als ein Ausgangspunkt der aristotelischen Ontologie lässt sich das einzelne Seiende betrachten, gefragt wird nach dessen Verhältnis zum Allgemeinen und zu den dem Seienden anhaftenden Eigenschaften. Das Einzelne (die primäre

---

56 *Fleck* (1983), S. 85.

57 *Aristoteles*, 1139 b16-17.

58 Ebenda, 71 b9-12.

Substanz, das selbständig Seiende) ist Ansatzpunkt, weil es das Bekanntere für uns darstellt, weil alles von ihm ausgesagt, es selbst aber nicht wieder von anderem prädiziert wird und weil alles andere ihm gegenüber nur in abhängiger Weise seiend ist. Das Sein hat das Einzelne jedoch nicht in seiner Individualität, sondern in seinem Wesens- oder Artbegriff, denn nur dieser Begriff antwortet auf die Frage, was etwas ist. Die das Sein des natürlichen Gegenstandes konstituierenden Bestimmungen sind Stofflichkeit und Art, wobei das Stoffliche das Bestimmte und Geeinte, die Art das der Konstitution des Gegenstandes Vorgängige, in der Bewegung Beharrende, die Erscheinungsformen Einende und darum das Eigentliche und Bestimmende der Einzelsubstanz ist, das in der Definition in seine beiden Aspekte, die nächsthöhere Gattung und die spezifische Differenz (zugleich unterstes Allgemeines) entfaltet wird. Das Verhältnis von Art zu Eigenschaft an der Einzelsubstanz kann drei Formen annehmen: kommt eine Eigenschaft einem Seienden einmal zu, ein anderes Mal nicht zu, ist die Relation beider zufällig und nur je und je wahr; als notwendig und allgemein gilt sie, wenn Eigenschaft und Seiendes so zusammengehören, dass die Eigenschaft in der Definition der Substanz enthalten ist und sich dieser Nexus durch Rückbezug auf einen vermittelnden Grund, der die Substanz an die Eigenschaft bindet, aufzeigen lässt. Die Relation kann weiterhin von der Art sein, dass sie ‚meistens' auftritt. Dann ist ein Beweis möglich, der zwar nur partikulären Umfang hat; dass eine bestimmte Relation in der Mehrzahl der Fälle vorliegt, genügt aber, um die Natur eines Dinges zu erkennen.[59]

Diejenige Wissenschaft, deren Studienobjekte innerhalb der Gattungen des gesamten Seins die zusammengesetzten, wahrnehmbaren und veränderlichen Gegenstände sind, die den Ursprung ihrer Bewegung und Ruhe in sich selbst haben, ist die Wissenschaft von der Natur. Sie hebt diesen Teil des Seienden heraus und betrachtet ihn in Hinblick auf die Substanzen und diejenigen Eigenschaften, die den einzelnen Substanzen entweder notwendig und allgemein oder zumindest meistenteils zukommen. Ihre Aufgabe ist es, die Phänomene so zu studieren, wie sie sich erstens in der Regel und zweitens vor allem der Perzeption darbieten, mit dem Ziel, das beobachtete ‚Reale' in die beiden Formen wissenschaftlicher Aussage – in Definitionen, die durch begriffliche Differenzierung ansichtig machen, was etwas ist, und Demonstrationen, die die notwendigen und allgemeinen Verbindungen zwischen Dingen und ihren wesentlichen Eigenschaf-

59 Vgl. z. B. *Aristoteles*, Part. Anim. 663b27-29 und Gen. Anim. 727b2-9; zur partikulären Geltung des Schlusssatzes in solchen Fällen *Aristoteles*, Anal. post. 87b23-27 und 96a8-19.

ten aufzeigen und begründen, dass etwas ist oder nicht ist – zu übertragen und darin gleichzeitig den internen Zusammenhalt der Gattung nachzubilden.

Alles Erkennen erstrebt das Wahre, das definiert ist als das Selbstsein des Seienden, nach dem sich das Vernehmen richtet. Die beiden Hauptformen, die das erkennende Gegenwärtighaben zeigt, sind Wahrnehmung und Wissen. Während die Wahrnehmung das Einzelne erfasst, zur Anwesenheit bringt und wieder verliert, bleibt das Gewusste, weil es durch Umgrenzung und Beweis eindeutig bestimmt, notwendig und allgemein ist, als unverlierbares ‚es selbst' und damit als Wahres präsent. Der Weg von der Wahrnehmung zum Wissen und damit zur Erlangung der Wahrheit beginnt mit der Erforschung des Einzelnen und begrifflich mit einer ersten Gattungszuordnung und Gliederung des Gegebenen nach spezifischen Differenzen, die in der semantischen Definition artikuliert werden; die semantische Definition, die eine provisorische ist, gibt nach dem Maß dessen, wie etwas erkannt ist, die nominale Erklärung eines Seienden und eröffnet als vorläufige seinsbestimmende Explikation die Möglichkeit des Fragens; sie wird aber erst dadurch vollständig, dass der Grund mitgenannt wird, warum das benannte Seiende ein Eines und dieses oder jenes ist. ‚Grund' ist das, worauf alles Fragen geht und was zwischen einer Vielfalt vermittelt; in formaler Hinsicht kann er nur ein in Gattung und spezifische Differenz expliziertes Wesen oder eine notwendige Eigenschaft sein: das in Gattung und spezifische Differenz auseinandergelegte Wesen einer wahrnehmbaren Substanz, weil es sowohl Grund des Entstehens der Substanz ist wie auch Grund dafür, dass die stofflichen Teile, die Bewegungsvermögen des hyletisch Mannigfaltigen, eine Ganzheit mit einem einheitlichen Ziel bilden; die Eigenschaft, weil das den Stoff begrenzende Wesen seinerseits nicht ohne das Zusammenkommen bestimmter materieller Eigenschaften hervortreten kann, die darum als notwendige aus der Definition ableitbar sein müssen.[60] Mit einer solchen begründenden Definition, die das ‚Nicht-anders-sein-Können' eines Sachverhalts oder eines Seienden aufzeigt, gelangt das Fragen und Suchen an sein eigentliches Ziel, den festen Besitz der Wahrheit.[61]

6. Probleme der aristotelischen Wahrheitskonzeption

Dieser Gedanke von der Existenz einer eindeutigen und einheitlichen Wahrheit, von einer ‚Wahrheit schlechthin' als entfalteter Seinserkenntnis, die in der Aussage des Seienden, wie es selbst ist, erreicht werden soll, wirft zwei Schwierig-

---

60 *Tugendhat* (1988), S. 130 f und S. 150.

61 Ebenda, S. 58 und S. 152.

keiten auf, die eine zeitliche Komponente im aristotelischen Wahrheitsbegriff zutage treten lassen: zum einen fragt es sich, welchen Bedeutungsumfang der Begriff der ‚Prämissen‘ hat, die ja im wissenschaftlichen Prozess nicht selbst wieder bewiesen werden und darum, zumindest gedanklich und vorläufig, für wahr gehalten werden müssen, zum anderen erscheint es zweifelhaft, ob das Postulat der aristotelischen Wahrheitskonzeption zutreffend ist, dass es Seiendes gibt, das dauerhaft es selbst ist und dessen Selbigkeit – als der Unterschied zu allem anderen Seienden und als der Grund, der die materiellen Teile zum Sosein der Art vereinigt – offenbar gemacht werden kann.

Was den ersten Punkt, die Konstituierung von Prämissen, betrifft, so heißt etwas als Prämisse anzusehen es als Grund für das Sein eines anderen Seienden zu verstehen; insofern ist ihr Begriff gleichermaßen anwendbar auf alle einem Einzelnen oder einer Gruppe evidenten, unbemerkt in Aktion tretenden handlungsleitenden Vorstellungen wie auf bewusst gewählte, nicht selbst wieder eigens bewiesene Anfangsannahmen epistemologischer Forschungsansätze. Diese Protasen bilden die Voraussetzung des nächsten Gedanken- oder Handlungsschritts, sie leiten die Suche nach ihm ein und haben, solange sie als Vordersätze gebraucht werden, einen höheren Grad von Tatsächlichkeit als das aus ihnen Abgeleitete. Hypothesen, absichtlich variabel gehaltene Konditionalsätze im Sinne von ‚wenn‘-Gültigkeiten, zählen dazu, aber auch bereits Faktoren wie der Lebensalltag, die Persönlichkeitsstruktur und der Bildungshintergrund des Einzelnen, die insofern die Rolle von Prämissen spielen, als sie die Wahl der geistigen Ausgangspositionen von Forschungsprozessen beeinflussen, die je nach Individuum einer verschiedenen Bewertung unterliegt. Jeder Handlungsschritt ist eine Protasis des nächsten, erzeugt eine neue Situation mit eigener Sinnstruktur und vollzieht sich stets im Kontext sozialer Wirklichkeit und Interaktion. In der Sequentialität eines Handlungsablaufs werden

> „nach jeder Einzelhandlung, an jeder ‚Sequenzstelle‘, an jedem Übergang von einer Handlung zur nächstfolgenden, sogenannte ‚Spielräume des wohlgeformten Anschließens‘ eröffnet. Jede Einzelhandlung ‚gibt‘ einen Spielraum an Möglichkeiten vor, weiter zu handeln, das Geschehen weiter zu führen.“[62]

Was immer als Folgendes getan wird, ist stets auch als eine Konsequenz der vorhergehenden Handlungssituation und der durch sie neu eröffneten Handlungsmöglichkeiten zu betrachten.[63] Welche der eröffneten Möglichkeiten tat-

---

62 *Merz-Benz* (2005), S. 61.

63 Ebenda, S. 61.

sächlich gewählt wird, hängt ab von den allgemeinen Dispositionen oder handlungsleitenden Regeln, die vorweg im Handelnden wirksam sind, etwa den sozialen Normierungen, Typisierungen, Verhaltensroutinen oder eingelebten Gewohnheiten. Darin, dass sich ein ähnliches Handlungsmuster bei einem größeren Personenkreis über die einzelnen Sequenzstellen hinweg immer wieder realisiert, wird eine Strukturgesetzlichkeit erkennbar, die als eine fortdauernd wirksame Struktur der Sinngenerierung mit dem Strom des Geschehens stetig neue Situationen hervorbringt und die immer in prinzipiell derselben Weise das Erleben und Denken der Beteiligten zu lenken und zu bestimmen scheint,[64] die aber doch mehr oder weniger langsam ihre Variablen austauscht, insofern sich der Charakter des Wissens der Handelnden ändert, weil Methoden und Techniken für den Erwerb und die Kontrolle eines Tatsachenwissens im Lauf der Zeit Verbesserungen, Ergänzungen oder Modifikationen erfahren und Modi und Stile des Gebrauchs solcher Methoden und Techniken im Lauf der Zeit – teils kurzfristig, teils über Generationen und Epochen hin – ebenfalls Wandlungen durchmachen.[65] Solche Wandlungen lassen sich beispielsweise auch ablesen an Entdeckungen, und zwar 1. an ihrem geisteshistorisch auswertbaren Teil, der Handlung, die zu ihr führte und die zur persönlichen Lebensgeschichte ihres oder ihrer Entdecker gehört, 2. am Begriff, durch den das Entdeckte erfasst wird, der dem Einfluss der Stilvorgaben und der Vorstellungswelt der Zeit, der er entstammt, unterliegt, und 3. aus dem Vergleich synchroner Entdeckungen miteinander, der die Art und Ausrichtung der in ihr vorherrschenden Forschungsinteressen und damit die Orientierung der Suche nach Wahrheit spiegelt.[66] Ferner ist darauf hinzuweisen, dass die sprachliche Dokumentation wissenschaftlicher Erkenntnisse ebenfalls eine zeitabhängige Komponente hat, insofern außer der reinen Ausdrucksinformation (der Morphematik, Flexion, Wortbildung und Syntax) in der Situation der Niederschrift wie in der der Lektüre in das Verständnis Kontextinformationen einfließen, die sich aus dem von Person zu Person schwankenden, fortwährend mutierenden Weltwissen der Beteiligten speisen. Es bleibt also festzuhalten, dass die Wahl der Untersuchungsgegenstände, der Methoden und der Begriffe, durch die ja zugleich die Zuordnung zu einer Vorstellungssphäre erfolgt, in der Wissenschaft eine je eigene Tatsachenwelt mit einer – durchaus steuerbaren – Prädominanz bestimmter Themen und Interpretationen produziert; demgemäß ist das Feld der entdeckten Wahrheiten immer auch eine

---

64 Ebenda, S. 63.

65 *Enskat* (1998), S. 129.

66 Ebenda , S. 20.

Funktion von dem, was überhaupt erforscht und wie das Erforschte definiert wird.

Der andere Punkt, den der aristotelische Wahrheitsentwurf nicht berücksichtigt, hängt mit dem vorherigen zusammen und betrifft die Substantialität dessen, was als Seiendes im Forschungsgeschehen zutage tritt. Hier hat Fleck ganz richtig erkannt, dass eine Wechselwirkung zwischen der Entstehung der Entdeckung und der Entstehung der Begriffe stattfindet und dass man nicht von der Perspektive ausgehen darf, „als ob von vornherein definitive Begriffe und Vorstellungen vorhanden wären" – er bringt als Beispiele den Begriff einer Krankheitseinheit oder eines ‚bestimmten Kleinpilzes' – „und als ob deren bloße ‚folgerichtige' Anwendung die Entdeckung vollbrächte, als ob keine anderen Begriffe möglich wären."[67] Ist es schon prinzipiell die Frage, welche Eigenschaften eines neuen, sinnlich wahrnehmbaren Phänomens für eine Definition herangezogen werden sollen, so zeigt sich dieses Problem verstärkt beim Versuch der Eingrenzung der Struktur von Prozessen, von Vorstellungen und von allgemeinen Begriffen, denen kein materieller Gegenstand korreliert. Überall dort, wo ein angenommener Sachverhalt nicht unmittelbar beobachtet werden kann, ist der ihm verliehene ontologische Status zunächst eine Projektion, die durch eine logische oder auf materiellen Indizien beruhende Demonstration hergeleitet oder durch einen statistischen Nachweis oder ein Experiment bestätigt werden muss, wenn sie nicht Konjektur bleiben soll, sondern einen Anspruch auf Wahrheit geltend machen können will. Der Forscher reicht den Grund für die an einem anderen Medium erkannte Wirkung weiter an eine Entität, die in heuristischer Absicht als Handlungs- oder Reaktionseinheit gesehen wird, wobei diese Verknüpfung zwischen einer Wirkung und der sie verursachenden Entität stets eine Erprobung nach sich ziehen muss, die den unterstellten Nexus belegt oder negiert und die mit zur Handlung der Entdeckung von Wahrheit gehört. Die begriffliche Fixierung von etwas Vermutetem und nur unklar Erkennbarem ist hier ein Hilfsmittel, um konstatierte Wirkungen einer einheitlichen Ursache zuordnen zu können. Weil das verursachende Seiende in seiner Gestalt nicht eindeutig zu umgrenzen ist, ist auch die Trennlinie zwischen Tatsache und Konstrukt, zwischen Entdeckung und Erfindung, zwischen Wahrheit und Wahrscheinlichkeit nicht sicher bestimmbar, und die begriffliche Fixierung geschieht in Form der Beschreibung eines Modells, die nun ihrerseits wiederum von den sprachlichen Fähigkeiten, dem Weltwissen und -verhältnis und den Absichten und Erwartungen ihres Urhebers geprägt wird. Diesem Problem der Inkonsistenz mancher als existent anzunehmender Dinge und Sachverhalte, sei es, dass sie nicht widerspruchsfrei zu modellie-

67 *Fleck* (1994), S. 153.

ren sind, sei es, dass die Komplexität eines Prozesses nicht in einen Begründungszusammenhang gebracht oder die Ebene der Hauptursache zur Erklärung eines Geschehens nicht erreicht werden kann und ein Beweis damit ausbleibt, trägt das aristotelische Konzept nicht Rechnung.

7. Begriffsfindungsprozesse

a. Zielorientierung

Fleck lässt den ‚Denkstil' sich aufbauen aus Urideen, die als mehr oder weniger unklare Anlagen aus der Zeit der Ideogenese, der Abspaltung eines Stils von einem anderen, zu betrachten seien und deren Bedeutung in ihrer heuristischen Funktion als Prädisposition für die stufenweise Entwicklung einer Tatsache liege,[68] einer je eigenen Stimmung, die sich zusammensetze aus der Bereitschaft zu gerichtetem Wahrnehmen und der Bereitschaft zu entsprechend bestimmtem Vorgehen,[69] und der die Stimmung realisierenden Ausführung.[70] ‚Stil' bezeichnet im allgemeinen die Art der Repräsentation des Gedachten oder Imaginierten, im besonderen die aus der Beobachtung wiederkehrender Eigenschaften an Tätigkeiten, deren Ausübung Variationen zulässt, resultierende Annahme der Präsenz eines spezifischen Formwillens, der in Abhängigkeit vom individuellen Gestaltungsvermögen und Erkenntnishorizont und den am ausgewählten Stoff wahrgenommenen Möglichkeiten eine bestimmte Welthaltung und Problemstellung interpretiert. Anders als Karl Mannheim, der den sozialen Trägern eines Denkstils mit den ‚Denkwollungen' eine teils explizit formulierte, teils nicht zu Bewusstsein kommende Zielorientiertheit, ein Interesse am Werden und an der Aufrechterhaltung eines wirtschaftlichen und sozialen Systems und dem zugehörigen Weltbild zuspricht,[71] schenkt Fleck der Ausdrucks*intention*, dem Worumwillen des Denkens und Handelns, nur geringe Aufmerksamkeit, wenn er den Denkstil und das durch ihn evozierte Handeln im wesentlichen von einer Stimmung herleitet. Die Betonung der Bedeutung der ‚Stimmung' für das Denken einer sozialen Gruppe erweckt den Eindruck, dass nicht, wie bei Heidegger[72], lediglich der primäre, sondern auch der wesentlichste Erschließungscharakter der Welt der der Geworfenheit ist; das Dasein des Einzelnen wie der Gemeinschaft

---

68 *Fleck* (1994), S. 36-38 und *Fleck* (1983), S. 114.

69 *Fleck* (1983), S. 109.

70 Ebenda, S. 130.

71 *Mannheim* (1925), S. 645.

72 *Heidegger* (1986), S. 134.

erscheint damit beschränkt auf eine pathische, passive Grundform: der Geworfenheit wird nicht das Entwerfenkönnen im Sinne der Ausrichtung des Verstehens auf die Möglichkeiten des Seins als Ausgleich zur Seite gestellt, und es fehlt die Ausarbeitung eines Aspekts, der zur Klärung des Verhältnisses zwischen stimmungsstabilisierenden Momenten und der leichten Veränderbarkeit, dem grundlosen Umschlagen einer Stimmung beitragen würde.

Jeder Denkstil muss den Bedingungen der Objekte, an denen sich seine Phänomene realisieren, und den Gesetzen des Denkens nachkommen. Vor allem aber muss in soziologischer Hinsicht die Intention, das Woraufhin, sei es ausdrücklich gemacht oder nicht, als denk- und handlungsdirigierender Faktor hervorgehoben werden, durch den dort, wo mehrfach Ähnliches mit ähnlichen Mitteln nach einem sich wiederholenden Muster angestrebt wird, überhaupt erst gemeinsame Züge des Denkens und Handelns resultieren, die es erlauben, von einem Denkstil zu sprechen. Eine Studie über den Zusammenhang zwischen der institutionellen Organisation wissenschaftlicher Forschung und der Wahrscheinlichkeit des Zustandekommens von Entdeckungen, durchgeführt vorwiegend anhand der Befragung von Nobelpreisträgern zu ihren Arbeitsbedingungen und -eindrücken, hebt nicht nur die Bedeutung der Bereitstellung von Ressourcen, der Schaffung von Vorstrukturen (Labore, Projektrahmen, Verwaltung) und des Forschungsleiters für die Organisationskultur hervor, sondern auch des Informationsflusses innerhalb der Forschergruppe,[73] des positiven Arbeitsklimas[74] und der psychologischen Sicherheit,[75] die die Gruppe gewähren sollte, und der Freiheit des Denkens.[76] Dass die Freiheit des Denkens mit dem Faktum, in eine Forschergruppe eingebunden zu sein, vereinbar ist, liegt an der gemeinsamen Orientierung auf ein gleiches Problem hin, am von allen Beteiligten angestrebten Ziel: „The invisible hand of co-ordination lay in the problem they all shared, rather

73 Blumberg, der 1976 den Nobelpreis in Medizin (Physiologie) erhielt, schildert die in seiner Gruppe praktizierte Art regelmäßiger interner Kommunikation so: „We set aside a 1 or 2 hour session every week to come together and build on each other's ideas. We tried to make it ego-free where you would come foreward with an idea but not identify it with yourself." *Hurley* (1997), S. 124.

74 „(...) once the scientist has joined the laboratory, he or she becomes affected by the organisational climate. This climate affects morale, not just of the scientist but of everyone else in the laboratory." *Hurley* (1997), S. 99.

75 „The group can provide badly needed social support when experiments are failing, and can be a powerful source of ideas in relation to the solution of difficult problems of a theoretical, experimental or technical nature." *Hurley* (1997), S. 122.

76 *Hurley* (1997), S. 121-125.

than in tasks they had to perform."[77] In der Wissenschaft ist der Versuch der Erkenntnis dessen, was ist und warum es ist, was war und sein wird und, davon abgeleitet, was sein soll, das eigentliche Motiv, die causa finalis der Forschung, und die Begriffskonzipierung ist der Weg, den sie beschreitet. Das Wissen über das Sein reflektiert sich in den Begriffssystemen, mit denen es die Wirklichkeit erfasst und strukturiert. Von den Begriffen, die wir für Seiendes und für Problemzusammenhänge zu bilden in der Lage sind, hängt unser Zugang zur Wirklichkeit ab.

b. Metaphorik

Am Beispiel des Aufkommens der Bezeichnung ‚Cholera' für einen Symptomtypus menschlichen Leidens hat Briese gezeigt, wie unter den Medizinern Anfang des 18. Jhs. um eine Benennung gerungen wurde und wie ein Name sein musste, die Phänomene klassifizieren zu können und um eine Verfügungsmöglichkeit über den Gegenstandsbereich zu erhalten.[78] Auf das Gewicht von Sprachbildern für die Organisation und Persistenz von Denkfiguren, wie sie von Fleck in der Bakteriologie am Gebrauch der Metapher vom ‚Kampf' zwischen den Krankheitserregern und dem Makroorganismus einer exemplarischen Kritik unterzogen wurden, ist kurz Berger[79] eingegangen. Fleck hebt hervor, dass die einen Sachzugang gewährenden Vorstellungen erst entstehen und die entsprechenden Begriffe erst geschaffen werden müssen[80] und dass die technischen Termini eines der Mittel seien, mit denen der wissenschaftliche Denkstil seinen Produkten den Charakter einer Sache verleihe und ihnen eine sie verselbständigende ‚objektive' Bedeutung beilege.[81] Worte, Sätze, Texte sind gleichsam Netze, die ausgeworfen werden, das Intendierte aus dem Meer des Denkmöglichen als Seiendes an Land zu ziehen. Was ist aber das Intendierte, das in Begriff und sprachlicher Fügung vergegenwärtigt werden soll?

Im einfachsten Fall zeigt die deiktische Entität, das noch namenlose ‚Dies' eine Reihe von Eigenschaften, durch die es sich einer etablierten Art und damit einer Gattung zuordnen lässt; daraus werden die weiteren arttypischen Merkmale der Entität ableitbar, und über die für die Art festgelegten spezifischen Differenzen ergibt sich eine Kontrollmöglichkeit für seine Identität. Es kann jedoch auch,

77 Ebenda, S. 93.

78 *Briese* (2001), S. 206 und 217.

79 *Berger* (2005), S. 74 f. Vgl. auch *Löwy* (1988), S. 230.

80 *Fleck* (1994), S. 153.

81 *Fleck* (1983), S. 121.

wie meist in der Forschung, der Fall sein, dass zunächst kein Objektbild des intendierten ‚Was' zustande kommt: wenn etwa die festgestellten Eigenschaften zu allgemein für eine genauere Zuordnung der Entität zu einem Seinstypus sind; wenn zwar Eigenschaften nachweisbar sind, das sie hervorbringende Phänomen aber der Beobachtung oder dem Denken verborgen bleibt; wenn Eigenschaften, die einem vermuteten, sie gemeinsam bewirkenden Ursprung zugeschrieben werden, kontradiktorisch sind und ihr Zusammenhang nicht erklärt werden kann; oder wenn die spezifische Eigenschaft nicht erkennbar ist, durch die sich ein individueller Sachverhalt als nicht artgleich von einem anderen abgrenzen ließe. In der Regel erfordert die Phase der Unklarheit über die mögliche Existenz und Gestalt des Intendierten ein konjunktives Denken, das die noch namenlose und unbegriffene Entität im Modus des ‚es könnte sein' verfügbar macht und, indem es sie sprachlich mit der Formulierung ‚irgendetwas', ‚irgendein' substantialisiert oder durch den Platzhalter ‚irgendwie' funktional umreißt, auf ein erstes kognitives Fundament hebt.

Die Benennung selbst verläuft immer als Akt einer Klassifizierung der Entität, weil kein Begriff frei von den kategorialen und ästhetischen Merkmalen der Worte sein kann, die ihn bezeichnen. Ein Begriff ordnet sich gedanklich einem bestimmten Vorstellungsfeld zu; er unterliegt damit zwangsläufig auch der Suggestionskraft der Assoziationen, der Evokationssphäre, die der geistigen Repräsentation des zugehörigen Oberbegriffs anhaftet, und sein Geltungsbereich wird, weil jedes Fachgebiet stets bereits imaginativ und sprachlich vorstrukturiert ist, durch die vorhandenen begrifflichen Konstellationen des Gegenstandsbereiches, in den er sich als empirisches Faktum oder als Denknotwendigkeit einzupassen sucht, mitmodelliert. Prinzipiell lässt sich die Phase der Begriffsbildung als das Bestreben charakterisieren, eine Vermutung zu erfüllen: zu einem arbeitshypothetisch aufgestellten Begriff wird die Auffindung von Informationen und Daten erhofft, die seine Schaffung rechtfertigen. Der Grund für die Genese eines Begriffs liegt dabei in der Notwendigkeit, die ihn zur Gestaltung des Denkprozesses hervortreibt. Häufiger wird indessen ein Begriff unter Beibehaltung einer eingeführten Bezeichnung auf eine veränderte Erkenntnis oder Theorie hin neu zurechtdefiniert, im Umfang erweitert, reduziert oder neu verortet, um das im Entdeckungsvorgang sich Erschließende überhaupt oder differenzierter erfassen zu können.[82] Er holt aus dem Unbestimmten des Seins hervor, was als eine Denk-

82 Bspw. wenn man den Gegenstand oder Prozess, auf den sich der Begriff bezieht, verbesserten Untersuchungsbedingungen aussetzt und dem Begriff daraufhin zuvor unerkannte Eigenschaften zugeschrieben werden müssen oder wenn eine Eigenschaft,

form in das Licht des Verstehens tritt, und schafft durch sie und durch die Satzkomposition, die ihr unmittelbarer gedanklicher Kontext ist, kategoriale Zuordnungen. Form und Komposition benennen jedoch nicht Seiendes und Seinsstruktur, sondern unsere Vorstellung davon. Begriffe erzeugen und stabilisieren Realität; zusammen mit Theorien und Methoden haben sie als kognitive Elemente in der Wissenschaft den Stellenwert sozialer Verbindlichkeiten (der gemeinsame Gebrauch bestimmter Sprachformen signalisiert und bestätigt die Zugehörigkeit des Individuums zur Gruppe), und es ist davon auszugehen, dass die ihnen innewohnenden und mit ihnen übernommenen sprachlichen Bilder, die sensorischen und relationalen Eigenschaften der Oberbegriffe, die Entfaltung geistiger Landschaften als Leitmetaphern zu betrachten sind, die nicht nur das individuelle Denken über das Sein, sondern auch das gesellschaftliche in Forschungsgruppen und wissenschaftlichen Kommunikationsgemeinschaften beeinflussen.

Die Beschreibung des Ungegenständlichen (die Welt des Allgemeinen, der Gründe, der Problemzusammenhänge etc.) und die Übertragung des noch Unbestimmten in die Sprache ist allein metaphorisch zu leisten. Wortstamm, Satzbau, Morpheme sind die Instrumente, die das Denken von der sprachlichen Seite her anwenden kann, um Metaphern zu entwerfen, die das anders nicht Erfassbare und Gestaltlose, das sich nur über die Eigenschaften, die es an Objekten hervorruft, zu erkennen gibt, begrifflich zur Anwesenheit bringen sollen. Das der sinnlichen Wahrnehmung Entzogene hat die Gestalt der Metapher oder der metaphorischen Struktur, durch die es verbalisiert und umgrenzt wird, nicht aber notwendig alle Eigenschaften von ihr. Das Denken gewinnt über die Eigenschaften und Konnotationen der Metapher ein Heuristicum für das in seiner Existenz Fragliche, indem es sie als Wirkungen einer undefinierten causa efficiens auffasst. Je nachdem, welche Metapher, welches Vokabular, welcher begriffliche Apparat zur Verfügung steht, öffnet sich dem Geist die Welt[83] und wandelt und differenziert sich die Perspektive auf das Seiende, das nur so weit erscheint, wie das Licht der Metapher reicht.[84] Zugleich kann das Denken lediglich auf dem Weg der Metaphorisierung hoffen, Erkenntnisse und Klarheit über die Vorstellungen zu erhalten, die ein äußeres Geschehen an ihm selbst erzeugt.

---

aufgrund derer bisher ein Geschehen einer bestimmten Subjektklasse zugeordnet war, als Prädikat einer anderen Subjektklasse zu interpretieren ist.

83 So erscheint die Entdeckung einer metaphorischen Gestalt oder eines Wirkungsmodells, über die es gelingt, einem Unklaren ‚irgendwie' Ausdruck zu verleihen, oft als die Lösung und Befreiung aus einer Aporie des Denkens schlechthin.

84 Der Aspekt der Unausweichlichkeit der Metaphernbildung findet sich bei Fleck nicht.

c. Der Wahrheitsbezug

Eine Sache oder ein Sachverhalt erlangt formal dadurch den Rang einer Tatsache, dass mit ihm ein Anspruch auf Wahrheit verbunden wird. Das, nach dessen Wahrheit gefragt wird, muss dabei die Bestimmtheit des ‚so und nicht anders' haben. Insofern können bereits die Figurationen der sinnlichen Wahrnehmung als wahr gelten: wahr ist das Seiende im Wie seiner Entdecktheit.[85] Außerhalb des Bereichs der unmittelbaren, erinnerten oder verbürgten Sinneswahrnehmung steigt etwas dadurch zu einer Tatsache auf, dass es beschrieben und begründet und durch eine entsprechende Dokumentation allgemein wiederauffindbar gemacht wird. Beschreibung und Begründung sind die Hauptformen der Bestätigung der Existenz von etwas als einer Tatsache. Der Wahrheitsanspruch einer solchen Tatsache hängt also davon ab, dass sich die Koexistenz oder Sequentialität von Seiendem, die sie bezeichnet, in einer wahren Aussage propositionalisieren können lassen muss.[86] Jede vollständige Aussage prädiziert etwas von etwas, das sie Bestimmende ist die Prädikatstruktur des Subjekts, die Relation zwischen Subjekt und Prädikat kann in der definitorischen Zuordnung des Subjekts zur Gattung oder in der deskriptiven von Eigenschaften zum Subjekt bestehen, wobei in der Wissenschaft die Notwendigkeit des Hervorgehens einer Eigenschaft aus dem Subjekt über ein vermittelndes Drittes[87] nachgewiesen werden muss, weil nur dann die Allgemeingültigkeit der Relation gesichert ist. Die Wahrheit der Aussage beruht darauf, dass das Sein selbst die Struktur des ‚etwas von etwas' hat, die sich im Denken nachbildet, so dass eine Widersprüchlichkeit in den Prädikaten, die zur Aufgabe der Subjektmetapher oder zur Umwidmung eines Phänomens auf ein anderes hervorbringendes Subjekt zwingt, als Folge einer Fehlgestaltung der eigentlichen Sache verstanden werden muss. Es ist das unter seiner Metapher verborgene Seiende, das eine Beliebigkeit der Interpretation verhindert und das nach Wahrheit strebende Denken an sich bindet. Die Aneignung eines begrifflichen Vokabulars und von Denkfiguren, Definitionen und Begründungen bedeutet die Inanspruchnahme der Imaginationsfähigkeit anderer Forscher, und das Fortschreiten der wissenschaftlichen Erkenntnis basiert nicht nur auf der Einsicht in einmal gefundene Lösungen, sondern ebenso auf dem Wissen um Irrtümer und um ungeklärte Fragen. Wissenschaft ist eine Gemeinschaftsleistung aller Forscher auf der Suche nach der Wahrheit dessen, was ist,

---

85 Vgl. *Heidegger* (1986), S. 218 f.

86 Vgl. dazu z. B. *Enskat* (1983), S. 41 f.

87 In der Form: ‚C ist immer, weil es B ist, A' und ‚C ist immer, wenn es B ist, A'. *Tugendhat* (1988), S. 123 f.

wozu die einzelne Leistung jeweils einen Beitrag darstellt, und diese Wahrheit kann nur in der Konstanz und Verlässlichkeit des Seins gründen. Das Gebäude der Wissenschaft ist gewissermaßen ein Provisorium zwischen dem Woher, Wohin und Warum des Seins; unter diesem Blickwinkel ist, anders als noch in der griechischen Konzeption, nach der der Begriff der Wahrheit beschränkt auf das Erlangen eines Wahrheitsbesitzes war, bereits das Unterwegssein zur Wahrheit als Wahrheitsbezug verstehbar: wahr ist nun auch das, woraufhin die Bewegung der Wahrheitssuche sich richtet. Hier ordnet sich sowohl Flecks Postulat vom Maximum der Erfahrung[88] ein, das nicht ohne die Vorstellung auskommt, dass auf empirischem Weg eine Annäherung an die Wahrheit zu erzielen sein müsste, wie auch seine Skizze von der Entstehung unseres Syphilis-Begriffs, der gegenüber dem früheren als wahrer gilt, weil seine Definition auf ein den im Lauf der Zeit erhobenen Befunden besser angepasstes Erklärungsmuster gestützt werden konnte und weil wir als die Späteren die historische Perspektive auf vergangene Klassifikationsmodelle haben. Ebenso hat die Bemerkung Flecks,

> „I am not claiming that ‚one and the same statement‘ can both be true and untrue for ‚A‘ and ‚B‘, respectively. Provided ‚A‘ and ‚B‘ participate in the same thought-style, the statement will be for both either true or untrue. But when they have different thought-styles, there will be no such thing as ‚the same statement‘, for one of them will interpret the other's statement in a different way or will be unable to understand it at all“[89]

ihre Berechtigung insbesondere in Bezug auf Gesellschaften, die keinen Wissenschaftsbegriff haben, aber dass ein Wahrheitsrelativismus nicht dazu nötigt, auf die Annahme einer einheitlichen Wahrheit für alles Sein zu verzichten, hat Mannheim gezeigt,[90] und es ist gerade auch eine Aufgabe der Wissenschaft, zu demonstrieren, worin die Rationalität besteht, mit der unterschiedliche Gruppen ihre Positionen vertreten,[91] d. h. der Wahrheitserweis ist dadurch zu führen, dass gezeigt wird, wie jeder Denkstil auf seine Weise Recht haben kann und warum die eine Aussage im Kontext eines anderen Denkstils unverständlich ist.

---

88 „Ich halte das Postulat vom Maximum der Erfahrung für das oberste Gesetz wissenschaftlichen Denkens.“ *Fleck* (1994), S. 70.

89 In *Löwy* (1990), S. 268. Fast wörtlich in *Fleck* (1994), S. 131. Vgl. dazu z. B. den Aufsatz von *Weidtmann* (1998) über die unterschiedliche Gewichtung der Oralität für die Weitergabe von Wissen im afrikanischen und europäischen Denken.

90 Vgl. z. B. *Pels* (1996), S. 39.

91 *Rombach* (1987), S. 316 f.

Der Skeptizismus gegen sich selbst ist der Wissenschaft immanent, immer im Modifizieren der Perspektiven muss eine Überprüfung der Grundlagen stattfinden, auf die der argumentative Aufbau erfolgt; die individuelle wie die kollektiv betriebene Forschung müssen sich dabei an den allgemeinen Maßen orientieren, denen die Dinge und Prozesse unterliegen, die wir als wirklichkeitskonstituierend interpretieren. Allerdings stellt sich auch die Frage, ob, wenn das Sein noch nicht am Ende seiner Entwicklung angekommen ist und stets neue Tatsachen schafft, eine eigentliche, ontologische Wahrheit bisher vielleicht ebenso wenig endgültig existiert.

8. Rück- und Ausblick

Sowohl durch die Abhängigkeit der Handlungs- und Wahrnehmungsweisen des Individuums von der sozialen Wirklichkeit wie durch die Multiverazität der Objekte der Wissenschaften und durch die Schwierigkeit der Begriffsfindung bei der Entdeckung und Inventarisierung des Seienden ergeben sich vielfältige Modifikationen in der Erhebung dessen, was als Prämissen in die Erkenntnis von Sachverhalten einfließt und unsere Auffassungen von der Tatsachenwelt konturiert. Diesem Spektrum von Modifizierungsmöglichkeiten steht gegenüber, was Aristoteles, etwa in der ‚Metaphysik', als „Wegweisung der Forschung durch die Sache",[92] als „Zwang der Wahrheit"[93] und als den „Sachzwang"[94] konzipiert und was Fleck als ‚Denkwiderstand' auffasst: dass eine Sache zwar unzählige Interpretationen zulässt, aber eben nicht beliebige. Als Interpretament divergenter Perspektiven konstituiert sie sich je und je anders, wahrt darin aber ein eigenes Maß, das heißt, sie weist ein Gefüge von Eigenschaften auf, das in wechselnden Kontexten invariant ist. Jede Entdeckung expliziert das Entdeckte nach zwei Richtungen: in den Sachverhalt einerseits und in dessen Wahrheit andererseits; erst die Apodeixis seines Wahrseins macht einen Sachverhalt zu einer Tatsache. Tatsachen sind nur dann Tatsachen, wenn mit ihnen ein Anspruch auf Wahrheit verbunden werden kann, der die Definitheit des Sachverhaltes voraussetzt, die darin besteht, autonomer Grund für die Präsenz der ihn definierenden Eigenschaften zu sein. Gesucht sind in der Wissenschaft dabei nicht individuelle Wahrheiten, sondern möglichst kontextinvariante Prädikationen. Ihre Tendenz geht wesentlich dahin, alle Faktoren zu eliminieren, die eine Beschränkung ihrer Hauptfragen: was etwas ist und warum es ist, beinhalten. Angestrebt ist statt

---

92 *Aristoteles*, 984a18.

93 Ebenda, 984b9f.

94 Ebenda, 986b31.

dessen eine weitestgehende Allgemeingültigkeit ihrer Aussagen, die Entdeckung von Konstanten, die Entzeitlichung und Enträumlichung ihrer Resultate, eine Universalität, wie sie sich für unser Denken in den Sätzen vom Widerspruch und von der Identität oder in der Formulierung von Naturgesetzen bereits wenigstens approximativ realisiert findet. Gottfried Wilhelm Leibniz schwebte eine systematische Enzyklopädisierung allen Wissens als Aufzeichnung aller je entdeckten Wahrheiten vor, damit nicht jedes ‚Denkkollektiv' wieder neu dieselben Dinge zu entdecken haben würde, so dass der Fortschritt in den Wissenschaften schneller vor sich ginge.[95]

Wenn man an einem Wahrheitsbezug festhalten will, dem gemäß das, nach dessen Wahrheit gefragt wird, die Bestimmtheit des ‚so und nicht anders' haben muss, um als Tatsache betrachtet werden zu können, kommt man um eine Klassifikation der Wahrheitsformen kaum umhin. Sie muss sowohl die von Fleck beschriebenen Stilbildungsphänomene in der Forschung insgesamt und die davon abhängigen persönlichen Denk- und Wahrnehmungsweisen in den Expertengemeinschaften berücksichtigen als auch die überhaupt mögliche, je nach Fach, Untersuchungsgegenstand und Methodik variierende Exaktheit und den Gültigkeitsumfang von Aussagen – so ist die erzielbare Allgemeingültigkeit in der Linguistik größer als in der Literaturwissenschaft, weil die Linguistik mit wesentlich mehr gleichartigen Elementen und Relationen zu tun hat – und den Erkenntnismodus der Notwendigkeit, die im Vollzug von Schlussfolgerungen bei entsprechender trefflicher Formalisierung der Vordersätze der Konklusion innewohnt. Alle aber integrieren sich in eine hierarchische Stufung von Verazität, die nach dem Umfang des Gültigkeitsbereichs der Wahrheit gegliedert ist und in der eine als Irrtum erkannte Wahrheit durch eine neue ersetzt wird; alle enthüllen das Sein, von dem angenommen wird, dass es von einer einzigen die Wirklichkeitsverhältnisse durchziehenden Ordnung bestimmt ist. Relativiert wird die Möglichkeit von Wahrheit und Erkenntnisfortschritt wesentlich dadurch, dass wir nicht imstande sind, sagen zu können, welche Bedeutung der wissenschaftlichen Erkenntnis im Gefüge des Seins als eine der Formen der Reflexion des Seins auf sich selbst beizumessen ist. Daher kann Forschung nur betrieben werden im Bewusstsein der Vorläufigkeit ihrer Ergebnisse.

95 Vgl. dazu *Meier-Kunz* (1996), S. 141-148.

Literatur

Bonah, Christian (2002), „‚Experimental rage‘: The development of medical ethics and the genesis of scientific facts“, in: Social History of Medicine 15 (2002), No. 2, S. 187-207.

Berger, Silvia (2005), „Umdeuten, Ausblenden, Beharren: Zur Persistenz wissenschaftlicher Denkstile am Beispiel der deutschen Bakteriologie, 1890-1918“, in: *Egloff, Rainer* (Hg.), Tatsache – Denkstil – Kontroverse. Auseinandersetzungen mit Ludwik Fleck. Collegium Helveticum, Heft 1, Zürich 2005, S. 71-77.

Briese, Olaf (2001), „Namenszauber. Zum Status medizinischer Begriffsbildung am Beispiel Cholera“, in: Archiv für Begriffsgeschichte 43 (2001), S. 199-219.

Cohen, Robert S. / Schnelle, Thomas (Hg.) (1986), Cognition and fact: materials on Ludwik Fleck. Dordrecht 1986.

Enskat, Rainer (1998), „Authentisches Wissen“, in: *Enskat, Rainer* (Hg.) Amicus Plato magis amica veritas. Berlin 1998, S. 101-143.

Enskat, Rainer (1983), „Über Wahrheit und Entdeckung. Thesen zur Erkenntnistheorie und zur Ontologie“, in: Allgemeine Zeitschrift für Philosophie 3 (1983), S. 19-47.

Fleck, Ludwik (1994), Entstehung und Entwicklung einer wissenschaftlichen Tatsache. Mit einer Einleitung, hg. von Schäfer, Lothar und Schnelle, Thomas. Frankfurt am Main, 3. Aufl. 1994.

Fleck, Ludwik (1983), Erfahrung und Tatsache. Gesammelte Aufsätze, hg. von Schäfer, Lothar u. Schnelle, Thomas. Frankfurt am Main 1983.

Frisby, David (1983), The alienated mind. The sociology of knowledge in Germany 1918-1933. London 1983.

Giedymin, Jerzy (1986), „Polish philosophy in the inter-war period and Ludwik Fleck's theory of thought-styles and thought-collectives“, in: Cohen, Robert S. / Schnelle, Thomas (Hg.), Cognition and fact: materials on Ludwik Fleck. Dordrecht 1986, S. 179-215.

Hedfors, Eva (2006), „The reading of Ludwik Fleck: Questions of sources and impetus“, in: Social Epistemology 20 (2006), No. 2, S. 131-161.

Heidegger, Martin (1986), Sein und Zeit. Tübingen, 16. Aufl. 1986.

Hurley, John (1997), Organisation and scientific discovery. Chichester 1997.

Löwy, Ilana (2000), Medical acts and medical facts. Cracow 2000.

Löwy, Ilana (1990), The Polish School of Philosophy of Medicine. Dordrecht 1990.

Löwy, Ilana (1988), „The scientific roots of constructive epistemologies: Hélène Metzger and Ludwik Fleck", in: Corpus (Paris) 8/9 (1988), S. 219-235.

Mannheim, Karl (1952), Essays on the sociology of knowledge. London 1952.

Mannheim, Karl (1925), „Das Problem einer Soziologie des Wissens", in: Archiv für Sozialwissenschaft und Sozialpolitik 53 (1925), S. 577-652.

Meier-Kunz, Andreas (1996), Die Mutter aller Erfindungen und Entdeckungen. Ansätze zu einer neuzeitlichen Transformation der Topik in Leibniz' ars inveniendi. Würzburg 1996.

Merz-Benz, Peter-Ulrich (2005), „Das, was ‚Sinn macht'. Die Rekonstruktion der versteckten Regeln unseres Zusammenlebens", in: *Dalferth, Ingolf / Stoellger, Philipp* (Hg.), Interpretation in den Wissenschaften. Würzburg 2005, S. 59-69.

Pels, Dick (1996), „Karl Mannheim and the sociology of scientific knowledge: toward a new agenda", in: Sociological Theory 14 (1996), Issue 1, S. 30-48.

Rombach, Heinrich (1987), Strukturanthropologie. Freiburg 1987.

Rotenstreich, Nathan (1986), „The proto-ideas and their aftermath", in: *Cohen, Robert S. / Schnelle, Thomas* (Hg.), Cognition and fact: materials on Ludwik Fleck. Dordrecht 1986, S. 161-178.

Schäfer, Lothar / Schnelle, Thomas (1994), „Ludwik Flecks Begründung der soziologischen Betrachtungsweise in der Wissenschaftstheorie", in: *Fleck, Ludwik*, Entstehung und Entwicklung einer wissenschaftlichen Tatsache. Frankfurt am Main 1994, S. VII-XLIX.

Schäfer, Lothar / Schnelle, Thomas (1983), „Die Aktualität Ludwik Flecks in Wissenschaftssoziologie und Erkenntnistheorie", in: *Fleck, Ludwik*, Erfahrung und Tatsache. Gesammelte Aufsätze, hg. von Schäfer, Lothar und Schnelle, Thomas. Frankfurt am Main 1983, S. 9-34.

Schnelle, Thomas (1986a), „Microbiology and philosophy of science, Lwów and the German holocaust: stations of a life – Ludwik Fleck 1896-1961", in: *Cohen, Robert S. / Schnelle, Thomas* (Hg.), Cognition and fact: materials on Ludwik Fleck. Dordrecht 1986, S. 3-36.

Schnelle, Thomas (1986b), „Ludwik Fleck and the influence of the philosophy of Lwów", in: *Cohen, Robert S. / Schnelle, Thomas* (Hg.), Cognition and fact: materials on Ludwik Fleck. Dordrecht 1986, S. 231-265.

Tugendhat, Ernst (1988), Ti kata tinos: eine Untersuchung zu Struktur und Ursprung aristotelischer Grundbegriffe. Freiburg 4. Aufl. 1988.

Weidtmann, Niels (1998), „Kann Schriftlichkeit fehlen?“, in: Polylog 1 (1998), S. 74-84.

Medizin und ihr kultureller Kontext

Medizin als kulturbestimmte Praxis. Eine Auseinandersetzung mit dem historisch-sozialen Ansatz der Medizintheorie von Ludwik Fleck

Josef N. Neumann

Einleitung

Der Mikrobiologe und Wissenschaftstheoretiker Ludwik Fleck[1], der sein Überleben in den Konzentrationslagern Auschwitz und Buchenwald seiner fachlichen Kompetenz als Spezialist für Infektionskrankheiten (Typhus) und Impflehre verdankte, überprüfte seine Theorie medizinischer Wissensbildung durch die Beobachtung einer Gruppe von Wissenschaftlern, die, Laien auf dem Gebiet der Mikrobiologie, im Konzentrationslager Buchenwald die Aufgabe hatten, einen Impfstoff gegen den Fleckfiebererreger (Rickettsia prowazeki) zu entwickeln:

> „...die Mitglieder der Gemeinschaft fanden in ihren mikroskopischen Präparaten, hergestellt mit genauer Pedanterie, exakt entsprechend den Büchervorschriften alle Stadien des Entwicklungszyklus der Rickettsien und ihre geforderte Reihenfolge – obwohl sie diesen Erreger in ihrem Material damals überhaupt nicht besaßen: aus Farbpartikeln, Fettkügelchen, verschiedenen Bakterien, aus Zellularresten bauten sie den ganzen Entwicklungszyklus auf. Dies geschah nicht mit einmal. Die Konstruktion wuchs langsam, aus gegenseitigen Erregungen und Bestärkungen in den Ansichten. Die Kollektivstimmung, die der Motor dieser phantastischen Synthese war, baute sich auf der gespannten Erwartung des Effekts auf, auf dem Wunsch, erster zu sein, der etwas feststellt, und sich nicht mit der Bestätigung zu verspäten, daß bereits etwas festgestellt wurde, den Leiter zu befriedigen, der drängte. Die Elemente der Stimmung waren also im Prinzip mit den normalerweise angetroffenen identisch.“[2]

1 Zur Biographie von Ludwik Fleck: *Schäfer, Lothar / Schnelle, Thomas*: Ludwik Flecks Begründung der soziologischen Betrachtungsweise in der Wissenschaftstheorie, in: *Fleck* (1935/1980), S. VII-XLIX, vor allem S. X-XVII.

2 *Fleck* (1946/1983), S. 135.

Fleck machte in dieser Situation die Beobachtung, dass im Hinblick auf die logische Konsequenz, mit der Gegebenheiten zueinander in Beziehung gesetzt, Hypothesen gebildet und Handlungsanweisungen für das Herstellen des Impfstoffs abgeleitet wurden, diese erzwungene Gemeinschaft von Wissenschaftlern sich hinsichtlich der Stringenz ihres Denkens von einer Gruppe erfahrener Mikrobiologen nicht unterschied. Das heißt, ihre Hypothesen und Handlungstheorien entsprachen formal den Gesetzen der Logik und konnten von einem formallogischen Standpunkt aus nicht kritisiert werden, dennoch waren ihre Ergebnisse aus der Sicht des mikrobiologischen Fachmanns falsch.

Fleck sah in diesem wissenschaftstheoretischen Experiment eine Bestätigung seiner medizinischen Erkenntnis- und Handlungstheorie, die er, ein Jahr nach *Poppers* „Logik der Forschung",[3] 1935 in deutscher Sprache veröffentlicht hatte. In seinem Werk, „Entstehung und Entwicklung einer wissenschaftlichen Tatsache – Einführung in die Lehre vom Denkstil und Denkkollektiv", vertrat er gegen die Philosophie des Wiener Kreises die These, dass wissenschaftliche Sätze nicht allein auf Grund ihrer logischen Stimmigkeit Wahrheit als Entsprechung des Gesagten mit dem, was ist, beanspruchen können. Fleck widersprach der Vorstellung eines letztgültigen objektiven Maßstabs für die Beurteilung der Wahrheit von Erkenntnissen und bestimmte Wissensbildung als eine sozial- und kulturhistorisch bedingte Tätigkeit denkender Individuen, die, in intersubjektivem Austausch stehend, Gruppen („Denkkollektive") bilden, die einen bestimmten „Denkstil" formen, von dem sie geleitet sind in ihren Wahrnehmungen, Deutungen und Entscheidungen, welche Problemlösungen als angemessen, als wahr oder falsch zu bewerten sind. Das bedeutet, Denken geschieht nach Fleck nicht voraussetzungslos in einem Verhältnis von Erkennendem und dem Zu-Erkennenden, einzig bestimmt von den Gesetzen der Logik, sondern in einem konzeptionellen, von Vorwissen, Interessen und methodischen Fertigkeiten bestimmten Rahmen, in den auch psychische und soziale Faktoren eingehen und kulturspezifische Prägungen eine Rolle spielen, deren Einfluss auf den Erkenntnisprozess zu bestimmen, Aufgabe der Wissenschaftstheorie bzw. einer Epochen und Kulturen vergleichenden Erkenntnistheorie ist.

---

3 Die erste Ausgabe der *Logik der Forschung* von Karl Popper erschien im Herbst 1934 (mit der Jahresangabe 1935) bei Julius Springer in Wien.

Flecks Denken ist nur vereinzelt aufgenommen worden[4] und hat in Erkenntnis- und Wissenschaftstheorie nur wenig Beachtung gefunden, möglicherweise weil sein Denkstil in ein auf Anwendbarkeit und technische Effizienz ausgerichtetes Wissenschaftskonzept nicht passte. Da das Wissenschaftsverständnis der naturwissenschaftlich-technischen Medizin seit Mitte des 19. Jahrhunderts eher dem seiner philosophischen ‚adversarii' entsprach, besteht bis in die Gegenwart wenig Neigung, sich mit einer Medizintheorie auseinander zu setzen, in der der Begriff der Tatsache auf dem Hintergrund sozial- und kulturhistorischer Kontexte problematisiert wird. Selbst unter den professionellen Medizinhistorikern fand die Erkenntnis bisher kaum Eingang, dass Flecks Theorie zugleich den methodischen Entwurf einer sozial- und kulturhistorisch ausgerichteten Medizinhistoriographie darstellt und die Medizingeschichte somit in der Lage ist, sich an der Methodendiskussion der Geschichtswissenschaften von einem eigenen Ansatz aus zu beteiligen. Indirekt gewann Flecks Ansatz Einfluss auf die epistemologische Diskussion, als Thomas S. Kuhn seinen Paradigma-Begriff an der Lehre von Denkstil und Denkkollektiv ausrichtete und im Vorwort seines Buches *Die Struktur wissenschaftlicher Revolutionen*[5] darauf hinwies, dass Flecks Hauptwerk „Entstehung und Entwicklung einer wissenschaftlichen Tatsache" viele seiner Gedanken vorwegnehme.[6]

Fleck geht aus von der Frage: „Was ist eine Tatsache?". Seine Antwort entwickelt er am Beispiel der Syphilis und zeigt den Wandel des seit dem Ende des 15. Jahrhunderts als „mystisch – ethisch", „empirisch – therapeutisch", „pathogenetisch" und „ätiologisch" gedeuteten Begriffs:

> „Die Entwicklung des Begriffes der Syphilis als spezifischer Krankheit, ist also nicht abgeschlossen und kann es nicht sein, denn er nimmt Teil an allen Entdeckungen und Neuerungen der Pathologie, der Mikrobiologie und der Seuchenlehre. Sein Charakter wandelte sich aus dem Mystischen über das Empirische und allgemein Pathogenetische zum hauptsächlich Ätiologischen, wobei man nicht bloß große Bereicherung an Einzelheiten gewann, sondern auch viele Einzelheiten der alten Lehre verlor. So lernen

---

4 Erst Ende der 1970er Jahre setzte in Deutschland eine intensivere Beschäftigung mit den Schriften von Ludwik Fleck ein. Dazu *Baldamus* (1977); *Baldamus* (1979); *Schäfer* (1974); *Schäfer* (1980); *Schnelle* (1982). Hinzuweisen ist auf die Diskussion unter den Autoren: *McCullough* (1981), *Sadegh-Zadeh* (1981) und *Trenn* (1981). Besonders wichtig der Sammelband: *Trenn* et al. (1979).

5 Originalausgabe: The structure of scientific revolutions, Chicago 1962.

6 Vgl. *Kuhn* (1976), S. 8.

> und lehren wir heute sehr wenig oder nichts über die Abhängigkeit der Syphilis vom Klima, der Jahreszeit und allgemeiner Konstitution der Kranken, während in den alten Schriften viele diesbezügliche Beobachtungen zu finden sind. Mit der Umwandlung des Syphilisbegriffes entstanden aber neue Probleme und neue Wissensgebiete, so daß eigentlich gar nichts abgeschlossen wurde."[7]

Gleichzeitig erörtert Fleck am Beispiel der Syphilis *erstens* die Möglichkeit der Abgrenzung eines Krankheitsbildes, *zweitens* die „Beharrungstendenz" von Anschauungen und Theorien und *drittens* die Bedingungen, unter denen sich Deutungskonzept und Normativität eines Krankheitsbegriffs verändern. Aus der Beharrungstendenz von Hypothesen und Theorien schließt Fleck, dass die der Bestimmung eines Krankheitsbildes vorausgehende Idee sich nicht primär von empirischen Beobachtungen ableitet, sondern dass hier „spezielle, tief aus dem Psychischen und der Tradition kommende Faktoren" wirksam sind.[8] Sind diese Bestimmungen auch ungenau, so machen sie dennoch den Grundzug der Fleckschen medizinischen Wissenschaftstheorie deutlich. Demnach wird Wissenschaft als ein nicht abschließbarer Prozess verstanden, der sich in einem zweifachen Kontext vollzieht: *erstens* im sozialen Beziehungsgefüge sich gegenseitig bestätigender, kritisierender oder auch hemmender Wissenschaftler und an bestimmten Fragen arbeitender, mehr kooperierender oder konkurrierender Forschergruppen, und *zweitens* im Gesamtzusammenhang von Kultur und Epoche, in der neben anderen Praxisformen (Arbeit, Politik, Erziehung, Kunst, Religion) auch die Medizin ein wesentlicher Bestandteil ist. Fleck unterscheidet somit im Verhältnis von Wissenschaft und Gesellschaft zwei Ebenen: die der sozialen Beziehung zwischen den in einem Denkkollektiv interagierenden Individuen sowie die der kulturhistorischen Situation, in deren Gesamtkontext die in einer Gesellschaft wirksamen, erkenntnis- und handlungsleitenden Ideen entstehen und menschliche Praxis ihre kulturspezifische Prägung erhält.

Ausgehend von dieser Unterscheidung sagt Fleck, es gebe weder voraussetzungslose wissenschaftliche Erkenntnis noch das eindeutige, zeit- und kulturübergreifend gültige Sagen von Sachverhalten. Er wendet sich damit gegen die Wissenschaftskriterien des logischen Positivismus des Wiener Kreises, dessen Einfluss in der Zeit vor dem Zweiten Weltkrieg auch in die philosophische Schule von Lwów um Kazimierz Twardowski (1866-1938)

---

7 *Fleck* (1935/1980), S. 28-29.

8 Vgl. *Fleck* (1935/1980), S. 6.

reichte.[9] Der Wiener Kreis, bestehend aus Philosophen, Mathematikern und Naturwissenschaftlern, die sich seit Anfang der 1920er Jahre um Moritz Schlick gesammelt hatten,[10] war beherrscht von dem Eindruck, „daß in der bisherigen Geschichte der Philosophie nur dort Fortschritte erzielt worden waren, wo man in rationaler und kritischer Diskussion sich an Methoden und Ergebnissen der empirischen Wissenschaften orientierte."[11] Von daher wurde eine Wissenschaftstheorie entwickelt, die die Möglichkeit strenger empirischer Überprüfbarkeit von wissenschaftlichen Sätzen postulierte. Dem widersprach Fleck, indem er den Tatsachenbegriff des logischen Positivismus in Frage stellte, der sagt, dass das sprachlose empirische Wahrnehmen von Gegebenheiten und deren eindeutige Abbildung in Sätzen die Grundlage von Wissenschaft sein könne. Dem hielt Fleck entgegen, dass bereits die Bildung von Begriffen ihre Geschichte hat und damit kulturhistorischen Bedingungen unterliegt.

> „Die Begriffsentwicklung geht eigene Wege, hat ihre eigenen geschichtlichen, nicht logischen, Bedingungen, ist [...] passiv, nicht aktiv. Unsere Erkenntnis enthält gewisse Elemente, die weder spekulativ noch empirisch sind, sondern *ab evolutione historica* stammen.
>
> Begriffe sollte man natürlich nicht als gesonderte, nur an sich bestehende Bausteine auffassen, aus denen sich der gegebene Gedanke zusammensetzt. Wir isolieren ihn natürlich erst künstlich *ex post* aus diesem Gedanken, aus einem ganzen Gedankenkomplex, aus einem ständigen Denkprozeß. Doch selbst isolierte Begriffe weisen, wie man sieht, eine spezifische, für den gegebenen Denkstil charakteristische Stilfärbung auf."[12]

Begriffe sind nicht als Bausteine logischer Konstruktionen zu sehen, in denen vorausgesetzt wird, eine die Logik der Objektsprache (Sagen von Gegebenheiten) nachvollziehende Metasprache könne rationale Nachkonstruktion der empirischen Wirklichkeit und deren Gesetzmäßigkeiten sein. Begriffe haben vielmehr

---

9 Fleck zählte in den 1920er und -30er Jahren zu den regelmäßigen Diskussionsteilnehmern dieser um interdisziplinäre Gespräche bemühten Gruppe, der auch Kazimierz Ajdukiewicz, Władysław Tatarkiewicz, Tadeusz Kotarbiński und der Logiker Jan L. Łukasiewicz angehörten.

10 Dem Wiener Kreis gehörten an Rudolf Carnap, Otto Neurath, Herbert Feigl, Friedrich Waismann, Victor Kraft, Philipp Frank, Karl Menger, Kurt Gödel, Hans Hahn.

11 Vgl. *Peukert* (1978), S. 93.

12 *Fleck* (1936/1983), S. 101.

ihre geschichtliche Entwicklung, in der sich Bedeutungen verändern. Sie sind Ergebnis geistiger Tätigkeit, die unter bestimmten historischen und sozialen Voraussetzungen getan wird. Gleichzeitig sind Begriffe nicht konkret, sondern allgemein, d.h., sie gehen stets über den zu sagenden Gegenstand hinaus. Indem Begriffe nicht nur dieses oder jenes sagen, sondern auf viele Gegenstände anwendbar sind, ist ihr Sagen immer schon Interpretation des empirisch Gegebenen.

Erkenntnistheorie: Denkstil und Denkkollektiv

Das Denken des Einzelnen ist nach Fleck bestimmt durch den Denkstil, der sich im Kontext einer bestimmten kulturhistorischen Situation im sozialen Interaktionsfeld eines Denkkollektivs entwickelt. Von daher hat die Erkenntnistheorie nicht nur das Verhältnis von Subjekt und Objekt, sondern darüber hinaus das des erkennenden Individuums zur Gruppe der Forschenden zu untersuchen:

> „Vergleichende Erkenntnistheorie darf Erkennen nicht als zweigliedrige Beziehung des Subjektes und des Objektes, des Erkennenden und des Zu-Erkennenden betrachten. Der jeweilige Wissensbestand muss als grundsätzlicher Faktor jeder neuen Erkenntnis das dritte Beziehungsglied sein. [...]
>
> Deshalb ist das Erkennen kein individueller Prozeß eines theoretischen ‚Bewußtseins überhaupt'; es ist Ergebnis sozialer Tätigkeit, da der jeweilige Erkenntnisbestand die einem Individuum gezogenen Grenzen überschreitet. [...]
>
> Der Satz ‚jemand erkennt etwas' verlangt analog einen Zusatz z.B.: ‚auf Grund des bestimmten Erkenntnisbestandes' oder besser ‚als Mitglied eines bestimmten Kulturmilieus' oder am besten ‚in einem bestimmten Denkstil, in einem bestimmten Denkkollektiv'.
>
> Definieren wir ‚Denkkollektiv' als *Gemeinschaft der Menschen, die im Gedankenaustausch oder in gedanklicher Wechselwirkung stehen, so besitzen wir in ihm den Träger geschichtlicher Entwicklung eines Denkgebietes, eines bestimmten Wissensbestandes und Kulturstandes, also eines besonderen Denkstiles.* Hiermit gibt das Denkkollektiv das fehlende Glied der gesuchten Beziehung."[13] [Kursiv im Original]

---

13 *Fleck* (1935/1980), S. 53-55.

Wissenschaftliche Erkenntnis ist ein sozial („Denkkollektiv") sowie kulturhistorisch („Denkstil") bedingter Prozess, in dem ein Gedanke im geistigen Austausch zwischen Mitgliedern einer Gruppe entsteht, geformt und verändert wird:

> „Gedanken kreisen vom Individuum zum Individuum, jedesmal etwas umgeformt, denn andere Individuen knüpfen andere Assoziationen an sie an. Streng genommen versteht der Empfänger den Gedanken nie vollkommen in dieser Weise, wie ihn der Sender verstanden haben wollte. Nach einer Reihe solcher Wanderungen ist praktisch nichts mehr vom ursprünglichen Inhalte vorhanden. Wessen Gedanke ist es, der weiter kreist? Ein Kollektivgedanke eben, einer, der keinem Individuum angehört. Ob Erkenntnisse vom individuellen Standpunkte Wahrheit oder Irrtum, ob sie richtig oder mißverstanden scheinen, sie wandern innerhalb der Gemeinschaft, werden geschliffen, umgeformt, verstärkt oder abgeschwächt, beeinflussen andere Erkenntnisse, Begriffsbildungen, Auffassungen und Denkgewohnheiten. Nach einer Reihe Rundgänge innerhalb der Gemeinschaft kehrt oft eine Erkenntnis wesentlich verändert zum ersten Verfasser zurück – und auch er sieht sie schon ganz anders an, erkennt sie nicht als seine eigene oder (ein häufiges Geschehen) glaubt sie ursprünglich in der jetzigen Gestalt gesehen zu haben."[14]

Bereits in dem 1929 veröffentlichten Aufsatz „Zur Krise der ‚Wirklichkeit'" analysierte Fleck die logische Struktur von Wissensbildung und handlungsleitender Theorie in der Medizin und untersuchte die Beziehung zwischen Erkenntnisgegenstand, Erkennendem und den sozialen und kulturellen Voraussetzungen, von denen die in einem Denkkollektiv Interagierenden geleitet sind. Erziehung, Denktradition, bereits Gedachtes bestimmen das Denken des Einzelnen; in den von Gedankenaustausch, Anerkennung und Kritik bestimmten Beziehungen unter den Forschenden entwickelt sich ein Denkstil, der entscheidend ist für die Wahl des Gegenstandes der wissenschaftlichen Untersuchung, die Entwicklung entsprechender Methoden und die Ausrichtung des Erkenntnisinteresses der Wissenschaftler. Erfahrung ist von daher ein komplexerer Vorgang, eine Beziehung zwischen Erkennendem, dem bereits Erkannten und dem, was zu erkennen ist. Dabei sind Vorstellungen, Aufmerksamkeit und Denken des Menschen durch bisher erkannte Inhalte bereits in eine bestimmte Richtung gelenkt; denn „jede neue Erkenntnistätigkeit ist vom früheren Erkenntnisbestande abhängig, da die Last des be-

---

14 *Fleck* (1935/1980), S. 58-59.

reits Erkannten die inneren und äußeren Bedingungen des neuen Erkennens verändern."[15]

Fleck unterscheidet somit drei im Erkennen wirkende, aufeinander bezogene „Faktorensysteme: die Last der Tradition, das Gewicht der Erziehung und die Wirkung der Reihenfolge des Erkennens. Dies sind soziale Momente und deshalb muß jede Erkenntnistheorie mit Sozialem und weiterhin mit Kulturhistorischem in Beziehung gebracht werden, insofern sie nicht in schweren Widerspruch mit der Geschichte der Erkenntnis und der täglichen Erfahrung des Lehrenden und Lernenden geraten will."[16] Denken ist somit nie voraussetzungslos, und seine Bestimmungen können nicht gleichgesetzt werden mit einer nur auf eine Weise möglichen, allein den Gesetzen der Logik gehorchenden „freien, rationalistischen Wahl"[17]:

> *„Denn Erkennen ist weder passive Kontemplation noch Erwerb einzig möglicher Einsicht im fertig Gegebenen. Es ist ein tätiges, lebendiges Beziehungseingehen, ein Umformen und Umgeformtwerden, kurz ein Schaffen.* Weder dem ‚Subjekt' noch dem ‚Objekt' kommt selbständige Realität zu; jede Existenz beruht auf Wechselwirkung und ist relativ. Wie alles sozial Bedingte hat das Erkannte sein eigenes, vom Individuum unmittelbar unabhängiges Leben, seine Eigenschaften, seinen zeitlichen und örtlichen Stil, folglich sein eigenes Schicksal."[18] [Kursiv im Original]

Angewandt auf die Medizintheorie, auf die im Folgenden einzugehen ist, bedeutet dies, dass auch die Krankheitsbegriffe nosologischer Systeme kulturbestimmte Ergebnisse historischer Entwicklungen und nicht „logisch wie sachlich einzig mögliche Lösungen" sind.[19]

Medizintheorie: Krankheit und Krankheitsbilder

Für das nosologische Konzept der naturwissenschaftlich-technischen Medizin ist charakteristisch, dass von idealtypischen, durch induktive und statistische Verfahren abgegrenzten Krankheitsbildern („Entitäten") ausgegangen wird. Dabei werden zwei Voraussetzungen gemacht, für die es keine logische Rechtfertigung gibt. Es wird davon abgesehen, dass einerseits induk-

---

15 *Fleck* (1929/1983), S. 46.

16 *Fleck* (1929/1983), S. 46.

17 *Fleck* (1935/1980), S. 16.

18 *Fleck* (1929/1983), S. 48-49.

19 Vgl. *Fleck* (1935/1980), S. 32.

tive Verfahren keine wissenschaftlichen Sätze erlauben, die den Anspruch auf Gewissheit erheben können, und dass andererseits statistische Verfahren zu abstrakten Gebilden führen; denn sie vernachlässigen Gegebenheiten, deren Gegebensein zwar nicht ausdrücklich geleugnet wird, die aber dennoch unbeachtet bleiben, weil sie eine bestimmte Häufigkeit statistisch nicht erreichen. Daraus ergibt sich auf Kosten der Besonderheit des Individuums in der modernen Medizin ein abstrakter Wirklichkeitsbegriff, der einem induktiv-statistischen Konstrukt entspricht:

> „Wir wissen aus der Wahrscheinlichkeitsrechnung, daß selbst der Zufall, selbst unzusammenhängende Ereignisse sich in gewisse Gesetze fassen lassen, es also gar nichts Sonderbares ist, daß sich auch diese nicht normalen, krankhaften Phänomene rings um gewisse Typen gruppieren, und so Gesetze höherer Ordnung hervorbringen, weil sie schöner, allgemeiner als die in ihnen bereits enthaltenen normalen sind, die plötzlich tiefer verstanden werden können. Diese Typen, diese idealen, fiktiven Bilder, Krankheitseinheiten genannt, um die sich so individuelle und veränderliche Krankheitsphänomene gruppieren, ihnen aber nie völlig entsprechen, schafft das ärztliche Denken auf der einen Seite durch spezifisches, weitgehendes Abstrahieren, d.h. durch das Verwerfen einiger beobachteter Daten, auf der anderen Seite durch das ebenfalls spezifische Aufbauen von Hypothesen, d.h. durch das Vermuten nicht beobachteter Zusammenhänge. Wir bedienen uns dabei vor allem der statistischen Zusammenstellung und des Vergleichs vieler ähnlicher Phänomene, d.h. dessen, was ich die statistische Beobachtung nennen möchte, die allein erlaubt, unter den vielen Individuen einen Typus zu finden. Die Rolle der Statistik in der Medizin ist enorm. Allein zahlreiche, sehr zahlreiche Beobachtungen entfernen die Individualität dessen, was krankhaft ist, und in komplizierten Bereichen, wie der Pathologie oder der Soziologie, ist das individuelle Merkmal mit dem Zufall identisch und muß entfernt werden. Aber die statistische Beobachtung erzeugt nicht den Grundbegriff unseres Wissens, der der Begriff der Krankheitseinheit ist.“[20]

Fleck nennt das „Vermuten nicht beobachteter Zusammenhänge“ als Voraussetzung, die in der Abgrenzung idealtypischer Krankheitsbilder gemacht wird. Mit „Zusammenhängen“ können in der naturwissenschaftlichen Medizin nur Kausalverhältnisse gemeint sein. Das heißt, es werden zwischen dem Auftreten verschiedener Symptome kausale Gesetzmäßigkeiten angenommen, was nicht

20 *Fleck* (1927/1983), S. 38.

mehr als eine Vermutung ist; denn kausale Gesetzmäßigkeit zwischen Krankheitszeichen würde bedeuten, dass bestimmte Symptomkombinationen ausnahmslos auftreten müssten. Dies widerspricht aber der Erfahrung.

Der Erfahrung des Arztes hingegen entspricht die Vielfalt der Verläufe gleichnamiger Krankheitsbilder, in der die Einmaligkeit des einzelnen Menschen im Kranksein zum Ausdruck kommt. Von daher lassen sich Krankheitsentitäten nicht eindeutig abgrenzen, wie die in der Medizin häufig vorkommenden „pseudo- und para-Bestimmungen" zeigen:

> „Typhus – Paratyphus; Psoriasis – Parapsoriasis; Vaccine – Paravaccine; Anämie – Pseudoanämie; Pseudobulbärparalyse, Pseudokrupp, Pseudoneuritis optica, Pseudoptosis, Pseudosclerosis, Pseudotabes; weiter auch Meningitis – Meningismus; Parkinson – Parkinsonismus usw., usw. Diese besonderen Namen existieren in der Medizin, weil man nämlich mit dem Fortschritt des ärztlichen Wissens in einem bereits bestimmten idealen Krankheitstypus gesonderte Untertypen unterscheiden mußte, z.B. Typhus – Paratyphus, die sich bisweilen als ganz und gar unverwandt herausstellen: Tabes – Pseudotabes. Je weiter sich das ärztliche Wissen fortbewegt, desto mehr solcher Bestimmungen, solcher Beweise der Abweichung von der gesetzmäßigen Fassung entstehen und werden entstehen, weil sich der ursprüngliche Begriff als allzu abstrakt, als allzu ideal erweist."[21]

In diesem Zusammenhang ist auf die Unterscheidung zwischen „obligatorischen" und „fakultativen" Symptomen, auf die nie abgeschlossene Differenzierung der Krankheitsbilder in besondere Erscheinungsformen und deren Stadieneinteilungen hinzuweisen. Es stellt sich die Frage nach der Unterscheidung von „Infektion" und „Krankheit" – warum erkrankt der eine an „Scharlach", während der andere beschwerdefrei ist, obwohl er Träger des entsprechenden Erregers ist; warum erkrankt jemand an einer Darminfektion, andere hingegen nicht, obwohl sie Salmonellen ausscheiden? Weiter muss auf das Phänomen hingewiesen werden, dass es kein Krankheitsbild gibt, dessen sogenanntes „Leitsymptom" bei 100 % der Erkrankten nachgewiesen werden kann. Dies trifft auch für die Krankheiten zu, die angeblich auf *eine* Ursache zurückgeführt werden können, die Infektionskrankheiten, deren Vielfalt im Erscheinungsbild aber jeder erfahrene Arzt bestätigt:

---

21 *Fleck* (1927/1983), S. 39.

> „In den meisten Krankheitsbildern haben wir „fast nie ein pathognomonisches Symptom [...], das allein ausreichte, einen Krankheitszustand zu bestimmen: Selbst ein aus dem Stuhl aufgezüchteter Typhusbazillus beweist nicht, daß die gegebene Person Typhus hat, denn er kann Träger des Erregers sein. Nur eine Kombination von Symptomen [...] entscheidet."[22]

Die wissenschaftstheoretische Analyse der Krankheitsentitäten zeigt beispielhaft die gedankliche Unabschließbarkeit von Theorien sowie die Unmöglichkeit, Krankheiten eindeutig zu definieren. Fleck schließt daraus, „rational" verhalte sich der Arzt, der von der Vielzahl und Atypität der Phänomene ausgeht – eine „irrationale" Situation hingegen entstehe dann, wenn im Widerspruch zur Empirie Eindeutigkeit als erkenntnis-theoretisches Kriterium in der Bestimmung von Krankheitsbildern gefordert wird:

> „Jede Heilmethode, einschließlich der Homöopathie und der Psychoanalyse, verfügt über eine ‚exakte, logische, fast mathematische' Begründung, meistens umso exakter, je kürzer ihre Lebensdauer ist. Nirgends ist es mit einer solchen pseudologischen Erklärung leichter als in der Medizin, denn umso verzwickter die Menge der Phänomene, um so leichter ist es mit einem auf ganz kurze Sicht kontrollierbaren Gesetz, und um so schwieriger mit einer umfassenden Idee. In der Medizin tritt der in seiner Art einzigartige Umstand auf, daß je schlechter ein Arzt ist, um so ‚logischer' seine Therapie ist."[23]

Fleck versucht, diesen Widerspruch zu lösen, indem er auf die Kategorie der Zeit rekurriert, in der sich sinnliche Wahrnehmung wie kategoriales Denken vollziehen und die „spezifisch temporäre und dynamische Fassung der Krankheitsphänomene" erfahren wird:

> „Soweit jedoch in der Medizin eine das Ganze umfassende Idee, wie die Atomistik in der Chemie oder die Energetik in der Physik, unmöglich ist, tritt trotzdem immer deutlicher als dominierender Standpunkt eine gewisse methodische Idee hervor, ein gewisser leitender Gedanke, ärztliche Phänomene zu fassen. Das ist eine spezifisch temporäre und dynamische Fassung der Krankheitsphänomene. Der Gegenstand ärztlichen Denkens, die Krankheit, ist kein dauerhafter Zustand, sondern ein sich unablässig verändernder Prozeß, der seine eigene zeitliche Genese, seinen Verlauf und Hingang hat. Diese wissenschaftliche Fiktion, dieses Individuum, ge-

---

22 *Fleck* (1927/1983), S. 39-40.

23 *Fleck* (1927/1983), S. 41.

schaffen durch Abstraktion, gestützt auf Statistik und Intuition, das Individuum genannt Krankheit, das bei statistischer Auffassung rundweg irrational ist, unfaßbar und sich nicht eindeutig definieren läßt, wird erst in temporärer Fassung zur konkreten Einheit. Niemals ein status praesens, sondern erst die historia morbi schafft die Krankheitseinheit. Das erste gibt höchstens einen Komplex, ein Syndrom von Symptomen in der Art des Horner-Syndroms oder des Banti-Syndroms, die das moderne ärztliche Denken genau von der Krankheit (morbus) unterscheidet. Diese Historizität, die Zeitlichkeit des Krankheitsbegriffs, ist einzig in ihrer Art. Weil die Krankheit eine sich in der Zeit entwickelnde Veränderung der Lebensfunktionen ist, die ebenfalls ihren eigenen zeitlichen Verlauf haben, ist sie als eine Abänderung der Lebensvorgänge gewisser Art doppelt vom Moment abhängig. Wenn es erlaubt ist, einen Vergleich aus einem entfernten Bereich zu gebrauchen, so verhält sich die Krankheit zu den normalen Funktionen wie die Beschleunigung zur Geschwindigkeit. Das Leben als solches hat seinen zeitlichen Verlauf. Innerhalb dieses Verlaufs, in gewisser Unabhängigkeit von ihm, spielt sich der Verlauf der Krankheit ab. Ein Kind entwickelt sich nach dem bekannten Schema. Gleichzeitig entwickelt sich seine Tuberkulose in eigenem Tempo und nach eigenen Gesetzen."[24]

Fleck deutet „Krankheit" als ein zeitliches Geschehen, in dem verschiedene Entwicklungen und Prozesse in einem Menschen zusammentreffen.

„Es ist sehr schwer, wenn überhaupt möglich, die Geschichte eines Wissensgebietes richtig zu beschreiben. Sie besteht aus vielen sich überkreuzenden und wechselseitig sich beeinflussenden Entwicklungslinien der Gedanken, die alle erstens als stetige Linien und zweitens in ihrem jedesmaligen Zusammenhange miteinander darzustellen wären. Drittens müßte man die Hauptrichtung der Entwicklung, die eine idealisierte Durchschnittslinie ist, gleichzeitig separat zeichnen. Es ist also, als ob wir ein erregtes Gespräch, wo mehrere Personen gleichzeitig miteinander und durcheinander sprachen, und es doch einen gemeinsamen herauskristallisierenden Gedanken gab, dem natürlichen Verlaufe getreu, schriftlich wiedergeben wollten. Wir müssen die zeitliche Stetigkeit der beschriebenen Gedankenlinie immer wieder unterbrechen, um andere Linien einzuführen; die Entwicklung aufhalten, um Zusammenhänge besonders darzustellen; vieles weglassen, um die idealisierte Hauptlinie zu erhalten. Ein

24 *Fleck* (1927/1983), S. 43-44.

mehr oder weniger gekünsteltes Schema tritt dann an die Stelle der Darstellung lebendiger Wechselwirkung."[25]

Dabei kann es sinnvoll sein, kausale Wechselwirkungen zwischen den sich begegnenden Entwicklungslinien anzunehmen und unter der Voraussetzung des Kausalitätsprinzips Hypothesen über fördernde oder hemmende, aufbauende oder verbrauchende bzw. zerstörende Wechselwirkungen aufzustellen. Da aber Hypothesen gebildet werden, indem Gegebenheiten in induktiven Verfahren zueinander in Beziehung gesetzt werden, können ihre Sätze keine Allgemeingültigkeit im Modus absoluter Gewissheit beanspruchen. Hypothesen und Theorien sind offene Systeme von Sätzen und Begriffs- und Wissensbildung grundsätzlich nicht abschließbare Prozesse. Damit ist zugleich gesagt, dass wissenschaftliche Erkenntnis kein Sammeln so genannter „Fakten" sein kann unter der Voraussetzung, man könne „alles" wissen.

> „Wir können sicher vieles wissen. Und wenn wir nicht nach altem Rezept ‚Alles' wissen können, so geschieht es einfach deshalb, weil mit der Bezeichnung ‚Alles' hier nicht viel anzufangen ist; denn mit jeder neuen Erkenntnis erscheint wenigstens *ein* weiteres neues Problem: das Untersuchen des Erkannten als solchen. So wird die Zahl der zu lösenden Probleme unendlich und die Bezeichnung ‚Alles' unsinnig.
>
> Ebensowenig wie es ein ‚Alles' gibt, gibt es ein ‚Allerletztes', ein Fundamentales, aus dem sich die Erkenntnis logisch aufbauen ließe. Das Wissen ruht eben auf keinem Fundamente; das Getriebe der Ideen und Wahrheiten erhält sich nur durch fortwährende Bewegung und Wechselwirkung."[26]

Wissensbildung: Erkennen und Wirklichkeit

Wissensbildung ist ein in der Zeit sich vollziehender, historischer Prozess, in dem das, was wir „Tatsache" nennen, im Verhältnis von Erkennendem und Gegenstand unter den psychischen und sozialen Bedingungen eines Denkkollektivs entsteht:

> „Das Erkennen verändert den Erkennenden, ihn an das Erkannte harmonisch anpassend, und dieser Umstand sichert die Harmonie in-

---

25 *Fleck* (1980), S. 23.

26 *Fleck* (1935/1980), S. 70.

> nerhalb der herrschenden Meinung über die Entstehung der Erkenntnis: […].“[27]

Im wiederholten Umgang mit dem Erkenntnisgegenstand übt der Forschende methodische Fertigkeiten ein, er lernt die Möglichkeiten und Grenzen der Methode kennen, ihre Empfindlichkeit und verändernden Einwirkungen auf den Gegenstand. Im Gefühl zunehmenden Bekanntseins werden die Untersuchungsergebnisse berechenbarer; es entwickelt sich eine zunehmende Reproduzierbarkeit der Ergebnisse, und unter dem Eindruck wachsender technischer Anwendungsmöglichkeiten entsteht der „Glaube an eine unabhängig von uns existierende Wirklichkeit.“[28]

Bereits der empirischen Beobachtung gehen Entscheidungen voraus, die bestimmend sind in der Wahl des Untersuchungsgegenstandes, in der Begrenzung des Erkenntnisinteresses und der Formulierung der Frage, in der Unterscheidung von Gegebenheiten, in der Wahl der zu beschreibenden Eigenschaften (deren Zahl beliebig groß ist), in der Auswahl der Gegebenheiten, die zueinander in Beziehung gesetzt („Korrelationen“) und in der Hypothesenbildung berücksichtigt werden. So stellt Fleck die Frage:

> „Wieviele Einzelheiten der Struktur muß man bestimmen, um die Übereinstimmung des Bildes mit der Wirklichkeit festzustellen, oder eher: Wieviele Einzelheiten zweier Strukturen muß man vergleichen, um die Identität beider Strukturen festzustellen? Fünf oder fünftausend? Immer kann die nächste, nicht berücksichtigte Einzelheit entscheidend sein. Wir können nicht ‚alle‘ vergleichen, weil der Ausdruck ‚alle Einzelheiten‘, in Beziehung zu realen Fragen, nichts bedeutet.“[29]

Die von den Vertretern des Wiener Kreises geforderte Voraussetzungslosigkeit des Beobachtens nennt Fleck „psychologisch ein Unding, logisch ein Spielzeug“ und charakterisiert die empirische Beobachtung in zwei Schritten, „1. als das unklare anfängliche Schauen und 2. als das entwickelte unmittelbare Gestaltsehen“.[30] Das heißt, der Weg wissenschaftlicher Erkenntnis kann als Übergang von einer diffusen Ganzheit zu einer mehr

---

27 *Fleck* (1935/1980), S. 114.

28 Vgl. *Fleck* (1935/1980), S. 115.

29 *Fleck* (1946/1983), S. 138-139.

30 *Fleck* (1936/1983), S. 121.

und mehr strukturierten Ganzheit verstanden werden, indem „Erfahrenheit" und zunehmendes „Gestaltsehen" sich gegenseitig bedingen:

> „So entsteht *die Tatsache: zuerst ein Widerstandsaviso im chaotischen anfänglichen Denken, dann ein bestimmter Denkzwang, schließlich eine unmittelbar wahrzunehmende Gestalt.* Und sie ist immer ein Ergebnis denkgeschichtlicher Zusammenhänge, immer ein Ergebnis bestimmten Denkstiles."[31] [Kursiv im Original]

Den Begriff „Tatsache" bestimmt Fleck nicht im Sinne des Positivismus als das „Faktische", das identisch ist mit dem „Wirklichen" und dessen Gesetzmäßigkeiten in denen der Sprache abzubilden sind, sondern als „Entwicklungsergebnis" in einer historisch und soziologisch zu bestimmenden Situation, das weder im Experiment identisch reproduziert noch als „logisch letzte Möglichkeit" dargestellt werden kann. Eine Vielzahl von Ideen, Erfahrungen und Fertigkeiten bringen bestimmte Methoden hervor, die, wiederholt angewandt, das Bild einer „Tatsache" als Ergebnis von Erfahrung und Denkstil vor dem Forschenden entstehen lassen. So gelangt Fleck durch die Analyse der Geschichte der Wassermann-Reaktion zu der Einsicht:

> „Die Entdeckung – oder die Erfindung – der Wassermann-Reaktion vollzog sich in einem einmaligen, historischen Prozesse, der weder experimentell zu reproduzieren noch logisch zu legitimieren ist. Sozialpsychologische Motive und eine Art kollektiver Erfahrung haben die Reaktion – unter vielen Irrungen – ausgearbeitet. *Die Beziehung der Wassermann-Reaktion zur Syphilis – eine unzweifelhafte Tatsache – ist aus diesem Standpunkte ein Ereignis der Denkgeschichte.* Diese Tatsache ist durch *kein isoliertes Experiment* zu beweisen, sondern nur durch eine ausgebreitete Erfahrung, *einen besonderen Denkstil*, der aus früherem Wissen, vielen gelungenen und mißlungenen Experimenten, viel Übung und Erziehung, und – was erkenntnistheoretisch am wichtigsten – *mehreren Begriffsanpassungen und Umwandlungen* sich aufbaut. [...] Auch das Mißlingen vieler Versuche und die begangenen Irrtümer gehören zum Baumaterial der wissenschaftlichen Tatsache."[32] [Kursiv im Original]

31 *Fleck* (1935/1980), S. 124.
32 *Fleck* (1935/1980), S. 128.

Das Gesagte führt zu der entscheidenden Frage, wie Fleck in seinem historisch-sozialen Ansatz medizinischer Wissenschaftstheorie den Begriff der *Wirklichkeit* bestimmt. In einer frühen Arbeit[33] hat sich Ludwik Fleck mit einem Aufsatz von Kurt Riezler[34] auseinandergesetzt und dabei der Möglichkeit eines letztgültigen Sagens von Wirklichkeit, wie diese unabhängig vom Beobachter ist, widersprochen:

> „Wir nähern uns der idealen ‚absoluten' Wirklichkeit nicht einmal asymptotisch, denn unaufhörlich ändert, erneuert sie sich und entfernt sich in gleichem Maße von uns, wie wir vorwärts schreiten. Es ist ein verträumtes Ideal, dessen Inhalt einzig durch Verneinung, durch die Sehnsucht nach anderem bestimmt wird. Besitzt es nicht ebensowenig oder ebensoviel Realität, wie das Ideal des Schönen oder des Guten? Ist es nicht genau so von Zeit, Ort, Kultur und Person abhängig? Vor einigen Jahrhunderten war anderes gut als heute, ebenso auch anderes wahr. Sind wir denn heute am Endpunkt der Entwicklung angelangt? Sicherlich nicht. Glücklicherweise nicht. Aber auch dann wären unsere Ideale durch ihre Entwicklung historisch bedingt, also nie absolut."[35]

Das, was der Einzelne als „Wirklichkeit" bezeichnet, ist der historisch bedingte und in sozialer Kommunikation geformte Wirklichkeitsbegriff des Denkkollektives; denn man dürfe nicht verkennen, sagt Fleck, „daß ohne soziale Bedingtheit überhaupt kein Erkennen möglich sei, ja, daß das Wort ‚Erkennen' nur im Zusammenhang mit einem Denkkollektiv Bedeutung erhalte."[36] Von daher muss nach Fleck auch der Begriff „Wahrheit" als die einem bestimmten Denkstil gemäße Auflösung von Problemen verstanden werden:

> „*Solche stilgemäße Auflösung, nur singulär möglich, heißt Wahrheit.* Sie ist nicht ‚relativ' oder gar ‚subjektiv' im populären Sinne des Wortes. Sie ist immer oder fast immer, innerhalb eines Denkstils, vollständig determiniert. Man kann nie sagen, derselbe Gedanke sei für A wahr und für B falsch. Gehören A und B demselben Denkkollektiv an, dann ist der Gedanke für beide entweder

33 Siehe *Fleck* (1929/1983).

34 Siehe *Riezler* (1928).

35 *Fleck* (1929/1983), S. 55.

36 Vgl. *Fleck* (1935/1980), S. 59-60.

wahr oder falsch. Gehören sie aber verschiedenen Denkkollektiven an, so ist es eben *nicht derselbe* Gedanke, da er für einen von ihnen unklar sein muß oder von ihm anders verstanden wird. Auch ist Wahrheit nicht Konvention, *sondern im historischen Längsschnitt: denkgeschichtliches Ereignis, in momentanem Zusammenhange: stilgemäßer Denkzwang.*“[37] [Kursiv im Original]

Kulturtheorie: Denken und „Denkzwang“

Wahrheit „determiniert“ als „stilgemäßer Denkzwang“ – hier erfährt Flecks Argumentation eine Zuspitzung, die zu Missverständnissen führen kann, sofern Determiniertsein unmittelbar auf das Individuum bezogen und gesagt wird, dass menschliches Denken und Wollen, Verhalten und Handeln auf Grund einwirkender Motive sowie bewusster und unbewusster Befindlichkeiten vorbestimmt sind. Fleck geht es nicht darum, Willensfreiheit sowie die Möglichkeit der Verantwortung des einzelnen Menschen in Frage zu stellen. Er spricht von Determiniertsein und Denkzwang, sobald es einerseits um das Verhältnis von Individuum und Denkkollektiv und andererseits um dessen Eingebundensein in eine bestimmte Kultur geht, in der Erkenntnis leitende Ideen sowie kulturspezifische Formen menschlicher Praxis entstehen, weitergegeben und verändert werden. Gleichzeitig bestreitet Fleck nicht die Möglichkeit, dass das Individuum sich im Rahmen einer Kulturentität als frei und eigenverantwortlich entscheidend erfährt und auf Grund der reflexiven Struktur seines Denkens in der Lage ist, die kulturellen Voraussetzungen von Argumentationen und Handlungsentwürfen zu durchschauen. Während Thomas S. Kuhn seine Analyse der sozialen Bestimmtheit von Wissensbildung und theoriegeleiteter Handlungskonzepte im Begriff des Paradigmas weitgehend auf den Bereich der *scientific community* begrenzte, überschritt Fleck diese Grenze und eröffnete, über den Begriff Denkstil hinausgehend, den Blick auf den kulturhistorischen Zusammenhang und damit auf die Frage, inwiefern Medizintheorie in erkenntnis- und handlungstheoretischer Hinsicht immer auch die Beziehung von Medizin und Kultur thematisieren muss.

Um diesen Zusammenhang näher zu untersuchen, gehe ich nochmals aus von Flecks Grundthese, dass Erkenntnis weder ein ausschließlich individueller Akt in der Beziehung von Subjekt und Objekt und begrenzt auf die Gegenwart, noch in der Lage ist, Dinge sprachlich in der Weise wiederzugeben, wie sie „wirklich“ sind. Fleck stellt die Vorstellung einer einheitlichen und allgemeingültigen Rati-

37 *Fleck* (1935/1980), S. 131.

onalität der Wissenschaft in Frage, die objektive, d.h. Erkenntnis der Dinge „an sich", wie diese unabhängig vom Beobachter sind, ermöglicht. Er geht nicht von der Kontinuität einer beständig fortschreitenden Akkumulation wahrer Erkenntnisse („Fakten") aus, sondern vielmehr von der historischen Abfolge und gleichzeitigen Interaktion differenter Denkstile in der Gegenwart, die gerade auf Grund ihrer Verschiedenheit jeweils neuartige Sichtweisen und Problemlösungen eröffnen. Fleck versteht Erkenntnis als Prozess, in dem Wahrnehmung, Denken und Werturteile des Menschen durch Kulturmilieu einerseits und das in der Vergangenheit Gedachte andererseits bestimmt sind. Gegen den Anspruch des logischen Positivismus, Objektivität als direkte Beziehung zwischen dem Forschenden und seinem Objekt zu konzeptualisieren, vertritt Fleck die Geschichtlichkeit und Kulturbestimmtheit von Denken und Gedanke:

> „[O]b wir wollen oder nicht, wir können nicht von der Vergangenheit – mit allen ihren Irrtümern – loskommen. Sie lebt in übernommenen Begriffen weiter, in Problemfassungen, in schulmäßiger Lehre, im alltäglichen Leben, in der Sprache und in Institutionen. Es gibt keine Generatio spontanea der Begriffe, sie sind, durch ihre Ahnen sozusagen, determiniert."[38]

Was heißt hier, so ist zu fragen, „determiniert"; denn Fleck spricht auch an anderer Stelle vom notwendigen Denken, das er als Tätigkeit der Gemeinschaft, nicht des Individuums, bestimmt:

> „Die Quelle seines [des einzelnen Menschen] Denkens liegt gar nicht in ihm, sondern in der sozialen Umwelt, in der er lebt, in der sozialen Atmosphäre, in der er atmet, *und er kann nicht anders denken als so,* wie es aus den in seinem Hirn sich konzentrierenden Einflüssen der ihn umgebenden sozialen Umwelt mit Notwendigkeit sich ergibt."[39] [Kursiv im Original]

Wie bestimmt Fleck das Verhältnis von Individuum und Gruppe im Erkenntnisprozess? Tritt das Denkkollektiv als Akteur an die Stelle des Subjekts? Determiniertsein schließt freie Entscheidung aus, heißt funktionieren. Wenn das Denken des Individuums determiniert ist, muss gefragt werden: wer handelt? Fleck antwortet, das Denkkollektiv:

> „Im irrtümlichen wie im wahren Wissen spielen dieselben Gemeinschaftskräfte die Rolle des Motors, und das Individuum ist eher

38 *Fleck* (1935/1980), S. 31.

39 *Fleck* (1935/1980), S. 63-64.

> Repräsentant bestimmter sozialer Funktionen als bewußte Quelle der Handlung. Im irrtümlichen wie im wahren Wissen entsteht die Anschauung nicht durch logische Kalkulation irgendwelcher Elemente, sondern durch einen komplizierten stilisierenden Prozeß. Es gibt keine Beobachtung, die nicht durch die ausgerichtete und begrenzende Denkbereitschaft voreingenommen wäre."[40]

Erkenntnis im Kontext eines bestimmten Denkstils ist geleitet von der stilentsprechenden Denkbereitschaft der Gesprächsteilnehmer. Damit stellt sich die Frage nach der Möglichkeit des Wandels eines Denkstils bzw. der Entstehung neuer Erkenntnisse und Problemlösungsansätze: „Wenn es eine völlige Identität und Unveränderlichkeit des Denkstils gäbe, würde jede Entdeckung, d.h. das Wahrnehmen von etwas Neuem, unmöglich."[41] Daher bestimmt Fleck, dem intersubjektiven Charakter von Sprache folgend, Erkenntnis als soziale Tätigkeit der in gegenseitigem Austausch stehenden Gesprächsteilnehmer und Akteure. „Das Streben nach Objektivität wird hier nicht länger als eine direkte Beziehung des isolierten Forschers und seines Objektes (also individuell) gesehen, sondern als Ergebnis einer Diskussion *zwischen* Forschern über ihr Objekt (das heißt kollektiv)."[42]

Erkenntnis als gegenseitiger Prozess setzt aber Individuen als Gesprächsteilnehmer voraus, die in ihrer erkennenden Tätigkeit *nicht* determiniert sind. In einer Interpretation der Fleckschen Erkenntnis- und Wissenschaftstheorie kann es von daher nicht um die Behauptung gehen, Fleck spreche dem Individuum im Verhältnis zum Denkkollektiv Denk- und Entscheidungsfreiheit ab, ohne die die Perspektive neuer Erkenntnisinhalte in der Auseinandersetzung zwischen konkurrierenden Denkkollektiven und Theorien nicht möglich wäre. Fleck verkennt nicht die Bedeutung des einzelnen Menschen als Träger sinnlich-geistiger Fähigkeiten, geht aber von der grundsätzlich dialogischen Struktur menschlicher Erkenntnis aus, die für den Einzelnen nicht voraussetzungslos, sondern als Lernprozess beginnt:

> „Wir gleichen nie einem unbeschriebenen Blatt, befinden uns nie im Zustand der tabula rasa, wie etwa die Projektionsleinwand vor der Kinovor-

40 *Fleck* (1946/1983), S. 140.

41 *Fleck* (1935/1980), S. 68.

42 *Lorenz* (1997), S. 372.

> stellung. [...] Wo und wann wir immer anfangen, überall sind wir mittendrin, und nie bei dem Beginn des Erkennens.“[43]

Fleck bleibt aber nicht auf der Ebene des durch Methoden, Inhalte, Argumentationsstruktur und Bewertungsnormen bestimmten Denkstils stehen, sondern stellt die weitergehende Frage nach dem Grund der Möglichkeit, dass Denkstile entstehen, eine gewisse Zeit wirksam sind und durch andere abgelöst werden. Dieser Frage folgend gelangt Fleck zu der dem Denkstil vorausliegenden Ebene der kulturellen Bedingungen, deren erkenntnis- und handlungsleitende Funktion er aber nicht auf der Grundlage eines Definitionsversuchs des Kulturbegriffs, sondern in der Analyse von Faktoren zu bestimmen versucht, die der Bildung von theoretischem Wissen und Handlungsnormen in voneinander unterscheidbaren Kulturentitäten vorausgehen. Dabei weisen die in diesem Zusammenhang von Fleck gebrauchten Begriffe auf unterschiedliche Schichten hin, in denen kollektive Vorstellungen entstehen, intersubjektiv vermittelt werden und bewusst und unbewusst Erkenntnis leitend und normativ wirken, ohne dem einzelnen Menschen (zunächst) eine Wahl zu lassen:

> „Es stand dem 16. Jahrhundert gar nicht frei den mystisch-ethischen Syphilisbegriff für einen naturwissenschaftlichen, pathogenetischen einzutauschen. Es besteht eine stilgemäße Bindung aller – oder vieler – Begriffe einer Epoche, die auf ihrer gegenseitigen Beeinflussung beruht. Deshalb kann man von einem Denkstil sprechen, der den Stil jedes Begriffes bestimmt. Die Geschichte lehrt, daß es heftige Kämpfe um Begriffsdefinitionen geben kann. Dies beweist, wie wenig die logisch gleich möglichen Konventionen als gleichwertig empfunden werden, und zwar unabhängig von irgendwelchen utilitaristischen Gründen.“[44]

Wahrnehmung, Deutung und Bewertung gesundheitlicher Phänomene sind weder auf nur eine Weise möglich noch beliebig veränderbar. Sie sind Interpretationen, die in einem bestimmten kulturhistorischen Kontext als sinnvoll erscheinen und diese Abhängigkeit nicht beliebig aufgeben können. Damit behauptet Fleck wiederum nicht das Determiniertsein menschlichen Denkens, thematisiert aber, dass soziales Handeln (als das auch Erkenntnisprozesse zu verstehen sind) einerseits intersubjektive Sinnverständigung und transindividuell vermittelte Deutungs- und Orientierungsmuster voraussetzt und andererseits in diesen, wenn auch nicht unveränderlich und für alle Zeiten, befangen ist. Für diese Befangen-

---

43 *Fleck* (1929/1983), S. 46-47.

44 *Fleck* (1935/1980), S. 15.

heit in Wissens- und Bedeutungssystemen, die in Denkkollektiven einerseits Kommunikation ermöglicht und andererseits über die Frage entscheidet, wie Phänomene zu deuten und welche Praxis als legitim anzuerkennen ist, macht Fleck „spezielle, tief aus dem Psychischen und der Tradition kommende Faktoren“[45] verantwortlich und versucht, diese analysierend, nicht weniger als dem, was gemeinhin „kulturelle Abhängigkeit“ genannt wird, auf den Grund zu gehen. Dazu untersucht er zwei Begriffe:

1) *Anschauungen* sind nach Fleck bewusst und unbewusst, auf verschiedenen Ebenen wirkende inhaltliche Prämissen:

> „Wenn eine Auffassung genug stark ein Denkkollektiv durchtränkt, wenn sie bis ins alltägliche Leben und bis in sprachliche Wendungen dringt, wenn sie im Sinne des Wortes zur Anschauung geworden ist, dann erscheint ein Widerspruch undenkbar, unvorstellbar.“[46]

Die besondere Beharrungstendenz von Anschauungen ergibt sich aus ihrem Verhältnis zu Beweisen, deren Plausibilität durch ihre Nähe zu herrschenden Anschauungen bedingt ist:

> „Zwischen den Auffassungen und ihren Beweisen besteht in der Wissensgeschichte kein formal-logisches Verhältnis: die Beweise richten sich ebenso oft nach den Auffassungen, wie umgekehrt die Auffassungen nach den Beweisen. Die Auffassungen sind eben keine logischen Systeme – so sehr sie es jederzeit sein wollen –, sondern stilgemäße Einheiten, die sich nur als solche entwickeln und verkümmern oder in andere mit ihren Beweisen übergehen. Jede Epoche hat herrschende Auffassungen, Überreste vergangener und Anlagen zukünftiger, analog allen sozialen Gebilden.“[47]

Anschauungen sind somit Wissensinhalte mit einer hohen Beharrungstendenz, die nicht oder nur gegen große Widerstände in Frage gestellt werden und auf diese Weise zur Verfestigung des Denkstils beitragen; denn wir haben „die Eigenheit, alte, gewohnte Gedankengänge als besonders evident zu betrachten, so daß dieselben keines Beweises bedürfen und ihn nicht einmal zulassen. Sie bilden das eiserne Fundament, auf dem ruhig weitergebaut wird“.[48] Anschauungen sind aber auch, wie die in einem Kollektiv als zutreffend akzeptierten Ideen, in

45 Vgl. *Fleck* (1935/1980), S. 6.

46 *Fleck* (1935/1980), S. 41.

47 *Fleck* (1935/1980), S. 40.

48 *Fleck* (1929/1983), S. 46.

dem Maße einem Wandel unterworfen, in dem sich der Denkstil eines Kollektivs verändert.

2) *Ideen* treten im Laufe der Erkenntnisgeschichte auf und werden in der Bildung theoretischen Wissens und handlungsleitender Theorie wirksam. Die Frage ist, woher diese Ideen stammen, wie sie entstehen, auf welche Weise sie wieder in den Hintergrund treten. Nach Fleck weist ihre Beharrungstendenz darauf hin, „daß keine sogenannten empirischen Beobachtungen den Aufbau und die Fixierung der Idee durchführten, sondern daß spezielle, tief aus dem Psychischen und der Tradition kommende Faktoren mitspielten“[49], die er „Urideen“ oder „Präideen“ nennt. Zu diesen zählt beispielsweise die Vorstellung vom kleinsten, nicht weiter teilbaren Teilchen im Aufbau der Materie, die Vorstellung vom „unreinen Blut“ oder von der „Ansteckung“ als Krankheitsübertragung von Mensch zu Mensch, die Vorstellung von Krankheit als einer dem Menschen äußerlichen, in diesen eindringenden Kraft, von der Heilung als Ausscheiden des Krankheitsstoffes und andere mehr. Diese Vorstellungen gehen jeder rationalen Erfassung voraus und können von daher weder wahr noch falsch sein. Als vorwissenschaftliche Ideen gewinnen sie aber erkenntnis- und handlungsleitende Bedeutung und erhalten in der wissenschaftlich-rationalen Bearbeitung ihre logische Struktur:

> „Der Wert dieser Präidee liegt nicht in ihrem logischen und ‚sachlichen‘ Inhalte, sondern einzig in ihrer heuristischen Bedeutung als Entwicklungsanlage. Und die stufenweise Entwicklung einer Tatsache aus dieser unklaren, weder richtigen, noch unrichtigen Uridee unterliegt keinem Zweifel.“[50]

Es ist zu fragen, ob die sachlichen Inhalte tatsächlich so nebensächlich sind und Präideen nur als „Entwicklungsanlagen“ zu deuten sind, zumal hier Vorstellungsinhalte bereitliegen, die auf Selbstwahrnehmungen des Menschen zurückzuführen sind und von daher unmittelbar bedeutsam sind für das subjektive Krankheitserleben. Dabei kann ein und dieselbe Präidee in verschiedenen Kulturen zu unterschiedlichen Theoriebildungen führen, und innerhalb einer Kultur können verschiedene Präideen wirksam sein, die zur Ausbildung koexistierender und konkurrierender Denkstile führen, während es möglich ist, dass sich in einem Individuum differente Denkstile treffen:

---

49 *Fleck* (1935/1980), S. 6.

50 *Fleck* (1935/1980), S. 37-38.

> „Die Verwicklung menschlichen Lebens äußert sich in der gleichzeitigen Koexistenz vieler verschiedener Denkkollektive und in den gegenseitigen Einflüssen dieser Kollektive aufeinander. Der moderne Mensch gehört – zumindest in Europa – nie ausschließlich und in Ganzheit einem einzigen Kollektiv an. Von Beruf z.B. Wissenschaftler, kann er außerdem religiös sein, einer politischen Partei angehören, am Sport teilnehmen usw. Darüber hinaus partizipiert jeder am Kollektiv des praktischen Gedankens des ‚täglichen Lebens'. Auf diese Weise ist das Individuum Träger der Einflüsse eines Kollektivs auf das andere. In ihm kreuzen sich bisweilen widersprechende, manchmal sorgfältig voneinander isolierte Denkstile (vgl. einen Physiker, der religiös ist), sie übertragen manchmal Elemente von einem zum anderen Stil, sie geraten aneinander, unterliegen der Modifikation, assimilieren sich. Die äußeren Einflüsse werden zu einem der Faktoren, die jenes schöpferische Chaos schillernder, sehr verwandelbarer Möglichkeiten ergeben, aus dem später durch die stilisierende Wanderung innerhalb des Kollektivs eine neue Gestalt, eine neue ‚Entdeckung' entsteht."[51]

Flecks Lehre von Denkstil und Denkkollektiv, so wird deutlich, ist nicht einseitig auf den Bereich der Wissenschaften bzw. auf Tätigkeiten der *scientific community* begrenzt. Auch vor- bzw. nichtwissenschaftliche Denkweisen und alltägliche Strategien der Problemlösung und Situationsbewältigung unterschiedlicher gesellschaftlich-sozialer Gruppen sind im Kontext einer Kultur als differente Denkstile zu deuten. D.h. aber, Flecks Theorie ist in der Lage, die Komplexität einer Gesellschaft abzubilden, in der wissenschaftliche und nichtwissenschaftliche Denkstile aufeinander treffen, nebeneinander bestehen und gelebt werden, sich ergänzen, überlagern oder auch ablehnen und zu verdrängen suchen.

Im Blick auf Medizintheorie und Medizingeschichte sind aus dem Gesagten vor allem zwei *Schlussfolgerungen* zu ziehen:

Erstens, Flecks Lehre vom Denkstil und Denkkollektiv stellt nicht nur für wissenschaftliche Krankheits- und Heilungskonzepte ein adäquates Deutungsmodell dar, sondern kann ebenso auf vor- oder nichtwissenschaftliche Auffassungen von Krankheit und Heilung angewandt werden. Von daher ist sie in der Lage, die Komplexität aufeinander treffender Denkstile in einer von Kultur und Epoche bestimmten Gesellschaft darzustellen – als Verhältnis von wissenschaftlichen Theorien und laienmedizinischen Auf-

---

51 *Fleck* (1936/1983), S. 114.

fassungen, gegenwärtig dominanten und aus der Geschichte nachwirkenden Denkstilen, offiziellen und traditionellen bzw. alternativen therapeutischen Ansätzen.

Zweitens, Flecks Theorie führt hin zur Thematisierung des interkulturellen Vergleichs bzw. zu einer vergleichenden medizinischen Erkenntnis- und Handlungstheorie. Indem kulturdifferente Ansätze medizinischer Theorie und Praxis der Gegenwart und der Geschichte zueinander in Beziehung gesetzt und im Kontext des jeweils entsprechenden Kulturmilieus „dekonstruiert", d.h. auf die Voraussetzungen ihrer Entstehung, auf Menschenbild, Krankheitsverständnis, Heilungskonzept und Handlungsnormen untersucht werden, eröffnet sie den methodischen Weg zu der dem interkulturellen Vergleich vorausgehenden Frage, inwiefern der modernen naturwissenschaftlich-technischen Medizin im Blick auf Gesundheit, Krankheit und legitime medizinische Praxis nicht das Deutungsmonopol zukommt, sondern die in den europäisch-nordamerikanischen Gesellschaften entstandene Medizin selbst unter dem Vorbehalt der kulturspezifischen Prägung im Vergleich mit den Medizinsystemen anderer Kulturen auf ihre Möglichkeiten und Grenzen hin zu untersuchen ist.

Literatur

Baldamus, Wilhelm (1977): „Ludwik Fleck and the development of the sociology of science", in: *Gleichmann, P. R.* et al. (eds.): Human figurations. Essays for Norbert Elias. Amsterdam 1977.

Baldamus, Wilhelm (1979): „Das exoterische Paradox der Wissenschaftsforschung. Ein Beitrag zur Wissenschaftstheorie Ludwik Flecks", in: Zeitschrift für allgemeine Wissenschaftstheorie 10 (1979), S. 213-233.

Baumhauer, Otto A. (1982): Kulturwandel. Zur Entwicklung des Paradigmas von der Kultur als Kommunikationssystem. Forschungsbericht. Stuttgart: J. B. Metzler, 1982 (Deutsche Vierteljahrsschrift für Literaturwissenschaft und Geistesgeschichte, Sonderheft „Kultur. Geschichte und Verstehen").

Bruchhausen, Walter (2001): „Medizin und Moral ohne Kontext. Die ethnomedizinische Kritik an der Bioethik", in: Ethik in der Medizin 13 (2001), S. 176-192.

Cohen, Robert S. / Schnelle, Thomas (Hg.) (1986): Cognition and Fact. Materials on Ludwik Fleck. Dordrecht 1986.

Fleck, Ludwik (1935/1980): *Schäfer, Lothar / Schnelle, Thomas* (Hg.): Entstehung und Entwicklung einer wissenschaftlichen Tatsache. Einführung in die Lehre vom Denkstil und Denkkollektiv. Frankfurt am Main, Suhrkamp, 1980 (stw 312) [Erstausgabe: Basel: Benno Schwabe & Co., 1935].

Fleck, Ludwik (1927/1983): „Über einige Merkmale des ärztlichen Denkens (1927)“, in: *Schäfer, Lothar / Schnelle, Thomas* (Hg.): Ludwik Fleck, Erfahrung und Tatsache. Gesammelte Aufsätze. Frankfurt am Main, Suhrkamp, 1983 (stw 404), S. 37-45.

Fleck, Ludwik (1929/1983): „Zur Krise der ‚Wirklichkeit‘ (1929)“, in: *Schäfer, Lothar / Schnelle, Thomas* (Hg.): Ludwik Fleck, Erfahrung und Tatsache. Gesammelte Aufsätze. Frankfurt am Main, Suhrkamp, 1983 (stw 404), S. 46-58.

Fleck, Ludwik (1935/1983): „Über die wissenschaftliche Beobachtung und die Wahrnehmung im allgemeinen (1935)“, in: *Schäfer, Lothar / Schnelle, Thomas* (Hg.): Ludwik Fleck, Erfahrung und Tatsache. Gesammelte Aufsätze. Frankfurt am Main, Suhrkamp, 1983 (stw 404), S. 59-83.

Fleck, Ludwik (1936/1983): „Das Problem der Theorie des Erkennens (1936)“, in: *Schäfer, Lothar / Schnelle, Thomas* (Hg.): Ludwik Fleck, Erfahrung und Tatsache. Gesammelte Aufsätze. Frankfurt am Main, Suhrkamp, 1983 (stw 404), S. 84-127.

Fleck, Ludwik (1946/1983): „Wissenschaftstheoretische Probleme (1946)“, in: *Schäfer, Lothar / Schnelle, Thomas* (Hg.): Ludwik Fleck, Erfahrung und Tatsache. Gesammelte Aufsätze. Franfurt am Main, Suhrkamp, 1983 (stw 404), S. 128-146.

Heyll, Uwe / auf der Horst, Christoph / Labisch, Alfons (1999): „Vorbemerkungen zur Wissenschaftsgeschichte der Naturheilkunde“, in: Medizinhistorisches Journal (1999), S. 3-45.

Illich, Ivan / Trapp, Sebastian (Übers.) (2006): In den Flüssen nördlich der Zukunft. Letzte Gespräche über Religion und Gesellschaft mit David Cayley. München, C.H. Beck, 2006.

Kuhn, Thomas S. (1962/1976): Die Struktur wissenschaftlicher Revolutionen. 2. Aufl., Frankfurt am Main, Suhrkamp, 1976. Originalausgabe: The structure of scientific revolutions. Chicago: University of Chicago, 1962.

Lorenz, Chris (1997): Konstruktion der Vergangenheit. Eine Einführung in die Geschichtstheorie. Köln: Böhlau, 1997.

*Mastermann, Margaret (*1974): „Die Natur eines Paradigmas“, in: *Lakatos, Imre / Musgrave, Alan* (Hg.): Kritik und Erkenntnisfortschritt. Braunschweig 1974, S. 59-88.

McCullough, Laurence B. (1981): „Thought-styles, diagnosis, and concepts of disease: Commentary on Ludwik Fleck", in: Journal of Philosophy of Medicine 6 (1981), S. 257-261.

Nipperdey, Thomas (1968): „Kulturgeschichte, Sozialgeschichte, historische Anthropologie", in: Vierteljahresschrift für Sozial- und Wirtschaftsgeschichte 55 (1968), S. 145-164.

Peukert, Helmut (1978): Wissenschaftstheorie – Handlungstheorie – Fundamentale Theologie. Analysen zu Ansatz und Status theologischer Theoriebildung. Frankfurt am Main, Suhrkamp, 1978 (stw 231).

Pfleiderer, Beatrix (1995): „Der Blick nach Drinnen: zur kulturellen Konstruktion medizinischen Tuns und Wissens", in: *Pfleiderer, Beatrix / Greifeld, Katarina / Bichmann, Wolfgang* (Hg.): Ritual und Heilung. Eine Einführung in die Ethnomedizin. 2. Aufl. Berlin: Dietrich Reimer, 1995, S. 163-198.

Reckenfelderbäumer, Alfred (1995): Medizin- und Wissenschaftstheorie: die Geschichte der Wismuttherapie als wissenschaftstheoretische Fallstudie. Husum 1995.

Riezler, Kurt (1928): „Die Krise der ‚Wirklichkeit'", in: Die Naturwissenschaften 16 (1928), S. 705-712.

Roelcke, Volker (1998): „Medikale Kultur: Möglichkeiten und Grenzen der Anwendung eines kulturwissenschaftlichen Konzepts in der Medizingeschichte", in: *Paul, Norbert / Schlich, Thomas* (Hg.): Medizingeschichte: Aufgaben, Probleme, Perspektiven. Frankfurt am Main / New York, Campus, 1998, S. 45-68.

Roelcke, Volker (2003): „Medizin – eine Kulturwissenschaft? Wissenschaftsverständnis, Anthropologie und Wertsetzungen in der modernen Heilkunde", in: *Müller, Klaus E.* (Hg.), Phänomen Kultur. Perspektiven und Aufgaben der Kulturwissenschaften. Bielefeld: transcript Verlag, 2003.

Rothschuh, Karl E. (1977): „Ist das Kuhnsche Erklärungsmodell wissenschaftlicher Wandlungen mit Gewinn auf die Konzepte der klinischen Medizin anwendbar?", in: *Diemer, A.* (Hg.): Die Struktur wissenschaftlicher Revolutionen und die Geschichte der Wissenschaften. Symposion der Gesellschaft für Wissenschaftsgeschichte anlässlich ihres zehnjährigen Bestehens 8.-10. Mai 1975 in Münster. Meisenheim am Glan 1977.

Sadegh-Zadeh, Kazem (1981): „World 5 and medical knowledge", in: Journal of Philosophy of Medicine 6 (1981), S. 263-270.

Schäfer, Lothar (1974): Erfahrung und Konvention. Zum Theoriebegriff der empirischen Wissenschaften. Stuttgart 1974.

Schäfer, Lothar (1980): „Über den wissenschaftlichen Status medizinischer Forschung. Fallstudie und Rekonstruktion nach L. Fleck", in: *Engelhardt, H. T. jr.* et al. (eds.), Technology, science and the art medicine. Dordrecht 1980 (Philosophy and Medicine 8).

Schnelle, Thomas (1982): Ludwik Fleck – Leben und Denken. Zur Entstehung und Entwicklung des soziologischen Denkstils in der Wissenschaftsphilosophie. Freiburg i.Br. 1982 (Hochschulsammlung Philosophie: Philosophie, 3).

Temkin, Owsei (1927): „Zur Geschichte von ‚Moral und Syphilis'", in: Archiv für Geschichte der Medizin 19 (1927), S. 331-348.

Trenn, Thaddeus J. (1981): „Ludwik Fleck's ‚On the question of the foundations of medical knowledge'", in: Journal of Philosophy of Medicine 6 (1981), S. 237-256.

Trenn, Thaddeus J. / Merton, Robert K. (1979): „Descriptive analysis", in: *Trenn, Thaddeus J.* et al. (eds.): Genesis and development of a scientific fact. Chicago 1979, S. 154-165.

Expertokratie oder Demokratie? Bedeutung der Patientenbeteiligung für die Entstehung wissenschaftlicher Tatsachen in der Medizin am Beispiel der evidenzbasierten Diabetologie

Bettina Berger

0. Vorwort

In der qualitativen Forschung gilt es als Regel, sich vor Beginn einer Arbeit über seine innere Haltung und Voreingenommenheiten Rechenschaft abzulegen. In der Wissenschaftstradition der evidenzbasierten Medizin gilt es, seine Interessenkonflikte aufzudecken. Dies will ich hier tun: Ich bin insulinabhängige Typ-1 Diabetikerin. Die Ursache dafür, dass ich derzeit im Bereich Gesundheit arbeite, ist meine Wahrnehmung als insulinpflichtige Diabetespatientin, dass Patientenperspektive und Patientenbedürfnisse nach wie vor nicht ausreichend wahrgenommen und in die Gestaltung des Gesundheitswesens einbezogen werden. Ich wählte als Thema meiner Diplomarbeit „Krankheit als Konstruktion – Diabetes mellitus im Vergleich von Schulmedizin und Homöopathie" und versuchte, an Hand der wissenschaftstheoretischen Überlegungen von Ludwik Fleck zu verstehen, welche Zusammenhänge zwischen meiner Hilflosigkeit und der gesellschaftlichen Konstruktion von Therapiekonzepten bestehen könnten.[1]

Bei meiner Suche nach Personen, die an Patienteneinbeziehung interessiert sind, wurde ich an Frau Prof. Mühlhauser an der Fachwissenschaft Gesundheit, Universität Hamburg, verwiesen. Gerade ihre wissenschaftliche Tätigkeit hat wesentlich dazu beigetragen, Patientinnen und Patienten durch die Vermittlung der für ein eigenständiges Therapiemanagement notwendigen Kompetenzen zu ermächtigen. Im Rahmen der Düsseldorfer Schule hat sie, gemeinsam mit dem Diabetologen Prof. Michael Berger strukturierte Schulungsprogramme für Typ-1 DiabetikerInnen entwickelt, die mittlerweile in zahlreichen Ländern implementiert worden sind (z.B. D, GB, Australien). Es ist, aus meiner Erfahrung heraus, das Angebot qualitativ hochwertiger Schulungsprogramme zum Empowerment

1 *Berger, Bettina*: Krankheit als Konstruktion – Diabetes mellitus im Vergleich von Schulmedizin und Homöopathie. Essen: KVC Verlag Karl und Veronica Carstens-Stiftung, 2003.

von Diabetikerinnen (inklusive der Diätliberalisierung), das wesentlich zur Steigerung der Lebensqualität von Diabetikern beigetragen hat – und nicht die Entwicklung pseudoinnovativer Insulinpräparate.

Ich habe diese Meinung öffentlich vertreten und der Notwendigkeit widersprochen, gegen ein wissenschaftliches Gutachten mit einer Unterschriftenaktion zu reagieren. Dafür wurde ich meiner Ehrenämter beim Deutschen Diabetikerbund (DDB) enthoben. Mir wurde das Mitspracherecht in diesem Verband aberkannt. Solche Reaktionen von Patientenverbänden, in diesem Fall des DDB, beunruhigen mich. Ein derartiger Umgang mit Andersdenkenden war mir bislang nur aus der DDR bekannt. Mich interessiert deshalb die Frage, wie diese Konflikte erkenntnistheoretisch interpretiert und auf der Folie der wissenssoziologischen Theorien von Fleck und Nachfolgern verstanden und letztendlich aufgelöst werden können.

Ich bin positiv voreingenommen bei der Beurteilung der evidenzbasierten Medizin (EbM). Ich wurde wissenschaftliche Mitarbeiterin der Fachwissenschaft Gesundheit der Universität Hamburg und bot – finanziert im Rahmen der Förderung durch § 65 b SGB V – Trainings in wissenschaftlicher Kompetenz für Patienten- und Verbrauchervertreterinnen an. Für mich stellt dieses Schulungsprogramm eine Form des Empowerments dar, wie ich es nur selten in den Strukturen des Gesundheitswesens erlebt hatte. Den Menschen, die zu mir in die Schulungen kamen, wird zugetraut, so motiviert und engagiert zu sein, dass sie in der Lage sind, Informationen, die für ihren Indikationsbereich relevant sind, wahrzunehmen und kritisch zu bewerten. Diese Art der Kommunikation auf gleicher Augenhöhe, die so zwischen Medizinern und Betroffenen möglich ist, fasziniert mich. Sie trägt dazu bei, dass ich in den Vertretern der EbM das Potential eines demokratischen Gesundheitswesens sehe, das bereit ist, Patientenbedürfnisse ernst zu nehmen.

1. Medizin – kein objektives Wissensgebäude

1.1 Flecks Rolle für die Medizin

Ludwik Flecks Beitrag zur Wissenssoziologie ist die Beobachtung, Beschreibung und Reflektion des Entstehens so genannter objektiver Tatsachen als ein soziales Konstrukt.[2] In der Soziologie, insbesondere der Wissenssoziologie beschäftigen

2 *Fleck, Ludwik*: Entstehung und Entwicklung einer wissenschaftlichen Tatsache – Einführung in die Lehre vom Denkstil und Denkkollektiv. Frankfurt am Main: Suhrkamp Wissenschaft, 1994.

sich viele Autoren mit der Frage nach der Entstehung wissenschaftlicher Tatsachen. Insbesondere Autoren wie Bruno Latour und Francisco Varela haben uns vor Augen geführt, wie sehr die Art der Wahrnehmung die Ergebnisse unserer Wahrnehmung beeinflussen.[3,4] Ludwik Flecks Beitrag zu diesem Thema ist allerdings insofern einzigartig, weil er aus der Medizin und damit aus einem Bereich der Wissensproduktion kommt, in dem die Infragestellung der eigenen Erkenntnisfähigkeit nicht unbedingt Tradition hat. Insbesondere in der Medizin herrscht eine Art der Expertokratie vor, deren Vertreter ihr Expertenwissen als eine unhinterfragbare Objektivität verkaufen. Dabei erscheint sowohl die Art der Erkenntnisgewinnung (jeder Experte lehrt nach seiner eigenen Schule) als auch die Unhinterfragbarkeit des Expertenwissens als eine Art von Wissensgenerierung, die in sehr engen Grenzen unter sehr hohen Denkzwängen leidet. Die Entmündigung des Patienten als Laien, dem jede eigene Denkfähigkeit abgesprochen wird, ist nur ein Indiz für einen Denkstil, der offensichtlich Angst davor hat, seine eigene Grenzen wahrzunehmen.

Das Macht- und Standesgefälle zwischen Arzt und Patient ist kaum irgendwo anders so extrem wie in der Medizin. Umso kostbarer ist hier der Beitrag, den Ludwik Fleck zum Verständnis der Entstehung wissenschaftlicher Tatsachen geleistet hat.

Inwieweit hilft uns Flecks Analyse zu verstehen, wie Wissen heute in unserem postmodernen Zeitalter entsteht und verteilt wird?

1.2 Diabetologie als Beispiel historischer und sozialer Bedingtheit

Im Rahmen meiner Diplomarbeit (ob. Fn. 1) hatte ich generell nachzuweisen versucht, wie die Diabetologie im historischen Rahmen und im Kontext des abendländischen biomedizinischen Weltbilds entstand und somit Produkt gesellschaftlicher Realitäten und bestimmter Denkstile und Denkkollektive ist. Ich kam damals zu folgenden Einschätzungen:

---

3 *Latour, Bruno*: Wir sind nie modern gewesen. Frankfurt am Main: Fischer Taschenbuch Verlag GmbH, 1998.

4 *Varela, Francisco J. / Thompson, Evan / Rosch, Eleanor*: Der mittlere Weg der Erkenntnis – Der Brückenschlag zwischen wissenschaftlicher Theorie und menschlicher Erfahrung. München: Wilhelm Goldmann Verlag, 1991.

1.2.1 Pankreasdiabetologie ermöglicht Reparatur

Die Pankreasdiabetologie setzte sich gegenüber allen anderen Erklärungsmodellen für den Diabetes mellitus durch, weil die Substitution des Insulins ein machbares Konzept darstellt und funktioniert. Die Insulinsubstitution ermöglicht das Überleben der Betroffenen. Hinter den Status quo dieser Erkenntnis kann nicht mehr zurückgegangen werden. Andere Wahrnehmungen werden vergessen und nicht weiter untersucht und verfolgt.

1.2.2 Abspaltung versus Integration

Das mechanistisch-naturwissenschaftliche Weltbild, in dessen Rahmen sich die Diabetologie entwickelt hat, grenzt konzeptionell psychische und soziale Aspekte von Erkrankung aus ihrer Wahrnehmung aus. Studien, die diese Ausgrenzung „beweisen", erscheinen als Beleg für die Konstruktion der Psyche als Epiphänomen. Krankheit gleicht im schulmedizinischen Konzept einer Normabweichung. Normabweichungen werden über Zahlen erfasst. Anliegen der Diabetestherapie ist die Regulierung von Hormonsystemen über Zahlenwerte. Die Komplexität der Abläufe der Blutzuckerregelung wird über Zahlen erfasst, dargestellt und kontrolliert. Die Idee der Substitution eines Hormons ist vergleichbar mit dem Prinzip der Reparatur einer Maschine: Das offensichtlich fehlende Hormon wird ersetzt durch ein künstlich produziertes Hormon. Die Patientinnen werden statisch auf diesen Defekt in der Maschine ‚Körper' fixiert. Die Persönlichkeit als Ganzes bleibt unterentwickelt. Eine Heilung findet nicht statt und kann nicht stattfinden.

1.2.3 Pathologisierung versus Salutogenese

Ausgangspunkt der Forschung und Theoriebildung sind Leichen, also leblose, ausschließlich materielle Organismen, und somit die pathologische Anatomie und Physiologie als Forschungszweige. Behandlungsansätze sind dadurch pathologisch orientiert. Salutogenetische Behandlungs- und Forschungsansätze fehlen.

1.2.4 Die Nosologisierung von Krankheitserscheinungen und die dadurch bedingte Abtrennung der Symptome von einer individuellen Krankengeschichte

In der Diabetologie gibt es ein klares und ausreichendes pathognomisches Kriterium, die Glukoseintoleranz. Mit ihr können die Patienten der Nosologie „Diabetes mellitus" zugeordnet werden, unabhängig davon, welches komplexe System eigentlich ursächlich erkrankt ist und für welche Störung die gestörte Glukosetoleranz als eines unter mehreren Symptomen eigentlich steht. Die Eingebundenheit des Syndroms „Diabetes mellitus“ in die Störung sehr unterschiedlicher Systeme und somit die Notwendigkeit der Erarbeitung zahlreicher individueller Ätiologien ist so nicht möglich. Andere Konzepte, wie die psychosomatische Medizin und die Homöopathie, haben eine Systematik zur Individualisierung von Anamnesen erarbeitet, die den Diabetespatienten in seiner komplexen Erkrankung wahrnehmen – aber bislang auch nicht heilen – kann.

1.3 Welche Wirklichkeit ist real? Pharmadiabetologie versus EbM-Diabetologie

In meiner Diplomarbeit konnte ich herausarbeiten, in welchen gesellschaftlichen und historischen Rahmenbedingungen die Diabetologie entstanden ist (ob. Fn. 1). Sie als eine der wesentlichen Fachrichtungen der modernen Medizin wird dabei sichtbar als ein in ihrer Zeit und in ihrem wissenschaftlichen Paradigma gefangener Zugang zur Realität. Das 1999 gezeichnete Bild bedarf der Ausdifferenzierung. Erschien mir 1999 die Diabetologie noch als ein monolithisches Gebäude, so lassen sich doch unterschiedliche Lager ausmachen, die sich teilweise diametral entgegengesetzt gegenüber stehen. Es ist zum einen die Schule der Kritischen Diabetologie um Prof. Michael Berger und dessen Nachfolger und es sind zum anderen die Vertreter der „Pharma-Diabetologie“. Beide Lager nehmen für sich in Anspruch, wissenschaftlich und patientenorientiert zu sein.

An den jüngsten gesundheitspolitischen Auseinandersetzungen wurde diese Kluft sichtbar.

Das 2004 von der Bundesregierung geschaffene Institut für Qualität und Wirtschaftlichkeit im Gesundheitswesen (IQWiG) hat den Auftrag, Therapieverfahren auf ihre Effektivität nach den Kriterien der evidenzbasierten Medizin zu überprüfen (s.u.). Eines der ersten Medikamente auf dem Prüfstand waren die so genannten Insulinanaloga. Sie sind ein Beispiel für Pseudoinnovationen, die keine neuen Substanzen darstellen und keine neuen Wirkungen, sondern nur sehr leichte Veränderungen gegenüber den bislang verwendeten Humaninsulinen vorweisen können. Dennoch haben die Pharmafirmen viel Geld investiert, um diese Produkte zu entwickeln. Zahlreiche Hoffnungen auf eine fundamental andere Wirkungsweise (wie zum Beispiel nur eine Insulingabe pro Tag) konnten nicht erfüllt werden.

Aufgabe des IQWiG war es nun, nach der Zulassung der Insulinanaloga, die vorliegenden Studien betreffs dieses Medikamentes auf einen therapeutisch relevanten Nutzen hin zu überprüfen. Ein derartiger Nutzen kann aber aus der derzeitigen Studienlage nicht abgelesen werden. Aus diesem Grunde haben die Disease-Management-Programme (DMP) für Typ-2 Diabetes schon früher gefordert, über die fehlenden Studien zur Langzeitwirkung der Insulinanaloga aufzuklären.

Obwohl auch die Leitlinien und die Therapieempfehlungen der deutschen Ärztekommission immer auf die fehlenden Langzeituntersuchungen hingewiesen haben, fungierten die Insulinanaloga mehr und mehr als Präparat der Wahl, und zwar insbesondere dank massiver Werbekampagnen der Pharmafirmen. Neu erkrankte Diabetiker erhielten ohne Informationen über fehlende Langzeitstudien Analoginsuline verordnet, obwohl sie um ein Drittel teurer sind als die Humaninsuline. Der GBA (Gemeinsamer Bundesausschuss der gesetzlichen Krankenversicherungen, der Kassenärztlichen Vereinigung und der Patientenvertreter) hat entschieden, dass die Kosten für die Insulinanaloga bei Typ-2 Diabetikern nur noch in Ausnahmefällen von den Kassen übernommen werden. Der Deutsche Diabetikerbund als der größte Landesverband der Selbsthilfe reagierte mit Protest und veranstaltete eine Unterschriftenaktion gegen die Entscheidung des GBA. Der Diabetikerbund wertet diese Entscheidung als massiven Eingriff in die Lebensqualität der Patienten. Über die Lebensqualität liegen allerdings keine Studien vor, die vom IQWiG als qualitativ ausreichend eingestuft werden konnte.

Somit wird aus einer Entscheidung gegen die Verdienstbedürfnisse der Pharmaindustrie, gedacht als eine Entscheidung im Interesse von Patienten, eine Entscheidung, die genau diese Patienten als gegen sie gerichtet empfinden. Wo liegt nun die „Wahrheit“? Sind die Selbsthilfevertreter nur von der Pharmaindustrie ferngesteuert und missbraucht, oder haben die Verbände eine eigene Position und beklagen mit Recht eine fehlende Patienteneinbeziehung? Stellt sich das IQWiG als eine Form der Expertokratie dar, deren Entscheidungen nicht nachvollziehbar und feindlich erscheinen? Oder ist das IQWiG die langersehnte Instanz der Rationalität im Gesundheitswesen, die es wagt, sich gegen die Pharmaindustrie durchzusetzen und ihr die lange überfälligen Grenzen zu setzen?

2. Expertokratie versus Demokratie – Verteilung von Wissensbeständen

Von einer Expertokratie (lat./griech. *Herrschaft der Experten*) spricht man traditionellerweise mit einem kritischen Unterton, wenn in einem politischen System wichtige Entscheidungen nicht von den durch die gängigen Verfahren (heute im Allgemeinen durch Abstimmung/Wahl) dazu legitimierten Politikern in den dafür vorgesehenen Institutionen getroffen werden, sondern diese Entscheidungsfindung (faktisch) von (vermeintlich) neutralen Fachleuten durchgeführt oder zumindest stark beeinflusst wird. In den kritischen Diskussionen wird die vermeintliche Neutralität der Experten und die angeblich unbeeinflussbare Wissenschaftlichkeit kritisiert.

Ivan Illich hat mit seinem Buch *Entmündigung durch Experten* deutlich darauf hingewiesen, wie insbesondere die Gesundheit als ein Gut gehandelt werden muss, das nicht durch einen „neutralen" Dritten, einen Expertokraten, definiert werden kann.[5] Aber gerade das Gesundheitssystem präsentiert sich als eine Expertokratie im negativsten Sinne, die sich das Recht einräumt, gesund und krank definieren zu können, ja selbst neue Erkrankungen zur Erzeugung neuer Märkte zu erfinden (Disease-mongering). Als Spieler in diesem System können die Ärzte mit den Organen der Selbstverwaltung, die Patientenverbände und die Pharmazeutische Industrie identifiziert werden. Dieses System zwischen diesen drei Spielern kann am Beispiel der Insulinanaloga beschrieben werden:

2.1 Rolle der Patientenverbände

Der Deutsche Diabetikerbund (DDB) mit 40.000 Mitgliedern gehört zu den mitgliederstärksten Patientenverbänden in Deutschland. Seine Größe würde es ihm ermöglichen, ein kritischer Kommunikationspartner in allen Patientenbelangen zu sein. Er nimmt diese Funktion aber nur eingeschränkt wahr. Zum Beispiel kann man keine patientenseitigen Informationen zur Qualität der ärztlichen Behandlung erhalten. Dies ist eines der Hauptanliegen, das Patienten in Beratungseinrichtungen vorbringen. Begründet wird dies in der Regel mit dem Wettbewerbsrecht, in das sich Patientenverbände mit ihren Informationen nicht einmischen dürfen. Nicht einmal patientenseitig erarbeitete Qualitätskriterien, die den Mitgliedern des Verbandes eine Orientierung ermöglichen könnten, gibt es. Ein anderes Beispiel: die Aufforderung, die unpublizierten Studien zu den eventuellen Nebenwirkungen der Insulinanaloga einzufordern, wurde mit dem Hinweis abgelehnt, dass dies in den Aufgabenbereich der wissenschaftlichen Fachgesellschaften fallen würde.

Stattdessen schlägt sich der DBB auf die Seite der Pharmaindustrie. So hat die Deutsche Diabetesunion, ein Zusammenschluss des DBB mit der Deutschen Diabetesgesellschaft, dem Bund diabetischer Kinder und Jugendlicher und dem Verbund der Diabetesberatungs- und Schulungsberufe am 10.9.2006 eine gemeinsame Deklaration verabschiedet, in der die Normengeber für die eventuellen

5 *Illich, Ivan*: Entmündigung durch Experten – Zur Kritik der Dienstleistungsberufe. Reinbek: Rowohlt, 1979.

Schadenslasten verantwortlich gemacht werden, die durch die Umstellung von den Insulinanaloga auf Humaninsuline entstehen könnten. Außerdem fordert sie Studien, die die Überlegenheit der Insulinanaloga im Alltag der Diabetiker belegen.

Die möglichen Risiken eines Analoginsulines ohne Langzeitstudien, vor den die Patienten durch die Entscheidung des GBA geschützt werden sollten, werden in der Debatte gar nicht mehr erwähnt. Im Bericht der Ständigen Arzneimittelkommission wird noch auf die mögliche Verschlechterung einer beginnenden Retinopathie (diabetische Folgeerkrankung der Augen) und die fehlenden Langzeitstudien hingewiesen,[6] ohne dass daraus therapeutische Konsequenzen gezogen werden.

Wessen Wahrheit vertritt also der DDB? Ist es die Patientenperspektive? Oder kann man seine Argumente als irrational einstufen?

2.2 Welche Rolle spielt die Pharmaindustrie bei der Produktion von Wissen?

Die Pharmaindustrie ist eine der wichtigsten Mitkonstrukteure unserer derzeitigen Wirklichkeitswahrnehmung. Die vielfältigen Formen der Einflussnahme auf die gegenwärtigen Wissensbestände lassen sich nur andeutungsweise erfassen. Transparency International[7] und Prof. Schönhöfer[8] weisen darauf hin, wie viel Geld die Pharmaindustrie in die Werbung investiert und wie wenig Geld in innovative Arzneimittelforschung gesteckt wird. Ein Drittel der gesamten Erlöse, doppelt so viel wie für die Forschung; und auch ein Drittel ihres Personals setzen die großen Markenfirmen nur dazu ein, Arzneimittel auf dem Markt zu platzieren. Als Resultat wird nach Meinung des Pharmakritikers Prof. Schönhöfer die Ärzteschaft flächendeckend korrumpiert. Niedergelassene Ärzte in Deutschland erhalten durchschnittlich 170-mal im Jahr Besuch von einem der 15.000 Pharma-

---

6 AKDAE. Therapieempfehlungen der Arzneimittelkommission der deutschen Ärzteschaft – Diabetes, 2002.

7 *Transparency International*: Transparenzmängel, Korruption und Betrug im deutschen Gesundheitswesen. Kontrolle und Prävention als gesellschaftliche Aufgabe. Grundsatzpapier: Transparency Deutschland, 2005, S. 48.

8 *Stolzenberg, Christopher*: „Bestechliche Medizin, Korruptionskämpfer prangern gefälschte Medizinstudien an". Der Spiegel vom 16.5.2006.

referenten, die dabei Geschenke und Honorare verteilen. Ausgaben von 4.500 Euro pro Person und Kongress seien keine Ausnahme.[9]

Um die Auswirkungen dieser Art von Werbung auf die Herausbildung der medizinischen Realität aufzuzeigen, sollen zwei Bereiche herausgegriffen werden:

1. Die Beeinflussung von Ärzten

2. Die Beeinflussung von Patienteninformationen

2.2.1 Beeinflussung von Ärzten

Der Umgang mit den Studienergebnissen der berühmten Women Health Initiative (WHI)-Studie zu den Langzeitwirkungen der Hormontherapie zeigt, wie Ärzte von den Pharmainformationen beeinflusst werden.[10] Nachdem jahrzehntelang die Einnahme von Hormonen als Mittel gegen das vorzeitige Altern propagiert worden war, stellte die WHI-Studie als randomisiert-kontrollierte Studie fest, dass die Hormone insgesamt mehr Schaden anrichten als Nutzen haben. Schon seit Jahren hatten verschiedene Protagonisten der evidenzbasierten Medizin randomisiert-kontrollierte Studien gefordert. Die Propagandisten der Hormontherapie hatten sich ausschließlich auf Beobachtungsstudien bezogen, mit denen sie meinten belegen zu können, dass die Einnahme von Hormonen gut für die Frauen sei.

Die Studie der Allgemeinen Ortskrankenkassen (AOK) von Klauber macht deutlich, dass Ärzte, die Pharmainformationen bevorzugen, eher dazu neigen, den Hormonen Unschädlichkeit nachzusagen und die Ergebnisse der WHI–Studie anzuzweifeln (ob. Fn. 10). Hier zeigt sich, wie stark die Pharmaindustrie Einfluss auf den Denkstil der Mediziner nimmt. Ärzte sind sich offenbar dieses Prozesses der Beeinflussung nicht bewusst. Der Pharmareferent ist in das Denkkollektiv des Arztes integriert. Das zeigt eine kleine Pilotstudie auf der Grundlage der moralischen Entwicklungsstufen von Lawrence Kohlberg[11], durchgeführt während der 14. Weiterbildung der Diabetologen in Jena 2006. Ein überraschendes Spektrum an persönlichen Begründungen für die Annahme von Pharmasponsoring kommt hier zum Vorschein („Der Pharmareferent war so nett, ich bin ihm

---

9 *Schumann, Harald:* „Jäger der Patent-Milliarde". Der Spiegel 2003, Heft 14, S. 84-95.

10 *Klauber, Jürgen / Mühlbauer, Bernd / Schmacke, Norbert / Zawinell, Anette*: Wechseljahre in der Hormontherapie – Informationsquellen und ärztliche Einstellungen in der Praxis. Bonn: Wissenschaftliches Institut der AOK (WIdO), 2005.

11 *Kohlberg, Lawrence*: Development of moral character and moral ideology. New York: Russel Sage, 1965.

etwas schuldig!", „Ich will mir die guten Beziehungen zum Pharmareferenten nicht verderben", „Es machen alle so!"). Es fehlt offensichtlich an einer öffentlichen Auseinandersetzung über die möglichen Umgangsformen mit Sponsoringangeboten und den verschiedenen Haltungen zu diesem Thema. Autoren, die sich mit moralischen Entwicklungspotentialen bei Schülern beschäftigt haben, sehen die wichtigsten Interventionen in der diskursiven Reflexion über Handlungsalternativen.[12]

2.2.2 Beeinflussung von Patienteninformationen

Eine weitere Möglichkeit, Wahrnehmung von Wissen zu beeinflussen, ist die Kommunikation von Ergebnissen wissenschaftlicher Studien in der Öffentlichkeit. Die Manipulationsmöglichkeiten der öffentlichen Wahrnehmung von wissenschaftlichen Ergebnissen sind ausgesprochen zahlreich. Zwei Beispiele werden hier näher beleuchtet:

1. Das Nichtveröffentlichen von (negativen) Ergebnissen von Studien

Pharmafirmen müssen für die Zulassung von Medikamenten Studien durchführen. Welche Studien davon allerdings veröffentlicht werden und welche nicht, ist für die Öffentlichkeit nicht nachvollziehbar. Es gibt keine Verpflichtung, alle Studien registrieren zu lassen, dadurch kann man die Ergebnisse auch nicht einfordern.

Noch im öffentlichen Bewusstsein ist der Skandal über Vioxx. Das Rheumamittel wurde vom Markt genommen, weil sich herausstellte, dass die Nebenwirkungen dieses Mittels seinen Nutzen bei Weitem übersteigen. Erschreckenderweise waren den Firmen die schädlichen Nebenwirkungen schon lange bekannt, die darüber verfügbaren Studien wurden aber nicht veröffentlicht. Viele unnötige Todesfälle hätten daher verhindert werden können.[13]

Ausgelöst unter anderem auch durch diesen Skandal, wird nun weltweit eine Registrierungspflicht für Studien mit der Möglichkeit der Nachverfolgung der Ergebnisse gefordert. Bislang gibt es in Europa nur die Registrierung bei der *Europäischen Arzneimittelagentur* (EMEA), die aber für die Öffentlichkeit nicht

---

12 *Oser, Fritz / Althof, Wolfgang*: Moralische Selbstbestimmung – Modelle der Entwicklung und Erziehung im Wertebereich – ein Lehrbuch. Stuttgart: Klett-Cotta, 2001.

13 *Sawicki, Peter T. / Bender, Ralf / Selke, Gisbert W. / Klauber, Jürgen*: „Schätzung der unter Rofecoxib (Vioxx) in Deutschland in den Jahren 2001-2004 aufgetretenen kardio- und zerebrovaskulären Ereignisse". Med Klinik 2006; 101, S. 191-197.

zugänglich ist. Dieses Verfahren widerspricht den Konventionen der Deklaration des Weltärztebundes von Helsinki. Infolge der Schrecken des Missbrauchs von Menschen zu Forschungszwecken im Dritten Reich wurde damals gefordert, dass Forschung am Menschen neben den Prinzipien der Informierten Entscheidung natürlich die Veröffentlichung auch der negativen Studien beinhaltet.

2. Darstellung der Ergebnisse

Die Ergebnisse von Studien können so dargestellt werden, dass ein Missverstehen intendiert werden kann. Eine übliche Darstellungsform von Ergebnissen randomisiert-kontrollierter Studien ist die Angabe von relativen Risikoreduktionen. Hierbei wird der Anteil derjenigen Personen in der Untersuchungsgruppe, die von einer Behandlung profitieren, ins Verhältnis gesetzt zu denjenigen in der Kontrollgruppe. So entstehen Angaben von zweistelligen Prozentaussagen, die werbetechnisch sehr effektiv sind: „Wenn Sie Medikament XY einnehmen, reduzieren Sie Ihr Risiko um 25%!" Jeder Leser würde diese 25% auf die Gesamtzahl derjenigen beziehen, die das Medikament einnehmen, und nicht in Vergleich setzen zur Placebogruppe. Somit ist diese Information vollkommen irreführend, denn nicht jeder Vierte, der das Medikament einnimmt, profitiert davon, sondern lediglich 25% mehr als in der Placebogruppe. Das bedeutet: Wenn in einer Risikogruppe von 1.000 Personen 100 eine Erkrankung erleiden, wären es mit dem Medikament nur ca. 75. Das wären also 25 von 1.000 weniger und somit nur 2,5% all derer, die das Medikament einnehmen. Diese Angabe nennt man die absolute Risikoreduktion – im Gegensatz zur Relativen Risikoreduktion im oberen Beispiel. Derartige Aussagen führen sowohl unbedarfte Patienten als auch nicht reflektierende Ärzte in die Irre, indem sie ihnen eine Qualität der Medikamente vorgaukeln, die nicht gegeben ist.

2.3 Evidenzbasierte Medizin – ein demokratisches System?

Evidenzbasierte Medizin (EbM) versteht sich als eine Methode, deren Anliegen es ist, Entscheidungen nicht auf die Erfahrungswerte des Einzelnen zu gründen, sondern die Ergebnisse von wissenschaftlichen Studien zur Grundlage von Entscheidungen zu machen. Im Zeitalter der Technokratie und wissenschaftlichen Rationalität erscheint dies als Selbstverständlichkeit und viele Wissenschaftler aus anderen Bereichen als denen der Medizin sind immer wieder ausgesprochen verwundert, wenn evidenzbasierte Medizin sich als vom Mainstream des Wissenschaftsverständnisses abweichendes methodisches Vorgehen mit eigenen Ausbildungsgängen, sprachlichen Regelungen und verbindlichen Standards anmeldet. Auch die Entwicklung wissenschaftsbasierter Behandlungsleitlinien erscheint in einem rational organisierten Gesundheitswesen als eine Selbstverständlichkeit. Dennoch gibt es zahlreiche Widerstände und Proteste gegen diese Haltung eines wissenschaftsbasierten und auf Rationalität gegründeten Gesundheitswesens.

Im Bereich der evidenzbasierten Medizin gibt es zahlreiche Ansätze, die Wissensbestände demokratisch zu gestalten. Als Gründungsvater für die evidenzbasierte Medizin gilt der Mediziner Prof. Samuel Sacket. Er definiert:

> „Evidence based medicine is the conscientious, explicit, and judicious use of current best evidence in making decisions about the care of individual patients. The practice of evidence based medicine means integrating individual clinical expertise with the best available external clinical evidence from systematic research.
>
> Evidence based medicine is not ‚cookbook' medicine. Because it requires a bottom up approach that integrates the best external evidence with individual clinical expertise and patients' choice, it cannot result in slavish, cookbook approaches to individual patient care. External clinical evidence can inform, but can never replace, individual clinical expertise, and it is this expertise that decides whether the external evidence applies to the individual patient at all and, if so, how it should be integrated into a clinical decision. Similarly, any external guideline must be integrated with individual clinical expertise in deciding whether and how it matches the patient's clinical state, predicament, and preferences, and thus whether it should be applied."[14]

Im Wesentlichen handelt es sich bei der EbM um ein systematisches methodisches Vorgehen, das es erlaubt, dem Anspruch an wissenschaftliches Arbeiten in seiner Seriosität und Reflexivität treu zu bleiben. Die Methodik verlangt folgende Schritte:

1. Ausgehend von einem konkreten Problem einer Patientin wird zuerst eine suchtaugliche Fragestellung formuliert.
2. In den Datenbanken wird dann nach den entsprechenden wissenschaftlichen Studien recherchiert.
3. Diese werden dann einer kritischen Bewertung unterzogen.

---

14 *Sackett, David L. / Rosenberg, William M. C. / Gray, J. A. Muir / Haynes, R. Brian / Richardson, W. Scott*: „Evidence based medicine: what it is and what it isn't". BMJ 1996; 312(7023), S. 71-72.

4. Als letztes stellt sich die Frage der Übertragbarkeit der Studienergebnisse auf das konkrete Problem.

Die evidenzbasierte Medizin kann auf den ersten Blick als Ausdruck einer zunehmenden Expertokratie aufgefasst werden: Entscheidungen sollen auf der Grundlage wissenschaftlicher Studien gefällt werden. Über den Einzelfall kann man nicht richten. Es entscheiden nicht demokratische Aushandlungsstrukturen, sondern wissenschaftliche Studien werden zu Rate gezogen, um über Nutzen oder fehlenden Nutzen von Therapien und somit letztendlich über die Kassenerstattung von Therapien zu entscheiden. Hat hierbei eine Therapie, beispielsweise aus dem komplementär-medizinischen Bereich, sich als erfolgreich bei einer Person gezeigt, aber lässt sich dieser Therapieerfolg nicht wissenschaftlich nachweisbar reproduzieren, so gilt dieses Verfahren als nicht nachgewiesen und die Kassen müssen diese Leistung nicht erstatten. Die EbM hat sich ein eigenes Vokabular, eigene Fachtermini zugelegt. Als angehender EbM-Novize tut man gut, sich dieses Vokabular anzueignen und zu beherrschen. Ohne diese Sprache zu beherrschen – am besten durch die Absolvierung eines 5-Tage EbM Kurses – sollte man nicht erwarten, von einem EbM-Jünger ernst genommen zu werden. Ohne weiteres lässt sich hier von einem Denkstil reden, der gelehrt wird und auch schematisch angewendet werden kann. Aber inwieweit geht der Denkstil einher mit einem Denkzwang, aus dem man sich schwer befreien kann?

Grundsätzlich ist der EbM eine Selbstreflexion und Weiterentwicklung immanent. Sie hat die Möglichkeit, ihre Argumentationsketten transparent und öffentlich nachvollziehbar zu machen und somit ihren Nutzern Zugang zu verschaffen zu den Begründungszusammenhängen ihres Handelns. Studien sind nachlesbar. Man muss kein Mediziner sein, um sich in die entsprechenden Materialien einzuarbeiten, auch wenn es Zeit und Mühe bedeutet. Die Methoden der EbM sind lern- und lehrbar, über die Interpretation von Studien kann man streiten. Selbst die Qualität einzelner Übersichtsarbeiten, die nach EbM-Kriterien erstellt wurden, kann man kritisieren und methodische Abläufe in Frage stellen oder auch zu einem Thema zu unterschiedlichen Aussagen kommen. Somit erscheint Medizin objektivierbar und loslösbar von dem unhinterfragbaren Expertenstatus und erhält eine Form der Demokratisierung.

3. Patientenbeteiligung als Ausdruck der Demokratisierung von Medizin

3.1 EbM als Ausdruck der Patientenorientierung?

Es lassen sich Argumente zusammentragen, die dafür sprechen, die evidenzbasierte Medizin als diejenige Struktur zu begreifen, die einen offenen Diskurs ermöglicht.

1. Beispiel: Studien sollen sich an patientenrelevanten Endpunkten orientieren

Zum derzeitigen Erkenntnisstand der Medizin werden randomisiert-kontrollierte Studien mit patientenrelevanten Endpunkten als die Studien mit der höchsten Validität betrachtet. Sie stellen den Goldstandard dar und Medikamente werden nur noch zugelassen, wenn sie sich den Anforderungen dieses Studiendesigns unterwerfen. Eine Intervention muss sich vergleichen lassen mit einer Placebointervention. Die Kontrollgruppe wird genauso behandelt wie die Verumgruppe, die das Medikament erhält. Mit diesem Studiendesign kann auch viel Schindluder getrieben werden. Eine Studie, die zum Beispiel nur so genannte Surrogatparameter untersucht, kann zu vollkommen irrelevanten Aussagen kommen. Surrogatparameter sind zum Beispiel physiologische Endpunkte, an Hand derer man zwar eine physiologische Veränderung messen kann, welche Relevanz diese Veränderung aber für die Überlebensdauer oder die Lebensqualität des Menschen hat, ist damit überhaupt nicht gesagt. Viele Medikamente wurden auf diese so genannten Surrogatparameter hin untersucht und als therapeutisch wirksam zugelassen, aber erst nach etlicher Zeit stellte sich heraus, dass diese Medikamente auf die so genannten patientenrelevanten Endpunkte sogar einen negativen Einfluss hatten.[15]

2. Beispiel: Patientenvertreter werden zu eigenständiger Beurteilung von Studien ermächtigt

In Trainingskursen für evidenzbasierte Medizin an der Universität Hamburg wurden zwischen 2001 und 2005 150 Laien darin geschult, die grundlegenden Methoden der evidenzbasierten Medizin zu verstehen und anzuwenden. Auf dem Stundenplan standen die Methoden der evidenzbasierten Medizin: Die Formulierung einer wissenschaftlichen Fragestellung, die systematische Suchstrategie in Datenbanken, das Lesen und Verstehen wissenschaftlicher Studien und die kriti-

15 *Mühlhauser, Ingrid / Meyer, Gabriele*: „Surrogate end point fallacies – the urge for randomized trials with clinical endpoints. Review“. Psychother Psychosom Med Psychol. 2006; 56(5), S. 193-201.

sche Bewertung und die Kommunikation der Ergebnisse. Zugangsvoraussetzung war die engagierte Mitarbeit in einer Selbsthilfegruppe oder einer Patientenvertretungsorganisation, bzw. die professionelle Tätigkeit in der Patientenberatung oder -vertretung.

Ergebnis der Trainingskurse war der Nachweis, dass Laien durchaus in der Lage sind, wissenschaftliche Studien kritisch zu lesen und deren Ergebnisse zu kommunizieren.[16]

3. Beispiel: Patienten können an der Beurteilung von Studien aktiv mitarbeiten und selbstständig Studien einfordern

Die Cochrane Collaboration ist eine Vereinigung von Wissenschaftlerinnen und Einrichtungen, die sich um die Sammlung und Bewertung von randomisiert-kontrollierten Studien bemühen. Mittlerweile zu einer weltweiten Bewegung herangewachsen, hat die Cochrane Collaboration eine eigene Sektion, die sich mit der Einbeziehung von Patienten beschäftigt. Auf jede Jahrestagung können Patienten mit besonderen Stipendien kommen. Jede Gruppe, die systematische Übersichtsarbeiten zu einem Themenfeld erstellt, kann und soll Patienten in ihre Arbeit einbeziehen. Das bedeutet im Einzelnen, dass Reviews, die Studien zusammenfassen, von Patienten gelesen und kommentiert werden können. Je nach Engagement der Patienten setzen diese sich zum Beispiel für die Veröffentlichung verständlicher Zusammenfassungen der Reviews ein und machen so die Ergebnisse wissenschaftlicher Studien öffentlich wahrnehmbar. Patienten können auch die Durchführung von systematischen Übersichtsarbeiten vorschlagen. So hat sich zum Beispiel die Patientengruppe der Cochranegruppe für Multiple Sklerose (MS) für eine systematische Übersichtsarbeit zum Thema Diäten und Nahrungsergänzungsmittel bei MS eingesetzt. Ein weiteres Beispiel ist die Cochranegruppe für Hämatologische Krebserkrankungen in Köln. Hier wurden für Patienten und Interessenten Kurse in EbM durchgeführt, um systematische Übersichtsarbeiten lesen, verstehen und kommentieren zu können.[17,18]

---

16 *Berger, Bettina / Skoetz, Nicole / Weingart, Olaf*: „Schulung von medizinischen Laien". In: *R. Kunz / G. Ollenschläger / H. Raspe / G. Janitz / N. Donner-Banzhoff*: „Lehrbuch evidenzbasierter Medizin in Klinik und Praxis", 2007, Deutscher Ärzteverlag, S. 427-438.

17 *Weingart, Olaf / Skoetz, Nicole / Lang, Britta / Richter, Bernd / Engert, Andreas*: „Patient participation in the Cochrane Collaboration – barriers, experience, and concepts in Germany". Z Ärztl Fortbild Qualitätssich 2005; 99(6), S. 367-371.

EbM fungiert also nicht als Geheimwissen, sondern versucht, Verbrauchern und Betroffenen ihre Strukturen zugänglich zu machen und ihre Perspektive mit einzubeziehen.

3.2 Argumente gegen eine Patientenorientierung der evidenzbasierten Medizin

1. Argument: Eine evidenzbasierte Medizin ist nicht automatisch gleichzusetzen mit einer patientenorientierten Medizin

Jozien Bensing vom Nivelinstitut in den Niederlanden beschreibt in einem Aufsatz eine Lücke, die sie zwischen Patientenorientierung und evidenzbasierter Medizin sieht.[19] Sie stellt die wissenschaftsbasierte, pathologisch orientierte Medizin den bio-psycho-sozialen Bedürfnissen der Patienten gegenüber und unterscheidet dann noch einmal die jeweilige Bereitschaft des Therapeuten, Macht abzugeben. Der auf wissenschaftlicher Basis arbeitende Arzt kann also sowohl paternalistisch bevormundend sein, als auch eine partnerschaftliche Entscheidung mit dem Patienten diskutieren und dennoch zum Beispiel die psychosomatische Situation des Patienten vollkommen übersehen und etwa auf schlechte Blutzuckerwerte ausschließlich mit Insulinumstellungen reagieren, anstatt subjektive Faktoren in Betracht zu ziehen.

Als ein weiteres Indiz für eine regelmäßige Nichtberücksichtigung des subjektiven Kontextes von Patienten können auch die Reaktionen auf evidenzbasierte Patienteninformationen gedeutet werden. In qualitativen Interviews konnte Claire Glenton erfahren, dass sich Patienten durch die statistischen Informationen nicht gesehen fühlen und wissenschaftlichen Aussagen auch kein großes Vertrauen entgegenbringen.[20] Ein anderes Beispiel ist die Erstellung einer evidenzbasierten Patienteninformation zum Darmkrebsscreening durch die Universität Hamburg. Die Patientinnen, die in die Erstellung dieser Broschüre einbezo-

18 *Skoetz, Nicole / Weingart, Olaf / Engert, Andreas*: „A consumer network for haematological malignancies". Health Expect. 2005; 8(1), S. 86-90.

19 *Bensing, Jozien*: „Bridging the gap. The separate worlds of evidence-based medicine and patient-centered medicine. Patient Educ Couns. 2000; 39(1), S. 17-25.

20 *Glenton, Claire / Nilsen, Elin S. / Carlsen, Benedicte*: „Lay perceptions of evidence-based information – a qualitative evaluation of a website for back pain sufferers". BMC Health Serv Res. 2006; 6, S. 1-34.

gen wurden, reagierten mit kognitiver Dissonanz und waren nicht bereit, die wissenschaftlichen Informationen zur Kenntnis zu nehmen.[21]

Auch die hohen Quoten von Patienten, die sich für komplementärmedizinische Verfahren interessieren, stoßen bei Vertretern der wissenschaftsbasierten Medizin auf Unverständnis. Eine Begründung für die hohe Nachfrage nach komplementärmedizinischen Verfahren wird in der Möglichkeit gesehen, selbstständig etwas für die Heilung oder Verbesserung tun zu können. Möglicherweise gibt es weitaus mehr Patienten, die eine interne Krankheitsbewältigungsstrategie besitzen, als angenommen wird. Auch das Bedürfnis nach salutogenetischer Orientierung kann darin gesehen werden. Keines der Bedürfnisse wird von der EbM bedient.

2. *Argument: Die EbM ist noch immer überwiegend naturwissenschaftlich orientiert und hat die Subjektivität des Menschen noch nicht ausreichend in die wissenschaftlichen Forschungsansätze integriert*

Die randomisiert-kontrollierte Studie stellt im Rahmen der evidenzbasierten Medizin den Goldstandard der Interventionsstudie schlechthin dar. Diese Studien basieren auf möglichst großen standardisierten Gruppen von Menschen. Für diese Gruppen sind die Einschluss- und Ausschlusskriterien zum Teil so eng definiert, dass die real existierenden Patienten oft genug mit den Studienpopulationen nicht übereinstimmen, die somit die Realität gar nicht abbilden können. Andere Kritik kommt aus der Ecke der komplementären Therapien. Helmut Kiene kritisiert die Reduzierung der randomisiert-kontrollierten Studie auf nur einen möglichen Kausalzusammenhang, und zwar den der möglichst hohen Fallzahlen.[22] Seines Erachtens nach sind andere Arten der Kausalität damit in Vergessenheit geraten, so zum Beispiel die Kausalität des Gestalterkennens, die Kausalität von Raummustern oder die Kausalität von Zeitmustern. Er analysiert zahlreiche Beispiele, in denen eben auch im Einzelfall Kausalitäten erkennbar sind. Die statistische Methode des Kausalerkennens in der randomisiert-kontrollierten Studie gebietet die Zusammenstellung von Gruppen, die sich durch nichts weiter unterscheiden, als durch den zu untersuchenden Faktor. Es braucht

---

21 *Steckelberg, Anke / Kasper, Jürgen / Redegeld, Michael / Mühlhauser, Ingrid*: „Risk information – barrier to informed choice? A focus group study“. Soz Präventivmed. 2004; 49(6), S. 375-80.

22 *Kiene, Helmut*: Kritik der klinischen Doppelblindstudie. München: MMV Medizin Verlag, 1993.

also große Mengen von Patienten. Die gibt es insbesondere bei Indikationen, an denen eine Pharmafirma viel Geld verdienen kann.

Genau in diesem Punkt liegt aber auch ein wesentlicher Biasfaktor: Große randomisiert-kontrollierte Studien können nur die Pharmafirmen produzieren. Viele Therapieverfahren können sich nicht legitimieren, weil sie nicht die geforderten hohen Fallzahlen aufbringen können. Gunver S. Kienle spricht von einem Kommerz-Bias, der dadurch entsteht, dass eigentlich nur die Verfahren untersucht werden können, die entweder durch eine große Anzahl an Patienten oder durch eine mögliche Medikamentenpatentierung ausreichend Geld einbringen werden.[23] Somit ist schon auf dieser Ebene dafür gesorgt, dass Gelder vor allem für die Interventionen fließen, für die eine ständige bzw. eine wachsende Nachfrage garantiert erscheint.

Subjektivität fehlt der EbM auch dadurch, dass für sie kein Kausalzusammenhang für den Einzelfall existiert. Sollte es einem einzigen Diabetiker gelingen, sich von seiner Insulinabhängigkeit zu befreien, so wäre dies für die naturwissenschaftliche Medizin nicht wahrnehmbar und nicht nachweisbar. Weil dieses Geschehen nicht einfach reproduzierbar ist, ist es nicht existent. Andere Forschungsansätze, wie zum Beispiel die qualitative Forschung aus den Gesellschaftswissenschaften, haben ein anderes wissenschaftliches Paradigma. Ihr Anliegen ist, zu verstehen. Der Mensch will in seiner Subjektivität, in seiner Einzigartigkeit wahrgenommen und zur Kenntnis genommen werden. Die qualitative Sozialforschung ist mit ihrem Paradigma des Verstehens, des narrativen Interviews dazu in der Lage. Sie kann einem deutenden Subjekt Raum geben. Die (Schul-)Medizin kennt dieses Subjekt in ihrer Theorie nicht. Sie benötigt es nicht. Modelle wie die von Thure von Uexküll vom Subjekt in der Medizin werden dort nach wie vor kaum rezipiert.[24]

In dieser Theorie ist Gesundheit der ungestörte Aufbau einer subjektiven Umwelt. Krankheit tritt ein, wenn das raffinierte Gleichgewicht zwischen subjektiver Kreativität und objektivem Angebot gestört ist. In diesem Krankheitsmodell wird insbesondere die subjektive Deutung der Umwelt relevant. Hier ist Subjektivität nicht nur ein aufgesetztes Bewerten unterschiedlicher Handlungs-

---

23 *Kienle, Gunver S.*: „Gibt es Gründe für pluralistische Evaluationsmodelle? Limitationen der randomisierten klinischen Studie". Z Ärztl Fortbild Qualitätssich 2005; 99, S. 285-294.

24 *Uexküll, Thure von / Wesiack, Wolfgang*: Theorie der Humanmedizin – Grundlagen ärztlichen Denkens und Handelns. München, Wien, Baltimore: Urban und Schwarzenberg, 1998.

optionen, sondern fundamentaler Bestandteil der Entstehungsgeschichte von Erkrankung. Die Fähigkeit der Bildung eines gesunden Subjektes finden wir mittlerweile in zahlreichen gesundheitspsychologischen Konzepten. Solange sie aber noch nicht als grundlegend in das Verständnis von Krankheit mit einbezogen werden, wird das Gefühl von Patienten immer Ausdruck dieses Mangels an Kenntnisnahme des Subjektiven in der Krankheit sein.

Auf das Problem der fehlenden Subjekttheorie in der medizinischen Forschung stoßen wir immer wieder bei der Diskussion um relevante von Patienten berichtete Endpunkte. Diese sollen eben die subjektive Dimension des Patienten abbilden, aber dennoch quantifizierbar und messbar gemacht werden. Immer wieder geraten diese Prinzipien aber in einen unlösbaren Widerspruch miteinander, weil zum Beispiel die Definition von Lebensqualität von Subjekt zu Subjekt verschieden verstanden wird, so dass die Verwendung von standardisierten Messinstrumenten ziemlich schwierig erscheint. Zwar wird in der Definition von EbM ausdrücklich von der Behandlung des individuellen Patienten und seiner Wahl gesprochen, aber das bedeutet noch lange nicht, dass der angemessenen Wahrnehmung von Patientenbedürfnissen und -präferenzen bislang auch nur annähernd so viel methodische Aufmerksamkeit gewidmet wurde, wie der Methodik der randomisiert-kontrollierten Studie.

4. Aussicht

Handelt es sich nun bei den Patientenorganisationen wie dem deutschen Diabetikerbund tatsächlich nur um aufgehetzte Pharmahandlanger, wo einzig rationales Denken und Handeln Abhilfe schaffen kann? Oder wird durch die irrational erscheinenden Reaktionen der Patientenverbände auch etwas sichtbar, was die rationale Wissenschaftsbasierung allzu gerne aus dem Blick verliert? Könnten diese emotionalen Ausbrüche der Verunsicherung nicht auch darauf hindeuten, dass die individuelle emotionale Ebene des Patienten allzu gerne vernachlässigt wird und sich der Patient in seiner individuellen Betroffenheit von einer auf Statistik ausgerichteten Medizin nicht erkannt fühlt?

So wichtig auf der einen Seite eine evidenzbasierte Behandlung von Patienten ist, um Patienten vor schädlichen Behandlungen zu schützen, so wichtig erscheint auf der anderen Seite aber die Etablierung einer Medizin, in der das Subjekt von Bedeutung ist und angemessen – auch in der wissenschaftlichen Methodik – zur Kenntnis genommen werden kann.

Die zunehmende Anerkennung der qualitativen Forschungsansätze ist ein wissenschaftlicher Zugang, der hilft, den Menschen nicht nur zu messen und zu zählen, sondern zu verstehen.

Das Narrativ ist eine weitere Möglichkeit, dem Menschen in seiner Subjektivität Geltung zu verschaffen. Diese Zugänge sind auf der Mikroebene möglich. Auf der Mesoebene ist zu fragen, welche Methoden der öffentlichen Einbeziehung praktiziert werden könnten, um Patienten eher das Gefühl einer Beteiligung zu geben.

Obschon seit 2004 Patientenvertreter als so genannte dritte Bank im GBA vertreten sind, kann diese auf „Berufspatienten" orientierte Patientenbeteiligung meines Erachtens nicht die Frage ersetzen, welche Beteiligungsverfahren zur Einbeziehung der Öffentlichkeit in Entscheidungen im Gesundheitswesen gewählt werden sollten. Noch längst nicht wurden hier die in der Politik diskutierten Möglichkeiten der öffentlichen Beteiligung systematisch erörtert und auf ihre Übertragbarkeit auf das Gesundheitswesen hin diskutiert. In ihrem Gutachten zu neuen Partizipationsformen diskutiert die Politologin Brigitte Geißel Verfahren wie Mediation, Bürgerkonferenzen, Zukunftswerkstätten, Planungszellen, Bürgergutachten, Community Reseach Center, Mehrstuftige Dialogische Verfahren und andere.[25] Vielleicht wäre ja ein systematisches Nachdenken über verschiedene Beteiligungsverfahren und deren Evaluation ein wichtiges zukünftiges Thema.

Patientenbeteiligung in Deutschland steckt in den Kinderschuhen. Einen ersten Überblick über den Stand der Diskussion gibt Marie-Luise Dierks.[26] Dabei konzentriert sich die Diskussion bislang auf folgende Bereiche: Auf der Makroebene geht es um überwiegend wissenschaftliche Modellprojekte zur partnerschaftlichen Entscheidungsfindung zwischen Arzt und Patienten und die Erstellung evidenzbasierter Patienteninformationen. Auf der Mesoebene geht es um die Beteiligung von Patientenvertretern in Gremien des Gesundheitswesens und die Schaffung einer unabhängigen Beratungsstruktur für Patienten und Ver-

25 *Geißel, Brigitte*: Lokale Vernetzung und Wissensintegration von Laien(-wissen) und Experten(-wissen) durch neue Partizipationsformen. Expertise im Rahmen der BMBF-Förderinitiative „Politik, Wissenschaft und Gesellschaft", 2002, S. 1-48.

26 *Dierks, Marie-Luise / Seidel, Gabriele / Horch, Kerstin / Schwartz, Friedrich W.*: „Bürger- und Patientenorientierung im Gesundheitswesen", in: Robert Koch-Institut, editor. Gesundheitsberichterstattung des Bundes. Berlin: Robert Koch Institut, 2006, S. 1-30.

braucher. Welche Bedeutung diese Modelle für den Patienten letztendlich haben, muss die künftige Versorgungsforschung beantworten.

Eine bislang noch vollkommen unbearbeitete Ebene ist die Frage der Teilnahme von Patienten an der Formulierung und Schwerpunktsetzung von Forschung. Die angloamerikanische Literatur hat zu diesem Thema schon große Übersichten erstellt, ohne letztendlich die Frage beantworten zu können, ob die Forschung unter Einbeziehung von Patienten in die Gestaltung der Studiendesigns wirklich patientenorientierter werden kann.[27] So lange allerdings Patienten meinen gegen das IQWiG Unterschriften sammeln zu müssen, und es also keine Möglichkeit zu geben scheint, eine gemeinsame Wirklichkeit konstruieren zu können, kann die Patientenbeteiligung noch nicht ausreichend Berücksichtigung gefunden haben.

27 *Oliver, Sandy / Clarke-Jones, Lorna / Rees, Rebecca / Milne, Ruairidh / Buchanan, Phyll / Gabbay, John, et al.*: „Involving consumers in research and development agenda setting for the NHS: developing an evidence-based approach". Health Technol Assess. 2004; 8(15), S. 1-148, III-IV.

A Methodological Discussion of Ludwik Fleck's Concepts of Thought Collective and Thought Style

Jan Doroszewski

Introduction

Although Ludwik Fleck's theory of science[1] was published more than sixty years ago and despite rapid progress in almost all the domains of science and technology, its main issues always remain important. It concerns the general philosophy of science as well as its more specialized branches. The aim of the present essay is to contribute to the philosophical thought of Ludwik Fleck by discussing certain aspects of it in the light of the present-day state of empirical natural sciences, especially life sciences and medicine.

As the process of development of science, which was the main problem of Fleck's theory, is extremely complex and multifaceted its comprehensive understanding may only be arrived at by using various viewpoints. The philosophy of science explores the most general problems of scientific activity and its products and strives to elaborate a broad (as far as possible) theory and a global insight. However, usually a certain point of view prevails, either epistemology, history or sociology etc. Ludwik Fleck as a philosopher was primarily interested in sociological problems connected to the process of scientific discovery, this line of research being successfully continued by other authors.[2] The present paper to some extent also touches on sociological problems, especially those connected to Fleck's concept of „thought collective." They will be studied here from the point of view of the collective aspect of the modern scientific endeavor.

However, the general philosophical approach is not an unique way of analysis. The philosophy of science also embraces domains striving to elaborate theories of various broad scientific fields, domains or specialties as physics, life sciences, technology and others, as well as practical activity. They are also known under the name of the philosophy of physics, philosophy of medicine and praxiology etc. Among other problems they comprise the study of the general aspects of scientific and practical methods, i.e. the methodology of science and

1 *Fleck* (1935/1980).

2 E.g. *Fleck* (1934); *Kotarbiński* (1965).

practical activity.[3] It therefore seems interesting to supplement Fleck's theory (to fill-up, as it were, the sociological frames), with a methodological content. It is especially the concept of „thought style", which seems to require (or is suited to) such a complement from this point of view. As my previous theoretical works were connected with methodological problems related to the structure of medical science and medical problems solving,[4] this part of this paper concerns mainly medical problems.

A remark concerning the notions of „organization" and „method" may be appropriate here because these concepts are closely related to that of effective action and a praxiological framework is also useful in this context. Among numerous meanings of the term „organization" Tadeusz Kotarbiński[5] distinguishes „a certain kind of whole of all the elements of which contribute to its success." He defines the term „general scientific methodology" as „the science of types of methods used in the scientific research", while the method „is a way of carrying out a compound act, or a certain system of behavior." Thus, the notion of the general scientific methodology is equivalent to the set of principles and rules related to research in a certain broad domain of science, while its special branches describe the use of methods in narrower fields of science.

The beginnings of Ludwik Fleck's philosophical thought were connected with medical research problems[6] and from this point of view the present study returns to the source of his theory; therefore, in order to make the comparison of various ways of approach more evident I will use the same examples. My study of Ludwik Fleck's theory was initially based on his principal monograph[7] and other papers.[8] Among the works devoted to the study of his thought I used articles collected by Cohen/Schnelle[9] and papers by Löwy and Zalc.[10]

---

3 *Van den Belt* (1997); *Brorson* (2000).

4 *Fleck* (1935/1980), p. 2; *Doroszewski* (2000); (2001a); (2001b).

5 *Kotarbiński* (1965).

6 *Fleck* (1935/1980); *Chałubiński* (1874).

7 *Fleck* (1935/1980).

8 *Bicgański* (1908); *Fleck* (1927).

9 *Cohen / Schnelle* (eds.) (1986).

10 *Löwy* (1986); *Zalc* (1986).

Thought collective

Ludwik Fleck defined the notion of the „thought collective"[11] as „a community of persons mutually exchanging the ideas or maintaining intellectual interactions" and provided this definition with the remark that it is „the carrier of the existing fund of knowledge of the thought style" and supplies the missing component of Fleck's concept of truth, which links the yet unknown object with the knowing subject.[12] This description may also perhaps be expressed by situating the concept of the thought style in the general framework of Fleck's theory. Thought collectives appear as the result of an operation of social demand and are carriers (or causal factors) of the thought styles, on which scientific discovery depends.

The fact that the development of science is nowadays extremely rapid is commonplace and the participation in this process by always a greater amount of people, or collectives, is evident. However, it is worthwhile to add that these processes seem to be ruled by the positive feedback relationship, thus the social demand for the results of scientific investigations, through the mediation of the thought collectives (and thought styles, see below) increase the stock of known facts, which in turn contribute to an increase in social demand. In order to present this process in more detail, below are enumerated factors linked by the mutual influences resulting in a feedback link.

1) The general development of the society and the enhancement of social demands on science, an increase in the strength and variability of the researcher's motivations.
2) An increase in the complexity and intellectual level of research, a rapid rise of the costs of the research.
3) An increase in the number and variety of people working in the field of science, i.e. collectives, and the appearance of specialization.
4) The development of interdisciplinary collaboration and exchange of information.
5) An increase in the importance of the organization of the research activity, the necessity of controlling the distribution of finances on a large scale.
6) The development of effective methods of selection, evaluation and supervision of the research results, the enhancement of the need for research planning and reporting.

---

11 *Fleck* (1935/1980), pp. 54-55.

12 *Fleck* (1935/1980), p. 55.

7) The development of the general and domain-specific research methodology and ethics, and the enhancement of the project's presentation and unified editorial requirements (guidelines).
8) The development of the centers supervising research activity on a local, national and international scale.
9) The development of typical scientific thought styles.
10) The development of scientific competition among individual researchers, scientific teams and research establishments.
11) All the above processes promote the further development of society.

The mechanism of positive feedback assures, in the society as well as in the natural world, an increase in the intensity of a given process. Still, a typical function representing such a process has an S-shaped form, i.e. it rises slowly at the beginning, then it becomes steeper, then it slows down again. The present stage of the process of the development of modern science is situated somewhere in its central part. However, in the long term (neglecting a catastrophic possibility), either the deceleration, or a modification of the process parameters should be expected to appear.

The following part of this section contains some additional remarks on the operation of thought collectives in the natural experimental sciences of today. From this point of view a modified (in comparison to Fleck's original formulation) definition would be appropriate: the thought collective is a more or less organized, numerous and specialized set (subsystem) of people, who are connected to a given branch of science and distinguished according to the type of knowledge and problems, professional tasks, specialty, level of education etc. The modification primarily consists of the introduction of an internal organization of the collective, or in regarding it as a system instead of an amorphous collection (see below).

The idea of thought collectives, alongside that of thought style (see next section), form one of the central elements of Fleck's theory and is directly linked with his way of understanding the notion of truth.[13] According to his interpretation this notion „must not only be construed as a dual relationship between the knowing subject and the object to be known, the existing fund of knowledge must be a third partner in this relation as a basic factor of all new knowledge ... the statement, ‚someone recognizes something' demands some supplement: ‚in a particular thought style, in a particular thought collective'".

13 *Fleck* (1935/1980), p. 55.

The research process conducted in laboratories, workshops and clinical departments etc. involves the work of various collaboration of multiple bodies composed of researchers as well as administrators and depends on the governmental, industrial, co-operational etc. organization of scientific activity in a given country. These collectives play various roles; apart from the direct investigation, their functions consist of the evaluation of the research projects, estimation of the results of their execution and the distribution of financial resources. The process of sharing information among scientists is especially typical for modern natural sciences. On the one hand it is based on mechanisms concerning the publication of scientific papers, on the other hand, on the organization of various meetings. The former consists of the existence throughout the whole world of a great amount of easily accessible, more or less specialized journals, which publish research results in a relatively short time after having received them from the laboratories and hospital centers. The latter consists of the organization of numerous international or local workshops, symposia and conferences etc., during which the scientists may make personal acquaintance with other people working in the same or similar field and have the possibility to present his achievements to a large audience of researchers. The editorial boards of journals and teams of conference organizers are composed of top-level specialists; whose job it is to select the manuscripts intended by the authors for printing or presentation at a conference. An important aspect of the process of selection consists of the application of the method of anonymous peer-review, i.e. the assessment performed by a group of specialists in any given domain. Such is the modern complex, multi-leveled and functionally diversified collective structure aiming at the promotion of science at the highest possible level. Its appearance is a conspicuous example of the pragmatic verification of Fleck's idea on the collective mechanism of the development of science and is roughly equivalent to his concept of the esoteric collectives, while the society as a whole could be considered as an exoteric collective or a social environment of science. An interesting aspect of this structure is the fact that in general terms its organization and growth was more or less spontaneous, which suggests the operation of a hidden, but a very effective social mechanism.

Social groups are composed of individuals and the relationships within them are bilateral, therefore the results of group action depends on the activity of individuals and vice versa. According to Fleck the thought style is a collective's feature, upon which the thinking of the individuals depends. However it seems that with comparable sense it may be maintained that the collective thought style is a result of individuals influenced by the group. In practice and in the context of scientific discovery the way the above statement was formulated is not crucial, however, what is important is the necessity of considering the variety of functions performed by individual researchers. The collective is not a homogenous assembly of individuals and does not constitute the smallest unit of the society; this status belongs to the individual. The human collective is rather a system, i.e. a set of elements (units), connected by relationships, which in this case are not uniform. On the contrary, a constitutive feature of almost every collective composed of humans is the existence of differences among its component parts, i.e. individual human beings, and linking them by relationships that are no less diversified. Various features of the individuals are connected, e.g. with their different education, experiences and interests as well as emotional and motivational background, upon which the research tasks depend or the functions and/or the roles they play in the activity of the group, the leader has an especially important function. Thus, in view of the systemic character of scientific collectives, Fleck's opinion that the actual authorship of the discovery is due not to an individual, but to the collective,[14] cannot be maintained without reservation.

Thought style

Introductory remarks

Fleck's theory of the discovery and development of science explains numerous phenomena that are connected to this process mainly using a sociological approach and describes a certain aspect of this endeavor, chosen from a specific viewpoint. Whether the social processes are the basic forces, upon which this process depends (as Fleck believed) or their importance is rather secondary (as more individualistically inclined authors prefer to believe) may be debated. In any case, the sociological theory of Fleck provides a general, high-level, conceptual framework, which may or (for certain purposes) should be completed with the description of mechanisms operating on a „lower" level, i.e. by taking into account psychological phenomena, as Fleck himself suggested or by means of a methodological analysis, which is the aim of this contribution.

The scientific investigation (research) is performed in the „social framework" by collectives and/or individuals. The thinking and behavior of which display some common features, i.e. have a certain viewpoint, a similar manner, fashion or „style" in Fleck's terminology. It depends on the field of research (type of objects, specific goals etc.) and the methods applied in a given type of investigation. The notion of the „thought style" is multivocal and difficult to define in a

14 E.g. *Fleck* (1935/1980), p. 104.

precise way. Bilikiewicz[15] understands it as the equivalent to a certain disposition, point of view, cognitive attitude, and mental preparedness and set of methods.

Ludwik Fleck himself defined the notion of thought style as the „directed perception with corresponding mental and objective assimilation of what has been so perceived“.[16] In his conception there are numerous aspects, which are closely related to the concept of the thought collective, play a fundamental role in the process of discovery,[17] are the basis of epistemological ideas and are closely related to Fleck's way of understanding the notion of truth (the thought style plays the role of a „third epistemological factor“, see below). The thought style is involved in the „appearance of fact“ as well as in the process of scientific investigation as a whole.[18]

The sources, upon which the description of the thought style in the modern experimental natural sciences may be based, are numerous and diversified.[19] Apart from the everyday observation of the way, in which the scientists perform the research, the most important from this angle are the autobiographical books and papers written by the scientists themselves. They are methodological and psychological studies of scientific activity, presentation of the research pathway by the authors themselves (e.g. the Nobel Lectures) and an application of a model approach etc.[20] Perhaps the most complete, accessible and univocal expression of today's way of research thinking and action are the requirements and guidelines that are to be followed regarding the possible publication of projects and research results, i.e. the contents and form of applications for grants, reports and above all papers published in the professional journals.

The reliability of these sources in this respect derives from the fact, that they reproduce the methodological criteria accepted by the scientific community. Every article, which presents a piece of a previously performed piece of research as well as the description of a project submitted for possible funding, should contain strictly defined information concerning the given problem as a whole and all its components. It should be divided into clear-cut sections, the contents of which should embrace the names and affiliation of the authors, general background or the

---

15 *Bilikiewicz* (1939).

16 *Beveridge* (1953).

17 *Feinstein* (1957).

18 *Wulff / Gøtzsche* (2000).

19 *Cutler* (1979); *Fleck* (1935/1980), pp. 122,124, 129, 130.

20 *Doroszewski* (2001b).

present state of knowledge, the aim of the research (i.e. the problem to be solved), the hypothesis or hypotheses, the experimental model and methods employed, including that of statistical analysis, the results of experiments and their direct interpretation, a clear formulation of the solution of the problem, a critical and comparative discussion, basic conclusions and an abstract. The rationale underlying of such rigid and detailed requirements concerning the description of every phase of the work is primarily connected to the assumption that the reader of a scientific publication is entitled to be informed in detail on the line of thought and the sequence of actions of the author or authors. Thus the reader is able to personally verify and evaluate the work of the authors and the possible impact of paper on their general state of knowledge. In other words, the authors are not only obliged to present their scientific contribution, but also to prove that their mental and physical operations conform to a certain standard, which is an important element of thought style that is accepted in a given scientific society.

The general background of scientific thought-and-action style

Concerning natural sciences, the problem of thought style is inseparably connected with that of the „style of action". The former consists of the members of the collective sharing a certain type of thinking, the latter is equivalent to the belief that a certain sequence of operations is the most effective. In every experiment, i.e. a directed or provoked observation, the process of reasoning is closely related to numerous and complex physical operations, therefore, in the context of experimental sciences a more appropriate term would be „thought and observation style", „experimental style" or „thought-and-action style".

Due to the extreme complexity of the problems connected to various fields of the experimental sciences, the present analysis is generally limited to the experimental life sciences, with special reference to the basic medical sciences.

In the frame of a presently widely accepted thought-and-action style, the investigator aims at arriving at the fundamental goal of scientific activity, which may be formulated in the following way: *the result of the research, i.e. a scientifically trustworthy statement, is expected to be novel, important from a theoretical and/or practical point of view, justifiable on the ground of the accepted general knowledge and as precise and univocal as possible.* The requirement, that the scientific statement should be „important" means that it should be logically connected with already accepted statements, which are fundamental for a given science.

Fleck's description[21] of the typical attitude of scientists consisting of the reverence for the ideal of objective truth, clarity and accuracy, truthfully reflects the situation not only of his time, but also of today. Concerning life sciences (biology, biomedicine and other sciences) the „objective truth" is equivalent to the way of understanding (even if not clearly expressed)[22] the essence of the life processes (one of its most important modern components is the operation of the self-regulating mechanisms); the concordance of a thought or statement with this overall view is a basic condition of its acceptance. Fleck's concept of the participation of the social factor in the very definition of the notion of truth may be interpreted on the semantic ground, since the „truth-value" of a statement depends on the way of formulation, on which the social factors have evident influence. Notwithstanding, that the same law may be expressed in various, more or less precise manners, it is in a certain sense true in every case, because every formulation contains a similar semantic „core".

The researchers working in the field of natural sciences are generally not competent enough (and not very interested) in the philosophical aspects of the theoretical problem of truth and *qua scientists* don't ask themselves whether reality objectively exists because they have the impression to touch it everyday. The scientists believe in the objectivity of cognition as a feature equivalent to its intersubjective character, i.e. that every member of the research community (in a given field or specialty) perceives the reality in the same manner. They share the same or similar general views on the fundamental features of the type of reality that is the object of their investigation, they have the same opinions concerning the most appropriate manner of understanding and describing it and obey the same rules of research action.

For the empirical scientist the truth is the equivalent to the goal of his research. Taking this into consideration and in the context of Fleck's view on the problem of truth, the following formulation of the notion of truth, related to the empirical research, may be suggested. It is the general aim of this activity or the solution of a problem, which is the most justified according to a given thought-and-action style (including practical verification) and constitutes the most (provisionally) exact representation of the fragment of reality underlying this problem. The seeming equality of the results that may be reached on the grounds of different thought-and-action styles should in this context be understood as a pragmatic spirit using the criterion of practical consequences.

---

21 *Fleck* (1935/1980), pp. 187-8.

22 *Wójcicki* (1992).

A special type of approach to the problem of truth seems to be typical concerning experimental research connected with the natural sciences. Referring to the above remarks as well as to Fleck's concept of truth[23] and his description of the appearance of scientific fact[24] the following description is perhaps adequate.

The pursuit of truth is an overall, distant goal of the experimenter, while the solution of a certain problem (see below) is the nearest and direct aim of investigation, the result of which is the assertion that in particular conditions a certain phenomenon appears. It is a mental and/or verbal representation of an observation, which is accepted as true or is called scientific truth, only if the phenomenon described by the hypothesis put to verification a) was revealed by appropriate (accepted, relevant) methods, b) appears in definite conditions, or c) gives rise to the predicted phenomena. All the above conditions derive from the fundamental features of the experimental manner of studying reality. The first condition underlines the importance of the application of the methods, the relevance of which is accepted in a given collective or indicated by a given thought style and thus roughly corresponds to the „third" component of truth as conceived by Fleck. The requirement of strictly defined conditions or specificity (selectivity) of observation is related to the Cartesian principle of making situations as simple as possible. The last of the above demands invokes a „pragmatic limitation" of the statements representing a final acceptance or candidates for the status of the scientific truth; it is connected to the basic principle of the experimental method consisting of a purposeful modification of the observation conditions; it finally links the experiment with possible practical applications of the results.

Usually, the scientific fact in the above sense is not called „Truth" with a capital „T" because we are aware of the imperfection, the insufficient exactitude and almost constant provisional character of the results of the scientific endeavor. The duty of a scientist, however, is to strive towards the truth as best as he or she can and arrives at the best-justified conclusions independent of his or her philosophical beliefs or doubts.

In connection with the above remarks, it may be useful to distinguish several levels of the scientific empirical cognition. The first two of them are discussed above, the third will be studied in detail below and the last, as too specific, does not enter into the frame of the present work.

---

23 *Fleck* (1935/1980), p. 55.

24 *Fleck* (1935/1980), p. 124.

1) The general image (putative characteristic) of a given fragment of the reality (postulated truth) accepted by the collective of scientists,[25] e.g. an organism is a complex system, in which the fundamental role play the auto-regulation processes.

2) The type of study and description of the fragment of the reality or characteristic of its mental representation accepted as optimal (thought-and-action style), e.g. rational thinking and action, in particular the notions based on statistically elaborated experiments.

3) The general type of research action that is considered to lead to the optimal description of the reality fragment (general research methodology), e.g. the sequence of steps embracing the generation of hypotheses, their verification by means of measurement, drawing legitimate conclusions.

4) The description of the concrete applications of methods in a given field of research (special research methodology), e.g. textbook presentation of a certain group of biochemical procedures.

Research methodology

Scientific activity is a conscious goal-directed activity, in which the undesired present state of affairs (situations) constitutes the problems and the desired final state of affairs corresponds to their solutions.

Scientific research as a problem solving process[26] is the application of a general scheme, in the frame of which scientific acts (discoveries) are understood as active processes, the typical phases of which are the following: a) perception and formulation of the problem, and its anticipated solution (the type of the unknown), b) observation and reasoning leading to c) the solution of the problem. In other words, the problem solving process consists of accepting certain premises (specification of the present state of a given fragment of knowledge), establishing what is to be known (direct and distant goal, *explorandum*), performing a mental and/or physical procedure, formulating the conclusion (*exploratum*).

According to this approach an elementary unit of the process of development of an empirical science is the problem, while the process as a whole is a sequence (network) of problems. In the framework of Fleck's theory „the appearance of fact" or an isolated discovery is roughly equivalent to an elementary component of every empirical problem, namely the observation (which Fleck

25 C.f. *Fleck* (1935/1980), pp. 187-8.

26 *Fleck* (1935/1980), p. 2.

described in a specific terminology). The basic unit of the process of empirical cognition is the experimental problem, which apart from the observation contains numerous other elements, while the process of the development of science is a chain or network of experiments. In order to refer to Fleck's concepts the methodological way of understanding the notions of the problem and the sequence of problems will be discussed below by means of Fleck's own examples.

According to Fleck's approach the appearance of a fact resembles the observation rather than the process of solving a whole experimental problem because it is rather a passive than an active process and the element of anticipation of the result is absent. Fleck wrote that at first there is a signal of resistance in the chaotic initial thinking, then a definite thought constraint and finally a form to be directly perceived.[27] The „signal of resistance" corresponds to the phase of perception and formulation of the problem and the „thought constraint" governs the act of observations and reasoning, while the form to be perceived resembles the solution of the problem. For example, a single step of the procedure, which leads to the discovery of *Spirochaeta pallida* by Schaudinn[28] may be used (the whole procedure is presented below).

Chaotic initial thinking is a supposition that in the tissue, which is observed under the microscope, an unknown type of bacteria-like structure is present. Definite thought constraint corresponds to the interpretation of the observed image according to the rules of bacteriology (thought style). A directly perceived form was the mental representation of the microorganisms that Schaudinn named „Spirochaeta pallida" and were supposedly present in the tissue under examination. From the point of view of the experiment as a whole the lacking element is an anticipated form (a hypothesis), i.e. a kind of microorganism, which is possibly present in the examined specimen.

Modern research practice is often more complex in comparison with the observation of a single phenomenon or in Fleck's terminology „establishing a fact".

The most commonly accepted empirical scientific cognitive paradigm is the use of the experimental method,[29] the essence of which consists in creating (advancing and establishing) hypotheses and proving them by means of observation. The term „experiment" denotes an intentionally organized (prepared) and performed observation, which is undertaken to discover something not yet known in a rational manner.

---

27 *Wójcicki* (1992).

28 *Schaudinn / Hoffmann* (1905a); (1905b).

29 *Bunge* (1985); *Bernard* (1939).

In modern empirical research it is composed of a sequence or network of mental and physical steps. The requirement of the rational foundation[30] of this procedure means the application of a reasoning that is arranged in a certain order, which is objective (inter-subjective) and verifiable. It is not necessarily based on a formal system, but also uses other types of thinking that are accepted in the scientific „esoteric“ collective (according to Fleck's terminology) as appropriate for a given type of problem (see below). The theoretical principles of the experimental approach to the empirical scientific problem solving are applied in research practice by means of using various scientific methods, which are studied and described in the frame of the general methodology.[31]

A typical sequence of experimental procedures is the following: On the grounds of an accepted (in a given period of time) general knowledge and the desired change of this knowledge a hypothesis is formed, which is to be verified, i.e. accepted, rejected or modified (one of the most frequent issue). In order to perform the verification an appropriate experimental model and conditions are devised, while the methods of observation and measurement (including statistical procedures) are designed. After the execution of the plan of the experiment, the results of the observations are gathered and on the grounds of their direct interpretation, the initial hypothesis and the general knowledge, the conclusions are drawn and the results of the experiment are formulated. The statements that appear in this process are categorical or hypothetical, certain or uncertain, univocal or ambiguous, provisional or final.

The sequence of steps constituting the process of solving an experimental problem may be represented by the diagram in FIGURE 1 (for the interpretation of the arrows see below).

30 *Jakubowski* (1998).

31 *Van den Belt* (1997); *Brorson* (2000); *Wójcicki* (1979); *Wójcicki* (1991).

FIGURE 1. The sequence of steps in scientific discovery

A. General knowledge   B. Initial observation

↘ ↙

C. Hypothesis

↓

D. Design and execution of the experiment

↓

E. Observation of the result

↓

F. Acceptance, modification or rejection of the hypothesis

↓

G. Experimental verification

↓

H. Integration of the new statement into general knowledge

↓

I. New experimental problems

↓

J. Generalization

The approach represented by the flow diagram above may be exemplified by referring to the research steps extracted, as it were, from the description Frederick Schaudinn's discovery. As his own presentation in the original papers[32] is too

32 *Schaudinn / Hoffmann* (1905a); (1905b).

extensive, it is based on the text analysis method described elsewhere (see above); the text[33] is a slightly abbreviated summary presented by Fleck.[34]

The following premises and conclusions may be derived from this source.

A. Syphilis is a contagious disease (A) and bacteria-like structures are present in some infected tissues (B), thus bacteria may be the cause of syphilis (C, hypothesis).

D. The presence of bacteria in a tissue may be revealed by means of a microscopic examination, thus if bacteria are present in the syphilitic tissues, their presence may be revealed by the microscopic examination.

E. Microscopic examinations have revealed in numerous experiments that in syphilitic tissues an up to now unknown type of bacteria is present (named Spirochaeta pallida), therefore the hypothesis that this type of bacteria may be the cause of syphilis corroborated (F).

G. Spirochaeta pallida were repeatedly introduced into various living tissues and the infection of these tissues always have developed, then the hypothesis that Spirochaeta pallida is the type of bacteria, which may be the cause of syphilis, is corroborated.

H. The notion of syphilis is enriched.

I. The question arises, whether every form of syphilis is caused by Spirochaeta pallida.

J. The statement that the causative factor of syphilis is Spirochaeta pallida is accepted.

Development of empirical science

Using an extremely simplified model, the process of development of an empirical natural science (especially the medical science or a life science), may generally be described as FIGURE 2.

---

33 *Wójcicki* (1991).

34 *Fleck* (1935/1980), pp. 24-25.

FIGURE 2. The development of a fragment of science

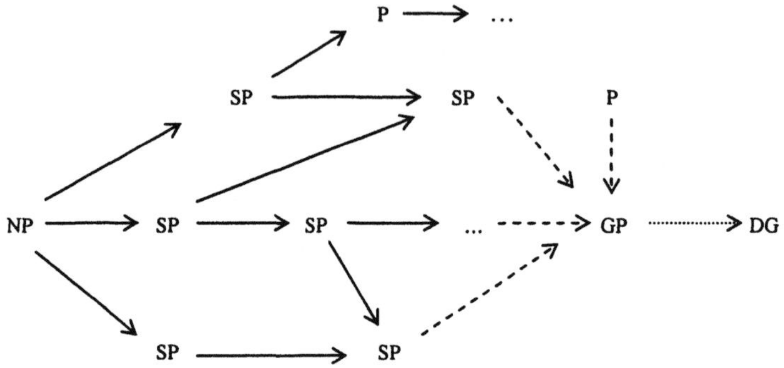

Abbreviation: NP – new problem (discovery), SP – sub problems, GP – generalized problem, DG – distant goal, P – dead-end and „outsider“ problems.

As an effect of the discovery, i.e. of the solution of a certain new problem (NP), its possible consequences appear more or less clearly and they are expressed in the form of a hypothetical statement or a set of statements (GP) formulated in a highly general manner, which are connected with the overall perspective or the distant goal (DG) of research in a given field. It is the phase of the process, which is directed by social factors (demand, possibilities, constraints and contingencies etc.) as well by purely scientific factors. The solution of the hypothetical general problem (GP) may possibly be arrived at by means of solving a set of interconnected sub-problems (SP). Sub-problems may be partly formulated in a relatively clear manner and partly only in a vague, ambiguous and provisional form, some of them only as postulates. There are also problems, which follow (directly or indirectly) from the original discovery (NP) but they are dead ends, i.e. they do not lead to the solution of the general problem, which on the other hand may be achieved from an „unexpected“ problem. The realization of the overall goal of the research in a given fragment of science (DG) depends, among others, on the eventual solving of the general problem and therefore the network of the specific sub-problems (SP). It becomes the center of scientific activity, which is performed almost always by teams or collectives of researchers in numerous places. The fact that a general aim of this activity may usually be arrived at by means of solving various sub-problems (in other words by choosing different, frequently devious paths), cannot be achieved at all in a given network or may be solved „from outside", explains how it is possible that (as Fleck puts it) „the right conclusion may apparently follow from the wrong premises".

The following example may serve as illustration. New discovery: the identification of Spirochaeta pallida in a syphilitic tissue. General problem (general hypothesis to be proved): Spirochaeta pallida is an overall causative agent of syphilis. The distant goal of the research on syphilis: finding a method of therapy. Sub-problems: a more detailed analysis of the microscopic images, the study of various tissues in various forms of syphilis and the infection of various animals. The solution of the general problem made possible by inventing (making more effective) the substances acting on Spirochaeta pallida.

A further example is the research of Ludwik Fleck and collaborators.[35] In 1946 Fleck discovered the phenomenon, which consisted of groups of leukocytes appearing in the blood affected certain conditions, which he named „leukergy". He supposed that this fact may be important from a theoretical as well as practical points of view in connection to the mechanism of inflammation and possible diagnostic applications (distant goals of research). A series of experiments have verified the discovery and further collective experiments (under the direction of Fleck) were performed. They were directed at two immediate aims, namely the determination of the conditions, in which leukergy appeared, and the cognizance of the mechanism of this phenomenon. Two kinds of generalized conclusions were established, i.e. the concept describing the mechanism of this phenomenon and the estimation of its diagnostic usefulness.

Research inference

The problem of the development of science, i.e. a time-ordered network of the scientific discoveries, is inseparably connected to that of the rational or „logical" factor. Here I will discuss some problems that are typical rather for „qualitative" rather than the so-called exact science, in which mathematical methods prevail.

Scientific discovery (in a broad sense) is the result of a sequence or network (see above) of conscious, goal-directed operations performed by a research team, partly designed in advance, partly performed *ad hoc*, e.g. the steps that lead from the formation of a hypothesis, say, that syphilis is caused by a specific microorganism, up to the acceptance of the result that the cause of syphilis is Spirochaeta pallida, are linked by various, complex relations. These relations are symbolized

35 *Fleck* (1951).

in the scheme in FIGURE 1 by arrows, upon which the process of inference making are based. In order to understand the discovery-making process as a whole the structure of particular steps should be examined.

The natural thinking processes, including those, which are used in the processes of the scientific „qualitative" problem solving, are not equivalent to the formal logical methods, nevertheless, they constitute a reliable basis for inference making. Such a type of thinking may be regarded as a kind of „thought style", which is logical „in a natural manner" and based on a „natural logic". Concerning the processes of solving the problems typical for life sciences, which I understand as a kind of inference-making performed usually unconsciously, are organized in a certain order, resemble simple formal logical structures and operate in the environment of informal reasoning typical for every-day thinking. The inferences arrived at by means of natural thinking may neither be demonstrated by using formal procedures, nor can their validity in most cases be formally proved. However, a well-trained specialist is able to correctly perform such reasoning (in most cases), as well as recognize the errors. In other words, reasoning based on natural logic involves semi-formal methods and heuristic procedures are acquired (mostly in practice) during the process of learning.[36] In many cases the reasoning connected with the estimation of a degree of certainty or the probability based on quantitative as well as qualitative grounds is particularly important. From the point of view of the analysis of natural thinking, the approach called confirmation of hypotheses and possibilistic reasoning seems to be useful.[37]

Ludwik Fleck's attitude towards the role of logic in the development of science is not straightforward. On the one hand, he made highly critical general remarks[38] and on the other hand he is convinced that in the frame of a given thought style reasoning is strongly determined by the rules accepted by the collective.[39] Concerning the experimental investigation, illustrated by that of Wassermann and coll.,[40] his attitude may be exemplified by the following phrase: „…

36 See the above cited papers, and *Adjukiewicz* (1965); *Packard / Faulconer* (1980); *Maruszewski* (2002); *Phillips* (ed.) (1988); *Falkowski* (2003); *Piskorz / Zaleśkiewicz* (2003).

37 *Doroszewski* (2001b).

38 E.g. *Fleck* (1935/1980), p. 40.

39 E.g. *Fleck* (1935/1980), p. 101.

40 *Wassermann / Neisser / Bruck* (1906); *Wassermann / Neisser / Bruck / Schucht* (1906).

from false assumptions, from vague first experiments and from many errors and detours, a true finding may arise ...".[41] It may be supposed that Fleck had in mind natural logic (instead of formal logic) inference.

In order to show that in the latter meaning the hypothesis, the plan of the experiment and a final solution may be correctly derived and justified in the possibilistic sense, a more detailed analysis of the scheme in FIGURE 2 should be presented.

Using the method of simplifying reformulation and paraphrasing[42] reasoning, on which the initial steps of the discovery of Schaudinn are based, may be presented as follows (each proposition is preceded by a quantifier-like phrase).

1) For some tissues: if a tissue derives from individual suffering from a contagious disease, then specific pathogenic (causative agents) microorganisms are present. Syphilis is a contagious disease, therefore in syphilitic tissues specific pathogenic microorganisms may appear.

2) For every tissue: if and only if the microscopic observation of a tissue is performed and in this tissue microorganisms of a certain kind are present, then these microorganisms are recognized. The microscopic observation of the tissue is performed and the microorganisms are recognized, therefore in the tissue subjected to observation the microorganisms are present.

3) For certain microorganisms: if in the tissue deriving from an individual suffering from a contagious disease the microorganisms of a certain kind are present, then these microorganisms are the causal factors of the disease. In the tissue derived from an patient suffering from syphilis (a contagious disease) the microorganisms are present, therefore microorganisms of this kind may be a causal factor of syphilis.

The presentation of Fleck's theory in his monograph[43] begins with the analysis of a preliminary report of Wassermann and coll.,[44] which was later considered as a fundamental step towards the discovery of the reaction, which later became one of the basic methods to diagnose syphilis. The critical appraisal of this work was based on the fact that not every premise and result of the authors were verified. Fleck indicated that although the discovery was solely connected with the name of

41 *Fleck* (1935/1980), p. 40.

42 *Doroszewski* (2004).

43 *Fleck* (1935/1980).

44 S.a. fn. 40.

Wassermann, it was the effect of the efforts of numerous researchers in many laboratories. Fleck's criticism was probably also caused by Wassermann's way of presentation of his preliminary study. Its aim was described in a general and imprecise manner, while the conclusion could be interpreted as stressing individual unexpected achievement. This paper indeed did not fulfill the formal standards of publication that are accepted today, however, the study contained original and very important ideas. The following paper by the same (considerably large) group of authors[45] also received a negative criticism from Fleck mainly because some of its results were difficult to verify in subsequent studies. However, it should be stressed that Wassermann himself did not consider it as a presentation of the diagnostic method and suggested numerous steps of verification of its practical utility.

Since these works by Wassermann and Fleck's criticism of them were subjected to a professional analysis by other authors,[46] I will only make two remarks concerning the essence of the scientific discovery in general.

Wassermann and his collaborators[47] have discovered that by means of a serological method based on the complement binding the presence in the tissues of a syphilitic substance may be detected. When this method was eventually widely applied in practice, almost every component of their achievement was changed. The knowledge of the serological processes was considerably developed, the mechanism of the complement binding phenomenon became known in more details, syphilitic substances were identified and it became possible to measure on a quantitative scale the outcome of the reaction. Moreover, some particular experiments appeared to be inexact, even erroneous or misinterpreted. However the „core“ of the phenomena and procedures, i.e. their characteristic features (in contradistinction to the consecutive or contingent features) or using a semantic approach the features that constituted their basic connotation, did not change. The knowledge of these phenomena and procedures were initially insufficient for practical purposes. However, it was a necessary condition for further development. The above approach seems to be applicable to the majority of important, i.e. original and fruitful, discoveries.

The way from the first discovery to its final acceptance and thus to its practical application is always long, devious and sometimes leads to dead ends, but its random elements do not concern the basic concepts.

45 *Wassermann / Neisser / Bruck / Schucht* (1906).

46 E.g. *Zalc* (1986); *Moulin* (1986).

47 S.a. fn. 40.

Literature

Adjukiewicz, K. (1965): Logika pragmatyczna (Pragmatic logic), PWN, Warszawa.

Bernard, Claude (1939): Introduction à l'étude de la médecine expérimentale, Delagrave, Paris (first ed. 1865).

Beveridge, W. I. B. (1953): The art of scientific investigation. Heineman Ltd. London.

Biegański, W. (1908): Logika medycyny, czyli krytyka poznania lekarskiego (Logic of medicine or critical appraisal of medical cognition). Warszawa, Wende.

Bilikiewicz, Tadeusz (1939): „Uwagi nad artykułem Ludwika Flecka ‚Nauka a środowisko'" (Remarks concerning the paper of Ludwik Fleck ‚Science and environment', in Polish). Przegląd Współczesny, 8-9, pp. 169-175.

Brorson, S. (2000): On the socio-cultural preconditions of medical cognition: studies in Ludwik Fleck's medical epistemology. University of Copenhagen.

Bunge, M. (1985): Treatise on basic philosophy, vol. 7, p. II (Epistemology and methodology: life science, social science and technology), D. Reidel Publ., Dordrecht.

Chałubiński, T. (1874): Metoda wynajdywania wskazań lekarskich (The method of arriving at medical indications). Gebethner and Wolff, Warszawa.

Cohen, R. S. / Schnelle, Thomas (eds.) (1986): Cognition and fact. Materials on Ludwik Fleck. D. Reidel Publ. Dordrecht.

Cutler, P. (1979): Problem solving in clinical medicine. Williams and Wilkins, Baltimore MD.

Doroszewski, Jan (2000): „An analysis of medical knowledge and reasoning". In: Analecta Husserliana, vol. 64, *A. T. Tymieniecka* and *Z. Zalewski* eds., Kluwer Acad. Publ., Dordrecht, pp. 57-66.

Doroszewski, Jan (2001a): „Semiotyczno-systemowy model wiedzy medycznej" (A model of medical knowledge based on a systems' and semiotic approach), Studia Semiotyczne, vol. 24, pp. 175-204.

Doroszewski, Jan (2001b): „Pojęcie problemu w nauce i działalności praktycznej" (The notion of problem in science and practical activity), Studia Semiotyczne, vol. 23, pp. 139-161.

Doroszewski, Jan (2004): „Biomedical inference: a semantic model". In: Rough-neural computing; techniques for computing with words, *S. K. Pal*, *L. Polkowski* and *A. Skowron* eds., Springer Verlag, Berlin, pp. 373-409.

Falkowski, A. (2003): „Decyzja, analogia, wiedza: podejście konstruktywistaczne“. In: *Z. Piskorz* and *T. Zaleśkiewicz* (eds.), Psychologia umysłu (psychology of the mind). Gdańskie Wyd. Psychol. Gdańsk, pp. 114-130.

Feinstein, A. R. (1957): Clinical judgment. Williams and Wilkins, Baltimore MD.

Fleck, Ludwik (1927): „O niektórych swoistych cechach myślenia lekarskiego“ (Some specific features of the medical way of thinking). Archiwum Historii I Filozofii Medycyny oraz Historii Nauk Przyrodniczych 6, pp. 55-64.

Fleck, Ludwik (1934): „Jak powstał odczyn Bordet-Wassermanna i jak w ogóle powstaje odkrycie naukowe“ (How did the Bordet-Wassermann reaction originate and how does a scientific discovery originate in general, in Polish). Polska Gazeta Lekarska, vol. 13, pp 1-14.

Fleck, Ludwik (1935/1980): Entstehung und Entwicklung einer wissenschaftlichen Tatsache. Einführung in die Lehre vom Denkstil und Denkkollektiv. Suhrkamp Verlag, Frankfurt am Main 1980 (Ausgabe textidentisch mit der 1935 erschienenen Erstausgabe). English translation: Ludwik Fleck: Genesis and development of a scientific fact. Transl. by F. Bradley and T. J. Trenn. University of Chicago Press, Chicago 1979. Polish translation: Powstanie i rozwój faktu naukowego. Wprowadzenie do nauki o stylu myślowym i kolektywie myślowym. Transl. from German: M. Tuszkiewicz, Wydawnictwo Lubelskie, Lublin 1986.

Fleck, Ludwik (1951): „Leukergia“ (Leukergy, in Polish), Postępy Higieny I Medycyny Doświadczalnej, vol. 4, PZWL, Warszawa, pp. 7-29.

Hempel, C. G. (1966): Philosophy of natural sciences. Prentice-Hall, New Jersey.

Jakubowski, J. (1998): Racjonalność a normatywność działań (Rationality and normativity of actions, in Polish), Poznań Univ. Press, Poznań.

Kotarbiński, T. (1965): Praxiology. An introduction to the sciences of efficient action (Polish title: Traktat o dobrej robocie, first edition 1955), translation by O. Wojtasiewicz, Pergamon Press – Polish Scientific Publ. Oxford – Warszawa.

Löwy, Ilana (1986): „The epistemology of the science of an epistemologist of the sciences: Ludwik Fleck's professional outlook and its relationship to his philosophical works“. In: Cognition and fact. Materials on Ludwik Fleck. *R. S. Cohen* and *T. Schnelle* (eds.), D. Reidel Publ. Dordrecht, pp. 421-442.

Maruszewski, J. (2002): Psychologia poznania (Psychology of cognition), Gdańskie Wyd. Psychol. Gdańsk.

Moulin, A. M. (1986): „Fleck's style". In: Cognition and fact. Materials on Ludwik Fleck. *R. S. Cohen* and *T. Schnelle* (eds.), D. Reidel Publ. Dordrecht, pp. 407-419.

Packard, J. / Faulconer, J. E. (1980): Introduction to logic. Van Nostrand, New York.

Phillips, C. J. (ed.) (1988): Logic in medicine. British Medical Journal Publ.

Piskorz, Z. / Zaleśkiewicz, T. (2003): „Mózg, umysł, decyzje. Neurobiologia nie tylko subiektywnego prawdodopobieństwa" (Brain, mind, decisions. Neurobiology not only of the subjective probability). In: *Z. Piskorz* and *T. Zaleśkiewicz* (eds.), Psychologia umysłu (psychology of the mind). Gdańskie Wyd. Psychol. Gdańsk, pp. 198-216.

Schaudinn, F. / Hoffmann, E. (1905a): „Ueber Spirochaetenbefunde im Lymphdrüsensaft Syphilitischer". Deutsche Medizinische Wochenschrift, No. 18, 4. Mai, pp. 711-714.

Schaudinn, F. / Hoffmann, E. (1905b): „Ueber Spirochaeta pallida bei Syphilis und die Unterschiede dieser Form gegenüber anderen Arten dieser Gattung". Berliner Klinische Wochenschrift, No. 22, 29. Mai, pp. 673-675.

Schnelle, Thomas (1986): „Microbiology and philosophy of science, Lwów and the German Holocaust: stations of a life – Ludwik Fleck 1896 – 1961". In: Cognition and fact. Materials on Ludwik Fleck. *R. S. Cohen* and *T. Schnelle* (eds.), D. Reidel Publ. Dordrecht, pp. 3-36.

Van den Belt, H. (1997): Spirochaetes, serology, and Salvarsan. Ludwik Fleck and the construction of medical knowledge about syphilis. Ponnsen & Looijen, the Netherlands.

Wassermann, A. / Neisser, A. / Bruck, C. (1906): „Eine serodiagnostische Reaktion bei Syphilis". Deutsche Medizinische Wochenschrift, 32. Jahrgang, No. 19, pp. 745-746.

Wassermann, A. / Neisser, A. / Bruck, C. / Schucht, A. (1906): „Weitere Mitteilungen über den Nachweis spezifisch-luetischen Substanzen durch Komplementverankerung". Zeitschrift für Hygiene und Infektionskrankheiten, pp. 451-477.

Wójcicki, R. (1979): Topics in the formal methodology of empirical sciences. D. Reidel, Dordrecht and Ossolineum, Wrocław.

Wójcicki, R. (1991): Teorie w nauce. Wstęp do logiki, metodologii i filozofii nauki. (Theories in Science. Introduction to logic, methodology, and philosophy of science, in Polish), IFIS PAN, Warszawa.

Wójcicki, R. (1992): Theories and theoretical models, IFIS PAN, Warszawa. (p. 19).

Wulff, H. R. / Gøtzsche, H.R. (2000): Rational diagnosis and treatment, Blackwell Science Ltd., Polish translation by Z. Szawarski 2005.

Zalc, B. (1986): „Some comments on Fleck's interpretation of the Bordet-Wassermann reaction in view of the present biochemical knowledge". In: Cognition and fact. Materials on Ludwik Fleck. *R. S. Cohen* and *T. Schnelle* (eds.), D. Reidel Publ. Dordrecht, pp. 399-406.

Ludwik Fleck's Contribution to the Medical Science in Relation to the Contemporary Medical Research in Poland and Abroad

Andrzej Grzybowski

Ludwik Fleck was born in Lviv on July 11th, 1896. His first experiences in microbiology was as an assistant to Prof. Rudolf Weigl, a well known typhus specialist at the Lviv Medical School. After receiving his medical degree from Lviv University in 1922, he specialized in bacteriology in Vienna. He was then given the position as head of the bacteriological and chemical laboratories of the state hospital in Lviv. His expertise primarily focused on the fields of microbiology and immunology. After the Second World War, during which he was imprisoned in the concentration camps of Auschwitz and Buchenwald, he settled in Lublin, where he headed the Institute of Microbiology at the School of Medicine at the Maria Sklodowska-Curie University. The institute had previously been directed by the famous Polish immunologist, Prof. Ludwik Hirszfeld. In 1952 Fleck moved to Warsaw, where he became the director of the Department of Microbiology and Immunology at the Mother and Child State Institute, and in 1957 he finally emigrated to Israel. He died there in 1961 of the second heart attack, at the age of 64.

Although Ludwik Fleck is currently primarily recognized as a philosopher of medicine and science, he was a very productive researcher in the fields of microbiology, serology, and immunology. He published, as the author and co-author, about 170 original and review papers. His main achievements include the discovery of the exanthin reaction, the detection of typhus antigenic substances in urine, the first description of the phenomenon of leukergy and many observations describing the behavior of leucocytes in situations of infection and stress. The aim of this study is to analyze the perception of Fleck's major medical discoveries in present-day medical science.

In the years 1923-24 Ludwig Fleck conducted research on proteino-therapy in anafilaxy.[1] In 1930 he discovered the original skin test for the early detection

1 *Fleck* (1923).

of typhus (spotted fever).[2] A year later he discovered some new Rickettsia strains of the X type in typhus and introduced a new method of using the Rickettsia solution in agglutinin tests.[3] In 1938 he demonstrated the influence of colloids on serological reactions and described a new method of distinguishing a real reaction from a pseudoreaction.[4] He described the lack or decrease of the fourth subunit of the component in luetic sera and studied the dependence of haematologic pictures on rising agglutynin. He also wrote several papers on dermatology, focusing on lupus erythrematosus, pseudophiloma and pemphigus.[5]

In 1941-42 Fleck discovered that typhus could be diagnosed before severe clinical symptoms were visible.[6] As early as the third day after the infection antigen appears in urine. This could be discovered by means of Fleck's method. This was a valuable discovery, both theoretically and clinically, and it soon became known in the Lviv medical milieu. Because of this, spotted fever (typhus) was anecdotically called „Fleck fever", in German it already had a similar name („Flecktyphus", *Fleck* meaning *spot* in German).

He also developed a new method of vaccine production for typhus, which was based on the presence of antigens in urine.[7] He investigated the phenomenon of excreting the typhus antigens with urine and developed a method of utilizing antigens for the production of a vaccine against this disease.[8]

However, the description of the leukergy phenomenon became his main achievement in the field of immunology. Fleck described the changes in the leukocyte properties due to the inflammation process in living organisms. These changes included the aggregation of leukocytes in homologic cell groups (an effect of increasing their viscosity), an increase of oxidation turnover, their migration and phagocytic activity. Leukergy was first observed in 1942 and described as

> „an inflammatory phenomenon, which can be produced in animals by the intravenous administration of killed bacteria. Tests we have done suggest that there is no link between leukergy and leukocytosis, body temperature

2 *Fleck* (1930a).

3 *Fleck* (1931); *Fleck / Balikówna* (1931).

4 *Fleck* (1938).

5 *Fleck* (1930b); *Fleck / Fullenbaum* (1931); *Fleck / Goldschlag* (1937).

6 *Fleck* (1946); (1947).

7 *Fleck* (1946).

8 *Fleck* (1946).

> and the erythrocyte sedimentation rate (ESR). It appears several hours after the injection of the bacteria, subsequent to the rise of temperature, but before leukocytosis. It lasts about five days, which is much longer than the length of fever, usually longer than leukocytosis and increased ESR. Leukergy is a very sensitive symptom. (...) While ESR is a strictly humoral phenomenon, i.e. the red cells of a sick patient suspended in the serum from a healthy person settle normally, and the red cells from a healthy person suspended in a patients' serum settle fast, leukergy is something different. In leukergy, white cells centrifuged from the inflammatory serum, washed with serum from a healthy person and settled in such serum, remain leukergic."[9]

Fleck devoted many articles to the investigation of leukergy and the function of leukocytes in health and disease.[10] He discovered, among other things, antibodies against leukocytes in the blood of mammals and assessed their importance in the formation of characteristic hematological pictures. Moreover, he studied the leukocyte oxygen processes during phagocytosis.

Although many handbooks on bacteriology and immunology from around the mid-twentieth century contained Fleck's papers, it is interesting to check to what degree his scholarly contribution has been reflected in the newest literature on the subject. For this purpose the Medline data base was used, with the following search words: leukergia (35 records), Ludwig Fleck (35 records), and exanthin reaction (0 records). The period under examination was the years between 1966 and 2005. Searching in Medline for the key word „leukergy" in the period 1964-2005 revealed 35 records. Among others, the leukergy test was used in the field of infectious disease, circulatory and coronary diseases, inflammatory diseases, smoking-related disorders, immunologic disorders, occupational medicine, monitoring of neuroleptic drug use and ophthalmology. Different experimental and medical indications of leukergy test are discussed below.

Infectious diseases

The leukergy test was shown to be a simple and effective test to differentiate bacterial from viral infections,[11] an indicator of infection in the hip joint in chil-

---

9 *Fleck / Borecka* (1946); *Fleck / Murczyńska* (1947).

10 *Fleck* (1956); *Fleck* (1957); *Fleck / Lille-Szyszkowicz* (1957); *Fleck / Lille-Szyszkowicz / Ruszczyk* (1957).

11 *Goor* (2002).

dren[12] and a test for neutrophile rheologic changes in septic shock.[13] It was also proved to be a good test for microvascular function, rheologic changes in hyperdynamic sepsis,[14] and in experimental and clinical trichinellosis.[15] The leukergy test was said to be a new diagnostic test for bone infection, which is more accurate than the ESR white cell count or blood culture:

> „The percentage of cells agglomerated correlated with the clinical severity of the infection and the test detected reactivation of the septic process better than the other haematological tests. It is rapid and inexpensive method, which is useful in the diagnosis and management of bone and joint infections.“[16]

Circulatory and coronary diseases

The leukergy test was used to evaluate the microvascular response in patients with cardiogenic shock,[17] and as a test for the evolution of cerebral ischemic injury[18] and a previous cerebral ischemic event.[19]

It was also proven to be a good test for neutrophil activity in patients with myocardial ischaemia, stable angine pectoris, certain drugs treatments,[20] for leukocyte rheological properties in patients with diffuse atherosclerosis and for the leukocyte aggregation evaluation in ischemic heart disease.[21] Berliner et al. concluded that the leukergy test correlates better with the clinical picture than the NAA test (the neutrophile aggregation activity test).[22]

---

12 *Sharma* et al. (2000).

13 *Yodice* et al. (1997).

14 *Astiz* et al. (1995).

15 *Stehlik* (1968).

16 *Otremski* et al. (1993).

17 *Kirschenbaum* et al. (2000).

18 *Silvestrini* et al. (1998).

19 *Silvestrini* et al. (1994).

20 *Kowalski* et al. (1998); (2000).

21 *Berliner* et al. (1986).

22 *Berliner* et al. (1986).

Inflammatory diseases

The leukergy test was proposed as a powerful investigative tool and sensitive indicator of inflammation, trauma and stress,[23] as a method of evaluating disease activity in rheumatic patients.[24] It was shown that the extent of leukocyte adhesiveness/aggregation in peripheral blood was the best laboratory variable for grading disease activity compared with the C reactive protein, ceruloplasmin, haptoglobin and haemoglobin.[25] It was also suggested that the LAA of the peripheral blood during inflammation may be used as a reliable value to gauge the severity of the disease.[26]

Goldman et al. found the leukergy test to be more accurate than the white blood count and erythrocyte sedimentation rate, and correlated it with the severity of inflammatory bowel disease activity.[27]

Immunologic disorders

The leukergy test was proven to be a reliable and helpful test for functional changes in the immune system during the reparative regeneration of the liver[28] and in skin graft rejection in mice.[29]

Other fields

It was also found that the leukergy test may be a helpful tool in analyzing the influence of acute and chronic smoking on leukocyte aggregation,[30] as a method of analysis of leukocyte adhesiveness/aggregation in neuroleptic drug treatment[31] and in occupational medicine for workers of the cotton industry.[32]

---

23 *Berliner / Aronson* (1991).

24 *Berliner* et al. (1985); (1988).

25 *Berliner* et al. (1985).

26 *Berliner* et al. (1985).

27 *Goldman* et al. (1988).

28 *Kolpashchikova* et al. (1977).

29 *Kowalczyk* et al. (1973).

30 *Galante* et al. (1993).

31 *Zemishlany* et al. (1991).

32 *Bomski* et al. (1967).

Conclusion

The analysis of the available literature clearly shows a growing interest in the phenomenon of leukergia among medical researchers. The method is said to be sensitive, simple, and also inexpensive, which is increasingly important today. Moreover, this analysis shows that the majority of the articles in prestigious and peer-reviewed journals were published during the last 15 years. On the other hand, a lack of clear and standardized diagnostic indications for the test use in clinical conditions makes it an experimental rather than a clinical method. This means that there is still ample room for research in this area for Ludwig Fleck's followers.

Literature

Astiz, Mark E. et al. (1995), „Leukocyte Rheological Properties are Altered in Patients with Diffuse Arteriosclerosis", Crit Care Med, 77(6): 1073-1076.

Berliner, Shlomo et al. (1985), „The Leukergy Test in Rheumatic Diseases. New Implications for an Old Test", Arthritis Rheum, 28(8): 899-903.

Berliner, Shlomo et al. (1986), „The leukergy Test in Patients with Ischemic Heart Disease", Am Heart J, 111(1): 19-22.

Berliner, Shlomo et al. (1988), „Evaluation of Disease Activity in Rheumatic Patients by Leukocyte Adhesiveness/Aggregation", Ann Rheum Dis, 47(6); 458-462.

Berliner, Shlomo / Aronson, Moshe (1991), „The Phenomenon of Leukergy (leukocyte adhesiveness/aggregation): A Powerful Investigative Tool and a Sensitive Indicator of Inflammation, Trauma and Stress", Isr J Med Sci, 27(3); 164-172.

Bomski, Henryk et al. (1967), „Leukergy in Workers of the Cotton Industry", Int Arch Arbeitsmed, 24(2): 154-159.

Fleck, Ludwik (1923), „O stosunku proteinoterapii do anafilaksji" (*On the Relationship between Proteinotherapy and Anafilaxy*), Pol. Gaz. Lek., 52: 830-832.

Fleck, Ludwik (1930a), „O odczynie egzantynowym" (*On Exanthin Reactiona*), Wiad Lek., 10/11: 392-409.

Fleck, Ludwik (1930b), „Ein Fall Pseudophiloma anorectale mykotischer Aetiologie", Dermatologische Wochenschrift, 90 (11): 379-382.

Fleck, Ludwik (1931), „Versuche über eine lokale Hautreaktion mit Proteus X19 Extrakten", Zeitschrift für Immunitätsforschung und Experimentelle Therapie, 72: 282-300.

Fleck, Ludwik (1938), „Über Reaktionen, Pseudoreaktionen und ein Verfahren, das Komplementpartikel zu inaktivieren", Zeitschrift für Immunitätsforschung und Experimentelle Therapie, 94: 49-65.

Fleck, Ludwik (1946), „Swoiste substancje antygenowe w moczu chorych na dur plamisty" (*Specific Antigenic Substances in Urine of Typhus Patients*), Pol. Tyg. Lek., 1: 663-666.

Fleck, Ludwik (1947), „Specific Antigenic Substances in Urine of Typhus Patients", Texas Reports on Biology and Medicine, 9: 697-708.

Fleck, Ludwik (1956), „Recent investigation on leukergy", Texas Reports on Biology and Medicine, 14 (4): 424-431.

Fleck, Ludwik (1957), „La leukergie et son role dans l'immunité", Ann Inst. Pasteur, 92 (3): 380-395.

Fleck, Ludwik / Balikówna (1931), „Sprawa aglutynacji odmieńca X19 przez surowicę świnki szczepionej durem plamistym" (*On Agglutination of Proteus Vulgaris X19 in the Serum of Mice Infected with Typhus*), Wiad. Lek., 10/11: 390-392.

Fleck, Ludwik / Borecka, Danuta (1946), „Zachowanie się odczynu leukergicznego w różnych stanach chorobowych" (*Leukergy Phenomenon in Different Diseases*), Ann. UMCS Sect.D, 1: 335-349.

Fleck, Ludwik / Fullenbaum, L. (1931), „Clinical and Experimental Contribution on the Etiology of Lupus Erythematosus", Urologic and Cutaneus Review, 35: 358-361.

Fleck, Ludwik / Goldschlag, Frederic (1937), „Experimentelle Beiträge zur Pamphigusfrage", Klinische Wochenschrift, 16: 707-708.

Fleck, Ludwik / Lille-Szyszkowicz, Irena (1957), „Cytochemie des leucocytes leukergiques", Vox sang, 3: 196-201.

Fleck, Ludwik / Lille-Szyszkowicz / Irena, Ruszczyk, K. (1957), „Leukergie et leukoagglutination", Sang 1957; 28 (7): 589-594.

Fleck, Ludwik / Murczyńska, Zofia (1947), „Nowy objaw zapalenia: zlepianie się krwinek białych w cytologicznie jednorodne grupy (leukergia)" (*New Symptom of Inflammation: Aggregation of Leukocytes in Cytologicaly Homogeneous Groups [Leukergy]*), Pol. Tyg. Lek., 7: 196-200.

Galante, Alberto et al. (1993), „Influence of Acute and Chronic Smoking on Leukocyte Aggregation", Clin Physiol Biochem, 10(1): 33-35.

Goldman, Gideon et al. (1988), „Leukergy in Inflammatory Bowel Disease“, Dis Colon Rectum, 31(11): 854-856.

Goor, Yoav (2002), „Differentiation of Bacterial From Viral Infections by a Simple Single Test Slide: The Leukergy Test“, Am J Clin Pathol, 117 (3): 494-495.

Kirschenbaum, Linda A. et al. (2000), „Microvascular Response in Patients with Cardiogenic Shock“, Crit Care Med, 28(5): 1290-1294.

Kolpashchikova, IF et al. (1977), Functional Changes in the Immune System During Reparative Regeneration of the Liver. Bulletin of Experimental Biology and Medicine.

Kowalczyk, K. et al. (1973), „Studies on Leukergy in Skin Graft Rejection in Mice“, Folia Biol, 21(2): 115-125.

Kowalski, Jan et al. (1998), „Stabilna dusznica bolesna. Wpływ pentoksyfiliny na aktywność biologiczną neutrofilów“ (*Stable Angina Pectoris. The Influence of the Pentoxyfilline on the Biological Activity of Neutrophiles*), Kard Pol, 48(4): 304-313.

Kowalski, Jan et al. (2000), „Wpływ trimetazydyny na aktywność biologiczną neutrofilów u chorych z przemijającym niedokrwieniem mięśnia sercowego prowokowanym testem wysiłkowym“ (*Effect of Trimetazidine on the Biological Activity of Neutrophils in Patients with Transient Myocardial Ischemia Induced by Exercise Testing*), Pol Merkuriusz Lek., 9(50): 548-551.

Otremski, Itzik et al. (1993), „Leukergy – A New Diagnostic Test for Bone Infection“, J Bone Joint Surg Br, 75(5): 734-736.

Sharma, M. et al. (2000), „Evaluation of Leukergy Test as an Indicator of Infection in Hip Joint in Children“, Indian J Pathol Microbiol, 43(3): 331-336.

Silvestrini, Mauro et al. (1994), „Leukocyte Aggregation in Patients with a Previous Cerebral Ischemic Event“, Stroke, 25(7): 1390-1392.

Silvestrini, Mauro et al. (1998), „Lecocyte Count and Aggregation during the Evolution of Cerebral Ischemic Injury“, Cerebrovascular Dis, 8(6): 305-309.

Stehlik, A. (1968), „Leukergy in Experimental and Clinical Trichinellosis“, Wiad Parazytol, 14(2): 155-170.

Yodice, PC et al. (1997), „Neutrophil Rheologic Changes in Septic Shock“, Am J Respir Crot Care Med, 155(1): 38-42.

Zemishlany, Zvi et al. (1991), „Leukocyte Adhesiveness/Aggregation and Neuroleptic Drug Treatment“, Int Clin Psychopharmacol, 6(2): 111-115.

Thought Styles in Contemporary Medicine. Ludwik Fleck Fifty Years On

Jarosław Sak

Ludwik Fleck in Lublin

The archives of the Medical University of Lublin contain numerous interesting documents that constitute the ‚historical crumbs' of the Lublin episode (1945-1952) in the scientific and didactic works of Ludwik Fleck.[1] When analyzing the personal questionnaires completed by the professor, we encounter reliable information on his place of residence. Initially L. Fleck lived in Lublin at 17 Chopin St. (as entered in the personal questionnaire from 11th October 1945). The questionnaires from 1950 and 1952 inform us that Professor Fleck lived at 81 Stalingradzka St. (presently, Lubartowska St.). Besides the aforementioned questionnaires, the archives also reveal L. Fleck's resume, contract of employment from 9th October 1945, the assessment of the ethical commission on granting *veniam legendi,* his handwritten and a typed CV, a handwritten and typed list of scientific works including 56 works from the years 1922-1946, a notice to the dean of the Medical Faculty from 23rd January 1948 concerning the summoning of Fleck as a witness before the Nuremberg International Tribunal in an action against the criminal activities of the concern I. G. Farben, „Ocena działalności naukowej i pedagogicznej L. Flecka" [The assessment of didactic and scientific work of L. Fleck] prepared by Prof. T. Kielanowski, Prof. W. Chodźko and Prof. S. Marburg on 14th of November 1949, an excerpt from a protocol of the sitting of the Marie Curie Sklodowska University Senate of 14th on November 1949 concerning the conferral of the degree of full professor to Fleck and a notice from the Ministry of Health from 24th April 1951 on granting the sum of 3000 złoty.

On the basis of the archival records it is possible to reconstruct in particular the first phase of the Lublin period in the life of Fleck, i.e. from the beginning of his employment at the Medical Faculty of Marie Curie University (contract of employment of November 1945) to the conferral of the degree of full professor

---

1 I am indebted to the Rector of Medical University of Lublin for permission to have an access to the archives of the Medical University.

in November 1949. Having analyzed the preserved documentation, we learn what scientific achievements Fleck had already boasted when he came to Lublin. The handwritten *Curriculum Vitae*, however, having no date (though probably from 1949) contains the information on previously (before 1946) published works. The first group of work deals with ‚the issues concerning typhus fever'. Another group contains works on serology and the third group discusses the changeability of streptococcuses and attempts to order the problem of bacteria variability. The fourth group of Fleck's works that can be distinguished consists of the publications on „the methodology of natural sciences, *inter alia* articles on the observations and foundations of medical recognition", as he grouped in his hand written Curriculum Vitae. The fifth group includes various papers such as, „O pojęciu gatunku w bakteriologii" [On the notion of species in bacteriology] and „O pojęciu zakażenia i choroby zakaźnej" [On the notion of infection and infectious disease]. The aim of the works belonging to the sixth group was to support the didactic processes, among others, „Krótki zarys hematologii praktycznej" [A brief overview of practical hematology]. The last group of works that the professor included in his scholarly accomplishments focuses on the problem of leukocyte deployment in blood and the discovery of the phenomenon of leukergy. According to the list of works attached to the *Curriculum Vitae* Fleck published or prepared for publishing (two works were still manuscripts) a total of 56 articles, reports and books before 1946. The document, „Ocena działalności naukowej i pedagogicznej L. Flecka" [The assessment of the didactic and scientific work of L. Fleck], from 26th October 1949 informs that in the period between the associate professorship in microbiology (1947) and October 1949 the professor supervised four doctoral theses, one post-doctoral dissertation and six doctoral theses more were pending. In that three-year period Fleck published a further 16 works on microbiology and serology, including three in French, six in English and seven in Polish. The analysis of the issued discussed in those articles proves that the problem of leukergy was the focal point of the professor's scientific interests. From the 16 mentioned articles, 13 examine the research on this issue. The same document also highlights that besides lecturing and tutoring at the Medical Faculty, Fleck also organized and ran a scientific circle for advanced students and a microbiological circle for beginners. During that period Prof. Fleck was not only preoccupied with the research on leukergy. The 1945-1947 reports on the activities of the Philosophical and Psychological Society and the report supplement of 1948 mention Fleck's lecture entitled, „Problem obserwacji naukowej" [The problem of scientific observation], in which he presented the idea of thought styles as a premise explaining the essence of observation.

While Prof. Fleck lived and worked in Lublin, the recognition he gained in scientific circles, both domestic and international, was caused by the publications, which presented his achievements in the field of research devoted to the issue of leukergy. However, contemporarily it was not the achievements in the field of microbiology or serology that were the decisive factor in the growing popularity of Fleck's scholarly works but rather the results in the field of ‚methodology of natural sciences'. In 1935 Ludwik Fleck published his scientific and cognitive study, *Entstehung und Entwicklung einer wissenschaftlichen Tatsache. Einführung in die Lehre vom Denkstil und Denkkollektiv* (Benno Schwabe, Basel 1935), through which he introduced the category of ‚thought styles' into the sphere of scientific consideration. This category, by reference to ‚the directed perception and action' within scientific circles, constitutes the methodological foundations for the analysis of medical thinking. The ideas contained in the book originally published in Basel as early as in 1935 inspired T. Kuhn, who contributed to the revival of Fleck's forgotten heritage in natural sciences. Fleck's book was regarded by philosophers and sociologists as an inspiring and appealing attempt to resolve the problem of the social foundations of knowledge.

The above mentioned book concerning thought styles is commonly believed not to have been widely discussed before the Second World War. Fleck's *Curriculum Vitae* written down himself contains the following passage:

> „In a separate book and few articles I have developed my theory of thought styles and thought collectives. This book published in Switzerland was extensively discussed in the scientific periodicals in Poland and abroad and as a consequence I was offered a membership of few foreign scientific societies (Holland, Yugoslavia)."

From the perspective of an over fifty-year period that separates us from Fleck's life in the Lublin scientific circle, it is worth pondering upon the scientific theses proposed by Prof. Ludwik Fleck (here in Lublin during the mentioned paper) and presented in the book, *Entstehung und Entwicklung einer wissenschaftlichen Tatsache.*

About the theory of thought-styles

According to Fleck a thought style is: „the readiness for directed perception, with corresponding mental and objective assimilation of what has been so perceived“[2]. Every observer has been shaped by a particular culture and represents the thought style of a definite scientific group and this style determines the range of his observations:

> „Thus there exists a necessity of separate training in the perception of specific forms from various fields of science, and it is not possible to render these forms univocally by describing them with the aid of words of a certain general language. Hence one cannot talk in general about good and bad observation, but only about an observation which is consistent with a certain branch of science or an observation which is not consistent with it. The art of observation is not general one; it does not include all fields of science at the same time. On the contrary, it is always limited to one field only. [...] An observer who lacks training in a certain field is unable to provide a useful description. He will at best provide a longish description containing very many details most of which are inessential or in general accidental, but will fall to give characteristic features and so to stress the fundamental characteristics.”[3]

Thus, according to Fleck there is no researcher, who is isolated from the impact of the contemplative society, devoid of prejudices and tradition; therefore it is worth citing his words again:

> „Thinking is a collective activity, as is singing in a choir or having a conversation. It is somewhat altered throughout time and shows a historic continuity of such alteration. Its product is a picture visible only for those, who take part in this social activity, or a thought, which is only similarly clear for the members of that collective. What we think and how we see depends on the thinking collective that we belong to.“[4]

Therefore, the actual cognition is not realized beyond the sphere of values, emotions, beliefs or ideologies. The individual as the subject of cognitive activity is not, as stressed by Z. Cackowski, ‚purely‘ autonomous, for his way of thinking is

2 *Fleck, Ludwik*: Genesis and Development of a Scientific Fact, edited by *T. J. Trenn* and *R. K. Merton*. University of Chicago Press, Chicago 1979, p. 99.

3 *Fleck, Ludwik*: „Scientific Observation and Perception in General“ [1935], in: *Robert S. Cohen* and *Thomas Schnelle* (eds.), Cognition and Fact – Materials on Ludwik Fleck. Reidel, Dordrecht 1986, pp. 60-2.

4 Ibid.

determined by his past and future of the cultural sphere that influenced his development and whose content belongs to the individual's thinking.[5]

The problem of thought styles in the history of medicine was present in a few responses to Fleck's book in the period before the Second World War. One of the most vivid was the polemic of Ludwik Fleck with Tadeusz Bilikiewicz, a Polish psychiatrist, who was fascinated with the question of the development of science. The polemic has been contemporarily recalled by Stefan Symotiuk.[6] The polemic between Fleck and Bilikiewicz occured in four articles published in the same issue of „Przegląd Współczesny" 8-9 from the summer of 1939. Ludwik Fleck entered the discussion twice („Nauka a środowisko" [Science and environment], „Odpowiedź na uwagi Tadeusza Bilikiewicza" [Response to Tadeusz Bilikiewicz's remarks]) and Tadeusz Bilikiewicz also responded twice („Uwagi nad artykułem Ludwika Flecka Nauka a środowisko" [Remarks on Ludwik Fleck's article: ‚Science and environment'] and „Odpowiedź na replikę Ludwika Flecka" [Response to the reply of Ludwik Fleck]). In the polemic one of the most important elements was the dispute on the quality of the dependence of the content of science on the socio-cultural environment, in which it is created. Fleck referred to Bilikiewicz's work, *Die Embryologie im Zeitalter des Barock und des Rokoko* (Leipzig 1932), and tried to pin down the main theses of his adversary. Fleck underlined that Bilikiewicz, ‚particularly brilliantly and with details', precisely defined the relationship between science and the whole of the culture of a given epoch and thus proving the parallelism between scientific opinions in embryology and the stages of development of cultural environment as such.

Tadeusz Bilikiewicz in „Uwagi nad artykułem Ludwika Flecka ‚Nauka a środowisko'" [Remarks to Ludwik Fleck's article ‚Science and environment'] revealed the primary source of dispute. He was convinced that the fundamental difference between his and Fleck's viewpoint was based on the fact that Fleck examined the influence of environment on the cognitive conditions of mind and carried it out through ‚the glass of sociological criticism of cognition'. However, he himself declared a drive towards exposing the influence of environment on the content of sciences. Nevertheless, it does not mean that Bilikiewicz ‚discovered' the invisible ‚threads' linking environment and the content of sciences, on

5 *Cackowski, Zdzisław*: Epistemologia Ludwika Flecka [Ludwik Fleck's Epistemology]. Studia Filozoficzne, 1982, no. 5-6 (198-199), p. 68.

6 *Symotiuk, Stefan*: „Dwie socjologie wiedzy. Polemika Flecka z Bilikiewiczem" [Two Sociologies of Knowledge. The Polemic between Fleck and Bilikiewicz]. Studia Filozoficzne, No. 10/1983.

the contrary, he claimed that „the influence over the content of science may only be achieved by science: the latter includes psychological and epistemological conditions that the researcher's mind is subject to. After deducting these, we are left with what may be called the content of sciences."[7] Both Fleck and Bilikiewicz assumed the existence of the environmental impact on the content of sciences through their actions in the scholars' groups. What distinguished them was the ‚deduction' of influences. Bilikiewicz was enthusiastic about it being sure that the content of sciences is a steady ground that scientists walk on and accuse the environmental impact of mistakes made by scientists. Fleck was not inclined to perform any ‚deductions' and perceived the environmental impact as the non-reducible element in the scientific reflection, the element inseparable from the content of sciences, because it is also the element of this content. In „Uwagi nad artykułem Ludwika Flecka ‚Nauka a środowisko'" [Remarks on Ludwik Fleck's article ‚Science and environment'], Bilikiewicz defined the autonomy of his standpoint in relation to Fleck's opinions by saying that

> „[...] the basic difference between my opinions and Ludwik Fleck's opinions lies in the fact that I mainly wanted to prove the impact of environment on the content of sciences and Fleck mostly investigates its impact on the cognitive conditions of the mind, thus engaging in these epistemological deliberations and unfortunately sociological moments haven been insufficiently taken into account so far."[8]

Bilikiewicz observed the *novum* of Fleck's concept in a three-element epistemological scheme: collective, subject and object of cognition. The subject perceives through the prism of collective, which sorts the perceived content. He stressed that „the essence of Fleck's epistemology is based on the fact that the process of cognition is not a passive reconstruction (without prejudice) of the object but a sort of creation of reality following the pattern of the creations of culture". ‚The prism glasses' that cannot be ‚deducted', taken off as Tadeusz Bilikiewicz wanted, were expressed by Ludwik Fleck in the notions of collective thought and thought style. Perhaps, the fact that Bilikiewicz could not explain the ‚prismatic'

---

7 *Bilikiewicz, Tadeusz*: „Uwagi nad artykułem Ludwika Flecka ‚Nauka a środowisko'" [Remarks on Ludwik Fleck's Article ‚Science and Environment'], article contained in the annex, in: *Ludwik Fleck*, Powstanie i rozwój faktu naukowego. Wprowadzenie do nauki o stylu myślowym i kolektywie myślowym [Genesis and Development of a Scientific Fact], translated by Maria Tuszkiewicz. Wydawnictwo Lubelskie. Lublin 1986, pp. 189-190.

8 Ibid.

sense of collective lead to the observation in Fleck's theory of the reminiscence of transcendent idealism in the neo-Kantist dimension.[9]

When struggling with the theoretical problems stressed by Bilikiewicz and concerning the identification of the relationships of the cultural factors, which influence the content of scientific knowledge, one cannot overlook a contemporary attempt to define the basis of the historical approach. Presently, the concept of thought styles as cultural patterns is explored by Jonathan Harwood, who attempts to apply it to examine the social and intellectual structure of German geneticists.[10] Jonathan Harwood adapts K. Mannheim's opinions by expressing the conviction that the styles of scientific thought exist when some particular ontological or epistemological assumptions are revealed in the variety of scientific fields and these assumptions distinguish one group from another.[11] Mentioning Fleck's thought styles he evaluates them as too idealistic. Perhaps this explains Harwood's support for the sociology of knowledge, which was close to Fleck's adversary, Bilikiewicz. J. Harwood examines the community of German geneticists, encompassing a wealth of historical material from the years between 1900-1933. He compares the existing schools, i.e. Baur, Kühn and von Wettstein, on the basis of selected parameters for each scientist. These parameters are general biological knowledge, cultural interests, holism in research plans and type of political activity. It allows the determination of a thought style for each scientist. Harwood distinguishes comprehensive style of thought, pragmatic style of thought and unclassifiable styles.

On present day thought-styles in medicine

I have attempted to verify Fleck's opinion, which I cited, and surveyed a group of final year students at the Faculty of Medicine. I asked them to write down the first association with a picture, which they were individually presented with. The picture represented a fractal that could commonly be associated with the view of the stars in the sky. From 263 students of the medical and in their sixth year and fifth year dentistry students, most of them (over 50%) indeed associated the picture with ‚starry sky' at first glance. However, 76 students (29%) expressed their initial association in medical terms: ‚neurons' (62), ‚glial cells' (6), ‚human brain' (3), ‚hepatocyte' (2), ‚cartilage' (2) and the ‚neuron network of an

9 Ibid.

10 *Harwood, Jonathan*: Styles of Scientific Thought: The German Genetics Community: 1900-1933. University of Chicago Press, 1993, p. 9-10.

11 Ibid.

infant' (1). This examination supplies the premise to suspect certain determinants of medical thinking style within the surveyed group. Certainly, pursuing medical studies was a decisive factor, in that with almost every third surveyed person a medical association prevailed over a regular connection. One can assert that in such cases the order of thinking and perceiving by the medical thought style won over the common, non-specialized style.

The issue of interpretation of data in the contemporary medicine is the main object in the analysis of medical thinking. Despite the progress in the area of picture diagnosis, there are various data of X-ray, ultrasound scanner or CAT scanner origin that invariably causes a great deal of interpretation dilemmas. One of them is the problem of interpreting ultrasound pictures of focal changes in the liver.[12] A commonly accepted belief is that a sole radiological picture is insufficient to deliver diagnosis in such cases. The recognition process frequently involves collaboration of physicians of diverse specializations, e.g. gastrologist, radiologist, histopathologist or even a surgeon.[13] Such problems, typical of the medical experience, prove that patients are perceived differently due to dissimilar perspectives of doctors of distinct specializations. The perspectives' dissimilarity results from the different professional experiences. Thus, within medical groups certain thought types can be distinguished as not necessarily corresponding to the doctors' specialization. The thought style indicators in contemporary medicine are rather the general ideas shaping the picture of the human being. One such idea is undoubtedly the idea of the human body as an anatomical structure. It is responsible for the formation of a radiological style in the contemporary medicine. In the current bone patterns technical and mechanical motives are present, although we are unaware of them (they are as blatantly obvious as breathing!) and they are also idea-pictures. Fleck arrived at a deep-seated conclusion that there is no other perception but the idea-vision and no other pictures but the idea-pictures. One must realize that an individual physician is simultaneously entangled in several style spheres; different ideas have a different impact on the representatives of even the same medical specialization.

Another idea, which has gained considerable strength in the last few decades regarding the direction of the medical thinking, is the idea of the human genome.

---

12 *MacSween, Roderick N. M. et al.*: Pathology of the Liver. Churchill Livingstone, London 2002.

13 *Mądro, Agnieszka / Słomka, Maria / Celiński, Krzysztof*: Focal Lesions in the Liver – Differential Diagnosis. Annales Universitatis Mariae Curie Sklodowska, Sectio D Medicina, vol. LX, N 1, 2005, p. 408.

„The concept of genetic disease has greatly expanded. A host of prominent clinicians have concluded that ‚all disease is genetic disease'."[14] Searching for the causes of diseases or the propensity to certain diseases in the human genetic structure suitably leads the therapeutic thinking as well. A natural inclination within the genetic style seems to be the development of, on the one hand, the procedures of early diagnosis of genetic diseases and on the other, the means of interference with the sick person's genome with the intention to cure it.

A considerably strong idea, i.e. ordering the style thinking in contemporary medicine, is the idea of an infectious factor (biological). The commonality of this style of thinking can be quantitatively assessed when browsing the medical literature database Medline. The word ‚bacteria' is cited in more than nine hundred sixty thousand entries. When typing ‚virus' we encounter five hundred thirty thousand entries, while the word ‚prion' is mentioned in approximately seven thousand records. The quantitative analysis of all the publications is not the ideal research tool of the contemporary thinking styles of medicine but beyond doubt the quantitative characteristic of the terms in relation to the assigned publications in Medline database reflects the historical sequence of the idea of the mentioned pathogens appearing in medicine. When it comes to diagnostic capacity and pathological description, bacterial diseases are older than virus diseases and much older than the illnesses, which according to modern medicine are associated with prions. The organization of thinking and perception in medical practice in the bacteriological style in medicine entails the domination of doctors' minds with the model of infectious factor as the disease initiator. This is the prism, through which doctors look at the symptoms reported by the patient or which are described by medicine.

A style of thinking according to Ludwik Fleck consists of a definite mood and a performance, which realizes his mood. Mood possesses two closely related sides: the readiness for selective sensing and suitably directed action.[15] The freedom of communication between the members of a scientific society is also worth noting, alongside the tendency towards unambiguousness and the formalization of thoughts, which create the ‚democratic trait' of a scientific style. Thus, this was by no means accidental that I mentioned the database of medical writing when referring to certain styles of thinking in contemporary medicine. Current

14 *Magnus, David*: „The Concept of Genetic Disease", in: Health, Disease and Illness Concepts in Medicine, *Arthur L. Caplan / James J. McCartney / Dominic A. Sisti* (eds.), Georgtown University Press, Washington 2004, p. 233- 242.

15 Cf. fn. 2.

medicine is surprisingly deeply rooted in the reality of the information society, which allows a considerable formal communication freedom, as well as the possibility of effective standardization of the used terminology.

There is another problem, which stems from the attributes of medicine as the exceedingly fast-progressing field, i.e. drawing a line between different medical styles of thinking styles. A considerable number of medical specializations that are currently present in medicine certainly do not ease the progress of the task of examining styles of thinking. However, one should not be tempted by ordering styles of thinking in accordance with the existing divisions of specialist groups. It is not the membership in a particular collective of surgeons, cardiologists or gastrologist that determines what directs a given doctor in his diagnostic and therapeutic efforts, on the contrary, these are the ideas that his mind is imbued with. Belonging to a collective is an after-effect of belonging to a particular style of thinking and of being exposed to the laws of thought concentration within a specific style. The notion of concentration contributed to the creation of Fleck's idea of styles of thinking. This is a collective thought, a thought that does not depend on any individual.[16] Nevertheless, how is it achievable to derive a ‚definite thinking compulsion‘ from the mentioned concentration? Would it not be advisable to find a strong point concentrating on the original well-established discovery of an idea. Such a solution becomes, by my standards, more rational and transparent. Fleck's concentration is perceived as ‚consolidating‘ thoughts on the prime discovery until the formation of a ‚strong‘ idea. However, no more concentrating but rather convergent. Therefore, a style of thinking can be reformulated as a definite thought convergence and the resulting distinctive manner of organizing ‚the examined reality‘.

In contemporary medicine there are certainly numerous convergence ideas consolidating medical thinking on definite structures of perceived reality. Some of them were mentioned elsewhere, e.g. anatomic idea, genetic or bacteriological idea, they do not exhaust the wealth of medicine, which offers the opportunity for a physician to ‚immerse‘ himself in several spheres of style thinking. These spheres may be more or less related. However, they show that these ideas and doctors' division into specializations do not overlap. The comparison of two present-day cardiologists' styles of thinking can produce fairly surprising results, which are manifested in the stress being placed on different, detailed medical issues related to the same patient. One of them preoccupied with the hemodynamic idea of the heart (the heart as a pump with the system of coronary vessels) will initially look for the

16 Ibid.

disorder in the blond flow in coronary vessels. The other, who is more influenced by the idea of heart being a stimuli-conducting system, may explore the area of the heart rhythm disorder. It does not follow that each of these cardiologists will recommend dissimilar or even different treatments for the same patient; surely, they will finally diagnose the same cause of the pathology. However, the preliminary manner of thinking on the causes of symptoms may stem from unlike, though related spheres. A similar thinking divergence can be witnessed in other specializations. When looking for the causes of a disease, a gastrologist will first of all consider the disorder of infectious origin or genetic conditioning. It is worth noting that medical studies propose quite a coherent picture of the causes of diseases and the related governing mechanisms; however, the professional medical thinking is lacking in such unanimity. The various manners of thinking taught during medical school are those of a grounded, established character, however, in medical practice thinking is exposed to many dynamic influences. It is both one's own experiences and observations (pity, a medic often learns to his own cost), and the latest data from medical literature, whose extensive source can be the Medline database. Therefore, it must be highlighted that in the contemporary medicine a straightforward division between medical styles cannot be made. We can perhaps refer to the so-called convergence ideas, which direct medical thinking. A doctor can be simultaneously influenced by several or more spheres of thinking established by the power of these ideas. Nevertheless, it should be assumed that one of these ideas affects a doctor more than others, at least for some period of time; this additionally proves the flexible and dynamic dimension of the qualities of style thinking in contemporary medicine.

The observable development of the present day styles of thought in medicine occurred a few dozens of years after the death of the originator of the concept of style thinking in science. Half a century previously Ludwik Fleck was active on the Lublin medical scene. When analyzing the traces of his activities concerning Lublin academic life (Medical Faculty of Maria Skłodowska-Curie University and Medical University), it is worth asking whether contemporary medicine has fully taken advantage of his achievements regarding to his research devoted to leukergy, as well as of that pertaining to the methodology of natural sciences.

Mit Fleck handeln und forschen

Das Suchen ist wichtiger als das Finden – Über das Segeln zwischen den Leitdifferenzen. „Elaborierter Dilettantismus“ als Forschungsstrategie

Erich Otto Graf / Karl Mutter

> „*...durch jede Mitteilung, ja durch jede Benennung wird ein Wissen exoterischer, populärer.* Man müsste sonst an jedes Wort eine Fußnote mit Einschränkungen und Explikationen anschließen, ja eigentlich an jedes Wort dieser Fußnoten eine zweite Wortpyramide, deren Gipfel es bildete, und so fort...“
>
> *Ludwik Fleck* (1980, S. 152)

Zur Einführung: Der Gleitdifferenzsegler – eine Begriffsklärung

Die hier erzählte Geschichte handelt von einer lang dauernden Forschungsreise, die mit einem besonderen Fortbewegungsmittel unternommen wird, dem sogenannten „Gleitdifferenzsegler“.

Diese Forschungsreise bringt uns auf einen Weg, der zwischen den Disziplinen der Wissenschaft, zwischen unterschiedlichen Sprachen und Kulturen hindurchführt. Nicht immer gelingt uns eine erfolgreiche Verständigung. Häufig erleben wir, dass die Übersetzung von Formen und Inhalten scheitern kann, da Gedanken und Konzepte ihre Gestalt wandeln, während sie in Denkkollektiven und zwischen ihnen zirkulieren.

Beim so genannten „Gleitdifferenzsegler“ handelt es sich um ein theorietechnisches Konstrukt, sozusagen um einen „Hybrid“ aus Elementen der Leichtflugtechnik, dessen materielle Konstruktion auf physikalisch/aerodynamischen Überlegungen basiert, sowie aus soziologischen Theorieversatzstücken, die sich zur Beschreibung der eigentümlichen, schlingernden Fortbewegungsart dieses Fluggefährtes eignen.

Der in der Systemtheorie gängige Begriff der „Leitdifferenzen“[1] hat uns geholfen, das zuweilen schlingernde Gleiten unseres Fluggefährtes und seinen oft ungesteuert wirkenden Flug begrifflich zu fassen – besteht doch eines der durch die Theorieproduktion zu lösenden Probleme ja gerade darin, zwischen und über den Leitdifferenzen zu gleiten und dabei gleichzeitig Präzision wie Unschärfe in einer für die zu verfolgende Fragestellung optimalen Balance zu halten. Die Wortneuschöpfung des „Gleitdifferenzseglers“ soll diesen Sachverhalt in anschaulicher Weise zum Ausdruck bringen. „Denn wo etwas gleitet muss es auch gleichzeitig ein Leitendes geben, welches das Gleitende in seinen Bahnen hält“,[2] so könnte das Motto unserer Unternehmung lauten, das wir dem ungenannten Autor entlehnen.

Der Gleitdifferenzsegler weist einerseits eine starke Präferenz für ungewöhnliche und ungewohnte Abstraktionslagen auf, reagiert jedoch andererseits stets mit hoher Sensibilität auf das Erreichen derselben. Dies kann unter Umständen eine sofortige Absenkung des Seglers, bzw. sogar eine vollständige Transformation seiner ursprünglichen Gestalt zur Folge haben; aus dem schneidigen Segler wird ein wackliges Transportvelo, mit welchem sich die wissenschaftliche Ambulanz[3] über die Schlaglöcher und Schotterpisten des vermeintlich unberührten Neulandes bewegt, wo hingegen die „normal science“ sich mit ihren Hightech-Instrumenten auf einem veritablen „highway to hell“ schnell und dynamisch fortbewegt. Die Wandlungsfähigkeit des Gleitdifferenzseglers zeigt sich also auch in einer starken Bodenhaftung, die zuweilen bis zur absoluten Fortbewegungsunfähigkeit führen kann. Der Gleitdifferenzsegler bewegt sich – wie wir mittlerweile wissen – nur selten unter idealen Bedingungen.

Ebenso erlaubt es uns der berufliche Alltag nur in seltenen Momenten, die luftigen Höhen distanzierter Theorie zu erreichen.[4] Denn, wie sagte schon Witt-

---

1 Wir beziehen uns dabei auf den von Niklas Luhmann in seiner Systemtheorie verwendeten Begriff der Leitdifferenz.

2 Unbekannter Autor, vermutlich vorsokratisch.

3 Vgl. dazu *Arens, Pit* et al. (2005). Die Konstruktion einer ambulanten Wissenschaft lehnt sich an die von Deleuze und Guattari in die Diskussion gebrachte Metapher des Nomadisierens an (vgl. *Deleuze, Gilles / Guattari, Félix* (1992, S. 511 ff.)).

4 Niklas Luhmann hat ein schönes Bild für „Theorien in ungewöhnlicher Abstraktionslage“ entworfen: „Diese Theorielage erzwingt eine Darstellung in ungewöhnlicher Abstraktionslage. Der Flug muss über den Wolken stattfinden, und es ist mit einer ziemlich geschlossenen Wolkendecke zu rechnen. Man muss sich auf die eigenen Instrumente verlassen. Gelegentlich sind Durchblicke nach unten möglich – ein Blick auf Gelände mit Wegen, Siedlungen, Flüssen oder Küstenstreifen, die an Vertrautes

genstein: Wenn die Bedingungen ideal sind, fehlt die Reibung, sodass wir eben gerade deshalb nicht gehen können. „Wir wollen gehen, dann brauchen wir die Reibung. Zurück auf den rauhen Boden."[5]

Theoretisieren besteht ja hauptsächlich im Hüpfen in einer bestimmten Richtung über kleinere Bodenunebenheiten hinweg. Die Richtung wird durch das disziplinäre und dadurch auch disziplinierte Wissen vorgegeben. Klarheit erwächst aus der Täuschung, die sich aus Bedingungen solch beständiger disziplinärer Kurzsichtigkeit ergibt. Das soll nicht als Abwertung des disziplinären Wissens missverstanden werden. Ohne diese Disziplinierung des Wissens könnte es keine Wissenschaft geben, die diesen Namen verdient, gäbe es keine Unterscheidungsmöglichkeiten, gäbe es wohl kein gesichertes Wissen, nach dem man sich orientieren kann und das man auf dem Hintergrund bestimmter methodologischer Regeln und Normen weiterentwickeln kann.

Aber die Wissenschaft hat in ihrer naturwissenschaftlichen Gestalt die Weitsicht der Philosophie vernichtet, so dass der zum Empiriker gewordene Philosoph beim Beobachten des nächtlichen Sternenhimmels leicht ins Stolpern geraten kann, was das Lachen der thrakischen Magd über den beim Sternengucken in den Brunnen gefallenen Thales von Milet beweist.[6] Nicht umsonst riet Pascal von nächtlichen Spaziergängen ab, kommt doch „das ganze Unglück der Menschen aus einer einzigen Ursache: nicht ruhig in einem Zimmer bleiben zu können".[7]

Was also tun, wenn einem die Komplexität der Welt als „einziger unaufhörlicher Querverweis" gegenübertritt?[8] Es bleibt einem wohl nichts anderes übrig, als anzuerkennen, dass es einem ständig und überall am notwendigen Fachwis-

---

erinnern ... niemand sollte der Illusion zum Opfer fallen, daß diese wenigen Anhaltspunkte genügen, um den Flug zu steuern". *Luhmann, Niklas* (1984), Frankfurt a. M., S. 12 ff.

5 *Wittgenstein, Ludwig* (1971), S. 65.

6 Vgl. *Blumenberg, Hans* (1987).

7 *Pascal, Blaise* (o.J.), S. 178 f.

8 Der Textverweis lautet: „...dass die Welt ein ‚einziger unaufhörlicher Querverweis' sei". Der Hinweis auf die Textstelle findet sich in *Auffermann, Verena*, „Spanien oder die Kunst der Abschweifung", in: *Cartens, Daan* (1995), S. 257. Das Zitat, auf das sich der Textverweis bezieht, findet sich irgendwo im Roman „Die unendliche Geschichte" von *Cees Nooteboom*, Suhrkamp, 1991.

sen gemangelt hat, mangelt und immer mangeln wird.[9] So gelangt man zur Erkenntnis, dass man vom meisten, wozu man sich äußert, nur relativ wenig weiß, und über meist oberflächliches Wissen verfügt, weshalb die aus solchem Hintergrund gewonnenen Theoretisierungen wohl auch meist nur von beschränkter Reichweite sein werden.

> „Jeder Begriff hat einen unregelmäßigen Umriss, der durch die Ziffer seiner Komponenten definiert ist. Darum stößt man von Platon bis Bergson auf den Gedanken, der Begriff sei eine Sache der Gliederung, des Zuschnitts und der Überschneidung. Er ist ein Ganzes, weil er seine Komponenten totalisiert, allerdings ein fragmentarisches Ganzes. Nur unter dieser Bedingung kann er aus dem mentalen Chaos heraustreten, das ihn weiterhin bedroht und an ihm klebt, um ihn von neuem in sich aufzusaugen“,[10]

so meinen die beiden französischen Denker Gilles Deleuze und Félix Guattari, die auch der Ansicht sind, dass jeder Begriff auf ein Problem verweise, ohne das es keinen Sinn hätte. Und daraus ergibt sich die Chaotisierung des Denkens, in die wir mit unseren Begriffen, Konzepten, Theorien und dem disziplinären Wissen immer wieder ordnend eingreifen.

> „Wir wollen doch nichts anderes als ein wenig Ordnung, um uns vor dem Chaos zu schützen. Nichts ist schmerzvoller, furchteinflößender als ein sich selbst entgleitendes Denken, als fliehende Gedanken, die, kaum in Ansätzen entworfen, schon wieder verschwinden, bereits angenagt vom Vergessen oder in andere hineingestürzt, die wir ebenso wenig beherrschen.“[11]

Rezeptionen sind gerade von dieser Art, auch und gerade dann, wenn sie in der Absicht erfolgen, um Ordnung im Chaos des Denkens zu schaffen. Es bleibt uns also die Annahme, dass wir immer irgendwie im Leben herumnomadisierende Dilettanten auf der Suche nach Ordnung sind.

---

9 Im Falle von Ludwik Fleck und seiner Epistemologie beispielsweise spricht man meistens immer eine der vielen Sprachen nicht, in denen er sich jeweils bewegt; man ist zudem auch meist weder FachphilosophIn, noch FachmedizinerIn, FachbakteriologIn, FachhistorikerIn, FachmedizinhistorikerIn, FachbakteriologiemedizinphilosophiehistorikerIn usw.

10 *Deleuze, Gilles / Guattari, Félix* (1996, S. 21).

11 Ebenda (1996, S. 238).

Zum Begriff des Dilettantismus

Nach Bazon Brook wird die Bezeichnung „Dilettant“ immer noch häufig als „Schimpfwort für den Umgang des laienhaften Nichtkönners mit Sachgebieten, die Spezialwissen erfordern“ gebraucht.[12] Gefragt ist in vielen Fällen aber nicht so sehr die fachmännische Einzelleistung, sondern die Fähigkeit, unterschiedliche Geschichten, Sichtweisen und Kontexte miteinander in einen Dialog zu bringen, wohl wissend, dass die eigene Urteilsfähigkeit in Bezug auf die verschiedenen Aspekte einer jeweils thematisierten Fragestellung begrenzt ist. Wir können sogar soweit gehen, zu sagen, dass Verstehen und Verständigung immer gerade darin besteht, solche Dialoge zu konstruieren. Und so erfreut es den Dilettanten, wenn es ihm gelingt, einen Beitrag zum Verständnis von Zusammenhängen zu leisten und dabei als vermeintlich selbstverständlich Hingenommenes in einem etwas anderen Licht erscheinen zu lassen. Sind es doch die Irritationen und Verstörungen unseres gesicherten Wissens, die Anlass zu neuen Fragen und Fragestellungen geben.

Dieser Text versteht sich als Beitrag zu einem so verstandenen Dilettantismus. Wir verfolgen die Spuren eines mit Enthusiasmus betriebenen Projektes. Es handelt von der Bücherleidenschaft, möglichen, jedoch nicht geschriebenen Büchern und von Geschichten, die sich um ein derartiges Vorhaben herum erzählen lassen.[13]

Von der Verfertigung des Buches beim Lesen

Würde man vermehrt von der Erkenntnis ausgehen, dass der Leser bei der Lektüre eines Buches in seinem Kopfe immer seinen eigenen Text verfertigt, ließen sich erhebliche Druckkosten sparen. Man stelle also dem potentiellen Leser das Material zur Verfügung, aus dem er sozusagen sein eigenes Buch machen kann.

---

12 *Brook, B.* Die Webseite, auf der wir diesen Verweis gefunden hatten, konnten wir leider nachträglich nicht mehr wieder finden, als wir den Aufsatz redigierten – ein Hinweis auf unseren Dilettantismus und vielleicht auch auf die Instabilität des Internets?

13 *Schapp, Wilhelm* (1985, S. 1): „Wir Menschen sind immer in Geschichten verstrickt. Zu jeder Geschichte gehört ein darin Verstrickter. Geschichte und In Geschichte-Verstricktsein gehören so eng zusammen, dass man beides nicht einmal in Gedanken trennen kann... Eine Weltgeschichte, die nicht als wesentlichen Ausgangspunkt Geschichten hätte, lässt sich kaum vorstellen.“ *Schapp, Wilhelm,* In Geschichten verstrickt. Zum Sein von Mensch und Ding. Vittorio Klostermann, Frankfurt a. M., 1985, S. 1.

Genau so etwas hat die Ausstellungsgruppe[14] mit ihrer Ausstellung „*...was überhaupt möglich ist.*“ – *Zugänge zum Leben und Denken Ludwik Flecks im Labor der Moderne* und mit den die Ausstellung begleitenden Heften und Texten gemacht: Die Welt präsentiert sich dem Ausstellungsbesucher als ein unendlicher Verweisungszusammenhang, der den Betrachter immer weiterführt; er „surft“ gewissermaßen auf seinen eigenen Assoziationen durch die Kulturgeschichte Europas im 20. Jahrhundert, ohne je an ein Ende zu gelangen, dabei aber immer wieder auf unbeantwortete Fragen stoßend. Das in der Ausstellung zusammengetragene Material gibt nicht vor, definitive Antworten auf irgendwelche Fragen zu geben; es soll aber zum Nachdenken über Fragen anregen.

Unsere eigene Begegnung mit dem Werk, dem Leben und der Rezeptionsgeschichte des Werkes von Ludwik Fleck hat 1995 auf diese Weise begonnen – mit naiven, dilettantischen Fragen. Wie jede gute Geschichte hat auch diese Geschichte eine irgendwie immer bedeutungsloser gewordene Vorgeschichte, die dennoch hier erzählt werden muss, weil sie in ihrem Kern jenes Forschungsprojekt enthält, das uns zu Ludwik Fleck zurückgeführt hat.

1980 hatten wir im Banne der in den siebziger Jahren erfolgten Lektüre der beiden Bücher von Thomas S. Kuhn „Die Struktur wissenschaftlicher Revolutionen“ und der Aufsatzsammlung „Die Entstehung des Neuen“ mit grossem Interesse das neu herausgekommene Buch von Ludwik Fleck „Entstehung und Entwicklung einer wissenschaftlichen Tatsache“ gekauft, gelesen und – wie man das mit Büchern häufig tut – wieder weggestellt. Damals erschien uns Fleck selbstverständlich als ein Vorläufer von Kuhn, als ein Autor, der erstaunlich viel der Ideen von Kuhn vorweggenommen hatte. Den kleinen Hinweis im Vorwort,[15] den Kuhn auf Fleck macht, hatten wir damals nicht zur Kenntnis genommen.

Aber auch diese Geschichte hatte wieder eine Vorgeschichte: Mitte der siebziger Jahre interessierten wir uns – angeregt durch die Lektüre von Thomas S. Kuhn – für Outsider der Wissenschaft wie Adrien Turel aus Zürich,[16] der im so genannten „Rabenhaus“ in Zürich mit dem Schriftsteller Ludwig Hohl in ein

---

14 *Pit Arens, Erich Otto Graf, Stefan Hesper, Karl Mutter, Martina Schlünder, Antke Tammen*. Die Ausstellung („*...was überhaupt möglich ist.“ – Zugänge zum Leben und Denken Ludwik Flecks im Labor der Moderne*), war bisher zweimal zu sehen: im Max-Planck-Institut für Wissenschaftsgeschichte (Berlin 2002) und am Collegium Helveticum (Zürich 2004). Vgl. dazu auch die website des Ludwik Fleck Kreises: www.ludwik-fleck-kreis.org

15 Vgl. *Kuhn, Thomas S.* (1962 /(1967)), S. 9.

16 Siehe dazu: *Turel, Adrien* (1976).

schlimmes Handgemenge verwickelt war. Ihr Streit wurde über Fragen der Relevanz von Goethe für die deutsche Literatur entfacht.[17]

Ebenso irritierte uns der Psychoanalytiker und Ägyptologe Immanuel Velikovsky,[18] der aufgrund einer von ihm entdeckt geglaubten Ungereimtheit in der Abfolge altägyptischer Dynastien sich dazu veranlasst sah, eine Art kosmischer Chaostheorie zu formulieren. Sie sollte es ermöglichen, die beobachteten Anomalien in der Chronologie zu glätten.

Im Weiteren begeisterten uns die Theorien von Wilhelm Reich, Kommunist und Psychoanalytiker, Freund von A. S. Neill und Erfinder des Orgonstuhles, der so jämmerlich vom FBI durch die rigorose Anwendung der US-amerikanischen Lebensmittelgesetze zu Fall gebracht worden war, sowie die Schriften von Carlos Castaneda, dessen esoterisch-ethnologische Romane in den siebziger Jahren große Verbreitung fanden.

Uns hat bei diesen Autoren vor allem verwundert, dass man einerseits seitens der Wissenschaft und einer interessierten intellektuellen Öffentlichkeit ihre Erkenntnisse mehr oder weniger als Blödsinn abtat, während man sie andererseits mit einer Vehemenz angegriffen hat, als gälte es, die Welt vor dem Teufel zu bewahren.[19]

Ein Buch zu diesem Thema haben wir zwar nie geschrieben, aber wir haben immer davon geträumt, einmal etwas gemeinsam zu schreiben.

Entstehung und Entwicklung des „Ludwik Fleck Projektes“ – Erste dilettantische Kontaktversuche

Im Sommer 1995 nahmen wir uns die Zeit, einen solchen Versuch zu wagen. Wir waren auf der Suche nach einem Thema, das – nach unserer damaligen Sicht – einfach zu recherchieren und knapp abzuhandeln war. Dieser dilettantische Anspruch auf Komplexitätsreduktion hatte zur Folge, dass wir uns unversehens einer Thematik mit unendlichem Verweisungszusammenhang gegenübersahen.

Wir gingen davon aus, dass das Thema etwas mit Basel – unserem Wohnort – zu tun haben sollte, eventuell auch mit einem runden Geburtstag einer mit diesem Ort verbundenen Persönlichkeit oder Ereignis, denn wir beabsichtigten, einen Artikel in der lokalen Tagespresse zu veröffentlichen.

---

17 *Humm, Rudolf J.* (1977), S. 47-51.

18 *Velikovsky, Immanuel* (1978).

19 Vgl. *de Garcia, Antonio* (1979).

In Frage kamen zu diesem Zeitpunkt etwa der bald bevorstehende 100. Geburtstag des Basler Biologen Adolf Portmann (1897-1982), sowie der 60. Jahrestag des Erscheinens von Ludwik Flecks Monographie „Entstehung und Entwicklung einer wissenschaftlichen Tatsache“, die im Schwabe Verlag in Basel 1935 erschienen war. Wir entschieden uns für Fleck, der uns aufgrund unserer beruflichen Hintergründe interessierte und dessen Monographie wir ja schon vor ein paar Jahren gelesen hatten. Sein Geburtstag würde zudem sich im kommenden Jahr zum hundertsten Male jähren.

Da die Erstausgabe des Buches von Fleck aber nicht im Bestand der Basler Universitätsbibliothek vorhanden war, nahmen wir Kontakt mit dem Schwabe Verlag auf. Der erste Versuch einer Kontaktaufnahme scheiterte, da wir in einer Buchhandlung für Eisenbahnliteratur mit dem Namen „Schwabe“ landeten, die rein gar nichts mit Ludwik Fleck zu tun hatte.

Beim zweiten Versuch hatten wir mehr Erfolg. Wir wurden von der Archivarin des Schwabe Verlags nach Muttenz eingeladen, um dort das Original ansehen und in den Händen halten zu können. Die Archivarin betonte, dies sei das einzige Exemplar, das der Verlag noch besitze. Unser Weg führte nach Muttenz – eine Vorortsgemeinde von Basel – in ein neues Gewerbehaus am Rande einer hässlichen Industriezone, in dessen 5. Stockwerk der Empfang des Schwabe-Verlages untergebracht war. Im Entrée hing ein emailliertes Straßenschild „Henric-Petri-Strasse“ mit der Legende: „gestohlen zu Ehren des 500jährigen Bestehens des Schwabe Verlags“. Der Schwabe Verlag ist in ununterbrochener Reihenfolge aus der officin des Henric Petri entstanden, zu einer Zeit kurz nach dem Basler Konzil, als die Stadt eines der führenden Zentren des damals neuen Mediums des Buchdrucks war.

Wir konnten uns also dieses rare Exemplar ansehen und mit der Bibliothekarin über die bewegte Geschichte des Autors sprechen und über die offensichtlich lange ausgebliebene Neuauflage des Buches: Flecks Buch wurde nämlich 1980 bei Suhrkamp und nicht bei Schwabe neu herausgegeben. Wir vereinbarten mit der Archivarin, bei Gelegenheit neue Erkenntnisse über Fleck und das Buch auszutauschen. Kurze Zeit später erhielten wir von ihr eine Nachricht mit der Mitteilung, dass der damalige Besitzer des Verlages uns kennen lernen und zum Mittagessen einladen möchte.

Exkurs über sinnliche Aspekte von Suchvorgängen und Zufallsentdeckungen

In unserer Kultur wird Wissen über Verschriftlichung gesichert und tradiert.[20] Als im letzten Jahrtausend geborene Menschen sind uns die Bücher als Medien solcher Wissenssicherung bestens vertraut. In der heutigen Zeit erwächst einem der Eindruck, der Zugang zu Wissen erfolge eher über elektronische Medien. Aber ein Laden für alte Computer vermag nie den Zauber und Charme eines modrigen Antiquariates zu ersetzen, wo die Bücher oft unübersichtlich in langen und hohen Gestellen liegen und auf ihre Wiederentdeckung warten. Beim Besuch eines Antiquariates und dem Stöbern in den dort lagernden Büchern fühlen wir uns in vielem Umberto Ecos Helden im Roman „Die geheimnisvolle Flamme der Königin Loana“[21] verbunden, der – übrigens selbst Antiquar – auf dem Dachboden des Hauses seines Großvaters seiner durch einen Hirnschlag verlorenen Biographie nachstöbert und dabei gleichzeitig die Geschichte des italienischen Faschismus rekonstruiert.

Jedes Buch, das man in die Hand nimmt, hat seine eigene Geschichte, die man aber meistens nicht kennt. Manchmal findet der Leser auf dem Vorsatz eines alten Buches ein Ex Libris, einen Namen oder gar eine Widmung. Häufig gibt es jedoch keine derartigen Hinweise. Als Leser begegnet man anhand solcher Spuren diesen nicht geschriebenen, stummen Geschichten der Bücher, bevor man sich in die eigentlichen Geschichten hineinziehen lässt, von denen die Bücher handeln. Bücher sind eine Leidenschaft.

Verzichten wir für einen Moment darauf, eine strikte Trennung zwischen dem „geistigen Inhalt“ eines Buches und seiner „materiellen Erscheinungsform“ vorzunehmen. Bücher haben eine Textur, sie werden gebunden, tragen eine bestimmte Farbe und verbreiten besondere Gerüche[22] – sie werden gebunden, geschnitten und gelagert, erleiden Wasserschäden oder verbrennen in der Folge eines Bombenangriffs wie die Leipziger Exemplare von Flecks Buch. Sie werden zuweilen zu wertlosen Papierhaufen, zu Ladenhütern, Platzräubern, die anderen marktträchtigeren Nachfolgern mit ihrer Präsenz den Platz verstellen. Mit abnehmendem Informationswert tritt ihre Materialität störend in den Vordergrund. Bücher werden zu Müll, werden makuliert – wie die Restbestände des Schwabe Verlages, der sich mit einem Produkt konfrontiert sah, das keinen Absatz fand,

---

20 Vgl. dazu *Assmann, Jan* (1997).

21 *Eco, Umberto* (2004).

22 *Rindisbacher, Hans J.* (1992).

wie ein Brief des Schwabe Verlags an Ludwik Fleck aus dem Jahre 1957 festhält.[23]

Im Falle Ludwik Flecks waren inzwischen gleichzeitig zunehmende Valorisierungsprozesse im Gange, die vom Verlag aber offensichtlich nicht genügend zur Kenntnis genommen wurden – vielleicht weil sie sich in einem Zwischenbereich von Medizin und Philosophie anbahnten, derjenigen Disziplinen, auf die sich der Verlag seit seiner Gründungszeit spezialisiert hatte. Ludwik Flecks Monographie entzog sich aber zum Zeitpunkt ihres Erscheinens einer derartig klaren Kategorienzugehörigkeit. Sie gehörte zu jenen Dingen, die eigentlich keinen Platz haben in einer wohlgeordneten Welt, zu den Dingen, die sich eher in „intermediären Zwischenräumen" aufhalten, die also weder Fisch noch Vogel sind. Diese „Unbestimmtheit" von Ludwik Flecks Monographie – die für den Autor keineswegs so bestand – könnte mitunter auch ein Grund für den mangelnden Absatz innerhalb des hauptsächlich medizinisch orientierten Publikums gewesen sein. Wenn ein Ding aber keine klare Kategorienzugehörigkeit besitzt, wird es zu einem „Unding" – es landet auf dem Müll oder eben bei den „Dingen, die überhaupt keinen Platz haben."[24]

Die Mülltheorie Michael Thompsons ist hier nützlich: Sie fragt danach, wie es kommt, dass bestimmte menschliche Artefakte, wie Bücher, Bilder, Teppiche, Möbel, Autos, Häuser, usw. manchmal veralten, weggeworfen, eingestampft, abgerissen usw. werden, während sie andererseits wie Kleinode gehütet, gesammelt und für teures Geld gehandelt werden, oder welches die Bedingungen dafür sind, dass sie – jeglichem Kommerz entzogen – zum kulturellen Erbe aufsteigen und damit unantastbar werden wie die ägyptischen Pyramiden, der Louvre in Paris oder die St. Pauls Kathedrale in London. Thompsons Überlegungen berücksichtigen solche Aspekte. Sie fragen danach, wie es denn kommt, dass Gegenstände scheinbar aus dem entropischen „Nichts" mit einem Mal wieder zu

---

23 Der Verlag nimmt Bezug auf eine nicht erhaltene Abrechnung aus dem Jahre 1940. Diese hat Fleck nie erreicht. In jener Abrechung aus 1940 betrug der damalige Bücherbestand im September 1940 462 Exemplare. Falls, wie anzunehmen ist, tausend Exemplare gedruckt worden sind und man Rezensionsexemplare und andere im Verlag vielleicht noch verwendete Exemplare subtrahiert, so kann man davon ausgehen, dass bis 1940 immerhin rund 450 Exemplare der Monographie verkauft worden sind. Während der Bombardierung Leipzigs wurden die in der dortigen Auslieferung des Schwabe Verlags befindlichen 167 Exemplare zerstört. Von 1940 bis 1957 wurden 20 Exemplare verkauft. Brief vom 31. Juli 1957 (Schwabe/Basel an Ludwik Fleck/Warschau).

24 Vgl dazu *Thompson, M.* (1981).

„Information“ werden und damit eine Bedeutung erlangen, die sie – solange sie zum Abfall gehörten – eben nicht besaßen, und die es ihnen nach ihrem Auftauchen aus dem Müll sozusagen erlaubt, wieder zu den Menschen zu sprechen. Bücher und die über sie verbreiteten Ideen können auch zu solchen Gegenständen gehören. Bruno Latour unternimmt in seinem Buch „Das Parlament der Dinge“[25], den Versuch, Dinge als soziale Verhältnisse zu rekonstruieren und sie so wieder zum Sprechen zu bringen.

Rezeptionen sind soziale Verhältnisse, in denen Wissensbestände aus der Vergangenheit – d. h. „einer Zeit minus x ab jetzt“ – auf ihren Gebrauchswert im „Jetzt“ hin abgeklopft werden. Das soziale Verhältnis der Rezeption besteht im unweigerlichen Anschluss der RezipientIn – so folgt aus der Denkstiltheorie von Ludwik Fleck – an das Denkkollektiv des Autors, wenn auch in einer exoterischen Position, d. h. in einer, aus der Perspektive des Autors gesehen, randständigen Position. Diese scheint allerdings in der Wahrnehmung des Dichters Ludwig Hohl eine besonders fruchtbare Positionierung zu sein, da man vom Rand, von den „zerfasernden Orten der Nebenerscheinungen“ her besser in die Mitte hinein zu sehen vermag.[26]

Vielleicht müsste man sich beim Verfassen von Rezeptionsgeschichten vermehrt auch mit materialen Aspekten geistiger Produkte wie Büchern u. ä. beschäftigen. Wir denken dabei an die Perspektive des Sammelns, Streunens, an die Freude über überraschende Funde in Antiquariaten,[27] Bibliotheken, also generell an eigenartige Zufälle, Koinzidenzen im Zusammenhang mit dem Ge-

---

25 *Latour, Bruno* (2001). Vgl. dazu auch *ders.* (2005).

26 Vgl. dazu *Hohl, Ludwig* (1984, S. 66 f.) „Zuerst wird ein Neues gesehen in den Randbezirken, an den zerfasernden Orten der Nebenerscheinungen, langsam oder rascher, oft unmerklich und bisweilen auch in einem gewaltigen Ruck, schieben sich diese Nuancen-Entdeckungen in den Tag hinein, mehr und mehr der Mitte zu, beherrschen endlich die Welt. Nicht vom Zentrum aus geschieht die Entwicklung, die Ränder brechen herein“.

27 Diese Erfahrung lässt sich gerade beim Herumstöbern in Antiquariaten reproduzieren, nämlich das Erlebnis, dass dem Betrachter der Bücherwände die Titel in einer Art von Überzufälligkeit geradezu „in die Augen stechen“, – beinahe im Sinne einer „investigation automatique“. Die Bücher, die „zusammengehören“, beginnen gleichsam in dem Augenblick, wo sich dieser unvorhergesehene Zusammenschluss ereignet, miteinander zu kommunizieren, in einer Art und Weise, dass der Recherchierende von sich den Eindruck hat, er würde zu diesem Suchprozess selbst keinen aktiven Beitrag leisten – was, wie die wissenschaftliche Psychologie bestätigt – natürlich in dieser Weise nicht stimmt.

suchten.[28] Es handelt sich um Erfahrungen, die sich demjenigen eröffnen, der die Faszination kennt, die sich beim Suchenden einstellt, wenn er auf zufällige Verbindungen stößt, die er anfänglich nicht bewusst intendierte.[29]

Subtexte

Jedes Buch ist immer ein gutes Stück mehr als nur ein Informationsträger des Inhaltes, den es explizit verbreitet, denn jedes Buch ist mit einem mitlaufenden Subtext verbunden, der erst den Dialog mit dem Inhalt des Buches ermöglicht und es so dem Dialog mit anderen Menschen zugänglich macht. Das Problem ist dabei kein triviales. Denn der Autor eines Buches schreibt sein Buch im Kontext seines eigenen Denkstils, der durch die multiplen Zugehörigkeiten eines jeden Menschen zu einer Unzahl von verschiedenen Denkkollektiven entsteht – erinnern wir uns daran, dass jede Gruppe von Menschen ein Denkkollektiv darstellt – situativen und dauernd institutionalisierten Denkkollektiven. Aber auch der Leser kann gar nicht anders, als das Buch im Subtext seines eigenen Denkstils wahrzunehmen und damit verändert er schon beim ersten Kontakt mit einer Idee deren Inhalt.[30]

---

28 Zufälle von der Art wie sich uns einer zugesellte, als wir in Paris in der Bibliothèque National zur Vorbereitung eines Interviews mit Ilana Löwy auf der Suche nach der soziologischen Referenz des Begriffs des Denkstils bei Mannheim waren und uns unversehens in einem Lesesaal wiederfanden, wo die gesuchten Bücher in einer Handbibliothek uns wie auf dem Präsentierteller erschienen, gleichsam auf uns zu warten schienen, oder die sich unerwarteterweise anbahnenden Kontakte nach dem ersten Besuch im Schwabe Archiv, der eigentlich nur dazu dienen sollte, die Erstausgabe sehen und als Gegenstand in den Händen halten zu können.

29 Der Soziologe Robert K. Merton bedachte dieses Phänomen mit dem wunderschönen Begriff „Serendipity". Der 2003 verstorbene Wissenschaftssoziologe und seine Kollegin Elinor Barber haben der Geschichte des Begriffs sogar ein eigenes Buch gewidmet, um den Weg zu verfolgen, den das anfänglich nur im Kreis von Eingeweihten verwendete Wort zurückgelegt hat, bis es Eingang in die wissenschafts-soziologische Terminologie gefunden hat. Im heutigen Gebrauch bezeichnet „Serendipity" einen Zufallsfund der Forschung, der zum Ausgangspunkt einer neuen Theorie wird, bzw. die eigentümliche Gestimmtheit des Forschers, die ihm etwas in die Augen stechen lässt, „ob er nun in diesem Bereich gesucht hatte oder auch nicht" (*Helmut Mayer* in der NZZ vom 3./4. April 2004, S. 47). Vgl. dazu auch *Merton, Robert K. / Barber, Elinor* (2004).

30 Folgt man diesen Überlegungen, so wird deutlich, dass es so etwas wie ein „evidence based lecturing" gar nicht geben kann, da Evidenz immer nur als rekonstruktiver Akt im eigenen Geist emergiert.

Der Einbezug der Subtexte des Buches von Ludwik Fleck – in diesem Fall der geschichtliche Kontext, seine Biographie (wie sie von Thomas Schnelle und Lothar Schäfer im Vorwort der in der Edition Suhrkamp erschienenen Neuauflage von Flecks Monographie[31] rekonstruiert wurde) und unsere Hypothesen über die verzögerte Neuveröffentlichung – hat sich bewährt, weil es uns dadurch möglich wurde, an die Institutionsgeschichte des Verlages anzuschließen.

Der damalige Besitzer des Verlags erzählte uns anlässlich des gemeinsamen Mittagessens, dass Flecks Buch im Nachhinein als einer seiner größten verlegerischen Misserfolge zu betrachten sei und dass ihm die damals „verpatzte" Zweitauflage des Originals noch heute manchmal Bauchweh und Ärger verursache.

Aufgrund des Erfolgs des Buches von Thomas S. Kuhn, der im Vorwort kurz auf Fleck verweist, hatte der Schwabe Verlag eine Reihe von Anfragen nach dem Original erhalten. Unglücklicherweise hatte man wenige Jahre zuvor, beim Räumen der Lager, die Restauflage makuliert, da man innert 20 Jahren nur gerade knapp 10 Exemplare verkauft hatte. Die Anfrage des Verlages an Ludwik Fleck im Jahre 1965, ob er vor der Makulierung noch Exemplare erhalten möchte, führte zu einem Schreiben von Professor Marcus Klingberg[32] an den Verlag mit dem Hinweis, dass der Autor bereits 1961 verstorben sei. Schwabe beabsichtigte, in den siebziger Jahren eine kommentierte Neuauflage herauszugeben, die aber aus verschiedenen Gründen, die vor allem in einer misslingenden Kommunikation, bzw. in einer nicht zureichenden Beachtung der kulturellen Subtexte zu suchen sind, gescheitert ist. Der Verlag musste daher zusehen, dass ein junger Soziologe aus Bielefeld, Thomas Schnelle, schneller war als das altehrwürdige Verlagshaus in Basel.

Der Besitzer des Schwabe Verlags überließ uns nach diesem Gespräch großzügigerweise den Archivbestand über die „Akte Fleck". Als Gegenleistung verfassten wir einen Artikel für die Hauszeitschrift des Schwabe Verlages, die „officina".[33]

---

31 Vgl. *Fleck, Ludwik* (1980, S. VX – LIXII).

32 Prof. Marcus Klingberg war der frühere administrative Vorgesetzte von Ludwik Fleck und spätere Nachlassverwalter seines wissenschaftlichen Werkes.

33 Vgl. *Graf, Erich Otto / Mutter, Karl* (1996).

Die Ausweitung der Kontakte

Wir konnten in der Folge den ansprechend präsentierten Druck des „officina“-Heftes im Sinne eines „investigatorischen Kettenbriefes“ zur Herstellung weiterer Kontakte und zur Erlangung zusätzlicher Informationen über die Rezeptionsgeschichte des Buches von Ludwik Fleck einsetzen.

Wir ließen uns dabei von folgenden Annahmen leiten:

- Flecks zunehmende Präsenz im Wissenschaftsbetrieb seit dem Erscheinen der Neuauflage im Jahre 1980 komme weniger in der eigentlichen Anwendung seiner Theorie in unterschiedlichen Wissensfeldern zum Ausdruck

- Flecks vermehrte Präsenz in der wissenschaftlichen Literatur in der Folge der nach 1980 erneut angelaufenen Rezeption – seine zunehmende Bekanntheit – beruhe vor allem darauf, dass er vorwiegend als weitgehend in Vergessenheit geratener Wissenschaftssoziologe erwähnt werde (was sich z.B. in der Häufigkeit des Zitiertwerdens in Fußnoten und in Anmerkungsregistern zeigen lässt)

- Flecks Rezeption verlaufe in den westlichen Ländern anders als in den Ländern jenseits des ehemaligen Eisernen Vorhangs

Wir sandten Kopien unseres Artikels an vier Personen, von deren Arbeiten wir für unseren Text sehr profitiert hatten. Von zwei Personen erhielten wir keine Antwort.[34] Die beiden Personen, die uns antworteten, waren Stanisław Lem in Polen, die andere Helga Nowotny, damals Professorin an der ETH Zürich.

Mit Stanisław Lem entwickelte sich in der Folge ein lebhafter Briefverkehr per Post und später per Fax. Wir fragten ihn an, ob wir ihn besuchen dürften. Er lud uns daraufhin zu einem Besuch in Krakau ein.

Zur gleichen Zeit kam ein Gespräch mit Helga Nowotny in Zürich über unseren Text zustande. Wir erzählten ihr von unserer bevorstehenden Reise nach Krakau, worauf sie uns empfahl, ihrem guten Freund Piotr Stompka, der in Krakau eine Professur für Soziologie innehat, einen Besuch abzustatten und ihm Grüße zu übermitteln. Sie gab uns seine E-Mail-Adresse. Zur Vorbereitung unse-

34 Dieter Claessen ist im Zeitraum unserer Anfrage verstorben; Walter Kempowski, der einen Eintrag über Ludwik Fleck im Tagebuch von Danuta Czech in seinem kollektiven Tagebuch „Echolot“ erwähnt hatte, hat auf unsere Anfrage nicht geantwortet.

res Besuches schickten wir eine Reihe von Fragen Ludwik Fleck betreffend an Professor Stompka.

Als wir ihn in Krakau in seinem Büro – gerade gegenüber den berühmten Tuchhallen – aufsuchten, sagte er uns, er müsse uns leider enttäuschen, da er über die Person von Ludwik Fleck rein gar nichts wisse. Er habe aber unsere Fragen seinem guten Freund Robert K. Merton vorgelegt, der ja, wie man wisse, die englische Ausgabe des Buches von Ludwik Fleck besorgt habe. Merton habe ihm umgehend per Mail geantwortet. R. K. Merton sei zeitlebens ein großer Briefschreiber gewesen und habe sich nun auf seine alten Tage auch ein E-Mail beschafft. Er gab uns die Fotokopie des Schreibens von R. K. Merton.

Professor Stompka empfahl uns für unsere weiteren Recherchen, das Philosophische Institut der Krakauer Universität aufzusuchen. Dort seien bestimmt Leute aufzufinden, die eher über Ludwik Fleck Bescheid wüssten. Als wir im Philosophischen Institut auftauchten, führten die durch uns unabsichtlich verursachten Turbulenzen – wie das Stören einer mündlichen Prüfung –, die auf unsere Unkenntnis der polnischen Sprache zurückzuführen waren, dazu, dass uns einer der Professoren ins Sekretariat geleitete, wo der Spezialist für die Lemberg-Warschau-Schule der polnischen Philosophie ausfindig gemacht wurde, Professor Jan Woleński. Wir konnten ihn noch am Vorabend unserer Abreise zu einem Gespräch treffen.

Anlässlich des Gespräches stellte sich heraus, dass Prof. Jan Woleński ein Schüler Izydora Dąmbska's war, welche in den dreißiger Jahren eine heftige philosophische Kontroverse mit Ludwik Fleck über seine Denkstiltheorie ausgetragen hatte, die vom heutigen Standpunkt aus sehr interessant zu lesen ist. Aus Gründen, die heute nicht mehr ganz eruierbar sind, wie uns der Herausgeber der Fleckschen Schriften, Thomas Schnelle, später erzählte, sind die Texte, die diese Auseinandersetzung betreffen, aber nicht in die Auswahl der in „Erfahrung und Tatsache“[35] publizierten Aufsätze aufgenommen worden. Eine erste Übersetzung dieser Texte ist in der Ausstellung *„...was überhaupt möglich ist.“ – Zugänge zum Leben und Denken Ludwik Flecks im Labor der Moderne* dokumentiert.

Beim Besuch in seinem Landhaus außerhalb Krakaus erzählte uns Stanisław Lem, dass er das Laboratorium von Dr. Fleck sehr gut gekannt habe, weil er als Sohn eines praktischen Arztes in Lemberg sehr oft „Rotzproben“ und ähnliches zur bakteriologischen Untersuchung nach Krankheitskeimen in Dr. Flecks Labor zu überbringen hatte. Stanisław Lem ist einer der ersten überhaupt, die Ludwik

35 Vgl. *Fleck* (1983).

Fleck in deutscher Sprache zitiert haben, sieht man von Thomas S. Kuhn ab, nämlich in seinem Werk „Philosophie des Zufalls", das 1968 erschienen ist. Er war wohl einer der ersten Rezipienten von Ludwik Flecks wissenschaftssoziologischen Schriften, da er nach dem Krieg in der Redaktion jener wissenschaftlichen Zeitschrift arbeitete,[36] in welcher Ludwik Fleck einige seiner epistemologischen Aufsätze publizierte.

Im Zusammenhang mit der Geschichte Polens und der nicht einfachen Rezeption polnischer Autoren der Vorkriegszeit im Lande selbst, erwähnte Stanisław Lem nachdrücklich die kulturelle Katastrophe des Nationalsozialismus, des Totalitarimus überhaupt, hatten sich doch die Nazis die systematische Ausrottung der polnischen Kulturträger zum Ziele gesetzt. Sie wurden dabei von den Kommunisten assistiert, die im Walde von Katyń rund 3.000 polnische Offiziere, alles Männer mit einer Hochschulausbildung, ermordet hatten.

Im Jahre 1945 wurden, so Lem, rund die Hälfte aller Mathematiker, die 1939 in Polen gelebt hatten, ermordet. Viele, die überlebten, hatten sich ins Exil gerettet und nicht viele davon kehrten zurück. Diese kulturelle Katastrophe hatte tiefgreifende Auswirkungen auf das kollektive Gedächtnis aller Disziplinen der polnischen Wissenschaft.

Hier gilt es noch anzumerken, dass sich laut Robert K. Merton in Polen in den 20er Jahren des 20. Jahrhunderts ein eigentliches Gravitationsfeld der neu entstehenden Disziplin der Wissenssoziologie und der Wissenschaftsforschung entwickelt hatte. Dies hing wohl auch mit der Aufbruchstimmung der polnischen Intelligenz nach der Jahrhundertwende zusammen, welche sich an der Universität Krakau darauf vorbereitete, einen neuen polnischen Staat zu bilden.

Marta Aleksandra Balińska unterstützte diese Sicht bei einem späteren Besuch in Paris. Marta Balińska verfasste die Biographie ihres Urgroßvaters, Ludwik Rajchman, dem vergessenen Gründer der Unicef und Schwager des Vorge-

---

36 Es handelt sich um die Zeitschrift „Życie Nauki" (Das Leben der Wissenschaft). Im Jahre 1968 erwähnt Stanisław Lem Ludwik Flecks 1946 erschienenen Aufsatz „Wissenschaftstheoretische Probleme" (1946), in: *Fleck* (1983, S. 128-146) in seiner in polnischer Sprache verfassten „Philosophie des Zufalls" (Bd. 1, S. 306). Nach dem zweiten Weltkrieg arbeitete Lem als Assistent bei einer polnischen Wissenschaftszeitschrift („Życie Nauki"), die Flecks Aufsatz damals publiziert hatte. Er erinnerte sich in seinem Buch an Flecks „in Vergessenheit geratenen, aber wissenschaftstheoretisch sehr wertvollen Arbeiten". Die deutsche Ausgabe von Lems Buch erschien erst im Jahre 1983.

setzten von Ludwik Fleck, Magnus Hirschfeld. Den Kontakt mit Frau Balińska[37] hatte uns Ilana Löwy vermittelt, als wir sie in Paris besuchten und uns nach jemandem erkundigten, der die Zeit der fünfziger Jahre in Polen studiert hatte.

Im Anschluss an die Reise nach Polen suchten wir den Kontakt mit Professor Lothar Schäfer, der uns im Anschluss an das gemeinsame Gespräch an sein Ludwik Fleck-Seminar an der Sommeruniversität der evangelischen Akademie von Villigst einlud, wo wir Stefan Hesper, Antke Tammen und Martina Schlünder – der das Zustandekommen der Ausstellung in der ursprünglichen Form in Berlin zu verdanken ist – kennen lernten und mit ihnen auch in eine Diskussion über einen Film über Ludwik Fleck eintraten.

Anhand weiterer Kontaktaufnahmen zur Rezeptionsgeschichte gelang es uns, mit Thomas Schnelle in Hamburg Verbindung aufzunehmen, der uns – nach einem ausführlichen Interview – freundlicherweise erst noch sein Archiv kopieren ließ, so dass wir zusätzlich zu den Materialien des Schwabe Verlages nun auch über die Fortsetzung der Geschichte – nämlich über die vorhandenen schriftlichen Unterlagen zur Reedition des Werkes von Ludwik Fleck – verfügten. Teile dieses Materials wurden in der bereits erwähnten Ausstellung dokumentiert.[38]

Der Verlauf des bisherigen Unternehmens zeigte, dass über die Subtexte zu Flecks Werk immer neue interdisziplinäre Dialoge entstanden, die im Rahmen der Recherchen zu Leben, Werk und Werkrezeption von Ludwik Fleck fortlaufend neue Pfade erschlossen, obwohl die in ihrem jeweiligen disziplinären Feld verankerten Gesprächspartner teilweise den Referenztext nur knapp oder überhaupt nicht kannten.

Kleiner theoretischer Exkurs zum elaborierten Dilettantismus

Die Denkstiltheorie von Ludwik Fleck ist hinreichend allgemein, um mit verschiedenen Personen über die disziplinären Grenzen ihres Faches hinweg ins Gespräch zu kommen. Sie ist zudem genügend genau, um sie auch in dis-

---

37 *Balińska, Marta A.* (1993).

38 Das Collegium Helveticum ermöglichte es der Ausstellungsgruppe, die Ausstellung über Ludwik Fleck im Jahre 2004 in Zürich zu zeigen. Auf Anregung der AusstellerInnen lud das Collegium Helveticum auch Prof. M. Klingberg, den früheren administrativen Vorgesetzten von Ludwik Fleck und späteren Nachlassverwalter seines wissenschaftlichen Werkes nach Zürich ein. Aus diesem Kontakt ergaben sich jene Gespräche, die schließlich zur Gründung des Ludwik Fleck Zentrums am Collegium Helveticum führten (vgl. dazu: http://www.ludwikfleck.ethz.ch/).

ziplinären Kontexten auf spezielle disziplinäre Fragen hin anzuwenden. Anders gesagt: sie ist theorietechnisch gesehen die Anwendung dessen, was in der Figur des Barons von Münchhausen zum Ausdruck kommt, der sich am eigenen Schopf zum Sumpf herauszieht, oder in der Figur des Chamäleons, das – je nach Umgebung – seine Farbe verändert und sich ihr so anpasst, dass es den Anschein macht, als gehöre es zum Hintergrund. Gelingende Kommunikation ist nicht nur eine Gestalt aus Hintergrund und Figur, sondern eben auch aus Schärfe und Weichzeichnung, die das Auftreten spezifischer Figuren und ergo spezifischer Hintergründe ermöglicht. Das geht beim Streit der Meinungen häufig verloren und überall dort, wo sich Differenzen verfestigen, entwickeln sich Auseinandersetzungen von steriler Kälte.

Die Denkstiltheorie erlaubt eine den spezifischen Gegebenheiten angepasste Tiefenschärfe, die zu neuen Erkenntnissen und Beobachtungen und damit zu weiteren Verzweigungen des Forschungsprozesses führen kann. Sie ermöglicht zudem ein Vorgehen, das zwar nicht zu definitiven Antworten führt, aber immer weitere produktive Fragestellungen hervorzubringen vermag.

Das Konzept der Fleckschen Theorie ermöglicht ein Fluktuieren zwischen den Polen „esoterisch" und „exoterisch" so wie die Anwendung dieses Spannungsverhältnisses auf die Beziehung von Alltag und Disziplinarität. Die Beschreibung des Feldes wird selbst in selbstähnlicher Weise auf die Beschreibung des Prozesses der Beschreibung des Feldes angewandt. In der Sprache des Systemtheoretikers Niklas Luhman könnte man wohl auch von einem „re-entry" sprechen.

Ein Beispiel mag dies verdeutlichen: die Leitdifferenz der Wissenschaft ist „wahr/falsch". Die Anwendung dieser Differenz auf die Wissenschaft führt zur Wissenschaftsforschung, die nun selbst wieder diszipliniert werden kann. Der Einbau einer dritten reflexiven Ebene könnte dann zur kritischen Wissenschaftsforschung führen, also zur Wissenschaftstheorie, die selbst wiederum reflektiert werden könnte, z.B. durch die Wissenschaftsphilosophie, die ihrerseits wieder reflektiert werden kann, und so ad infinitum.

Die Nennung dieser Ebenen impliziert nicht, wie man etwa meinen könnte, eine Hierarchisierung von Disziplinen im alten Sinne einer Unterordnung der verschiedenen Wissenschaften unter den Primat der Philosophie als der „Königin der Wissenschaften", sondern ein eher anarchistisches gegenseitiges Reflexionsverhältnis ohne irgendwelche Hierarchieansprüche. Was hier im Beispiel gezeigt wird, ist vielmehr eine mögliche Konstruktion: Die analytisch geschiedenen „Ebenen" verweisen auf die Möglichkeiten der gegenseitigen Beobachtung, so wie das Friedrich Dürrenmatt in seinem Buch „Der Auftrag – oder die Beobachtung der Beobachter beim Beobachten“[39] beschreibt. Sie erlauben es, die verschiedenen Reflexionsebenen zu einander in Beziehung zu setzen. Auch „Herr Meyer“, eine Figur von Ludwig Hohl,[40] hat eine Meinung etwa zur Wissenschaftsphilosophie, oder wie in einem der Ausstellungshefte die Kuh, die sich durch den Mund von Bruno Latour in einem fiktiven Gespräch zur Gentechnologie äußert.[41]

Vorläufiges Fazit

Wie hat unser investigatorisches Konzept funktioniert? Unser Forschungsprojekt war von Anfang an ein utopisches. Es ist an einem Nicht-Ort angesiedelt, in einem gewissen Sinne in einem rechtsfreien Raum, ohne verbindlichen Vertrag. Es hat als ein Unterfangen von zwei Personen begonnen, die sich weiterhin mit Aspekten der Recherche zu Ludwik Fleck und seinem Werk befassen, während es sich unter anderen Aspekten personell erweiterte und inhaltlich veränderte und damit zu jener Gruppierung führte, die heute der „Ludwik Fleck Kreis“ ist.[42]

Unser Vorgehen hat es uns ermöglicht, sich ein Stück weit über die Grenzen der disziplinären Räume hinwegzusetzen, allerdings nur um den Preis, dass mit jeder weiteren Konkretisierung eines Projektschrittes die nun zur Gruppe erweiterte Kooperation in Krisen geraten ist, wobei die Kontroversen sich vor allem um die Frage der Institutionalisierung, die Frage der Verträge, etc. drehten.

Die Weiterentwicklung des Denkstils in der zur wissenschaftlichen Ambulanz gewordenen Gruppe manifestierte sich zeitweilig als sozialer Konflikt, als Streit, der oft bis an den Fluchtpunkt der Zerstörung von Gruppe und Produkt ausgefochten werden musste. Dies zeigte sich nicht zuletzt am anfänglichen Scheitern der Gründung eines Vereins als sozialer Ort, der die Ausstellung hütet. Es war demzufolge nicht zufällig, dass aufgrund dieses anfänglichen Scheiterns

39 *Dürrenmatt, Friedrich* (1986).

40 *Hohl, L.* (1984, S. 17 ff.) „Herr Meyer, der von sich gerne behauptet, daß er festen Boden unter den Füßen hat“.

41 Vgl. dazu das Begleitheft: „Denkstiltheorie“ der Ausstellung.

42 Der „Ludwik Fleck Kreis“ wurde im Jahr 2005 gegründet. Er bezweckt die Erforschung von Leben, Werk und Rezeptionsgeschichte des Werkes von Ludwik Fleck, sowie dessen aktuelle Anwendungen und gibt in Zusammenarbeit mit dem Collegium Helveticum die „Fleck-Studien“ heraus. Der Verein ist gleichzeitig Kurator der Ausstellung *„...was überhaupt möglich ist.“ – Zugänge zum Leben und Denken Ludwik Flecks im Labor der Moderne.*

schließlich lediglich der Künstler den Vertrag über die Ausstellung in Zürich im Jahr 2004 mit dem Mieter der Ausstellung abgeschlossen hat.

Das soziale Problem, das sich aus der Anwendung der Denkstiltheorie auf sich selbst im Kontext der Rekonstruktion von Leben, Werk und Werkrezeption von Ludwik Fleck ergab, wurde damit gewissermaßen „in ein Kunstwerk gepackt". Die formale Bildsprache der Ausstellung, die überdimensionierten Bücher, um die man herum gehen und in die man sich hinein setzen kann, repräsentieren gewissermaßen die Offenheit und Nicht-Abgeschlossenheit des Werkes von Ludwik Fleck. Aus Wissenschaft ist Kunst geworden.

Unsere Forschungsstrategie ist von Anfang an vom Nichtinstitutionalisierten ausgegangen. Wir haben uns aus einer marginalen Position von den Rändern, von der Peripherie hin zum Zentrum bewegt. Als Nicht-Disziplinierte waren wir auf diese Weise nie eine Gefahr für die Disziplinierten einer bestimmten Fachrichtung. Als Laien der Wissenschaftsforschung, als Dilettanten der Wissenssoziologie, hatten wir dadurch immer eine Position der Randständigkeit inne, sozusagen die Position eines Paria oder manchmal auch die eines Pausenclowns.

Diese aus der Perspektive eines jeweiligen disziplinären Zentrums wahrgenommene marginale Position bietet einige Vorteile. Sie hat aber auch gewichtige Nachteile. Die Nachteile nichtinstitutionalisierter, ambulanter Forschung bestehen vor allem darin, dass über die Diziplinarität des Wissens kein Zwang auf die Wahrnehmung ihrer Resultate ausgeübt wird. Ihre Perzeption wird weitgehend über die informellen Kanäle persönlicher Kontaktnetze, das Hörensagen in interessierten Zirkeln usw. gesteuert, da sie eben nicht an den „richtigen" Orten veröffentlicht sind.

Mehrheitlich stießen wir mit unserem Vorhaben auf Wohlwollen und erhielten eine gute Akzeptanz für unsere Anliegen. Man könnte auch sagen, dass das Einnehmen einer marginalen Position vor allem dann funktioniert, wenn sie es dem Beobachter erlaubt, eine mittlere Position einzunehmen, die zuweilen auch einer Position „zwischen den Stühlen" gleichkommt, die aber immer auf dem Boden und sich der Grenzen ihrer Möglichkeiten bewusst bleibt.

Anders gesagt lässt sich unsere methodische Position auch als Anwendung eines Vorgehens verstehen, wie es der Ethnopsychoanalytiker Georges Devereux auf dem Felde der Wissenschaftsforschung beschrieben hat.[43] Devereux zeigte, dass jede Forschungsmethode auch gelesen werden kann unter der Perspektive einer Abwehr von Ängsten bei den Forschern und Forscherinnen.

---

43 Vgl. dazu *Devereux, Georges* (1976).

Als echte Dilettanten der Wissenschaftsforschung bewegen wir uns in ganz unterschiedlichen beruflichen Tätigkeitsfeldern innerhalb und außerhalb der Universität. Die Forschung auf dem Feld der Wissenschaftsforschung, am Gegenstand der Biographie von Ludwik Fleck und der Geschichte der Rezeption seines Werkes, ist bisher immer sozusagen „nebenher" erfolgt, in dem Rahmen, der im Alltag üblicherweise „Freizeit" genannt wird. Dennoch möchten wir diese Tätigkeit nicht einfach als „Hobby" bezeichnen. Sie ist ein Versuch, Wissenschaft am Rande ihrer Institutionalisierung zu betreiben. Als wir vor rund zehn Jahren Zugang zum Briefwechsel von Ludwik Fleck mit dem Schwabe-Verlag erhielten und ihn ausführlich in einem Aufsatzmanuskript referierten, strich die wissenschaftliche Redaktion der Zeitschrift, bei der wir das Manuskript einreichten, diese Zitate mit der Bemerkung, solche Ausführungen gehörten nicht in eine philosophische, sondern in eine wissenschaftshistorische Zeitschrift.[44] Wir hatten in der Begeisterung über unseren Fund, den disziplinären Ernst dessen, was Robert K. Merton den „context of legitimation" nennt, vergessen.[45] Damit etwas als „wissenschaftlich" anerkannt wird, muss es immer auch im richtigen Gewand daherkommen. Umgekehrt gilt aber auch, dass nicht alles, was im entsprechenden Gewand daher kommt, dann auch tatsächlich gilt, wie die Kontroversen um wissenschaftliche Fälschungen zeigen.[46]

Produktives Wissen kann in der Begegnung zwischen den disziplinär Sesshaften und denjenigen, die zwischen den etablierten Feldern nomadisieren, entstehen. Grenzgängertum in der Wissenschaft erfolgt wie im „wirklichen Leben" immer auch zwischen den Polen der Xenophilie und der Xenophobie, was heißt, dass wer Carmen mag, noch lange nicht die Standplätze der Roma in seinem Quartier mögen muss.

Das von uns verwendete methodische Vorgehen im Zusammenhang mit der Recherche zu Ludwik Flecks Leben und seinem Werk hat uns ein Stück weit solche Erfahrungen ermöglicht. Es hat uns den Austausch mit vielen Personen an verschiedenen Orten Europas ermöglicht, die sich mit ganz unterschiedlichen Interessen und mit verschiedenen Zugängen mit Ludwik Fleck und seinem Werk auseinandersetzen. Wir haben dabei gesehen, wie Recht Fleck hat, wenn er auf der Unübersetzbarkeit von Denkstilen insistiert, aber auch wie falsch es wäre,

---

44 *Graf, E. O. / Mutter, K.* (2000).

45 Vgl. *Merton, Robert K.* (1973), S. 27 ff. Viele Textpassagen aus dem Briefwechsel von Ludwik Fleck und dem Schwabe-Verlag Basel sind inzwischen auf der Homepage des Ludwik Fleck Zentrums publiziert. (http://www.ludwikfleck.ethz.ch/events/Referat_Erich_O._Graf.pdf).

46 Vgl. dazu *Merton, Robert K.* (1973), S. 312 ff.

daraus die Unmöglichkeit von Verständigung abzuleiten. Denn hinter den Mauern des disziplinär gehüteten Wissens sind wir auch auf etwas gestoßen, das wir „amor sapientiae" nennen wollen, zu deutsch: Philosophie, die Liebe zum Wissen.

Zurück zum Anfang

> „Um zu sehen, muß man wissen, was wesentlich und was unwesentlich ist, muß man den Hintergrund vom Bild unterscheiden können, muß man darüber orientiert sein, zu was für einer Kategorie der Gegenstand gehört. Sonst schauen wir, aber wir sehen nicht, vergebens starren wir auf die allzu zahlreichen Einzelheiten, wir erfassen die betrachtete Gestalt nicht als bestimmte Ganzheit".[47]

Ob die gesammelten und schließlich in einem Archiv, einer Bibliothek oder einer Ausstellung versammelten Dinge nun historisches Kulturgut oder Abfall sind, das entscheidet alleine das Auge des Betrachters im historischen Jetzt. Eines der Probleme besteht dabei, dass es in jedem Augenblick »Jetzt« sein kann, dass also Geschichtsschreibung nie wirklich stabil zu sein vermag. Das führt uns wieder zum Thema des nicht geschriebenen Buches zurück.

Der Kampf um das „Eigentliche des Textes" erweist sich als das Scheitern des hermeneutischen Verlangens. Die Offenheit eines Textes lässt immer viele mögliche Lesarten zu. Der Autor kann die Rezeption seines Textes nie gänzlich bestimmen. Er hat jedoch die Wahl, dem Leser ein ganz leeres Buch ohne Titel abzugeben und damit der Heterogenität der Lektüren die größtmöglichen Freiheitsgrade zuzugestehen oder aber den Adressaten mit einer Trivialisierung zu beglücken, wie dies z.B. Gebrauchsanleitungen machen. Im Falle der Konsultation einer Gebrauchsanweisung ist der Leser entlastet, wenn der Text ihm bei der Ausführung der vorgeschriebenen Handgriffe kaum Freiräume für Interpretationen zugesteht. Hier wäre an das Beispiel eines Druckerhandbuchs zu erinnern, das nach erfolgreicher Benutzung auch wirklich dazu führt, dass der Drucker druckt und nicht etwa das eingelegte Papier schreddert.

Der Offenheit jedes Textes tritt die Geschlossenheit einer disziplinären Lesart, also ihr Denkstil entgegen. Wir können mit René Lourau sagen, dass die Fragen von Institutionalisierung und Organisation einem unendlichen Strategiespiel zwischen Lenin und Tristan Tsara entsprechen.[48] Sie stellen eine nie enden-

47 *Fleck, Ludwik* (1983, S. 148), Schauen, Sehen, Wissen (1983, S. 147-174).

48 Vgl. *Lourau, René* (1980), S. 304.

de Bewegung zwischen Suchen und Finden, zwischen Entdecken und Festhalten dar. Würde die Forschung ihr Ziel je erreichen, käme sie an ein Ende. Sie braucht ein Stück weit den *Aufschub* – im Wissen darum, dass der nächste Schritt schon wieder eine Abweichung vom ursprünglich eingeschlagenen Weg sein könnte. Und jede Forschungsreise scheint ein Stück weit jener Geschichte zu gleichen, die von einem spanischen Edelmann und seinem Diener handelt:

> „Don Quijote reitet auf seiner Rosinante durch die Einöde der kastilischen Mancha und zaubert einen Weg voll der wunderlichsten Abenteuer in den leeren Raum hinein. Hinter ihm schließt sich die Wüste immer wieder zusammen und vor ihm ist kein Weg gebahnt. Anfang und Ende Don quijotesker actes gratuits finden sich niemals, und so zieht unser Don Quijote allerdings immer zu neuen Abenteuern aus."[49]

Literatur

Arens, Pit / Hesper, Stefan / Mutter, Karl / Schlünder, Martina / Tammen, Antke (2005): Mit Ludwik Fleck in die Ambulanz des 21. Jahrhunderts. Ein Wörterbuch zur Einführung in die ambulanten Wissenschaften. Tatsache – Denkstil – Kontroverse: Auseinandersetzungen mit Ludwik Fleck. *Egloff, Rainer* (Hg.). Zürich, Collegium Helveticum. 1, S. 91-96.

Assmann, Jan (1997): Das kulturelle Gedächtnis. Schrift, Erinnerung und politische Identität in frühen Hochkulturen. München: C. H. Beck'sche Verlagsbuchhandlung.

Balińska, Marta Aleksandra (1993): Une vie pour l'humanitaire. Ludwik Rajchman (1881-1965). Paris: Editions la Décourverte.

Blumenberg, Hans (1987): Das Lachen der Thrakerin: Eine Urgeschichte der Theorie. Frankfurt am Main: Suhrkamp.

Cartens, Daan (Hg.) (1995): Der Augenmensch Cees Nooteboom. Frankfurt am Main: Suhrkamp.

Deleuze, Gilles / Guattari, Félix (1992): Tausend Plateaus. Berlin: Merve Verlag.

Deleuze, Gilles / Guattari, Félix (1996): Was ist Philosophie? Frankfurt am Main: Suhrkamp.

Devereux, Georges (1976): Angst und Methode in den Verhaltenswissenschaften. Frankfurt am Main/Berlin/Wien: Ullstein.

---

49 *Heintz, Peter* (1973), S. 123.

Dürrenmatt, Friedrich (1986): Der Auftrag oder die Beobachtung der Beobachter beim Beobachten. Zürich: Diogenes.

Eco, Umberto (2004): Die geheimnisvolle Flamme der Königin Loana. München: Hanser.

Fleck, Ludwik (1980): Entstehung und Entwicklung einer wissenschaftlichen Tatsache. Einführung in die Lehre vom Denkstil und Denkkollektiv. Mit einer Einleitung hrsg. von *Lothar Schäfer* und *Thomas Schnelle*, Frankfurt am Main: Suhrkamp Verlag.

Fleck, Ludwik (1983): Erfahrung und Tatsache. Gesammelte Aufsätze. Mit einer Einleitung hrsg. von *Lothar Schäfer* und *Thomas Schnelle*, Frankfurt am Main: Suhrkamp.

Garcia de, Antonio (1979): Immanuel Velikovsky. Die Theorie der kosmischen Katastrophen, München: Goldmann Verlag.

Graf, Erich Otto / Mutter, Karl (1996): Die Entstehung und Entwicklung einer wissenschaftlichen Tatsache. Überlegungen zur Rezeption des Werkes von Ludwik Fleck. Officina: Mitteilungen des Hauses. Basel: Schwabe & Co. AG, S. 18-27.

Graf, Erich Otto / Mutter, Karl (2000): „Zur Rezeption des Werkes von Ludwik Fleck", in: Zeitschrift für philosophische Forschung. Band 54/2. Frankfurt am Main: Vittorio Klostermann.

Heintz, Peter (1973): Anarchismus und Gegenwart. Berlin: Karin Kramer Verlag.

Hohl, Ludwig (1984): Die Notizen oder von der unvoreiligen Versöhnung. Frankfurt am Main: Suhrkamp.

Hohl, Ludwig (1984): Daß fast alles anders ist. Frankfurt am Main: Suhrkamp.

Humm, Rudolf Jacob (1977): Bei uns im Rabenhaus. Literaten, Leute und Literatur im Zürich der Dreissiger Jahre. Zürich: Buchclub Ex Libris.

Kuhn, Thomas S. (1962 (dt.1967)): Die Struktur wissenschaftlicher Revolutionen. Frankfurt am Main: Suhrkamp.

Kuhn, Thomas S. (1977 (dt. 1978)): Die Entstehung des Neuen. Studien zur Struktur der Wissenschaftsgeschichte. Frankfurt am Main: Suhrkamp.

Latour, Bruno (2001): Das Parlament der Dinge. Frankfurt am Main: Suhrkamp.

Latour, Bruno (2005): „From Realpolitik to Dingpolitik or How to Make Things Public", in *ders. / Weibel, Peter* (2005), Making Things Public. Athmosperes of Democracy. Cambridge: MIT.

Lourau, René (1980): Autodissolution des avant-gardes. Paris: Édition galilée.

Luhmann, Niklas (1987): Soziale Systeme. Grundriss einer allgemeinen Theorie. Frankfurt am Main: Suhrkamp.

Mayer, Helmut (2004): Sprachreisen und Wortabenteuer. Eine Studie aus dem Nachlass von Robert K. Merton. Neue Zürcher Zeitung, 3./4. April 2004, S. 47.

Merton, Robert K. (1973): The Sociology of Science. Theoretical and Empirical Investigations. Chicago and London: The University of Chicago Press.

Merton, Robert K. / Gaston, Jerry (Hg.) (1977): The Sociology of Science in Europe, London and Amsterdam: Southern Illinois University Press.

Merton, Robert K. / Barber, Elinor (2004): The Travels and Adventures of Serendipity. Princeton and Oxford: Princeton University Press.

Pascal, Blaise (o. J.): Gedanken. Birsfelden & Basel: Verlag Schibli-Doppler.

Rindisbacher, Hans J. (1992): The Smell of Books: A Cultural-Historical Study of Olfactory Perception in Literature. Ann Arbor.

Schapp, Wilhelm (1985): In Geschichten verstrickt. Zum Sein von Mensch und Ding. Frankfurt am Main: Vittorio Klostermann.

Turel, Adrien (1976): Bilanz eines erfolglosen Lebens. Frauenfeld: Verlag Huber.

Velikovsky, Immanuel (1978): Welten im Zusammenstoß. Frankfurt am Main: Umschau Verlag.

Wittgenstein, Ludwig (1971): Philosophische Untersuchungen. Frankfurt am Main: Suhrkamp.

Denken – Handeln – Denken. Vier Perspektiven für das Denken berufspraktischer Kommunikationsfragen

Erich Otto Graf / Karl Mutter

1. Einleitung

> „Vergeblich versuchte ein Naturwissenschaftler, sich mit einem Theosophen, Mystiker oder Kabbalisten zu verständigen. Selbst wenn sie dieselben Worte benutzen, sprechen sie über etwas anderes, weil ihre Worte eine andere Bedeutung, ihre Begriffe eine andere Stilfärbung haben, ihr Schließen sich anderer Zusammenhänge bedient, Ausgangspunkt und Ziel ihres Denkens andere sind. Jeder gehörte Satz wird vom Mitglied eines fremden Kollektivs mehr oder weniger in seinem eigenen Stil umgestaltet, also sagt der Aussagende etwas anderes, als der Hörende versteht: Auf der zwischengemeinschaftlichen Wanderung unterliegt der Gedanke einer Verformung, und deshalb ist es für die Mitglieder unterschiedlicher Denkkollektive unmöglich, sich zu verständigen."[1]

In einer Zeit, in der die Themen Interdisziplinarität, Transdisziplinarität in aller Munde sind, kann einen eine solche Einschätzung doch etwas nachdenklich stimmen. Denn wenn es sich so verhielte, müssten wohl die meisten bisherigen interdisziplinären Projekte gescheitert, bzw. alle zukünftigen Projekte interdisziplinären Zuschnitts im Vorhinein zum Scheitern verurteilt sein. Ein Scheitern scheint uns umso wahrscheinlicher zu sein, je stärker die inhaltliche Auseinandersetzung in einem Kampf um die Hegemonie eines Denkstils gegenüber anderen Denkstilen ausmündet. Interdisziplinarität ist immer dort gelungen, wo die Enge des eigenen Denkstils verlassen werden konnte, zugunsten des operativen Handelns, um die gestellte Aufgabe zu lösen. Dies gilt auch dort, wo wir scheinbar die gleiche Sprache sprechen.

Als Mitglieder einer Sprachgemeinschaft wissen wir aus eigener Erfahrung, dass wir uns wohl am ehesten mit Angehörigen derselben „Sprache" und „Kul-

1 *Fleck, L.*, „Schauen, Sehen, Wissen", in: *Fleck, L.* (1983), S. 172.

tur“ zu verständigen vermögen. Unter „Sprache“ verstehen wir alle Arten von semiotischen Systemen, die in professionellen Kontexten entstehen und verwendet werden. Die Gleichheit der sprachlich-kommunikativen Ausgangsbedingungen der beteiligten Kommunikationspartner ist eine hinreichende, nicht aber eine notwendige Voraussetzung für eine erfolgreiche Verständigung. Auch wenn wir die gleiche Sprache sprechen, bedeutet dies nicht, dass eine gegenseitige Verständigung möglich ist. Die Kommunikation gelingt immer dann, wenn das sich mit seiner Aufgabe befassende Denkkollektiv einen eigenen gemeinsamen Denkstil entwickelt, der räumlich und zeitlich begrenzt ist.

2. Flecks Ansatz im Kontext beruflichen Handelns

Im Folgenden möchten wir aufzeigen, wie der wissenschaftssoziologische Ansatz Ludwik Flecks für berufspraktisches und institutionelles Handeln genutzt werden kann.

Ludwik Flecks soziologisches Postulat, dass wir auch als Einzelne immer Mitglieder bestimmter Denkkollektive sind und unser Handeln daher immer von Denkstilen geprägt ist, hat sich als außerordentlich fruchtbarer Ansatz erwiesen. Er verhilft dazu, Gemeinsamkeiten im Handeln und Denken bestimmter Forschergruppen/Forscherkonstellationen zu identifizieren – ohne diese Gemeinsamkeiten zu festen, unüberwindlichen Grenzen zu stilisieren.

Ludwik Fleck kannte als Forscher die Beharrungstendenz von Denkweisen, Methoden und Verfahrensfragen, dienen diese doch gerade dazu, das noch nicht Sichtbare sichtbar und das noch nicht Gewusste wissbar zu machen. Fleck wusste auch um die Labilität und die Erosionsanfälligkeit verbürgter Denkgewohnheiten und Forschungsroutinen. Da Forschung auf die Konstruktion neuen Wissens und wissenschaftlicher Tatsachen hin ausgerichtet ist, neigt sie dazu, in ihrem Vorgehen methodische Leitlinien und theoretische Grundsätze pragmatisch auf ihren Beitrag zur aktuellen Forschungsfrage zu betrachten. Daher neigt das disziplinäre Denken zu Geschlossenheit und Systematisierung. In jeder wissenschaftlichen Disziplin stehen sich eine bewahrende und konservierende Tendenz und eine Tendenz zur Neuerung gegenüber. Das disziplinäre Denken ist ständig damit befasst, neu entstehendes Wissen in den bestehenden Denkstil einzubinden. Dies gelingt immer nur teilweise, da das Neue jeweils nur auf dem Hintergrund des Alten und damit schon Bekannten gedacht werden kann. Am Rande des institutionalisierten Wissens bleiben so Reste übrig, die vom Zentrum her gesehen als Müllhalden des Wissens erscheinen, sich von einem anderen Standpunkt aus jedoch als produktive Fährten für Veränderung erweisen können. Aus

Holzwegen können Buckelpisten ins Neue werden, die sich mit der Zeit als Königsstraßen erweisen, bis sie wieder als Sackgassen erkannt werden.

So bewahren uns Nischen und Differenzen des disziplinären Denkens im Idealfall vor Dogmatisierung und ideologischer Erstarrung, wie sie eben geschlossenen Paradigmen und Systemen eigen sind. Nicht selten dienen sie dazu, die in ihnen institutionalisierte Macht dafür einzusetzen, bestehende Sichtweisen auch gegen empirische Evidenz aufrechtzuerhalten. Soziale Phänomene, die aus unterschiedlicher Perspektive betrachtet durchaus ambivalent einzuschätzen sind, werden durch den Gebrauch dieser institutionalisierten Macht auf *eine* Bedeutung hin vereinheitlicht. Die Fixierung auf bestimmte Verfahrens- und Methodenkanons und auf die Routinisierung von Abläufen führt zum Ausschluss und zur Neutralisierung alternativer Sicht- und Denkweisen.[2]

Im Gespräch, wenn man sich zusammensetzt, um sich auseinander zu setzen, können starre Kategorien elastisch, flexibel und biegsam werden. Was in der Perspektive des disziplinären Denkens als verwegen oder gar falsch erscheint, kann hier zu einem konstruktiven Beitrag werden. Und so wandeln sich Form und Inhalte von Gedanken, wenn sie in Denkkollektiven kreisen. Picabia hat gesagt, unser Kopf sei rund, damit sich das Denken in alle Richtungen ausbreiten könne, und so ähnlich scheint es mit einer Gesprächsrunde zu sein.[3] Flecks kommunikationstheoretische Überlegungen erweisen sich als brauchbarer Bezugsrahmen, um Akzentuierungen und Bedeutungsveränderungen, die sich im Bereich alltäglicher Kommunikation einstellen, ins Zentrum der Aufmerksamkeit zu rücken:

> „Streng genommen versteht der Empfänger den Gedanken nie vollkommen in dieser Weise, wie ihn der Sender verstanden haben wollte. Nach einer Reihe solcher Wanderungen ist praktisch nichts mehr vom ursprünglichen Inhalt vorhanden. Wessen Gedanken ist es, der weiter kreist? Ein Kollektivgedanke eben, einer, der keinem Individuum ange-

---

2 Thomas Kuhn hat diesen Vorgang der Umgestaltung kollektiver Denkweisen im Bereich der Wissenschaft unter dem Stichwort des „Paradigmenwechsels“ beschrieben. *Kuhn, T. S.* (1973). Thomas Schnelle spricht von der Dominanz und der Verdrängung „lokaler Rationalitäten“ im Bereich wirtschaftlichen und institutionellen Handelns. *Schnelle, T.*, „Die Moderation von Verständigungsprozessen zwischen Organisationen: Wie man zwischen Denkstilen und lokalen Rationalitäten quer zu den Funktionen vermittelt“, in: *Egloff, R.* (2005).

3 *Picabia, F.* (2005), „Unser Kopf ist rund, damit das Denken die Richtung wechseln kann“. Allerdings scheinen einem Zweifel manchmal auf, wenn geglaubt wird, solches sei besonders gut an runden Tischen möglich.

> hört. Ob Erkenntnisse vom individuellen Standpunkt aus Wahrheit oder Irrtum, ob sie richtig oder missverstanden scheinen, sie wandern innerhalb der Gemeinschaft, werden geschliffen, umgeformt, verstärkt oder abgeschwächt, beeinflussen andere Erkenntnisse, Begriffsbildungen, Auffassungen und Denkgewohnheiten."[4]

Der hermeneutische Prozess des Verstehens ist also von Anbeginn an ein sozialer. Selbst wenn ich mich nur mit meiner Lektüre „unterhalte", stehe ich im Austausch mit den Gedanken des Autors, die sich mit all jenen Gedanken und Empfindungen verbinden, die ich aus meiner Lebensgeschichte mit zu dieser Lektüre bringe. Und umso mehr ist dies in Gesprächen und im dialogischen Austausch mit anderen Menschen der Fall.

Für Fleck sind Denkkollektive nicht an örtliche Grenzen gebunden; sie können ihre Wirksamkeit auch über zeitliche und räumliche Abstände hin entfalten. Die einem Denkkollektiv verbundenen Personen müssen weder von Angesicht zu Angesicht kommunizieren, noch müssen sie voneinander wissen oder sich gar aktiv zur Kenntnis nehmen.[5] Es handelt sich bei Denkkollektiven vielmehr um Netzwerke miteinander mehr oder weniger verbundener Personenkonstellationen oder um „rhizomartige Gebilde", um auf den Ausdruck von Gilles Deleuze zurückzugreifen.[6] Das, was uns als klar abgrenzbare Person erscheint, lässt sich in solcher Perspektive auch als Verflechtung verschiedenster Denkkollektive mit einer eigenen relativen Autonomie und unscharfen Rändern denken.

3. Interdisziplinäre Handlungskontexte

Als Praktiker stehen wir im beruflichen Alltag zwangsläufig im Spannungsfeld verschiedener professioneller und disziplinärer Orientierungen. Vor allem wenn Berufsgruppen miteinander arbeiten, die sich im beruflichen Feld sehr nahe stehen, scheinen Missverständnisse eher häufiger aufzutreten, als wenn sich zuweilen Vertreter weit auseinander liegender Disziplinen auf den Weg einer gemein-

---

4 *Fleck, L.* (1980), S. 58.

5 Eine Parallele ergibt sich zur Methode der „Konstellationsforschung" und zum Begriff des „Denkraumes" (D. Heinrich). Die Begriffe werden verwendet, um rekonstruierend Theorieentwicklungen zu beschreiben, die aus dem Zusammenwirken verschiedener Denkansätze resultieren. Dieses Vorgehen bemüht sich darum, philosophische Positionen und Ansätze, die sonst einzelnen „Meisterdenkern" zugeordnet werden, so zu beschreiben, dass auch Zwischenglieder oder marginale Positionen sichtbar werden. *Muslow, M. / Stamm, M.* (2005).

6 *Deleuze, G. / Guattari, F.* (1977).

samen Verständigung begeben.[7] Interdisziplinarität kann Anlass zu Bereicherungen, aber auch Anlass zu professionellen Status- und Grabenkämpfen sein.

Berufsidentitäten ermöglichen zwar ein Stück weit stabile Orientierungen, sie sind aber häufig der Kontextualisierung des Wissens und Handelns hinderlich, wenn es darum geht, gemeinsame Lösungen innerhalb eines gemeinsamen Bezugsrahmens zu finden. An solchen beruflichen Orientierungen kann sich wiederum das Phänomen wie die „Identifikation mit der Ideologie einer Rolle“[8] manifestieren. Die Berufsrolle wird zum Korsett für das Ich und hilft mit, dieses zu stabilisieren. Solche professionellen Identifikationen beeinträchtigen das Lernen und können es in der interdisziplinären Zusammenarbeit geradezu hemmen.

Es ergibt sich hier eine Melange aus so genannten „persönlichen“, „disziplinären“ und „beruflichen“ Orientierungen, die von den Interaktanten einer Gruppe so balanciert werden müssen, dass die gemeinsame Arbeit (noch) möglich ist. Dort, wo die Harmonisierung dieser unterschiedlichen Balancen misslingt, entsteht manifester Streit um die Ausrichtung der Aufgabe, um die Führung in der Gruppe, um die Definitionsmacht über die Inhalte usw. Die in solchen Zusammenhängen zur Anwendung kommenden theoretischen Ausrichtungen erscheinen in solchen Momenten häufig geradezu als „inkommensurabel“.[9]

---

7 Vielleicht mag dies damit zusammenhängen, dass Disziplinen ohne konturierte Grenzen, wie z.B. die Psychologie, oder neu entstandene Disziplinen, um als Beispiel etwa die Pflegewissenschaften zu nennen, eher dazu tendieren, sich in Schulen, Therapierichtungen etc. zu organisieren. In der Psychoanalyse nennt man dies auch den „Narzissmus der kleinen Differenz“, wenn es eben nicht viele Unterschiede gibt, dann kann man gerade jene wenigen, die man entdeckt, umso stärker unterstreichen.

8 Vgl. dazu *Parin, P.* (1978), S. 78-147 (Kapitel 4: Das Ich und die Anpassungsmechanismen, und Kapitel 5: Der Widerspruch im Subjekt. Die Anpassungsmechanismen des Ich und die Psychoanalyse gesellschaftlicher Prozesse); *Graf, E. O.* (1990), S. 72 ff.

9 Thomas S. Kuhn schreibt dazu: „Die Vertreter verschiedener Theorien (oder verschiedener Paradigmen im weiteren Sinne) sprechen verschiedene Sprachen, die verschiedene kognitive Positionen ausdrücken, die auf verschiedene Welten passen. Ihre Fähigkeit zur Erfassung der Gesichtspunkte des andern sind daher unvermeidlicherweise beschränkt durch die Unvollkommenheit der Übersetzung und der Bestimmung von Bedeutungen“. *Kuhn, T. S.* (1978), S. 45.

4. Erweiterung der theoretischen Perspektiven

Bei der Erweiterung der theoretischen Perspektiven, um Fragen von interdisziplinärer Zusammenarbeit zu konzeptualisieren, haben wir uns auf Ludwik Flecks Denkstilkonzept und die theoretischen Konzepte von Michael Polanyi, Gregory Bateson und Pierre Bourdieu gestützt. Polanyis Konstrukt des „impliziten Wissens“[10] zeigt einige Affinitäten mit der Theorie der Denkstile, wie Ludwik Fleck bereits in den fünfziger Jahren selbst feststellte.[11] Gregory Bateson liefert mit seiner Lerntheorie einen theoretischen Rahmen, um mit den aus der Unvereinbarkeit von Denkstilen sich ergebenden paradoxen Kommunikationssituationen produktiv umzugehen, während das Habitus-Konzept von Pierre Bourdieu zeigt, wie professionelles Wissen über Handeln erzeugt und stabilisiert wird.

Michael Polanyi

Die Praxis, das Handeln vor dem Hintergrund professioneller Sozialisation, nimmt einen wichtigen Stellenwert in Michael Polanyis Konzeption des „impliziten Wissens“ ein. Theoriegeleitete Erkenntnis ist in eine zirkuläre Struktur eingebettet, welche die Dinge, die wir sehen, in eben der Weise erscheinen lässt, wie sie uns die Theorie vorschreibt:

> „Sich auf eine Theorie stützen, um die Natur zu verstehen, heißt, sie verinnerlichen. Denn von der Theorie aus wenden wir uns den Dingen zu und sehen sie in ihrem Lichte, wenn wir mit ihr arbeiten, nehmen wir diese Theorie als das Schauspiel wahr, das sie uns erklären soll.“[12]

Persönliche Elemente bilden einen wesentlichen Anteil des impliziten Wissens, weshalb solches „Wissen“ nie vollumfänglich formalisiert werden kann. Theorie, Handeln und Erkenntnis verschränken sich gegenseitig; man kennt eine Theorie erst dann – so Polanyi – „wenn man sie verinnerlicht und ausgiebig zur Deutung von Erfahrungen verwandt hat“.[13]

Das Handeln im Lichte einer Theorie setzt der Erkenntnis aber eben auch Grenzen, die durch die Horizonte des einer Theorie inhärenten Denkens vorge-

---

10 *Polanyi, M.* (1966 [dt. 1985]).

11 Vgl. Brief von Ludwik Fleck an den Schwabe-Verlag vom 1. November 1959, Archiv des Schwabe-Verlags.

12 *Polanyi, M.* (1985), S. 25.

13 *Polanyi, M.* (1985), S. 28.

geben sind. Erkenntnis bedarf so immer auch eines blinden Flecks, der sie erst eigentlich ermöglicht: „Die Abhängigkeit einer Erkenntnis von persönlichen Bedingungen lässt sich nicht formalisieren, weil man seine eigene Abhängigkeit nicht unabhängig ausdrücken kann“.[14]

Gregory Bateson

Bateson fasst Lernprozesse als Prozesse der Veränderung auf.[15] Dabei unterscheidet er verschiedene Formen von Lernen, die in ihrer Abfolge immer abstrakter werden. *Lernen 0* bezeichnet eine starre Koppelung nach dem Modell eines Lichtschalters – wenn ich dies tue, so ereignet sich das. *Lernen 1* ist ein einfaches Modell, etwa im Sinne des Versuchs-Irrtums-Lernens. Wir lernen etwas, indem wir uns daran gewöhnen. Zu dieser Art des Lernens gehört auch das, was man Konditionierung nennt. *Lernen 2* auch „Deutero-Lernen“ („deuteros“ heisst der Zweite auf Griechisch) bezeichnet die Form des Lernens, die auch mit „Lernen des Lernens“ oder „Lerntransfer“ umschrieben wird. *Lernen 2* führt zu etwas, was wir als „Muster“, „Form“ oder „Stil“ bezeichnen können. *Lernen 3* entspräche nach Batesons Vorstellungen etwa der grundlegenden Veränderung eines Charakters eines Menschen, d.h. einer Veränderung in der Menge der einem Menschen zur Verfügung stehenden Gewohnheiten. Es besteht in einer Zunahme der Freiheitsgrade eines Menschen, sich an neue Situationen anzupassen. Ein Prozess von *Lernen 3* neigt dazu, die Orientierungen eines Menschen an seinen Gewohnheiten aufzulösen. Solche Prozesse können Ängste auslösen, und wir sind oft versucht, solchen Erfahrungen auszuweichen.

Mit den durch Bateson beschriebenen Lernprozessen gehen Veränderungen der Persönlichkeit oder des „Habitus“ einher. Sie wirken sich selbstverständlich auch auf die Art und Weise aus, wie in professionellen Kontexten gelernt wird und wie die Erfahrung interdisziplinärer Arbeit in den eigenen professionellen Habitus eingebaut wird, bzw. wie sie sich auf die Persönlichkeitsstruktur auswirkt.

Pierre Bourdieu

Der „soziale Habitus“ ist nach Pierre Bourdieu das Ergebnis eines historischen Prozesses.[16] Dieser geschichtliche Prozess erzeugt Schemata, nach denen die

---

14 *Polanyi, M.* (1985), S. 31.

15 *Bateson, G.* (1981), S. 362-399.

16 *Bourdieu, P.* (1987), S. 97-121.

Menschen ihre individuelle und kollektive Praxis ausrichten. Das lässt sich auch so formulieren, dass im sozialen Habitus die Vergangenheit formend in die Gegenwart eingreift und sich dadurch in die Zukunft hinein fortschreibt. Der soziale Habitus ist ein erworbenes System von Erzeugungsschemata für menschliches Handeln. Er ist – anders gesagt – Ergebnis eines sozialen und kulturellen Lernprozesses. Der soziale Habitus grenzt seinen Träger ein. Diese Art von Inklusion ermöglicht es ihm zwar, alle Gedanken, Wahrnehmungen und Handlungen frei hervorzubringen, aber eben nur innerhalb jener Grenzen, die deren Erzeugung erst möglich machen. Habitusformen sind Erzeugungs- und Strukturierungsprinzipien, die bestimmte Praxisformen hervorbringen. Durch den Habitus „regiert" die Sozialstruktur die Praxis.

Diese vier verschiedenen sozialwissenschaftlichen Ansätze eröffnen in je spezifischer Weise verschiedene Zugänge, um die kulturellen Prozesse beruflicher Sozialisation und beruflicher Identität zu beschreiben. Sie erlauben es, den Kontext der interprofessionellen Kommunikation differenziert zu thematisieren.

5. Die Frage der „Unübersetzbarkeit" der Denkstile

Jede Berufsgruppe, jede Profession benutzt ihre spezifischen Idio- und Technolekte im Sinne je eigener Sondersprache und grenzt sich damit gegen andere professionelle Gruppierungen ab. Dies ermöglicht berufsgruppenspezifische Spezialisierungen und die Ausbildung eines auf die jeweiligen Handlungsfelder der Berufsgruppen bezogenen Vokabulars und entsprechender Theorien, die durch berufsspezifische Interaktionen und Beobachtungen im Feld der Praxis „gehärtet" sind.

Dadurch wird die Kommunikation innerhalb der eigenen Berufsgruppe wesentlich erleichtert. Bedeutungen müssen nun nicht immer wieder neu ausgehandelt, Verfahrensregeln müssen nicht jedes Mal neu verhandelt und definiert werden. Andererseits erschwert aber dieser Prozess der Konvergenz des berufsspezifischen Vokabulars die Verständigung mit anderen Berufsgruppen.

In der Kommunikation können solchermaßen institutionalisierte Denkstile auch dazu verwendet werden, Machtrangeleien über die Prestigehierarchien der unterschiedlichen Berufsstände zu inszenieren. Kraft ihres Berufsprestiges können in solchen Auseinandersetzungen, um ein Beispiel zu geben, etwa Ärzte sich gegenüber Kleinkindererzieherinnen durchsetzen, indem die von ihnen verwendete Terminologie scheinbar Zuordnungen von Sachverhalten ermöglicht, die den machtschwächeren Gruppen in dieser Art und Weise nicht zustehen.

Diese Phänomene steigern die Transaktionskosten der Verständigung zwischen verschiedenen Denkkollektiven. Hier zeigt sich die Dialektik des heute im Schwange sich befindenden Professionalisierungsdiskurses, der zu einer zunehmenden Spezialisierung und zu einer Fragmentierung des Wissens führt. Die neu entstehenden Professionen neigen dazu, dieses Wissen ihrerseits rasch zu „kristallisieren", was die Bedeutungsvielfalt der professionellen Diskurse vermehrt. Dies erfolgt auf Kosten der Verständigungsmöglichkeiten. Um auch dazu ein Beispiel zu geben: es ist heute in keiner Wissenschaft mehr möglich, in allen Fächern der Disziplin gleichermaßen auf einem esoterischen Niveau kundig zu sein. In immer mehr Fällen sind alle Beteiligten auf das exoterische Wissen, das, wie Fleck zeigt, starken Vereinfachungen unterliegt, angewiesen. Etwas pointiert ausgedrückt, können wir auch sagen, dass wir uns über wesentlich vorurteilsbelastete Wissensbestände austauschen, wenn wir miteinander über so genannte fachliche Fragen ins Gespräch kommen.

Aus einer etwas distanzierteren Perspektive, unter Einbezug der im Kontext von Professionalisierung notwendigen Legitimationszwänge, lässt sich dieser Prozess auch als eine stetige Aufsplitterung geistiger Systeme betrachten.[17] Die Übersetzungsprobleme nehmen zu. Als Fluchtpunkt einer solchen Entwicklung ließe sich wohl ein BA/MA in Transdiziplinarität mit eingebauter ISO-zertifizierter Qualitätskontrolle imaginieren. Fleck meint dazu:

> „Verständigung ist grundsätzlich nur innerhalb einer Gemeinschaft möglich, zwischen verwandten Gemeinschaften spielt sie sich schon mit gewisser Komplikation ab: der Austausch eines Gedankens zwischen Gruppen ist immer mit einer mehr oder weniger deutlichen Umänderung verbunden. Von einer Gruppe in die andere übergehend ändern die Worte ihre Bedeutung, die Begriffe erhalten eine andere Stilfärbung, die Sätze einen anderen Sinn, die Anschauungen einen anderen Wert. Sind die Gruppen sehr voneinander entfernt, so kann der Gedankenaustausch ganz unmöglich sein, die Transformation eines Gedankens besteht in seiner völligen Vernichtung."[18]

Damit wir uns zwischen den Professionen gegenseitig verständigen können, sind „Übersetzungsleistungen" erforderlich, die es ermöglichen, ein gemeinsames Feld zu etablieren, auf dem die Verständigung erst stattfinden kann. Dies ist nur

17 Vgl. dazu das Konzept der Schismogenese bei *Bateson, G.*, in: *Bateson, G.* (1981), S. 99.

18 *Fleck, L.* (1983), „Das Problem einer Theorie des Erkennens", in: *Fleck, L.* (1983), S. 91.

möglich, wenn es gelingt, über adressatengerechte Kommunikationen eine gemeinsame Form zu finden, welche es erlaubt, professionsbedingte Differenzen/Unterschiede produktiv werden zu lassen. Es muss in Flecks Terminologie ein neues Denkkollektiv entstehen, das die Einheit der Differenz gewährleistet. Dies ist nur über partielle Annäherungen und über die Definition eines Raumes möglich, der trotz der in ihm vereinigten Differenzen für alle Beteiligten einen gemeinsamen Bezugsrahmen für das Handeln bereitstellt. Die von den Beteiligten geteilte Phantasie der gelingenden Kommunikation besteht in dieser Täuschung, die sich erst beim Auftauchen der nächsten Differenzen wieder manifestiert. Damit solche „Übersetzungsleistungen" gelingen, „braucht es beides, einen gemeinsamen mittleren Grund und eine grundsätzliche Differenz".[19] Dieser mittlere Grund besteht jeweils in der für das Denkkollektiv zu lösenden Aufgabe.

> „Wenn ich einen Gedanken für die Mitglieder eines anderen Denkkollektivs formuliere, gestalte ich ihn so um, daß er dem dortigen Stil nahe kommt. Ich bin also bestrebt, ein gemeinsames Kollektiv zu schaffen, ein irgendwie mittleres, ärmer an Inhalt, aber breiter. Ich bin bemüht, den Gedanken umzustilisieren. *Ein solcher Versand eines Gedankens heißt Propaganda.*"[20]

Der Terminus „Propaganda" wird heute oft missverstanden, da er durch die nationalsozialistische und kommunistische Verwendung negativ konnotiert ist. Es sei hier daran erinnert, dass Ludwik Fleck ein großer Liebhaber des Lateinischen gewesen ist.[21] Das von ihm verwendete Wort „Propaganda" entstammt dem lateinischen Verbum „propagare", was so viel wie fortpflanzen, erweitern, verlängern bedeutet (dazu passend die Substantivbildung: propagatio: Fortpflanzung, Erweiterung, Verlängerung). Gemeint ist die tatsächliche inhaltliche Verlängerung und Erweiterung eines Gedankensystems.[22]

---

19 *Guldin, R.* (2005), S. 92.

20 *Fleck, L.* (1983), „Das Problem einer Theorie des Erkennens", in *Fleck, L.* (1983), S. 92.

21 Mündliche Mitteilung von Marek Klingberg. Fleck ließ sich ein polnisch-lateinisches Wörterbuch nach Israel schicken.

22 Fleck macht an der zitierten Stelle auf die bekannte Geschichte der Anreicherung des christlichen Glaubensgutes mit Elementen aus der chinesischen Philosophie aufmerksam, die durch die Jesuiten im 18. Jahrhundert durchgeführt wurde, um die Missionstätigkeit in China zu erleichtern.

6. Zur Didaktik interprofessioneller Arbeitsgruppen

Folgt man den Fleckschen Überlegungen, so scheint Verständigung zwischen den unterschiedlichen Denkstilen verschiedener professioneller Gruppen nur um den Preis einer Verflachung von jeweiligem professionellem Wissen möglich zu sein. Anderseits zeigen die Erfahrungen jeglichen beruflichen Alltags, dass die dort zu lösenden Probleme die Enge der jeweiligen professionellen Denkstile stets übersteigen, da die Welt jeweils mehr Komplexität enthält, als ein einzelner professioneller Denkstil abzubilden in der Lage ist. Gelingt es nicht mehr, die bestehenden Differenzen produktiv zu machen und fruchtbar in aufgabenbezogenen Diskursen anzuwenden, droht jeweiligen professionellen Systemen eine „institutionelle Entropie", dergestalt, dass jeder Gedanke als richtig erscheint und jede Meinung ihre Geltung hat.[23]

Will man interprofessionellen Austausch vorantreiben, so müssen offenbar Rahmenbedingungen eingerichtet werden, die ihn ermöglichen. Man braucht also sozusagen eine didaktische List, um die „monadischen" Denkstile der Gruppenmitglieder, die an einer Aufgabe arbeiten, zu öffnen und zueinander in Beziehung zu setzen. Diese List besteht im Setzen einer gemeinsamen Aufgabe, die in der Veränderung der Spielregeln (d.h. des Rahmens) besteht, und zwar so, dass es nicht jene Spielregeln sind, von denen die TeilnehmerInnen erwarten, dass sie gelten.[24]

Zusammensetzung der Gruppen

Wir haben dies anlässlich von zwei berufsgruppengemischten Seminaren zum Thema des interprofessionellen Handelns in einem quasiexperimentellen Setting anzuwenden versucht.[25] Wir haben für unseren „Versuch" jeweils Gruppen bestehend aus Vertretern mit unterschiedlichen professionellen Bezügen gebildet. Das berufliche Spektrum reichte von Pädagogen, Biologen, Beratern, Verbandsmitarbeitern, Medizinern, Psychiatern bis zu Ingenieuren. Wir waren darauf bedacht, die Didaktik des Seminars so anzulegen, dass die von uns vorgestellten

---

23 Nicht umsonst sagt ja auch der Volksmund, dass wer offen für alles, immer auch nicht ganz dicht sei.

24 In diesem Fall verwendeten wir die Methode der nichtfigurativen Zeichnung eines Sachverhaltes; vgl. dazu *Stary, J.*, in: *Stary, J. / Kretschmer, H.* (1994) und *Arnheim, R.* (1996).

25 „Denken-Handeln-Denken; Denkstile – Orientierungen professionellen Handelns" 1999; „Denken-Handeln-Denken; Denkstile beeinflussen unser professionelles Handeln", 2000.

Theoriekonzepte in der unmittelbaren Praxis des Seminars erfahrbar wurden – nach dem Motto: „Nichts ist so praktisch wie eine gute Theorie".

Das Lösen einer gemeinsamen Aufgabe

Um die Gruppenmitglieder in die dahinter stehende Epistemologie einzuführen, suchten wir den Einstieg über die Ausführung einer praktischen Arbeit. Die anfängliche Einzelarbeit bestand darin, ein nichtfiguratives Bild einer gelungenen, berufsspezifischen Problemlösung zu zeichnen. Die Schwierigkeit, sich in einem anderen als dem gewohnten sprachlichen Kommunikationsmodus zu äußern, machte dabei den meisten TeilnehmerInnen anfänglich zu schaffen, eröffnete aber auch andere Modalitäten des Ausdrucks. Wir hatten die Rahmenbedingungen des Spiels geändert. Die Ergebnisse dieser Einzelarbeiten bildeten das Ausgangsmaterial für die anschließende Gruppenarbeit, in der die Problemlösungen vorgestellt wurden und die Gruppenmitglieder der drei Gruppen einen Rahmen konstruieren mussten, in dem sich das Gemeinsame und die Verschiedenheit dieser Problemlösungen darstellen ließ.

Das Ergebnis

Die heterogenen Gruppen waren nach rund zwei halben Arbeitstagen in der Lage, sich eine gemeinsame Referenz aufzubauen. Die Heterogenität der Gruppenmitglieder hat dazu beigetragen, dass in der Diskussion allgemeine Formaspekte – sowohl des Handelns als auch des Denkens – deutlicher akzentuierbar wurden. Der Fokus konnte dadurch vermehrt auf allgemeine Momente professionsübergreifender Arbeitsweisen gerichtet werden. Es gelang auf diese Weise, berufsgruppenübergreifende „Stilelemente" herauszuarbeiten, die für den Erfolg interprofessioneller Kommunikation handlungsleitend sind. Die gemeinsame Arbeit mit der Gruppe zeigte, dass es möglich ist, Aspekte des Handelns zu entwickeln, die häufig nicht berücksichtigt werden, die sich aber für das Gelingen professioneller Kommunikation als wesentlich erweisen. Die Aufgaben organisieren die Gruppen. Die Gruppenmitglieder bringen ihre Denkstile in die Gruppe mit. Es entsteht Auseinandersetzung und Verwirrung. Das Lösen der gemeinsamen Aufgabe führt zur Entwicklung eines gemeinsamen temporären Denkstils. Stabile Denkstile lassen sich öffnen, indem örtlich-zeitlich begrenzt gemeinsame Referenzen erarbeitet werden.

7. Die Erfahrungen des Workshops „Denkstilkontroversen"

Die Anlage des Workshops

Auf einer analogen Didaktik basierend wurde ein Workshop zum Thema „Denkstilkontroversen" am Collegium Helveticum der ETH Zürich und der Universität Zürich am 4. und 5. Juni 2004 durchgeführt. Auch hier ging es darum, ein heterogen zusammengesetztes Publikum – alles SpezialistInnen ihrer Fächer – in eine Diskussion über die Inhalte und die Brauchbarkeit der Epistemologie von Ludwik Fleck zu bringen.

Die rund 48 TeilnehmerInnen (inkl. OrganisatorInnen und ReferentInnen) dieses Workshops bildeten für die beiden Tage ein temporäres Denkkollektiv. Dieses bestand aus 22 Männern und 26 Frauen. Die TeilnehmerInnen wiesen von ihrer beruflich-wissenschaftlichen Herkunft her eine grosse Heterogenität auf. Insgesamt waren rund 20 verschiedene Fachdisziplinen vertreten. Allerdings war die disziplinäre Zuordnung einer ganzen Anzahl von Teilnehmenden nicht ganz eindeutig vorzunehmen, da sie zu diesem Zeitpunkt in Disziplinen tätig waren, die nicht jenen Fächern entsprachen, die sie einst an der Universität studiert hatten.

Den grössten Anteil von rund einem Drittel machten die historischen Disziplinen (wie Geschichte, Medizingeschichte, Kunstgeschichte, Wissenschaftsgeschichte) aus, gefolgt von sozialwissenschaftlichen Fächern (wie Soziologie, Sonderpädagogik, Lehrerbildung), die rund ein Viertel ausmachten. Rund ein Fünftel machten die naturwissenschaftlichen Disziplinen aus (Naturwissenschaften und Medizin), etwa ein Sechstel Sprachwissenschaften, die übrigen waren VertreterInnen anderer geisteswissenschaftlicher Fächer. Knapp zwei Drittel der Teilnehmenden entstammte der Akademie (Universitäten, ETH, Collegium Helveticum), knapp ein Viertel arbeitete in der außeruniversitären Praxis und rund ein Sechstel der Teilnehmenden arbeitete an Fachhochschulen. Im Hinblick auf den Aspekt der sozialen Zusammensetzung war es interessant festzustellen, wie viele Personen außerhalb der Universitäten im engeren Sinne sich durch die Thematik angesprochen fühlten. Die sozialen Orte, aus denen die TeilnehmerInnen stammten, waren sowohl intra- als auch extrauniversitär. Viele Personen kamen aus Bereichen der Forschung, andere eher aus solchen Bereichen, in denen Forschungsergebnisse angewendet werden.

Dieses temporäre Denkkollektiv des Workshops glich in seiner Zusammensetzung in vielem dem Regelfall, der sich bei Kontroversen um wissenschaftliche Fragen im berufspraktischen Alltag einstellt, geht es doch auch dort um unterschiedliche Meinungen zwischen Fächern und Disziplinen, zwischen Forschenden und Anwendenden von Forschungsergebnissen. In derartigen Situationen stoßen jeweils unterschiedliche Denkstile aufeinander.[26] Diese „lokalen Rationalitäten" (T. Schnelle) müssen sich auf ein jeweiliges Problem, auf eine bestimmte Aufgabe konzentrieren. Dabei stellt sich die Frage, wie viel Heterogenität der aktuell entstehende Denkstil einer Gruppe zulässt, angesichts der unterschiedlichen Denkstile, welche die Gruppenmitglieder mitbringen.

Die Anlage des Workshops war so gewählt, dass die TeilnehmerInnen jeweils verschiedene Positionen auf der Dimension esoterisch – exoterisch einnehmen konnten. Sie waren je nach dem als Fachpersonen gefragt und angesprochen, während sie in den meisten Fällen Laien waren, so wie es alle anderen auch gewesen sind. Gerade in solchen Zusammenhängen lässt sich die Erfahrung machen, dass die meisten Menschen im Hinblick auf die meisten Fragestellungen dem exoterischen Pol der jeweiligen Disziplin, die die entsprechende Fragestellung institutionalisiert, zuzuordnen sind. Dieses Moment des „disziplinären Fluktuierens" sollte durch die Form des Workshops direkt erlebbar und erfahrbar gemacht werden.

Das sich so formierende temporäre Denkkollektiv des Workshops wurde in sechs Arbeitsgruppen der beiden Labors nochmals aufgeteilt. Bei der Zusammenstellung der Laborgruppen, deren Diskussionen durch ModeratorInnen moderiert waren, wurde die soziale Zusammensetzung der Teilnehmenden berücksichtigt. Ebenso wurden die ModeratorInnen vor der definitiven Gruppenzusammenstellung gefragt, ob sie gegen bestimmte Personen in den für sie vorgesehenen Gruppen Vorbehalte hätten. Änderungswünsche von ModeratorInnen konnten so im Vorfeld berücksichtigt werden. Der Plot des Workshops sah vier Inputreferate, zwei Labors, die in kleinen Diskussionsgruppen durchgeführt wurden, und zwei Plenumdiskussionen vor.[27]

---

26 „Lokale Rationalitäten", wie Thomas Schnelle dieses Phänomen in seinem Referat anlässlich des Workshops genannt hat. Vgl. dazu auch *Schnelle, T.*, „Die Moderation von Verständigungsprozessen zwischen Organisationen: Wie man zwischen Denkstilen und lokalen Rationalitäten quer zu den Funktionen vermittelt", in: *Egloff, R.* (2005).

27 Die vier Impulsreferate zeigten unterschiedliche Perspektiven auf Ludwik Flecks Theorie der Denkstile und unterschiedliche Umgänge mit seinen Konzepten. B. Griesecke behandelte die Kontroverse zwischen Ludwik Fleck und Izydora Dąmbska in den dreißiger Jahren des vorigen Jahrhunderts über Flecks Denkstiltheorie. H. Rheinberger nahm Bezug auf die Geschichtlichkeit des wissenschaftlichen Wissens im Zusammenhang mit Ludwik Fleck, Gaston Bachelard und Edmund Husserl. Der Beitrag von P. Arens, S. Hesper, K. Mutter, M. Schlünder und A. Tammen zeigte ei-

ModeratorInnentraining – Informationen zur Analyse des Referenzschemas einer Gruppe

Die ModeratorInnen wurden durch das Collegium Helveticum in dessen Umkreis rekrutiert. Sie waren alle keine geübten oder ausgebildeten ModeratorInnen, sondern im Hinblick auf die Arbeit der Gruppenmoderation sogenannte „Laien". Als Vorbereitung auf ihre Rolle wurde ihnen ein halbtätiger Einführungskurs angeboten, in dem sie Informationen über das Funktionieren von Gruppen, über die Arbeit mit Gruppen und über das Handhaben von Gruppengesprächen erhielten. Sie erhielten Anweisungen, wie mit Gruppen gearbeitet werden kann; mögliche kritische Situationen in Gruppengesprächen wurden diskutiert. Hauptsächlich wurde bei den Informationen das Schwergewicht auf die Analyse des Referenzschemas einer Gruppe gelegt.

Dieses Referenz- oder Bezugsschema lässt sich entlang von sechs Achsen beschreiben: Zugehörigkeit, Sachbezogenheit und Kooperation, sowie Kommunikation, Lernen, Atmosphäre. Die ersten drei Achsen sind mit der Dynamik der Gruppe eng verbunden. Wenn etwa eine Gruppe während der Sitzung ständig von der abgemachten Aufgabe abschweift, dann kann man fragen, welche Hemmungen eine erfolgreiche Kooperation in der Gruppe erschweren. Über diese Frage stößt man wiederum auf die Frage nach dem Zugehörigkeitsgefühl der Gruppenmitglieder zur Gruppe. Die Klärung der Schwierigkeiten bezüglich der Zugehörigkeit ermöglicht es, die Hindernisse der Gruppe hinsichtlich ihrer Kooperation und bezüglich der Sachbezogenheit besser zu verstehen und erleichtert es den Gruppenmitgliedern, ihre Ziele hinsichtlich der gemeinsamen Kooperation klarer zu formulieren. So wird die Gruppe fähig, sich erneut ihrer Aufgabe zu widmen. Wenn sich ein Konflikt zwischen sprachlichen und vorsprachlichen Elementen entwickelt, tauchen Missverständnisse in der Gruppe auf. In solchen Episoden des Lernens übernehmen die verschiedenen Gruppenmitglieder oft bestimmte Verhaltensweisen oder Rollen.

Die Momente der Kommunikation, Lernen, Atmosphäre sind ebenfalls mit dem jeweiligen Gruppengeschehen eng verbunden. Wir können uns in einer Gruppe befinden, in der die bestehenden Sympathien und Antipathien so stark sind, dass eine Zusammenarbeit der ganzen Gruppe unmöglich ist. In einem solchen Fall stellt sich zuerst die Frage, weshalb die Gruppenmitglieder unter-

---

nen experimentellen Umgang mit dem Thema des ambulanten Arbeitens. T. Schnelle demonstrierte den Gebrauch der Fleckschen Konzepte im Kontext von Konfliktmoderation bei Wirtschaftsunternehmen. Vgl. dazu *Egloff, R.* (2005).

einander immer nur dieselben affektiven Beziehungen aufnehmen können und deshalb ständig in der gleichen Rollenverteilung arbeiten. Man kann sich in einer solchen Situation fragen, warum die Lernfähigkeit hinsichtlich der affektiven Beziehungen so beeinträchtigt ist. Und schließlich wird man sich auch fragen, warum sich auf der Ebene der Kommunikation immer die gleichen „Kurzschlüsse“ und „Missverständnisse“ zeigen und wie diese wiederkehrenden Muster entstanden sind.

Auf dem Hintergrund eines solchen Trainings wurde die Rolle der Moderation eingeführt, die vor allem darin bestand, die ModeratorInnen zu befähigen, sich in einer gewissen Distanz zu den von ihnen moderierten Gruppen zu halten. Dies wurde dadurch erreicht, dass ihnen eine explizit andere Aufgabe als die der Gruppenmitglieder zugewiesen wurde. Als ModeratorInnen hatten sie weder am Gespräch der Gruppe teilzunehmen, noch jenes zu leiten, sondern die Gruppe zu beobachten und dafür zu sorgen, dass die Gruppen ihr Gespräch im Hinblick auf ihre Aufgabenstellung durchführen konnten. Den ModeratorInnen wurde auch die Aufgabe der Berichterstattung in den Plenarsitzungen übertragen.

Die Leitung des Workshops

Von Anfang an wurde darauf geachtet, dass der zeitliche Rahmen sehr strikt eingehalten wurde. Die Einhaltung der äußeren Rahmenbedingungen wirkt sich in der Regel auf die Entwicklung der Arbeit in den Gruppen positiv aus. Sie trägt dazu bei, die Workshop-TeilnehmerInnen zu entlasten und zu orientieren, da auf das vorgegebene Programm Verlass ist. Es war denn auch bei den spontanen Rückmeldungen zum Workshop immer wieder zu vernehmen, dass man es als wohltuend empfand, dass im Gegensatz zu anderen Tagungen der zeitliche Rahmen eingehalten wurde. Die Einhaltung des zeitlichen Rahmens galt selbstverständlich auch für die Referierenden. Diese waren schon in der Einladung darauf hingewiesen worden, dass die zeitlichen Vorgaben verbindlich sind. Dadurch wurde der an Tagungen häufig grassierenden „Chronophagie“, der Zeitfresserei von Referierenden auf Kosten anderer Referierender, von Anfang an Einhalt geboten. Im Anschluss an die Inputreferate wurde eine kurze Plenumsdiskussion zum Referat durchgeführt. Sie dienten der kollektiven Verarbeitung des Gehörten und stellten auch soziale Dispositive dar, um Gefühle zu äußern.

Im Laufe des Workshops ließ sich für alle Plenardiskussionen folgende Entwicklung beobachten: Waren die ersten beiden Plenardiskussionen im wesentlichen eine Angelegenheit sogenannter „Platzhirsche“, d.h. dominiert von geübten Debattierern, die es gewohnt sind, sich in der Öffentlichkeit zu präsentieren, so weitete sich der Kreis der sich an den Diskussionen beteiligenden Personen am zweiten Halbtag auf andere Teilnehmer aus, die anfänglich weniger zum Zug gekommen sind. Diese Beobachtung der Plenardiskussion steht im Gegensatz zu den Berichten aus den Laborgruppen, wo angesichts der kleinen Gruppengrösse von Anfang an eine gleichmäßige Beteiligung an den Diskussionen möglich war.

8. Allgemeine Überlegungen und Resultate

- Die Erfahrungen mit diesen Veranstaltungen zeigten, dass wir im beruflichen Alltag dazu neigen, menschliches Handeln als individuelles wahrzunehmen, und weniger als Teil einer sozialen Konfiguration. Wer aber mit Personen in Berufskontexten interagiert, ist ein Stück weit immer auch gezwungen, die diese Personen ausmachenden Institutionen mit ihren je spezifischen Denkstilen mitzudenken.
- Kommunikation ist immer nur Kommunikation innerhalb von gemeinsamen Bezugsrahmen. Kommunikation ohne gemeinsamen Bezugsrahmen misslingt.
- Institutionen schaffen Bezugsrahmen, indem sie den MitarbeiterInnen Konzepte als Orientierungshilfen bereitstellen und so auch auf ihr Denken Zwang ausüben. Diese Konzepte legen den Rahmen der Systemkalibrierung fest. Sie bestimmen, was innerhalb einer Institution von deren TeilnehmerInnen als normales Handeln erwartet werden kann, und welches Handeln als abweichend zu interpretieren ist.
- Auf dem Hintergrund dieser Überlegungen wird deutlich, dass die Auffasung von Kommunikation, wie sie z.B im „Sender-Empfänger-Modell“ konzipiert wird, zu kurz greift, weil es den gruppalen Aspekt, der jeglicher Kommunikation aufgrund des ihr unterliegenden Denkstils inhärent ist, nicht genügend berücksichtigt.
- Gehört wird nicht, was gesprochen wird, sondern nur, was vor dem Hintergrund der jeweiligen Bezugsrahmen gehört und gedacht werden kann. In der Terminologie Ludwik Flecks könnte man Bezugsrahmen auch als „Denkkollektive“ beschreiben, die durch den ihnen eigenen „Denkzwang“ einen erfolgreichen Gedankenaustausch erst ermöglichen.

- Institutionen – betrachtet als Systeme – konstituieren ihre Umwelt, indem sie sich selbst konstituieren.[28] Sie bilden dazu ihre eigenen Sprachen und Praxen aus, um sich und damit ihre Umwelt zu beschreiben.
- Beständigkeit in Raum und Zeit vermögen Institutionen dann zu erlangen, wenn es ihnen gelingt, ihre Aufgaben für sich selbst und ihre eigene Umwelt als legitim auszuweisen. Für solche Rechtfertigungen wird ein erheblicher Aufwand betrieben, etwa unter dem Siegel der „Professionalisierung".
- Jede Disziplin, jede Institution entwickelt ihre spezifischen Praxisfelder, für die sie sich als zuständig erklärt. Der interdisziplinäre Austausch kann nur stattfinden, wenn es den beteiligten Professionen gelingt, einen Kontext zu schaffen, der es erlaubt, trotz unterschiedlicher „Leitdifferenzen"[29] eine gemeinsame Sprache zu entwickeln. Nur vor einem solchen Hintergrund können professionelle Lösungen entstehen, die im Alleingang der einzelnen Spezialisten nicht realisierbar wären.
- Werden solche Lösungen ihrerseits räumlich-zeitlich stabilisiert, entsteht der Kern einer neuen Institutionalisierung. Das geistige System hat sich weiter differenziert. Neue Übersetzungsleistungen sind gefordert, um sich mit anderen Denkkollektiven zu verständigen.
- Verständigung ist nie ein definitiv erreichter Zustand. Verständigung besteht immer nur in gelingenden Momenten, die eine jeweilige Gruppierung sich fortlaufend erarbeiten muss.

Die hier skizzierte Spirale des Lernens im gruppalen Zusammenhang zwischen den verschiedenen Disziplinen und ihren institutionalisierten Denkstilen erinnert ein wenig an den Stein, den Sisyphos immer wieder den Berg hinanwälzt, zur Strafe für seine Hybris. Camus hat uns gesagt, dass wir ihn uns als einen glücklichen Menschen vorstellen können.

---

28 In Anlehnung an Jean Piagets Charakterisierung der Intelligenz könnte man sagen, dass Institutionen ihre Umwelt organisieren, indem sie sich selbst organisieren.

29 Wir beziehen uns dabei auf den von N. Luhmann verwendeten Begriff der Leitdifferenz. Institutionen organisieren ihre Kommunikationen über je unterschiedliche Leitdifferenzen. Wenn diese nicht aufeinander abgestimmt sind, entstehen Kommunikationsprobleme, wie wir sie aus unseren beruflichen Alltagssituationen in vielfältigen Erscheinungsformen kennen. Kommunikation ist nur durch entsprechende Kontextualisierung, d.h. durch eine gelingende „Übersetzung", möglich.

Literatur

Arnheim, Rudolf (1996): Anschauliches Denken. Zur Einheit von Begriff und Bild. Köln: Verlag DuMont.

Bateson, Gregory (1981): Ökologie des Geistes. Anthropologische, psychologische, biologische und epistemologische Perspektiven. Frankfurt a.M.: Suhrkamp.

Bourdieu, Pierre (1987): Strukturen, Habitusformen, Praktiken. Sozialer Sinn: Kritik der theoretischen Vernunft. Frankfurt a.M.: Suhrkamp, S. 97-121.

Deleuze, Gilles / Guattari, Felix (1977): Rhizom. Berlin: Merve Verlag.

Egloff, Rainer (2005): Tatsache – Denkstil-Kontroverse: Auseinandersetzungen mit Ludwik Fleck, Collegium Helveticum Heft 1, Zürich.

Fleck, Ludwik (1980): Entstehung und Entwicklung einer wissenschaftlichen Tatsache. Frankfurt a.M.: Suhrkamp.

Fleck, Ludwik (1983): Erfahrung und Tatsache. Frankfurt a. M.: Suhrkamp.

Graf, Erich Otto (1990): Forschung in der Sozialpädagogik: Ihre Objekte sind Subjekte. Luzern: Schweizerische Zentralstelle für Heilpädagogik.

Guldin, Rainer (2005): Philosophieren zwischen den Sprachen. Vilem Flussers Werk. München: Wilhelm Fink Verlag.

Kuhn, Thomas S. (1973): Die Struktur wissenschaftlicher Revolutionen. Frankfurt a.M.: Suhrkamp.

Kuhn, Thomas S. (1978): Vorwort, in: *Kuhn, T. S.* (1978), Die Entstehung des Neuen. Frankfurt a.M.: Suhrkamp.

Mulsow, Martin / Stamm, Marcelo (2005): Konstellationsforschung. Frankfurt a.M.: Suhrkamp.

Parin, Paul (1978): Der Widerspruch im Subjekt. Ethnopsychoanalytische Studien. Frankfurt a.M.: Syndikat Autoren- und Verlagsgesellschaft.

Picabia, Francis (2005): Unser Kopf ist rund, damit das Denken die Richtung wechseln kann. Hamburg: Edition Nautilus.

Polanyi, Michael (1966 [dt. 1985]): Implizites Wissen. Frankfurt a.M.: Suhrkamp.

Schnelle, Thomas (2005): Die Moderation von Verständigungsprozessen zwischen Organisationen: Wie man zwischen Denkstilen und lokalen Rationalitäten quer zu den Funktionen vermittelt, in: *Egloff, Rainer*, Tatsache – Denkstil-Kontroverse: Auseinandersetzungen mit Ludwik Fleck, Collegium Helveticum, Heft 1, Zürich.

Stary, Joachim / Kretschmer, Horst (1994): Umgang mit wissenschaftlicher Literatur. Eine Arbeitshilfe für das sozial- und geisteswissenschaftliche Studium. Frankfurt a.M.: Cornelsen Verlag.

Preideas as Pre-scientific Intuitions

Robert Roczeń

„Even though, many scientifically well examined facts are related through undeniable developmental links to pre-scientific, more or less unclear ideas, which are similar to preideas, material relations cannot be justified.“[1] It is hard to agree whether those facts were genetically connected with more or less expressive pre-scientific ideas, ideas made by authors whose identities frequently remain unknown. Even early ideas, formulated by authors we know, cannot be treated as links of casual events in the development of scientific theory.

What are the mentioned events? They seem to be premonitions. They are expressed in pre-scientific models as intuitions of an empirical world, a world that is only a reflection in the scholar's mind. Fleck did not determine methodological criteria, which identify preideas; he maintained that presented cogitations are not a reconstruction of his concept but contemporary variations on them. The criteria remain in the sphere of intuitive discretion.

This study analyzes explanations of the phenomenon of death as a preidea of the present-day concept of death in the mechanism of brain death, which was developed by Paracelsus and Leibniz. Permanent Vegetative State is a clinical manifestation of this mechanism.

The concept of preideas needs to be explained in introduction. Ludwik Fleck envisages the preidea as a precursory concept that indicates the existence of the primary essence of scientific statements. It is not precisely connected with the scientific disclosure that succeeded it; however, it has a common part in all the presented opinions. It is an abstract of facts but does not always correspond with the empirical reality and the actual facts because it is an intellectual and mental stratum on an event-explanation axis.

Based on ideas, primary concepts are stages of cognition and explanation. They are pre-scientific relations of facts on repeating traits showing that in a relevant sequence of events and context we are dealing with the same fact.

---

1 *Fleck, Ludwik,* The originate and development of scientific fact, translated by M. Tuszkiewicz, Wydawnictwo Lubelskie, Lublin 1986, p. 51.

Preideas are the primary link in the evolution of concepts. They show potential possibilities of development, but they can only be retrospectively identified.

The evolution of concepts presents the possible and conceivable relationship and explanation of facts. There does not have to be a clear explanation resulting from the cause-and-effect relationships, which appear in the concepts of various authors. Thus, they do not need to be developed one from another. The only criterion of the close relationship is the probability of implication, i.e. between two concepts, which is based on a sequence of time relation of conception. In a sense the timing of conception adopts traits of theleological relations because the disclosure of the relationship can only be done retrospectively, as far back as the preidea. When it is recognizable we can prospectively reconstruct it showing the evolutionary line. It makes it possible to notice the internal tendency of the unfolding of events. Such a reconstructed structure shows a tendency towards development and an explanation of the event, which is the aim of the process.

When thinking about „death" we feel a kind of certainty that tells us that we know what death means. This certainty is the reason of conflict in the moment that we are step by step trying to explain death. It lets us to see death's existential dimension as a whole without going into detail. It comes from the fact that a name has symbolic importance. Calling an event a „death" helps to express, to distinguish and to place it in the entirety of human existence. It seems that the appearance of a word is a spontaneous process that exists in any given language, it is a form of synesthesia.[2] The appearance of the word allows the symbolical and deep experience at the heart of matter by linking the mind and the fact through the understanding of the word's identity, the fact and the mind.

If we analyze the thoughts of Paracelsus and Leibniz, it becomes clear that they are not genetically related but that they indicate an quantitative idea.[3] It means that death is determined by the quantity of a certain trait. Thus the preidea can be a concept referring to the phenomenon of an apparent death, whose relationship (one of the earliest) is presents in a work by Herakleides called *About apparent death*. It describes Empedocles, who explains to doctors the condition

2 Synesthesia is a phenomenon that consists of piecing together various sense stimuli, e.g. sounds with shapes and colors. It could be a phenomenon allowing the perception of deep relationships between facts occurring in the surrounding world. *Ramachandran, Vilayanur S. / Hubbard, Edward M.*, „Sounds of colours, taste of shapes", in: Świat Nauki, 6 (142) / 2003.

3 A quantitative idea is characterized by an unchanged metabolism and the consciousness's quantitative changes.

of a woman, who has lain „without life“ for many days.[4] He claims that it is the case of apparent death, the essence of which he ascribed to loosing touch between the body and the soul, and the soul's roaming in another world. Then he shows the procedure of connecting the body and the soul, and brings her back to life. In this case we are dealing with the idea of reversibility of life. It works on the basis of the restoration of a certain internal structure. The intuitional idea of death shows the tendency of the cognition's development based on a primary truth. It forms a peculiar driving force that is the core, around which explanation grows in specific moments of history of science.

The trail of this concept runs through the ideas of Paracelsus (larva), Leibniz (naked monad)[5] and the Permanent Vegetative State[6], which is an idea of the body's life and the failure of consciousness.

Paracelsus introduced an *archeus*, which is a concept that helps to explain the phenomenon of life and death. *Archeus Vitae* is responsible for all processes connected with the animalious human life. He described it thus: „It is similar to a human, a builder and an architect, and it is a force of four elements. It transforms a seed into a tree.“[7] Paracelsus calls this force an internal alchemist. Speaking in the language of modern medicine it fulfils vegetative functions and is responsible for the driving force of life, blood circulation, breathing and the biochemical process of digestion. Therefore a physical-anatomical localization includes the body as an executive structure and central nervous system up to the level of subcortical structures, which manage vegetative functions.

Following this path of reflection and comparing present-day concepts of death with Paracelsus's nomenclature, we can state that the death of the brain is, in principle, the death of the *archeus*, whereas a Permanent Vegetative State leaves the autonomic functions of the *archeus* intact, by touching the higher brain's structures, which are the habitat of consciousness. In effect, it is an entity

4 *Gajda-Krynicka, Janina,* Introduction, in: Lifes of Pythagoras, p. XV, Wrocław 1993.

5 *Leibniz, Gottfried W.*, Principles of philosophy that is monadology, § 24.

6 The Multi-Society Task Force Report on PVS, „Medical aspects of the persistent vegetative state“, in: The New England Journal of Medicine, vol. 330, no. 21, 1994 r., p. 1500. The vegetative state is a clinical condition of complete unawareness of the self and environment, accompanied by sleep-wake cycles with either complete or partial preservation of hypothalamic and brain-stem autonomic functions.

7 *Sędziwój, Michał,* Treatise on philosophical stone, Warsaw 1971, p. 29. Bugaj derives his genesis from Aristotle's entelechies that are to be understood as forms and realized forms.

called *larva*. *Larvae* are beings, which resemble images of patients in a Permanent Vegetative State.[8] They are the visualization of the idea of the quantitative death. They are changes in the level of consciousness that is being displayed by the patient. It is neither a conversion of organic structure nor a change that transforms a human body. Here, the most important thing is a change in the amount of consciousness the high brain's trait. Paracelsus claimed that larva is an internal state that consists of the duration of the spirit inside a body. It is expressed by the actions that the larva did during its lifetime. However, it is the pretence of the body, which is not only devoided of soul but is also devoid of strength, will and consciousness.

The statement that initiates Leibniz's relationship between ideas of life and death and the idea of severe brain death is taken from *An original truth of metaphysics*:[9] „Physical substance cannot come into being or die in any other way than creation and annihilation. Once coming into existence it would last forever because there is no outstanding reason, and decay of body has nothing to do with its destruction. That is why, when animated, it neither come into being nor dies but transforms." The idea of this fragment is very similar to Paracelsus's idea of the existence and transformation of body and soul. Additionally Leibniz developed the idea of simple monads or entelechies;[10] thereby, he reserved the concept of soul for the substations that are endowed with perception and memory. He described these concepts in § 19: „General name of monads and entelechies was sufficient for simple substations having nothing more than that. We can call souls only those substations, which perception is more clear and complemented with memory. "[11]

To illustrate such monads, he gave an example of fainting, during which the „soul cannot be distinguished from simple monad. However, there is something

8 We cannot conclude more traits of this state from the source materials. Presented reasoning is based on all available material.

9 *Leibniz, Gottfried W.*, „An original truth of metaphysics", Warsaw 1969 translated by J. Domański, in: Confessions of philosopher, op. cit., p. 94.

10 *Leibniz, Gottfried W.*, Writings on metaphysics of nature, Toruń 1999, translated by. S. Cichowicz, p. 27. „Aristotle calls them first entelechies but I call them, more comprehensibly, primal forces, which contains not only act or complement of possibility, but also a kind of activity." Aristotle was using this term to describe a way of living, which reveals the potency of fulfillment and achievement of a given state of affairs.

11 *Leibniz, Gottfried W.*, „An original truth of metaphysics", Warsaw 1969 translated by J. Domański, in: Confessions of philosopher, op. cit., p. 300-301.

more, because the state is not constant and soul can get out of it."[12] These considerations suggest that a simple monad, i.e. a man, who was unconscious (e.g. in a permanent vegetative state), possesses a kind of strength, which Paracelsus and van Helmont called an *archeus* and Leibniz an entelechy.[13] It is evident that „every living body has a predominant entelechy that is a soul of an animal."[14] He suggested that a lack of consciousness, which is described above, can be treated as death because „death can, for a period of time, put animals in such a state."[15]

While writing on insects Leibniz expressed an opinion concerning the indefiniteness of the moment of death: „(...) destroying of a large part brings them to a very changed form, which is unobtainable to our senses just like the one possessed before birth. No one can point out the actual moment of dying, which can be perceived as common decay of life activities. In fact, this is how death appears for ordinary animals. It is proved by resurrections of flies that were previously drowned and buried in powdered chalk"[16] (Correspondence with Antoine Arnaud).

„There is not such an old or such an absurd idea that could not unfold our knowledge. The history of ideas is absorbed by science and used to improve every theory." [17] This is a fragment of the fourth thesis *Against method* by Feyerabend. It is an open gate, through which we can look at the wide area of blooming reserves of knowledge, not expecting the discovery of x-rays from Parcelsus. It means that asking a question in the present-day world, we cannot expect to hear exhaustive answer that is based on early ideas. Nevertheless, we can find common elements in some of the ideas. We have no doubt that while

---

12 *Leibniz, Gottfried W.,* Principles of philosophy that is monadology, op. cit., § 20, p. 301.

13 *Ibidem,* § 70.

14 *Ibidem,* § 70, p. 312.

15 *Ibidem,* § 21, p. 301.

16 We can find similar thought in „About life and death" by *Aristotle*, 479a. He writes that animals, which have a heart or a similar organ having a greater amount of life principles in a potential form. „In line with this theory some of insects are living even when cut in parts. What is more, even some of animals endowed with blood, well less vital, are living a long time after cutting off their hearts; i.e. turtles are such animals. Turtles are living as long as long they have shell." *Aristotle*, All writings t.3, op. cit., p. 318, Warszaw 1992.

17 *Feyerabend, Paul K.,* Against method, Wrocław 1996, translated by. S. Wiertlewski, p. 42.

reflecting upon death Paracelsus and his contemporaries meet the same phenomenon.

The phenomenon of death as a whole is displayed in the mind as an abstract. The realization of this fact proceeds on the way of symbolization. At the non-analytic level a process of expressing complex essences is the process of metaphorisation. It is as indistinct and imprecise as symbolization (this process will be considered later). The unclearness of this process is emphasized in *Philosophical thought and its history* by Nicolai Hartmann. He states: „Truth confirmation of any kind proceeds the laborious way of the examination of an object. In life, the consciousness of object usually does not wait but anticipates result, fulfils, combines and recognizes as a truth a product that is not proven."[18]

Ideas that appear through history are only the one of many aspects of events researched on the vector of time. Science, comprehended in this way, expresses the truth based on a profound human experience.

18 *Hartmann, Nicolai,* Philosophical thought and its history, op. cit., p. 14, Toruń 1994.

Geschlecht als wissenschaftliche Tatsache. Vom Geschlecht des Wissens zur Auseinandersetzung mit der Kategorie Gender als innovative Grundlagenkompetenz

Dorothea Dornhof

Die Kategorie Geschlecht ist gegenwärtig als wissenschaftliche Tatsache und als ständige Herausforderung für Denkkollektive und Denkstil international und transdisziplinär in Lehre und Ausbildung moderner Wissensgesellschaften verankert. Mit ihrer Institutionalisierung ist es den Gender Studies gelungen, wissenschaftliches Denken über disziplinäre Grenzen hinweg und damit fächerübergreifend durch die Vernetzung verschiedener Wissensfelder zu etablieren. Als Grundlagenkompetenz verbinden sie wissenschaftshistorische und wissenschaftstheoretische Reflexionen mit dem Wissen um die Wirkung von Gender nicht zuletzt im Zusammenhang mit anderen Marginalisierungsfaktoren wie Ethnizität, Sexualität, Alter und Religion. In diesem Sinne zielt Transdiziplinarität im Unterschied zur Interdisziplinarität, die im besten Falle additiv verfährt und dabei die jeweilige Spezifik der Fächer bewahrt, quer durch die Disziplinkulturen auf die kritische Reflexion von Methoden und disziplinärem Selbstverständnis. Mit dieser Transferkompetenz hat die Genderforschung den Mythos von der angeblichen Geschlechterneutralität altehrwürdiger Wissens- und Praxisbereiche erschüttert und die selbstreflexiven Potenziale der Disziplinen herausgefordert. Gender wird somit nicht als Synonym zu ‚Frau‘ verstanden, sondern bezieht sich im Sinne Ludwik Flecks auf die Konstruktionen und Veränderungen von Feminität und Maskulinität im Kontext mit Kategorien wie ‚race‘, ‚class‘, ‚ethnizity‘, als auch auf andere Geschlechterperformances jenseits der Zweigeschlechtlichkeit.

Forschungsprogramme der Gender Studies im deutschsprachigen Raum machen eines deutlich: als Struktur-, Wissens- und Marginalisierungskategorie zur Analyse andauernder sozialer und kultureller Ungleichheiten ist Gender als kritische und disziplinübergreifende Querschnittsaufgabe nicht mehr wegzudenken, wenn auch die theoretischen Gender-Konzepte kontrovers diskutiert werden. Die Relevanz dieser Kategorie hat der Wissenschaftstheoretiker Thomas S. Kuhn in seinem Einleitungsvortrag zum 17. Internationalen Kongress zur Wissenschaftsgeschichte 1985 in Berkeley honoriert, als er die „Gender and Science“-Debatten als den wichtigsten Paradigmenwechsel in der Wissenschaftsgeschichte der letzten Jahrzehnte bezeichnete (*Orland/Scheich* 1995). Die Folgen dieses Wechsels sind zwar gesellschaftlich spürbar, jedoch im europäischen Kontext weder wissenschaftshistorisch noch wissenschaftstheoretisch angemessen ausgelotet (*Beck* 1986, *Bourdieu* 1997). Die Brisanz des Einsatzes von Gender-Perspektiven zeigt sich nicht zuletzt in aktuellen Prozessen der europäischen Vereinigung, wo die Erforschung von Diskrepanzen zwischen den Gleichstellungsrichtlinien der EU (Gender Mainstreaming) und enormen backlash-Tendenzen der Geschlechterdemokratie hinsichtlich der Frauen- und Homosexuellenpolitik in einem Land wie Polen im Verhältnis zu europäischen Demokratiestandards zur dringlichen Aufgabe wird, um Fragen von Macht und Anerkennung im Kontext kultureller Hegemonie und damit von Beharrungstendenzen zu analysieren.

Ich möchte im Folgenden die implizite und explizite Funktion von Gender für die Wissensproduktion verdeutlichen und die Zweigeschlechtlichkeit des Menschen als eine unreflektierte wissenschaftliche Tatsache mit großer Beharrungstendenz im feministischen Denkkollektiv nachzeichnen. Damit können Veränderungen von Denkstil und Denkkollektiv, die bei Fleck disziplinär gedacht waren, in Reflexionen über das Wechselverhältnis von Wissens- und Geschlechterordnung überführt werden. Eine kulturwissenschaftliche Vernetzung von Wissenschafts- und Geschlechtergeschichte verbindet die historische Dimension des Wissens mit den Ein- und Ausschlüssen geschlechtlicher Kategorien in die Produktion wissenschaftlichen Wissens. Nach Claudia Honegger gibt die „inverse Strukturierung der kulturellen Moderne“ (*Honegger* 1991, 1) Auskunft darüber, inwiefern Vorstellungen des Männlich-Universalen und des Weiblich-Besonderen die Ökonomie und disziplinäre Ausdifferenzierung moderner Wissenschaft bestimmen. Es gilt den geschlechtsspezifischen Codierungen der Kategorien auf die Spur zu kommen, die als epistemologische Basis in die Objektivitäts- und Universalitätsansprüche moderner Wissenskulturen eingelagert sind.

Wie sehr solche Kategorisierungen und die damit verbundenen Wertungen in hierarchische Machtverhältnisse eingebunden sind, zeigt sich etwa in der symbolischen, sozialen und vor allem auch ökonomischen Abwertung so genannter weiblicher Zuständigkeitsbereiche und Kompetenzen. Eine Veränderung derartiger Vorstellungen – sie aus dem Bann der „Natürlichkeit“ zu lösen – setzt voraus, die ihnen zugrunde liegenden vergeschlechtlichenden Konstruktionsprozesse und gleichzeitig die Beharrungstendenzen der Meinungssysteme (*Fleck* 1994, 43) sichtbar zu machen. So haben Untersuchungen gezeigt, dass machtasymmetrische Geschlechterdifferenz implizit naturalisiert wird. Gegenwärtig sind es vor allem die Forschungsprogramme molekular ausgerichteter Lebenswissenschaften, in denen Geschlechterkategorien auf Genanlagen reduziert und zugleich Geschlechtszuschreibungen im Sinne eines genetischen Determinismus neu begründet werden (*Haraway* 1991, *Fox Keller* 1995, *Kay* 2000).

Ludwik Fleck hat mit den Kategorien „Denkstil" und „Denkkollektiv" Normen und Faktoren für die Konstituierung neuzeitlichen Wissens erfasst, die in der Wissenschaftsforschung mithilfe der Analysekategorie Gender weiterentwickelt worden sind. Im epistemologischen Bereich betrifft es verschiedene Varianten der ‚Standpoint'-Theorien und ihre durch Postcolonial Theorie entwickelten Ansätze der „Situated Knowledges" (*Haraway* 1995) sowie das Konzept einer ‚Strong Objectivity' (*Harding* 1994) und das für den lebenswissenschaftlichen Bereich konzipierte ‚Embodiment' Konzept (*Fausto-Sterling* 2000) oder den im physikalischen Bereich relevanten ‚Agential Realism' (*Barad* 1998).

Die Frauen- und Geschlechterforschung, die ihren Ausgangspunkt mit den Frauenbewegungen in den USA und Europa hatte, entwickelte sich zunächst in den Geschichts- und Sozialwissenschaften, wo sich der Blick vor allem auf Fragen der Ungleichheit in der Lohnarbeit und in der sozialen Hierarchie richtete. Kultur- und Literaturwissenschaft thematisieren die unsichtbaren androzentrischen Repräsentationsmuster von Weiblichkeit und Männlichkeit in der Geschichte von Kunst und Wissenschaft (*Stephan/Weigel* 1983) und den Ausschluss von Geschlecht als Erkenntnisgegenstand (*Hausen/Nowotny* 1986). Als konstitutiv für Kultur und Wissenssysteme wird das Geschlecht des Wissens (*Harding* 1994) entziffert. Untersucht werden die Einschreibungen geschlechtlicher Kategorien in die Produktion wissenschaftlichen Wissens, in die Begriffsbildung und in die Wissensordnung. So haben z. B. Naturwissenschaftlerinnen wie die Biophysikerin Evelin Fox Keller und die Biologin Anne Fausto-Sterling die Kategorie „Natur" als eine Konstruktion untersucht, die aus dem Wechselverhältnis von wissenschaftlicher Tätigkeit und gesellschaftlich und kulturell bedingten Normen, Zielvorstellungen und Vorannahmen entstanden ist. Mit der Analyse geschlechtlicher Phantasmen in den Naturwissenschaften konnte die Enthistorisierung und Biologisierung der Geschlechterdifferenz als Bedingung jener Wissenschaften nachgewiesen und aufgezeigt werden, wie Theorie und Geschichte der Naturwissenschaften mit gesellschaftlichen Machtverhältnissen zusammenhängen. Vorausgegangen war der feministischen Wissenschaftskritik die Etablierung der sozial- und kulturgeschichtlichen Wissenschaftsforschung, wie sie vor allem von Thomas Kuhn und vor ihm Ludwik Fleck ausgearbeitet worden war. Ebenso wie in der Wissenschaftsforschung ging es zunächst darum, kognitive und soziale Prozesse durch die Differenzierung „interner" und „externer" Faktoren theoretisch zu verbinden (*Hagner* 2001, 11).

In einem weiteren Schritt in der Genealogie der Gender Studies wird die Naturalisierung der binären Geschlechtermatrix selbst radikal in Frage gestellt (*Butler 1991*) und gefragt, wie in der Moderne Heterosexualität als Heteronormativität grundlegend in Gesellschafts- und Geschlechterverhältnisse eingeschrieben ist (*Hark* 2005), da die konstitutive Rolle der Geschlechterdifferenz modernitäts- und kulturtheoretisch weitgehend ausgeblendet wurde. Mit der biologischen Begründung der Zweigeschlechtlichkeit wurde die Geschlechterdifferenz seit dem 19. Jahrhundert zu einer wissenschaftlichen „Naturtatsache" und diente der Legitimation geschlechtlicher Arbeitsteilung ebenso wie der Stabilisierung der bürgerlichen heterosexuellen Familie als Ort der Fortpflanzung.

Lange bevor Wissenschaftlerinnen das Geschlechterverhältnis als Grundlage dafür konzipiert haben, wie Gesellschaften ihre Vorstellungen von Differenz, Abweichung und Normalität formuliert und damit den Fokus auf den Zusammenhang von Geschlechter- und Wissensordnung gerichtet haben (*Braun/Stephan* 2000; *Bußmann/Hof* 1995; *Wobbe/Lindemann* 1994; *Hausen/Nowotny* 1986), spielte die Kategorie Geschlecht schon eine wichtige Rolle in der Wissenschaft. Geschlecht war, verbunden mit der Erforschung der Fortpflanzung, sowohl in der Naturgeschichte als auch in der Philosophie seit den ersten Anfängen der Wissenschaft einer der zentralen Gegenstände der wissenschaftlichen Neugierde – und ist es auf Gebieten wie der gentechnologischen Forschung bis heute. Die etymologische Verwandtschaft von Gen, Genus, Gentechnologie und Gender, und jene zwischen Gender und Genre, die sich im deutschen Geschlecht widerspiegelt, zeigt an, dass zwischen dem wissenschaftlichen Gegenstand Geschlecht und dem wissenschaftlichen Selbstverständnis, ebenfalls seit den Anfängen der Wissenschaft, eine höchst bedeutsame und für die wissenschaftliche Praxis konstitutive Verbindung besteht. Auch wenn die Kategorie Geschlecht nicht explizit Gegenstand des Wissens war, konnte sie als implizit wirksam nachgewiesen werden. Diese im Unsichtbaren hergestellte Verbindung zwischen dem Geschlecht als wissenschaftlichem Gegenstand und dem Geschlecht als verborgene Referenz der wissenschaftlichen Selbstreflexion hat die Philosophin Cornelia Klinger als „beredtes Schweigen und verschwiegenes Sprechen" beschrieben (*Klinger* in: *Bußmann/Hof* 1995, 34). Evelyn Fox Keller zeigt in „Reflections on Gender and Science" (1986) auf, wie ein hierarchisches Geschlechtermodell bei der Entstehung neuzeitlicher Wissenschaften und für das Verhältnis des Forschers zur Natur bestimmend wurde. Das zeigt sich an Metaphern wie der der „keuschen Ehe", in der Selbstkontrolle des Wissenschaftlers und Kontrolle der Natur zusammenfließen und die für ein wissenschaftliches Selbstverständnis prägend werden.

Geschlecht als Analysekategorie für grundlegende Modi des „Gendering" ist somit zugleich Gegenstand der Untersuchung, denn sie steht in einem direkten Bezug zur Verwissenschaftlichung von Natur, Materie und Körpern und ihrer Konstruktion als Wissensobjekte (*Scheich* in: *Braun/Stephan* 2000, *Fausto-Sterling* 2000).

Für die komplexe Kategorie Geschlecht sind somit drei Aspekte grundlegend: 1. Als Klassifikationssystem steht der Begriff Geschlecht für ein binäres Modell, das jedes Individuum definitiv einer von zwei Geschlechtsklassen (*Goffman* 1979) zuordnet, wodurch die Grundlage für die Errichtung einer Geschlechterordnung mit spezifischen Prozessen der In- und Exklusion und damit kollektive Vorstellungen von Differenz, Abweichung und Normalität hergestellt werden. 2. Geschlecht als ein Repräsentationssystem, das Individuen Bedeutungen (Identität, Werte, Status etc.) zuweist. 3. Der Mythoscharakter, der darauf beruht, dass die signifikanten Merkmale von Geschlecht durch Zeichen deutlich gemacht werden, die selber bereits – auf einer anderen Zeichenebene – bestimmte Bedeutungen transportieren, die sich der Mythos einverleibt. Wie bei jedem Mythos liegt auch hier das Besondere darin, dass er Kultur in „Natur" verwandelt (*Barthes*, 1994, 115). Jede Rede vom ‚wirklichen' oder ‚natürlichen' Menschen und jede Unmittelbarkeit ist in dieser semiologischen Perspektive ein Mythos.

Das Denken der Geschlechterdifferenz als wissensstrukturierendes Paradigma geht auf die Geschichte der Unterscheidung zwischen biologischem Geschlecht *sex* und kulturellen Zuschreibungsmustern *gender* zurück, die in den USA seit Ende der 60er Jahre unter verschiedenen wissenschaftlichen Perspektiven ausgearbeitet wurde. Der Begriff *gender* als soziales kulturelles Konstrukt ist in der amerikanischen Trans- und Intersexuellenforschung von dem Psychoanalytiker und Psychiater Robert J. Stoller (*Stoller* 1968) geprägt worden, um die Tatsache zu benennen, dass die soziale Geschlechtsidentität nicht zwingend mit dem biologischen Geschlecht übereinstimmt (*Dietze* 2001). Die Natur-Kultur Dichotomie war einer der ersten Ansatzpunkte moderner Geschlechterforschung. Nach einem wichtigen Ansatz der Ethnologin Gayle Rubin ist in einem Sex-Gender-System das biologische Geschlecht *sex* vom kulturellen Geschlecht *gender* zu unterscheiden (*Rubin* 1975). In den 80er Jahren wird der Begriff Geschlecht erweitert, ausdifferenziert und kritisiert. Gildemeister und Wetterer verweisen im Anschluss an Traditionen der Ethnomethodologie, der Kulturanthropologie, des symbolischen Interaktionismus und der phänomenologischen Soziologie auf bisher in Deutschland vernachlässigte Forschungsansätze vor allem aus dem anglo-amerikanischen Raum (*Garfinkel* 1967, *Goffman* 1977, *Kessler/McKenna* 1978), in denen die soziale Konstruktion der biologisch definierten dualen Zweigeschlechtlichkeit in das Zentrum der Analyse rückte. Mit diesem Ansatz wird gefragt, wie im Alltagshandeln zwei unterschiedliche Geschlechter als „moral fact" hergestellt werden. „Solange der konstruktive Charakter und die Konstruktionsweisen der Zweigeschlechtlichkeit im Alltagshandeln undurchschaut bleiben, besteht die Gefahr, dass sie auch in der Frauenforschung reproduziert werden. Damit partizipiert die Frauenforschung in einem sehr grundlegenden Bereich an Selbstverständlichkeiten des Alltagshandelns, statt sie zum Gegenstand der Analyse zu machen." (*Gildemeister/Wetterer* in: *Knapp/Wetterer* 1992, S. 204) Bei der Analyse kultureller Konstruktionen der Zweigeschlechtlichkeit in unterschiedlichen Gesellschaften muss davon ausgegangen werden, dass die Beziehungen zwischen biologischen und kulturellen Prozessen komplexer und reflexiver sind, als in der sex/gender-Trennung angenommen. Carol Hagemann-White machte schon früh darauf aufmerksam, dass die umstandslose Klassifizierung der Menschen in Männer und Frauen keineswegs unproblematisch ist, denn sie basiert auf der Annahme, dass die Existenz von zwei – und nur zwei – Geschlechtern ein außergesellschaftliches, naturgegebenes und unveränderbares Faktum sei (*Hagemann-White* 1988). Das belegen bis heute Gesellschaften, die das, was sich der kategorialen Bestimmung widersetzt, nicht in die Kategorien des Männlichen und Weiblichen pressen und fließende Übergänge zwischen den Geschlechtern oder mehrere Geschlechter anerkennen (*Fausto-Sterling* 2000).

Wie bereits erwähnt, ist das Dispositiv der Zweigeschlechtlichkeit eng mit der Formierung der Moderne verbunden. Historisch löst die biologisch definierte Zweigeschlechtlichkeit erst in der Epoche der Aufklärung das „Ein-Geschlecht-Modell" ab, nach dem der weibliche Körper die gleiche biologische Ausstattung hat wie der männliche, nur mit nach innen gekehrten Geschlechtsorganen (*Laqueur* 1992). In diesem vertikal hierarchischen Homologiemodell galt der weibliche Körper als weniger vollkommen. Ludwik Fleck ist in seinem Kapitel „Über die Beharrungstendenzen der Meinungssysteme und die Harmonie der Täuschungen" bereits auf die Analogiebildungen weiblicher und männlicher Geschlechtsorgane in anatomischen Abbildungen und damit auf die Unmöglichkeit „richtiger Abbildungen" eingegangen.

> „Die naive Analogie der Organe beider Geschlechter ist verschwunden. Viel mehr Einzelheiten haben wir zu vergeben. Doch der Weg von der Sektion bis zur formulierten Lehre ist so verwickelt, so wenig unmittelbar, so sehr kulturbedingt. Je eindringlicher wir ihn uns vergegenwärtigen, um so zahlreichere denkgeschichtliche, psychologische und zu den Autoren führende Beziehungen treten uns entgegen. In den Naturwissen-

schaften gibt es gleichwie in der Kunst und im Leben keine andere Naturtreue als die Kulturtreue.“ (*Fleck* 1994, S. 48).

Erst im anthropologisch-medizinischen Diskurs der Aufklärung etablierte sich ein biologisches „natürliches“ Komplementaritätsmodell der Geschlechter, auch horizontales Differenzmodell genannt (*Hausen* 1976). Mit dem Anbruch moderner Demokratie, der Menschenrechtserklärung, die die Gleichheit aller Menschen zur normativen Grundlage machte, hätten auch die Frauen den Status als Bürgerinnen und Rechtssubjekte erhalten müssen. Auf der Basis einer fundamentalen anatomischen und physiologischen Differenz zwischen den Geschlechtern wurde „Frau/Weiblichkeit“ biologisiert und so zu einer Kategorie, die einen andauernden Ausschluss der Frau aus dem Gleichheitsversprechen der Aufklärung begründete und rechtfertigte. Das moderne Postulat der Bipolarität, nach dem jeder Mensch einem der beiden Geschlechter angehören müsse, impliziert in der Alltagstheorie bis heute eine Dichotomie von männlich und weiblich als natürlich und unabhängig von wissenschaftlichen Erkenntnissen existierend.

Die transatlantischen Debatten um *sex* und *gender* eröffneten somit die Möglichkeit, die Entstehung von Geschlechter- sowie Wissensnormen innerhalb der bipolaren Geschlechterordnung zu verfolgen.

Allerdings zeigte sich dabei, dass auch die Unterscheidung der Kategorie Geschlecht in *sex* und *gender* in letzter Konsequenz dem biologistischen Rahmen verhaftet bleibt, den sie sprengen will. Obgleich von der diskursiven Konstruktion auch des biologischen Geschlechts ausgegangen und damit die Grundstruktur der angeblich natürlichen Zweigeschlechtlichkeit elementar in Frage gestellt wird, reproduziert das Modell von *sex* und *gender* die Dichotomie von Natur und Kultur, die zusammen mit anderen binären Oppositionen wie Körper/Geist, Subjekt/Objekt das abendländische Denken strukturiert haben. Darin hat jeweils ein Begriff des Paares den Status des Gegebenen, Unhintergehbaren. Diese „Metaphysik der Substanz“ kritisiert Butler als Effekt einer Bezeichnungspraxis, die Begriffe als dem Diskurs vorgängige setzt und auf diese Weise deren diskursive Konstitution verschleiert (*Butler* 1991, 1993, 1995). Sich die Historizität auch der Kategorie *sex* vorzustellen bedeutet, „Biologie“ und „Kultur“ als vielschichtige historische Prozesse aufzufassen, die in komplexen Wechselwirkungen miteinander stehen und deren Effekte „verkörperte“ geschlechtliche Identitäten und Differenzen sind (*Duden* 1987; *Laqueur* 1992).

Die Ausdifferenzierung der Women’s Studies, der Frauenforschung und der feministischen Wissenschaftskritik zur Geschlechterforschung ist nicht als eine kontinuierliche Fortschrittsgeschichte zu lesen. Sie bilden ein komplexes Feld von Brüchen und Gleichzeitigkeiten. Die Gender Studies zielen nicht ausschließlich auf Herrschaftskritik und die Erweiterung eines Wissensfeldes, sondern auf eine grundlegende Revision der Kategorien unseres Denkens. In diesem Kontext haben sich in den USA und in Ansätzen zaghaft in Deutschland *post-colonial, african american* oder *race studies, gay* oder *queer studies* und *masculinity studies* entfaltet, die unterschiedliche Hierarchisierungs- und Ausgrenzungsmechanismen in ihrer Verknüpfung zur Diskussion stellen und Geschlechterverhältnisse mit anderen gesellschaftlichen Macht- und Herrschaftsverhältnissen in Beziehung setzen. In der Betrachtung von Geschlecht als wirkungsmächtiger Kategorie, durch die soziale Differenzen repräsentiert und verfestigt werden, fragen Gender Studies nach dem Wert, der diesen Differenzierungen beigemessen wird, und zielen somit auf die Effekte, die die Kategorie Gender in den Strukturen und Methoden der Wissensordnung hervorbringt (*Kessel/Signori* in: *Braun/Stephan* 2000). Als Differenz-Wissenschaften basieren Gender Studies auf der wissenschaftshistorisch und -theoretisch umwälzenden Kritik an den als natürlich gesetzten Verbindungen zwischen Körpern, Denk- und Lebensweisen.

Im Unterschied zu beschreibenden Konzepten, in denen Gender als Synonym für Frauen und Themen mit weiblichen Bezügen gilt, ist der Blick auf vielfältige Differenzen nicht mehr auf den Ausschluss von Frauen gerichtet, sondern auf die kritische Einsicht in Mechanismen, die Hierarchisierungen produzieren. In der Reformulierung feministischer Theorien mit dekonstruktiven Verfahrensweisen wird strukturellen und funktionalen Aspekten der Geschlechterrepräsentation und damit den bedeutungsstiftenden symbolischen Systemen größere Aufmerksamkeit geschenkt. Weiblichkeit/Männlichkeit/Heterosexualität sind somit nicht als Repräsentationen einer naturgegebenen Ordnung zu verstehen, sondern als Repräsentationen kultureller Regelsysteme (*Hof* 1995). Gender als innerhalb der symbolischen Ordnung hergestelltes kulturelles Konstrukt und als Effekt von Zeichen und Machtrelationen besagt, dass Individuen durch kulturelle Geschlechternormen strukturiert werden, die sie nicht selbst gewählt haben, zu denen sie sich in eine imaginäre Beziehung setzen. Wahl- und Handlungsmöglichkeiten bestehen in einer Wiederholung dieser Normen, mit denen andere als die herkömmlichen Wirkungen hervorgebracht werden (*Butler* 1995). In der phantasmatischen Annahme und der alltäglichen Performanz von Gender in seiner heteronormativen Gestalt wird eine Möglichkeit gesehen, diese auch spielerisch zu unterlaufen – Subversion, Maskerade und Parodie als Stichworte und Spielarten einer politischen Kultur (queerness), die neue Perspektiven auf die Ebenen von *sex, gender* und *Begehren* eröffnet, die sich in einer komplexen psychischen und sozialen Dynamik als unauflöslich ineinander verzahnt erweisen. Gender ist somit nie eine eindeutige in sich abgeschlossene Entität, sondern ein heterogener, krisenhafter Repräsentationsprozess.

Die Dekonstruktion von Gender im Namen einer Politik des Unterschieds zielt als eine ethische Verteidigung der Differenz ins Zentrum der Argumentations- und Begründungszusammenhänge von Gesellschaft, Wissenschaft und Kultur (*Braun/Stephan* 2000).

In den verschiedenen Interdependenz-Debatten der letzten Jahre geht es nicht um Identitäts- und Interessenvertretungspolitik. Repräsentationskritische Ansätze erheben einen Anspruch auf Gesellschaftstheorie, in der nicht nur die Hierarchie der Geschlechter, sondern gesellschaftliche Hierarchisierungen überhaupt angegriffen werden.

In der Genderforschung sind transdisziplinäre Modelle entwickelt worden, um Interdependenzen (*Dietze* 2001) und „Intersektionalitäten" (*Crenshaw* 1991) produktiv in Beziehung zu setzen, um „dritte Räume" (*Bhabha* 1995), „transnationale Identitäten" (*Grewal/Kaplan* 1997) oder intersektionale Formen der Diskriminierung in der Verflechtung mit Themen um Migration, Diaspora und Deprivilegierung innovativ zu erschließen. Auch in der Ostmitteleuropageschichte ist die Kategorie Geschlecht in Verknüpfung mit der Raumkategorie zu einer Herausforderung für die „allgemeine" Geschichte geworden (*Kraft* 2006).

Die komplexe Vielschichtigkeit der hier vorgestellten Kategorie Gender verdeutlicht mehr denn je, dass es keinen privilegierten Diskurs geben kann, der Unterschiede vereinnahmend erklärt, und dass die Auseinandersetzung mit Gender als „multidiskursiv konstruierte Ordnungskategorie" (*Runte* 1996, 43) und innovative Grundlagenkompetenz weiterhin von Bedeutung sein wird. Durch ihre transdisziplinäre Kompetenz ist Genderforschung gesellschaftlich unverzichtbar und eröffnet die Möglichkeit, jüngste politische Entwicklungen und internationale Verflechtungen, die sich im Zuge der Globalisierung herausgebildet haben, geschlechterpolitisch zu lesen und damit auch praktisch wirksam zu werden. Mit den Fähigkeiten zur transdisziplinären Grundlagenforschung werden nicht nur Schlüsselkompetenzen für die Wissenschaft vermittelt, sondern auch für bestimmte Praxisfelder. Die bisher eher disziplinäre Organisationsform der Wissenschaft wird durch eine kritische und disziplinübergreifende Querschnittsaufgabe ergänzt, da eine systematische Berücksichtigung von Genderfragen auf die eng damit zusammenhängenden Kategorien wie race/Ethnizität, Religion, Alter Behinderung, class/soziale Schicht übergreift und auf diese Weise breit in die Fächer und Forschungsfelder und in verschiedene gesellschaftliche Bereiche hineinwirkt.

Es besteht eine zunehmende Nachfrage nach Gender-Kompetenz im Zusammenhang mit neuen Regelungen gegen Diskriminierung in Europa, mit der Strategie des Gender Mainstreaming in Behörden, Unternehmen und internationalen

Organisationen oder mit Initiativen in der Wirtschaft, systematisch Personalentwicklung zur Überwindung des Glass-Ceiling zu betreiben. Auch in der Personalpolitik der Universitäten könnten antidiskriminierende Regularien implementiert werden, wenn neben der Frage des Geschlechts auch andere Parameter struktureller Ungleichheit und fehlende Repräsentanz im Sinne von Diversity berücksichtigt werden. Im Unterschied zu angloamerikanischen Wissenschaftskulturen ist diversity management in Deutschland noch wenig entwickelt und als Qualitätsmerkmal der Forschung anerkannt. Eine qualifizierte Ausbildung in transdisziplinären Genderstudies kann dazu beitragen, die Geschlechterfrage aus wechselnden politischen Konjunkturen herauszunehmen und zu einer Verstetigung von Chancengleichheit und Geschlechterdemokratie in der Gesellschaft beizutragen.

Literatur

Appelt, Erna / Neyer, Gerda (1994): Feministische Politikwissenschaft. Wien.

Appelt, Erna (1999): Geschlecht, Staatsbürgerschaft, Nation. Frankfurt am Main.

Appelt, Erna (Hg.) (2001): Demokratie und das Fremde. Multimediale Gesellschaften als demokratische Herausforderung des 21. Jahrhunderts. Innsbruck.

Barad, Karen (1998): „Agential Realism: Feminist Interventions in Understanding Scientific Practices". The Scientific Reader. Ed. by Mario Biagioli. New York.

Barthes, Roland (1994): Mythen des Alltags. Frankfurt am Main.

Bath, Corinna / Kleinen, Barbara (Hg.) (1997): Frauen in der Informationsgesellschaft. Fliegen oder Spinnen im Netz? Mössingen-Thalheim.

Beck, Ulrich (1986): Risikogesellschaft. Auf dem Weg in eine andere Moderne. Frankfurt am Main.

Beck, Ulrich / Giddens, Anthony / Lash, Scott (1996): Reflexive Modernisierung. Eine Kontroverse. Frankfurt am Main.

Bhabha, Homi K. (1995): „Cultural Diversity and Cultural Differences", in: *Ashcroft, Bill / Griffiths, Gareth / Tiffin, Helen* (Hg.): The Postcolonial Studies Reader, London/New York.

Biagioli, Mario (Hg.) (1999): The science studies reader. New York [u. a.].

Bleker, Johanna (Hg.) (1998): Der Eintritt der Frauen in die Gelehrtenrepublik: zur Geschlechterfrage im akademischen Selbstverständnis und in der wissenschaftlichen Praxis am Anfang des 20. Jahrhunderts (=Abhandlungen zur Geschichte der Medizin und der Naturwissenschaften, Bd. 84). Husum.

Bourdieu, Pierre / Wacquant, Loic J. D. (1996) : Reflexive Anthropologie. Frankfurt am Main.

Bourdieu, Pierre (1997): „Die männliche Herrschaft", in: *Dölling, Irene / Krais, Beate* (Hg.), Ein alltägliches Spiel. Geschlechterkonstruktion in der sozialen Praxis. Frankfurt am Main, S. 153-218.

Bovenschen, Silvia (1979): Die imaginierte Weiblichkeit. Exemplarische Untersuchungen zu kulturgeschichtlichen und literarischen Präsentationsformen des Weiblichen. Frankfurt am Main.

Braun, Christina von (1985): Nicht ich. Ich Nicht. Logik. Lüge. Libido. Frankfurt am Main.

Braun, Christina von (2001): Versuch über den Schwindel. Religion, Schrift, Bild, Geschlecht. Zürich/München.

Braun, Christina von / Stephan, Inge (Hg.) (2000): Gender Studien. Eine Einführung. Stuttgart.

Braun, Christina von / Stephan, Inge (Hg.) (2005): Gender@Wissen. Ein Handbuch der Gender-Theorien. Köln/Weimar/Wien.

Braungart, Wolfgang (Hg.) (1997), (1998), (2000): Ästhetische und religiöse Erfahrungen der Jahrhundertwenden. 3 Bde. Paderborn.

Breger, Claudia / Dornhof, Dorothea / von Hoff, Dagmar (1999): „Gender Studies / Gender Trouble. Tendenzen und Perspektiven der deutschsprachigen Forschung." Zeitschrift für Germanistik IX, 1, S. 72-113.

Bublitz, Hannelore (Hg.) (1998): Das Geschlecht der Moderne. Zur Genealogie und Archäologie der Geschlechterdifferenz. Frankfurt am Main/New York.

Bublitz, Hannelore (1999): Foucaults Archäologie des kulturellen Unbewußten. Zum Wissensarchiv und Wissensbegehren moderner Gesellschaften. Frankfurt am Main/New York.

Bührmann, Andrea (1995): Das authentische Geschlecht. Die Sexualitätsdebatte der Neuen Frauenbewegung und die Foucaultsche Machtanalyse. Münster.

Bußmann, Hadumod / Renate Hof (Hg.) (1995): Genus. Zur Geschlechterdifferenz in den Kulturwissenschaften. Stuttgart.

Butler, Judith (1990): Gender Trouble: Feminism and the Subversion of Identity. New York.

Butler, Judith (1991): Das Unbehagen der Geschlechter. Frankfurt am Main.

Butler, Judith (1995): Körper von Gewicht. Die diskursiven Grenzen von Geschlecht. Berlin.

Bynum, Caroline Walker (1996): Fragmentierung und Erlösung. Frankfurt am Main.

Crenshaw, Kimberle (1991): „Mapping the Margins. Intersectionality, Identity Politics, and Violence against Women of Colour." Stanford Law Review 43/6, S. 1241-1299.

Daniel, Ute (1997): „Clio unter Kulturschock", in: Geschichte in Wissenschaft und Unterricht 48, S. 195-218, 259-278.

Dausien, Bettina et al. (Hg.) (1999): Erkenntnisprojekt Geschlecht. Feministische Perspektiven verwandeln Wissenschaft. Opladen.

Dietze, Gabriele (2001): „Race. Class. Gender. Differenzen und Interdependenzen am Amerikanischen Beispiel", in: Die Philosophin. Forum für feministische Theorie und Philosophie 23. S. 30-50.

Dietzen, Agnes (1993): Soziales Geschlecht: soziale, kulturelle und symbolische Dimensionen des Gender-Konzepts. Opladen.

Fausto-Sterling, Anne (2000): Sexing the Body. Gender, Politics and the Construction of Sexuality. New York.

Fleck, Ludwik (1983): Erfahrung und Tatsache. Gesammelte Aufsätze. Hg. von *Lothar Schäfer / Thomas Schnelle*. Suhrkamp: Frankfurt am Main.

Fleck, Ludwik (1994): Entstehung und Entwicklung einer wissenschaftlichen Tatsache: Einführung in die Lehre vom Denkstil und vom Denkkollektiv. Frankfurt am Main.

Foerster, Heinz von (1985): Sicht und Einsicht. Versuch einer operativen Erkenntnistheorie. Braunschweig.

Foucault, Michel / Barbin, Herculine (1998): Über Hermaphrodismus. Aus dem Französischen von Annette Wunschel. Hg. von *Wolfgang Schäffner / Joseph Vogl*. Frankfurt am Main.

Foucault, Michel (1971): Die Ordnung der Dinge. Eine Archäologie der Humanwissenschaften. Frankfurt am Main.

Frankenberg, Ruth (Hg.) (1997): Displacing Whiteness. Essays in Social and Cultural Criticism. Durham.

Fraser, Nancy (1994): Widerspenstige Praktiken. Macht. Diskurs. Geschlecht. Frankfurt am Main.

Garfinkel, Harold (1967): Studies in Ethnomethodology. New York.

Gildemeister, Regine / Wetterer, Angelika (1992): „Wie Geschlechter gemacht werden. Die soziale Konstruktion der Zweigeschlechtlichkeit und ihre Reifizierung in der Frauenforschung", in: *Knapp, Gudrun-Axeli / Wetterer, Angelika* (Hg.) (1992), Traditionen. Brüche. Entwicklungen feministischer Theorie. Freiburg, S. 407-423.

Gildemeister, Regine (1992): „Die soziale Konstruktion von Geschlechtlichkeit", in: *Ostner, Ilona / Lichtblau, Klaus* (Hg.), Feministische Vernunftkritik. Frankfurt am Main.

Goffman, Erving (1979): Gender Advertisements. Cambridge.

Grewal, Inderpal / Kaplan, Caren (1997): Scattered Hegemonies. Postmodernity and Transnational Feminist Practices. Minneapolis.

Hacking, Ian (1999): Was heißt „soziale Konstruktion"? Zur Konjunktur einer Kampfvokabel in den Wissenschaften. Frankfurt am Main.

Hagemann-White, Carol (1988): „Wir werden nicht zweigeschlechtlich geboren", in: *Hagemann-White, Carol / Rerrich, Maria S.* (Hg.), FrauenMänner-Bilder. Männer und Männlichkeit in der feministischen Diskussion. Bielefeld.

Hageman-White, Carol (1993): „Die Konstrukteure des Geschlechts auf frischer Tat ertappen", in: Feministische Studien 2, 2, S. 68-78.

Hagner, Michael (Hg.) (2001): Ansichten der Wissenschaftsgeschichte. Frankfurt am Main.

Haraway, Donna (1995b): „Situiertes Wissen. Die Wissenschaftsfrage im Feminismus und das Privileg einer partialen Perspektive", in: *dies.* (Hg.), Die Neuerfindung der Natur. Primaten, Cyborgs und Frauen. Frankfurt am Main. S. 73-89.

Harding, Sandra (1991): Feministische Wissenschaftstheorie. Zum Verhältnis von Wissenschaft und sozialem Geschlecht. Hamburg.

Harding, Sandra (1994): Das Geschlecht des Wissens. Frauen denken die Wissenschaft neu. Frankfurt am Main.

Hark, Sabine (2005): Dissidente Partizipation. Eine Diskursgeschichte des Feminismus. Frankfurt am Main.

Hausen, Karin (1976): „Polarisierung der Geschlechtscharaktere. Eine Spiegelung der Dissoziation in Erwerbs- und Familienleben", in: *Conze, Werner* (Hg.), Sozialgeschichte der Neuzeit Europas: Neue Forschungen. Stuttgart, S. 161-191.

Hausen, Karin / Nowotny, Helga (Hg.) (1986): Wie männlich ist die Wissenschaft? Frankfurt am Main.

Honegger, Claudia (1991): Die Ordnung der Geschlechter. Die Wissenschaften vom Menschen und das Weib. Frankfurt am Main/New York.

Jansen, Sarah (1991): Naturwissenschaftlerinnen und Ingenieurinnen. Von der Forderung nach Gleichstellung zur feministischen Forschung. Wiesbaden.

Janshen, Doris (Hg.) (1999): Frauen über Wissenschaft. Die widerspenstigen Erbinnen der Männeruniversität. München.

Kay, Lily E. (2000): Who Wrote the Book of Life? A History of the Genetic Code. Stanford.

Keller, Evelyn Fox (1985): Reflections on Gender and Science. New Haven/London.

Keller, Evelyn Fox (1986): Liebe, Macht und Erkenntnis. Männliche oder weibliche Wissenschaft. München/Wien.

Keller, Evelyn Fox (1995): Refiguring Life. Metaphors of Twentieth-Century Biology. New York.

Keller, Evelyn Fox (2001): Das Jahrhundert des Gens. Frankfurt am Main.

Kessler, Suzanne / McKenna, Wendy (1978): Gender. An Ethnomethodological Approach. Chicago. University of Chicago Press.

Kraft, Claudia (2006): URL: Clio-online. hsozkult. geschichte. hu-berlin.de/ forum/2006-06-05.

Laqueur, Thomas (1992): Auf den Leib geschrieben. Die Inszenierung der Geschlechter von der Antike bis Freud. Frankfurt am Main.

Orland, Barbara / Elvira Scheich (Hg.) (1995): Das Geschlecht der Natur. Feministische Beiträge zur Geschichte und Theorie der Naturwissenschaften. Frankfurt am Main.

Rubin, Gayle (1975): „The Traffic in Women: Notes on the ‚Politial Economy' of Sex" in: *Reiter, Rayna R.* (Hg.), Toward an Anthropology of Women. New York. Monthly Review Press, S. 157-210.

Runte, Annette (1996): Biographische Operationen. Diskurse der Transsexualität. München.

Stephan, Inge / Weigel, Sigrid (1983): Die verborgene Frau. Sechs Beiträge zu einer feministischen Literaturwissenschaft. Berlin.

Stoller, Robert J. (1968): Sex and Gender. On the Development of Masculinitiy and Femininity. New York.

Wobbe, Theresa / Lindemann, Gesa (Hg.) (1994): Denkachsen. Zur theoretischen und institutionellen Rede von Geschlecht. Frankfurt am Main.

Zur Entstehung und Entwicklung einer rechtswissenschaftlichen Tatsache

Jan C. Joerden

I. Flecks Thesen und die Jurisprudenz

1. Wissenschaft vom Recht?

Das in Anlehnung an Ludwik Flecks zentrales Werk zur Wissenschaftssoziologie[1] formulierte Thema dieses Beitrags bedarf der Erläuterung. Zwar erfasst der wörtlich genommene Titel des Fleckschen Buches qua Wissenschaft auch die Rechtswissenschaft, aber man kann zum einen fragen, ob denn die Rechtswissenschaft überhaupt eine Wissenschaft sei, und zum anderen, ob Fleck wohl auch an sie gedacht haben mag, als er sein Hauptwerk schrieb. Bereits nach eigenem Selbstverständnis der Jurisprudenz ist deren Wissenschaftscharakter fraglich, indem sie schon von Alters her eher als Kunst (*ars boni et aequi*)[2] denn als Wissenschaft (*scientia*) apostrophiert wird.[3] Diese Frage ist hier indes ebenso wenig abschließend zu beantworten wie die zweite Frage danach, ob Fleck die Rechtswissenschaft, wenn sie denn eine Wissenschaft ist, bei seinen Überlegungen erfasst wissen wollte. Denn Fleck äußert sich zur Rechtswissenschaft so gut wie gar nicht. Immerhin werden am Rande einmal „Tatsachen ... der Rechtslehre" erwähnt[4], die häufig keine „Tatsachen für die Naturwissenschaft" seien, und es wird an anderer Stelle hervorgehoben, dass das Wort „Gesetz" für einen „Juristen" einerseits und für einen „Naturforscher" andererseits unterschiedliche Bedeutung habe.[5] Dass Fleck die Rechtswissenschaft nicht näher in seine Überle-

---

1 *Ludwik Fleck*, Entstehung und Entwicklung einer wissenschaftlichen Tatsache. Einführung in die Lehre vom Denkstil und Denkkollektiv, mit einer Einleitung hrsg. von *Lothar Schäfer / Thomas Schnelle*, Frankfurt/M.: Suhrkamp 1980 (nachfolgend: EE).

2 Vgl. Digesten, 1, 1, 2 pr (*Ulpian* unter Berufung auf *Celsus*).

3 Vgl. auch *Julius von Kirchmann*, Die Werthlosigkeit der Jurisprudenz als Wissenschaft, Berlin 1847.

4 EE, S. 132.

5 EE, S. 143. Siehe auch noch die Beschreibung eines konkreten Denkkollektivs von Forschern, zu deren Gemeinschaft auch „ein Doktor der Jura und der Philosophie, eine bekannte österreichische Figur" (*Ludwik Fleck*, Erfahrung und Tatsache. Gesammelte Aufsätze, mit einer Einleitung hrsg. von *Lothar Schäfer / Thomas Schnelle*,

gungen einbezieht, ist nun allerdings insofern bedauerlich, als gerade der Vergleich der Rechtswissenschaft mit der Medizin – der Herkunftswissenschaft Flecks – einige Parallelen hätte deutlich werden lassen, die zwischen Jurisprudenz und Heilkunde bestehen (dazu näher unter II.).

Flecks Stoßrichtung in seiner Dissertation war indes offenkundig eine andere: Es ging ihm darum, insbesondere für die scheinbar so exakten Naturwissenschaften nachzuweisen, wie stark sie von gesellschaftlichen Determinanten (Denkstil, Denkkollektiv) abhängen, und da bot sich die medizinische Wissenschaft eher an als eine „reine" Geisteswissenschaft, wie sie die Rechtswissenschaft darstellt. Nun ist aber der Ansatz von Fleck, auch wenn er dies so nicht explizit thematisiert, sehr stark ein Ansatz, dem es um das *Verstehen* der Entstehung und Entwicklung wissenschaftlicher Tatsachen geht. Und gerade jeder Verstehenszusammenhang wird von kulturellen Hintergründen, die man mit Fleck als Denkstil innerhalb eines Denkkollektivs beschreiben mag, erheblich mitbestimmt. Was nicht durch ein Vorverständnis gleichsam vorbereitet wurde, wird man meist nicht einmal ansatzweise, erst recht nicht vollständig verstehen können. Das ist eben auch in einer Naturwissenschaft nicht prinzipiell anders: Wenn man nicht verstanden hat, dass Gewitter etwas mit Elektrizität zu tun haben, kann man nicht sinnvoll eine entsprechende Spannungsmessung durchführen wollen. Wer deshalb aus einem Denkkollektiv kommt, in dem davon ausgegangen wird, Blitze würden von Zeus geschleudert, kommt gar nicht erst auf die Idee, an elektrische Spannungsunterschiede zwischen verschiedenen Luftschichten zu denken. „Um zu sehen, muß man wissen, was wesentlich und was unwesentlich ist."[6] Flecks Verdienst ist es (u.a.), als einer der ersten betont zu haben, dass es diese Denkblockaden auch in einer (vermeintlich) noch so aufgeklärten Welt der Naturwissenschaftler geben kann, dass diese regelmäßig kollektiv bedingt sind und es manchmal ungeheuer schwierig ist, sie aufzulösen, um zu neuen Erkenntnissen zu gelangen.

Was aber sogar für die Naturwissenschaften zu gelten scheint, gilt erst recht für die geisteswissenschaftlich orientierten Fächer, weswegen Fleck, dem das natürlich klar war, sein Augenmerk nicht primär auf diese richtete. Die These, dass die Lehre Flecks vom Denkstil und Denkkollektiv mithin nicht nur für die naturwissenschaftlich geprägten Wissenschaften, sondern auch für die Rechtswissenschaft Bedeutung hat, ist daher sicher nicht so revolutionär wie die von

---

Frankfurt/M.: Suhrkamp 1983 [nachfolgend: ET], S. 134) gehörte, von dem es heißt, er sei „die höchste kritische Instanz der Gemeinschaft" gewesen (ET, S. 136).

6 *Fleck*, ET, S. 148.

Fleck vorgeschlagene Bezugnahme auf die Naturwissenschaften, kann aber gleichwohl zum Verständnis der Wirkungsmechanismen der Rechtswissenschaft beitragen. Dies mögen die Betrachtungen unter III. näher zeigen.

2. Rechtswissenschaftliche Tatsache?

Zunächst ist jedoch noch eine Vorfrage zu beantworten, und zwar die danach, was man unter einer *rechtswissenschaftlichen Tatsache* verstehen sollte. Anders als in den Beispielen, die Fleck für seine Theorie verwendet, kann es sich dabei jedenfalls nicht um einen in der Natur vorfindlichen Wirkungsmechanismus handeln, den es zu entdecken gilt. Aber man mag durchaus von einer (juristischen) „Entdeckung" sprechen, wenn klar wird, dass eine bestimmte Fallkonstellation einer Rechtsnorm unterfällt, d.h. unter sie subsumiert werden kann. Denn diese Tatsache ist nicht von vornherein klar, sondern bedarf der Aufdeckung, wenn nicht der Entdeckung.

So etwa dann, wenn die Frage entsteht, ob das Einfangen und die Aneignung eines wild lebenden Tieres ein (strafbarer) Diebstahl sein kann. Das Gesetz definiert den Diebstahl als „Wegnahme einer *fremden* beweglichen Sache, in der Absicht, dieselbe sich oder einem Dritten rechtswidrig zuzueignen" (§ 242 StGB). Dass Tiere vom Recht als bewegliche Sachen aufgefasst werden, ist hinsichtlich des Sachbegriffs zwar schon etwas befremdlich, aber verständlich, wenn man bedenkt, dass Sachen im Gesetz als „körperliche Gegenstände" definiert werden (vgl. § 90 BGB).[7] Was aber soll es bedeuten, dass eine Sache fremd sein muss, um taugliches Objekt eines Diebstahls sein zu können? Das herauszufinden bedarf es eines Erkenntnisprozesses, in dem Konventionen über die Begriffsverwendung im Recht und frühere Interpretationen des Begriffs *fremd* eine wesentliche Rolle spielen, offenkundig Vorgänge, die eine starke kollektive Prägung haben – etwa mit dem Inhalt, dass es Staat und Gesellschaft mit der Einführung des Diebstahlsparagraphen um den Schutz des Eigentums geht, was wiederum auf die zivilrechtliche Eigentumsordnung verweist etc. Aus dieser Perspektive geht dann auch hervor, dass wild lebende Tiere in niemandes Eigentum stehen, sondern – wie man unter Juristen sagt – „herrenlos" sind (vgl. § 960 BGB). Das wiederum hat etwas damit zu tun, dass „Eigentum" ein in gewisser Hinsicht statischer Begriff ist, da die Eigentumsordnung sich bei einem frei lebenden Tier z.B. nicht danach richten kann, welchen Aufenthaltsort das Tier wählt, und dieses damit heute im Eigentum des Waldbesitzers W1, morgen im

7 § 90a BGB steht diesen Überlegungen nicht entgegen, weil es im obigen Fall um Eigentumsschutz und nicht um Belange des Tierschutzes geht.

Eigentum des Waldbesitzers W2 und übermorgen im Eigentum des Waldbesitzers W3, oder auch wieder des Waldbesitzers W1 stünde.

Natürlich ist auch dies eine bloße Konvention darüber, wie man den Eigentumsbegriff verstehen sollte. Was man in diesem Kontext aber als „Entdeckung" einer rechtswissenschaftlichen „Tatsache" verstehen kann, um wieder auf die Ausgangsfrage zurückzukommen, ist die „Entdeckung", dass ein wild lebendes Tier unter Berücksichtigung aller einschlägiger rechtlicher Konventionen keine *fremde* Sache i.S.v. § 242 StGB sein kann. Damit ist die oben beschriebene Tat jedenfalls keine Straftat i.S.v. § 242 StGB und damit auch kein Diebstahl. Ob sie stattdessen eine ggf. strafbare Jagdwilderei darstellt (vgl. § 292 StGB), mag an dieser Stelle offenbleiben. Wenn es im weiteren Verlauf der Überlegungen um den Versuch gehen soll, die Übertragbarkeit einiger der Fleckschen Thesen auf den rechtswissenschaftlichen Diskurs zu demonstrieren, so mag zunächst noch ein etwas näherer Vergleich von Flecks Heimatwissenschaft, der Medizin, und der Rechtswissenschaft den Boden dafür bereiten.

II. Parallelen zwischen Heilkunst und Rechtsfindung sowie zwischen medizinischer und juristischer Wissenschaft

Die Parallelen zwischen den beiden Wissenschaftsgebieten und ihrer praktischen Umsetzung, letzteres hier als „Heilkunst" bzw. „Rechtsfindung" bezeichnet, sind vielfältig, obwohl es natürlich auch gravierende Unterschiede gibt, wobei insofern nur die „naturwissenschaftliche" Anbindung der Medizin, für die es selbst in einer positivistisch orientierten Rechtswissenschaft keine wirkliche Parallele gibt, hervorgehoben sei. Hier aber soll es stattdessen um die Gemeinsamkeiten gehen:

1. Verstehenswissenschaften

Sowohl die medizinische als auch die juristische Wissenschaft sind Wissenschaften, in denen dem Verstehen eine zentrale Funktion zukommt. Das ist bei der Jurisprudenz offenkundig, wenn es darum geht, Texte zu interpretieren und zu verstehen, welche Regelung in ihnen „verkörpert" sein mag. Und auch die Subsumtion des Einzelfalls unter die Regel ist letztlich ein Akt des Verstehens. Aber auch die medizinische Wissenschaft hat viel mit Verstehen zu tun. Zwar nimmt sie ihren Ausgangspunkt oftmals in kausalistischen Erklärungsmodellen und kann dies auch gar nicht anders tun, weil sie immer auch von der Frage nach der kausalen Wirksamkeit ihrer Behandlungsmethoden eingeholt wird. Doch kann die Medizin in aller Regel dabei allein nicht stehen bleiben. Jedenfalls dann nicht, wenn sie den Kranken als ganze Person in den Blick nimmt. Denn dabei muss sie sich auf Individual- und Sozialpsychologie, eben auf das gesamte „Umfeld“ des Kranken einlassen. Und hierfür stehen in aller Regel keine (reinen) Kausalmodelle zur Verfügung, vielmehr muss der Mediziner hier einen Verstehenszusammenhang erschließen, der ihm Zugang zu dem Patienten und dessen Krankheit verschafft und so u.U. einen Weg zur Heilung weist. Medizinische Wissenschaft wird deshalb, eben weil sie es mit Menschen zu tun hat, den Ansatz des Verstehens nie ganz beiseite schieben können, mag die kausaldeterminierte „Medizintechnik“ auch noch so erfolgreich entwickelt werden.

2. Pathologische Fälle

Geht es um die *Anwendung* der betreffenden Wissenschaften, bei der Medizin also um die *Heilkunst* und bei der Rechtswissenschaft um die *Rechtsfindung*, insbesondere durch Rechtsprechung, so sind beide Praxisfelder primär auf „pathologische“, d.h. von der Norm *abweichende* „Fälle“ bezogen: Der Kranke fällt aus der „Norm“ der Gesunden heraus, der Angeklagte im Strafprozess hat gegen die Normen der Gesellschaft verstoßen, aber auch der Streit im Zivil- oder Verwaltungsrechtsprozess ist stets als Normverstoß (zumindest einer der streitführenden Parteien) zu interpretieren. Dieser Bezug auf „pathologische Fälle“ mag zum einen eine gewisse Verengung des Blickfeldes bedeuten. Zum anderen verführt diese vom Einzelfall ausgehende Sichtweise mitunter zu problematischen Verallgemeinerungen.

3. Individuelle Fälle

Weil Heilkunst und Rechtsfindung es immer mit Einzelfällen zu tun haben, die zwar grundsätzlich unter übergeordnete Normen zu subsumieren sind, sich dieser „Normierung“ aber immer wieder „im Einzelfall“ entziehen, müssen beide angewandten Wissenschaften stets die Ausnahme mitdenken (dieser Patient könnte anders z.B. auf ein Medikament reagieren als der „Durchschnittspatient“ – dieser Rechtsfall könnte anders liegen als die meisten anderen ähnlichen). Dies fördert einen wissenschaftstheoretischen Zugang, der jeden Fall als unverwechselbaren, aber auch unvergleichbaren Einzelfall nehmen will, was einer vereinheitlichenden wissenschaftlichen Erfassung der Fälle unter Normen tendenziell widerstrebt. Fleck formuliert das in seinem Aufsatz „Über einige besondere Merkmale des ärztlichen Denkens“ wie folgt:[8]

8 *Fleck*, ET, S. 37 ff, 40.

> „Nachdem das ärztliche Denken schon in der unendlichen Mannigfaltigkeit der anscheinend atypischen Krankheitsphänomene gewisse ideale Typen gefunden hat, steht es einer neuen Aufgabe gegenüber: sie auf einen gemeinsamen Nenner zu bringen. ... Doch Kombinationen mehrerer ... Motive (Entzündung, Entartung, Atrophie, Hypertrophie, Hypofunktion, Hyperfunktion usw.) geben nie den ganzen Reichtum individueller Krankheitsmerkmale wieder. Immer wieder bleiben die spezifischsten, charakteristischsten Merkmale außerhalb des Bereichs einer solchen Fassung, was beweist, daß die Elemente ... allzu unbestimmt sind.
>
> Das ist erneut ein besonderes Merkmal der Medizin. Nirgends sonst, in keinem anderen Wissenszweig, haben die Gattungen so viele spezifische Merkmale, d.h. Merkmale, die sich nicht analysieren und nicht auf gemeinsame Elemente führen lassen. Auf diese Weise schafft der sehr weit getriebene Abstraktionsprozeß einen Gattungsbegriff, dessen Fiktivität bedeutend größer als in irgendeinem anderen Wissensbereich ist, und einen Elementbegriff von gleichermaßen spezifischer Unbestimmtheit. Infolgedessen hat man in der Medizin die charakteristische Diskrepanz von Theorie und Praxis."

Cum grano salis könnte man eine vergleichbare Beschreibung auch für die Jurisprudenz geben, die immer wieder – oftmals vergeblich – versucht, die „unendliche Mannigfaltigkeit" der Einzelfälle unter die allgemeinen Begriffe des Gesetzes einzuordnen; und der schöne, von Fleck kurz nach der soeben wiedergegebenen Stelle zitierte Satz: „In der Theorie zwar unmöglich, in der Praxis kommt es aber vor"[9], ist auch für die Jurisprudenz von nicht unerheblicher Bedeutung.

4. Leitbilder

Sowohl Heilkunst als auch Rechtsfindung begnügen sich – anders als die meisten Naturwissenschaften – nicht mit der Beschreibung und Feststellung des *status quo*, sondern wollen die Welt – und sei es auch nur in einem individuellen Fall – gestalten. Dazu braucht man allgemeine Ziele, Leitbilder, deren Funktion im Bereich der Medizin die *Gesundheit* und im Bereich der Jurisprudenz die *Gerechtigkeit* übernehmen. An ihnen muss sich alles praktische Handeln ausrichten. Eine Medizin mag wissenschaftlich betrachtet noch so wirksam sein, wenn sie das Ziel der Gesundung des Patienten verfehlt, war sie im Sinne der Heilkunst ungeeignet. Ein juristisches Urteil mag noch so sehr mit den wissenschaftlich interpretierten rechtlichen Regelungen übereinstimmen, wenn es in Bezug auf

---

9 *Fleck*, ET, S. 40.

die betroffenen Parteien die Gerechtigkeit verfehlt, ist es kein akzeptables Ergebnis richterlicher Rechtsfindung. In diesem Sinne wäre *summum ius* zugleich *summa iniuria.*[10]

Zu bedenken ist allerdings, dass sowohl Gesundheit als auch Gerechtigkeit keine rein objektiven Leitbilder sein können, sondern vielfach von den Einstellungen der Betroffenen abhängen, die wiederum durch die Kollektive, in die sie eingegliedert sind, mitbestimmt werden. So sind Gesundheit und sein Gegenbegriff Krankheit *auch* subjektiv geprägte Konzepte, wie man schon daran sieht, dass jemand (subjektiv) krank sein kann, obwohl er rein körperlich bei „bester Gesundheit" ist. Und jemand kann sich durch ein Urteil, das durchaus im Einklang mit dem Recht steht, (subjektiv) sehr ungerecht behandelt fühlen. Es spricht sogar viel dafür, dass es letztlich wenig sinnvoll wäre, die beiden Leitbegriffe ganz von den subjektiven Einstellungen der Individuen zu lösen, womit einmal mehr auch die schon erwähnte Einzelfallbezogenheit der beiden Wissenschaften in den Blick kommt: Die jeweiligen Normen werden eben auch durch ihre *Ausnahmen* mit bestimmt und konkretisiert.

5. Intuition

Wegen ihres auf individuelle Fälle bezogenen Charakters und ihrer Berücksichtigung auch subjektiver Befindlichkeiten haben in Heilkunst und Rechtsfindung auch intuitive Fähigkeiten ihre Berechtigung. Fleck hebt hervor:[11]

> „Welche Rolle dagegen die Intuition im ärztlichen Denken spielt, selbst in der einfachen Krankheitsdiagnostik, sehen wir am besten daran, daß wir tatsächlich fast nie ein pathognomonisches Symptom haben, das allein ausreichte, einen Krankheitszustand zu bestimmen. ... Gerade die besten Diagnostiker sind am häufigsten nicht imstande, konkret anzugeben, wonach sie sich in der gegebenen Diagnose gerichtet haben, wenn sie nur erklären, daß das ganze Aussehen typisch für den und den Krankheitsfall ist."

Die Rolle der Intuition spielt in der Jurisprudenz das sog. Rechtsgefühl.[12] Bei Arthur Kaufmann heißt es dazu:[13] „Einerseits ist das Rechtsgefühl nicht rational,

---

10 Schon bei *Cicero*, De Officiis, Lib. Prim., 10 (31) wird jenes „summum ius summa iniuria" als Sprichwort bezeichnet.

11 *Fleck*, ET, S. 39 f.

12 Vgl. etwa *Erwin Riezler*, Das Rechtsgefühl. Rechtspsychologische Betrachtungen, München/Berlin/Leipzig: J. Schweitzer Verlag (Arthur Sellier) 1921.

andererseits wird man nicht verkennen dürfen, dass die Rechtsfindung keine rein rationale Tätigkeit ist, sondern, ähnlich der Medizin, auch (nicht nur!) eine *Kunst* darstellt. ..." Und Kunst verlangt nach Intuition, wie ein Fall zu regeln sein könnte, wie eine Norm zu verstehen sein könnte. Das Rechtsgefühl fungiert dabei als eine Art „Kontrolltest", ob das Ergebnis der Auslegung und Rechtsanwendung wohl mit dem (oben so genannten) Leitbild der Gerechtigkeit noch in Übereinstimmung steht oder nicht.

Alle die unter 1. – 5. aufgeführten Aspekte sind Indizien dafür, dass Heilkunst und Rechtsfindung – von deutlichen Unterschieden abgesehen – doch auch mehrere Gemeinsamkeiten bzw. Parallelen aufweisen. Anlass genug, Flecks Thesen über die Beeinflussung der Wissenschaft durch Denkstile probeweise auch auf die Rechtsfindung zu übertragen – um es noch einmal zu betonen: kein spektakulärer Ansatz, da der Übergang von der zumindest teilweise naturwissenschaftlich orientierten Medizin auf die nahezu vollständig geisteswissenschaftliche Disziplin der Rechtsfindung einem Erst-recht-Schluss ähnelt, wenn ein wissenschaftssoziologischer Ansatz in Betracht gezogen wird, wie Fleck ihn vertritt. Aber doch von heuristischem Wert, weil Einzelbeobachtungen, die Fleck seiner Konzeption zugrunde gelegt hat – wie zu zeigen sein wird – auch auf dem Feld der Rechtsfindung wiederkehren und zugleich zur Analyse der Entstehung und Entwicklung rechtswissenschaftlicher Tatsachen beitragen können. Denn auch hier ist Flecks Feststellung wirksam:[14] „Je tiefer wir in ein Wissensgebiet eindringen, desto stärker wird die Denkstilgebundenheit." Das mag das folgende juristische Beispiel näher zeigen.

III. Ein juristisches Beispiel: Das „unvorsätzliche Entfernen" vom Unfallort

1. Problemstellung

Wer an einem Unfall im Straßenverkehr beteiligt[15] ist, muss am Unfallort verbleiben, bis die anderen Unfallbeteiligten bzw. die Polizei die erforderlichen Feststellungen treffen konnten. Entfernt er sich entgegen dieser Pflicht vom Unfallort, macht er sich wegen „unerlaubten Entfernens vom Unfallort" gem.

13 *Arthur Kaufmann*, „Problemgeschichte der Rechtsphilosophie", in: *Arthur Kaufmann*, *Winfried Hassemer*, *Ulfrid Neumann* (Hrsg.), Einführung in die Rechtsphilosophie und Rechtstheorie der Gegenwart, 7. Aufl., Heidelberg: C. F. Müller 2004, S. 26 ff, 122.

14 *Fleck*, EE, S. 109.

15 „Unfallbeteiligter ist jeder, dessen Verhalten nach den Umständen zur Verursachung des Unfalls beigetragen haben kann." (§ 142 Abs. 5 StGB).

§ 142 Abs. 1 StGB strafbar. Nun kann es aber Fälle geben, in denen sich ein Unfallbeteiligter deshalb vom Unfallort entfernt, weil er ein Recht dazu hat, etwa weil er einen Schwerverletzten mit seinem Auto schnell ins nahegelegene Krankenhaus bringt, um diesen zu retten. Das Recht ergibt sich dabei aus der Vorschrift über den sog. rechtfertigenden Notstand (§ 34 StGB).[16] Wer bei seinem Entfernen vom Unfallort gerechtfertigt ist, kann nicht wegen eines Verstoßes gegen die eigentlich ihn treffende Wartepflicht bestraft werden: Wer gehen darf, muss nicht bleiben und kann für sein Weggehen nicht zur Verantwortung gezogen werden.

Aber auch in solchen Fällen besteht ein Bedarf an Feststellungen über die Person und das Ausmaß ihrer Beteiligung an dem Unfallgeschehen, unabhängig davon, ob sie nun rechtmäßigerweise vom Unfallort weggefahren ist oder nicht. Denn die anderen Unfallbeteiligten und die Polizei möchten natürlich wissen, mit wem sie es bei dem Unfall zu tun hatten und inwieweit der Betreffende für das Unfallgeschehen etwa schadensersatzpflichtig gemacht werden kann. Um für diese Fallkonstellation vorzusorgen, hat der Gesetzgeber eine weitere Strafnorm vorgesehen. Danach wird auch derjenige Unfallbeteiligte bestraft, der sich „berechtigt oder entschuldigt vom Unfallort entfernt hat und die Feststellungen nicht unverzüglich nachträglich ermöglicht" (§ 142 Abs. 2 Nr. 2 StGB). Dabei sind die Feststellungen hinsichtlich des Unfallherganges etc. etwa dadurch zu ermöglichen, dass der Unfallbeteiligte nach Wegfall der ihn zunächst rechtfertigenden Situation (also in obigem Beispiel etwa dann, wenn er den Verletzten ins Krankenhaus eingeliefert hat) zur Polizei geht und dort Angaben zu seiner Unfallbeteiligung macht; tut er dies – etwa aus Gleichgültigkeit – nicht, kann er nach § 142 Abs. 2 Nr. 2 StGB bestraft werden. Entsprechendes gilt, wenn der Unfallbeteiligte den Unfallort nicht „berechtigt", sondern (nur) „entschuldigt" verlassen hat.[17] Auch hier entfällt der (Schuld-)Vorwurf wegen des Verlassens des

16 § 34 StGB lautet: „Wer in einer gegenwärtigen, nicht anders abwendbaren Gefahr für Leben, Leib, Freiheit, Eigentum oder ein anderes Rechtsgut eine Tat begeht, um die Gefahr von sich oder einem anderen abzuwenden, handelt nicht rechtswidrig, wenn bei Abwägung der widerstreitenden Interessen, namentlich der betroffenen Rechtsgüter und des Grades der ihnen drohenden Gefahren, das geschützte Interesse das beeinträchtigte wesentlich überwiegt. Dies gilt jedoch nur, soweit die Tat ein angemessenes Mittel ist, die Gefahr abzuwenden."

17 Ein solcher Fall kann etwa dann vorliegen, wenn der Unfallbeteiligte von den anderen Unfallbeteiligten bedroht wird oder auch nur sich irrtümlich bedroht fühlt (vgl. § 35 Abs. 1 StGB: „Wer in einer gegenwärtigen, nicht anders abwendbaren Gefahr für Leben, Leib oder Freiheit eine rechtswidrige Tat begeht, um die Gefahr von sich, einem Angehörigen oder einer anderen ihm nahestehenden Person abzuwenden, handelt oh-

Unfallorts und damit die Strafbarkeit aus § 142 Abs. 1 StGB, aber der Entschuldigte bleibt wiederum strafrechtlich verpflichtet, unverzüglich nachträglich die relevanten Feststellungen zu ermöglichen; verstößt er gegen diese Pflicht, macht er sich strafbar (vgl. § 142 Abs. 2 Nr. 2 StGB).

Nun gibt es aber auch Fälle, in denen der Unfallbeteiligte zunächst gar nicht mitbekommt, dass er einen Unfall (mit-)verursacht hat. So etwa dann, wenn ein Lkw-Fahrer rückwärts gegen ein parkendes Kfz fährt und er wenig später (etwa auf einem Parkplatz) an erheblichen (neuen) Lackspuren an seinem Lkw feststellt, dass er wohl soeben gegen ein anderes Fahrzeug gefahren ist. Verhält er sich hier gleichgültig und benachrichtigt die Polizei nicht, so stellt sich die juristische Frage, ob er sich dann gem. § 142 Abs. 2 Nr. 2 StGB strafbar gemacht hat. Das Problem liegt in der Anwendung des § 142 Abs. 2 Nr. 2 StGB. Denn im vorliegenden Fall hat der Unfallbeteiligte sich – zumindest wenn man einmal unbefangen vom Wortlaut des § 142 Abs. 2 Nr. 2 StGB ausgeht – weder „berechtigt" noch „entschuldigt" vom Unfallort entfernt, und strafbar ist ein Verhalten nur dann, wenn „die Strafbarkeit gesetzlich bestimmt war, bevor die Tat begangen wurde" (§ 1 StGB; vgl. Art. 103 Abs. 2 GG; *nullum crimen, nulla poena sine lege*). Allerdings hat sich in dem genannten Beispiel der Unfallbeteiligte Lkw-Fahrer „unvorsätzlich" vom Unfallort entfernt, da er ja nicht wusste, dass er an einem Unfall beteiligt war, als er wegfuhr. Dies ist auch der Grund dafür, dass er nicht bereits aus § 142 Abs. 1 StGB strafbar ist, weil das unerlaubte Entfernen vom Unfallort nur bei vorsätzlichem Verhalten bestraft werden kann (vgl. § 15 StGB).

2. Zwei Denkstile

Damit bleibt die Frage bestehen, ob man auch ein „unvorsätzliches Entfernen" vom Unfallort unter die Begriffe „berechtigt oder entschuldigt vom Unfallort entfernt" subsumieren kann. Hierzu haben sich in Rechtsprechung und juristischer Lehre schon bald zwei sich diametral entgegenstehende Ansichten herausgebildet, die eine, und zwar in diesem Falle die Rechtsprechung des Bundesgerichtshofs (BGH)[18] mit Zustimmung eines Teils der Lehre, bejahte diese Frage,

---

ne Schuld ..." bzw. § 35 Abs. 2 StGB: „Nimmt der Täter bei Begehung der Tat irrig Umstände an, welche ihn nach Absatz 1 entschuldigen würden, so wird er nur dann bestraft, wenn er den Irrtum vermeiden konnte. ...").

18 Der BGH entschied die Frage erstmals in BGHSt 28, 129 ff; die Oberlandesgerichte, die zuvor entschieden hatten, waren zu entgegengesetzten Auffassungen gekommen, weshalb der BGH mit dem Problem befasst wurde.

während viele Stimmen in der Lehre die Frage verneinten.[19] Nun könnte man diese beiden Positionen eben als zwei verschiedene Ansichten deklarieren, die es immer gebe, wenn Juristen ein Problem der Interpretation des Gesetzestextes diskutieren. Das wäre über die Frage des Einzelfalls hinaus nicht weiter interessant. Demgegenüber scheint es mir jedoch, dass die Beantwortung der hier zu entscheidenden Problematik von grundsätzlichen Einstellungen der jeweils votierenden Juristen geprägt ist. Und an dieser Stelle kommt jetzt das Konzept des *Denkstils* ins Spiel, wie es von Ludwik Fleck vorgeschlagen wird. Denn die beiden unterschiedlichen Auffassungen zu diesem Problem der strafrechtlichen Erfassung unterlassener Ermöglichung nachträglicher Feststellungen zum Unfallhergang nach „unvorsätzlichem Entfernen" vom Unfallort lassen sich als Ausprägung zweier sich gegenüberstehender Denkstile interpretieren. Den einen Denkstil möchte ich hier als *paternalistischen Denkstil*, den anderen dagegen als *liberalistischen Denkstil* bezeichnen.

„Paternalistisch" soll der erste Denkstil heißen, weil er versucht, auftretende Rechtsfragen „von ihrem Ergebnis her", „väterlich fürsorgend" zu entscheiden. Die Argumentationsstrategie dieses Denkstils sieht für das vorliegende Rechtsproblem ungefähr so aus: Es wäre ungerecht, wenn derjenige, der sich „berechtigt oder entschuldigt" im reinen Wortsinne dieser Begriffe vom Unfallort entfernt hat, schlechter gestellt wäre, d.h. mit Bestrafung rechnen müsste, wenn er die nachträglichen Feststellungen nicht ermöglicht, als derjenige, der den Unfallort unvorsätzlich verlassen hat (und dem anschließend zu Bewusstsein kommt, dass er einen Unfall verursacht hat). Denn beide können ja durchaus nachträglich die erforderlichen Feststellungen ermöglichen – und warum sollten sie nicht auch beide dazu im Interesse der anderen Unfallbeteiligten verpflichtet sein?

Wer diese Perspektive einnimmt, zielt auf das material gerechte Ergebnis und sieht im Wortlaut des Gesetzestextes eher eine ungefähre Orientierung auf dieses gerechte Ergebnis hin. Väterlich fürsorgend will dieser Denkstil primär materiale Gerechtigkeit herstellen und ist daher bereit, die Wortlautgrenzen der einschlägigen Vorschriften weit zu interpretieren und so im vorliegenden Fall sogar zu dem Ergebnis zu kommen, dass auch ein „unvorsätzliches Entfernen" den Begriffen „berechtigtes oder entschuldigtes Entfernen" subsumiert werden könne. Da auch diese Auffassung durchaus das Problem sieht, das mit einer immerhin grundgesetzlich fundierten (vgl. Art. 103 Abs. 2 GG; § 1 StGB) Wortlautgrenze besteht, unternimmt sie es, den Wortsinn des § 142 Abs. 2 Nr. 2 StGB insofern

---

19 Vgl. die Nachweise zum Streitstand etwa bei *Karl Lackner / Kristian Kühl*, StGB, Kommentar, 26. Aufl., München: C.H. Beck 2007, § 142 Rdn 25.

als untechnische Formulierung des Gesetzgebers zu interpretieren, die auch andere Fallkonstellationen als die des berechtigten oder entschuldigten Entfernens im engeren Sinne durchaus mit aufnehmen könne.

Damit wird allerdings der eigentliche Sinn der Vorschrift (*ratio legis*) von ihrem reinen Wortsinn getrennt und die juristische Entscheidung primär an dem materialen Sinn der Vorschrift orientiert. Dieser Denkstil ist mithin fürsorgend um die Herstellung von (Straf-)Gerechtigkeit bemüht.[20] Seine Gefahr besteht zum einen darin, dass er den Sinn der Vorschrift gleichwohl verfehlt, und zum anderen darin, dass er die rechtsstaatlich bedeutsame Grenze zwischen richterlichem und gesetzgeberischem Handeln verwischt: Die Strafbarkeit eines Verhaltens durch möglichst konkret formulierte Strafvorschriften zu bestimmen, ist nach dem Gedanken der Gewaltenteilung Sache der Legislative, des Gesetzgebers – die Vorschriften im Einzelfall anzuwenden, ist dagegen die Aufgabe der Judikative, also des Richters.

Dem „paternalistischen" Denkstil steht der hier als „liberalistisch" bezeichnete Denkstil gegenüber. Er geht aus von dem Grundsatz *in dubio pro libertate*.[21] D.h., wenn ein Verhalten dem Wortlaut der Vorschrift nicht klar subsumiert werden kann, ist die betreffende Vorschrift nicht anwendbar. Auch hier bleibt natürlich immer noch Interpretationsspielraum, denn auch ein noch so klarer Wortlaut einer Vorschrift muss *verstanden* werden und spricht nicht einfach für sich selbst. Aber für diesen Denkstil sind die Grenzen der Interpretation eng zu fassen; jedenfalls kommt eine Interpretation, die sich über den normalsprachlichen Sinn der Worte hinaus bewegt, nicht in Frage. Im vorliegenden Beispielsfall wäre daher § 142 Abs. 2 Nr. 2 StGB auf den unvorsätzlich den Unfallort verlassenden Lkw-Fahrer *nicht* anwendbar, da „unvorsätzlich" eben normalsprachlich etwas anderes bedeutet als „berechtigt oder entschuldigt". Dieser Denkstil ist „liberalistisch", weil für ihn nicht das Ziel materialer Gerechtigkeit im Vordergrund steht, sondern eher die „formale Gerechtigkeit", die darin besteht, den Bürger keinesfalls mit einer Strafbarkeit zu überziehen, die nicht vorher klar angekündigt war – also eine strenge Auffassung von Art. 103 Abs. 2 GG bzw. § 1 StGB. Dies auch um den Preis, dass das eine oder andere an sich straf-

---

20 Ähnlich im Übrigen wie ein paternalistischer Stil in der Heilkunst fürsorglich um die Gesundheit des Patienten bemüht ist. Ein liberalistischer Stil setzt dem Grenzen, auch wenn diese (vom Willen des Patienten bestimmt) objektiv „unvernünftig" erscheinen mögen.

21 Die Formulierung geht zurück auf Digesten 50, 17, 20 (*Pomponius*), wird aber darüber hinaus heute als Grundsatz eines liberalen Strafrechts interpretiert, das im Zweifel auf Strafbarkeit verzichtet.

würdige Verhalten nicht als straf*bar* erfasst werden kann. Im Ergebnis kann das u.U. zugleich als Appell an den Gesetzgeber verstanden werden, den betreffenden Fall durch eine Änderung des Wortlauts des Gesetzes zukünftig zu erfassen, hat aber zunächst einmal die Konsequenz, dass in Bezug auf das betreffende Verhalten ein Freispruch erfolgen muss.

3. Beharrungstendenzen

Denkstile im Sinne Flecks bzw. „Meinungs*systeme*"[22] und nicht bloß isolierte Einzelmeinungen sind hier wirksam, weil sich bei der argumentativen Verteidigung der jeweiligen Position die von Fleck charakterisierten Verhaltensweisen einstellen, die er als „Beharrungstendenz der Meinungssysteme"[23] bezeichnet. Auch wenn es hier nicht um das Beispiel geht, das Fleck aus dem Bereich der Medizin gewählt hat, passen die von ihm festgestellten „Grade" der Beharrung *cum grano salis* auch recht gut auf das vorliegende Problem des interpretativen Umgangs mit § 142 Abs. 2 Nr. 2 StGB:[24]

> „1. Ein Widerspruch gegen das System erscheint undenkbar.
>
> 2. Was in das System nicht hineinpaßt, bleibt ungesehen, oder
>
> 3. es wird verschwiegen, auch wenn es bekannt ist, oder
>
> 4. es wird mittels großer Kraftanstrengung dem Systeme nicht widersprechend erklärt.
>
> 5. Man sieht, beschreibt und bildet sogar Sachverhalte ab, die den herrschenden Anschauungen entsprechen, d.h. die sozusagen ihre Realisierung sind – trotz aller Rechte widersprechender Anschauungen."

Allerdings muss man die Beschreibung dieser „Grade" des Beharrungsvermögens auf die rechtswissenschaftliche Diskussion beziehen und daher zum Teil etwas umdeuten. Dabei sei zunächst die Argumentation des BGH näher betrachtet, die eine Subsumtion auch des „unvorsätzlichen Entfernens" unter die Begriffe des „berechtigten oder entschuldigten Entfernens" für zutreffend erklärt.[25]

---

22 *Fleck*, EE, S. 40; Hervorhebung von mir.

23 *Fleck*, ebd.

24 *Fleck*, ebd.

25 Ich sehe dabei von einer ausführlichen Darstellung der umfangreichen juristischen Diskussion ab, die diesem Urteil des BGH vorausgegangen ist, um den Text auch für

Zu 1. Der BGH folgt – nach meiner obigen These – einem paternalistischen Denkstil der Rechtsfindung. Deshalb stellt er zentral auf Sinn und Zweck der Vorschrift ab,[26] die er auch aus der Rechtsprechung zu der vorhergehenden Fassung des § 142 StGB und aus der Gesetzgebungsgeschichte ableitet. Dabei wird zwar erörtert, was der Gesetzgeber mit der Novelle, die zu der hier in Rede stehenden Fassung von § 142 Abs. 2 Nr. 2 StGB geführt hat, beabsichtigte, im Gesetz zum Ausdruck zu bringen. Es wird aber nicht einmal ansatzweise die Frage gestellt, ob der Gesetzgeber bei der Realisierung dieser seiner Absicht sich nicht eventuell schlicht mangelhaft ausgedrückt hat. Diese Frage wird gar nicht erst gestellt, weil sie einen „Widerspruch gegen das System" (*Fleck*) einer paternalistischen Normauslegung implizieren würde.

Zu 2. „Ungesehen" bleibt deshalb vom BGH auch, „was in das System nicht hineinpaßt" (*Fleck*). So wird in der Urteilsbegründung des BGH nicht einmal erörtert, dass die psychologische Situation desjenigen, der den Unfall mitbekommen, sich dann aber wegen einer zur Rechtfertigung oder Entschuldigung führenden Lage vom Unfallort entfernt hat, grundlegend anders sein dürfte als die psychologische Situation desjenigen, der den Unfall zunächst gar nicht bemerkt hat und erst nachträglich davon Kenntnis nimmt:[27] Während dem ersteren schon beim Entfernen vom Unfallort klar sein muss, dass er sich nur *ausnahmsweise* entfernen darf, weiß der andere das nicht und kennt das Unfallgeschehen nicht aus eigener Anschauung.[28]

Zu 3. Die Behauptung, der BGH habe hier etwas „verschwiegen", obwohl „es bekannt" (*Fleck*) war, wird man so ohne Weiteres zwar nicht aufstellen können. Aber bekannt war dem BGH natürlich, dass dann, wenn die „Worte ‚berechtigt oder entschuldigt' auch in bezug auf tatbestandsmäßig nicht vorsätzliche Verhaltensweisen Anwendung" finden,[29] also etwa auf fahrlässige Verhaltensweisen, daraus nichts für die Beantwortung der Frage folgt, ob „unvorsätzliches" Verhalten auch unter den Begriff „berechtigtes oder entschuldigtes" Verhalten subsumiert werden kann. Gleichwohl wird hierauf ein Argument gegründet.

---

den juristischen Laien übersichtlich zu halten. Näher dazu die Nachweise bei *Lackner / Kühl*, a.a.O. (ob. Fn. 19).

26 Vgl. etwa BGHSt 28, 129 ff, 131, 133, 134.

27 Vgl. dazu etwa *Lackner / Kühl*, a.a.O. (ob. Fn. 19) m.w.N.

28 Es kommt mir dabei hier *nicht* darauf an, ob dieses Argument letztlich stichhaltig ist, sondern nur darauf, dass der BGH es gar nicht erst in Betracht zieht.

29 Vgl. BGHSt 28, 129, 132.

Zu 4. „Mittels großer Kraftanstrengung dem Systeme nicht widersprechend" wird etwas „erklärt" (*Fleck*), wenn der BGH zu zeigen versucht, dass der Begriff „unvorsätzlich" doch durchaus zumindest unter den Begriff „entschuldigt" subsumiert werden könne. So heißt es zunächst apodiktisch, das „nicht vorsätzliche Sich-Entfernen" sei dem „‚berechtigten' oder dem ‚entschuldigten' gleichzusetzen"[30], so als könnte man die Frage, welchem der beiden Begriffe nun das „unvorsätzliche Verhalten" unterfällt, einfach offen lassen. Die weiteren Erwägungen konzentrieren sich dann aber auf den Begriff „entschuldigt", wobei versucht wird zu zeigen, dass dieser Begriff nicht dem engen formal-dogmatischen Begriff einer (juristisch-technischen) Entschuldigung korrespondiert, sondern weiter sei. Dabei wird aber nur noch der Bezug zur Rechtssprache gesucht und daraus, dass gelegentlich auch andere Fallkonstellationen als „entschuldigt" i.S.d. § 142 Abs. 2 Nr. 2 StGB angesehen werden, gefolgert, dass dann auch das „unvorsätzliche" Verhalten darunter fallen könne. Allerdings gerät so ganz aus dem Blick, dass jedenfalls bei Verwendung der natürlichen Alltagssprache niemand je auf den Gedanken kommen würde, ein Verhalten, das ohne Vorsatz vorgenommen wurde, als „entschuldigt" zu bezeichnen. Dagegen spricht schon, dass (in Zusammenhängen außerhalb von § 142 StGB) ein nicht vorsätzliches Verhalten immerhin noch fahrlässig sein kann und dabei dann in der Regel gerade *nicht* „entschuldigt" ist.

Zu 5. In der genannten Entscheidung des BGH wird die These aufgestellt, dem Gesetzgeber sei bei der Umgestaltung von § 142 StGB die Rechtsprechung zur alten Fassung der Vorschrift bekannt gewesen, die ausdrücklich den Fall einer erst späteren „Kenntniserlangung von der eigenen Unfallbeteiligung" als Beispiel einer „erlaubten oder entschuldigten" Weiterfahrt bezeichnet habe, die jedoch dann die Verpflichtung auslöse, an die Unfallstelle zurückzukehren, sofern noch ein räumlicher und zeitlicher Zusammenhang mit dem Unfallgeschehen bestehe.[31] Da nunmehr an die Stelle dieser vom BGH entwickelten Rückkehrpflicht die Pflicht zur nachträglichen Ermöglichung der Feststellungen getreten sei, lasse sich der erklärte Wille des Gesetzgebers, an den Ergebnissen der Rechtsprechung festzuhalten, nur so deuten, dass alle Fälle, für die nach altem Recht eine Rückkehrpflicht bestanden habe, bezüglich ihrer Rechtsfolge gleichbehandelt, d.h. der Feststellungspflicht unterworfen werden sollten.[32] Diese Ar-

30 Vgl. BGHSt 28, 129, 132.

31 Vgl. BGHSt 28, 129, 133 mit Hinweis auf BGHSt 14, 89, 93; 18, 114, 120.

32 Vgl. BGHSt 28, 129, 133 unter Bezugnahme auf *Franke*, „Feststellungspflicht nach vorsatzlosem Sich-Entfernen vom Unfallort (§ 142 StGB – OLG Stuttgart, VerkMitt

gumentation wird verwendet, obwohl bereits die von der Rechtsprechung zu § 142 StGB a.F. entwickelte Rückkehrpflicht ihrerseits keine adäquate gesetzliche Grundlage hatte. Der Schluss von einem Schweigen des Gesetzgebers zu der bisherigen Rechtsprechung bzw. der Schluss von der vom BGH zusätzlich herangezogenen (wenig aussagekräftigen) Formulierung in einer Bundestagsdrucksache zum Gesetzentwurf, dieser berücksichtige „zugleich weitgehend die Ergebnisse der Rechtsprechung“[33], auf einen entsprechenden Regelungswillen des Gesetzgebers[34] ist im Kern fiktiv. Mit Fleck kann man ein solches Argumentieren getrost wie folgt klassifizieren: Der BGH „sieht, beschreibt und bildet sogar Sachverhalte ab, die den herrschenden Anschauungen entsprechen, d.h. die sozusagen ihre Realisierung sind – trotz aller Rechte widersprechender Anschauungen“ (*Fleck*).

Dies alles ist nun gar keine Kritik am Inhalt der *Entscheidung* des BGH, da es hier nicht um die juristische Sachfrage einer adäquaten Auslegung von § 142 Abs. 2 Nr. 2 StGB gehen kann, sondern nur darum, welche *Beharrungstendenzen*, die Fleck für andere Wissenschaftsgebiete beschrieben hat, auch der vom BGH gepflegte Denkstil aufweist und wie sich dies in der Argumentationsstrategie der hier zugrunde gelegten Entscheidung zeigt. Der (auch von Fleck so bezeichnete) wissenschaftssoziologische Ansatz will ja nicht die jeweiligen Sachfragen entscheiden, sondern die Wege beschreiben, auf denen Wissen zustande kommt und bewahrt wird.

Dementsprechend könnten ähnliche Beharrungstendenzen in verschiedenen „Graden“ (*Fleck*) auch für den oben so genannten *liberalistischen Denkstil* nachgewiesen werden. Wie anders ließe es sich etwa beschreiben, dass diese Auffassung sich nicht mit dem Problem auseinandersetzt, unvorsätzliches Entfernen vom Unfallort könne bei fehlendem Vorsatz (und fehlender gesetzlicher Regelung fahrlässigen Verhaltens; vgl. § 15 StGB) eigentlich nicht rechtswidrig sein und wäre deshalb (wohl) „berechtigt“. Dies wiederum würde eventuell eine Anwendung von § 142 Abs. 2 Nr. 2 StGB ermöglichen.[35] Auch hier bleibt offenbar etwas, das „in das System nicht hineinpaßt“, „ungesehen“ (*Fleck*).

1977, Nr. 73 und OLG Köln, VerkMitt 1977, Nr. 74“, Juristische Schulung 1978, S. 456 ff.

33 BGHSt, ebd. unter Bezugnahme auf BT-Drucksache 7/2434, S. 4.

34 Ein im Übrigen durchaus beliebter „Schluss“ in juristischen Debatten.

35 Vgl. auch BGHSt 28, 129, 132 unter Hinweis auf *Krumme*, Straßenverkehrsgesetz, § 142 Rdn. 28; *Maurach / Gössel*, Fälle und Lösungen, 3. Aufl., S. 139, 148; allerdings ohne daraus eine nähere Argumentation abzuleiten.

Es ist hier nicht der Ort, den Beharrungstendenzen auch dieses zweiten Denkstils im Rahmen der Auslegung von § 142 Abs. 2 Nr. 2 StGB im Einzelnen nachzugehen. Gezeigt hat sich aber, dass die von Fleck beschriebene Figur des *Denkstils* mit seinen *Beharrungstendenzen* auch in der Jurisprudenz zur Aufhellung von Diskussionszusammenhängen beitragen kann.

IV. Epilog

Abschließend sei noch mitgeteilt, dass das Bundesverfassungsgericht sich jüngst – entgegen der jahrzehntelangen ständigen Rechtsprechung des Bundesgerichtshofs – überraschend auf die Seite des liberalistischen Denkstils geschlagen und die Anwendung von § 142 Abs. 2 Nr. 2 StGB auf „unvorsätzliches Entfernen" vom Unfallort für verfassungswidrig erklärt hat, mit der Begründung, eine derartige Auslegung von § 142 Abs. 2 Nr. 2 StGB verstoße gegen Art. 103 Abs. 2 und Art. 2 Abs. 1 GG.[36] Das Bundesverfassungsgericht betont hierzu insbesondere:[37] „Würde erst eine über den erkennbaren Wortsinn der Vorschrift hinausgehende Deutung zur Strafbarkeit eines Verhaltens führen, so müssen die Gerichte zum Freispruch gelangen. Dies gilt auch dann, wenn infolge des Bestimmtheitsgebots besonders gelagerte Einzelfälle aus dem Anwendungsbereich eines Strafgesetzes herausfallen, obwohl sie ähnlich strafwürdig erscheinen mögen wie das pönalisierte Verhalten. Es ist dann Sache des Gesetzgebers zu entscheiden, ob er die Strafbarkeitslücke bestehen lassen oder durch eine neue Regelung schließen will." Und zu dem Problem der Auslegung von § 142 Abs. 2 Nr. 2 StGB heißt es im Urteil des Bundesverfassungsgerichts:[38] „Der Auslegung des § 142 Abs. 2 Nr. 2 StGB, die auch das unvorsätzliche – und nicht nur das berechtigte und entschuldigte – Sich-Entfernt-Haben vom Unfallort unter diese Norm subsumiert, steht die Grenze des möglichen Wortsinns der Begriffe ‚berechtigt oder entschuldigt' entgegen". Fürwahr eine Abkehr vom Denkstil des Bundesgerichtshofes hin zu einem anderen Denkstil – in den Worten des Fleck-„Nachfolgers"

36 BVerfG Strafverteidiger Forum 2007, 213 ff; vgl. dazu auch *Hans Kudlich*, „Unvorsätzliches Entfernen vom Unfallort", Juristische Arbeitsblätter 2007, S. 549 ff; *Janique Brüning*, „Die Strafbarkeit gem. § 142 StGB wegen unvorsätzlichen Entfernens vom Unfallort", Zeitschrift für Internationale Strafrechtsdogmatik, 2007, S. 317 ff; *Klaus Geppert*, Jura 2007, JK 8/07, StGB § 142/23.

37 BVerfG, a.a.O. (ob. Fn. 36), S. 213.

38 BVerfG, a.a.O. (ob. Fn. 36), S. 214.

Thomas S. Kuhn sogar ein Paradigmenwechsel, wenigstens im Hinblick auf die Auslegung von § 142 Abs. 2 Nr. 2 StGB.[39]

39 Es bleibt abzuwarten, ob das BVerfG auch in den Fällen des Sich-Entfernens vom Unfallort bei irriger Annahme rechtfertigender Umstände entsprechend verfahren wird, da nach (wohl) herrschender Ansicht zu diesen Konstellationen der „Vorsatz" (gem. § 16 StGB direkt oder analog) entfällt. Bisher wird auch von Vertretern der Auffassung, § 142 Abs. 2 Nr. 2 StGB sei auf „unvorsätzliches" Sich-Entfernen nicht anwendbar, in diesem Fall für dessen Anwendbarkeit plädiert, da es nicht einzusehen sei, wenn derjenige, der in einer tatsächlich bestehenden Rechtfertigungslage den Unfallort verlässt, nach § 142 Abs. 2 Nr. 2 StGB verpflichtet wäre, derjenige, der sich die Rechtfertigungslage dagegen nur einbildet, dagegen nicht. Vgl. etwa *Sternberg-Lieben*, in: *Schönke/Schröder*, StGB, Kommentar, 27. Aufl., München: C. H. Beck 2006, § 142 Rdn. 55 m.w.N. Nur: Gelten hier nicht ganz parallele Argumente wie beim „normalen" unvorsätzlichen Entfernen? Und ist nicht auch insoweit letztlich die gesetzliche Formulierung verfehlt, um diesen Fall zu erfassen, so gern man dies auch erreichen möchte? Immerhin setzt sich hinsichtlich eines „Parallelproblems" zum unvorsätzlichen Entfernen, und zwar bei unwillentlichem „Entferntwerden" (etwa bei Bewusstlosigkeit des abtransportierten Unfallbeteiligten) die Auffassung durch, dass ein „Entferntwerden" kein „Sich-Entfernen" i.S.d. § 142 Abs. 2 Nr. 2 StGB sein kann; vgl. etwa *Sternberg-Lieben*, a.a.O., Rdn. 46 m.w.N. auch zur Gegenmeinung. Dabei ist dann allerdings im Einzelfall zu beachten, ob überhaupt ein „Entferntwerden" und nicht vielmehr ein „Sich-Entfernen durch Unterlassen" vorliegt; vgl. dazu näher *Joerden*, „Erzwungenes Sich-Entfernen vom Unfallort – BayObLG, NJW 1982, 1059", Juristische Rundschau 1984, S. 51 ff.

Wie nanotechnologische Tatsachen entstehen: Die Entwicklung der Nanotechnologie zwischen Denkstil und Politik

Petra Schaper-Rinkel

Einleitung

Was ist ein technologiepolitisches Feld? Ludwik Fleck fragte, was eine wissenschaftliche Tatsache ist und wandte sich einer „neueren Tatsache" zu. „Neuere Tatsachen", deren Entdeckung noch nicht allzu lange zurückliegt, die noch nicht selbstverständlich erscheinen, schienen ihm die interessanteren erkenntnistheoretischen Gegenstände, da bei altbekannten Tatsachen „die kritische Einsicht in den Erkenntnismechanismus" aufgrund ihrer alltäglichen Selbstverständlichkeit nicht mehr möglich ist (Vorwort *Fleck* 1935/1980). Ähnlich verhält es sich mit technologiepolitischen Feldern. Neue technologiepolitische Felder ermöglichen einen Blick auf die eng verzahnte Konstituierung von Schlüsseltechnologien und Politik. Lässt sich Flecks begriffliches Instrumentarium nutzen, um die Entstehung und Entwicklung eines technologiepolitischen Feldes zu analysieren? Fleck beschreibt die Ebene der denkend Handelnden und hat damit einen starken Akteursbegriff. Wird die Entwicklung neuer Technologiefelder diskursanalytisch in den Blick genommen, werden die Bedeutung institutioneller Akteure und die strukturellen Bedingungen des Handelns deutlich (*Schaper-Rinkel* 2003; *Schaper-Rinkel* 2006). Mit Flecks Kategorien der Präideen, des Denkstils und der populären Wissenschaft lassen sich handlungsleitende Ideen und ihr Beitrag für die Konstituierung neuer Technologien in den Blick nehmen.

Die Entwicklung einer Schlüsseltechnologie (die jeweils ein technologiepolitisches Feld absteckt) hat mit der medizinischen Forschung, die Flecks Ausgangspunkt bildete, die Anwendungsorientierung gemeinsam. Ziel der Nanoforschung und -entwicklung ist die Entwicklung von Anwendungen, sowohl die konkrete Entwicklung von neuen Verfahren (Prozessinnovationen) als auch von neuen Produkten (Produktinnovationen). Allerdings lässt sich ebenfalls ein gewichtiger Unterschied feststellen, denn während es in der medizinischen Forschung konkrete Probleme (Krankheiten) sind, die es zu lösen gilt, sollen mit der Entwicklung und Diffusion von Schlüsseltechnologien, Probleme und Problemlösungen adressiert werden, die noch gar nicht näher bestimmt sind. Das Ziel heutiger staatlicher Technologiepolitik ist es, ein Höchstmaß an neuen Produkten und Verfahren zu generieren (um wirtschaftliches Wachstum zu forcieren), ohne dass dabei absehbar ist, um welche Innovationen es sich konkret handelt.

Die Produktion einer Prä-Idee I: Das „Geburtsdokument der Nanotechnologie"

Nanotechnologie gilt als Schlüsseltechnologie im globalen Innovationswettbewerb der Zukunft (BMBF 2002; Europäische Kommission 2005). Was Nanotechnologie ist, wo die zentralen Handlungsfelder auf diesem breiten Technologiefeld liegen, welche Bereiche der Grundlagenforschung am zukunftsträchtigsten erscheinen, sind wissenschafts- und forschungspolitisch begrenzt geklärte Fragen. Die Denkstile und Forschungsgemeinschaften, die sich auf dem Feld der Nanotechnologie herausbilden, entwickeln sich sowohl *disziplinär* innerhalb traditioneller Disziplinen (Biologie, Physik, Chemie) als auch an den Schnittstellen zwischen den Disziplinen – also in einem *transdisziplinären* Prozess. Zugleich werden die sich konstituierenden Forschungsgemeinschaften über großvolumige finanzielle Förderprogramme auf bestimmte politische Ziele ausgerichtet, entstehen somit in einem *politischen* Prozess.

Was ist das Neue an der Nanotechnologie, worin besteht der spezifische Denkstil? In einer Skizze der Geschichte der Nanotechnologie wird im Folgenden die Konkretisierung als auch die Verbreiterung einer gleichermaßen anschaulichen wie auch visionären Idee gezeigt. Diese Idee, die sich als Präidee im Sinne Flecks charakterisieren lässt, skizziert der spätere Physik-Nobelpreisträger Richard Feynman am 29. Dezember 1959 auf dem jährlichen Treffen der Amerikanischen Physikalischen Gesellschaft am *California Institute of Technology* (Caltech). Er formuliert die Option eines Paradigmenwechsels in der Miniaturisierung durch die Manipulation von Materie auf atomarer Ebene. Unter dem Titel „There's Plenty of Room at the Bottom", entwirft er das Programm, statt wie bisher Dinge zu verkleinern, sie in ferner Zukunft aus den kleinsten Teilchen zu konstruieren (*Feynman* 1959). Zuerst zeichnet er den traditionellen Weg nach, in dessen Rahmen die Miniaturisierung von Werkzeugen notwendig ist, um die Miniaturisierung von Produkten voranzutreiben. Feynman wurde mit diesen Miniaturisierungsvorstellungen bereits zu einem visionären Vordenker für die Mikrosystemtechnik. Aber Feynman geht in seinem Vortrag noch weiter: Statt wie bisher Strukturen zu verkleinern, entwickelt er den Gedanken, die Dinge aus den kleinsten Teilchen aufzubauen. „But I am not afraid to consider the final question as to whether, ultimately – in the great future – we can arrange the atoms the way we want; the very atoms, all the way down! What would happen if we could arrange the atoms one by one the way we want them (within reason, of course; you can't put them so that they are chemically unstable, for example)" (*Feynman* 1959). Feynman selbst benutzt den Begriff der Nanotechnologie nicht, doch sein erst nachträglich viel beachteter Vortrag bildet den allgemeinen Referenzrahmen für das, was heute als Nanotechnologie gefasst wird.

Die Produktion einer Prä-Idee II: Die Bedeutung und Funktionsweise populärer Wissenschaft

Richard Feynmans Vortrag ist „populäre Wissenschaft" in Flecks Sinne, „Wissenschaft für Nicht-Fachleute, also für breite Kreise erwachsener, allgemein gebildeter Dilettanten" (*Fleck* 1980, 149). Es handelt sich um populäre Wissenschaft im besten Sinne; um vereinfachte, anschauliche Wissenschaft, lebendig und bildhaft dargeboten. Um es in den Worten von Fleck zu formulieren: „Anstelle des spezifischen Denkzwangs der Beweise, der erst in mühsamer Arbeit herauszufinden ist, entsteht durch Vereinfachung und Wertung ein einfaches Bild" (*Fleck* 1980, 149). Die Vorstellung, dass wir alles, was wir produzieren wollen, von den kleinsten Teilchen aus aufbauen, ist von bestechender Logik. Feynmans Vortrag erfüllt auch ein weiteres Kriterium, das Fleck für populäre Wissenschaft nennt: den Wegfall dessen, was noch ungeklärt ist. Wie enorm die Probleme sind, die molekulare Ebene zu beherrschen, zeigt sich daran, dass es bis heute keine solche Produktion gibt. Heute beziehen sich sowohl Naturwissenschaftler verschiedenster Disziplinen, Ingenieurinnen, die philosophische und sozialwissenschaftliche Nano-Forschung, Journalisten als schließlich auch Regierungsprogramme zur Förderung der Nanotechnologie auf Richard Feynmans Rede als einer Präidee der Nanotechnologie.

Das populäre Wissen – so Fleck – „bildet die spezifische öffentliche Meinung und die Weltanschauung und wirkt in dieser Gestalt auf den Fachmann [und die Fachfrau, wie Fleck zu ergänzen wäre] zurück" (*Fleck* 1980, 150). Was Ludwik Fleck seinerzeit analysierte – die enge Verbindung zwischen Präideen, populärer Wissenschaft und der Produktion von wissenschaftlichen Tatsachen im engeren Sinne – bildet heute den Hintergrund von innovationspolitischen Initiativen. Aus dem Fachwissen entsteht das populäre Wissen, das (wie Fleck es formuliert) dank der Vereinfachung und Anschaulichkeit abgerundeter und fest gefügter erscheint. Dieses von Fleck beschriebene Phänomen wird (in modifizierter Form) heute in der Innovationspolitik eingesetzt, um die Entwicklung einer Zukunftstechnologie zu beschleunigen und die Verbreitung der Zukunftstechnologie – bzw. das Wissen über die Potentiale. Die Produktion von populären Wissensbeständen über neue Technologien wird mit öffentlichen Mitteln gefördert, um das Interesse und die Ideenproduktion hinsichtlich der Nanotechnologie zu forcieren (Europäische Kommission 2004): Bei SchülerInnen (den Produzentinnen und Anwendern von Morgen), bei Investoren, bei Wissenschaftlerinnen und bei Multiplikatoren (die heutige Heimstätte der „gebildeten Dilettanten"). So wird die populäre Wissenschaft heute gezielt eingesetzt, um eine Dynamik des Zirkulierens von Wissen in Gang zu setzten. Das Stichwort dazu lautet *Public Understanding of Science and Technology*. Ein eigener Zweig ist entstanden, der sich damit beschäftigt, *wie* Wissenschaft popularisiert werden kann. Die Maxime besteht darin, *populäre Wissenschaft* auf den Feldern von Zukunftstechnologien – von aktuellen und zukünftigen Schlüsseltechnologien – zu forcieren und zu verbreiten und ein breites Zirkulieren eben jener Ideen in Gang zu setzen.

Dabei verändern sich allerdings der Status und die Form der Popularisierung, so dass eine Differenz zwischen dem populären Wissen, das Fleck beschreibt, und dem *Public Understanding of Science*, das heute die Aufgabe hat, die „Dilettanten" technologisch zu bilden und den „gebildeten Dilettanten" das Wissen über neue Zukunftstechnologien möglichst schnell und einfach zugänglich zu machen, festzustellen ist. Flecks Überlegungen zum populären Wissen konzentrieren sich auf die wechselseitige Beziehung zwischen einer allgemeinen Öffentlichkeit auf der einen Seite und den Forschenden mit ihrem „speziellen Fachwissen" (*Fleck* 1980, 146 ff.) auf der anderen Seite. Wissenschaftlich Tätige sind bei Fleck analytisch allerdings nicht getrennt von der allgemeinen Öffentlichkeit; vielmehr betont er, dass die Forscher hinsichtlich der meisten speziellen Fragen ihrer eigenen Disziplin auch nur „allgemeine Fachmänner" sind und schließlich auf fast allen anderen Gebieten Dilettanten bleiben und daher bezüglich der meisten Fragen Teil der allgemeinen Öffentlichkeit sind. Zudem entsteht ihr allgemeiner Ideenvorrat aus eben diesem allgemeinen populären Wissen. Fleck konzentriert sich in seiner Analyse auf das *Wissen und seine Wanderungsbewegungen*, und nicht auf die *Anwendung* von Wissen. Dieses Vorgehen liegt nahe, da sein spezieller Untersuchungsgegenstand das medizinische Wissen ist, dessen Anwendung stark reguliert ist.[1] Bei dem Wissen über neue Technologien, über Schlüsseltechnologien der Zukunft ist dies anders: Dieses Wissen soll verbreitet

1 Fleck wählt als Beispiel einen bakteriologischen Untersuchungsbefund aus einem diagnostischen Labor: Bereits in der Darstellung der Spezialisten des Labors wird das Untersuchungsergebnis vereinfacht, um es dem Wissensbestand des praktischen Arztes anzugleichen und für ihn leicht handhabbar zu machen. Dieser Arzt wird den Befund für den Patienten noch einmal vereinfachen, ihm anschaulich und apodiktisch den vermeintlich feststehenden Befund vermitteln (*Fleck* 1980, 150-152).

werden, soll popularisiert werden, um eine Ideenproduktion in Gang zu setzen, in deren Rahmen gerade neue Anwendungsmöglichkeiten und Weiterentwicklungen generiert werden. ‚Allgemeine Fachleute' sollen dahingehend angeregt werden, auf den Feldern, auf denen sie Spezialisten und Spezialistinnen sind, die Möglichkeiten jeweils neuer Schlüsseltechnologien aufzugreifen. Akteure aus unterschiedlichen Branchen sollen ermutigt werden, die Einsatzmöglichkeiten einer neuen Schlüsseltechnologie in ihren eigenen Geschäftsbereichen festzustellen. Allerdings geht Fleck bereits über viele heutige Konzepte der Wissenschaftsvermittlung hinaus, da er die Einseitigkeit durchbricht: Während beim *Public Understanding of Science* die Vorstellung dominiert, es gäbe das wissenschaftliche Wissen, das die wissenschaftlich Tätigen generieren und das nun vereinfacht der breiten Öffentlichkeit zugänglich gemacht wird (eine Ein-direktionale-Kommunikation), betont Fleck gerade die Wanderungs- und Transformationsprozesse des Wissens (die Mehr-direktionale-Kommunikation). Denn populäre Wissensbestände bieten nicht nur die Anregungen für die Erforschung und Darstellung spezieller Probleme, auch entstammen Modelle und Begriffe spezifischer wissenschaftlicher Disziplinen oft dem populären Wissensbestand anderer Disziplinen. Fleck nennt als Beispiele die Ökonomen, die vom Wirtschafts-*Organismus* sprechen, die Philosophen, die von der *Substanz* schreiben, oder auch den Gebrauch des Begriffes des Zell*staates* durch Biologen. Um diese, aus dem populären Wissen stammende Wissensbestände, „bauen sie ihre fachmännischen Wissenschaften" und so zeigen sich „in den Tiefen dieser Wissenschaften immer wieder Bestandteile populären Wissens aus anderen Gebieten" (*Fleck* 1980, 149).

Das *Public Understanding of Science and Technology* wurde konzeptionell in den letzten Jahren weiterentwickelt zum Public Engagement in Science and Technology (vgl. für die Nanotechnologie Royal Society/The Royal Academy of Engineering 2004, 59 ff.). Kommunikation zwischen Wissenschaft und Öffentlichkeit soll nicht mehr auf eine Einbahnstraße hinauslaufen, auf der die Wissenschaft der Öffentlichkeit ihre Ergebnisse leicht verständlich darstellt. Vielmehr sollen die Wissensbestände der Öffentlichkeit (die in einer Wissensgesellschaft zu einem erheblichen Teil aus „allgemeinen Fachleuten" unterschiedlichster Spezialgebiete besteht) in die Forschung und Entwicklung einfließen. Damit wird im *Public Engagement in Science and Technology* eine Dynamik aufgegriffen und nutzbar gemacht, mit der sich Fleck analytisch beschäftigt hat. Wenn das Denken und die Begrifflichkeit der Fachleute aus dem populären Wissen stammen, so liegt im populären Wissen aller „gebildeten Dilettanten" und „allgemeiner Fachleute" ein unglaublicher Wissensbestand vor, der die speziellen Forschungsfelder um entsprechend wichtige Anregungen, Fragestellungen und Modelle bereichern kann. *Public Engagement in Science und Technology* lässt sich insofern als ein Konzept charakterisieren, das dieses Phänomen aufgreift und das somit auf einer gesellschaftlichen Ebene reflektiert, was Fleck für die einzelnen Wissenschaftler analysiert hat.

Die Wirkung des populären Wissens – Feynmans Bild vom Chirurgen in der Blutbahn

Ein gutes Beispiel für die Bedeutung des populären Wissens, das im Fall der Nanotechnologie mit der Präidee im Vortrag von Richard Feynman zusammenfällt, ist das Bild des Chirurgen in der Blutbahn, das Feynman zur Illustration der Möglichkeiten kleinster Maschinen seinerzeit nutzte. Fleck schreibt:

> „Die Anschaulichkeit eines Wissens hat ihre besondere Wirkung. Zuerst vom Fachmann angewandt, um einen Gedanken anderen Menschen verständlich zu machen ..., erhält die Bildlichkeit, die vorerst Mittel war, die Bedeutung eines Zirkels der Erkenntnis. Das Bild erhält Oberhand über die spezifischen Beweise und kehrt in dieser Rolle zum Fachmann zurück" (*Fleck* 1980, 154 f.).

Richard Feynman berichtet von der Idee, einen mechanischen Chirurgen ins Blutgefäß zu setzen, der in das Herz hineingeht, sich dort ‚umsieht' und die Daten nach außen liefert.

> „You put the mechanical surgeon inside the blood vessel and it goes into the heart and ‚looks' around. (Of course the information has to be fed out.) It finds out which valve is the faulty one and takes a little knife and slices it out. Other small machines might be permanently incorporated in the body to assist some inadequately-functioning organ."

Mit diesem Bild sind weniger die heutigen Vorstellungen einer Nanomedizin skizziert als vielmehr zahlreiche Einsatzmöglichkeiten von Mikrosystemtechnik und Medizintechnik. „Chirurgen in der Blutbahn" sind Science Fiction, doch lassen sich multifunktionale Implantate, die sowohl Messdaten erfassen als auch Funktionen ausüben können, als Entsprechung der Prä-Idee (die bereits vor Feynmans Rede beliebt war) dieses Leitbildes begreifen. Feynman steht heute für die Präidee, eines Tages auch auf der Ebene von Atomen im physikalischen und biologischen Sinn handlungsfähig zu sein, doch das konkrete Bild des Chirurgen bleibt auf der Ebene von Mikromaschinen stehen und bezieht sich gerade nicht auf der Nanoebene.

Heute ist die Forschung nicht mehr auf die mechanische Vorstellung konzentriert, sondern hat sich zu einem Denkstil entwickelt, in dessen Zentrum die Ebene der einzelnen Zelle steht. Auch Feynman verknüpft bereits die Vorstellung der strukturierten Anordnung von Atomen mit dem Konzept von der Zelle als Informationsspeicher. Dabei wird die Zelle zum Vorbild, Informationen nicht nur zu speichern, sondern zu verarbeiten und zur Produktion komplexer Stoffe zu nutzen:

> „Many of the cells are very tiny, but they are very active; they manufacture various substances; they walk around; they wiggle; and they do all kinds of marvelous things – all on a very small scale. Also, they store information. Consider the possibility that we too can make a thing very small which does what we want – that we can manufacture an object that maneuvers at that level!" (*Feynman* 1959).

Feynmans Vortrag lässt sich als Darstellung einer Präidee fassen, wobei es zu betonen gilt, dass der Weg von einer Idee zur Präidee eines Wissenschafts- und Technologiefeldes selbst sozial und politisch diskursiv erzeugt ist. Vielleicht gibt es eine (je nach Maßstab) plausiblere Präidee der Nanotechnologie, die lange vor Feynmans Vortrag anzusiedeln ist, doch lässt sich heute feststellen, dass sich die heterogenen Forschungsgemeinschaften, Denkkollektive, disziplinären und interdisziplinären Zirkel im Verlauf der letzten eineinhalb Jahrzehnte quasi auf eben diese Präidee geeinigt haben, indem es die Idee ist, die am stärksten explizit als eine solche zirkuliert. Fleck benutzt den Begriff der Präidee synonym mit dem Begriff der Uridee. Doch der Begriff der „Uridee" verweist auf etwas vermeintlich ‚Ursprüngliches'. Fleck fragt: „Darf die Erkenntnistheorie gleichgültig an der Tatsache vorübergehen, daß viele wissenschaftliche Auffassungen sich aus Urideen stetig entwickelten, die zu ihrer Zeit keine gültigen Beweise besaßen?" Seine Antwort beinhaltet die Aussage: „Die Urideen sind als entwicklungsgeschichtliche Anlagen neuzeitiger Theorien zu betrachten und ihr Entstehen ist denksozial zu begründen" (*Fleck* 1935, 32). So bleibt bei Fleck eine Ambivalenz, inwieweit die Uridee nun ‚einfach da' oder aber sozial konstituiert ist. Ich verwende nur den Begriff der Präidee, den Fleck synonym mit dem Begriff der Ur-idee verwendet, um zu verdeutlichen, dass es um eine zeitliche Vorgängigkeit – ohne einen ursächlichen Zusammenhang zu implizieren – geht. Um die Frage zu beantworten, wie aus einer Idee die Präidee eines Forschungsfeldes werden kann, ist ein Rückgriff auf die Diskurstheorie sinnvoll, denn dann lässt sich zeigen, warum es gerade die publizierte Rede von Richard Feynman ist, die Jahrzehnte später in der Geschichtsschreibung der Nanotechnologie als Geburtsdokument gilt und durch diese Geschichtsschreibung als Präidee konstituiert und zugleich immer wieder bestätigt wird (z.B. National Science and Technology

Council 1999; vgl. *Baird/Nordmann* et al. 2004; BMBF 2004b; *McCray* 2005). Foucault schrieb: „Niemand kann in die Ordnung des Diskurses eintreten, wenn er nicht gewissen Erfordernissen genügt, wenn er nicht von vornherein dazu qualifiziert ist" (*Foucault* 1991, 26). Diskurse sind um Akteure, Ereignisse und Institutionen gruppiert bzw. generieren und transformieren diese. So bietet sich der Rekurs auf einen *Nobelpreisträger* als Geburtsdokument eines Technologiefeldes an. Zugleich wird damit der Beginn in den *USA* lokalisiert, dem technologisch führenden Nationalstaat in der zweiten Hälfte des zwanzigsten Jahrhunderts. Und schließlich kommt der Autor aus der *Physik*, der seinerzeit wichtigsten Naturwissenschaft. Auch wenn es nicht ausgeschlossen wäre, so ist es doch im Kontext der herrschenden globalen Machtverhältnisse unwahrscheinlich, dass es eine Ereigniskette in der Ordnung des Diskurses geben könnte, in der als Präidee einer heutigen Schlüsseltechnologie auf die Idee einer Chemikerin aus der Sowjetunion oder eines afrikanischen Ingenieurs zurückgegriffen würde.

Die Entwicklung eines nanotechnologischen Denkstils oder auch der Denkstilumwandlung in der Miniaturisierung setzt erst später ein. Retrospektiv lassen sich jedoch bereits bei Feynman die Anfänge einer Denkstilumwandlung als auch eines neuen Denkstils feststellen. Feynman skizziert zwei Wege in die Nanowelt. Der eine, erste, traditionelle Weg besteht darin, Strukturen und Objekte bis zur gewünschten Größe zu verkleinern (Top-Down-Ansatz). Der zweite, neue Weg besteht darin, die gewünschten Strukturen und Objekte durch kontrollierte Manipulation einzelner Atome oder Moleküle aufzubauen (Bottom-Up-Ansatz). Für den gesamten Bereich der Miniaturisierung lässt sich damit der Anfang einer Denkstilumwandlung konstatieren, wobei die (potentielle) Umwandlung sich gerade auf den Wandel vom Top-Down-Ansatz zum Bottom-Up-Ansatz bezieht. Zugleich ist mit dem Bottom-Up-Ansatz der Anfang für eine spezifische Denkstilentwicklung gesetzt. Dieses Gesetzt-Sein ist immer nur aus der späteren Entwicklung ersichtlich. Fleck nimmt gewissermaßen ein methodisches Postulat vorweg, das später bei Foucault prominent wird. Er schreibt: „Der Begriff der Syphilis muß wie ein denkhistorisches Ereignis, wie ein Ergebnis der Entwicklung und des Zusammentreffens einiger kollektiver Denklinien untersucht werden" (*Fleck* 1980). Foucault fordert, „daß man nicht Vorstellungen hinter den Diskursen behandelt, sondern Diskurse als geregelte und diskrete Serien von Ereignissen" (*Foucault* 1991, 38). Allerdings bleibt Fleck ambivalent, da trotz der Analyse des Sozialen die konkrete historische Entwicklung der Tatsachen doch immer wieder als nicht-kontingent erscheint.

Achtziger Jahre – Der Nanokosmos wird sichtbar

Der nächste Meilenstein in der heute erzählten Geschichte der Präideen und der Entwicklung des Denkstils ist in den siebziger Jahren situiert. Auf das Jahr 1974 wird der Begriff der Nanotechnologie datiert, den der japanische Wissenschaftler Norio Taniguchi in einer abgelegenen Publikation nutzt, um Produktionstechnologien zu charakterisieren, die im Nanometer-Bereich angesiedelt sind (Taniguchi 1974). In den achtziger Jahren werden mit dem Rastertunnelmikroskop (RTM), und später dem Rasterkraftmikroskop (RKM), Instrumente geschaffen, die es ermöglichen, einzelne Atome ‚abzutasten', zu positionieren und visuell darzustellen (*Binnig/Rohrer* 1986). 1989 gelingt es im IBM Forschungszentrum Almaden in Kalifornien, Atome direkt zu positionieren. Aus 35 Xenon-Atomen ‚schreiben' die Wissenschaftler symbolträchtig den Namen IBM auf eine Oberfläche. Das Bild erscheint 1990 in der britischen Wissenschaftszeitschrift *Nature* (*Eigler/Schweizer* 1990) und repräsentiert fortan einen ‚Meilenstein' in der Wissenschafts- und Technikgeschichte der Nanotechnologie.

Diese Instrumente können sowohl als Folge des entwickelten *Denkstils* und seines *Gestaltsehens* auf dem Feld der Nanotechnologie gesehen werden, als auch als Grundlage für die Ausdehnung von Nanowissenschaft und -forschung. Denn diese Instrumente geben dem zuvor unsichtbaren Nanokosmos eine anschauliche Gestalt und bieten damit die Grundlage für eine Verbreitung des molekularen Forschungsansatzes in weitere Disziplinen und Forschungsfelder. Nun ist der Kosmos der Atome und Moleküle, den wir heute Nanokosmos nennen, ‚sichtbar' und somit der menschlichen Wahrnehmung zugänglich. Außerdem zeigt das Rasterkraftmikroskop, dass über die Sichtbarkeit hinaus auch eine Handlungsfähigkeit im Nanokosmos möglich ist und dass sich auf der atomaren Ebene Manipulationen ausführen lassen. Die Positionierung einzelner Atome erscheint in der populären Nano-Wissenschaft als Meilenstein auf dem Weg, Atome beliebig anordnen zu können. Dass die zweidimensionale Verschiebung einzelner Atome nur unter höchst besonderen und komplexen Bedingungen möglich ist (tiefe Temperaturen, Ultrahochvakuum) und daher mit den Visionen der Kontrolle von Materie auf atomarer Ebene wenig zu tun hat, verschwindet durch die Suggestionskraft der populären Wissenschaft (vgl. *Eigler/Schweizer* 1990; *Eigler* 1999; *Hennig* 2004).

‚Sehen' auf der Nanoebene unterscheidet sich radikal von der Beobachtung und Wahrnehmung, die Fleck beschrieben hat (*Fleck* 1983, 59 ff), denn mit den technischen Bildern haben sich die Wahrnehmungsbedingungen radikal verändert. Fleck beschreibt, wie es in der Medizin, in den biologischen Wissenschaften bei der Wahrnehmung und Interpretation von Mikroskoppräparaten darauf ankommt, durch Erfahrung die „Wahrnehmung spezifischer Gestalten“ (*Fleck* 1983, 60) zu schulen. Als Ergebnis seiner Analyse der wissenschaftlichen Beobachtung und der Wahrnehmung konstatiert er: „‚Sehen‘ heißt: im entsprechenden Moment das Bild nachzubilden, das die Denkgemeinschaften geschaffen hat, der man angehört“ (*Fleck* 1983, 59). In der heutigen Forschung ist das ‚Sehen‘ jedoch technisch präfiguriert. Betrachtet wird – schon mit der Elektronenmikroskopie, die seit den vierziger Jahren des 20. Jahrhunderts Verbreitung findet – nicht mehr das Objekt, sondern das technisch durch aufwändige Verfahren generierte Bild (*Breidbach* 2005).

Die Sichtbarkeit des Nanokosmos ist technisch vermittelt. Ludwik Fleck schreibt: „Wir schauen mit den eigenen Augen, wir sehen mit den Augen des Kollektivs“ (*Fleck* 1983, 154). Das ist heute insofern anders, als das die „Augen des Kollektivs“ gleich noch in Apparatetechnik umgesetzt sind, die aus den Abtastdaten des Rasterelektronenmikroskops ein Bild erzeugt. „Einen Apparat zu verwenden, ist immer Ausdruck eines gewissen, bereits entwickelten Stils des Denkens“, schreibt Fleck (*Fleck* 1983, 164). So verhält es sich auch mit der Sichtbarkeit im Nanokosmos, denn die Bilder, die das Rasterkraftmikroskop vom atomaren Aufbau der Materie zeigt, liefern keinen Beweis für dessen Existenz, sondern setzen diese vielmehr voraus (*Weitze* 2003, 47).

Nano-assembler als Konkretisierung des Handelns auf atomarer Ebene: Gestaltsehen in der Zukunft

Bereits 1986 – also noch bevor die Manipulation von einzelnen Atomen demonstriert wurde – erscheint ein Werk, das die Idee der Manipulation auf atomarer Ebene radikalisiert, konkretisiert und der Präidee eine Gestalt gibt. Eric Drexler entwickelt in seinem Buch „Engines of Creations“ (*Drexler* 1987) die Idee, atomare und molekulare Strukturen mittels Nanomaschinen (Assemblern) herzustellen. Er beschreibt phantastisch anmutende Einsatzmöglichkeiten, wie Materialien mit spezifischen Eigenschaften, mit denen sich bisher unmögliche Produkte herstellen lassen, sowie winzige Hochleistungscomputer und revolutionäre medizinische Anwendungen. Mit den Fortschritten in der Nanowelt werden auch die Probleme deutlich, die zu lösen sind, wenn man ein ähnlich leistungsfähiges System wie eine Zelle produzieren will. Die abstrakte Idee von Richard Feynman bekommt bei Drexler eine Gestalt, wird in ein konkretes Bild gefasst und es kommt damit auch zu polaren Auffassungen von der perspektivischen Realisierbarkeit von dem, was auf der Nanoebene möglich und nicht möglich ist. Ein Realisierungsproblem liegt beispielsweise darin, wie die Manipulation auf der Nanoebene vonstatten gehen soll.

In Eric Drexlers Vorstellung der molekularen Nanotechnologie werden hierfür die Nanoassembler – Nanoroboter – gebraucht. Seine Idee ist folgende: Molekül für Molekül werden Objekte mittels einer Sequenz präzise gesteuerter chemischer Reaktionen aufgebaut. Für diesen Prozess müssten so genannte „Assembler" eingesetzt werden, die die wunschgemäße molekulare Struktur anhand einer Befehlssequenz aufbauen und dabei eine Kontrolle über die dreidimensionale Positionierung und genaue Orientierung der molekularen Komponenten ermöglichen. Die Assembler müssten in der Lage sein, Kopien ihrer selbst herzustellen, das heißt sich selbst zu replizieren, um das Problem der ‚massenhaften' Produktion von Nanotechnologie zu lösen.[2] Die Assembler hätten winzige Roboterarme, mit denen sie einzelne Atome oder Moleküle handhaben, und würden durch Signale von außen gesteuert. Solche Assembler sind mit unterschiedlicher Komplexität denkbar, entweder für genau definierte Aufgaben oder aber hochflexible Assembler, die aus unterschiedlichsten Atomen beliebige Objekte herstellen können. Die zweite Variante wären so genannte universelle Assembler.

Drexlers Vorstellungen sind ausgesprochen umstritten, was ihre generelle Realisierung anbelangt. Dass es einmal Nano-Assembler geben wird, ist daher ein Denkgebilde, eine wissenschaftliche Idee, die tatsächlich fundierend für *ein* Denkkollektiv wurde. Dieses Denkkollektiv hat einen konkreten historischen Ort, das *Foresight Institut* (das von Drexler gegründet wurde), es umfasst einen – in Flecks Bedeutung des Begriffes – kleinen, esoterischen Kreis derer, die an diesem Ansatz arbeiten und davon überzeugt sind, dass die Möglichkeit solcher Assembler besteht. Über verschiedene Disziplinen und gesellschaftliche Bereiche hat sich die Idee verbreitet. Wissenschaftler und Wissenschaftlerinnen, politische Akteure, Science Fiction AutorInnen, Investoren und interessierte Laien – um nur einige aufzuzählen – verfolgen interessiert die weitere Entwicklung der Idee. Es gibt auch einen Kontrahenten, einen konkurrierenden Denkstil, nach dessen Ansicht es niemals eben jene von Drexler beschriebenen Nanoroboter geben wird. Richard Smalley, der 1996 den Nobelpreis für die Entdeckung der Fullerene bekam (vgl. *Kroto* 1996), hielt die Möglichkeit sich selbst replizierender Nanoroboter für prinzipiell unmöglich. Seiner Ansicht nach kann es keine solchen Nano-Assembler geben, da sie bestimmten Gesetzmäßigkeiten auf der molekularen Ebene widersprechen: Die Greifarme eines solchen Roboters wären

---

2 Diese Idee der Nano-Assembler ist gewissermaßen die Kreuzung oder zweifache Konkretisierung zweier Präideen – denn John von Neumanns Arbeiten über Selbstreproduktion liegen gleichermaßen der Konkretisierung zugrunde (*Bueno* 2004).

zu dick und zu klebrig, da sie selbst aus Atomen bestehen, und könnten das Umfeld einer chemischen Reaktion daher nicht kontrollieren (*Smalley* 2001).

Außerhalb der begrenzten Gemeinschaften von Fachmännern und Fachfrauen, die sich intensiv mit den Bindungskräften auf atomarer Ebene beschäftigen, kann niemand mit Bestimmtheit sagen, ob es zukünftig eine Form der Nano-Assembler geben könnte. Mit dem rasanten Tempo heutiger Wissenschafts- und Technikentwicklung wird aber kaum jemand eine Idee, die so viele Möglichkeiten bietet wie die molekulare Nanotechnologie, mit Bestimmtheit für unmöglich halten (wollen).[3] Zum einen lässt es sich offenbar für die überwältigende globale Mehrheit der nur allgemeinen Fachleute oder auch der ‚gebildeten Dilettanten' (zu denen die meisten Wissenschaftler, Investorinnen, Regierungsmitglieder und Aktionäre gehören) weder definitiv ausschließen, noch mit Sicherheit prognostizieren. Zum zweiten könnten vielleicht andere Mittel als Nano-Assembler gefunden werden, die eine kontrollierte Selbstreplikation ermöglichen. Es lässt sich sogar sagen, dass auch die angenommene Tatsache wirkungsmächtig und direkt produktiv ist, selbst wenn es sich irgendwann doch herausstellen sollte, dass es keine Nano-Assembler geben wird. Denn die Tatsache im Sinne ihrer theoretischen Vorstellung befördert nicht nur die Auseinandersetzung zwischen Nanophysik und Nanochemie. Es ist zudem diese faszinierende Idee, die das Forschungsfeld ungemein attraktiv macht und damit zu einem steten Nachschub an Forschern und Forscherinnen beiträgt.[4] Denn es ist die populäre (vereinfachte,

---

3 Dies gilt in diesem speziellen Fall umso mehr, da es sich bei der Entwicklung von Nano-Assemblern gewissermaßen um eine ‚Lizenz zum Gelddrucken' handeln würde. Denn würden die Versprechungen der molekularen Nanotechnologie realisiert werden, so gäbe es eine neue industrielle Revolution. Mit der molekularen Nanotechnologie wäre es nicht nur möglich, alle bisher existierenden Produkte herzustellen, sondern es gäbe unvorstellbar viele völlig neuartige Produkte.

4 Initiiert vom Verein Deutscher Ingenieure kamen im September 2001 rund 20 Professoren zusammen, die entweder bereits Studiengänge zur Nanotechnologie etabliert hatten, oder gerade dabei waren. Die meisten waren sich einig, dass es für Nano-Studiengänge eigentlich zu früh sei, da nicht klar sei, was denn einen Nanotechnologen oder eine Nanotechnologin tatsächlich ausmachen soll. Unternehmen, so die einhellige Ansicht, die Spezialwissen benötigen, werden auf Absolventen und Absolventinnen aus den bestehenden Disziplinen zurückgreifen. Warum also Studiengänge der Nanotechnologie? Die Antwort war einfach und wurde unter allgemeiner Zustimmung auf eine einfache Formel gebracht: „Nanotechnologie ist sexy". Während der Physik und den Ingenieurswissenschaften der Nachwuchs ausgeht, gab es auf die ersten Nano-Studiengänge großen Ansturm. Ein Beispiel dafür, wie die Faszination, die von großen Plänen ausgeht, einen Sog erzeugt, der vielleicht ihre Realisierung näher rücken lässt.

anschauliche) Version des spezifischen Denkstils der molekularen Nanotechnologie, die nicht nur naturwissenschaftliche Forschung, sondern auch die öffentliche Auseinandersetzung forciert.[5] Nanotechnologie ist als Begriff, Konzept und Forschungsgebiet erst entstanden, nachdem die futuristischen Ideen eine potentielle spezifische Gestalt bekommen haben. Visionäre Bilder, wie sie für die Entwicklung und Entstehung nanotechnologischer Tatsachen und Technologien zentral sind, lassen sich als eine Form von Gestaltsehen begreifen, allerdings eine spezifische Form des Gestaltsehens, die ich als *Gestaltsehen der Zukunft* charakterisieren würde.

Die politische Entstehung von Tatsachen und Technologien: Zur engen Verknüpfung von Politik, Wissenschaft und Technologieentwicklung

Zum Schluss möchte ich auf eine Dimension eingehen, die heute eine Gegenposition zu Fleck verlangt: Das Verhältnis von Wissenschaft und Politik.[6] Für Fleck ist der politische Raum ein eindeutiges Außen des wissenschaftlichen Wissens. In seinem Aufsatz „Schauen, Wissen, Sehen" von 1947 beklagt Fleck, dass die Soziologie des Denkens eine „junge, von den Naturwissenschaftlern unterschätzte Wissenschaft" sei. Und er fährt fort: „Umso besser kennen und missbrauchen sie die Politiker, umso schlechter kommt die ganze Menschheit dabei weg." (*Fleck* 1983, 172). Dabei bietet die Soziologie des Denkens laut Fleck „die Möglichkeit, das intellektuelle Leben der Gesellschaft rational zu lenken. Sie findet

5 Dies äußert sich in lang anhaltenden öffentlichen Kontroversen, wie beispielsweise in der Frankfurter Zeitung (als Buch erschienen in: *Schirrmacher* 2001), in Science Fiction, die die nanotechnologischen Umwälzungen thematisiert (*Stephenson* 1996), aber auch in Horrorszenarien, in denen die Entwicklung der molekularen Nanotechnologie die Existenz der Welt bedroht (*Crichton* 2002).

6 Ein Faktor, den auch schon Fleck in der Entstehung und Entwicklung einer wissenschaftlichen Tatsache benennt, ist die Bedeutung dessen, was er den Völkerwettkampf nennt. Fleck schreibt (in seiner Analyse der Entdeckung der Wassermann-Reaktion) von dem „sozialen Motiv", nämlich „dem Völkerkampf auf einem Gebiete, das auch Laien als sehr wichtig ansehen, eine Art von vox populi durch den Mund eines Ministerialbeamten ausgesprochen – stand an ihrer Wiege." (*Fleck* 1980, 90). Die amerikanischen Programme, die darauf ausgerichtet sind, eines Tages zum Mars zu kommen, ließen sich in diese Kategorie fassen. Doch heute findet der *Völkerwettkampf* hauptsächlich als Kampf um internationale Wettbewerbsfähigkeit statt. Damit steht nicht mehr im Zentrum, was aus welchen Gründen als wichtig angesehen wird, sondern viele Wichtigkeiten sind auf eine Wichtigkeit reduziert worden: Im globalen Innovationswettkampf an der Spitze zu stehen.

den Weg, die Masse gegen die rücksichtslose Politik abzuhärten." (*Fleck* 1983, 173).

Doch Politik ist heute in kaum einer Phase der technischen Entwicklung ein Äußeres von Forschung und Entwicklung. Bereits die Setzung von Anfängen, die diskursive Erzeugung von Präideen, die Schaffung von Öffentlichkeit für ein bestimmtes Forschungsfeld ist ein Teil von Wissenschaftspolitik.[7] Die Präideen Feynmans sind heute allgemein bekannt und allgemeines ‚Geburtsdokument' der Nanotechnologie, aufgrund ihrer wissenschafts*politischen* Eignung und Passung. Sie wurden nicht nur von anderen Wissenschaftlern zitiert und bekannt gemacht, sondern sind von politischen Programmen, Wissenschaftsverbänden und im Rahmen des *Public Understanding of Science* aufgegriffen, kontextualisiert und popularisiert worden. Auch die populäre Wissenschaft, die Schlüsseltechnologien darstellt, entsteht heute nicht primär ungerichtet oder zufällig aus den Fachwissenschaften.[8] Die Popularisierung wird vielmehr umfangreich öffentlich-politisch gefördert und dabei zugleich transformiert und modifiziert.

Die innovationsorientierte Forschung und Technologieentwicklung kann gar nicht ‚unpolitisch' sein: Forschung und Entwicklung werden heute politisch auf globale Märkte ausgerichtet und sind damit schon in mehrfacher Weise politisch bestimmt (BMBF 2004a; National Science and Technology Council 2004; Europäische Kommission 2005). Denn sie adressieren primär Probleme, die auf Märkten als Nachfrage erscheinen. Die Technologieentwicklung ist damit beispielsweise auf die Probleme und Bedürfnisse der wenigen Prozente der Weltbevölkerung ausgerichtet, die eine entsprechend hohe Kaufkraft haben. Entsprechend politisch sind auch die Denkstile konfiguriert. Zu den spezifischen technischen Denkstilen – wie der neue Denkstil des *Bottom up* auf dem Feld der Nanotechnologie – kommt ein technikwissenschaftlicher Denkstil hinzu, der die gesamte Forschung und Entwicklung neuer Technologien mit bestimmt: Sobald die Forschung auf Anwendungen – auf Produkt- und Verfahrensinnovationen – hin orientiert ist, ist sie auf *marktfähige* Problemlösungen ausgerichtet, und damit wird ein spezifisches, politisch gerichtetes Wissen produziert.

---

7 Fleck selbst hat solchermaßen wissenschaftspolitische Interventionen und Interventionsversuche zwar nicht theoretisiert, aber in den Nachkriegsjahren gefordert. Er forderte, öffentliche Aufmerksamkeit für Forschungsfelder aktiv zu forcieren und bei der ‚Öffentlichkeitsarbeit' von amerikanischen Wissenschaftlern zu lernen (vgl. *Górny/ Leszczyska* in diesem Band).

8 Dies legt Fleck jedoch nahe, wenn er apodiktisch schreibt: „Aus dem fachmännischen (esoterischen) Wissen entsteht das populäre (exoterische)." (*Fleck* 1980, 150).

Literatur

Baird, Davis / Nordmann, Alfred / Schummer, Joachim (Hg.) (2004): Discovering the Nanoscale. Amsterdam.

Binnig, Gerd / Rohrer, Heinrich (1986): Scanning Tunneling Microscopy – From Birth to Adolescence. Nobel Lecture.

BMBF, Bundesministerium für Bildung und Forschung (2002): Strategische Neuausrichtung. Nanotechnologie in Deutschland. Bonn.

BMBF, Bundesministerium für Bildung und Forschung (2004a): Nanotechnologie erobert Märkte. Deutsche Zukunftsoffensive für Nanotechnologie. Bonn.

BMBF, Bundesministerium für Bildung und Forschung (2004b): NanoTruck. Reise in den Nanokosmos. Die Welt kleinster Dimensionen. Bonn.

Breidbach, Olaf (2005): „Zur elektronenmikroskopischen Photographie in den Biowissenschaften", in: Berichte zur Wissenschaftsgeschichte 28 (2), S. 160-171.

Bueno, Otavio (2004): „Von Neumann, Self-Reproduction and the Constitution of Nanophenomena", in: *Baird, Davis / Nordmann, Alfred / Schummer, Joachim* (Hg.), Discovering the Nanoscale. Amsterdam, S. 101-115.

Crichton, Michael (2002): Beute. München.

Drexler, Eric K. (1987): Engines of Creation. New York.

Eigler, Don (1999): „From the bottom up. Buildung things with Atoms", in: *Timp, Gregory L.* (Hg.), Nanotechnology. New York; Berlin; Heidelberg, S. 425-435.

Eigler, Don / Schweizer, E. K. (1990): „Positioning single atoms with a scanning tunneling microscope", in: Nature 344 (5 April 1990), S. 524-526.

Europäische Kommission (2004): Auf dem Weg zu einer europäischen Strategie für Nanotechnologie, Kommission der Europäischen Gemeinschaften, Brüssel.

Europäische Kommission (2005): Mitteilung der Kommission an den Rat und das Europäische Parlament, und den Wirtschafts- und Sozialausschuss. Nanowissenschaften und Nanotechnologien: Ein Aktionsplan für Europa 2005-2009. KOM (2005) 243, Kommission der Europäischen Gemeinschaften, Brüssel.

Feynman, Richard P. (1959): „There's Plenty of Room at the Bottom". Vortrag am 29. Dezember 1959 (zuerst erschienen in: Engineering and Science), California Institute of Technology, in: http://www.its.caltech.edu/~feynman/-plenty.html.

Fleck, Ludwik (1980): Entstehung und Entwicklung einer wissenschaftlichen Tatsache (1935). Frankfurt a.M.

Fleck, Ludwik (1983): Erfahrung und Tatsache. Gesammelte Aufsätze. Frankfurt a.M.

Foucault, Michel (1991): Die Ordnung des Diskurses. Frankfurt a.M..

Hennig, Jochen (2004): „Vom Experiment zur Utopie: Bilder in der Nanotechnologie", in: *Bredekamp, Horst / Fischel, Angela / Werner, Gabriele* (Hg.), Bildwelten des Wissens. Kunsthistorisches Jahrbuch für Bildkritik, Heft 2. Berlin, S. 9-18.

Kroto, Harold W. (1996): „Die Entdeckung der Fullerene", in: *Krätschmer, Wolfgang / Schuster, Heike* (Hg.), Von Fuller bis zu Fullerenen. Beispiele einer interdisziplinären Forschung. Braunschweig, S. 53-80.

McCray, Patrick W. (2005): „Will Small Be Beautiful? Making Policies for Our Nanotech Future", in: History and Technology 21 (Number 2 / June 2005), S. 177 - 203.

National Science and Technology Council (1999): Nanotechnology. Shaping the World Atom by Atom, Washington.

National Science and Technology Council (2004): National Nanotechnology Initiative. Strategic Plan, Washington.

Royal Society/The Royal Academy of Engineering (2004): Nanoscience and nanotechnologies: opportunities and uncertainties, London.

Schaper-Rinkel, Petra (2003): Die Europäische Informationsgesellschaft. Technologische und politische Integration in der europäischen Politik. Münster.

Schaper-Rinkel, Petra (2006): „Die Macht von Diskursen: Europäisierung, Ökonomisierung und Digitalisierung der Telekommunikation", in: *Eder, Franz X.* (Hg.): Historische Diskursanalysen. Sonderband der österreichischen Zeitschrift für Geschichtswissenschaft. Wiesbaden.

Schirrmacher, Frank (2001): Die Darwin AG. Wie Nanotechnologie, Biotechnologie und Computer den neuen Menschen träumen. Köln.

Smalley, Richard E. (2001): „Of Chemistry, Love and Nanobots", in: Scientific American 285 (3), S. 76-77.

Stephenson, Neal (1996): Diamond Age. Die Grenzwelt. München.

Taniguchi, Norio (1974): „On the Basic Concept of ‚Nano-Technology'", in: Bulletin of the Japan Society of Precision Engineering, S. 18-23.

Weitze, Marc Denis (2003): Das Rasterkraftmikroskop. Museum, Deutsches. Berlin; München; Diepholz: GNT.

Das Konzept des Experimentierstils zur Beschreibung historischer Experimentalpraxis[1]

Peter Heering

Einleitung

In der Wissenschaftsgeschichtsschreibung und der Wissenschaftsforschung ist das Konzept des Stils – gerade in der konzeptionellen Entwicklung durch Ludwik Fleck – mittlerweile weit verbreitet.[2] Allerdings ist die Verwendung des Stilbegriffs keineswegs eindeutig, eine Ursache hierfür benennt Weiss, wenn er anmerkt: „Stil, ja Stilisierungen aller Art, sind allgegenwärtiger Bestandteil unseres Alltags, unserer Kultur ..." (*Weiss* 1997, 147).[3] Aus dieser Popularität des Stilbegriffs resultiert aber auch, dass dieser mittlerweile in wissenschaftshistorischen Arbeiten auch unabhängig von Flecks konzeptionellem Rahmen verwendet wird. Dabei ist teilweise nicht einmal ein theoretisches Konzept erkennbar, in dem der Begriff verwendet wird; hierdurch bleibt unklar, ob der Begriff des Stils alltagssprachlich oder konzeptionell verwendet wird.[4] Daneben gibt es auch

1 Das Konzept des Experimentierstils, das in diesem Beitrag anhand einzelner Aspekte vorgestellt wird, habe ich ausführlich in meiner Habilitationsschrift ‚Experimentierstile in der zweiten Hälfte des 18. Jahrhunderts' dargestellt. Hier findet sich auch eine detaillierte Diskussion der Veränderung experimenteller Praxis zum Ende des 18. Jahrhunderts, die basierend auf dieser Konzeption beschrieben wird und in diesem Beitrag ebenfalls nur im Hinblick auf einzelne Gesichtspunkte angeführt werden kann.

2 Beispielsweise formuliert Bonah, dass nach seiner ‚Wiederentdeckung' „Fleck has occupied a place among the ‚classical' figures of both epistemology and the social history of science comparable to Karl Popper or Robert Merton" (*Bonah* 2002, 187f.). Hierzu trägt sicherlich auch bei, dass – wie *Weiss* (1997, 148) ebenso wie *Gayon* (1999, 245) festgestellt hat – in einer Reihe von Konferenzen das Thema Stil im wissenschaftstheoretischen bzw. -historischen Kontext thematisiert wurde.

3 So wird auch durch Harwood moniert: „Frequently the term ‚style' is used casually and without definition" (*Harwood* 1995, 35, vgl. auch *Gayon* 1999, 233).

4 Der für diesen Beitrag zentrale Begriff des ‚Experimentierstils' wurde zum Beispiel durch *Rechenberg* (1994, 217) verwendet, er wird aber überhaupt nicht weiter ausgeführt und ist auch nicht erkennbar konzeptionell angelegt. Ebenso sprechen auch Ribe und Steinle von ‚research style' (*Ribe/Steinle* 2002, 43), ohne dass hier ein konzeptioneller Ansatz mit dem Stilbegriff verbunden ist. Vielmehr scheint der Begriff des Stils

Ansätze, bei denen ein unterschiedliches konzeptionelles Verständnis des Stils deutlich wird, so charakterisiert etwa Vicedo die Arbeiten von Hacking, Maienschein und Harwood wie folgt:

> „... their notions of style are fundamentally different from each other. ... Indeed, the differences are the result of different styles (a sociological style, a philosophical style, and a historical style) of studying science." (*Vicedo* 1995, 232)[5]

Im Rahmen dieses Beitrags ist es nicht möglich, eine differenzierte Diskussion der Verwendung des Stilbegriffs zu leisten. Daneben erscheint es in einem derartigen Beitrag nicht angemessen, Flecks eigene Arbeiten darzustellen, da ich davon ausgehe, dass dies in anderen Beiträgen bereits geschieht bzw. die Arbeiten den Leserinnen und Lesern des Beitrags grundsätzlich vertraut sind. Hierbei ist allerdings eine Einschränkung zu machen; da eine Erweiterung der Fleckschen Konzeption vorgestellt werden soll, ist es erforderlich, die Notwendigkeit dieser Erweiterung zu demonstrieren.

Flecks Konzeption und das Experiment

Ohne hier ins Detail gehen zu wollen, sei konstatiert, dass Flecks Theorie wiederholt als eine Erkenntnistheorie dargestellt wird, in der die Konstruktion naturwissenschaftlichen Wissens der zentrale Untersuchungsgegenstand ist. Richtig ist sicherlich, dass Flecks Theorie konstruktivistisch ist. Allerdings erscheint mir der Fokus in der Analyse der Erkenntnisproduktion bei Flecks Arbeit gerade nicht auf dem Experiment bzw. der experimentellen Praxis zu liegen. Vielmehr scheint diese Theorie eher zu einem Verständnis beizutragen, wie Wissenschaftler mit experimentellen Ergebnissen umgehen, wobei das Hauptaugenmerk Flecks insbesondere auf der Veränderung und Stabilisierung naturwissenschaftlichen Wissens liegt. Nicht thematisiert wird dagegen die Frage, wie experimentelle Ergebnisse produziert werden. Dies wird beispielsweise deutlich, wenn Fleck sich zu Geräten äußert, so heißt es etwa: „Einen Apparat zu verwenden, ist immer Ausdruck eines gewissen, bereits entwickelten Stils des Denkens" (*Fleck* 1983, 164). Die Geräte entspringen dem Denkstil, sie materialisieren in gewisser

---

eher in einer alltagssprachlichen Bedeutung verwendet zu werden, ähnliches gilt auch für *Steinle* (2003, 112).

5 So verweist auch Hacking selbst darauf, dass er den Historiker Crombie zu seinem Stilkonzept habe vortragen hören, „and adapted the idea to metaphysics and epistemology, changing the name slightly to ‚styles of reasoning'. The two uses are complementary but to some extent asymmetric." (*Hacking* 1992, 1).

Weise auch den Denkstil und sorgen dafür, dass die mit ihnen gewonnenen Erkenntnisse zwar scheinbar objektiv sind, aber in Verbindung mit dem Denkstil ermöglichen die Geräte nur Erkenntnisse, die diesem Denkstil entsprechen. Die eigentliche Praxis mit diesen Geräten spielt in einer derartigen Darstellung aber keine Rolle.

Das Primat der Theorie gegenüber dem Experiment in Flecks Theorie lässt sich auch exemplarisch an seinen Äußerungen zu den Voraussetzungen des mikroskopischen Sehens (das für ihn ein wiederkehrendes Beispiel bildet)[6] illustrieren. Dennoch sind es gerade derartige Textstellen, in denen überhaupt Bezüge auf das experimentelle Arbeiten erfolgen: So formulierte er etwa im Hinblick auf das mikroskopische Sehen, dass dieses erst gelernt werden müsse. Vergleichbares gilt dann nach Fleck auch für die dermatologische Praxis, d.h. es kommt nicht darauf an, einen visuellen Eindruck zu gewinnen, sondern entscheidend ist es, die Strukturen als solche zu identifizieren. Dies fasst Fleck folgendermaßen zusammen:

> „Man kann also nicht allgemein über gutes und schlechtes Beobachten sprechen, sondern nur über mit einem bestimmten Wissenszweig übereinstimmendes und nicht mit ihm übereinstimmendes Beobachten." (*Fleck* 1983, 60)

Wesentlich erscheint mir in diesem Zusammenhang, das Fleck hier auf die kognitiven Aspekte dieses Sehens eingeht, also die Informationsverarbeitung thematisiert.[7] Insofern sind derartige Darstellungen – auch wenn es scheinbar um Experimente geht – letztlich doch wieder Beispiele dafür, wie wissenschaftliches Denken die Erkenntnisse beeinflusst und damit sehr angemessen gewählte Illustrationen des Denkstils. In diesem Zusammenhang ist Flecks Festlegung des Begriffs ‚Sehen' (einer Fähigkeit, die für die mikroskopische Praxis zu lernen ist) sehr aufschlussreich: „»Sehen« heißt: im entsprechenden Moment das Bild nachzubilden, das die Denkgemeinschaft geschaffen hat, der man angehört" (*Fleck* 1983, 82).

---

6 Dies lässt sich wohl aus seiner eigenen wissenschaftlichen Praxis erklären, in der er mikroskopische Erfahrungen gesammelt hatte.

7 So zog Fleck hierbei Parallelen zum Sehen eines futuristischen Bildes oder fremdartiger Landschaften (vgl. *Fleck* 1983, 47). Noch einen Schritt weiter ging in dieser Hinsicht beispielsweise Ferguson, der von visuellem oder auch bildhaftem Denken spricht und damit meint, dass sich Forscher Objekte zunächst imaginär visualisieren und hierüber Erkenntnisfortschritte erzielen (*Ferguson* 1993, 49 ff.).

Dabei ist aber mit dem Nachbilden des Bildes nicht eine materielle Rekonstruktion gemeint, sondern gerade die immaterielle, intellektuelle Schaffung der stilgemäßen Struktur als Reaktion auf entsprechende visuelle Reize. Dies wird auch an Schnelles Diskussion von Flecks Interpretation der Beobachtung deutlich: „Erst der Denkstil legt fest, welche Konturen in die Wahrnehmung hineininterpretiert werden, in welche Richtung also die notwendige Abstraktion geht" (*Schnelle* 1982, 22). Es sind also lediglich die kognitiven Aspekte, die diskutiert werden, nicht aber, welche Form der Beobachtung als stilgemäß aufgefasst wird (oder ob eine derartige Beobachtung überhaupt als ‚wissenschaftlich' anerkannt wird).

Eine derartige Betonung der kognitiven Aspekte der naturwissenschaftlichen Wissensproduktion entsprach zwar bis vor etwa 25 Jahren durchaus dem Standard wissenschaftshistorischer Analysen; diese haben aber seitdem wesentliche Veränderungen erfahren. So sind gerade die experimentellen Kompetenzen, das nicht verbalisierbare Wissen, skills, tacit knowledge etc. deutlich in den Fokus der Wissenschaftsforschung gekommen. Wenn aber ein in Zusammenhang mit dieser Entwicklung zentrales Diktum – Ian Hackings „Experimentation has a life of its own" (*Hacking* 1983, 150) – ernst genommen wird, dann ist klar, dass dieses ‚Eigenleben der Experimentiertätigkeit' (vgl. *Hacking* 1996, 250) in einer erkenntnistheoretischen Analyse wissenschaftlicher Praxis eine entsprechende Berücksichtigung erfahren muss. Gerade die durch Christan Sichau geführte Diskussion des ‚Handlungswissens' (*Sichau* 2002) erscheint mir in diesem Zusammenhang sehr bedeutsam, da hier bewusst ein symmetrisches Beschreiben dieses Handlungswissens und des kognitiven Wissens angestrebt wird. Genau diese Aspekte finden aber keine Berücksichtigung in Flecks Konzeption, dies wäre auch nicht zeit- (und stil-)gemäß. Es macht aber aus meiner Sicht eine entsprechende Erweiterung der Fleckschen Konzeption notwendig, damit diese weiterhin für Analysen verwendet werden kann, die diese Aspekte in angemessener Weise beinhalten.

Die Erweiterung der Konzeption durch den Experimentierstil

In Anlehnung an Flecks Definition des Denkstils lässt sich der Experimentierstil definieren als *gerichtetes Arbeiten mit einer zweckorientiert entwickelten Apparatur unter entsprechendem gedanklichen und sachlichen Verarbeiten des hierbei Produzierten*. Im Folgenden wird es darum gehen, diese Definition weiter mit Inhalt zu füllen und – ebenfalls in Anlehnung an Flecks Beschreibung des Denkstils – eine kohärente Beschreibung des Experimentierstils zu entwickeln. Allerdings soll diese Beschreibung ebenso wenig wie Flecks Darstellung eine

„ausformulierte, exakte, unwidersprüchliche Theorie ... mit entwickelten, spezifischen und präzisen Begriffen" (*Schlünder* 2005, 59) bilden. Ebenso wie für den Denkstil gilt aber auch hier, dass gerade eine Offenheit das Konzept zu einem angemessenen Mittel der Beschreibung macht, ohne dass dabei aber eine Beliebigkeit postuliert werden soll. So ist beispielsweise ein wesentlicher Aspekt, dass auch hier das Arbeiten im Rahmen eines Kollektivs erfolgt und das Kollektiv als Träger des Stils fungiert.[8]

Ebenso wie beim Denkstil ist auch der Experimentierstil durch soziale Faktoren mitgeprägt. Daneben lässt sich auch im Zusammenhang mit der experimentellen Praxis formulieren, dass Erziehung, Tradition und die Reihenfolge des Erkennens wesentlich an der Produktion neuer Erkenntnisse beteiligt sind. So gehört es zur Standardausbildung in den Naturwissenschaften, dass bestimmte experimentelle Fähigkeiten von Novizen erlernt werden müssen. Ein in dieser Hinsicht sehr schönes Beispiel wurde von Kärn beschrieben: Er führt ein Zitat aus einem Brief von Gustav Kirchhoff an, der im Rahmen seiner Ausbildung als Physiker Messungen mit einem Magnetometer durchführte. Hierbei äußert er, dass die Ausbildung als Physiker

> „langweilige Beobachtungen und noch langweiligere Rechnungen mit sich bringt. Von ersteren habe ich neulich eine kleine Probe gehabt, da saß ich von 10 Uhr abends bis 2 Uhr im Albertinum hinter einem Fernrohr und beobachtete bei nur 1° Wärme von 15 zu 15 s einen Magneten, dessen Stand ich aufschreiben musste." (*Kärn* 2002, 49)

An dieser Darstellung wird deutlich, dass es bei dem Experiment nicht darum geht, eine Messung durchzuführen, um einen Wert zu bestimmen. Es soll zwar ein Wert bestimmt werden, die Zielsetzung besteht aber darin, dass die Experimentierenden in eine spezifische experimentelle Praxis eingearbeitet werden sollen. Dieses Beispiel illustriert sehr schön, dass ein wesentlicher Aspekt bei der Einführung in einen Experimentierstil darin besteht, die Novizen praktische Übungen durchführen zu lassen und sie so in den entsprechenden Stil einzuführen. Diese praktische Form der Einführung in den Stil ist auch Resultat der Schwierigkeit, dass bestimmte Stilelemente gerade nicht schriftlich festgehalten werden können, da sie mit dem non-verbalen Wissen verbunden sind. Die Unmöglichkeit, dieses Wissen zu verschriftlichen, bedingt aber gerade, dass es in anderen Formen kommuniziert werden muss, als dies bei dem kognitiven Wissen

---

8 Bedingt durch die Erweiterung der Konzeption erscheint in diesem Zusammenhang der Begriff des Denkkollektivs problematisch, dies soll hier aber nicht weiter thematisiert werden.

der Fall ist, dessen Träger das Denkkollektiv bildet. Folgerichtig erfolgt im Wesentlichen eine derartige Einführung in den Experimentierstil gerade nicht über rezeptive kognitive Prozesse, sondern durch ein aktives, praktisches Sich-Auseinandersetzen mit der entsprechenden Praxis unter Anleitung von Mitgliedern des entsprechenden Kollektivs. Dabei werden im Rahmen einer derartigen Ausbildung zwar auch Fähigkeiten entwickelt, die für die eigene weitere experimentelle Forschung erforderlich sind – diese sind aber gerade stilgerecht und sorgen mit dafür, dass die eigene Forschung dann ebenfalls stilgerecht erfolgen kann.

Diese allgemeinen Ausführungen sollen im Folgenden anhand einer Fallstudie illustriert werden, in der eine Veränderung der experimentellen Praxis im Frankreich des späten 18. Jahrhunderts diskutiert wird. Dabei wird zunächst eine experimentelle Praxis vorgestellt, die in der zweiten Hälfte des 18. Jahrhunderts etabliert ist, um dann an der eigentlichen Fallstudie einen sich neu etablierenden Experimentierstil zu entwickeln, der in Abgrenzung zu dem Bestehenden zu sehen ist und dessen Entwicklung sich nicht (nur) internalistisch erklären lässt.

Öffentliche Experimente

Ein wesentliches Merkmal der experimentellen Praxis im Bereich der Naturforschung zur Mitte des 18. Jahrhunderts besteht in der öffentlichen Durch- oder Vorführung der Experimente. Diese sind nicht nur auf die bereits in einer Reihe von Arbeiten angesprochenen Salons beschränkt, sondern finden sich auch auf Jahrmärkten oder in den Räumen des sich etablierenden Bürgertums.[9] Ein inhaltlich zentraler Bereich dieser experimentellen Praxis ist die Elektrizität, die zu einer ‚Modewissenschaft' wird (Abb. 1 zeigt das Titelbild aus einem der zentralen Lehrbücher dieser Zeit [*Nollet* 1746], das sehr große Verbreitung besaß und das die experimentelle Praxis am Hof von Versailles sehr schön illustriert).

Es sind allerdings nicht nur elektrische Experimente, die auf diese Öffentlichkeit hin ausgerichtet und konzipiert sind, sondern dies ist ein generelles Kennzeichen der Praxis der Naturforschung. Deutlich wird dies etwa auch an dem Gemälde ‚Das Experiment mit der Luftpumpe' von Joseph Wright of Der-

---

9 *Hochadel* (2003) hat eine sehr schöne und überzeugende Studie der sozialen Bedingungen dieser öffentlichen Wissenschaft im deutschen Sprachraum entwickelt, allerdings wird gerade hier nicht auf die experimentelle Praxis eingegangen. Eine vergleichbare Kritik kann auch gegenüber den Arbeiten von *Lynn* (1997) geäußert werden, der insbesondere die öffentlichen Demonstratoren in Paris diskutiert.

by, das 1768 entstanden ist.[10] Daneben wird auch der Erfolg bestimmter, neu konzipierter Geräte gerade durch den hier angesprochenen Experimentierstil verständlich. So war etwa das Sonnenmikroskop, das um 1740 entwickelt wurde, ein sehr populäres Gerät in der zweiten Hälfte des 18. Jahrhunderts.

Abb. 1: Elektrisches Experimentieren am Hof von Versailles.
Aus: Nollet (1746), Bakken Library and Museum Minneapolis

10 Für eine Interpretation dieses Bildes siehe *Busch* (1986).

Mit diesem Gerät wurden in einem verdunkelten Raum mikroskopische Präparate projiziert, wobei als Lichtquelle die Sonne fungierte. Das Sonnenmikroskop besteht im Wesentlichen aus einem Planspiegel, einer Sammellinse, einem Tubus sowie einem Mikroskop. Letzteres ist bei vielen Geräten lediglich ein einlinsiges, so genanntes Wilsonsches Taschenmikroskop. Beim Benutzen wird das Gerät so in die Verdunkelung eingesetzt, dass sich der Spiegel außerhalb des Raumes befindet. Der Spiegel reflektiert Sonnenlicht auf die Sammellinse; diese fokussiert das Licht und das Präparat wird kurz vor dem Brennpunkt so platziert, dass es vollständig ausgeleuchtet wird (vgl. Abb. 2). Die Mikroskoplinse befindet sich hinter dem Brennpunkt und bildet das Bild des Präparats in den Raum hinein auf eine Leinwand ab.

Abb. 2: Technische Realisierung des Funktionsprinzips des Sonnenmikroskops. Aus: Martin (1772), Deutsches Museum München

Gerade diese Konstruktion machte es möglich, dass die mikroskopischen Beobachtungen kollektiv gemacht werden konnten. Hierzu trug auch bei, dass die Bilder der Präparate ohne jegliche Vorkenntnisse angeschaut werden konnten,[11]

11 Ich verwende hier den Begriff des Schauens in Abgrenzung zum Sehen, wie dies auch durch Fleck vorgeschlagen wurde (vgl. *Fleck* 1983, 147-174).

da sie als (im physikalischen Sinne) reale Bilder auf eine Projektionsfläche abgebildet wurden. Damit unterscheiden sich Sonnenmikroskope in spezifischer Weise von anderen Mikroskopen des 18. Jahrhunderts, bei denen ein virtuelles Bild im Auge entsteht und auch das ‚richtige Schauen' erst erlernt werden muss.[12] Daneben ist aber die mikroskopische Beobachtung etwas, das zuvor in der Regel nicht kollektiv möglich war. Es konnte nur eine Person durch das Okular blicken, wenn mehrere dies nacheinander taten (und dies war nicht unüblich); dann bestand gerade bei ungeübten Personen die Gefahr, dass die Fokussierung völlig verstellt wurde. Gerade dies war bei dem Sonnenmikroskop nicht mehr der Fall, hier konnte ein gemeinsames Erleben des mikroskopischen Bildes ermöglicht werden.[13]

Abb. 3: Das Sonnenmikroskop und seine Nutzung. Im Original kolorierter Kupferstich. Aus: Ledermüller (1762), Deutsches Museum München

12 Das Sehen im Sinne eines Zuordnens des mikroskopischen Objekts muss bei beiden Geräten erlernt werden. Dies ist nicht der einzige Unterschied im Vergleich der visuellen Erfahrungen, die mit dem Sonnenmikroskop und dem gewöhnlichen gemacht werden können, auf die anderen gehe ich hier nicht ein.

13 Dies lässt sich auch an Abb. 3 ablesen, in der die Praxis mit dem Sonnenmikroskop dargestellt wird. Im Raum stehen Stühle, die für die Betrachter der mikroskopischen Bilder vorgesehen sind.

Dieser Unterschied wurde von historischen Akteuren auch durchaus herausgestellt, so formulierte etwa der englische Instrumentenmacher Adams im Hinblick auf die von ihm gebauten Sonnenmikroskope:

> „There are many Conveniencies in this, which no other microscope has, ... Besides this particular Property it hath, that the Numbers of People may view an Object at the same Time, and may point to different Parts thereof, and by discoursing on what they see, may understand each other better, and more probably find out the Truth, than when they are obliged to look one after the other.“ (*Adams* 1747, 11)

Insbesondere dieses Motiv wird durch Walters aufgegriffen, um den Erfolg des Sonnenmikroskops zu erklären. Nach ihrer Darstellung waren im 18. Jahrhundert Mikroskope auch deshalb wenig populär, weil „... social dangers handicapped other instruments. By their very nature, most common microscopes invited solitude, and so were easy to associate with impoliteness“ (*Walters* 1997, 140). Im Gegensatz hierzu standen gerade die Sonnenmikroskope, die der sozialen Norm eines kollektiven Wissenschaftserlebens entsprachen.

> „Indeed, solar microscopes strongly encouraged common observation ... The popularity of these instruments in the eighteenth century undoubtedly derived in large part from their ability to illuminate the religiously and aesthetically inspirational microscopic world in polite social settings.“ (*Walters* 1997, 141)

Walters Kriterium erscheint mir wesentlich für das Verständnis der Popularität der Sonnenmikroskope, auch wenn meines Erachtens weitere Aspekte zu dieser Erklärung hinzuzuziehen sind. Umgekehrt erscheint es aber auch bedeutsam zu verstehen, welche Bedeutung und Implikationen mit dieser Geselligkeit verbunden werden konnten:

> „Das 18. Jahrhundert bündelt die verschiedenen Traditionsstränge der Geselligkeit zu einem übergeordneten sozialen Leitbild, das in seiner Flexibilität selbst für gesellschaftspolitische Ordnungsmodelle brauchbar zu sein schien.“ (*Fauser* 2004, 504)

Diese Bedeutung der Geselligkeit erklärt Fauser mit einer entsprechenden Verankerung im Denkstil,[14] der im 18. Jahrhundert vorherrsche:

---

14 Fausers Konzept des Denkstils scheint nicht ganz Flecks zu entsprechen, die Unterschiede spielen aber für meine hier zu führende Diskussion keine Rolle.

> „Wenn man erst einmal nach dem Denkstil sucht, wird auch verständlich, warum die Aufklärung so viel vom unterhaltenden Wissen redet, warum sie geradezu Wissen in geselliger Produktion verankert und annimmt, sogar der gesamte Prozeß der Herstellung von Wissen lasse sich mit einer Semantik aus dem Bereich der Unterhaltung und der Geselligkeit umschreiben. Das gesellige Denken, die gesellige Vernunft und wie die bekannten, naturrechtlich begründeten Formeln seit Thomasius alle lauten, gehen aus diesem besonderen Denkstil hervor, der Geselligkeit und Vernunft aufeinander abbildet." (*Fauser* 2004, 505)

Diese Form der wissenschaftlichen Praxis ist aber nicht nur für die experimentelle Naturforschung bedeutsam, sondern auch für deren Wahrnehmung in der Öffentlichkeit. Konzeptionell liegt einer derartigen Wissenschaft ein Verständnis zugrunde, nach dem es der aufgeklärte Mensch ist, der kraft seines Verstandes die Natur verstehen kann. Hiermit ist ein emanzipatorisches Verständnis verbunden, dessen Bedeutung nicht nur auf die Wissenschaft beschränkt war. Vielmehr resultiert hieraus auch eine politische Bedeutung, die sich gerade in Frankreich Anfang der 1780er Jahre als zunehmend bedrohlich erwies: „Bereits vor der Französischen Revolution war die bloße Existenz der Volksaufklärung mit einer Politisierung der Aufklärung insgesamt verbunden." (*Böning* 2004, 571)

Ein neuer Experimentierstil wird entwickelt

Diese politische Bedeutung experimenteller Praxis führte aber zu einer Reaktion royalistischer Wissenschaftler, die in der Pariser Akademie der Wissenschaften tätig waren. Ihrem politischen Ideal widersprach gerade eine derartige Form der wissenschaftlichen Praxis.[15] Aus dieser Interpretation heraus ist es erklärbar, dass sich gerade im durch besondere soziale Spannungen geprägten Frankreich der 1780er Jahre eine Reaktion auf den bis hierhin skizzierten Experimentierstil bildete, die in der Entwicklung und Etablierung eines neuartigen Experimentier-

15 Die Darstellung ist hier deutlich verkürzt, wesentlich erscheint zumindest der Hinweis, dass es Anfang der 1780er Jahre mehrere Auseinandersetzungen über die angemessene Weise der Naturforschung gab, in denen Akademiker entsprechende Ansätze ablehnten. Ein gerade in dem Kontext einer politischen Interpretation der experimentellen Praxis und ihrer Veränderung wesentliches Beispiel bildet der Forscher Jean Paul Marat, dessen Arbeiten 1780 in der Pariser Akademie der Wissenschaften abgelehnt wurden und der mit Beginn der Französischen Revolution eine der zentralen Akteure auf Seiten der Revolutionäre war (zur experimentellen Praxis Marats und der Ablehnung durch die Akademiekommission siehe *Heering* 2005a).

stils bestand, dem eine andere politische Bedeutung zugeschrieben werden konnte.[16]

Sehr wesentlich für eine Analyse dieses Experimentierstils sind insbesondere die elektrischen Untersuchungen, die der französische Militäringenieur Charles Augustin Coulomb ab 1785 durchführte. Hierfür verwendete er vor allem die Torsionswaage (Abb. 4), ein von ihm konzipiertes Gerät, das die Messung sehr kleiner Kräfte gestattete.

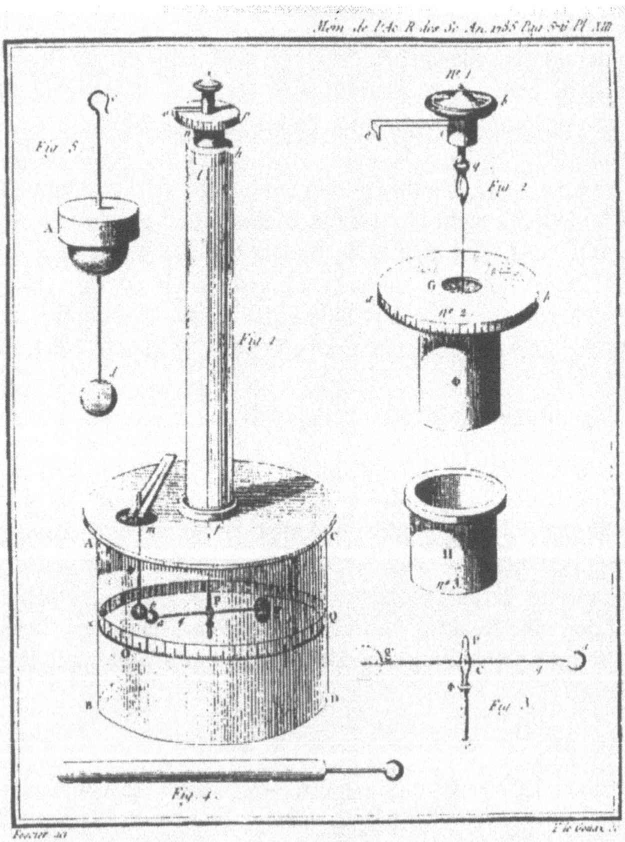

Abb. 4: Die Coulombsche Drehwaage. Aus: Coulomb (1788), Landesbibliothek Oldenburg

16 Ich werde im Folgenden insbesondere die politische Bedeutung dieses Experimentierstils betonen. Dies geschieht nicht, weil ich seine Entwicklung auf diese Weise monokausal erkläre, sondern weil dieser Aspekt in der Regel ignoriert oder verneint wird.

Daneben setzte er ein elektrisches Pendel ein, das als Analogie zu dem Gravitationspendel aufgefasst werden kann. Beiden Geräten ist gemein, dass sie sehr empfindlich sind, aber eben hierdurch sind sie auch sehr störanfällig.[17] Folglich können die Experimente nicht mehr öffentlich demonstriert werden, sondern es können nur noch die Ergebnisse kommuniziert werden. Dies geschieht in Coulombs erster Abhandlung zur Elektrizität noch in einer Weise, die auf den ersten Blick nicht so problematisch erscheint:

> „Erster Versuch: Nach Elektrisierung der beiden Kugeln mittels des Stecknadelkopfes hat sich die Kugel a von der Kugel t um 36° entfernt, während der Index des Mikrometers auf 0 steht.
>
> Zweiter Versuch: Nachdem der Aufhängedraht mittels des Knopfes o des Mikrometers um 126° gedreht worden ist, haben sich die beiden Kugeln auf einen schließlichen Abstand von 18° einander genähert.
>
> Dritter Versuch: Nach Torsion des Aufhängedrahtes um 567° haben sich die beiden Kugeln bis auf 8½° genähert." (*König* 1890, 7 f.)

Allerdings ist dies nicht das eigentliche Resultat dieses Experiments, vielmehr erhebt Coulomb den Anspruch, mit diesen Werten demonstriert zu haben, dass die elektrische Kraft sich umgekehrt proportional zum Quadrat des Abstands der beiden Kugeln verhält. Diese Relation erschließt sich aber nicht unmittelbar aus den angegebenen Werten, es ist ein mathematisches Verständnis erforderlich, um die Schlussfolgerung nachzuvollziehen. Die entsprechenden Anforderungen mögen an dieser Stelle noch gering erscheinen – dies wird bei den weiteren Abhandlungen noch abstrakter. Deutlich wird dies beispielsweise an einem der in der 6. Abhandlung publizierten Ergebnisse (*Coulomb* 1791, vgl. Abb. 5). Derartige Resultate sind nicht mehr ohne ein entsprechendes Vorverständnis nachvollziehbar oder auch nur verstehbar, d.h. es ist jetzt nicht mehr jede Person, die das experimentelle Ergebnis erfassen können *soll,*[18] sondern es findet eine Selektion

---

17 Für Erfahrungen mit Nachbauten beider Geräte sowie zur Diskussion der Störanfälligkeit siehe *Heering* (1995).

18 Wesentlich erscheint mir hierbei, dass die Experimente so konzipiert sind, dass das Ergebnis nur bei Erfüllen bestimmter Voraussetzungen im Publikum verstanden werden kann. Deutlich wird dies auch daran, dass die verwendeten Instrumente in ihrer Empfindlichkeit (und damit Störanfälligkeit) maximiert wurden, bei späteren Experimenten wurde die Empfindlichkeit dann zugunsten der Handhabbarkeit wieder verringert. Daneben ist es für die untersuchte Fragestellung (den Blitzschutz von Gebäuden) keineswegs erforderlich, die Experimente so zu konzipieren, sondern es gibt eine Reihe von Experimenten, die durch andere Naturforscher beschrieben wurden und ei-

statt. Partizipieren an der wissenschaftlichen Erkenntnisproduktion können nur noch entsprechend qualifizierte Personen, wobei auch hier ein unmittelbares Teilnehmen bereits konzeptionell nicht vorgesehen ist.

626 MÉMOIRES DE L'ACADÉMIE ROYALE

dans le rapport de 1,56 à 1,00; mais, du ſecond au douzième, elle n'a varié que dans le rapport de 1,75 à 1,56.

Si nous voulons appliquer ici les méthodes d'approximation qui précèdent, nous prendrons d'abord la ligne formée de douze globes, en nommant $\overset{1}{\delta}$ la denſité moyenne du premier globe, $\overset{2}{\delta}$ celle du deuxième, $\overset{3}{\delta}$ celle du troiſième, $\overset{4}{\delta}$ celle du quatrième, &c. nous aurons pour la première équation qui exprime l'équilibre au point *a*,

[illegible]

Mais puiſque les denſités, depuis le deuxième globe juſqu'à celui du milieu, varient lentement, que d'ailleurs les coëfficiens diminuent ſuivant une ſérie très-convergente, à meſure que l'on s'éloigne de $\overset{2}{\delta}$; l'on peut, ſans grande erreur, ſuppoſer $\overset{3}{\delta}$, $\overset{4}{\delta}$ = $\overset{2}{\delta}$; d'où en ſommant la ſérie, l'on aura très-approchant $\overset{1}{\delta}$ = 1,41 $\overset{2}{\delta}$;

quantité moindre à peu près d'un dixième que $\overset{1}{\delta}$ = 1,55 $\overset{2}{\delta}$ que nous a fourni l'expérience, différence produite, ainſi que nous l'avons expliqué, *article III*, par le fluide condenſé au dernier globe à l'extrémité de l'axe; au lieu que dans les autres, c'eſt à l'équateur que le *maximum* de ſa condenſation a lieu.

Pour déterminer à préſent la quantité de l'électricité que contient le ſixième globe, relativement au premier, je forme, d'après la méthode de l'*article IV*, un tableau

DES SCIENCES. 627

de cinq équations qui expriment l'état d'équilibre à tous les points de contact.

Voici ces cinq équations:

Au point *a* . . . [illegible] = 0.

Au point $\overset{1}{a}$ . . . [illegible] = 0.

Au point $\overset{2}{a}$ . . . [illegible] = 0.

Au point $\overset{3}{a}$ . . . [illegible] = 0.

Au point $\overset{4}{a}$ . . . [illegible] = 0.

Ces cinq équations entre ſix inconnues étant du premier degré, il eſt facile par les méthodes ordinaires de les réduire à une ſeule, qui repréſentera le rapport de la denſité moyenne de deux globes pris à volonté dans notre ligne formée par 12 globes mis en contact; mais, comme nous n'avons pas beſoin ici d'une préciſion beaucoup plus grande que celle fournie par l'expérience, nous remarquerons que les denſités des différens globes ne varient pas conſidérablement, excepté du premier au deuxième globe; ainſi l'on peut prendre les denſités intermédiaires comme égales, lorſqu'on ne les introduit dans le calcul qu'en petites

Kkkk ij

Abb. 5: Resultat von Coulombs Untersuchungen. Aus Coulomb (1791), Landesbibliothek Oldenburg.

Dieser neu entwickelte Experimentierstil lässt sich insbesondere an folgenden Charakteristika festmachen:[19]

---

ne vergleichbare Zielsetzung hatten, aber aus dem bereits diskutierten Stil der öffentlichen Wissenschaft konzipiert worden sind.

19 Für eine ausführliche Analyse der elektrischen Experimente Coulombs, als deren Ergebnis die hier angegebenen Kennzeichen des Experimentierstils stehen, siehe *Heering* (1995).

- Das Gerät kann nicht ohne entsprechende Ausbildung verwendet werden.
- Die Empfindlichkeit des Gerätes verhindert die Vorführung des Experiments.
- Die Ergebnisse sind mathematisch.
- Ein Publikum ohne entsprechende mathematische Ausbildung ist von den Ergebnissen ausgeschlossen.
- Die Messung beruht auf dem Einstellen eines Gleichgewichts.[20]

Diese Kennzeichen des sich neu entwickelnden Experimentierstils sind aber nicht nur an Coulombs elektrischen Untersuchungen zu konstatieren, sondern finden sich auch bei seinen Arbeiten zur Torsion von Metallfäden (*Coulomb* 1787, vgl. *Heering* 2006) sowie ansatzweise bei seinen früheren Arbeiten zum Magnetismus, die er gemeinsam mit Cassini durchführte (vgl. *Heering/Osewold* 2005). Diese Merkmale sind außerdem nicht nur an Coulombs Arbeiten zu identifizieren, sondern finden sich auch bei Arbeiten weiterer Akademiemitglieder wie etwa Lavoisier und Laplace, deren Eiskalorimeter in ähnlicher Weise kanonisiert worden ist wie die Coulombsche Drehwaage.[21]

Besonders interessant sind in dem hier diskutierten Zusammenhang Coulombs Arbeiten zur Torsion von Metallfäden: Diese wurden in einem besonderen Rahmen präsentiert, der Akademiesitzung vom 4. September 1784. Diese Sitzung war schon deshalb außergewöhnlich, weil sie eine der (zwei) jährlich stattfindenden öffentlichen Sitzungen war. Sie wurde aber auch deshalb zu einem außergewöhnlichen Ereignis, weil sie durch den Prinzen Heinrich von Preußen besucht wurde, der sich für militärische Verhandlungen in Paris befand. Dies wurde durch Condorcet, dem Sekretär der Akademie, zum Anlass für eine politisch ausgerichtete Begrüßungsrede genommen. In dieser Ansprache, die dann auch in der *Histoire de l'Académie Royale des Sciences* abgedruckt wurde, führte er u.a. aus:

> „Im Gegensatz zu früheren Vorstellungen, nach denen Vorurteile nützlich sein können, wenn nicht für das Volk, dann doch zumindest für die, die sie regieren, weiß man mittlerweile, dass es kein Vorurteil gibt, das nicht zu einer Quelle des Unheils für die Bürger werden kann, eine Ursache für

---

20 Dass gerade dem Gleichgewicht eine besondere Bedeutung im vorrevolutionären Frankreich zukommt, wurde bereits durch *Wise* (1993) festgestellt.

21 Für eine Analyse der Experimente mit dem Eiskalorimeter siehe insbesondere *Roberts* (1991) sowie *Heering* (2005b).

> Revolutionen oder eine Schwächung des Staates, man weiß dass wenn die aufgeklärten Menschen die einzigen sind, die es wert sind ihresgleichen Gesetze zu geben, so sind auch die geschulten die einzigen, die die Gesetze befolgen können. Wir beginnen zu verstehen, dass der gefährlichste und möglicherweise einzige Feind der menschlichen Gattung der Fehler ist, da er die Gleichmacherei und die Leidenschaften befördert, die die Ordnung der Welt bedrohen…" (*Condorcet* 1787, 2f.)

In diesem Zusammenhang definierte Condorcet eine besondere Bedeutung der Naturwissenschaften, diese

> „haben eine so große Ausdehnung erreicht, ihre Anwendungen sind derartig vielfältig, die Philosophie [la philosophie] hat die wahrhaftige Methode bekannt gemacht, die Wahrheit zu suchen … " (*Condorcet* 1787, 3)

Im Anschluss an diese Einführung wurden dann einige wissenschaftliche Abhandlungen vorgestellt; dieser Teil wurde eröffnet mit einer Abhandlung Lavoisiers über die Verbrennung des Weingeistes, eine Arbeit, die ebenfalls charakteristisch für den neuen Stil und sehr von quantitativen Untersuchungen geprägt ist (vgl. *Lavoisier* 1787). Anschließend wurden eine medizinische Arbeit Tenons über ‚l'œuf humain' sowie eine Untersuchung Rochons zur genauen Bestimmung der Sommer- und Wintersonnenwende vorgestellt, ehe Coulombs Arbeit präsentiert wurde. Dies war aber noch nicht der Abschluss dieser bemerkenswerten Sitzung; am Ende präsentierte der Astronom Jean-Sylvain Bailly den Bericht der Kommission zum Mesmerismus. Dieser Bericht, der unmittelbar nach der Veröffentlichung separat gedruckt wurde (*Bailly* et al. 1784), bildete nach heutiger Lesart den Versuch, einen spezifischen therapeutischen Ansatz zu diskreditieren, der als politisch gefährlich aufgefasst wurde.[22]

Nach meinem Verständnis ist aber nicht nur die Zurückweisung des Mesmerismus als politisch motiviert zu interpretieren, sondern die gesamte Sitzung ist in einem derartigen Kontext zu lesen: Danach wäre zunächst durch Condorcet die politische Bedeutung der Wissenschaft (und der korrekten Form der wissenschaftlichen Praxis) deutlich gemacht worden. Anschließend demonstrieren

22 Zur Diskussion um den Mesmerismus siehe insbesondere *Darnton* (1968) sowie *Wolters* (1988). Es soll hier nicht thematisiert werden, ob Mesmerismus nun ein nach wissenschaftlichen Kriterien sinnvoller therapeutischer Ansatz ist oder nicht. Wesentlich erscheint hier nur, dass der Mesmerismus mit einer zumindest als methodisch fragwürdig zu bezeichnenden Untersuchung als unwissenschaftlich abgelehnt wurde. Interessanterweise wurde dies auch in der historischen Situation kritisiert, allerdings nur von den Befürwortern des Mesmerismus.

Akademiker, wie diese politisch wünschenswerte (weil den Staat stabilisierende) Wissenschaft auszusehen habe. Und schließlich wird an einem Beispiel demonstriert, dass gerade die politisch gefährliche Wissenschaft Scharlatanerie sei (bzw. diese möglich mache). Bei dieser Sitzung des 4. September 1784 wird also gerade der neue Experimentierstil öffentlich demonstriert und im Rahmen dieser Demonstration mit einer politischen Bedeutung versehen.

Die Wahrnehmung der Experimente im neuen Experimentierstil

Dass die Coulombschen Experimente (ebenso wie die Lavoisiers) eine neue Qualität bilden, wurde bereits in der historischen Situation konstatiert (vgl. *Haüy* 1803 sowie *Delambre* 1806). Besonders deutlich wird dies an einer (allerdings etwas später erfolgten) Charakterisierung durch Biot und Rossel:

> „Es sind Coulomb und Borda, denen wir die Wiedergeburt der echten Physik in Frankreich verdanken, nicht der phrasenhaften und hypothetischen Physik, sondern der erfinderischen und genauen Physik, die alles mit Strenge beobachtet und vergleicht." (*Biot/Rossel* 1843, 60)

Solche Darstellungen stammen natürlich von Forschern, die mit Coulomb ein Kollektiv bilden oder diesem Kollektiv zumindest nahe standen.[23] Völlig anders sieht dies bei Forschern aus, die nicht zu diesem Kollektiv gehörten. So äußerte sich etwa Blagden in einem Brief an den Präsidenten der Royal Society nach einer Begegnung mit Coulomb und dem Mediziner Tenon:

---

23 Derartige Einschätzungen sind aber nicht auf die Zeitgenossen Coulombs beschränkt, sondern finden sich auch in entsprechenden wissenschaftshistorischen Texten wieder. So interpretierte etwa Schaffer die historische Darstellung von Coulombs Arbeiten: „The success the practioners of French physics achieved in making Coulomb a discoverer ... was a powerful weapon in the campaign which gave new French physics its dominant place by 1800" (*Schaffer* 1986, 405). Das Neuartige bei Coulombs Arbeiten wird auch in der immer noch umfassendsten Biographie herausgestellt: „Coulomb's physics was colored by his conception of experiment. He brought to physical experimentation not only his instrumental ability but also a sense of significance and reality gained from his work in engineering (*Gillmor* 1971, viii, vgl. auch *Gillmor* 1970). Vergleichbar programmatisch ist auch die unlängst von Steinle vorgenommene Charakterisierung: „Dem Ingenieur Charles-Augustin Coulomb gelang 1784 die erste Präzisionsmessung elektrischer Abstoßung, und das war nur der Auftakt zu einem gezielten mathematisierenden Programm" (*Steinle* 2004, 536f., vgl. außerdem *Stichweh* 1984, 121f.).

> „I have some reason to suspect, *entre nous*, that they [Tenon und Coulomb, P.H.] were rather appointed by favour than as the fittest persons that could be found; certainly what the secretary says of M. Coulomb's electrical and magnetical lucubrations is much overcharged".[24]

Noch interessanter ist in diesem Zusammenhang die Rezeption der Coulombschen Experimente im deutschen Sprachraum.[25] Hier wurden die Arbeiten zunächst praktisch vollständig ignoriert, erst 1796 erschien eine erste Zusammenfassung.[26] 1807 erschien dann ein Brief (*Simon* 1807), in dem eine Arbeit angekündigt wurde, mit der Coulombs Kraft-Abstand-Gesetz widerlegt werden sollte, diese Abhandlung erschien auch ein Jahr später (*Simon* 1808). Simon verwendete bei seiner Arbeit eine Art elektrischer Balkenwaage (Abb. 6), als Begründung für die Entwicklung dieses Geräts gab er an:

> „Schon vor einem Jahre beschäftigte mich der Gedanke bei dem Vortrage der Electricität, Versuche über das electrische Abstoßen auf eine Weise anzustellen, bei der ich Coulomb's zusammen gesetzten, für den Gebrauch in Vorlesungen allzu schwankenden Windungs-Apparats entübrigt sein möchte." (*Simon* 1807, 325)

---

24 Coulomb und Tenon waren 1787 im Auftrag der Akademie in Frankreich, um Hospitäler zu besichtigen. Der Brief befindet sich in der British Library London unter der Signatur MS 33.272/28.

25 Eine ausführliche Diskussion dieser Rezeption findet sich in *Heering* (1994).

26 Lediglich unmittelbar nach dem ersten französischen Artikel erschien eine Beschreibung der Torsionswaage (vgl. *Voigt* 1786), allerdings wurde hier nicht weiter auf die Experimente eingegangen.

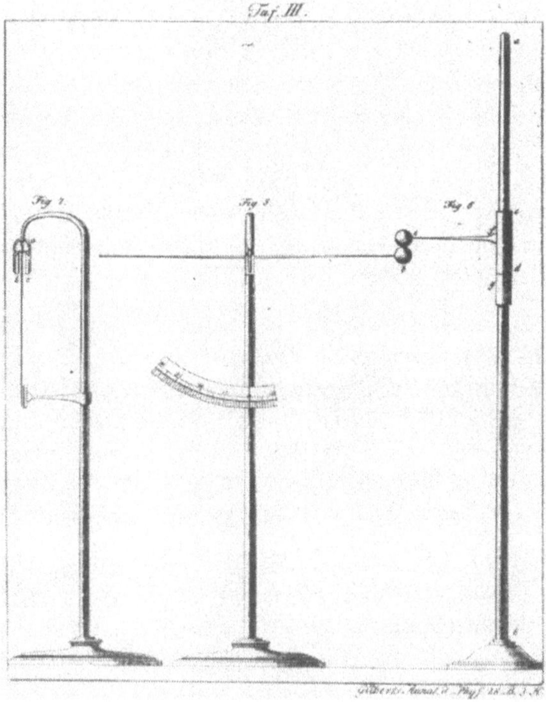

Abb. 6: Simons Glaswaage. Aus: Simon (1808), Landesbibliothek Oldenburg

In der Folge seiner Veröffentlichung gab es dann weitere Arbeiten, in denen Coulombs Ergebnisse angezweifelt oder Simons gestützt wurden. Ein wesentlicher Aspekt – aber nicht der einzige, so spielten auch konzeptionelle Überlegungen eine bedeutsame Rolle – war die Skepsis gegenüber der Torsionswaage – dem zentralen Gerät in Coulombs Untersuchungen, das gerade bei den Mitgliedern seines Kollektivs kanonisiert worden war. So formulierte beispielsweise Schmidt, dass:

> „der Simon'sche Apparat ... sehr viel einfacher (ist), als der Coulomb'sche Drehapparat, und die damit angestellten Versuche stimmten größtentheils sehr gut mit der Annahme, daß sich die elektrischen Abstoßungen verkehret wie die Entfernungen verhalten, dagegen passeten sie keineswegs zu dem von Coulomb gefundenen Gesetz. Noch ist also dieser Punkt nicht ganz ins Reine gebracht.“ (*Schmidt* 1813, 429)

Noch deutlicher wird die Skepsis gegenüber dem experimentellen Vorgehen Coulombs in Prechtls Kritik an dessen Arbeit.

„... die Versuche des berühmten Coulomb ..., deren Resultate ohne Zweifel ihre Abweichung von den richtigen, durch die verwickelte erst durch Rechnung zu entziffernde Sprache des dazu gebrauchten Instruments (seiner elektrischen Wage) erhalten haben; so wie überhaupt unstreitig directe, einfache, rein experimentelle Beobachtungen, wo sie möglich sind, vor jenen den Vorzug verdienen, deren Resultate erst durch Rechnungen angegeben werden müssen, deren Elementen selbst nicht die höchste Evidenz zukommt, oder die beim Gange des Instruments nicht als völlig konstant anzusehen sind." (*Prechtl* 1810, 31f.)

Derartige Kritiken lassen sich gerade als Ausdruck einer Inkompatibilität zwischen Coulombs Experimentierstil einerseits und dem Experimentierstil der Rezipierenden andererseits interpretieren. Für diese sind es gerade unmittelbare Beobachtungen, die auch im Rahmen einer Vorlesung gemacht werden können, mittels derer wissenschaftliche Realität konstruiert bzw. demonstriert werden soll. Insofern ist dieser Experimentierstil demjenigen, von dem sich Coulomb und die Mitglieder seines Kollektivs abgrenzen wollten,[27] sehr ähnlich.

Simons Ergebnis wurde letztlich 17 Jahre später nach einer mathematischen Analyse seines Experiments zurückgewiesen, wobei der entscheidende Aspekt aber ein konzeptioneller war, d.h. seine Messwerte waren durch ein Verschieben des Bezugspunktes mit der von Coulomb formulierten Gesetzmäßigkeit in Übereinstimmung zu bringen. Viel interessanter erscheint mir an der Zurückweisung seines Ergebnisses aber ein anderes Detail: Der Mathematiker Egen führte neben der theoretischen Diskussion verschiedener Experimente im Zusammenhang mit dieser Auseinandersetzung auch eigene Experimente durch. Hierfür griff er aber auf eine Simonsche Waage zurück, da er sonst befürchtete, dass seine Experimente nicht akzeptiert werden würden:

„Ich wählte zu diesen Versuchen nicht die Drehwage, weil meine Muße es mir nicht verstattete, über das Drehungsgesetz von feinen Drähten vorläufige Versuche anzustellen, und weil ohne sie man in Deutschland das meinen Versuchen entgegenstellen könnte, was man den Versuchen Coulomb's entgegengesetzt hat." (*Egen* 1825, 294)

---

27 Wenn ich hier von einem ‚wollen' spreche, dann ist dies nicht im Sinne einer kognitiv gefällten Entscheidung zur Veränderung des Experimentierstils zu lesen; dies widerspräche auch meinem konzeptionellen Verständnis. Vielmehr ist ‚wollen' hier als ein aus dem Stil entspringendes Bedürfnis zu lesen.

Erst im Anschluss an diese Arbeiten wurde die Coulombsche Drehwaage und der mit dieser verbundene Experimentierstil auch im deutschen Sprachraum allmählich akzeptiert.

Genau entgegengesetzt verlief die Rezeption des Sonnenmikroskops, das ich als Illustration des Experimentierstils verwendet habe, von dem sich Coulomb und sein Kollektiv abgrenzten. Während dieses im 18. Jahrhundert noch große Popularität besaß, verlor es im 19. Jahrhundert zunehmend an Bedeutung. Exemplarisch sei in diesem Zusammenhang dessen Charakterisierung durch den britischen Mikroskopiker Goring angeführt:

> „The image of a common solar microscope may be considered as a mere shadow, fit only to amuse women and children ... The utmost it can do is to give us the shadow of a flea, or a louse as big as a goose or a jackass..." (*Goring* 1827, nach *Altick* 1978, 369)

Es ist aber nicht das Sonnenmikroskop, das seine Qualität verändert hat; es ist auch kein Qualitätssprung bei den üblichen Mikroskopen, der bei dem Sonnenmikroskop nicht technisch umsetzbar gewesen wäre.[28] Vielmehr ist nach meinem Verständnis das Sonnenmikroskop nicht mehr kompatibel zu dem veränderten Experimentierstil und wird daher abgelehnt.

Literatur

Adams, George (1747): Micrographia Illustrata, or, The Knowledge of the Microscope Explain'd: Together with an Account of a New Invented Universal, Single or Double, Microscope, Either of which is capable of being applied to an Improv'd Solar Apparatus. 2. Aufl., London: Printed for the Author.

Altick, Richard D. (1978): The Shows of London. Cambridge (Mass.) & London: Belknap.

Bailly / Franklin / Le Roy / de Bory / Lavoisier (1784): Exposé des Expériences qui ont été faites pour l'Examen du Magnétisme Animal. Sur la Copie imprimée au Louvre. Paris: Moutard.

Biot, Rossel (1843): Borda. In: Biographie universelle ancienne et moderne. Nouvelle Edition, Band 5, Paris, 58-60.

28 Zwar werden zu Beginn des 19. Jahrhunderts Mikroskope mit achromatischen Linsensystemen hergestellt, dies wäre aber prinzipiell auch für Sonnenmikroskope möglich.

Böning, Holger (2004): Populäraufklärung – Volksaufklärung. In: *Dülmen, Richard van / Rauschenbach, Sina* (Hg.): Macht des Wissens: Die Entstehung der modernen Wissensgesellschaft. Köln u.a.: Böhlau, 563-581.

Bonah, Christian (2002): ‚Experimental Rage': The Development of Medical Ethics and the Genesis of Scientific Facts: Ludwik Fleck: An Answer to the Crisis of Modern Medicine in Interwar Germany. In: Social History of Medicine 15/2, 187-207.

Busch, Werner (1986): Joseph Wright of Derby. Das Experiment mit der Luftpumpe: Eine Heilige Allianz zwischen Wissenschaft und Religion. Frankfurt a.M.: Fischer.

Condorcet (1787): Discours prononcé à l'Académie, devant Son Altesse Royale le prince Henri de Prusse. In: Histoire de l'Académie Royale des Sciences pour l'Année 1784. Paris: L'Imprimerie Royale, 1-6.

Coulomb, Charles Augustin (1787): Recherches théoriques et expérimentales sur la force de torsion, et sur l'élasticité des fils de métal. In: Memoires de l'Academie Royale des Sciences pour l'Année 1784, 229-269.

Coulomb, Charles Augustin (1788): Sur l'électricité et le magnétisme, premier mémoir, ... In: Mémoires de l'Academie Royale des Sciences pour l'Année 1785, 569-577.

Coulomb, Charles Augustin (1791): Sur l'électricité et le magnétisme, sixième memoir, ... In: Mémoires de l'Academie Royale des Sciences pour l'Année 1788, 617-705.

Darnton, Robert (1968): Mesmerism and the End of Enlightenment in France. Cambridge, Mass.; London: Harvard University Press.

Delambre, J.B.J. (1806): Eloge historique de M. Coulomb: In: Mémoires de l'Institut national des sciences et arts – Sciences mathématiques et physiques VII, 206-223.

Egen, P.N.C. (1825): Ueber das Gesetz der elektrischen Abstoßungskraft (Fortsetzung). In: Annalen der Physik und Chemie 5, 281-302.

Fauser, Markus (2004): Wissen als Unterhaltung. In: *Dülmen, Richard van / Rauschenbach, Sina* (Hg.): Macht des Wissens: Die Entstehung der modernen Wissensgesellschaft. Köln u.a.: Böhlau, 491-514.

Ferguson, Eugene S. (1993): Das innere Auge: Von der Kunst des Ingenieurs. Basel: Birkhäuser.

Fleck, Ludwik (1983): Erfahrung und Tatsache. Frankfurt a.M.: Suhrkamp.

Gayon, Jean (1999): On the Uses of the Category of Style in the History of Science. In: Philosophy and rhetoric 32/3, 233-246.

Gillmor, C. Stewart (1971): Coulomb and the Evolution of Physics and Engineering in Eighteenth-Century France. Princeton, New Jersey: Princeton University Press.

Hacking, Ian (1983): Representing and Intervening: Introductory topics in the philosophy of natural science. Cambridge (U.K.): University Press.

Hacking, Ian (1992): ‚Style' for Historians and Philosophers. In: Studies in History and Philosophy of Science 23/ 1, 1-20.

Hacking, Ian (1996): Einführung in die Philosophie der Naturwissenschaften. Stuttgart: Philipp Reclam jun.

Harwood, Jonathan (1995): Are there National Styles of Scientific Thought? Genetics in Germany, 1900-1933. In: Weingart, Peter (Hg.): Grenzüberschreitungen in der Wissenschaft. Baden-Baden: Nomos, 31-53.

Haüy, René Just (1803): Traité élémentaire de Physique. 1. Aufl., Band 1, Paris: Delance et Lesueur.

Heering, Peter (1994): The replication of the torsion balance experiment: The inverse square Law and its refutation by early 19th-century German physicists. In: *Blondel, Christine / Dörries, Matthias* (Hg.): Restaging Coulomb: Usages, Controverses et réplications autour de la balance de torsion. Firenze: Leo S. Olschki, 47-66.

Heering, Peter (1995): Das Grundgesetz der Elektrostatik: Experimentelle Replikation, wissenschaftshistorische Analyse und didaktische Konsequenzen. Oldenburg: Dissertation, überarbeitet Wiesbaden: DUV, 1998.

Heering, Peter (2005a): To see or not to see. Jean Paul Marats öffentliche Experimente und ihre Analyse mit der Replikationsmethode. In: NTM 13/1, 17-32.

Heering, Peter (2005b): Weighing the heat: The replication of the experiments with the ice-calorimeter of Lavoisier and Laplace. In: *Marco Beretta* (Ed.): Lavoisier in Perspective. München: Deutsches Museum, 27-41.

Heering, Peter (2006): Regular twists: Replicating Coulomb's Wire Torsion Experiments. In: Physics in Perspective 8, 52-63.

Heering, Peter / Osewold, Daniel (2005): Ein Problem, zwei Wissenschaftler, drei Instrumente. In: Centaurus 47, 115-139.

Hochadel, Oliver (2003): Öffentliche Wissenschaft: Elektrizität in der deutschen Aufklärung. Göttingen: Wallstein.

Kärn, Moses (2002): Das erdmagnetische Observatorium in der Scheune: Messungen mit dem originalgetreuen Nachbau eines Magnetometers von Gauß und Weber. Mitteilungen der Gauß-Gesellschaft Göttingen 39, 23-52.

König, Walter (Hg.) (1890): Vier Abhandlungen über die Elektricität und den Magnetismus von Coulomb. Leipzig: Engelmann (Ostwald's Klassiker der exacten Wissenschaften Nr. 13).

Lavoisier, Antoine Laurent (1787): Mémoire sur la Combinasion du Principe Oxygine, avec l'Esprit-de-vin, l'Huile et différens Corps combustibles. In: Mémoires de l'Académie Royale des Sciences pour l'Année 1784, 593-608.

Ledermüller, Martin Frobenius (1762): Nachlese seiner Mikroskopischen Gemüths- und Augen-Ergötzung. Nürnberg: Adam Wolffgang Winterschmidt.

Lynn, Michael R. (1997): Enlightenment in the Republic of Science: The Popularization of Natural Philosophy in Eighteenth-Century Paris. PhD Thesis, Madison: University of Wisconsin.

Martin, Benjamin (1772): Philosophia Britannica: Neuer und faßlicher Lehrbegrif der Newtonschen Weltweisheit, Astronomie und Geographie. 3 Bände, übersetzt und mit Zusätzen von Christian Heinrich Wilke. Leipzig: Wilhelm Gottlob Sommer.

Nollet, Jean-Antoine (1746): Essais sur l'Électricité des Corps. Paris: Freres Guerin.

Prechtl, Joh. Jos. (1810): Untersuchungen über die Modifikationen des elektrischen Ladungszustandes. In: Annalen der Physik 35, 28-104.

Rechenberg, Helmut (1994): Hermann von Helmholtz: Bilder seines Lebens und Wirkens. Weinheim [u.a.]: VCH.

Ribe, Neil / Steinle, Friedrich (2002): Exploratory Experimentation: Goethe, Land, and Color Theory. In: Physics Today 55/7, 43-49.

Roberts, Lissa (1991): A Word and the World: The Significance of Naming the Calorimeter. In: ISIS 82, 198-222.

Schaffer, Simon (1986): Scientific Discoveries and the End of Natural Philosophy. In: Social Studies of Science 16, 387-420.

Schlünder, Martina (2005): Flüchtige Körper, instabile Räume, widersprüchliche Theorien: Die produktive Vagheit der Erkenntnistheorie Ludwik Flecks und die Geschichte der Reproduktionsmedizin. In: *Egloff, Rainer* (Hg.): Tatsache – Denkstil – Kontroverse: Auseinandersetzungen mit Ludwik Fleck. Zürich: Collegium Helveticum, 57-62.

Schmidt, Georg Gottlieb (1813): Handbuch der Naturlehre. 2. Aufl., Gießen: Georg Friedrich Heyer.

Schnelle, Thomas (1982): Ludwik Fleck – Leben und Denken: Zur Entstehung und Entwicklung des soziologischen Denkstils in der Wissenschaftsphilosophie. Freiburg: HochschulVerlag.

Sichau, Christian (2002): Die Viskositätsexperimente von J. C. Maxwell und O. E. Meyer: Eine wissenschaftshistorische Studie über die Entstehung, Messung und Verwendung einer physikalischen Größe. Berlin: Logos.

Simon, Paul Louis (1807): Auszug aus einem Schreiben ... an den Professor Gilbert in Halle. In: Annalen der Physik 27, 325-327.

Simon, Paul Louis (1808): Ueber die Gesetze, welche dem electrischen Abstoßen zum Grunde liegen. In: Annalen der Physik 28, 277-298.

Steinle, Friedrich (2003): The Practice of Studying Practice: Analyzing Laboratory Records of Ampère and Faraday. In: *Frederic L. Holmes / Jürgen Renn / Hans-Jörg Rheinberger* (Hg.): Reworking the Bench: Research Notebooks in the History of Science. Dordrecht: Kluwer 2003, 93-117.

Steinle, Friedrich (2004): Wissen, Technik, Macht: Elektrizität im 18. Jahrhundert. In: *Dülmen/Rauschenbach* (2004), 515-537.

Stichweh, Rudolf (1984): Zur Entstehung des modernen Systems wissenschaftlicher Disziplinen: Physik in Deutschland 1740-1890. Frankfurt a.M.: Suhrkamp.

Vicedo, Marga (1995): Scientific Styles: Toward some Common Ground in the History, Philosophy, and Sociology of Science. In: Perspectives on Science 32/3, 231-254.

Voigt (1786): Beschreibung eines Werkzeugs, wodurch man zeigen kann, daß die Wirkung der elektrischen Materie sich verkehrt, wie das Quadrat der Entfernungen verhält. In: Magazin für das Neueste aus der Physik und Naturgeschichte 4/1, 57-60.

Walters, Alice N. (1997): Conversation pieces: Science and Politeness in Eighteenth-Century England. In: History of Science 35, 123-154.

Weiss, Burghard (1997): „Stil“: Eine vereinheitlichende Kategorie in Kunst, Naturwissenschaft und Technik? In: *Eberhard Knobloch* (Hg.): Wissenschaft, Technik, Kunst. Interpretationen, Strukturen, Wechselwirkungen. Wiesbaden: Harrassowitz, 147-164.

Wise, M. Norton (1993): Mediations: Enlightenment Balancing Acts, or the Technologies of Rationalism. In: *Paul Horwich* (Hg.): World Changes. Cambridge, Mass. & London: MIT, 207-256.

Wolters, Gereon (Hg.) (1988): Franz Anton Mesmer und der Mesmerismus: Wissenschaft, Scharlatanerie, Poesie. Konstanz: Universitätsverlag.

Flecks Konstruktivismus aus Sicht der Physik

Gunnar Berg

1. Wissenschaft und objektive Wirklichkeit

Der „naive" Naturwissenschaftler nähert sich seinem Untersuchungsgegenstand so, „als ob" die Natur unabhängig von ihm existierte. In eben dieser Weise interpretiert er auch seine Ergebnisse, entwickelt Hypothesen, schließlich Theorien, die er für Abbilder, zumindest aber für zutreffende Beschreibungen des Verhaltens dieser „objektiven Wirklichkeit" im jeweiligen Erfahrungsbereich hält. Den Erfahrungsbereich immer mitzudenken, ist nach den Erfahrungen des 20. Jahrhunderts besonders wichtig. Als entscheidender Test wird die Prognosefähigkeit der jeweiligen theoretischen Vorstellung angesehen. Je genauer die Voraussage ist, je größer der Erfahrungsbereich ist, in dem eine Theorie zur Prognose angewendet werden kann, als um so zuverlässiger und letztlich zutreffender im oben gesagten Sinn wird sie angesehen.

Ergebnisse abweichend von der Prognose sowie das Vordringen in neue Erfahrungsbereiche bedeuten das Entdecken neuer Eigenschaften und Phänomene und das kann zur Änderung der Theorie bis hin zur Bildung neuer Paradigmen bzw. Denkstile führen. Daran sieht Fleck drei Faktoren beteiligt.

> „Die drei Faktoren, die an dem Erkennen beteiligt sind, (...), das Individuum, das Kollektiv und die objektive Wirklichkeit (das Zu-Erkennende)" ([1], S. 56)

Allerdings gesteht er der „objektiven Wirklichkeit" dabei nur eine geringe Rolle zu, denn in einem sehr frühen Zitat heißt es:

> „Man vergißt die simple Wahrheit, daß unsere Kenntnisse viel mehr aus dem Erlernten als aus dem Erkannten bestehen (...) Im Laufe der (...) Jahrhunderte (...) entstehen (...) so große Veränderungen, daß es manchmal fraglich wird, ob vom Ursprünglichen überhaupt etwas zurückgeblieben ist. Unter diesen Bedingungen ist der Erkenntnisinhalt – im großen und ganzen – als freie Kulturschöpfung zu werten. Er ähnelt einem traditionellen Mythus." ([3] S. 46)

Es bleibt aber offen, wie eine „freie Kulturschöpfung" bzw. ein Mythus die Prognosefähigkeit und die Zuverlässigkeit der Anwendung erreichen kann, die uns die Alltagstechnik heute tagtäglich demonstriert. Vielleicht hat aber bei den drei Faktoren die „objektive Wirklichkeit“ doch einen größeren Einfluss auf den Erkenntnisprozess und damit die Änderung des Denkstils, als ihr das Ludwik Fleck zugestehen will.

In der Folge soll das an einem der bedeutendsten und folgenreichsten Paradigmenwechsel der Wissenschaftsgeschichte gezeigt werden, dem Übergang von der klassischen zur Quantenphysik. Doch zuvor noch einige Bemerkungen zu Denkstil und wissenschaftlicher Theorie.

2. Denkstil und wissenschaftliche Theorie

Offenbar unterscheidet Fleck nicht sehr scharf zwischen Denkstil und wissenschaftlicher Theorie. Zumindest die Entstehung einer bedeutenden und deshalb vermutlich einflussreichen (?) Theorie wird mit dem Wechsel des Denkstils gleichgesetzt:

> „Die Entwicklung des Denkens geschieht um so viel schneller als die von der Paläontologie gelehrte, daß wir fortwährend Zeuge sind, wie ‚Mutationen‘ des Denkstiles eintreten. Die Umwandlung der Physik und ihres Denkstiles durch die Relativitätstheorie, oder der Bakteriologie durch die Variabilitätstheorie und die Cyclogenietheorie gleichen solchen Mutationen.“ ([1] S. 38)

Nun ist meines Erachtens die Relativitätstheorie zwar bezüglich Raum und Zeit ein radikaler Paradigmenwechsel und damit ein entsprechender Wechsel des Denkstils, lässt aber, wie noch gezeigt werden soll, das prinzipielle Paradigma der klassischen Naturwissenschaften noch in Ordnung, anders als die Quantenphysik.

Fleck sieht eine unterschiedliche Verwandtschaft und Nähe einerseits, sowie Entfernung andererseits zweier Denkstile:

> „Vergleichen wir Denkstile untereinander, so bemerken wir ohne weiteres, daß die Differenzen zwischen zwei Denkstilen kleiner oder größer sein können. So ist im allgemeinen die Differenz zwischen dem Denkstil der Physiker und Biologen nicht sehr groß (...) Sie ist viel größer, wenn es sich um Physiker und Philologen handelt, noch viel größer zwischen dem Denkstil des modernen europäischen Physikers und eines chinesischen Arztes oder eines Kabbala-Mystikers (...)“ ([1] S. 142)

Entsprechend lassen sich die Denkstile hierarchisch in drei Ebenen verschiedener Bedeutung anordnen:

(1) Hauptdenkstile philosophischer, naturwissenschaftlicher, mystischer (...) Art.
So gehören z.B. zum naturwissenschaftlichen Denkstil solche Kategorien wie Rationalität und Kausalität, aber auch Experimente bzw. experimentell orientiertes Denken und Reproduzierbarkeit.

(2) Denkstile der Fachdisziplinen.
So sind Mathematisierbarkeit bzw. Mathematisieren Bestandteil des Denkens der Physiker, Systemdenken des Denkens der Biologen.

(3) Denkstile einzelner Kollektive bzw. Individuen.
Hier wirken sich die verschiedenen Arbeits- und Denkweisen kleiner, häufig miteinander konkurrierender Gruppen aus. Auf dieser Ebene entstehen auch „Schulen", Labortraditionen usw.

Die Relativitätstheorie betrifft die Ebene (2) innerhalb der Physik, die Quantenphysik die Ebene (1), den naturwissenschaftlichen Denkstil schlechthin, ist also grundsätzlicher.

3. Klassische Naturwissenschaften und Quantenphysik

Als Grundsätze aller Naturwissenschaften, heute muss man sagen der klassischen Naturwissenschaften, gelten seit der Antike selbstverständlich und vermeintlich unumstößlich, geradezu denknotwendig:

- STETIGKEIT

  Die Natur macht keine Sprünge.
  Mathematisch wird das durch den Differentialquotienten ausgedrückt, von Newton und Leibniz eingeführt, um gerade diesen Tatbestand mathematisierbar zu machen.

- DETERMINISMUS

  Sind alle Anfangsbedingungen und Kräfte bekannt, so ist der Zustand der Welt in der Vergangenheit, aber auch in der Zukunft feststellbar.
  Der „Laplacesche Dämon" kennt Vergangenheit und Zukunft.
  Mathematisch wird das durch Differentialgleichungen beschrieben.

- MESSGENAUIGKEIT

  Bei jeder Messung existiert zwar eine Messunsicherheit, der sogenannte Messfehler, dieser kann aber durch Verbesserung der Messanordnung im Prinzip beliebig klein gemacht werden.

– ANSCHAULICHKEIT

Es wird als prinzipiell möglich angesehen, das Verhalten der Naturphänomene durch „Modelle“ zu beschreiben, wobei es sich selbstverständlich auch um Gedankenmodelle handeln kann. Im Gegensatz zu den ersten drei Grundsätzen kann allerdings die Frage gestellt werden, ob alle Phänomene der klassischen Naturwissenschaften tatsächlich „anschaulich“ im engeren Sinn sind.

Die experimentelle Erfahrung, die diesen Grundsätzen letztendlich widersprach, erzwang im atomaren Bereich, d.h. nach Erweiterung des Erfahrungsbereiches der klassischen Physik, eine Korrektur dieser Grundsätze. Es waren zunächst Vertreter des Denkstils der klassischen Physik, man denke nur an Max Planck, die diesen Umbruch bewirkten. Für Einstein, der ja auch eine wesentliche Rolle spielte, ist eine detaillierte Untersuchung seines Denkstils und seiner damit zusammenhängenden Einstellung zur Quantenphysik ein Desiderat wissenschaftstheoretischer Forschung, von der man Aufschlüsse darüber erwarten könnte, ob und gegebenenfalls wie ein Denkstil sich langfristig in einer Person ändert oder ob sich trotz der späteren Äußerungen Einsteins frühe Arbeiten in einen bei ihm von Anfang an vorhandenen Denkstil einordnen lassen.

Der Weg zur Quantenphysik jedenfalls war alles andere als geradlinig. Er folgte auch nicht dem üblichen Weg, wie er z.B. von Fleck charakterisiert wird und wofür viele Beispiele angegeben werden können:

> „Viele Theorien z.B. erleben zwei Epochen: zuerst eine klassische, in der alles auffallend stimmt und dann eine zweite, in der sich erst die Ausnahmen melden.“ ([1] S. 15)

Es begann nicht, wie aus heutiger Sicht rückblickend zu erwarten gewesen wäre, mit der Untersuchung des Atombaus, obwohl das sichtbare Ergebnis der Quantisierung der Energieniveaus der Elektronenzustände im Atom, die Spektrallinien, im 19. Jahrhundert bereits intensiv untersucht worden waren, deren Bildungsgesetz für einfache Fälle tatsächlich korrekt bekannt war (Balmer-Formel), man sogar bereits bei der Deutung auf der richtigen Spur war, indem versucht wurde, die Spektrallinien analog zu den akustischen Schwingungen eines Körpers als Lösungen eines Eigenwertproblems zu deuten, wie es die Quantenmechanik seit Mitte der zwanziger Jahre des 20. Jahrhunderts tatsächlich mit so durchschlagendem Erfolg tut. Es war ein an und für sich klassisches Problem, das Strahlungsspektrum idealer, so genannter „schwarzer Strahler“, bei dessen Beschreibung im Jahr 1900 ein zutiefst dem Denkstil der Naturwissenschaften des 19. Jahrhunderts verpflichteter Denker, nämlich Max Planck, der übrigens diese

Ansicht auch nie verleugnete, mit Methoden der Physik des 19. Jahrhunderts den korrekten Ansatz fand, der damals und auch heute noch die Prüfung durch die präzisesten Experimente bestand. Selbst die Spektralverteilung der Mikrowellenhintergrund-Strahlung, die heute als ein Überbleibsel der Entstehung des Weltalls aus einem „Urknall" gedeutet wird, folgt mit äußerster Genauigkeit dieser Strahlungsformel. Die Quantisierung der Strahlungsenergie steckt selbstverständlich in dieser Formel, Planck hat das auch gesehen, doch für ihn waren die oben genannten Grundsätze der klassischen Naturwissenschaften so bindend, dass er hoffte, es handele sich hier nur um die Folge eines Formalismus, der letztlich dann doch klassisch gedeutet werden könnte. Erst Einstein machte 1905 ernst und postulierte die reale Existenz von Lichtteilchen (Photonen) als Träger dieser Energiequanten, deutete damit den lichtelektrischen Effekt (Photoeffekt), für den bereits klassische Deutungen vorlagen, konsequent quantenphysikalisch und bekam dafür und nicht etwa für die Relativitätstheorie 1921 den Nobelpreis. Der nächste Schritt war die Anwendung der Prinzipien der Quantenphysik auf die Deutung der spezifischen Wärme bei tiefen Temperaturen, ehe dann nach einem ersten Ansatz 1910 durch Arthur Erich Haas in den Jahren 1912/13 Niels Bohr die erste Theorie der Atomhülle entwickelte, die allerdings schnell ihre Unzulänglichkeiten offenbarte, so dass erst mit dem quantenmechanischen Atommodell 1924/25 durch Heisenberg und dann Schrödinger die bis heute gültige Beschreibung gelang, die dann wiederum auch für den Atomkern und neuerdings für die Elementarteilchen ihre Leistungsfähigkeit bewies.

Sicher sind die Strahlungsformel von Planck oder die für die Beschreibung der Zustände von Mikroobjekten gültige Schrödingergleichung „Kulturschöpfungen", benutzen sie doch die unabhängig von dieser Physik entwickelte mathematische Sprache, sie sind aber keineswegs „frei", wie in dem eingangs angegebenen Zitat von Fleck unterstellt, sondern es sind offensichtlich Eigenschaften der Natur, die diese „Schöpfungen" in eine ganz bestimmte Richtung zwingen, auch dann, wenn es einigen der „Schöpfer" nicht gefällt, wie gleich noch zu zeigen sein wird.

Die bereits erwähnte Quantenmechanik erzwingt die Aufgabe der Grundsätze der klassischen Naturwissenschaften:

- Quantisierung aller Zustände im mikroskopischen Bereich.
  Das gilt für die Photonen ebenso wie für die Energieniveaus beliebiger gebundener Zustände. Das Ergebnis ist
  UNSTETIGKEIT des mikroskopischen Geschehens.

– Zufallsbestimmung mikroskopischer Vorgänge.
Sowohl die Existenz der Zustände als auch deren Änderung ist durch Aufenthalts- bzw. Übergangswahrscheinlichkeiten bestimmt. Es ist nicht möglich, bei Kenntnis des Anfangszustandes den darauf folgenden Zustand vorauszusagen, d.h.
INDETERMINISMUS bestimmt das mikroskopische Geschehen.

– Begrenzung der Genauigkeit der Messung komplementärer Größen.
Die Heisenbergschen Unbestimmtheitsrelationen liefern ein quantitatives Maß für die Bestimmtheit, mit der z.B. Größen wie Ort und Impuls gleichzeitig gemessen werden können. Das bedeutet, dass in der Natur eine prinzipielle UNGENAUIGKEIT von Messgrößen existiert, unabhängig von der Qualität der Messanordnung.

– Der Bahnbegriff wird für Mikroobjekte sinnlos.
Die Bahn eines Körpers (Massenpunktes) ist durch die Angabe von Ort und Geschwindigkeit (Impuls) vollständig gegeben. Da diese auch im Prinzip gleichzeitig nicht beliebig genau gemessen werden können (Heisenbergsche Unbestimmtheitsrelation) verliert der Bahnbegriff seine Bedeutung. Damit verbunden ist eine
prinzipielle UNANSCHAULICHKEIT, ist diese doch in unserer Vorstellung an Teilchenbahnen gebunden.

Die quantenphysikalischen Tatbestände zwingen geradezu zur Aufgabe der klassischen Grundsätze. Das ist keine Auswirkung des Zeitgeistes der ersten drei Jahrzehnte des 20. Jahrhunderts, wie es z.B. Forman vermutet, sondern es ist das Ergebnis der Tatsache, dass man in der Lage war, im Bereich des Mikroskopischen zu experimentieren. Heute, nach fast einhundert Jahren, in denen gelernt wurde, am einzelnen Atom Experimente durchzuführen, zeigt es sich, dass mit diesen Ansätzen offenbar das Wesen dieser mikrophysikalischen Phänomene getroffen wurde.

Diese Änderung des Denkstils, diese Abkehrung von bis zu diesem Zeitpunkt als selbstverständlich zu akzeptierenden Grundsätzen, verlief nicht ohne Widerstand. Ein Anzeichen dafür, wie grundstürzend diese Änderung war, ist die Tatsache, dass Protagonisten des Wandels wie Einstein, Schrödinger, Planck und d'Broglie sich zeit ihres Lebens nicht mit den Konsequenzen der Quantenmechanik anfreunden konnten. Beispielhaft sollen nur zwei Zitate genannt werden:

> „Wenn es doch bei dieser verdammten Quantenspringerei bleiben soll, so bedauere ich, mich überhaupt jemals mit der Quantentheorie abgegeben zu haben.“ (Schrödinger)

> „Die Quantenmechanik ist sehr achtunggebietend. Aber eine innere Stimme sagt mir, dass das noch nicht der wahre Jacob ist. Die Theorie liefert viel, aber dem Geheimnis des Alten bringt sie uns kaum näher. Jedenfalls bin ich überzeugt, daß der liebe Gott nicht würfelt.“ (Einstein)

Der letzte Satz des Einstein-Zitats ist ja nun allgegenwärtig, nichtsdestotrotz im Licht all unserer Kenntnisse falsch. Aber Einstein hat es nicht bei dieser Bemerkung belassen, er hat versucht, durch raffinierte Überlegungen die Begrenztheit der Quantenmechanik zu zeigen. Bekannt sind seine Auseinandersetzungen mit Niels Bohr um die sogenannte „Kopenhagener Deutung“. Aber diese konnte sowohl theoretisch als auch experimentell in allen Einzelheiten verifiziert werden. Tatsächlich ist die Quantenmechanik die Theorie, die bisher mit der größten Präzision experimentell bestätigt wurde. Es lässt sich nicht voraussagen, wie die Entwicklung weitergehen wird. Vielleicht erlaubt eine zukünftige Theorie auf tieferem Niveau die ursprünglichen Grundsätze der Erkenntnistheorie wieder zu beleben, wie es Einstein vorschwebte, oder die Gewohnheit und die Bewährung im Experiment führt zur Akzeptanz der neuen Vorstellungen und zum prinzipiellen Verzicht auf Anschaulichkeit.

4. Fazit

Sicher bestimmen das Denkkollektiv und dessen Denkstil den Erkenntnisprozess, den Weg zur Erkenntnis einschließlich gelegentlicher Umwege und eventuell auch Irrwege. Davon hängt dann auch die Zeit ab, die vergeht, ehe ein bestimmter Kenntnisstand erreicht wird. Aber den Inhalt dieser Erkenntnis erzwingt letzten Endes die Natur, das Erkenntnisobjekt. Eine entsprechende Andeutung in dieser Richtung findet man aber auch bei Fleck, insofern ist er dann wohl doch Naturwissenschaftler:

> „Jede empirische Entdeckung kann also als Denkstilergänzung, Denkstilentwicklung oder Denkstilumwandlung aufgefaßt werden.“ ([1] S. 122)

Es ist wohl nicht völlig fehlgedeutet, wenn mit diesem Satz ein gewisses Primat der Empirie angedeutet wird. Das ist dann auch für den Naturwissenschaftler versöhnlich, der das in der Regel bei seiner Arbeit voraussetzt, könnte er doch andernfalls ganz auf seine Laborarbeit verzichten.

Literatur

[1] *Ludwik Fleck*: Entstehung und Entwicklung einer wissenschaftlichen Tatsache. Basel: Benno Schwabe 1935. Zitiert nach *Ludwik Fleck*: Entstehung und Entwicklung einer wissenschaftlichen Tatsache: Einführung in die Lehre vom Denkstil und Denkkollektiv. Mit einer Einleitung von Lothar Schäfer und Thomas Schnelle. Frankfurt am Main, Suhrkamp 1980 (Suhrkamp-Taschenbuch Wissenschaft 312).

[2] *Ludwik Fleck*: Erfahrung und Tatsache. Gesammelte Aufsätze. Mit einer Einleitung. Herausgegeben von Lothar Schäfer und Thomas Schnelle. Frankfurt am Main, Suhrkamp 1983 (Suhrkamp-Taschenbuch Wissenschaft 404).

[3] *Ludwik Fleck*: Zur Krise der „Wirklichkeit". Die Naturwissenschaften 17 (1929), S. 425-430. Zitiert nach [2] S. 46-58.

Auseinandersetzungen mit Flecks Ideen

Kritische Anmerkungen zu den Begriffen Denkkollektiv, Denkstil und Denkverkehr – Probleme der heutigen Anschlussfähigkeit an Ludwik Fleck

Torger Möller

Ausgangspunkt dieses Artikels ist eine Beobachtung: Während einerseits die Lektüre von Ludwik Fleck auch heute noch als anregend charakterisiert werden kann, gibt es andererseits Probleme hinsichtlich seiner Anschlussfähigkeit. Mit Thomas Schnelle kann davon gesprochen werden, dass Fleck zwar eine – insbesondere für seine Zeit – originelle und komplexe, aber auch nicht ausgereifte Wissens- und Wissenschaftstheorie vorgelegt hat (Schnelle 1982, 297). Seine Begrifflichkeit ist darüber hinaus aus heutiger Sicht altmodisch.

Im Rahmen dieses Artikels sollen zunächst die fleckschen Grundbegriffe des Denkkollektivs, des Denkstils (I.) und des Denkverkehrs (II.) erläutert werden. Ausgehend von offenen theoriearchitektonischen Fragen – wie der Abgrenzung von Denkkollektiven und Denkstilen – folgt eine Kritik an der fleckschen Theorie (III.). Zum Abschluss wird über die Probleme hinsichtlich der heutigen Anschlussfähigkeit diskutiert (IV.).

I.

Das erste grundlegende Phänomen einer Wissenschaft vom Erkennen besteht nach Fleck, wie er in dem 1936 erschienenen Aufsatz „Das Problem einer Theorie der Erkenntnis" ausführt, in der „*Denkdifferenzierung der Menschen in Gruppen*" (ET, 87; Hervorhebung im Original).[1] Menschen gehören – so Fleck – verschiedenen *Denkkollektiven*[2] an, in denen wiederum ein je spezifischer *Denkstil* herrscht. Das Denkkollektiv wird dabei als „Gemeinschaft der Menschen, die im Gedankenaustausch oder in gedanklicher Wechselwirkung stehen", definiert

---

1 Bei der Zitation der fleckschen Arbeiten werden folgende Abkürzungen verwandt: EE für „Entstehung und Entwicklung einer wissenschaftlichen Tatsache" und ET für die im Sammelband „Erfahrung und Tatsache" verzeichneten Aufsätze. Details siehe Literaturverzeichnis.

2 Synonym zum Begriff des Denkkollektivs verwendet Fleck auch die Begriffe Denkgruppe und Denkgemeinschaft (s. ET, 87).

(EE, 55). In der fleckschen Theorie nimmt der Begriff des Denkkollektivs dabei einen zentralen Platz ein und bildet auch den Ausgangspunkt seiner Kritik an der klassischen Erkenntnislehre, die nur das Subjekt und das Objekt des Erkennens kennt. Da jedoch „bereits Erkanntes [...] die Art und Weise neuen Erkennens" (EE, 54) beeinflusse, müsse in die zweigliedrige Beziehung zwischen Erkenntnissubjekt und Erkenntnisobjekt ein drittes Beziehungsglied eingefügt werden. Für Fleck ist das Denkkollektiv als „Träger des Wissens" (EE, 58) das „fehlende Glied der gesuchten Beziehung" (EE, 55; s. auch ET, 156).

Der zweite zentrale Begriff bei Fleck ist der des Denkstils. Denkkollektive und Denkstile hängen insofern zusammen, als dass für Fleck das Denkkollektiv sowohl der „Schöpfer" (ET, 108) als auch der „Träger" (EE, 54 f, 135) des Denkstils ist.[3] Der Begriff des Denkstils wird dabei „als gerichtetes Wahrnehmen, mit entsprechendem gedanklichen und sachlichen Verarbeiten des Wahrgenommenen" definiert (EE, 130). Dem Begriff des Denkstils liegt eine handlungsorientierte Betrachtungsweise zugrunde, die das Moment der Selektivität sowohl bei der Wahrnehmung als auch ihrer prozeduralen Verarbeitung betont. Unterschiedliche Denkstile wären somit aufgrund ihrer unterschiedlichen Selektionsmechanismen als inkommensurabel zu charakterisieren.

Flecks „Denkdifferenzierung" der Menschen bedeutet nun nicht, dass jedes Individuum nur jeweils einem Denkkollektiv und dessen Denkstil exklusiv zugeordnet wird, sondern dass jedes Individuum ein Mitglied mehrerer Denkkollektive sein kann. Dabei ist es nach Fleck sogar durchaus möglich, dass ein Mensch gegensätzlichen Denkkollektiven und Denkstilen angehören kann (EE, 144 f). Den Begriff des Denkkollektivs verwendet Fleck dabei schon dann, „wenn zwei oder mehrere Menschen Gedanken austauschen" (EE, 135). Hierbei handelt es sich nach Fleck um ein „momentane[s]" Denkkollektiv, das er von den „stabi-

3 Es ist an dieser Stelle darauf hinzuweisen, dass Fleck seine Begriffe gelegentlich „unsauber" verwendet. So wird z.B. das Denkkollektiv sowohl als „Träger des Denkstiles" (EE, 135) als auch als „Träger des Wissens" (EE, 58) bezeichnet. Es finden sich ebenfalls unterschiedliche Formulierungen hinsichtlich der oben erwähnten Frage nach dem dritten Beziehungsglied zwischen dem Subjekt und dem Objekt des Erkennens. Neben dem Denkkollektiv wird auch der „jeweilige Wissensstand" als „das dritte Beziehungsglied" (EE, 54) bezeichnet. Nun kann aus diesen beiden Beispielen weder geschlossen werden, dass der Begriff des *Denkstils* mit dem des *Wissens* noch der Begriff des *Denkkollektivs* mit dem des *Wissensbestandes* bei Fleck zusammenfällt. Der hier für Verwirrung sorgende Begriff des Wissens bleibt bei Fleck selbst unterbestimmt und entspräche dabei dem ebenfalls unpräzise bleibenden Begriff des Denkgebildes (s. auch Fußnote 5). Die Beispiele sollen zeigen, auf welche begrifflichen Schwierigkeiten man bei der Lektüre von Fleck stoßen kann.

len" Denkkollektiven unterscheidet.[4] Letztere entstehen um „organisierte soziale Gruppen" (EE, 135), wie z.B. innerhalb der Wissenschaft, der Religion, der Berufe, aber auch in dauerhaften Vereinen (z.B. Sportvereinen). Stabile Denkkollektive bilden einen spezifischen Denkstil mit zum Teil spezifischen Wörtern und technischen Termini aus. Stabilisiert sich ein Denkstil über Generationen hinweg, wird dieser innerhalb des Denkkollektivs durch Schulung, Erziehung und besondere Zeremonien der Aufnahme (Einweihungssakramente) an die nachfolgenden Generationen weitergegeben (EE, 136 ff; ET, 109 ff).

II.

Neben der Denkdifferenzierung der Menschen in Denkkollektive besteht das zweite grundlegende Phänomen der Wissenschaft der Denkstile nach Fleck darin, *„daß der Kreislauf eines Gedankens grundsätzlich immer mit dessen Umgestaltung verbunden ist."* (ET, 92; Hervorhebung im Original). Der Kreislauf der Gedanken (ET, 92), den Fleck auch Gedankenverkehr (EE, 143), Gedankenwanderung (EE, 158) oder wohl am häufigsten Denkverkehr (EE, 140) nennt, wird von ihm in einen *interkollektiven* und einen *intrakollektiven* Denkverkehr unterschieden (EE, 129).

Hinsichtlich der Möglichkeit des interkollektiven Denkverkehrs stellt Fleck zunächst einmal fest: „Je größer die Differenz zweier Denkstile, um so geringer der Gedankenverkehr" (EE, 142). Gibt es jedoch interkollektive Beziehungen, so zeigen sich trotz der Besonderheiten der jeweiligen Denkkollektive gemeinsame Züge (ebd.). Im interkollektiven Denkverkehr kommt es zu einer „Verschiebung oder Veränderung der Denkwerte" (EE, 143). Gedanken des einen Denkstils werden für ein anderes Denkkollektiv umformuliert und dem anderen Stil angepasst. Als „Motor" des beabsichtigten Gedankenkreislaufs gilt für Fleck der „Verständigungswille" (ET, 95), wobei er auch einen unbeabsichtigten Gedankenkreislauf kennt, der etwa durch Zufall oder den Umstand zustande kommt, dass ein Individuum mehreren Denkgemeinschaften angehört und somit zum „Vehikel des interkollektiven Denkverkehrs" wird (EE, 144).

Den permanent stattfindenden Vorgang der Umformung von Gedanken im interkollektiven Denkverkehr nennt Fleck „Umstilisierung" (ET, 96). Den „Versand eines Gedankens" von einem Kollektiv an ein anderes bezeichnet er als

4 In EE spricht Fleck von einem „momentanen", aber auch „zufälligen" Denkkollektiv und grenzt dieses vom „stabilen" Denkkollektiv ab (EE, 135). In ET wird – zumindest nach der deutschen Übersetzung – von einem „zeitweiligen" bzw. „beständigen" Denkkollektiv gesprochen (ET, 108).

„Propaganda“ (ET, 92). Der heute eher negativ konnotierte Begriff der Propaganda überrascht an dieser Stelle. Im Rahmen der Definition des Begriffes scheint es Fleck jedoch um einen beabsichtigten Denkverkehr der Umstilisierung zu gehen, der den Zweck verfolgt, ein anderes Denkkollektiv dem eigenen Denkstil anzunähern (s. ET, 92). Dass man sich notwendigerweise bei der Umstilisierung des Gedankens auch von dem eigenen Denkstil entfernt, ist dabei der Grundumstand, dem der interkollektive Denkverkehr unterliegt. Da es im interkollektiven Denkverkehr immer auch zu einer Veränderung des Denkstils, d.h. des gerichteten Wahrnehmens und Verarbeitens, kommt, eröffnen sich hier neue Entdeckungsmöglichkeiten, da nun die Dinge anders wahrgenommen und verarbeitet werden können als vorher. Fleck sieht in diesem schöpferischen Moment die „wichtigste erkenntnistheoretische Bedeutung des interkollektiven Denkverkehrs“ (EE, 144).

Auch beim *intrakollektiven Denkverkehr,* d.h. beim Gedankenkreislauf innerhalb eines Denkkollektivs, kommt es zu einer Umgestaltung. Diese geht jedoch nicht wie beim interkollektiven Denkverkehr mit einer „grundlegenden Veränderung“ (EE, 145) einher. Beim intrakollektiven Denkverkehr geht Fleck zunächst auch von einer bestimmten Form der Differenzierung von Menschen in Gruppen aus. Seine Binnendifferenzierung, die er als „gemeinsame Strukturmerkmale aller Gemeinschaften des Denkens“ (EE, 138) charakterisiert, beschreibt er wie folgt:

> „Um jedes Denkgebilde, sei es ein Glaubensdogma, eine wissenschaftliche Idee, ein künstlerischer Gedanke, bildet sich ein kleiner esoterischer Kreis und ein größerer exoterischer Kreis der Denkkollektivteilnehmer. Ein Denkkollektiv besteht aus vielen solchen sich überkreuzenden Kreisen, ein Individuum gehört mehreren exoterischen Kreisen und wenigen, eventuell keinem esoterischen an“ (EE, 138).[5]

Die von Fleck vorgenommene Binnendifferenzierung geht mit einer bestimmten quantitativen Zuordnung eines kleineren esoterischen und eines größeren exoterischen Kreises einher. An anderer Stelle spricht Fleck davon, dass jede Denkgemeinschaft „deutlich zwei Klassen von Mitgliedern [aufweist]: Elite und Masse“ (ET, 172). Als Beispiele für diese Unterteilung des Denkkollektivs in eine

---

5 Der in diesem Zitat verwendete Begriff des Denkgebildes, bleibt innerhalb des fleckschen Werkes unterbestimmt. Er taucht vor allem auf den Seiten EE, 138-140 und auf der Seite 188 auf. Er scheint so etwas wie der Kerngedanke eines Denkstils zu sein, etwas, das, wenn man die soziale Trägerschaft des Denkkollektives wegnehmen würde, übrig bliebe.

kleinere esoterische Elite und größere exoterische Masse nennt Fleck „Priester und die treue Schar", „eingeweihte Jünger und gewöhnliche Mitglieder", „Meister und Gesellen" und – häufig in direktem Bezug zur Wissenschaft – „Fachleute und Laien" (ET, 172).

Wie ist nun die Unterscheidung esoterisch und exoterisch zu verstehen? Gibt es innerhalb eines Denkkollektivs immer zwei Gruppen, die esoterische und die exoterische, die eindeutig voneinander zu trennen sind? Fleck bleibt zwar seiner Denkdifferenzierung der Menschen in Gruppen treu, jedoch erfolgt die Unterscheidung in esoterische und exoterische Kreise nicht in einem absoluten Sinn, auch wenn das die binär strukturierten Gegenüberstellungen von Experte/Laie oder auch Elite/Masse zunächst nahe legen mögen. So kann für Fleck der praktische Arzt sowohl ein Esoteriker im Verhältnis zu seinen Patienten als auch ein Exoteriker im Verhältnis zu einem Bakteriologen sein, der den Rachenbelag des Patienten auf Löffler-Bazillen (Diphtherie) im Labor untersucht (s. EE, 150-152). In diesem Kontext wird das Begriffspaar esoterisch / exoterisch also nicht absolut, sondern im Sinne einer Relation verwendet. Fleck spricht im Rahmen dieses Beispiels auch von der „exoterische[n] Wissenschaft" der praktischen Medizin, die jedoch „noch sehr wenig vom esoterischen Zentrum" entfernt ist (EE, 152). Die Verwendung des Begriffs esoterisches Zentrum sowie des komplementären Begriffs der „exoterischen Peripherie" (EE, 155) deuten darauf hin, dass Fleck die Unterscheidung esoterisch / exoterisch auf einer Ebene liegend betrachtet. Das esoterische Zentrum steht dabei in einem „direkten Verhältnis" zu dem „Produkt" des Denkkollektivs, während die exoterische Peripherie nur durch die „Vermittlung" des esoterischen Zentrums an diesem „partizipieren" kann (ET, 112). Den Vorgang der Umformung einer Aussage für Laien des eigenen Denkkollektives bezeichnet Fleck als „Popularisierung". Die Popularisierung – so Fleck – bedient sich der „Umgangssprache, also ungenauer Ausdrücke, sie läßt Kritik und Einwände unter den Tisch fallen, und sie hebt durch Bilder und Gleichnisse gewisse Aspekte der Sache hervor" (ET, 93). Die Aussagen eines Fachmanns werden in der populären Darstellung apodiktischer.

Neben dem Begriffspaar Zentrum / Peripherie verwendet Fleck häufig auch die Kreismetapher zur Beschreibung des intrakollektiven Denkverkehrs, indem er von exoterischen und esoterischen Kreisen spricht (EE, 138 ff). Hierbei liegt die Vermutung nahe, dass Fleck ein konzentrisches Kreismodell vorschwebt, wobei in der Mitte das esoterische Zentrum und außen die exoterische Peripherie läge. Übertragen auf das obige Beispiel zur Bakteriologie würden sich also in der Mitte der – wie Fleck ihn nennt – „spezielle Fachmann" (Bakteriologe), dann der „allgemeine Fachmann" (praktischer Arzt) und schließlich der Laie (Patient) befinden. Eine Visualisierung der von Fleck verwendeten Kreismetapher könnte insofern wie folgt aussehen:

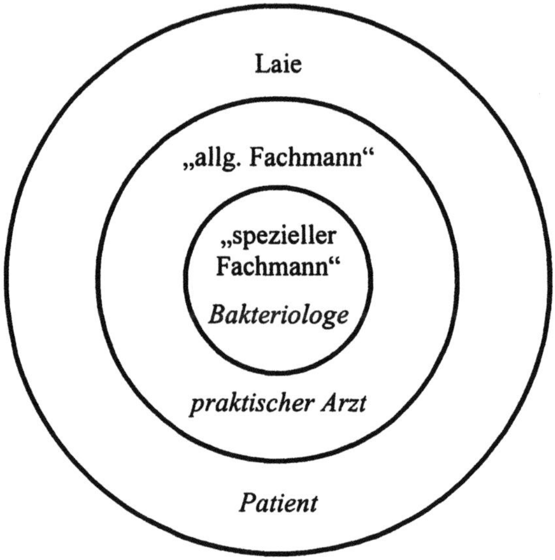

Nun ist dieses Modell im Sinne der gesamten fleckschen Theorie vom Denkstil wohl nicht ganz richtig, wenn auch nicht in Bezug auf das Beispiel – also den konkreten empirischen Fall – falsch. Fleck spricht davon, dass ein Denkkollektiv „aus vielen sich *überkreuzenden* Kreisen" besteht (EE, 138, Hervorhebung TM). Überkreuzende Kreise können jedoch keine konzentrischen Kreise sein, und wenn wir bei dem Beispiel der Medizin bleiben, gibt es natürlich viele verschiedene spezielle Fachleute (Chirurgen, Pathologen, Psychiater usw.), die sozusagen unterschiedlichen Zentren zugehören und insofern auch unterschiedliche Peripherien haben würden. Bleiben wir jedoch auf der einen Betrachtungsebene, also hier bei der Bakteriologie, dann wäre die Abbildung dem obigen Beispiel adäquat. Darüber hinaus wären viele verschiedene Abbildungen, die auf konzentrischen Kreisen beruhen, denkbar, und die, wenn man sie alle in eine Abbildung überführen würden, sich vielfach überkreuzen müssten. Dass Fleck hier vielfältige – an den jeweiligen empirischen Fällen – zu beobachtende Möglichkeiten vorschweben, zeigt das Beispiel der „Denkgemeinschaft der entwickelten schönen Künste" (ET, 115). Neben den (esoterischen) Künstlern und dem (exoterischen) Publikum gibt es hier noch die Kunstkritiker, die zwischen beiden vermitteln und gleichzeitig auch einen Einfluss auf beide Gruppen ausüben. Die Gruppe der Kritiker schafft nach Fleck also „ein spezifisches Wissen über die Kunst", bei dem Künstler und Publikum Exoteriker sind. Fleck spricht hier von einer „Bizentrizität des Kollektivs" (ET, 115). Dieses Beispiel verdeutlicht, dass wir in manchen Denkkollektiven „kompliziertere Strukturen" (ET, 115) vorfinden, als die obige Abbildung nahe legt. Das Beispiel verdeutlicht aber auch, dass Fleck den empirischen Phänomenen gegenüber offen ist und ihm eine breite Vielfalt von verschiedenen Strukturen vorschwebt.

Aufbauend auf der intrakollektiven Unterscheidung „esoterisch" und „exoterisch" kommt Fleck zur Differenzierung in „Zeitschriftwissenschaft",[6] „Handbuchwissenschaft" und „populäre Wissenschaft". Die populäre Wissenschaft ist dabei „Wissenschaft für Nichtfachleute, also für breitere Kreise erwachsener, allgemein gebildeter Dilettanten" (EE, 149). Fleck spricht auch von vereinfachter, anschaulicher und apodiktischer Wissenschaft und setzt damit die populäre Wissenschaft mit den Merkmalen des exoterischen Wissens gleich (s. EE, 149). Insofern bezeichnet der flecksche Begriff weniger eine Form der Wissenschaft als vielmehr dessen Popularisierung. Dabei entsteht aus „dem fachmännischen (esoterischen) Wissen [...] das populäre (exoterische)" (EE, 150). Demgegenüber handelt es sich bei der Zeitschriftwissenschaft und der Handbuchwissenschaft um Wissenschaft im eigentlichen Sinne. Die beiden Formen korrespondieren mit der fleckschen denksozialen Differenzierung in spezielle und allgemeine Fachleute. Bei der Zeitschriftwissenschaft handelt es sich um den Bereich, bei dem praktisch arbeitende Forscher („spezielle Fachmänner") ihre Forschungsergebnisse in Zeitschriften publizieren. Zeitschriftwissenschaft zeichnet sich durch die „Begrenztheit der bearbeiteten Probleme" (EE, 156) aus und ist unzertrennbar mit dem Verfasser verbunden. Handbuchwissenschaft charakterisiert demgegenüber die offizielle wissenschaftliche Gemeinschaft, die wie die Autoren eines Handbuches darüber entscheiden, was die grundlegenden Begriffe, maßgeblichen Methoden und Theorien eines Wissensgebietes sind und welchem Forscher und welcher Arbeit ein besonderer Platz in der wissenschaftlichen Gemeinschaft zukommen soll. Die Handbuchwissenschaft entsteht nicht aus einer letztlich widersprüchlichen „Summation oder Aneinanderreihung einzelner Zeitschriftar-

---

6 Der flecksche Begriff lautet „Zeitschriftwissenschaft" nicht „Zeitschrift*en*wissenschaft". Die plurale Fassung des Begriffs, die an keiner Stelle des Buches „Entstehung und Entwicklung einer wissenschaftlichen Tatsache" vorkommt, hat sich wohl durch das Vorwort von Schäfer und Schnelle, in dem der Begriff Zeitschrift*en*wissenschaft steht, verbreitet (*Schäfer, Schnelle* 1980, XLI; auch *Schnelle* 1982, 31).

beiten" (EE, 158), sondern durch die „kritische Zusammenfassung in ein geordnetes System" (EE, 156).

Bevor wir nun den fleckschen Ansatz einer kritischen Bewertung unterziehen, sollen an dieser Stelle noch einmal kurz die grundlegenden Formen des Denkverkehrs resümiert werden: Zunächst finden wir bei Fleck eine Unterscheidung in einen interkollektiven und einen intrakollektiven Denkverkehr, wobei sich Fleck in seinen Arbeiten vornehmlich dem letzteren gewidmet hat. Hier findet sich auch die für das Verhältnis von Wissenschaft und gesellschaftlicher Öffentlichkeit zentrale Differenzierung in einen esoterischen und einen exoterischen Bereich. Formal betrachtet, ergeben sich nun vier Kombinationsmöglichkeiten im Rahmen des esoterischen und exoterischen Denkverkehrs. *Erstens* kann der Denkverkehr vom esoterischen Zentrum in die exoterische Peripherie verlaufen. Bei diesem bereits im oberen Teil ausführlich dargestellten und als Popularisierung bezeichneten Vorgang kommt es nach Fleck zu einer Vereinfachung und Veranschaulichung des esoterischen Wissens (s. EE, 149). *Zweitens*: Findet der Gedankenaustausch innerhalb des esoterischen Kreises, d.h. zwischen „gleichrangigen Fachleuten", statt, dann bezeichnet Fleck diesen als „Information". Informative Aussagen zeichnen sich dabei weniger durch eine Umgestaltung der Gedanken als vielmehr durch ein „Gleichgewicht von Kritik und Vertrauen" zwischen Sender und Empfänger aus. Für Fleck ist diese Konstellation jedoch nur eine Grenzmöglichkeit und er spricht insofern auch vom „Ideal einer Informationsaussage".[7] *Drittens*: Auch wenn Fleck für den Denkverkehr vom Exoterischen ins Esoterische keinen eigenen Begriff geprägt hat, beschreibt er doch diese Art der Gedankenwanderung an verschiedenen Stellen seines Werkes. Das Exoterische, das dank der Vereinfachung, Anschaulichkeit und Apodiktizität sicherer, abgerundeter und fest gefügter erscheint, bildet die „spezifische öffentliche Meinung" und wirkt in dieser Gestalt auf den esoterischen Kreis zurück (EE, 150). Hiermit, so Fleck, schließt sich der „Zirkel intrakollektiver Abhängigkeit des Wissens" (EE, 150), wobei der „Fachmann, der seinen eigenen, vom Laien zurückkehrenden Gedanken hört", diesen als bestätigt ansieht (ET, 172). Auch wenn Fleck hier das Moment der Bestätigung mit dem Effekt der inneren Schließung des Denkstils[8] als Kennzeichen des Denkverkehrs vom Laien zum

---

7 Zum Begriff der Information bzw. zu den Informationsaussagen siehe ET, 92-94.

8 Fleck spricht von einer „innere[n] Geschlossenheit des Denkstiles" (EE, 139). Die Figur der Schließung erinnert dabei an die heute Collins zugeschriebene These von der Schließung wissenschaftlicher Kontroversen, an der jedoch vor allem die in das Forschungsgebiet involvierten Wissenschaftler beteiligt sind (s. *Collins* 1983). Ein noch heute moderner Gedanke bei Fleck wäre somit, dass Schließungsprozesse nicht

Fachmann darstellt, muss jedoch aufgrund anderer Teile des fleckschen Werkes angemerkt werden, dass es sich hierbei nicht um ein exklusives Merkmal diesen Typs der Gedankenwanderung handelt. Die allgemeine Struktur des intrakollektiven Denkverkehrs bringt es nach Fleck mit sich, dass dieser „ipso sociologico facto – ohne Rücksicht auf den Inhalt und die logische Berechtigung – zur Bestärkung der Denkgebilde führt" (EE, 140, s. auch ET, 172). Insofern spielt die Bestärkung nicht nur im Denkverkehr vom Laien zum Fachmann, sondern auch bei der bereits erwähnten Popularisierung und Information eine Rolle. Allgemein spricht Fleck davon, dass es im Gegensatz zum interkollektiven Denkverkehr, der sich durch eine „Umstilisierung" bzw. Veränderung auszeichnet, beim intrakollektiven Denkverkehr zu einer „Stilisierung" bzw. Ver- oder Bestärkung kommt (s. EE, 145; ET, 95 f). *Viertens*: Zum Denkverkehr zwischen den Laien, also innerhalb des exoterischen Kreises, findet sich bei Fleck kaum etwas. Im Rahmen eines Beispiels, bei dem es zu einer „Verunstaltung medizinischer Gedanken" kommt, die dann von „unausgebildetem Hilfspersonal unter das Volk gebracht werden", wird der Begriff „falsche Popularisierung" verwendet (ET, 95). Mit dem Begriff „falsche Popularisierung" könnte Fleck also den Denkverkehr zwischen Laien bezeichnet haben. Bedenkt man jedoch die oben dargelegte Grundstruktur des intra- und interkollektiven Denkverkehrs, dann kann die falsche Popularisierung nicht in das Vierfelder-Schema der Gedankenwanderung zwischen Fachmännern und Laien fallen. Eine falsche Popularisierung ist keine Stilisierung, sondern eine Umstilisierung und somit eine Form des interkollektiven Denkverkehrs. Auch die falsche Information wäre somit intrakollektiv nicht möglich. Intrakollektiver Denkverkehr muss immer ein Denkverkehr sein, der trotz aller Umformungen dem Denkstil des eigenen Denkkollektivs entspricht. Diese in der fleckschen Lehre von den Denkstilen vorgenommene Setzung führt jedoch zu Problemen, die im Folgenden erläutert werden sollen.

III.

Ein Problem, das einer strikten Trennung zwischen inter- und intrakollektivem Denkverkehr zugrunde liegt, besteht in der Abgrenzung von unterschiedlichen Denkstilen bzw. Denkkollektiven. Fragt man danach, welches das Kriterium zur Denkdifferenzierung von Menschen in Gruppen sein kann, dann finden wir zunächst einmal, dass Fleck das Denkkollektiv als Gemeinschaft von Menschen fasst, die „im Gedankenaustausch oder in gedanklicher Wechselwirkung stehen" (EE, 54). Thomas Schnelle schließt an den Begriff der gedanklichen Wechsel-

nur wissenschaftsintern ablaufen, sondern auch durch die Öffentlichkeit (den exoterischen Kreis) vermittelt werden.

wirkung an und kommt zu dem Schluss, dass Denkkollektive auf der „nach sich Verstehen- und sich nicht Verstehen-Können feststellbaren sozialen Differenzierung der Menschen“ beruhen (*Schnelle* 1982, 19). Nun ist der Begriff des Verstehens dahingehend problematisch, dass der Prozess des Verstehens gewissermaßen im Inneren eines Menschen stattfindet. Verstehen lässt sich nur schwer beobachten und zugespitzt formuliert, müsste eine solche Zuordnung von Menschen zu Denkkollektiven in einer empirischen Befragung enden, was wer wie verstanden hat. Dabei würde man sicherlich mit dem allgemeinen Problem konfrontiert werden, dass der eine behauptet, den anderen zu verstehen, während dieser wiederum angibt, nicht verstanden worden zu sein. Vielleicht mögen Fleck ähnliche Gedanken bewogen haben, selbst von dem Begriff des Verstehens Abstand zu nehmen, wenn er schreibt, dass „Menschen sich verständigen und nicht verstehen“ (ET, 173). Fleck geht es also nicht, wie Schnelle annimmt, um das Verstehen, sondern um das Verständigen.[9] Es bleibt jedoch unklar, worin nach Fleck diese Unterscheidung besteht und insofern auch, ob er den oben vorgebrachten Kritikpunkt am Verstehensbegriff überhaupt teilen würde. Im Hinblick auf den Verständigungsbegriff kann hingegen gesagt werden, dass Verständigung für „Mitglieder unterschiedlicher Denkkollektive unmöglich“ ist (ET, 172, s. auch EE, 51). In der positiven Formulierung bedeutet dies, dass „Verständigung [...] grundsätzlich nur innerhalb einer Gemeinschaft möglich“ ist (ET, 91). Damit reserviert Fleck den Begriff der Verständigung ausschließlich für den intrakollektiven Denkverkehr. Im interkollektiven Denkverkehr gibt es also keine Verständigung, sondern lediglich einen Verständigungswillen (ET, 95), der jedoch – so wäre daraus zu schließen – nicht zum gewünschten Erfolg der Verständigung führt. Hinsichtlich der oben aufgeworfenen Frage, was das Kriterium für die Differenzierung von Denkkollektiven ist, muss dieses also in der „Verständigung“ zwischen Menschen gesucht werden. Es bleibt jedoch offen, was Fleck genau als „Verständigung“ fasst, und insofern auch, wie dieses zentrale Differenzierungskriterium zur Unterscheidung von Denkkollektiven operationalisiert werden kann.

---

9 Es muss an dieser Stelle angemerkt werden, dass die These von Schnelle letztlich auf einem Übersetzungsproblem beruht. Die maßgebliche Textpassage, auf der Schnelle seine These aufbaut, stammt aus dem im Jahr 1936 auf polnisch erschienenen Artikel „Das Problem einer Theorie des Erkennens“. Zunächst hatte Schnelle in seiner Übersetzung ins Deutsche das Verb „verstehen“ verwendet (*Schnelle* 1982, 19). In der späteren 1983 von ihm zusammen mit Bogusław Wolniewicz vorgenommenen Übersetzung heißt es hingegen: „es gibt Menschen, die sich miteinander *verständigen* können [...] und Menschen, die sich nicht im mindesten einigen und miteinander *verständigen* können“ (ET, 87; Hervorhebung TM).

Ein weiteres Problem ergibt sich hinsichtlich der Frage nach der Zuordnung von Menschen zu Denkkollektiven. Für Fleck ist die „Denkdifferenzierung von Menschen in Gruppen" das erste grundlegende Phänomen der Wissenschaft vom Erkennen (ET, 87). Er verwendet im Weiteren den Begriff des „Mitglieds" im Hinblick auf die Zugehörigkeit zu einem Denkkollektiv (EE, 141; ET, 92, 172). Dabei stellt sich die Frage, wodurch eine Mitgliedschaft überhaupt hergestellt wird. Legt man einen strengen soziologischen Begriff der Mitgliedschaft an, dann können nur Organisationen Mitglieder haben. Für Fleck stimmt jedoch die – wie er es nennt – offizielle Gemeinschaft, z.B. eine Religionsgemeinschaft, nicht vollkommen mit dem Denkkollektiv überein: Die „Organisation des Denkkollektivs [ist] verschieden von der Organisation der Gemeinschaft im offiziellen Sinne" (EE, 136). Fleck scheint es hier also um einen nicht formalen Mitgliedschaftsbegriff zu gehen. So könnte etwa ein Wissenschaftler, der nicht seiner wissenschaftlichen Standesorganisation angehört, doch in einem weiteren Sinne ein Mitglied der wissenschaftlichen Gemeinschaft sein. Diese Art weicher Mitgliedschaft würde sich dann durch das Durchlaufen eines Studiums, dessen Abschluss und der Teilnahme an dem Denkverkehr mit anderen Wissenschaftlern dieses spezifischen Denkstils ergeben. Vielleicht mag man Fleck an dieser Stelle noch einen nicht so strengen Begriff von Mitgliedschaft zubilligen, jedoch ist dadurch das Problem keineswegs gelöst. Es stellt sich die Frage, wodurch sich die Mitgliedschaft der Laien in der exoterischen Peripherie auszeichnet, denn nach Fleck gehört zum Denkkollektiv sowohl der esoterische als auch der exoterische Kreis. Spätestens bei der Zuschreibung einer Mitgliedschaft an den Laien zeigt sich das Problem, dass Fleck unter dem Begriff der Mitgliedschaft in Denkkollektiven eine äußerst breite Gruppe von Menschen fasst.

Das Problem einer Zuordnung von Menschen zu Denkkollektiven liegt jedoch nicht nur auf der exoterischen, sondern auch auf der esoterischen Seite. Nehmen wir an, ein Fachmann würde bei der Umformung eines Gedankens für den Laien einen „Fehler" begehen. Statt mit einer Popularisierung hätten wir es nun mit einer falschen Popularisierung zu tun. Im Hinblick auf die Denkdifferenzierung der Menschen in Gruppen würde der Fachmann nun kein Mitglied des Denkkollektivs mehr sein, da es sich um einen interkollektiven Denkverkehr handelt. Würde der nächste Gedanke jedoch im Sinne des Denkstils umformuliert werden, wäre der Fachmann wieder ein Mitglied. Ein Individuum könnte somit von Aussage zu Aussage permanent zwischen dem Status eines Mitglieds und Nichtmitglieds eines Denkkollektivs wechseln. An dieser Stelle wäre der Begriff des Mitglieds völlig überstrapaziert, da die Mitgliedschaft nicht einmal über eine zumindest kurzfristige zeitliche Periode stabil bleiben würde. Die Denkdifferenzierung der Menschen in Gruppen würde sich also permanent ändern. Von einer Sekunde zur anderen könnte aus einem Esoteriker ein Nichtmitglied desselben Kollektivs werden.

An dieser Stelle entsteht nun die Frage, inwieweit das Denkkollektiv sich überhaupt als theoretisch konzeptionelle Grundlage eignet, wenn es sich aufgrund einer permanenten Veränderung in seiner Mitgliedsstruktur als sehr fluide erweist. Hier erscheint es sinnvoller, wenn man auf ein stabileres Gebilde rekurrieren könnte. Im Rahmen der fleckschen Theorie würde der Denkstil sich als weitaus konstanter erweisen als das Denkkollektiv. Ein Individuum, das eine Reihe von Aussagen macht, müsste nicht permanent zu dem einen, dann zu dem anderen Denkkollektiv zugeordnet werden. Nicht das Individuum würde den jeweiligen Denkkollektiven, sondern die Aussagen den jeweiligen Denkstilen zugeordnet. Die Denkdifferenzierung der Menschen in Gruppen würde ersetzt durch eine Denkdifferenzierung der Aussagen zu Denkstilen. Mit der Abwendung vom Menschen und der Hinwendung zu den Aussagen würde dabei eine kommunikationstheoretische Wende vollzogen, die jedoch von einem wesentlichen und von Fleck als soziologisch charakterisierten Teil seiner Theorie Abstand nähme. Der Verzicht auf das erste grundlegende Phänomen der fleckschen Theorie des Erkennens, der „Denkdifferenzierung von Menschen in Gruppen" (ET, 87), hätte weitreichende Folgen. So würden die darauf aufbauenden intrakollektiven Differenzierungen, wie z.B. die zwischen Esoteriker und Exoteriker oder zwischen Laien und (allgemeinen / speziellen) Fachmännern hinfällig werden. Auch wenn sich bestimmte Teile der fleckschen Theorie reformulieren ließen, so könnten sich die esoterischen und exoterischen Kreise nicht mehr auf Menschen, sondern auf Aussagen beziehen, bedeutet die Abwendung vom Begriff und Konzept des Denkkollektivs eine Erosion eines der zentralen Grundpfeiler der fleckschen Theorie. So ginge etwa in seiner Kritik an der zweigliedrigen Beziehung zwischen dem Subjekt und dem Objekt der Erkenntnis das dritte Beziehungsglied (Denkkollektiv) verloren.

Ein weiterer Ansatzpunkt für eine ebenfalls kommunikationstheoretisch motivierte Kritik an Fleck ergibt sich aufgrund seiner Begriffswahl, insbesondere hinsichtlich des ersten Wortteils der Begriffe Denkstil, Denkkollektiv und Denkverkehr. Ausgehend vom Begriff des Denkkollektivs ließe sich fragen: Kann ein Kollektiv denken? Was soll ein „Kollektivgedanke" (EE, 58) sein? Und womit denkt ein Kollektiv? Um nicht falsch verstanden zu werden: Es geht hier nicht um eine Kritik der Position, dass Wissen als ein kollektives oder besser gesellschaftliches Produkt beschrieben wird, sondern – systemtheoretisch formuliert – um die Kritik, dass Denken eben keine Eigenschaft des sozialen Systems, sondern des psychischen Systems ist. Dieser Einwand verstärkt sich des Weiteren, wenn man versucht, eine Theorie der Denkstile als empirische Wissenschaft zu konzeptionalisieren. Die grundlegende Frage wäre, ähnlich wie bei der Beobachtung von Verstehen, ob sich Denken überhaupt beobachten lässt? Ist es nicht vielmehr so, dass wir (vor allem sprachlich verfasste) Kommunikation beobachten? Warum sollte man sich also aufs Denken und nicht vielmehr auf die Kommunikation konzentrieren? Fleck steht mit seiner Begrifflichkeit vom *Denk*-Stil, *Denk*-Verkehr, aber auch *Denk*-Kollektiv philosophiegeschichtlich gesprochen in einer bewusstseinsphilosophischen Tradition. Insofern würde ich den fleckschen Ansatz im Gegensatz zu Schnelle auch nicht als „extrem antiindividualistischen Standpunkt" charakterisieren (*Schnelle* 1982, 37). Zum einen, da das Individuum von Fleck quasi als konstituierende Einheit des Denkkollektivs betrachtet wird. Zum anderen, weil das Individuum, insbesondere sein „Denken", die zentrale semantische Referenz der fleckschen Begriffsbildung ist. Obwohl Fleck das Erkenntnissubjekt durch Hinzuziehung eines dritten Beziehungsgliedes „entthront", bleibt er diesem doch in seiner Begrifflichkeit verhaftet.

IV.

Im oberen Abschnitt wurde gezeigt, dass bei Fleck die Abgrenzung zwischen den Denkkollektiven unklar bleibt, dass die Zuordnung von Menschen zu Mitgliedern von Denkkollektiven problematisch ist und dass die Begrifflichkeit Flecks einer bewusstseinsphilosophischen Tradition entspringt, die nicht kommunikationstheoretisch verstanden werden kann. Es standen dabei die Konzepte, die sich in den Begriffen des Denkkollektivs, des Denkstils und des intra- bzw. interkollektiven Denkverkehrs widerspiegeln, im Mittelpunkt der Betrachtung.

Nun hat schon Schnelle festgestellt, dass Fleck eine „nicht ausgereifte" Theorie (*Schnelle* 1982, 297) vorgelegt hat, die sich durch Inkonsistenzen und Widersprüchlichkeiten auszeichnet.[10] Insofern ließe sich gegen die obige Kritik der Einwand erheben, dass andere Teile des fleckschen Werkes eventuell kommunikationstheoretisch interpretiert werden könnten. Dies trifft insbesondere für jene Teile zu, in denen Fleck an Fallbeispielen vorgenommene Analysen durchführt und in denen es ihm weniger darum geht, eine denksoziale Differenzierung von Menschen in Gruppen nachzuzeichnen, als vielmehr die schriftlichen Quellen und die darin enthaltenen Denkstile zu vergleichen. Fleck spricht in diesem Zusammenhang von einer „vergleichende[n] Wissenschaft" (ET, 107) oder konkreter von „vergleichender Erkenntnislehre" (EE, 41), deren vornehmste Aufgabe es ist, zu erforschen, „wie Auffassungen, unklare Ideen, von einem Denkstil zum anderen kreisen, wie sie als spontan entstandene Präideen auftauchen, wie sie

10 Zu Widersprüchlichkeiten in der Begrifflichkeit von Fleck siehe auch Fußnote 3.

sich, dank einer Art Harmonie der Täuschung als beharrende starre Gebilde erhalten" (EE, 41). Es finden sich in diesen Teilen auch Hinweise, wie beim Vergleich von Denkstilen empirisch vorgegangen werden kann: Zunächst ist es wichtig, „originale Proben" des alten Denkstils zu untersuchen, da moderne Inhaltsangaben letztlich schon verfälscht sind (EE, 166). Von den wissenschaftlichen Schriften sind dabei ärztliche Schriften und hier wiederum anatomische oder physiologische „sehr geeignet" (EE, 168). Löwy schreibt in Bezug auf die vergleichende Erkenntnislehre davon, dass Fleck eine eigene Methode entwickelt habe (*Löwy* 1990, 224). Dies ist sicherlich aus sozialwissenschaftlicher Perspektive zu weit gegriffen. Dennoch zeigen sich in dem Ansatz einer „vergleichenden Erkenntnislehre" kommunikationstheoretische Bezüge, bei denen nicht der Mensch und das Kollektiv, sondern die schriftlichen Quellen zum Ausgangspunkt der Analyse der Denkstile werden.

Andere Teile von Fleck lassen sich wiederum als Kritik an kommunikationstheoretischen Ansätzen lesen. Ein Beispiel wäre etwa der Begriff der Erfahrenheit bzw. Erfahrung (EE, 123-128). Die Erfahrenheit bringt ein „irrationales, logisch nicht legitimierbares Element in das Wissen" (EE, 125), das insbesondere für Beschreibungen der laborwissenschaftlichen Praxis unerlässlich scheint. Erfahrung, die immer nur persönlich erlangbar ist und neben „klargefaßten" eben auch „unklare ‚instinktive' Wissensbestände eines Forschers" umfasst (EE, 126), käme dem nahe, was heute unter dem von Michael Polanyi geprägten Begriff des „tacit knowledge" verstanden wird (*Polanyi* [1966]). Fleck bezieht sich übrigens in dem 1960 erschienenen Aufsatz „Krise der Wissenschaft" explizit auf Polanyi und dessen 1958 erschienenes Buch, „Personal Knowledge", indem auch schon der Begriff des „tacit knowledge" erwähnt wird. Dabei sieht Fleck „viele ähnliche Feststellungen" bei Polanyi, aber auch andere Schlussfolgerungen, die jedoch nicht vollends expliziert werden (s. ET, 179). Festzuhalten bleibt, dass Fleck mit dem Begriff der „Erfahrenheit" einen Gegenstandsbereich benennt, der von einem streng kommunikationstheoretisch gefassten Ansatz kaum ins Blickfeld genommen werden könnte. Insofern ließe sich behaupten, dass sich in dem widersprüchlichen und nicht kohärenten Ansatz Flecks heutige Probleme der Integration kommunikations- und akteurstheoretischer Ansätze widerspiegeln. So bleibt Fleck vielleicht gerade aufgrund seiner widersprechenden Teile interessant und anregend, da er verschiedene Anschlussmöglichkeiten zulässt.[11]

11 Ein Beispiel für einen nicht kommunikationstheoretischen Anschluss an Fleck ist der Beitrag von Peter Heering in diesem Sammelband, in dem angelehnt an den Begriff des Denkstils das Konzept des Experimentierstils entwickelt wird.

Dennoch erscheint es mir, dass es trotz der aktuellen Renaissance von Fleck[12] grundlegende Rezeptions- und Anschlussprobleme gibt, die letztlich auf die mangelnde kommunikationstheoretische Fundierung der Theorie zurückgeführt werden müssen. Nach dem „linguistic turn" (*Rorty* 1967) in den Geistes- und Sozialwissenschaften wirkt etwa die bewusstseinsphilosophische Begrifflichkeit Flecks nicht nur altmodisch, sondern ist auch wenig anschlussfähig an heutige Konzepte. Mit den Arbeiten von Michel Foucault hat sich der Begriff des Diskurses als ein „begrenzter Kommunikationsraum" (Foucault [1969], 183) etabliert, der auf einen ähnlichen Gegenstandsbereich abzielt wie der flecksche Begriff des Denkstils. Im Gegensatz zu Fleck ist jedoch der Mensch nicht mehr Ausgangspunkt für eine Denkdifferenzierung in Gruppen, sondern bei (dem frühen) Foucault nur noch das Produkt des Diskurses (s. *Foucault* [1966]). Der Mensch, bei Fleck noch die konstituierende Einheit des Denkkollektivs und der Gesellschaft, rückt – um ein anderes Beispiel für einen kommunikationstheoretischen Ansatz zu nennen – bei Niklas Luhmann in die Umwelt der Gesellschaft.[13] Auch wenn sich neben erheblichen Unterschieden auch Ähnlichkeiten etwa zwischen dem Begriff des Diskurses und dem des Denkstils finden lassen, ist jedoch ab Ende der 1970er Jahre – als zuerst die englische und dann die deutsche Neuausgabe von „Entstehung und Entwicklung einer wissenschaftlichen Tatsache" erscheinen – das Feld, in welchem die fleckschen Begriffe Anwendung finden könnten, schon besetzt. Zudem ist die einer bewusstseinsphilosophischen Tradition nahe stehende Begrifflichkeit Flecks, die zudem auf eine soziale Zuordnung von Denkstilen zu Personengruppen abhebt, vor dem Hintergrund eines linguistic turns veraltet. Das flecksche Werk hat das Problem, weder anschlussfähig an die mittlerweile erfolgte Theorieentwicklung noch ein Klassiker der Wissenschaftsforschung zu sein, auf den sich schon Generationen beriefen. Dies, so könnte man sagen, ist das späte Los einer zum damaligen Zeitpunkt sicherlich äußerst fortschrittlichen Theorie,[14] der auch aufgrund der zeithistorischen Umstände die Anerkennung versagt blieb.

---

12 So fanden in den Jahren 2004 in Zürich, 2005 in Frankfurt (Oder) und im Januar 2006 – anlässlich der französischen Ausgabe von Flecks Werk „Entstehung und Entwicklung einer wissenschaftlichen Tatsache" – in Paris Tagungen zu Ludwik Fleck statt. Im Sommer 2005 wurde am Collegium Helveticum das Ludwik Fleck Zentrum gegründet (s. www.ludwikfleck.ethz.ch).

13 „Würde man den Menschen als Teil des Gesellschaftssystems ansehen, zwänge das dazu, die Theorie der Differenzierung als Theorie der Verteilung von Menschen anzulegen" (*Luhmann* 1997, 29 f). Dies ist jedoch gerade der Ansatz von Fleck.

14 Als fortschrittlich muss heute zum Beispiel gelten, dass Fleck die „Art religiöser Hochachtung vor logischem Schließen", aber auch gegenüber den Naturwissenschaf-

Literatur

Cohen, Robert S. / Schnelle, Thomas (Hg.) (1986), Cognition and Fact – Materials on Ludwik Fleck. Dordrecht et al.

Collins, Harry M. (1983), „An Empirical Relativist Programme in the Sociology of Scientific Knowledge“, in: *Knorr-Cetina, Karin D. / Mulkay, Michael* (Hg.): Science observed. Perspectives on the social study of science. London, S. 85-113.

Egloff, Rainer (Hg.) (2005), Tatsache – Denkstil – Kontroverse. Auseinandersetzungen mit Ludwik Fleck. Zürich.

Fleck, Ludwik [1927], „Über einige besondere Merkmale des ärztlichen Denkens“, in: *ders.*, Erfahrung und Tatsache. Gesammelte Aufsätze. Frankfurt a. M. 1983, S. 37-45.

Fleck, Ludwik [1929], „Zur Krise der ‚Wirklichkeit‘“, in: *ders.*, Erfahrung und Tatsache. Gesammelte Aufsätze. Frankfurt a. M. 1983, S. 46-58.

Fleck, Ludwik [1935a], Entstehung und Entwicklung einer wissenschaftlichen Tatsache. Einführung in die Lehre vom Denkstil und Denkkollektiv. Mit einer Einleitung herausgegeben von Lothar Schäfer und Thomas Schnelle. Frankfurt a. M. 1980.

Fleck, Ludwik [1935b], „Über die wissenschaftliche Beobachtung und die Wahrnehmung im allgemeinen“, in: *ders.*, Erfahrung und Tatsache. Gesammelte Aufsätze. Frankfurt a. M. 1983, S. 59-83.

Fleck, Ludwik [1936], „Das Problem einer Theorie des Erkennens“, in: *ders.*, Erfahrung und Tatsache. Gesammelte Aufsätze. Frankfurt a. M. 1983, S. 84-127.

Fleck, Ludwik [1946], „Wissenschaftstheoretische Probleme“, in: *ders.*, Erfahrung und Tatsache. Gesammelte Aufsätze. Frankfurt a. M. 1983, S. 128-146.

Fleck, Ludwik [1947], „Schauen, sehen, wissen“, in: *ders.*, Erfahrung und Tatsache. Gesammelte Aufsätze. Frankfurt a. M. 1983, S. 147-174.

Fleck, Ludwik [1960], „Krise der Wissenschaft. Zu einer freien und menschlichen Wissenschaft“, in: *ders.*, Erfahrung und Tatsache. Gesammelte Aufsätze. Frankfurt a. M. 1983, S. 175-181.

---

ten bei anderen Erkenntnistheoretikern seiner Zeit (Wiener Kreis) kritisierte (EE, 69). Während Flecks Theorie explizit auf die Naturwissenschaften abzielt, schlossen andere, wie etwa Karl Mannheim, die Naturwissenschaften explizit aus ihrem wissenssoziologischen Programm aus (s. *Mannheim* 1964, 569).

Fleck, Ludwik (1979), Genesis and Development of a Scientific Fact. Edited by von Thaddeus J. Trenn and Robert K. Merton. Chicago.

Fleck, Ludwik (1983), Erfahrung und Tatsache. Gesammelte Aufsätze. Mit einer Einleitung herausgegeben von Lothar Schäfer und Thomas Schnelle. Frankfurt a. M.

Foucault, Michel [1966], Die Ordnung der Dinge. Frankfurt a. M. 1991.

Foucault, Michel [1969], Archäologie des Wissens. Frankfurt a. M. 1973.

Foucault, Michel [1971], Die Ordnung des Diskurses. Frankfurt a. M. 1991.

Hacking, Ian (1999), Was heißt „soziale Konstruktion“? Zur Konjunktur einer Kampfvokabel in den Wissenschaften. Frankfurt a. M.

Knorr-Cetina, Karin D. / Mulkay, Michael (Hg.) (1983), Science observed. Perspectives on the social study of science. London.

Löwy, Ilana (1990), The Polish School of Philosophy of Medicine. Dordrecht et al.

Luhmann, Niklas (1997), Die Gesellschaft der Gesellschaft. Frankfurt a. M.

Mannheim, Karl (1964), Wissenssoziologie. Auswahl aus dem Werk. Eingeleitet und herausgegeben von Kurt H. Wolf. Berlin.

Pels, Dick (2002), „Karl Mannheim and the sociology of scientific knowledge: Toward a new agenda“, in: Sociological Theory 14, S. 30-48.

Polanyi, Michael (1958), Personal Knowledge. Chicago.

Polanyi, Michael [1966], Implizites Wissen. Frankfurt a. M. 1985.

Rorty, Richard (1967), The Linguistic Turn. Essays in Philosophical Methods. Chicago.

Schäfer, Lothar / Schnelle, Thomas (1980), „Ludwik Flecks Begründung der soziologischen Betrachtungsweise in der Wissenschaftstheorie“, in: *Fleck, Ludwik,* Entstehung und Entwicklung einer wissenschaftlichen Tatsache. Frankfurt a. M., S. VII-XLIX.

Schäfer, Lothar / Schnelle, Thomas (1983), „Die Aktualität Ludwik Flecks in Wissenschaftssoziologie und Erkenntnistheorie“, in: *Fleck, Ludwik,* Erfahrung und Tatsache. Gesammelte Aufsätze. Frankfurt a. M., S. 9-34.

Schnelle, Thomas (1982), Ludwik Fleck – Leben und Denken. Zur Entstehung und Entwicklung des soziologischen Denkstils in der Wissenschaftsphilosophie. Freiburg.

Denkstil und Ethik. Über einige Postulate und Implikationen der Wissenschaftslehre von Ludwik Fleck

Arnd Wasserloos

Mit Recht wird Ludwik Fleck heutzutage als Wegbereiter erkenntnis- und wissenschaftstheoretischer Grundpositionen angesehen, die sich mit Sammelbegriffen wie Konstruktivismus oder Relativismus verbinden. Gegen die vorherrschenden objektivistischen Erkenntnislehren seiner Zeit hat Fleck die Gewinnung wissenschaftlicher Erkenntnis als voraussetzungsvollen kollektiven Prozess analysiert – von der Wahrnehmung von Gegenständen über die Bildung von Hypothesen bis zum Nachweis von Kausalzusammenhängen. Seine Betonung des kollektiven Charakters des Erkennens ist gegen die Vorstellung gerichtet, Erkenntnis sei die individuelle Angelegenheit eines symbolischen Menschen,[1] eines einsamen Forschers, dem Erkenntnis, etwa beim Blick durchs Mikroskop, unmittelbar zuteil wird.[2] Gegen diese stark vereinfachende Vorstellung der Erkenntnisgewinnung, die gleichwohl, und besonders im Medialen, so lebendig ist wie eh und je, setzt Fleck die Überzeugung, dass wissenschaftliche Tatsachen in Abhängigkeit von historischen und sozialen Bedingungen entstehen und dass der Theorie des Erkennens daraus die Aufgabe erwächst, diese Wechselbeziehungen zu untersuchen.

Nicht immer ist seine Analyse dabei kohärent und plausibel. So müsste Fleck, wenn er die Kontextabhängigkeit des Erkennens mit einem Anspruch auf Allgemeingültigkeit (d.h. Kontextunabhängigkeit) postuliert, einen übergeordneten epistemologischen Standpunkt voraussetzen, um diese Position widerspruchsfrei vertreten zu können – er lehnt dies aber ab.[3] Schwierig zu folgen ist

1 Vgl. *Fleck* 1983b, S. 47; 1983d, S. 84 f.

2 Vgl. etwa Flecks Schilderung der Vorgänge bei der Beobachtung und Identifikation von Bakterienkulturen unter dem Mikroskop, *Fleck* 1983c, S. 65-71.

3 Diese Frage ist auch Gegenstand der Kontroverse zwischen Fleck und Izydora Dąmbska in den Jahrgängen 1936-37 der polnischen Zeitschrift Przegląd Filozoficzny. Dąmbska verteidigt darin die generelle Möglichkeit zu intersubjektiver Verständigung über Beobachtungen, Aussagen etc., während Fleck, gegen die erkenntnistheoretischen Grundpositionen des Wiener Kreises polemisierend, dies nur im Rahmen von

Fleck auch dann, wenn er zwar auf „kulturelle Wirkungen" der Einsicht in die Denkstillehre hofft, aber keine identifizierbaren Akteure – weder individuelle noch kollektive – mit dem dafür notwendigen Abstraktions- oder Distanzierungsvermögen ausstattet, wodurch das Privileg, eine Vogelperspektive auf den Erkenntnis- und Wissenschaftsprozess einnehmen zu können, bei ihm allein verbleibt.

Den folgenden Ausführungen geht es jedoch nicht darum, Flecks Ansatz aufgrund von Plausibilitätslücken oder Inkongruenzen für obsolet zu erklären. Es geht vielmehr um eine kritische Sichtung jener Elemente von Flecks erkenntnistheoretischen Schriften, in denen der Autor einen Zusammenhang zwischen der angemessenen Deutung, der besten Entwicklung und dem „demokratischen" Charakter des Erkenntnisprozesses behauptet. Es wird daher gefragt, welche normativen Forderungen Fleck für die beste Wissenschaftspraxis erhebt, was es mit der Rede von „demokratischer" Wissenschaft auf sich hat, inwiefern das Beharrungsvermögen der Denkstile eine ethische Herausforderung bedeutet und wo Verantwortung in der Welt der Denkstile zu verorten ist.

1. Ein besseres Denken – Normative Postulate in Flecks Objektivismuskritik

Fleck kritisiert ein erkenntnis- und wissenschaftstheoretisches Denken, das eine absolute Welt an sich voraussetzt. In seinem Aufsatz „Zur Krise der ‚Wirklichkeit'" aus dem Jahr 1928 wendet er sich unter anderem gegen Kurt Riezlers Modell dreier Wirklichkeiten, das eine Wirklichkeit des Stroms unserer Wahrnehmungen, eine des objektivierenden Zugriffs auf die Welt und eine absolute Wirklichkeit unterscheidet.[4] In Flecks Sichtweise ist diese Unterscheidung obsolet. Er ist der Ansicht, dass Wirklichkeit in kollektiven Verständigungsprozessen hervorgebracht wird und dass Wissenschaft nicht der Versuch einer sukzessiven Annäherung an die objektive Erkenntnis der absoluten Realität ist, sondern ein Modus der Erzeugung von Realität. Die „wahre, lebendige Naturwissenschaft" gilt ihm als

> „[...] *die Kunst, eine demokratische Wirklichkeit zu formen und sich nach ihr zu richten, – also von ihr umgeformt zu werden. Es ist eine ewige,*

Denkstilen für möglich hält (vgl. die Schilderung der Kontroverse in *Schnelle* 1986, S. 16 f. und in *Griesecke* 2005, S. 21 ff.).

4 Vgl. *Riezler* 1928, S. 705.

vielmehr synthetische als analytische, nie fertig zu machende Arbeit, ewig, wie die Arbeit des Stromes, der sein Bett formt.“[5]

Zur Vorstellung einer absoluten Wirklichkeit bei Riezler und anderen stellt Fleck dagegen fest:

„Anders ihr offizielles Idealbild: das ist naiv und schön. Hierher gehört das Absolute, die dritte Wirklichkeit Riezlers. Jenes ist Leben und Arbeit des Naturforschers, dies seine Religion.“[6]

Erscheint Fleck die Annahme einer absoluten Realität als metaphysisches Konstrukt, so muss ihm auch jenes Vorhaben als verfehlt gelten, das die Möglichkeit einer sprachlichen Abbildung der Wirklichkeit mittels unmittelbar gegebener einfachster Elemente postuliert, und tatsächlich bescheinigt er Carnaps Konzept der Protokollsätze „völlige Fruchtlosigkeit“.[7] Selbst seine Verfechter, so Fleck, könnten sich nicht auf jene unmittelbar gegebenen einfachsten Elemente einigen, und schon beim Versuch verwickelten sie sich in Widersprüche. Polemisch zuspitzend fragt er:

„Was ist das für ein unmittelbar *Gegebenes*, das man derart suchen muß? Und in welcher Weise ist es *unmittelbar* gegeben, wenn man einen solchen Wortstreit um es führen muß?“[8]

Fleck bestreitet sodann die Vorstellung, dass die Hauptfunktion der Erkenntnistheorie in der „Legitimation“ des Zustandekommens der Erkenntnis bestehe. Nur rhetorisch gemeint ist seine Frage, ob es nicht an der Zeit sei, einen weniger egozentrischen, allgemeineren Standpunkt einzunehmen und von vergleichender Erkenntnistheorie zu sprechen.[9] Erkenntnis- und Wissenschaftstheorie sollen sich nicht länger mit metaphysischen Idealbildern des Denkens und normativen Forderungen an dessen Aufbau beschäftigen; sie sollen sich der vielgestaltigen Realität praktischer Wissenschaft stellen. Besonders deutlich wird dies am Ende des zweiten Kapitels der Monographie von 1935, wo Fleck formuliert:

„Ich halte das Postulat vom Maximum der Erfahrung für das oberste Gesetz wissenschaftlichen Denkens. Zeigt sich nun einmal die Möglichkeit vergleichender Erkenntnistheorie, so wird sie zur Pflicht. Der alte Stand-

5 *Fleck* 1983b, S. 54, Hervorhebungen im Original.

6 *Fleck* 1983b, S. 54.

7 *Fleck* 1983c, S. 64.

8 *Fleck* 1983c, S. 64, Hervorhebungen im Original.

9 Vgl. *Fleck* 1980, S. 34.

punkt, der über normative Feststellungen vom ‚schlechten' und ‚guten' Denken nicht hinauskommt, ist überholt."[10]

Es fällt auf, dass Fleck hier zunächst den Bezugsrahmen eines besseren Denkens angibt, um im nächsten Moment eben solche normativen Feststellungen über „gutes" und „schlechtes" Denken für überholt zu erklären. Vergleichende Erkenntnistheorie gilt ihm als das bessere Denken, weil sie dem Postulat vom Maximum der Erfahrung entspricht und die Quantität der Wahrnehmungsmöglichkeiten steigert. Zwar scheint der Begriff der Pflicht hier nicht moralisches Sollen, sondern kognitive Notwendigkeit zu meinen – wenn die Möglichkeit vergleichender Erkenntnistheorie im Raum steht, dann ist es unmöglich, sie zu ignorieren –,[11] doch bleibt der Forderungscharakter der Aussage davon unberührt. Und auch dass Fleck einen Siegeszug vergleichender Erkenntnistheorie als zwangsläufig unterstellt,[12] hält ihn nicht davon ab, vergleichende Erkenntnistheorie als ein Denkprinzip zu kennzeichnen, das es gegenüber einem alten, überholten Standpunkt vorzuziehen gelte.[13] Metaphysisch oder nicht, investiert Fleck selbst eine gewisse Mühe in den Entwurf eines Idealbildes des Denkens und normative Forderungen an dessen Aufbau; mit seiner Darstellungsweise scheint er bisweilen den Eindruck erwecken zu wollen, dass seine Analyse einer „objektiven Notwendigkeit" oder „Lehre der Geschichte" zum Ausdruck verhelfe (vgl. Fn. 13) – und nicht etwa einer wissenschafts- und erkenntnistheoretischen Einzelposition.

10 *Fleck* 1980, S. 70.

11 Ich danke Dariusz Aleksandrowicz für den Hinweis auf die Möglichkeit, „Pflicht" hier im Sinne von „Notwendigkeit" zu verstehen.

12 Im Aufsatz „Das Problem einer Theorie des Erkennens" von 1936 formuliert er dazu: „Sobald sich aber eine solche Möglichkeit (die Möglichkeit zu vergleichender Erkenntnistheorie, A.W.) einmal einstellt, beseitigt sie nichts und niemand auf Dauer" (*Fleck* 1983d, S. 125).

13 Dies zeigt sich ähnlich auch im ersten Kapitel der Monographie von 1935, wo es heißt: „Ein Denkprinzip, das mehr Einzelheiten und mehr zwangsmäßige Koppelungen wahrzunehmen erlaubt, verdient, wie die Geschichte der Naturwissenschaften lehrt, den Vorzug" (*Fleck* 1980, S. 34).

2. Der demokratische Charakter der modernen (Natur-)Wissenschaften

„Man lasse den Schaffenden, den Fachleuten, freie Bahn!“[14]

Fleck bringt in seine Charakterisierung von Denkkollektiven sodann den Begriff der Demokratie ein. Kollektive, in denen die Stellung der Masse stärker ist, als die Stellung der Elite „[...] weisen gewisse demokratische Eigenschaften auf.“[15] In ihnen bemühe sich die Elite um das Vertrauen und die Anerkennung der Masse, unterstreiche ihre Orientierung am Allgemeinwohl und schmeichle der öffentlichen Meinung:[16]

> „Solche Denkkollektive haben offene Grenzen, gern nehmen sie neue Mitglieder auf; aus ihren Grundsätzen geht eine Tendenz zu Entwicklung und Fortschritt hervor: Ihr Ideal liegt in der Zukunft, nach der man durch Arbeit streben soll. Beispiel eines solchen Kollektivs ist die Gemeinschaft der Naturwissenschaften.“[17]

Solche Kollektive hingegen, in denen die Stellung der Menge schwächer ist als die der Elite, schneiden im Hinblick auf das Vorhandensein „demokratischer Eigenschaften“ schlecht ab. Dort sei die Elite um die Wahrung von Distanz bemüht, sie isoliere sich:

> „Sie unterstreicht die übernatürliche Herkunft der Ideen, die sie vertritt, und der eigenen Bedeutung, sie fordert Gehorsam und Unterordnung. Das Kriterium findet sich in irgendeinem, oft mythischen, Meister. In solchen Kollektiven blühen Zeremonie und Dogmatik auf. Sie sind mehr oder weniger streng abgegrenzt und konservativ: Ihr Ideal liegt in der Vergangenheit, in Ereignissen, Berechtigungen und Offenbarungen, die einst stattgefunden haben. Beispiel eines solchen Kollektivs ist die Mehrzahl religiöser Gemeinschaften.“[18]

Hier das Offene, Fortschrittsdurchtränkte, Zukunft atmende, dort das Elitäre, Dogmatische, Rückwärtsgewandte – eindeutig beinhaltet die Charakterisierung mancher Denkkollektive als „demokratisch“ für Fleck eine positive Wertung. Offenheit und Transparenz sind dabei nicht Gegenstand von Forderungen an die Wissenschaft, sondern integrale Bestandteile des Austauschmodells der moder-

---

14 *Fleck* 1983b, S. 57.

15 *Fleck* 1983d, S. 114.

16 Vgl. *Fleck* 1980, S. 139; 1983d, S. 115.

17 *Fleck* 1983d, S. 115.

18 *Fleck* 1983d, S. 115.

nen (Natur-)Wissenschaft. Diese wesensmäßige Nähe des naturwissenschaftlichen Denkkollektivs zur Demokratie[19] hängt Fleck zufolge mit dessen spezifischer intellektueller Stimmung zusammen, die sich in der „Pflicht des Zurücktretens der Person des Forschers" und der „demokratisch gleichmäßige[n] Achtung jedes Erkennenden"[20] ausdrücke – eine idealisierende Darstellung, die nur vor dem Hintergrund verständlich wird, dass Fleck hier das naturwissenschaftliche Denken dem mystisch-magischen gegenüberstellt.

Der Idee einer demokratischen Kontrolle der Wissenschaft kommt Fleck dort am nächsten, wo er die „Übermacht der Masse über die Elite" als Merkmal des demokratischen Denkkollektivs analysiert[21] und die Unterscheidung „esoterischer" und „exoterischer" Kreise einführt:

> „Um jedes Denkgebilde, sei es ein Glaubensdogma, eine wissenschaftliche Idee, ein künstlerischer Gedanke, bildet sich ein kleiner esoterischer und ein größerer exoterischer Kreis der Denkkollektivteilnehmer. [...] Der exoterische Kreis hat keine unmittelbare Beziehung zu jenem Denkgebilde, sondern nur durch Vermittlung des esoterischen. Die Beziehung der Mehrzahl der Denkkollektivteilnehmer zu den Gebilden des Denkstiles beruht also auf Vertrauen zu den Eingeweihten. Doch auch diese Eingeweihten sind keineswegs unabhängig: sie sind mehr oder weniger – bewußt oder unbewußt – von der ‚öffentlichen Meinung', d.h. der Meinung des exoterischen Kreises abhängig."[22]

Fleck skizziert das Verhältnis von esoterischen und exoterischen Kreisen im Hinblick auf die Wissensbildung als das einer wechselseitigen Abhängigkeit, doch nur für die Abhängigkeit der exoterischen von den esoterischen Kreisen deutet er an, worin sie besteht: Die exoterischen Kreise sind auf die Vermittlungsleistungen der esoterischen Kreise angewiesen, ihre Beziehung zu den Gebilden des Denkstiles (den wissenschaftlichen Tatsachen) beruht auf dem

---

19 Dass Fleck die Demokratie auf die Naturwissenschaft gründe, wie Borck meint (vgl. *Borck* 2004, S. 456), scheint indes eine zu starke Folgerung. Indem Fleck Naturwissenschaft definiert, als „[...] *die Kunst, eine demokratische Wirklichkeit zu formen und sich nach ihr zu richten, – also von ihr umgeformt zu werden*" (*Fleck* 1983b, S. 54, Hervorhebungen im Original) betont er die wesensmäßige Nähe des (recht verstandenen) Austauschmodells der Naturwissenschaft zur Demokratie, stellt diese aber nicht in einen Kausalzusammenhang.

20 Vgl. *Fleck* 1980, S. 188.

21 Vgl. *Fleck* 1980, S. 164.

22 *Fleck* 1980, S. 138 f.

Vertrauen zu denen, die diese hervorbringen. Umgekehrt erschöpft sich Flecks Schilderung der Abhängigkeit der esoterischen von den exoterischen Kreisen im diffusen Hinweis auf deren Abhängigkeit von der „öffentlichen Meinung", wobei diese Abhängigkeit den esoterischen Kreisen sogar bewusst sein kann (was ihnen bspw. die Möglichkeit zu strategischem Handeln eröffnet). In zweierlei Hinsicht ist diese Asymmetrie im Verhältnis zwischen esoterischen und exoterischen Kreisen jedoch unvollständig: Erstens sind die Gefilde von esoterischen und exoterischen Kreisen sozial durchlässig,[23] zweitens sind sie durchlässig für interkollektiven Denkverkehr:

> „[...] das gedruckte Wort, das Kino und das Radio ermöglichen die gedankliche Wechselwirkung innerhalb der Denkgemeinschaft und den Zusammenhang zwischen den esoterischen und den exoterischen Kreisen, trotz aller Entfernung und trotz geringen persönlichen Verkehrs."[24]

Fleck hat die Vorstellung, dass auch der Fachmann „die eingeimpften populären Begriffe" in sein Gebiet hineinbringt und seine Denkerzeugnisse auf sie abstimmt.[25] Dies scheint zwar langwierig, insofern es über den (sozialen) Aufstieg zum Fachmann vermittelt ist, und vorgeprägt, insofern die „öffentliche Meinung" zumindest Ablagerungen der Expertendiskussionen enthält, aber dennoch sieht Fleck auf diese Weise den Fluss des Wissens auch von Seiten der exoterischen Kreise angeregt.

Weiter scheint deren Einfluss indessen nicht zu reichen. Zwar charakterisiert Fleck die repräsentativen, bindenden Ansichten der Wissenschaft zu einem Problem als „exoterischer" als die parallel existierenden nicht-repräsentativen Ansichten;[26] ob er den exoterischen Kreisen damit eine demokratische Kontroll-

23 In einer Skizzierung des Zusammenhangs von sozialen Schichten und Denkkollektiven unterscheidet Fleck *Spezialisten* und *allgemeinere Fachleute* auf Seiten der esoterischen Kreise gegenüber *allgemeingebildeten Laien* und dem *breiten Publikum* auf Seiten der exoterischen Kreise. Spezialisten rekrutieren sich aus dem Kreis der allgemeineren Fachleute, die allgemeineren Fachleute rekrutieren sich aus dem Kreis der allgemeingebildeten Laien; zwischen deren Kreis und dem des breiten Publikums „[...] haben wir die unpassierbarste Grenze sozialer Schichten, hier findet sich naturgemäß eine bestimmte, erkenntnistheoretisch sehr wichtige Bresche der demokratischen Grundsätze" (*Fleck* 1983d, S. 119).

24 *Fleck* 1980, S. 141.

25 Vgl. *Fleck* 1983d, S. 118 ff.

26 Fleck schreibt: „Daß die Wissenschaft in bezug auf fast jedes Problem eine sozusagen repräsentative, bindende Stellung und einige mehr [oder] minder nicht-repräsentative, vorläufige hat, charakterisiert ihre soziale Natur. Von besonderer Wichtigkeit für die

funktion zuspricht oder lediglich eine Chronologie des Durchsickerns von wissenschaftlichen Erkenntnissen in die Sphäre der Öffentlichkeit beschreibt, bleibt jedoch offen. Auch für die Beschreibung des Verhältnisses von esoterischen und exoterischen Kreisen liegt der Tenor somit auf sozialen Aspekten des Prozesses der Wissensbildung, und nicht auf der Kontrolle der Wissenschaft in der Demokratie.

3. Das Beharrungsvermögen der Denkstile als ethische Herausforderung

Enthielte Flecks Wissenschaftslehre konkrete wissenschaftsethische Positionen, sollte man ihnen überall dort begegnen, wo die Denkstiltheorie den Topos der Verantwortung der Wissenschaft oder der Wissenschaftler berührt. Zweifellos ist dies bei Flecks Analyse der Beharrungstendenz der Meinungssysteme der Fall,[27] geht es dabei doch um Vorgänge und Handlungsweisen, die man bisweilen auch missbilligt und sanktioniert. Wenn ein Meinungssystem einmal geformt ist, schreibt Fleck, „[...] so beharrt es beständig gegenüber allem Widersprechenden".[28] Dies geschieht nicht aus Bequemlichkeit oder Vorsicht, es handelt sich vielmehr um eine „aktive Vorgehensweise" in fünf „Graden", die Fleck wie folgt charakterisiert:

> „1. Ein Widerspruch gegen das System erscheint undenkbar.
> 2. Was in das System nicht hineinpaßt, bleibt ungesehen, oder
> 3. es wird verschwiegen, auch wenn es bekannt ist, oder
> 4. es wird mittels großer Kraftanstrengung dem Systeme nicht widersprechend erklärt.
> 5. Man sieht, beschreibt und bildet sogar Sachverhalte ab, die den herrschenden Anschauungen entsprechen, d. h. die sozusagen ihre Realisierung sind – trotz aller Rechte widersprechender Anschauungen."[29]

Insofern „Sollen" zufolge der gängigen Auffassung der philosophischen Ethik „Können" voraussetzt, sind die Grade eins und zwei hinsichtlich der Frage nach

---

Erkenntnistheorie ist es, daß die bindende Stellung exoterischer als die nur für vorläufig gehaltene ist; dies ist für die Übermacht der Masse über die Elite im demokratischen Denkkollektiv bezeichnend." (*Fleck* 1980, S. 164).

27 Vgl. *Fleck* 1980, S. 40 ff.

28 *Fleck* 1980, S. 40.

29 *Fleck* 1980, S. 40.

der Verantwortung schnell geklärt:[30] Wenn einem Wissenschaftler ein Widerspruch gegen das System undenkbar erscheint (1) oder seine präformierte Wahrnehmung ihm das Sehen mancher Phänomene erlaubt, das Sehen anderer Phänomene aber systematisch ausschließt (2), dann geschieht dies nicht wider besseres Wissen oder in betrügerischer Absicht. Die Formen drei bis fünf dagegen spielen im Grunde vor Gericht: Hier wird verschwiegen, zurechtgebogen und verdinglicht, wie es den Beteiligten gerade opportun erscheint. Wenn etwas verschwiegen wird, obwohl es bekannt ist (3), hat man es mit Täuschung zu tun. Auch wenn dieser Fremdtäuschung eine Selbsttäuschung zugrunde liegen mag, bleibt es beim Tatbestand der Täuschung, so wie ein Foul auch dann ein Foul bleibt, wenn es nicht absichtlich begangen wurde. In Grad 3 der Beharrung scheint indes noch die Hoffnung mitzuschwingen, dass jene Anomalien, die den Bestand der Theorie gefährden, Ausnahmen gewesen sein mögen. Psychologisch deutet die Reaktion des „Verschweigens" eher auf den Schock hin, den das Neue verursacht hat, denn auf eine Täuschungsabsicht. Anders beim nächsten Grad der Beharrung: Werden abweichende Beobachtungen „mittels großer Kraftanstrengung dem Systeme nicht widersprechend" erklärt (4), so heißt das, dass sie nicht mehr verlässlich und ohne sachlich nicht gerechtfertigtes Zutun in die Annahmen und Modelle eines Systems integriert werden können und dass die Wissenschaftler sich darüber im Klaren sind. Sie täuschen die Öffentlichkeit darüber, a) weil sie tatsächlich noch Hoffnung auf eine Rehabilitation des alten Systems haben und b) weil es, falls dieser Fall nicht eintritt, strategisch notwenig ist, der nunmehr notwendigen Neuorientierung Zeit zu verschaffen. Wenn man längst um die destruktive Wirkung weiß, die konkurrierende Anschauungen auf das alte System haben, dennoch aber nur sieht und abbildet, was in seinem Rahmen gesehen und abgebildet werden darf, der letzte der von Fleck festgestellten Grade der Beharrung (5), dann sind die Kriterien bewusster, planmäßiger Täuschung in

30 Tatsächlich kann die Frage auf diese Weise nur sehr grob und vorläufig beantwortet werden. Man könnte der obigen Argumentation etwa entgegenhalten, dass nicht einzusehen ist, warum Unwissenheit einen Wissenschaftler vor Strafe schützt. Leicht lässt sich hier eine Analogie zum Arztrecht eröffnen: Ein Arzt kann wegen eines Kunstfehlers verklagt werden, wenn er seine Sorgfaltspflicht verletzt hat. Als Begründung für die Erfüllung dieses Tatbestandes kommt u.a. in Frage, dass er sich zum fraglichen Zeitpunkt nicht auf dem neuesten Wissensstand befunden hat. Gibt es analog eine allgemeine Pflicht des Wissenschaftlers, sich stets auf dem neuesten Wissensstand zu befinden? Welche Wissensgebiete liegen innerhalb des Rahmens seiner Sorgfaltspflicht, welche außerhalb? Welche Instanz kommt für eine Grenzziehung in Frage? Die Wissenschaft selbst? Dutzende Fragen ließen sich hier anschließen, für die in der einfachen Logik von „Sollen impliziert Können" keine angemessene Antwort enthalten ist.

vollem Umfang erfüllt. Den Vertretern der herrschenden Anschauung geht es dann primär um die Rettung einer kollektiven Struktur, die als intellektuelles wie soziales Gebilde einigen Wert für sie hat. Wenngleich hier, wie schon bei (3), unterschiedliche motivationale Ausgangslagen denkbar sind, ist die primäre Aktivität, darauf scheint es mir für die Beurteilung anzukommen, nicht länger an der Sache der Erkenntnis orientiert, sondern auf die Verteidigung jenes Wertgebildes gerichtet.

Im Rahmen seiner erkenntnis- und wissenschaftstheoretischen Ausführungen interessieren Fleck die ethischen Implikationen dieses Zusammenhangs kaum: Die Verteidigung von denkstilgebundenen Geltungsansprüchen funktioniert eben auf diese Weise und genau so lange, bis der betreffende Denkstil durch einen anderen abgelöst wird. Die Beharrungstendenz der Meinungssysteme ist ein integraler Bestandteil der „Erkenntnisphysiologie"[31] und nicht etwa ein kritikwürdiger Gegenstand wissenschaftsethischer Forderungen; es gilt ihm als selbstverständlich, dass Denkstile auch Denkzwänge und Denkverbote sind.[32]

Andererseits kritisiert Fleck diese Operationsform der Denkkollektive und Denkstile, zumindest aber die Stufen drei bis fünf, und er hofft, dass sie überwunden werden möge. Die Einsicht in seine Lehre von Denkstil und Denkkollektiv gilt ihm dabei als der Schlüssel, zumindest aber traut er ihr eine gleichsam kulturpädagogische Rolle zu, wenn er im Aufsatz „Das Problem einer Theorie des Erkennens" von 1936 formuliert:

> „Es ist zu erwarten, daß auf die Enttäuschung, die den Verfall der im gewissen Sinne naiven klassischen Erkenntnistheorie begleiten muß, durch die Perspektiven, die die Theorie der Denkstile eröffnet, eine Periode tieferer Bezauberung folgt. Auch wenn sie nur jenen bösen verbohrten Zauber zu Boden wirft, mit dem Fanatiker des eigenen Stils Menschen eines

---

31 *Fleck* 1980, S. 43, 44.

32 So formuliert Fleck bspw.: „Die allgemeine Richtung der Erkenntnisarbeit ist also: *größter Denkzwang bei kleinster Denkwillkürlichkeit*" (*Fleck* 1980, S. 124, Hervorhebungen im Original); den exoterischen Kreisen einer Denkgemeinschaft ist solcher Zwang „[...] ein Zwang stärkster Art, da er nicht als Gewalt bewußt wird, sondern als selbstverständliche Notwendigkeit" (*Fleck* 1980, S. 142); wenn ein kollektiver Denkstil einer ethno-sozialen Gemeinschaften zugehört, „[...] wird [er] zum Zwange für Individuen, er bestimmt ‚was nicht anders gedacht werden kann'. Ganze Epochen leben dann unter dem bestimmten Denkzwange, verbrennen Andersdenkende, die an der kollektiven Stimmung nicht teilnehmen und den Kollektiv-Wert eines Verbrechers haben, solange als nicht andere Stimmung anderen Denkstil und andere Wertung schafft." (*Fleck* 1980, S. 130).

> abweichenden Stils bekämpfen, erweist sich ihre kulturelle Rolle bereits als wertvoll. Wenn sie nur den Mechanismus der Wirkung jeder Propaganda aufdeckt, immunisiert sie bereits dagegen, sich ihr bedenkenlos zu unterwerfen: Sie lehrt, daß der Mensch über der Idee steht, denn er ist ihr Schöpfer [...]."[33]

Dass Fleck ungemein große Erwartungen an die kulturelle Wirkung seines Gedankengebäudes hat, ihm eine kulturelle Mission zuschreibt, zeigt sich in der verwendeten, stark bildhaften Sprache, überaus deutlich: Der Einsicht in die Theorie der Denkstile folgt eine „Periode tieferer Bezauberung", ihre kulturelle Rolle erweist sich als „wertvoll", sie deckt Wirkungsmechanismen auf, sie immunisiert gegen Unterwerfung – ihre Wirkung ist, mit einem Wort, aufklärerisch.[34]

Dennoch fällt die Bewertung des Denkstilhaften nicht durchweg positiv aus. Als wertvoll erweist sich die kulturelle Rolle der Denkstiltheorie, wenn sie den „bösen verbohrten Zauber zu Boden wirft, mit dem Fanatiker des eigenen Stils Menschen" anderer „Stile bekämpfen". Fleck spricht der Denkstiltheorie mithin eine zweifache Rolle zu: sie soll einerseits die objektivistische Erkenntnis- und Wissenschaftstheorie überwinden, indem sie das Stilgebundene der Erkenntnishervorbringung plausibel macht; sie soll zweitens fanatisches stilgebundenes

33 *Fleck* 1983d, S. 125 f.

34 Das Motiv der heilsamen Wirkung der Denkstillehre auf die Wissenschaftskultur findet sich noch in Flecks zu Lebzeiten unveröffentlichtem Aufsatz „Krise in der Wissenschaft" von 1960, in den sich allerdings auch moralische Empörung über die Indienstnahme der Wissenschaft durch Politik und Industrie mischt, die der „kulturellen Mission der Denkstillehre", so Fleck wörtlich, im Weg stünden. Gefährdungen für die kulturelle Mission der Denkstillehre sieht Fleck vor allem im „[...] wachsende[n] Opportunismus vieler, vor allem junger Wissenschaftler [...], für die Wissenschaft lediglich ein moderner Weg zu einer guten Karriere ist" (*Fleck* 1983g, S. 175). Letzteres scheint im offenen Widerspruch zu den Grundfesten der Denkstillehre zu stehen, die doch die lernende bzw. erziehende Anpassung an Standards des Wahrnehmens, Denkens etc. als zentrales Element der Etablierung von Denkstilen betrachtet. Flecks Analyse der Sozialform der Erkenntnisproduktion zufolge spricht weder etwas dagegen, dass junge Leute in der Wissenschaft Karriere machen, noch spricht etwas dafür, dass sich dies ohne Loyalität gegenüber den Gepflogenheiten (und ihren personalen Trägern) bewerkstelligen ließe. Angesichts seiner Analyse des Funktionierens von Denkkollektiven und der Perpetuierung von Denkstilen sollte ihn opportunistisches Verhalten von Nachwuchswissenschaftlern eigentlich nicht verwundern. Dies mag damit zusammenhängen, dass Flecks Denkkollektiv eher ein Gedankenkollektiv ist, denn eine soziale Gruppe, dass seine wissenssoziologische Analyse möglicherweise noch nicht soziologisch genug ist, als dass sie derlei Mechanismen in den Blick nehmen könnte.

Denken in seine Schranken weisen. Wird ein Stil fanatisch vertreten, so liegt dies offenbar nicht mehr im Rahmen legitimen Beharrens. Es bleibt jedoch unklar, wo Fleck die Grenze für die Legitimität des Beharrens auf stilgebundenem Denken zieht, und ab wann das Beharren auf einem Denkstil das Prädikat „fanatisch" verdient. Möglicherweise ist dies bei einem der skizzierten Grade der Beharrung der Fall, vielleicht schweben Fleck hierbei aber auch andere Verhaltensformen vor. Sein Verweis auf „den Menschen", der als Schöpfer der Idee über dieser stehe, könnte logisch die Rolle einer solchen Legitimitätsgrenze abgeben, bedürfte dafür aber näherer Bestimmung. So kann nur festgehalten werden, dass auch Fleck eine Grenze für legitimes Beharren auf einem Denkstil sieht und dass man die (von Fleck nicht bewerteten) stärksten Formen der Beharrung und den (von Fleck abgelehnten) Fanatismus des eigenen Stils im Allgemeinen wohl als nah beieinander liegend bewerten würde.

4. Verantwortung in der Welt der Denkstile

Zweifellos ist es legitim, Erkenntnis- und Wissenschaftstheorie zu treiben, ohne explizit Anbindungen an ethische Diskurse zu suchen, und es wäre unbillig, von Fleck zu erwarten, dass er Kriterien der Zurechenbarkeit von Verantwortung in arbeitsteiligen Produktionsgemeinschaften entwickelt oder die Frage beantwortet, unter welchen Umständen ein Wissenschaftler möglicherweise die Pflicht hat, einem Denkkollektiv die Kooperation zu verweigern. Tatsächlich stellt Fleck keinen expliziten Bezug zur Frage der Verantwortung her. Sein Interesse gilt der Frage, wie wissenschaftliche Tatsachen entstehen, und nicht, wie man sie auf verantwortliche Weise produziert und verwendet. Das moderne naturwissenschaftliche Denkkollektiv gilt ihm als Vorbild demokratischer Wissenschaft und sein Vertrauen in dieserart verfahrende Wissenschaft ist überaus groß.

Dessen ungeachtet enthält die Denkstillehre einige Bestimmungen, die für das Gebiet von Moral und Ethik relevant sind. Dazu zählt vor allem Flecks systematischer Zweifel an der Möglichkeit, sich individuell zum Denken und Handeln eines Kollektivs verhalten zu können. Grundsätzlich gilt ihm das Denken als „[...] eine kollektive Tätigkeit wie der Chorgesang oder das Gespräch"; „[...] Was wir denken und wie wir sehen", so Fleck, „hängt vom Denkkollektiv ab, dem wir angehören."[35]

Das heißt zwar nicht, dass die Teilnehmer eines Denkkollektivs von diesem wie von einer göttlichen Macht determiniert sind, sondern eher, dass sie sich

35 *Fleck* 1983c, S. 81 f.

gegenseitig Stimme und Bestimmung geben, aber die Wirkmächtigkeit dieses Modus schätzt Fleck als kaum weniger stark ein.[36] Das Kollektiv ist unentrinnbar, und dies wirft zumindest zwei Fragen auf, nämlich ob der individuelle Wissenschaftler zur Abstraktion von den Gebilden des eigenen Denkstils – und damit auch zur Selbstdistanzierung – in der Lage ist und ob individuelles Handeln gegen das Kollektiv im Rahmen der Denkstillehre möglich scheint. Die Aussagen Flecks zu ersterer Frage sind widersprüchlich. Einerseits sind Forscher vom eigenen Denkstil befangen und können nicht von dessen Gebilden abstrahieren:

> „Dem naiv vom eigenen Denkstil befangenen Forscher stellen sich fremde Denkstile wie freie Phantasiegebilde vor, da er nur das Aktive, fast Willkürliche an ihnen sieht. Der eigene Denkstil erscheint ihm dagegen als das Zwingende, da ihm zwar eigene Passivität bewußt, eigene Aktivität aber durch Erziehung, Vorbildung und durch Teilnahme am intrakollektiven Denkverkehr selbstverständlich, fast unbewußt wie das Atmen wird."[37]

Andererseits sind Denkkollektive, wie sich schon bei der Betrachtung des Verhältnisses von esoterischen und exoterischen Kreisen gezeigt hat, keine gänzlich homogenen Einheiten, und Fleck sieht durchaus intrakollektive Unterschiede hinsichtlich der Verfügungsgewalt über die Dogmen eines Denkstils. Wenn der Austausch von Gedanken in einer Gemeinschaft lange genug andauert,

> „[...] wird eine deutliche soziale Struktur sichtbar: Gewisse Individuen beginnen voranzugehen, andere ordnen sich unter. Es entstehen Rivalität, der Wunsch zur Nachahmung, Bewunderung, Verachtung, Sympathien und Antipathien."[38]

Der sozialen Binnendifferenzierung entspricht hier eine ungleiche Beziehung zu den Gebilden des Denkstils und, wie man eingedenk des vorangehenden Zitats vermuten darf, eine Binnendifferenzierung hinsichtlich des naiven Befangenseins vom eigenen Denkstil.

---

36 So konstatiert Fleck im Zusammenhang mit solchen Individuen, die mehreren Denkgemeinschaften angehören und als „Vehikel des interkollektiven Denkverkehrs" wirken: „[...] die stilgemäße Einheitlichkeit des Denkens als sozialer Erscheinung ist viel stärker als der logische Aufbau des Denkens im Individuum. Logisch widersprechende Denkelemente des Individuums gelangen gar nicht zum psychischen Widerspruch, denn sie werden voneinander getrennt [...]" (*Fleck* 1980, S. 144).

37 *Fleck* 1980, S. 185 f.

38 *Fleck* 1983f, S. 168 ff.

Im Ganzen scheint das Kollektiv seine theoretischen und methodischen Richtungsentscheidungen bewusst verfolgen und verstehen zu können. Wenn Fleck bei der Skizzierung des vierten Grades des Beharrungsvermögens feststellt, dass neue Beobachtungen nur noch „mittels großer Kraftanstrengung als dem Systeme nicht widersprechend erklärt“[39] werden können, impliziert dies, dass der Denkstil dem Kollektiv immerhin so weit als solcher bewusst ist, dass man um seine Grenzen weiß und externe Bedrohungen als solche identifizieren kann.

Kommt es derlei kollektiven Verteidigungsbemühungen zum Trotz zu einer Veränderung des Denkstils, so hat dies seinen Grund wiederum nicht in Einwänden oder Beobachtungen, die auf Individuen zurückgeführt werden könnten, sondern in „Fragen der intellektuellen Stimmung“: Nicht einzelne Befürworter oder Beobachtungen, so Fleck, haben der Anatomie von Vesal zur notwendigen Zuhörerschaft verholfen, sondern „die intellektuelle Unruhe in der Gesellschaft der Anatome“.[40]

So gibt es auf die Frage nach der Fähigkeit des individuellen Forschers zur Abstraktion von den Gebilden des eigenen Denkstils zwar keine vollständig negative Antwort, insofern Fleck nicht alle Forscher als (gleichermaßen) naiv vom eigenen Denkstil befangen ansieht; da Fleck aber keine Gelegenheit auslässt, um zu betonen, dass bei der Charakterisierung des Denkens und Erkennens dem Überpersönlichen und Prozesshaften der Vorrang vor dem Individuellen und Singulären zukommt, bleibt seine „kollektivistische“ Grundhaltung dominant.

Ob und ggf. wie man sich individuelles Aufbegehren gegen Dogmen oder Praktiken eines Denkkollektivs im Rahmen der Denkstillehre vorstellen kann, lässt sich exemplarisch an der Frage nach der Möglichkeit eines „Austritts“ aus dem Denkkollektiv nachvollziehen. Zahlreiche Gründe sind für einen Austrittswunsch denkbar. Vielleicht die Meinung, dass im fraglichen Denkkollektiv Beobachtungen verschwiegen werden, weil sie den Bestand des Paradigmas gefährden könnten, vielleicht die Ansicht, dass man dort nicht das Maximum der Erfahrung sucht, oder vielleicht auch das Missfallen darüber, dass dort immer mehr Wissenschaftspolitik und immer weniger Wahrheitssuche betrieben wird. Doch während Fleck die Bereitschaft zur Aufnahme neuer Mitglieder als ein Merkmal „demokratischer“ und deren Fehlen als ein Merkmal elitendominierter, rückwärtsgewandter Kollektive thematisiert, spielt die Frage nach der Möglich-

39 *Fleck* 1980, S. 40.

40 *Fleck* 1983c, S. 78.

keit des Austritts aus einem Denkkollektiv keine vergleichbare Rolle. Ein Austritt aus dem Denkkollektiv kommt im Rahmen der Denkstiltheorie nicht ernsthaft in Betracht. Flecks Denkkollektiv ist keine „fixe Gruppe“ oder „Gesellschaftsklasse“, „Denkkollektiv“ kein substanzieller, sondern ein funktionaler Begriff.[41] Wandlungen der wissenschaftlichen Bezugsgruppe bzw. -größe sind zwar denkbar, aber im Rahmen der Denkstillehre muss man sich darunter eher die Metamorphose eines Denkstils vorstellen, als den Bruch einzelner Wissenschaftler mit „ihren“ Denkkollektiven. In der Logik der Denkstillehre kann man ein Denkkollektiv zudem nicht verlassen, ohne dadurch zugleich in ein anderes einzutreten.[42] Die Vorstellung einer individuellen Austrittsmöglichkeit aus einem Denkkollektiv im traditionellen Sinn einer bewussten, einseitigen Verweigerung oder Beendigung von Zugehörigkeit scheint im Lichte der Denkstillehre obsolet.

Denkbar und gewissermaßen sogar zwingend ist es im Rahmen der Denkstillehre dagegen, Abstraktion, Selbstdistanzierung und Verweigerung selbst als stilgebunden zu verstehen, und tatsächlich kann man die Reflexion über die ethische Dimension wissenschaftlicher Tatsachen oder komplexe Diskurse wie „die Bioethik“ als Denkstile analysieren. Zweifellos wird dabei zugleich mit dem Rahmen der Analyse auch das Spektrum der Perspektiven erweitert, auf das die Meinungsbildung über konkrete moralische Fragen zurückgreifen kann. Allerdings bleibt auch eine so verfahrende Denkstilanalyse ein wissenschaftshistorisches und diskursanalytisches Projekt, das aus sich selbst heraus keine moralischen Urteile und normativen Forderungen generieren kann, ganz gleich, ob sie auf die Geschichte, die Meta-Ebene oder auf konkrete zeitgenössische Einzelfragen der Moral bezogen sind; wo es dennoch moralische Positionierungen oder Forderungen enthält, muss es diese aus anderen Quellen beziehen. So ist zwar eine Analyse moralischer Diskurse als Denkstile möglich, und tatsächlich gehen Aspekte einer solchen Analyse etwa in Flecks Auseinandersetzung mit der Entstehung des heutigen Syphilisbegriffs ein;[43] für moralische Reflexion in dem

41 Vgl. *Fleck* 1980, S. 135. Einschränkend muss jedoch festgehalten werden, dass Flecks Bestimmung der Konzepte „Denkstil“ und „Denkkollektiv“ hinsichtlich Spezifität bzw. Allgemeinheit durchaus variiert. So verwendet Fleck die Begriffe „Denkstil“ und „Denkkollektiv“ einmal für spezifische Erklärungsansätze wie sie etwa in der Begriffsopposition „Kontagionismus vs. Anti-Kontagionismus“ zum Ausdruck gelangen, ein anderes Mal für so grundsätzlich verschiedene Zugangsweisen zur Welt wie mystische gegenüber rationalen.

42 Ich danke Rainer Egloff für den Hinweis auf die Austritt-gleich-Eintritt-Logik der Denkstillehre.

43 Vgl. *Fleck* 1980, S. 3-29.

Sinne, dass sich individuelle Forscher zur moralischen Dimension ihres eigenen Handelns in Beziehung setzen, scheint im Rahmen der Denkstillehre dagegen kein Ort zu existieren.

Bonah (2002) fasst dies in der Formel zusammen, dass es Fleck angesichts der Krise der Medizin in den 1920er und 30er Jahren eher um ein besseres Verständnis der Wissenschaft durch Wissenschaftler und Öffentlichkeit ging, als um das moralische Urteilen von Individuen in einem System. Er belegt dies, indem er zentrale Aussagen aus Flecks Monographie von 1935 mit den Kommentaren von Julius Moses[44] zur Lübecker BCG-Katastrophe[45] von 1930 vergleicht. Seine Analyse ist weitgehend plausibel[46]: Hier die politischen Kommentare und ethischen Forderungen von Moses, der eine externe Kontrolle der experimentierenden Ärzteschaft verlangt, weil diese ihre moralischen Richtlinien verloren habe,

44 Julius Moses (1868-1942), Arzt, sozialdemokratischer Politiker und Mitglied des Reichstages, war einer der prononciertesten Kritiker der Medizin und des ärztlichen Standes in der Weimarer Republik. Er publizierte zahlreiche Artikel über Menschenversuche und geißelte die „Experimentiersucht" und „Experimentierseuche" der naturwissenschaftlichen Medizin zu Beginn des 20. Jahrhunderts. Moses war maßgeblich an der Entwicklung von „Richtlinien für neuartige Heilbehandlung und für die Vornahme wissenschaftlicher Versuche am Menschen" beteiligt, die vom Reichministerium des Inneren 1931 erlassen wurden. Über die Lübecker BCG-Katastrophe (siehe Fn. 46) veröffentlichte er 1930 das Buch „Der Totentanz von Lübeck". 1942 wurde Moses in das Konzentrationslager Theresienstadt deportiert, wo er im gleichen Jahr infolge der Bedingungen der KZ-Haft starb (vgl. *Nemitz* 2000; *Reuland* 2004, S. 135 ff.; *Wolff* 1997, S. 117 ff.).

45 Bei der Einführung der Schutzimpfung gegen Tuberkulose mit dem 1921 von Calmette und Guèrin entwickelten Impfstoff kam es 1930 in Lübeck zu einem der größten Impfunglücke des 20. Jahrhunderts. Die Impfkultur war mit virulenten Tuberkelbazillen kontaminiert. Von 256 Neugeborenen, die gegen Tuberkulose geimpft wurden, starben 77 infolge des kontaminierten Impfstoffes an einer ausgedehnten Tuberkulose, weitere 131 Kinder erkrankten (vgl. *Reuland* 2004, S. 201 ff.).

46 Weniger plausibel ist die Zuspitzung in Bonahs These, dass Fleck mit seiner Monographie auf die Lübecker Ereignisse und die damalige Diskussion über die Verantwortung der Wissenschaft und der Wissenschaftler geantwortet habe – auch wenn er sich nicht explizit zu den Geschehnissen äußere. Flecks Monographie gibt keinen konkreten Hinweis darauf, dass er sie als Antwort auf die Krise der medizinischen Wissenschaft und die damit verbundenen forschungs- und medizinethischen Diskussionen in den 1920er und 30er Jahren verstanden wissen wollte. Es ist zwar wahrscheinlich, dass Fleck diese Diskussionen gekannt hat – dafür spricht auch, wie Bonah zurecht feststellt, die Krisenmetapher, die Fleck in anderen Schriften verwendet –, aber zu einer dezidierten Stellungnahme zu den Geschehnissen in Lübeck werden Flecks Äußerungen nur in Bonahs konstruktiver Außenperspektive.

dort der meistenteils deskriptive Stil Flecks, der unmittelbar politische und moralische Stellungnahmen meidet und auf die Einsicht in das Funktionieren von Wissenschaft durch Wissenschaftler und Öffentlichkeit setzt.

In Bonahs Gegenüberstellung werden die Wurzeln zweier nur schwach verbundener Paradigmen der Auseinandersetzung mit den Geschicken der Wissenschaftsentwicklung sichtbar: „Wissenschaftsforschung" einerseits (vertreten durch Fleck), „Wissenschaftsethik" andererseits (vertreten durch Moses).[47] Bonah gibt mit Flecks Perspektive der Wissenschaftsforschung den Vorzug; seine Schlussbetrachtung ist symptomatisch für die Unverbundenheit der genannten Perspektiven im wissenschaftlichen Diskurs:

> „Wenn sich das Wissen ändert und sich Individuen auf bestimmten Stufen über ihre Gewohnheiten und Denkstandards im unklaren sind, können individuelle Wissenschaftler nicht einfach in zwei Lager eingeteilt werden, ‚schlechte Wissenschaftler', die die Wahrheit verfehlen und widersprechende Tatsachen zurückhalten, und ‚gute Wissenschaftler', die nur objektive Wahrheiten feststellen und publizieren. Dieses Denkschema hat sich zu einem leitenden Diskurs der Bioethik seit dem Nürnberger Ärzteprozess von 1946-47 entwickelt. [...] Des Weiteren, wenn wissenschaftliches Wissen das Ergebnis intersubjektiver Wahrnehmung und interkollektiver Kommunikation ist, dann kann die Verantwortlichkeit für seine Risiken und Gewinne nicht exklusiv Individuen zugeschrieben werden. Das Rechtssystem in Lübeck hatte dagegen individuelle Verantwortlichkeiten zu ermitteln. Selbst wenn Moses gefordert hätte, dass in Lübeck über das System, als die verantwortliche Entität, hätte geurteilt werden sollen – die inhärente Logik des Rechts nahm einen anderen Kurs. Fleck in dieser Perspektive erneut zu lesen schärft unser Verständnis davon, wo die Antwort des Gerichts auf Fragen der medizinischen Ethik unter einer gewissen Kurzsichtigkeit leidet. [...] Die ethischen Fragen einer gegebenen Zeit können und sollten durch ein besseres Verständnis der Wissenschaft be-

47 Unter den Begriff der „Wissenschaftsforschung" fallen Wissenschaftssoziologie, Wissenschaftsgeschichte, Science and Technology Studies u.ä., unter den Begriff der „Wissenschaftsethik" die so genannten angewandten oder Bindestrich-Ethiken, etwa Medizinethik oder Forschungsethik, sowie umfassendere Kategorien wie Technikethik oder Bioethik. Wo sie deskriptiv vorgehen, können beide Zugangsweisen eng beieinander liegen und zu ähnlichen Ergebnissen gelangen; den entscheidenden Unterschied macht die explizite Suche nach Antworten auf normativ-ethische Fragen.

> antwortet werden und nicht bloß durch moralische und ethische Argumentation."[48]

So plausibel diese Schlussfolgerung auf den ersten Blick scheinen mag, so irreführend ist sie letztlich. Zwar trifft es zu, dass die Zuschreibung von Verantwortung in hochgradig arbeitsteiligen Produktionskontexten ein schwieriges Unterfangen ist, angesichts dessen es mitunter kurzsichtig und hilflos wirkt, wenn, der Logik des Rechts folgend, Individuen für Unglücksfälle wie die Lübecker BCG-Katastrophe verantwortlich gemacht werden; aber so fehlerhaft und täuschend die ethische und rechtliche Fixierung auf individuell zuschreibbare Verantwortung bisweilen auch sein mag, so wenig bietet die Einsicht in die soziale Verwobenheit des Denkens und der Erkenntnisproduktion eine Lösung der Verantwortungsproblematik. Man kann zwar verstehen, dass Bonah an einer wissenschaftshistorisch und -soziologisch informierten Bioethik gelegen ist. Jedoch: Ein besseres Verständnis der Wissenschaft beantwortet keine ethischen Fragen, es hilft nur dabei, sie auf angemessene Weise zu stellen.

Auch ist nicht verständlich, warum Bonah die empirische Frage, ob Wissenschaftler widersprechende Tatsachen zurückhalten, als falsch gestellt ablehnt. Es geht ja nicht darum, dass man pauschal eine Gruppe von Forschern verurteilt, deren Paradigma sich im Verlaufe der Arbeit an einer neuen Therapieform als weniger erfolgreich erweist. Es geht vielmehr darum, dass Menschen durch wissenschaftliche Forschung zu Schaden kommen können, dass auch Fehlverhalten hierfür den Grund liefern kann und dass unter Umständen auch das Zurückhalten von Tatsachen solches Fehlverhalten darstellt. Wenn man die Frage nach der individuellen Verantwortung unter Verweis auf die Einbettung des Einzelfalls in ein „System" nicht stellt, relativiert man nicht nur die Handlungsverantwortung von Wissenschaftlern, man bezweifelt auch generell die Möglichkeit verantwortlichen Handelns. Wenn man die Denkstillehre dahingehend interpretiert, dass es bei der Bewertung wissenschaftlicher Vorgänge nicht so sehr darauf ankommt, wie individuell mit Tatsachen umgegangen wurde, macht man sie zudem kompatibel mit einer Legitimationsstrategie, in deren Rahmen Forscher individuelle Verantwortung unter Verweis auf die Gewalt systemischen Geschehens zurückweisen können.

Inwieweit sich Fleck der problematischen Implikationen seines Ansatzes für die Dimension der Verantwortung von Wissenschaft bewusst war, ist nicht bekannt. Angesichts der optimistischen Vorstellung, die er von solcher Wissenschaft hat, die nach dem Modell der von ihm als demokratisch idealisierten mo-

48 *Bonah* 2002, S. 206 f., meine Übersetzung.

dernen (Natur-)Naturwissenschaft operiert, steht zu vermuten, dass er die Probleme, auf die Julius Moses und andere hinwiesen, für Probleme einer Übergangsperiode hielt, welche sich einer durch die Denkstillehre aufgeklärten Wissenschaft der Zukunft nicht (mehr) stellen würden.

Zweifellos ist die Denkstillehre Wissenschaftskritik, insofern sie gegen den erkenntnistheoretischen Objektivismus ihrer Zeit gerichtet ist, aber Fleck ist nicht annähernd der Wissenschaftskritiker, als der er bisweilen gehandelt wird. Der Gedanke, dass wissenschaftliches Handeln auch durch externe Instanzen kontrolliert werden müsse, weil es „[...] nicht ausreicht, auf den moralischen Instinkt des Arztes zu zählen, der selbst spüren sollte, was zulässig ist und was dem Forscher nicht erlaubt oder was sogar verbrecherisch ist“,[49] findet sich bei Fleck erstmals 1948 im Aufsatz „Zur Frage ärztlicher Experimente an Menschen“,[50] den er in zeitlicher Nähe zu seiner Zeugenschaft im IG-Farben-Prozess verfasst. Darin verurteilt er die Verbrechen, die im Namen der Wissenschaft in deutschen Konzentrationslagern verübt wurden, aufs Schärfste und er erkennt ausdrücklich die Notwendigkeit einer externen Kontrolle ärztlichen Experimentierens und einer Regulierung der Forschung an. Interessanter für den hier vorgestellten Zusammenhang ist jedoch Flecks Urteil über den wissenschaftlichen Status jener Menschenversuche:

> „Krasse Beispiele des Missbrauchs gab es in Hitlerdeutschland. In einer großen Anzahl der Beispiele handelte es sich um gemeine, sadistische Verbrechen mit klarem sexuellen Einschlag, aber einige dieser Vorgänge hatten den Anschein wissenschaftlicher Experimente.“[51]

Im Hinblick auf den Wissenschaftscharakter der Humanexperimente in den deutschen Konzentrationslagern scheint diese Stellungnahme Folgendes zu besagen: Entweder hatten die Humanexperimente nur den Anschein von Experimenten, waren tatsächlich aber keine, oder sie konnten nicht einmal den Anschein von Experimenten erwecken, weil es sich offensichtlich um Verbrechen handelte. Indem Fleck den Wissenschaftscharakter der Humanexperimente bestreitet, scheint er davon auszugehen, dass wahrhaft wissenschaftliche Experimente nicht derart menschenverachtende Züge hätten annehmen können.[52] Diesem erneuten Hin-

---

49 *Fleck* 1948.

50 Ich danke Uta Schorlemmer, die mir ihre Übersetzung des Aufsatzes freundlicherweise zur Verfügung gestellt hat.

51 *Fleck* 1948.

52 Am unethischen und verbrecherischen Charakter der Menschenexperimente in den deutschen Konzentrationslagern besteht kein Zweifel, weil sie mit unfreiwilligen Pro-

weis auf Flecks idealisierende Vorstellung von der modernen Naturwissenschaft stehen allerdings seine Einschätzungen über die Notwendigkeit einer externen Kontrolle der Wissenschaft entgegen. So zeigt sich Fleck im gleichen Aufsatz über die Zunahme an Humanexperimenten besorgt, hält ein Nachdenken über Möglichkeiten ihres Missbrauchs für erforderlich und formuliert Bedingungen für ihre Zulässigkeit, wie sie ähnlich in den Nürnberger Kodex und später in die Deklaration von Helsinki Eingang gefunden haben. Die Hoffnung, dass die Denkstillehre zu einem besseren Verständnis der Wissenschaft beitragen möge, hegt Fleck auch noch in späteren Jahren,[53] aber ein besseres Verständnis der Wissenschaft gilt ihm keineswegs als Ersatz für deren ethisch-rechtliche Kontrolle durch externe Instanzen. Vor dem Hintergrund seines in deutscher Sprache erschienenen bzw. erschlossenen Werks muss man annehmen, dass Fleck eine ethisch-rechtliche Kontrolle der Wissenschaft erst nach der Erfahrung von KZ-Haft und dem Bekanntwerden der grausamen Humanexperimente in deutschen Konzentrationslagern einforderte. Dafür, dass er sich dabei in Gesellschaft befand, ist die Entstehung des Nürnberger Kodexes selbst der beste Beleg. Ob für

---

banden durchgeführt wurden, deren Leiden, Verstümmelung und Tod zumindest billigend in Kauf genommen wurde. (Angesichts ihrer besonderen Gefährlichkeit für Leib und Leben ist darüber hinaus schwer vorstellbar, dass sich freiwillige Probanden je hätten finden lassen.) Bei der Beurteilung der mit ihnen verbundenen Erkenntnisinteressen, der Wissenschaftlichkeit ihrer Durchführung und ihrer Folgen für die Praxis kommen andere Kriterien ins Spiel. Bezüglich der Erkenntnisinteressen heißt es in einem Ergebnisbericht aus dem Programm zur Erforschung der „Geschichte der Kaiser-Wilhelm-Gesellschaft im Nationalsozialismus“: „Dabei wurde deutlich, was die makaber dämonisierenden Berichte über Mengele eher überdecken: Dass nämlich dessen verbrecherischen Experimenten nicht purer Sadismus, sondern wissenschaftliche Erkenntnisinteressen zu Grunde lagen, die auf dem damaligen Kenntnisstand durchaus plausibel waren“ (*Heim* 2005, S. 60 f.). Was Durchführung und Ergebnisse betrifft, so heißt es von den Fleckfieberversuchen der I.G. Farben in den Konzentrationslagern Buchenwald und Natzweiler, dass sie „meist wirkungslos“ gewesen seien (*Werther* 2002, S. 173); von den Höhentodversuchen in der Unterdruckkammer des KZ Dachau gilt hingegen, dass sie „weitreichende praktische Folgen gehabt“ hätten (*Roth* 2002, S. 146); die Sulfonamidversuche im Konzentrationslager Ravensbrück wiederum werden als „wissenschaftlich sinnlos“ und „Rückschritt hinter den inzwischen erreichten medizinisch-wissenschaftlichen Erkenntnisstand“ (*Ebbinghaus/Roth* 2002, S. 215) beurteilt. In einem zusammenschauenden Kommentar konstatiert Baader: „Unter diesen Experimenten befinden sich sicher sinnlose, wie Hormonversuche von Schering im Konzentrationslager Auschwitz an Probandinnen, die an einer Amenorrhö litten, doch die Mehrzahl von ihnen war im Sinne einer naturwissenschaftlichen Doktrin durchaus seriös“ (*Baader* 1988, S. 53).

53 Siehe auch Fn. 34.

Fleck die von Moses und anderen kritisierte „Experimentierwut" auch früher schon Anlass zu entsprechenden Forderungen war und wie man sich sein Verhältnis zu Fragen der ärztlichen Ethik im Allgemeinen vorzustellen hat,[54] müssen zukünftige Studien zeigen.

Literatur

Baader, Gerhard (1988): „Das Humanexperiment in den Konzentrationslagern. Konzeption und Durchführung", in: *Osnowski, Rainer* (Hg.), Menschenversuche: Wahn und Wirklichkeit. Köln: Kölner Volksblatt Verlag 1988, S. 48-69.

Bonah, Christian (2002): „‚Experimental Rage': The Development of Medical Ethics and the Genesis of Scientific Facts. Ludwik Fleck: An Answer to the Crisis of Modern Medicine in Interwar Germany?", in: Social History of Medicine, 2002, Vol. 15, No. 2, S. 187-207.

Borck, Cornelius (2004): „Message in a bottle from the ‚crisis of reality': on Ludwik Fleck's interventions for an open epistemology", in: Stud. Hist. Phil. Biol. & Biomed. Sci. 35 (2004), S. 447-464.

Ebbinghaus, Angelika / Roth, Karl Heinz (2002): „Kriegswunden. Die kriegschirurgischen Experimente in den Konzentrationslagern und ihre Hintergründe", in: *Ebbinghaus, Angelika / Dörner, Klaus* (Hg.), Vernichten und Heilen. Der Nürnberger Ärzteprozeß und seine Folgen. Berlin: Aufbau 2002, S. 219-240.

Fleck, Ludwik (1948): „Zur Frage ärztlicher Experimente an Menschen (W sprawie doświadczeń lekarskich na ludziach)", in: Polski Tygodnik Lekarski 3:35:1052-1054. Übersetzt aus dem Polnischen von Uta Schorlemmer. Unveröffentlichtes Manuskript.

Fleck, Ludwik (1980): Entstehung und Entwicklung einer wissenschaftlichen Tatsache. Einführung in die Lehre von Denkstil und Denkkollektiv. Mit einer Einleitung herausgegeben von Lothar Schäfer und Thomas Schnelle. Frankfurt am Main: Suhrkamp 1980.

54 Einen Anhaltspunkt hierfür mag Flecks Analyse von Größe und Grenzen der statistischen „Normalisierung" und abstrakten Konstruktion der Krankheitseinheiten sowie die Rolle der Intuition für die Diagnose des Einzelfalls bieten, mit der er sich in seinem Aufsatz „Über einige besondere Merkmale des ärztlichen Denkens" befasst. Eine explizit ethische Position zum Umgang mit Patienten oder zur Forschung wird allerdings auch dort nicht entfaltet (vgl. *Fleck* 1983a).

Fleck, Ludwik (1983a): „Über einige besondere Merkmale des ärztlichen Denkens (1927)", in: *Schäfer, Lothar / Schnelle, Thomas* (Hg.), Ludwik Fleck. Erfahrung und Tatsache. Gesammelte Aufsätze. Frankfurt am Main: Suhrkamp 1983, S. 37-45.

Fleck, Ludwik (1983b): „Zur Krise der ‚Wirklichkeit'" (1929), in: *Schäfer, Lothar / Schnelle, Thomas* (Hg.), Ludwik Fleck. Erfahrung und Tatsache. Gesammelte Aufsätze. Frankfurt am Main: Suhrkamp 1983, S. 46-58.

Fleck, Ludwik (1983c): „Über die wissenschaftliche Beobachtung und die Wahrnehmung im allgemeinen (1935)", in: *Schäfer, Lothar / Schnelle, Thomas* (Hg.), Ludwik Fleck. Erfahrung und Tatsache. Gesammelte Aufsätze. Frankfurt am Main: Suhrkamp 1983, S. 59-83.

Fleck, Ludwik (1983d): „Das Problem einer Theorie des Erkennens (1936)", in: *Schäfer, Lothar / Schnelle, Thomas* (Hg.), Ludwik Fleck. Erfahrung und Tatsache. Gesammelte Aufsätze. Frankfurt am Main: Suhrkamp 1983, S. 84-127.

Fleck, Ludwik (1983e): „Wissenschaftstheoretische Probleme (1946)", in: *Schäfer, Lothar / Schnelle, Thomas* (Hg.), Ludwik Fleck. Erfahrung und Tatsache. Gesammelte Aufsätze. Frankfurt am Main: Suhrkamp 1983, S. 128-146.

Fleck, Ludwik (1983f): „Schauen, sehen, wissen (1947)", in: *Schäfer, Lothar / Schnelle, Thomas* (Hg.), Ludwik Fleck. Erfahrung und Tatsache. Gesammelte Aufsätze. Frankfurt am Main: Suhrkamp 1983, S. 147-174.

Fleck, Ludwik (1983g): „Krise in der Wissenschaft. Zu einer freieren und menschlicheren Naturwissenschaft (1960)", in: *Schäfer, Lothar / Schnelle, Thomas* (Hg.), Ludwik Fleck. Erfahrung und Tatsache. Gesammelte Aufsätze. Frankfurt am Main: Suhrkamp 1983, S. 175-181.

Griesecke, Birgit (2005): „Was machen normale Menschen, wenn sie nicht schlafen? Ludwik Fleck, Izydora Dąmbska und die ethnografische Herausforderung der frühen Wissenschaftssoziologie", in: *Egloff, Rainer* (Hg.), Tatsache – Denkstil – Kontroverse: Auseinandersetzungen mit Ludwik Fleck. Zürich: Collegium Helveticum 2005, S. 21-27.

Heim, Susanne (2005): „Wissenschaft ohne Gewissen", in: Max Planck Forschung 2/2005, S. 60-65.

Moses, Julius (1930): Der Totentanz von Lübeck, Dresden: Madaus 1930.

Nemitz, Kurt (2000): „Das geistige Erbe sinnvoll wahren. Zur Erinnerung an den Arzt und Parlamentarier Dr. Julius Moses", in: *ders.*: Die Schatten der Vergangenheit: Beiträge zur Lage der intellektuellen deutschen Juden in den 20er und 30er Jahren. (Oldenburgische Beiträge zu Jüdischen Studien 7). Oldenburg 2000, S. 113-130.

Reuland, Andreas Jens (2004): Menschenversuche in der Weimarer Republik. Norderstedt: Books on Demand 2004.

Riezler, Kurt (1928): „Die Krise der ‚Wirklichkeit'", in: Die Naturwissenschaften, 16. Jg., Heft 37/38, 14. September 1928, S. 705-712.

Roth, Karl Heinz (2002): „Tödliche Höhen: Die Unterdruckkammer-Experimente im Konzentrationslager Dachau und ihre Bedeutung für die luftfahrtmedizinische Forschung des ‚Dritten Reichs'", in: *Ebbinghaus, Angelika / Dörner, Klaus* (Hg.), Vernichten und Heilen. Der Nürnberger Ärzteprozeß und seine Folgen. Berlin: Aufbau 2002, S. 110-151.

Schäfer, Lothar / Schnelle, Thomas (1983): „Die Aktualität Ludwik Flecks in Wissenschaftssoziologie und Erkenntnistheorie", in: *dies.* (Hg.): Ludwik Fleck. Erfahrung und Tatsache. Gesammelte Aufsätze. Frankfurt am Main: Suhrkamp 1983, S. 9-34.

Schnelle, Thomas (1986): „Microbiology and Philosophy of Science, Lwów and the German Holocaust: Stations of a Life – Ludwik Fleck 1896-1961", in: *Cohen, Robert S. / Schnelle, Thomas* (Hg.), Cognition and Fact. Materials on Ludwik Fleck. Dordrecht/Boston: D. Reidel 1986, S. 3-36.

Werther, Thomas (2002): „Menschenversuche in der Fleckfieberforschung", in: *Ebbinghaus, Angelika / Dörner, Klaus* (Hg.), Vernichten und Heilen. Der Nürnberger Ärzteprozeß und seine Folgen. Berlin: Aufbau 2002, S. 152-173.

Wolff, Eberhard (1997): „Mehr als nur materielle Interessen: Die organisierte Ärzteschaft im Ersten Weltkrieg und in der Weimarer Republik 1914-1933", in: *Jütte, Robert* (Hg.): Geschichte der deutschen Ärzteschaft. Organisierte Berufs- und Gesundheitspolitik im 19. und 20. Jahrhundert. Köln: Deutscher Ärzte-Verlag 1997, S. 97-142.

Die Entstehung und Entwicklung von Ludwik Flecks „vergleichender Erkenntnistheorie“*
Mit einem Anhang: Ludwik Fleck: „In der Angelegenheit des Artikels von Izydora Dąmbska“

Claus Zittel

I. Der Relativismus-Mythos

Viele Wissenschaftstheoretiker halten Fleck selbstverständlich für einen der wichtigsten Vorläufer des gegenwärtigen „radikal-sozialkonstruktivistischen relativistischen Trends“ in der Wissenschaftstheorie.[1] Dem widerspricht, dass durch Flecks gesamtes Werk an zentralen Stellen das Projekt einer ‚Überwissenschaft‘ geistert, welches sich kaum mit relativistischen Argumenten in Einklang bringen lässt. Außerdem hat sich Flecks Auffassung von Wissenschaft im Laufe der Zeit verändert, weshalb man ihm schwer eine durchgängig einheitliche Position zuschreiben kann, sondern eher verschiedene Phasen seines Denkens unter-

---

* Ich danke für hilfreiche Diskussionen und Kommentare Moritz Epple, Falk Müller, Florian Schmaltz, Reinhard Schulz, Evelyn Fox-Keller, Johannes Fehr, Ilana Löwy, Peter Galison, Ian Hacking, John Pickstone, Cornelius Borck und Sylwia Werner.

1 Vgl. z.B. *Löwy, Ilana,* Medical acts and medical facts: the Polish tradition of practice-grounded reflections on medicine and science, from Tytus Chalubinski to Ludwik Fleck, Krakau 2000; „The epistemology of the science of an epistemologist of the sciences: Ludwik Fleck's professional outlook and its relationships to his philosophical works“, in: *Cohen, Robert/Schnelle, Thomas* (Hg.), Cognition and fact: Materials on Ludwik Fleck, Boston 1986, S. 421-444. Bonah, Christian, „Experimental rage: the development of medical ethics and the genesis of scientific facts. Ludwik Fleck: an answer to the crisis of modern medicine in interwar Germany? “ in: Social History of Medicine, 15 (2002), 2, S. 187-207; *Borck, Cornelius,* „Message in a bottle from ‚the crisis of reality‘: on Ludwik Fleck's interventions for an open epistemology“, in: Studies in History and Philosophy of Biological and Biomedical Sciences [Special Issue - Ludwik Fleck: Epistemology and Biomedical Sciences], 35C (2004), 3, S. 447-464; *Löwy, Ilana,* „Introduction: Ludwik Fleck's epistemology of medicine and biomedical sciences“, in: Studies in History and Philosophy of Science Part C: Biological and Biomedical Sciences, (2004), 3, 437-445; *Löwy, Ilana,* „A River That Is Cutting It's Own Bed“: The sereology of syphillis between laboratory, society and the law“, in: Studies in History and Philosophy of Biological and Biomedical Sciences, 35 (2004), S. 509-524.

scheiden sollte. Es sind daher Zweifel an der weithin akzeptierten Einschätzung eines erkenntnistheoretischen Relativismus bei Fleck angebracht. Außerdem steht zu befürchten, dass die unter solchen Vorzeichen stehenden Interpretationen aufgrund ihrer Dominanz bislang die historische wie systematische Auseinandersetzung mit Flecks Werk zu einseitig vorstrukturierten. Weshalb?

Vertreter relativistischer Positionen in der Wissenschaftstheorie behaupten, dass die Naturwissenschaften nicht, wie sonst von Wissenschaftsphilosophen zumeist verfochten wird,[2] durch einen privilegierten Zugang zur Natur vor den Kulturwissenschaften ausgezeichnet seien, sondern ihrerseits tief eingesenkt in jeweils unterschiedliche kulturelle Deutungssysteme sind. Entsprechend seien dann auch die naturwissenschaftlichen Objektivitäts-, Exaktheits- und Evidenzideale kulturell variant, und entpuppten sich bei näherer Betrachtung als standpunkt- bzw. kontextabhängige Vorstellungen mit regulativer Funktion. Insbesondere Ludwik Fleck habe die sozio-kulturelle Bedingtheit von Wissenschaft als einer der ersten klar erkannt. Berufen konnte man sich hierbei beispielsweise auf seine Losung: „In der Naturwissenschaft gibt es gleichwie in der Kunst und im Leben keine andere Naturtreue als die Kulturtreue." (EET, S. 48). Was Fleck für die Wissenschaftstheorie besonders attraktiv macht, ist, dass bei ihm die kulturelle Einbettung von Wissenschaft nicht an diese von außen herangetragen, sondern aus der Perspektive einer Naturwissenschaft selbst begründet wird. Und in der Tat: Was uns heute an Flecks Werk fasziniert, sind seine luziden und materialgesättigten Beschreibungen, wie die konkrete Forschungspraxis und Denkstil sich in unterschiedlichen Kontexten je anders ineinander verschlingen und wie die wissenschaftliche Vorstellungswelt mit Hilfe materieller Dinge und Praktiken gemäß bestimmter sozialer Voraussetzungen gegen Widerstände konstituiert wird. All das erscheint als ein stark relativistisches Programm.

II. Risse im traditionellen Bild

Der Eindruck, Flecks Programm sei relativistisch, passt jedoch ganz und gar nicht zu der Weise, wie Fleck selbst seine Methode und Ziele deklariert und theoretisch begründet. Denn Fleck charakterisierte seine Epistemologie bekanntlich als „vergleichende Erkenntnistheorie".[3] Solch eine „vergleichende Denkstil-

---

2 Vgl. dazu kritisch: *Rorty, Richard*, „Ist Naturwissenschaft eine natürliche Art?", in: *ders.*, Eine Kultur ohne Zentrum. Stuttgart: Reclam 1993; und zum Hintergrund (auch in Bezug auf Fleck): *Zittel, Claus*, „Konstruktionsprobleme des Sozialkonstruktivismus", in: *Zittel, Claus* (Hg.), Wissen und soziale Konstruktion, Berlin 2002, 87-108.

3 Das Manuskript zu seinem Hauptwerk „Die Entstehung und Entwicklung einer wissenschaftlichen Tatsache" trug beispielsweise noch den Titel: „Die Analyse einer wis-

forschung" (EET, S. 70, 41, 85, 56 u. 133), wie Fleck sie fordert, nimmt in Anspruch, man könne einen übergeordneten Standpunkt einnehmen, von welchem aus sich unterschiedliche Denkstile in historischer Abfolge durchmustern und typologisieren lassen. Auf diese Weise könne man verwandte Begriffe aus verschiedenen Denkstilen zueinander in Beziehung setzen und ausgehend von bestimmten „Leitmetaphern" (Urideen) historisch weit auslaufende „Gedankenlinien" bilden. Hierbei konstatiert Fleck „eigene *historische Gesetzmäßigkeiten* im Ablaufe der Ideenschicksale" (EET, S. 15).[4] Fleck scheut dabei keineswegs davor zurück, immer wieder apodiktische Formulierungen zu verwenden, um seinen Standpunkt nachdrücklich zu verdeutlichen. Ich bringe einige erste Beispiele, weitere werden folgen. So hält Fleck

> „das Postulat vom Maximum der Erfahrung für das *oberste Gesetz* wissenschaftlichen Denkens. Zeigt sich nun einmal die Möglichkeit einer vergleichenden Erkenntnistheorie, so wird sie zur Pflicht" (EET, S. 70). „Ein Denkprinzip, das mehr Einzelheiten und mehr zwangsmäßige Koppelungen wahrzunehmen erlaubt, verdient, *wie die Geschichte der Naturwissenschaften lehrt*, den Vorzug [...]. Der Begriff der Syphillis *muß* wie ein denkhistorisches Ereignis [...] untersucht werden" (ebd.). „Viele wissenschaftliche, bestbewährte Tatsachen verbinden sich durch *unleugbare Entwicklungszusammenhänge* mit vorwissenschaftlichen [...] Urideen" (EET, S. 34 f.). „Vergleichende Erkenntnistheorie *darf Erkennen nicht* als zweigliedrige Beziehung des Subjektes und des Objektes [...] betrachten" (EET, S. 53).

---

senschaftlichen Tatsache. Versuch einer vergleichenden Erkenntnistheorie" (unveröffentlichter Brief an Schlick vom 5.9.1931).

4 (Die Hervorhebungen hier und die in den nächsten Zitaten stammen von mir, C. Z.) Auf Grund solcher Stellen beruft sich mancher Wissenschaftshistoriker auf Flecks vergleichende Erkenntnistheorie, um größere Strukturvergleiche von Denkstilen in der Wissenschaftsgeschichte durchzuführen. Dass dazu ein die Kontexte übersteigender Metastandpunkt des Vergleichs möglich sein muss, wird dabei als unproblematisch vorausgesetzt. Vgl.: *Thomas Fuchs*, Die Mechanisierung des Herzens: Harvey und Descartes, Frankfurt am Main 1992, S. 14. Solche Zugriffe auf die Wissenschaftsgeschichte im Namen Flecks nötigen noch zu einer weiteren Präzisierung: Fuchs vergleicht nur den Denkstil zweier einzelner Denker und interessiert sich nicht für das Denkkollektiv. Fleck unterscheidet hier aber sehr rigide: „Das Vorhandensein des Denkstiles macht die Konstruktion des Begriffes ‚Denkkollektiv' notwendig und unentbehrlich. Wer aber dennoch das Denkkollektiv eliminiert, muß Werturteile oder Glaubensdogmen in die Erkenntnistheorie einführen und gelangt aus der allgemeineren vergleichenden Erkenntnistheorie in eine spezielle, dogmatische" (EET, S. 57).

Wie relativistisch ist eine Theorie, die vielerorts von ‚Gesetz' und ‚Pflicht' in Imperativen spricht? Oder umgekehrt gefragt, wann, warum und wie versuchte Fleck den Relativismus zu überschreiten, um einen kontexttranszendierenden Standpunkt einzunehmen? Und wie könnte man Flecks Untersuchungen theoretisch einfangen, ohne in die Falle zu tappen, sich plötzlich auf solch einem Meta-Standpunkt wiederzufinden?

III. Weitere Fragen an Flecks Werk

Gelegentlich wurde in der Fleckforschung die Spannung zwischen allgemeinem Anspruch und relativistischer Praxis konstatiert, doch – soweit ich sehe – ohne dieser Diskrepanz ein besonderes Gewicht beizumessen.[5] Dabei wirft diese Diskrepanz sowohl historisch wie systematisch interessante Fragen auf, die uns nicht nur erlauben, Flecks Epistemologie in den einzelnen Phasen ihrer Entwicklung zu verfolgen und besser historisch zu verorten, sondern die uns auch ins Herz seiner philosophischen Überlegungen führen – es sind die Fragen nach der Kommensurabiliät und der Übersetzbarkeit von in unterschiedlichen Kontexten situiertem Wissen. Solche Fragen werden heute unter dem Dach eines epistemischen Kontextualismus diskutiert. Man versucht hier auszuloten, welche Bedingungen gegeben sein müssen, um vergangene bzw. fremde Kulturen zu verstehen, und fragt, ob wir überhaupt angesichts solcher Kulturen adäquate Interpretationskriterien formulieren können. Die Gretchenfrage des epistemischen Kontextualismus lautet: Muss man eine basale universelle Rationalität, die prinzipiell nicht relativiert und kontextualisiert werden kann, voraussetzen, um überhaupt ein noch so rudimentäres Verständnis von Denkstilen fremder Denkkollektive gewinnen zu können? Impliziert daher auch die Möglichkeit des Vergleichenkönnens von Denkstilen, die Flecks vergleichende Erkenntnistheorie für sich reklamiert, einen basalen Anti-Relativismus in Bezug auf eine stillschweigend vorauszusetzende universelle Rationalität?

Wie nimmt sich Flecks Position dazu aus? Fleck jedenfalls beansprucht, dass er die von ihm dargestellten fremden Wissenssysteme nach gegebenen Kriterien adäquat rekonstruiert. Mehr noch: Für Flecks vergleichende Untersuchungen ist, das hatten die ersten Zitate oben bereits angedeutet, ein signifikanter *Beschreibungs-, Verstehens- und Erklärungsoptimismus* charakteristisch, mit dem *erstaunliche Generalisierungen* in Bezug auf die untersuchten Gegenstände als

5 Vgl. z.B. *Stachel, Peter*, „Was ist eine Tatsache?" Ludwik Flecks Beitrag zur Wissenschaftssoziologie und Erkenntnistheorie, in: Simon Dubnow Institute Yearbook (2004) 3: 351-382, S. 370.

auch auf die historischen Schlußfolgerungen einhergehen. Dies wird rasch deutlich, wenn man beispielsweise Flecks Epochenbegriff näher ins Auge fasst (den er sich offenbar von der Kulturgeschichte vorgeben lässt) oder wenn man bedenkt, dass er für jede Epoche eine Art allgemeine Entwicklungslogik für Denkstile annimmt (EET, S. 35 f.). Fragen, die sich hier zwanglos anschließen, sind z.B.: Schreibt Fleck die Geschichte der Syphilis oder eine Geschichte, zu der sich noch zahlreiche andere alternative Geschichten vorstellen ließen? Wie großzügig sind Fleck zufolge die Abmessungen von Denkstilen zu konzipieren? Wie ist das Verhältnis seiner Beschreibung von Wissensevolutionen – und Akkumulationen innerhalb einzelner Denkstile (hier erkennt Fleck durchaus Fortschritte an) zu den auf der Metaebene des Vergleichs vieler Denkstile folgenden antievolutionären Konsequenzen? Was z.B. ist mit seinem Konzept der Urideen? Er behauptet, sie seien während verschiedener Epochen verschiedentlich begründet, – das klingt nach der Anwendung einer holistisch-strukturalistischen Einsicht (EET, S. 36). Wieso sind es dann Fleck zufolge noch die selben Ideen? Weshalb findet man bei Anwendung seiner Methode „Entwicklungsgänge der Ideen, die oft von primitiven Präideen kontinuierlich zu neuzeitigen, wissenschaftlichen Auffassungen führen“? (EET, S. 131) Widerspricht eine solche Rede von einer „Uridee“ oder „Präidee“ nicht der Denkstilrelativität? Zeigt doch Fleck selbst sehr klar, wenn er auf der gleichen Seite schreibt, dass ein Gedanke A und sein Gegenteil B, die innerhalb eines Denkstils als Widerspruch auftreten, dies nicht tun, wenn sie von Vertretern verschiedener Denkstile verfochten werden, denn, „so ist es eben *nicht derselbe* Gedanke“ (EET, S. 131). Oder: „Denkstilforschung verlangt die Anwendung einer soziologischen Methode in der Erkenntnistheorie“ (EET, S. 83). Wird die soziologische Methode jedoch ihrerseits historisiert oder ist sie die neue Überwissenschaft?

Andererseits behauptet Fleck mit Blick auf ‚archaische‘ Denkformen: „(...) aber wir verfügen über keinen Standpunkt, von dem aus wir sie einheitlich erfassen und untersuchen könnten. Wir sind auch nicht dazu imstande, die Persönlichkeit alter Denker zu erfassen“ (ET, S. 86). Nimmt Fleck aber nicht, um diese Behauptung aufstellen zu können, unversehens einen solchen Standpunkt ein? Und was heißt hier ‚einheitlich‘? Warum sollen wir sie denn überhaupt alle *einheitlich* erfassen wollen? Wie noch zu zeigen sein wird, will Fleck aber gerade dies leisten. Und zudem: Die Kennzeichnung: ‚archaisch‘ oder ‚primitiv‘ für einen Denkstil ist ihrerseits normativ und orientiert sich an einem Fortschrittsmodell des Wissens bzw. an einer kunsthistorischen Vorstellung eines Reifens von Stilen (von einer archaischen zur klassischen Periode, dann kommt die Auflösung, der Hellenismus oder das Barock). Wir müssen uns daher hüten, bei Fleck schon Levy-Strauss' Kultur-Relativismus präludieren zu sehen. Einige

Denkstile werden als miteinander inkommensurabel bezeichnet (ET, S. 87): Wie sind dann Flecks eigene Verstehensmöglichkeiten in seiner historischen Forschung zu taxieren? Wie ist sein eigener Denkstil zu beschreiben und ist auch dieser zu relativieren? Kurzum, eine strikt relativistische Lesart von Flecks Wissenschaftstheorie steht angesichts solcher Passagen vor erheblichen Schwierigkeiten.

Nachdem die Phase, in der es galt, Flecks faszinierende Wissenschafts- und Forschungsanalysen aus dem langen Schatten Thomas Kuhns hervorzuholen und ihre Hauptgedanken durchzusetzen, erfolgreich zu Ende geht – auch der hier vorliegende Sammelband und die Konferenz, aus der er hervorging, sind Zeugnisse dafür –, ist es an der Zeit, Flecks theoretische Grundlagen genauer zu befragen.

IV. Die Politik der Erkenntnis: Eine alternative Geschichte von Flecks Denkweg

Über Jahrzehnte hinweg hat Fleck seine ‚vergleichende Erkenntnistheorie' mehr und mehr ausgearbeitet, ausgedehnt und verallgemeinert. Die Entstehung und Entwicklung von Flecks kontextualistischer Epistemologie lässt sich in fünf Phasen unterteilen. Ich möchte daher nun zeigen, dass Flecks Projekt von einem spezifisch standpunktgebundenen Denken seinen Ausgang nimmt (1). Dann (2) erweitert er seine Einsichten zu einer Denkstil*theorie,* die er in einem nächsten Schritt in den Rang einer Wissenschaft (3) erhebt. Schließlich baut er diese Wissenschaft aus zu einer allgemeinen Synthese von Methoden (4) und am Ende gar zu einer Fundamentalwissenschaft (5).

(1) Eine standpunktgebundene Denkweise

Fleck startet zunächst mit einem Beitrag, der gerade die Besonderheit des medizinischen Denkens gegenüber dem naturwissenschaftlichen hervorhebt: In *Über einige besondere Merkmale des ärztlichen Denkens (1927)* argumentiert Fleck, dass die Medizin eine viel weichere Auffassung von Wissenschaft als die Naturwissenschaften habe. Ihre Sonderstellung gründe sich erstens darauf, dass sie gerade keine normalen, durchschnittlichen Fälle behandle, sondern abweichende Phänomene studiere. Man könnte also sagen, die Medizin verfahre Fleck zufolge prinzipiell anti-aristotelisch. Zweitens suche die Medizin vor allem mit Hilfe der Statistik nach Gesetzen für nicht gesetzmäßige Phänomene (ET, S. 38); dies reiche aber nicht aus, hinzutreten müssten noch (das ist der dritte Punkt) Einfühlung und Intuition, um eine Krankheitseinheit überhaupt erfassen zu können. Viertens schaffe der dadurch sehr weit getriebene Abstraktionsprozeß in der

Medizin Gattungsbegriffe, deren „Fiktivität bedeutend größer als in irgendeinem anderen Wissensbereich ist“. Die Folge sei eine „charakteristische Diskrepanz zwischen Theorie und Praxis“ (ET, S. 40). Im Unterschied zu anderen Disziplinen verfüge die Medizin nicht über eine allgemeine Idee, wie sie etwa die Chemie mit dem Atomismus habe (ET, S. 43), sondern nur über temporäre und dynamische methodische Leitideen (ebd.). Fünftens sei der Gegenstand der Untersuchung, die Krankheit, immer nur in ihren Verlaufsstadien zu untersuchen, Historizität und Zeitlichkeit seien dem Krankheitsbegriff spezifisch eigen. Flecks Überlegungen kulminieren in einem überaus großzügigen Vergleich: „(...) dann unterscheidet sich das ärztliche Denken im Grundsatz dadurch vom naturwissenschaftlichen, daß es das Koordinatensystem von Gauß benutzt, das naturwissenschaftliche aber das System Descartes“ (ET, S. 45).

Fleck hat zu diesem Zeitpunkt offenbar selbst noch jene Hochachtung vor ‚wissenschaftlicher Logik‘, die er später verspottet. Naturwissenschaftliches Denken identifiziert er nicht mit Bacon und den empirischen Wissenschaften, sondern er hat das Zerrbild eines cartesianischen mathematischen Fundamentalismus vor Augen. Den erkenntnistheoretischen Relativismus und die soziale Bedingtheit von Wissenschaft reserviert er hier ausschließlich für die Medizin. Später wagt er sich weiter und dehnt diese an der Medizin gewonnenen Einsichten auch auf die anderen Naturwissenschaften aus, wobei eine vorsichtige Zurückhaltung in Bezug auf die Beispielwahl nicht zu verkennen ist, denn konkret bleibt er zumeist seinem medizinischen Material treu; Exempel aus der Physik sind, wie übrigens auch aus den Bereichen der Kunst, vergleichsweise selten.

Festzuhalten bleibt, dass er seine wissenschaftstheoretischen Grundideen zunächst gerade im Rahmen eines Gegenentwurfs zu einem – in seinen Augen: objektiven – naturwissenschaftlichen Denkstil konzipierte. Zu bedenken wäre ferner die Frage, ob nicht ein Fleckkritiker Flecks frühere Analysen gerade gegen die späteren ironisch ausspielen könnte, indem er dessen Denkstiltheorie kontextualisiert und just als medizinspezifischen Sonderfall deklariert.

(2) Die Denkstil-Theorie

Den Übergang von einer Erkenntnistheorie aus medizinspezifischer Perspektive zu einer allgemeinen Theorie des Erkennens vollzieht Fleck 1929 in seiner Schrift *Zur Krise der Wirklichkeit.* Dieser Text ist vielleicht Flecks relativistischster und radikal konstruktivistischster Beitrag zur Wissenschaftstheorie. In diesem Beitrag finden sich beispielsweise auch jene vielzitierten Sätze:

> „Jedes denkende Individuum hat also als Mitglied irgendeiner Gesellschaft seine eigene Wirklichkeit, in der und nach der es lebt. Jeder Mensch besitzt sogar viele, zum Teil einander widersprechende Wirklichkeiten: die Wirklichkeit des alltäglichen Lebens, eine berufliche, eine religiöse, eine politische und eine kleine wissenschaftliche Wirklichkeit. [...] Jedem Erkennen, jedem Erkenntnissystem, jedem sozialen Beziehungseingehen entspricht eine eigene Wirklichkeit." (ET, S. 48)

Aber dann folgt der Zusatz: „Dies ist der einzige gerechte Standpunkt." Diese Formulierung erscheint mir bemerkenswert: Fleck schreibt nicht, dies sei der einzig ‚wahre' Standpunkt. Die englische Übersetzung führt hier in die Irre, denn dort heißt es: "This is the only correct standpoint." (CF 49) ‚Gerecht' hat im Deutschen im Unterschied zum englischen ‚correct' keine epistemologischen Konnotationen, sondern nur normative. Fleck wechselt zwar auf eine Metaebene, doch er rechtfertigt diesen Wechsel an dieser Stelle nicht erkenntnistheoretisch, sondern kennzeichnet ihn als normativ oder politisch motiviert: – es ist eine politische Entscheidung!

Die naturwissenschaftliche Denkart wird des Weiteren nun entsprechend in politischen Termini beschrieben und allgemein als demokratisch qualifiziert (ET, S. 49), der scharfe Gegensatz von Theorie und Praxis auf alle Naturwissenschaften als Charakteristikum ausgedehnt (ET, S. 50) und – nun pluralistisch – die „Zweckabhängigkeit" aller „naturwisssenschaftlicher Wahrheiten" (ET, S. 51) konstatiert. Der entscheidende Anstoß für diese Ausweitung kam offenbar weniger von Kurt Riezlers Aufsatz *Die Krise der Wirklichkeit*[6], auf den Flecks Text vermeintlich die Antwort ist, sondern von einem Beitrag zur vorherigen Nummer der gleichen Zeitschrift *Die Naturwissenschaften* aus der Feder von Niels Bohr: *„Das Quantenpostulat und die neuere Entwicklung in der Atomistik"*[7]. Fleck

---

6 *Riezler, Kurt*, „Die Krise der Wirklichkeit", in: Die Naturwissenschaften, (1927), 16, S. 705-712. Zum Neo-Kantianer Riezler und dem in dieser Zeit allgegenwärtigen ‚Krisen'-Diskurs siehe: *Borck* (2004); zum weiteren kulturellen Hintergrund: *Harrington, Anne,* Reenchanted science: Holism in German culture from Wilhelm II to Hitler, Princeton 1996.

7 *Bohr, Nils,* „Das Quantenpostulat und die neuere Entwicklung in der Atomistik", in: Die Naturwissenschaften, 16 (1928), 35, S. 245-257. Ilana Loewy vermutet hingegen, dass Weigl und die polnische Medizinerschule Fleck bestärkt hatten, seine Auffassung, dass Krankheiten sozial konstruiert seien, auf die Wissenschaft als ganze auszuweiten. Doch sie räumt ein, dass es schwer zu sagen ist, wie vertraut Fleck mit den Arbeiten aus dieser polnischen Medizinerschule gewesen war. Ich bin ebenfalls skeptisch, insbesondere weil Weigls Konzepte innerhalb des medizinischen Denkens verbleiben. Außerdem reicht es aus, diejenigen Quellen, die Fleck selbst zitiert, in Be-

bezieht sich hier und in der Folge wiederholt auf diesen Text (vgl. ET, S. 67), dessen Darstellung der Quantenmechanik ihm offenbar die Möglichkeit einer Ausweitung seines medizin-bezogenen Standpunktes in Richtung auf die anderen Naturwissenschaften eröffnete. Der Anfang war gemacht.

(3) Der dritte Schritt: Die Erfindung einer neuen Wissenschaft

Entweder im Jahre 1932 oder durch die polnische Übersetzung von 1933 wird Fleck mit einem Vortrag Erwin Schrödingers bekannt, der den Titel trägt: „Ist die Naturwissenschaft milieubedingt?"[8] Dieser Vortrag offeriert Fleck eine weitere wichtige Bestätigung seiner Gedanken von Seiten der Physik, und noch Jahre später, im Rahmen seiner Kontroverse mit Bilikiewicz[9], wird er sich auf diesen Text berufen. Auch Schrödinger bestreitet, dass die Naturwissenschaften besondere, nur für sie reservierte Objekte erforsche und daher einen exklusiven Zugang zur Natur für sich reklamieren dürfe. Er stellt vielmehr die These auf, man könne in der modernen Physik Züge wahrnehmen, die diese mit der Gesamtkultur gemeinsam habe. Die Veränderungen in der modernen Physik seien daher durch kulturelle Faktoren mitbedingt. Schrödinger erkennt insbesondere

---

tracht zu ziehen, um die Öffnung Flecks hin zu einer allgemeinen kritischen Betrachtung der Wissenschaft in einem kollektiven Rahmen plausibel machen zu können. Vgl. *Löwy, Ilana,* The Polish School of Philosophy of Medicine: From Tytus Chałubinski (1820-1889) to Ludwik Fleck (1896-1961), Dordrecht/Boston 1990, S. 217.

8 *Schrödinger, Erwin,* Über Indeterminismus in der Physik – Ist die Naturwissenschaft milieubedingt? Zwei Vorträge zur Kritik der naturwissenschaftlichen Erkenntnis, Leipzig 1932; Zagadnienia wspólczesnej nauki – Indeterminizm. Wpływ środowiska na nauki przyrodnicze [übers. ins Polnische von E. Poznanski], Warschau: Mathesis Polskiej, 1933. Auch abgedruckt in *Mayenn, Karl von* (Hg.), Quantenmechanik und Weimarer Republik, Braunschweig, Wiesbaden 1994, S. 295-333. Hier finden sich auch in der Einleitung des Herausgebers Hinweise auf die geteilte Rezeption des Schrödinger-Vortrags. Bemerkenswert ist insbesondere, dass eine Rezension als Titel wählte: „Der Stil der Physik" (Ebd., S. 11, Fn 15).

9 *Bilikiewicz, Tadeusz,* „Uwagi nad artykułem Ludwika Flecka ‚Nauka a środowisko'", in: Przegląd Współczesny, (1939); *Bilikiewicz, Tadeusz,* „Odpowiedź na replikę Ludwika Flecka", in: Przegląd Współczesny, (1939), 8-9, S. 175-176, *Fleck, Ludwik,* „Nauka a środowisko [Wissenschaft und Umwelt]", in: Przegląd Współczesny, 18 (1939), 8-9, S. 149-156; *Fleck, Ludwik,* „Odpowiedź na uwagi Tadeusza Bilikiewcza [Antwort auf die Anmerkungen von Tadeusz Bilikiewicz]", in: Przegląd Współczesny, 18 (1939) S. 168-174; *Symotiuk, Stefan,* „Two Sociologies of Knowledge. L. Fleck – T. Bilikiewicz", in: Kwartalnik Historii Nauki i Techniki, (1983), 3-4, S. 569-582 und *Löwy, Ilana,* The polish school of medecine (hier die Texte auf englisch).

Zusammenhänge zwischen dem künstlerischen Milieu der Weimarer Republik und der Gestalt der neuen Physik. Seiner Auffassung nach teile die Quantenmechanik mit ihrem Zweifel am Kausalitätsdogma in der Physik das aktuelle künstlerische Bedürfnis nach Umsturz und Regellosigkeit, und in der Kunstströmung der Neuen Sachlichkeit erkennt er Parallelen zum Purismus in der Physik, der danach strebe, überflüssige Begriffe zu eliminieren. Außerdem gebe es sowohl in der Kunst als auch in der Physik einen Trend zur Massenbeherrschung und zur Statistik. Alles in allem wartet Schrödinger mit einer Begriffskonstellation auf, die auch bei Fleck vorkommt, verzichtet jedoch auf die soziologische Analyse der von ihm konstatierten kulturellen Gemeinsamkeiten und differenziert entsprechend nicht die Denkstile.

Sehr wahrscheinlich ermutigt davon, tritt dann in Flecks Schrift *Über die wissenschaftliche Beobachtung und die Wahrnehmung im allgemeinen* von 1935 seine „vergleichende Theorie des Erkennens" (ET, S. 69) zum ersten Mal selbst unter dem Namen einer *Wissenschaft* auf: „Die sich auf die Soziologie des Denkens und soziologische Geschichte der Wissenschaftsentwicklung stützende Theorie des Erkennens" sei die „Wissenschaft, die verschiedene Denkstile vergleicht und den Kreislauf der Gedanken innerhalb der verschiedenen Denkstile untersucht" (ET, S. 75).

Die Diskrepanz zwischen Relativismus der Denkstile und dem Allgemeinheitsanspruch der soziologisch ausgerichteten Meta-Methode tritt nun deutlich hervor. Doch wenn Fleck, wie in seinem zeitgleich publizierten Hauptwerk (EET 1935) geschehen, rhetorisch fragt, ob es nicht an der Zeit sei „einen weniger egozentrischen, allgemeineren Standpunkt einzunehmen und von vergleichender Erkenntnistheorie zu sprechen?" (EET, S. 34), ist er sich womöglich nicht im Klaren, was er sich mit dieser Bemerkung einhandelt. Es überrascht nicht, dass seine Äußerungen wenige Jahre darauf ein philosophisches Nachspiel provozierten. Die polnische Philosophin Izydora Dąmbska, eine Schülerin Twardowskis und wie Fleck aus Lwów kommend, brachte die Problematik von Flecks Basisannahmen in ihrer Fleckkritik präzise auf den Punkt: Wenn Wissenschaft

> „(...) ex definitione ein intersubjektives Gebilde ist, das der Kontrolle vieler, eine gemeinsame Sprache sprechender, normaler Menschen zugänglich ist", dann folge „aus der Verneinung der Möglichkeit einer inter-

subjektiven Erkenntnis, die Ablehnung der Möglichkeit von Wissenschaft." [10]

Dąmbskas Einwänden wird man nicht gerecht, wenn man, wie jüngst geschehen, sie einfach lächerlich macht und Flecks Gegenpolemik opfert.[11] Denn was Dąmbska klarstellt, ist, dass man entweder den scharfen impliziten Relativismus von Flecks Denkstilkonzept aufzugeben hat oder aber man muss den traditionellen Wissenschaftsbegriff inklusive seines *Objektivitätsanspruchs* auflösen und Wissenschaft tatsächlich als Kunst konzipieren. Zu dieser Konsequenz, auch das eigene Wissenschaftsideal zu verabschieden, ist Fleck jedoch, im Unterschied zu seinen relativistisch gesonnenen Nachfolgern oder Vorläufern (wie etwa Nietzsche), um keinen Preis bereit gewesen, und es wird noch zu fragen sein, aus welchen Gründen Fleck sich so sehr an dieses Ideal klammerte. Denn nur scheinbar macht er in dieser Frage Zugeständnisse: Erst ganz am Ende seiner Erwiderung auf Dąmbska und wohlgemerkt innerhalb einer philosophischen Debatte, sieht er sich genötigt, den Status seiner Erkenntnistheorie tief zu hängen:

> „Die Theorie der Denkstile befreit von vielen, veralteten Vorurteilen und enthüllt riesige forschungswürdige Bereiche. In diesem Sinne, das heißt wegen ihrer befreienden und heuristischen Rolle, meine ich, daß sie wahr ist."[12]

---

10 *Dąmbska, Izydora,* „Czy intersubiektywne podobieństwo wrażeń zmysłowych jest konieczną przesłanką nauk przyrodniczych", in: Przegląd filozoficzny 40 (1937), S. 288-294.

11 Ich halte insbesondere Birgit Grieseckes Darstellung der Fleck-Dąmbska-Kontroverse für unfair. Wie gesehen, ist die Argumentation Flecks gerade an dem Punkt, bei dem Dąmska einhakt, nicht sehr stringent; außerdem sollte bedacht werden, dass auch Dąmska einen ganz bestimmten Denkstil, nämlich den der Lwów-Warschau-Schule, in Reinkultur repräsentiert. Somit ließen sich die Denkstile Flecks und Dąmbskas in ihrer Inkommensurabilität gegenüberstellen, und das wäre ganz in Flecks Sinne. Vgl. *Griesecke, Birgit,* „Was machen normale Menschen, wenn sie nicht schlafen. Ludwik Fleck, Izydora Dąmska und die ethnografische Herausforderung der frühen Wissenschaftssoziologie", in: *Egloff, Rainer* (Hg.), Tatsache – Denkstil – Kontroverse: Auseinandersetzungen mit Ludwik Fleck, Collegium Helveticum Heft 1, Zürich: Collegium Helveticum 2005, S. 21-28.

12 *Fleck, Ludwik,* „In der Angelegenheit des Artikels von Fr. Izydora Dąmbska in ‚Przegląd Filozoficzny'" (Jg. 40, Heft III), in: Przegląd Filozoficzny (1938) 41, S. 192-195, übersetzt von Sylwia Werner. (Dieser bislang nur auf polnisch zugängliche Text ist so interessant, dass ich ihn im Anhang auf Deutsch komplett wiedergebe).

In den Abschnitten zuvor aber schlägt er noch einen anderen Ton an. Wiederum treten seine ethische und politische Motivation klar zutage, denn Fleck erwartet von seinem Denkstilkonzept, dass es zur Toleranz[13] erziehe. Außerdem sei es allein sein Konzept, das die Möglichkeit einer gemeinsamen Verständigung der Menschen (!) eröffne und Hoffnung auf die Überwindung totalitärer Machtansprüche gebe:

> „Man kann keine Ansichten unabhängig von der Gesamtkultur der gegebenen Gesellschaft in einer bestimmten Epoche untersuchen. Der Ausgangspunkt muß eine Gemeinschaft der zusammenlebenden Menschen sein, und solch eine Methode führt vor allem zu einer Soziologie des Denkens, die, weil sie eine vergleichende Wissenschaft sein kann, die allgemeinsten Auffassungen umfaßt. In der Epoche, der wir uns nähern, der Epoche der Synthese und des Verschwindens von Partikularismen wird sie unvermeidlich sein. Die Spezialisierung und die Differenzierung innerhalb der Gesellschaft wächst und wird weiter wachsen. Von einer dauerhaften (bleibenden) Wirkung der brutalen Versuche den Menschen gleichzuschalten, kann keine Rede sein. Die Verständigung ist nur auf der Grundlage der Vergleichsmethode möglich: Nur so schafft man das gemeinsame Denkkollektiv, frei durch Kritizismus und allgemein durch Toleranz. Darin besteht der Inhalt und Wert der Denkstillehre und von diesem Standpunkt müßte man sie, wie ich glaube, untersuchen. Das sind weder Sophismen noch relativierte Wahrheiten." (aaO, ob. Fn. 12)

Im Kontrast zu dem eher zurückhaltenden Plädoyer für eine heuristische Denkstiltheorie, die überkommene Sichtweisen aufbricht, hat Fleck in den Jahren nach 1935 jedoch weiter den in die andere Richtung laufenden Weg eingeschlagen und gerade den verallgemeinernden Zug seiner Erkenntnistheorie dadurch noch verstärkt, dass er mit ihr zusätzlich den Anspruch erhob, eine *einheitliche* Erklärung für alle Denkstile geben zu können.

(4) Der Versuch einer Synthese: Die Denkstiltheorie als universalistisch-einheitliche Wissenschaft

In seiner Schrift *Das Problem einer Theorie des Erkennens (1936)* führt Fleck aus, dass wir „bislang" über keinen Standpunkt verfügt hätten, der erlaubte, „die

13 Noch der letzte Aufsatz Flecks „Krise in der Wissenschaft" kulminiert in einer Beschwörung der normativen Kraft seiner Epistemologie: „Vergleichende Stiluntersuchungen werden die Studenten toleranter gegenüber anderen Stilen machen und sie auf die Koexistenz vorbereiten." (ET, S. 180).

intellektuelle Persönlichkeit alter Denker" (ET, S. 86) oder „archaische Denkformen" einheitlich zu erfassen und zu untersuchen. Einen solchen einheitlichen Zugriff von einem überlegenen Standpunkt aber eröffne die neue „vergleichende Wissenschaft über das Denken" (ET, S. 85) bzw. „Wissenschaft über das Erkennen" (ET, S. 87 u. 92).

Für Fleck geht es also keineswegs darum, *angesichts einer fremden Denkform die eigenen Verstehensgrenzen einzusehen und den eigenen Standpunkt zu relativieren*. Das Verständigungsproblem stellt sich für Fleck lediglich auf der Binnenebene, nicht für die olympische Position seiner Theorie. Denn *einzig* auf der Basis seiner Denkstilkomparatistik sei, wie oben zitiert, allgemeine Verständigung möglich, zwischen unterschiedlichen Denkstilen jedoch nicht oder nur kaum. Auf der horizontalen Ebene, d.h. aus der Binnenperspektive einzelner Denkstile differenziert er daher zwischen Gruppen, die sich verständigen können ,und Gruppen, „*die sich nicht im mindesten einigen oder verständigen können, als ob sie verschiedenen Denkgruppen* (*und -gemeinschaften*) angehörten." (ET, S. 87) Drei Hauptdenkstile mit je eigener Evolution werden unterschieden, und dies im Übrigen mit ganz und gar nicht lokalen, sondern überaus großzügigen Abmessungen: der philosophische, der naturwissenschaftliche und der mystische Denkstil. Verständigung sei nur innerhalb einer Gemeinschaft möglich.

Fleck sieht kein Problem darin, dass er mit seinem eigenen Verstehensanspruch bereits die von ihm als absolut konstatierten Verständigungsgrenzen überschreitet. Konsequenterweise müsste er also entweder seinen eigenen soziologischen Standpunkt perspektivieren und relativieren (das war Nietzsches Konsequenz) und/oder eine allgemeine Rationalitäts-Basis für das Verstehen unterschiedlicher Denkstile zugestehen. Perspektivierte er seinen Standpunkt, dann gelangte er nicht zu einer einheitlichen, sondern zu einer pluralistischen Erklärungsweise, derzufolge man die je verschiedenen Standpunkte auf horizontaler Ebene allenfalls hypothetisch zu wechseln versuchen, nicht jedoch synthetisieren kann. Hier läge der Ausweg aus dem Begründungsdilemma. Fleck jedoch progagiert die Möglichkeit einer Synthese:

> „Soll die Theorie des Erkennens eine entwicklungsfähige Wissenschaft sein, nützlich und reich an konkretem Inhalt, muß sie den Bereich ihrer Interessen erweitern. Sie kann sich nicht auf die Untersuchung der im gegebenen Moment offiziell anerkannten Wissensbereiche und -etappen beschränken, sondern muß, indem sie die Mannigfaltigkeit der Denkstile und Vielheit der Denkgemeinschaften in Betracht zieht, *vergleichende Wissenschaft* werden. [...] Sie muß also *psychologische, soziologische* und *historische* Methoden umfassen. Ihr Gegenstand wird die Gesamtheit des

> Erkenntnislebens, dessen Organisation, zeitlichen Fluktuationen und Entwicklungseigenheiten, lokalen Merkmale, die Eigenheiten seiner mannigfachen Formen [...]. *Eine so gefaßte Theorie des Erkennens* [Ökonomie, Technik, Kunst, Politik, Mythologie und Psychiatrie werden einbezogen] *ist die Wissenschaft über die Denkstile*", mit ihr gelangt man „zu einer geeigneten Anschauung des heutigen offiziellen Wissens" (ET, S. 107 f.).

Fleck präzisiert bei verschiedenen Gelegenheiten *expressis verbis*, dass man seine Position nicht als Relativismus oder Skeptizismus verstehen sollte: „Man verstehe meine dargelegten Ansichten nicht als Skeptizismus. Wir können sicher vieles wissen" (EET, S. 70), und in der Kontroverse mit Bilikiewicz stellt er klar:

> „Aus der Theorie der Denkstile resultiert auch kein kognitiver Relativismus. ‚Die Wahrheit' als eine aktuelle Etappe der Denkstilumwandlung ist immer nur die eine: Sie ist stilbedingt vollständig determiniert."
> *„Z teorii stylów myślowych nie wynika też żaden relatywizm poznawczy. ‚Prawda' jako aktualny etap przemian stylu myślowego jest zawsze tylko jedna: jest ona stylowo bez reszty zdeterminowana.*" (Ludwik Fleck: Odpowiedź na uwagi Tadeusza Bilikiewcza, Przegląd Współczesny, 18 (1939), 8-9, S. 168-174, S. 169)[14]

Flecks Epistemologie ist daher nicht relativistisch, sondern relationistisch.

---

14 Bilikiewicz liest Flecks Konzept zu dessen Überraschung als transzendentalphilosphisches. Fleck weist dies entschieden zurück, jedoch lässt sich seine vergleichende Erkenntnistheorie durchaus einreihen in neukantianische Versuche, eine Perspektive des Perspektivismus einzunehmen, etwa bei *Hans Vaihinger* (Philosophie des Als Ob, 1911) und dann später bei *Friedrich Kaulbach* (Wissenschaft und soziale Umwelt, 1939). Fleck bezieht sich auf *Bilikiewiczs* „Die Embryologie im Zeitalter des Barock und Rokokko", eine im Übrigen wenig bemerkenswerte Untersuchung, in der auf sehr allgemeine Weise unter Rückgriff auf Wölfflins und Joels Stilbegriff ein Zusammenhang zwischen dem Zusammenbruch des Absolutismus und neuen embryologischen Einsichten der Animaculisten über das unabhängige Eigenleben der Spermatozoen konstruiert wird. Fleck klagt eine Untersuchung ein, die spezifischer den kollektiven Charakter des wissenschaftlichen Entdeckungsprozesses einfängt. Bilikiewicz reagiert verärgert und unterstellt Fleck einen transzendentalen Idealismus in neokantianischer Manier, aus dessen erkenntnistheoretischer Sicht die Kluft zwischen Naturwissenschaft und Kulturwissenschaft verschwinde. Der 2. Einwand lautet, dass die medizinische Basis zu schmal sei für die epistemologischen Generalisierungen. 3. ist Bilikiewicz überzeugt, dass historische Fakten unabhängig seien und keinem Wandel unterlägen.

Über die Gründe dieser Reobjektivierung seiner Erkenntnistheorie lässt sich spekulieren: Vielleicht war Fleck doch noch so sehr dem szientifischen Objektivitätsideal der von ihm sonst kritisierten *scientific community* des Wiener Kreises verpflichtet, dass er den Vorwurf der Unwissenschaftlichkeit und des Relativismus fürchtete.

Doch weit plausibler scheint mir eine andere Annahme zu sein, die sich auf eine Beobachtung stützen kann, welche zuerst (in Gestalt eines Einwands gegen Fleck) von Wittich und Stock, und neuerdings (Fleck verteidigend) von Cornelius Borck festgehalten wurde.[15] Diese Autoren machten darauf aufmerksam, dass einige der ersten Rezensionen von *Entstehung und Entwicklung einer wissenschaftlichen Tatsache* von nationalsozialistischer Seite kamen (Kroh, Fischer und Peterson)[16], und die unter Berufung auf Fleck „Rasse" als weitere Kategorie einforderten, um einen deutschen Denkstil in der Wissenschaft von einem jüdischen zu unterscheiden. Eine solche Art der Vereinnahmung musste Fleck Entsetzen einflößen und ihn dazu zwingen, schärfere Abgrenzungen vorzunehmen. Angesichts der neuen unheilvollen Allianz von Machtpositivismus, Antisemitismus und Relativismus in Deutschland erscheint es daher mehr als wahrscheinlich, dass Fleck nun verstärkt einen normativen oder zumindest allgemeineren Standpunkt ins Spiel bringen musste, um überhaupt einen Rest von Rationalität zu verteidigen.

---

15 Vgl. *Stock, Wolfgang*, „Die Bedeutung Ludwik Flecks für die Theorie der Wissenschaftsgeschichte", in: Grazer Philosophische Studien, 10 (1980), S. 105-118; *Wittich, Dieter*, „Das Verhältnis von Wissenschaft und Kultur in der Wissenschaftstheorie von Ludwik Fleck", in: DZfPh, 31 (1983), S. 852-855. Eine aufschlußreiche Quelle für das Verständnis der gesellschaftlichen Rolle des Denkens von *Kuhn, Thomas*, in: DZfPh, 1 (1978), S. 105-113; *ders.*, „Rezension von: Ludwik Fleck: Genesis and development of a scientific fact", in: DZfPh, (1981), S. 723-728; *Borck* (2004), S. 8 und 12.

16 *Petersen, H.-C.*, „Ludwig Fleck's Lehre vom Denkstil und dem Denkkollektiv", in: Klinische Wochenschrift 15 (1936), S. 239-242, schrieb z.B.: „In eigentümlicher und von dieser Seite unerwarteter Weise schließt sich Fleck damit unserem neuen deutschen Denkstil an, der eine voraussetzungslose, absolute Wissenschaft verneint." (S. 239). Otto Kroh wünscht sich, dass „die rassische Bestimmtheit des Denkstils miteinbezogen wird", und Fischer befindet, die „Volksgemeinschaft wird vermißt". *Kroh, Oswald*, Rezension von Ludwik Flecks „Entstehung und Entwicklung einer wissenschaftlichen Tatsache", in: Zeitschrift für Psychologie Leipzig (1936), S. 1-3; *Fischer, Franz*, Rezension von Ludwik Flecks „Entstehung und Entwicklung einer wissenschaftlichen Tatsache", in: Der Nervenarzt (1936).

Vier Jahre nach der Veröffentlichung seines Hauptwerkes und kurze Zeit nach dem Erscheinen der erwähnten Rezensionen, nimmt Fleck diese Abgrenzungen in Angriff. In seinem Artikel „Wissenschaft und soziale Umwelt“ (1939) beschreibt Fleck den neuen relativistischen Zugriff auf die Wissenschaft nun als gefährlich zweischneidig: Wir befänden uns, schreibt er,

> „in der Tat [...] an einer wunderbaren Kurve auf dem Entwicklungsweg der Wissenschaft […], von der aus sich der Ausblick auf eine ganz und gar unbegreifliche und exotische Landschaft öffnet.“
> *„Jesteśmy naprawdę na cudwnym zakręcie drogi rozwojowej nauki, z którego otwiera się widok na zupełnie niepojęty egzotyczny krajobraz.*“
> (Ludwik Fleck: Nauka a środowisko, Przegląd Współczesny, 18 (1939), 8-9, S. 149-156, S. 151)

Doch diese Wegbiegung enthülle zugleich auch bedrohliche neue Aussichten. Denn gerade weil die Wissenschaft von ihrer sozialen Umgebung abhänge, kann sie, von links wie rechts, politisch mißbraucht werden. Flecks wissenschaftlicher Optimismus, der aus dem Gefühl der Befreiung von alten Theorie-Zwängen resultierte, wird gebrochen und die aufklärerische Wirkmacht der eigenen Theorie eher verzweifelt beschworen. Fleck gilt zumeist nicht gerade als politischer Denker, doch die folgenden Passagen werfen ein anderes Licht auf ihn. Ich zitiere daher ausführlich:

> „Während ‚die gut erzogenen‘, also konservativen Gelehrten, mit einiger Furcht ihre Augen vor dem Neuen der gerade entstehenden Aspekte verschließen, verarbeiten schlaue Politiker schnellstens die erhaschten Informationen zu demagogischen Parolen. Aus der Tatsache der soziologischen, kollektiven Natur der Erkenntnis wurde zuerst eine politische Parole eines sozialen, klassenbedingten Wissens gemacht und dann kreierte die gegnerische politische Richtung den National-Geist und die Rasse, um durch die Zeitalter einen weltanschaulichen Mythos zu verbreiten. Da jedes Wissen von der Umwelt abhängig ist, muß also der Prozeß umgedreht werden: zu der künstlich veränderten Umwelt muß ein entsprechendes Wissen geschaffen werden. Denn es gibt sowieso keine objektive Wissenschaft! Um so schneller muß eine linke oder rechte, proletarische oder nationale Physik, Chemie usw. ‚gemacht‘ werden. Zu den politisch nötigen, vorher festgelegten Ergebnissen werden wir die Beweise beschaffen. Wir werden eine Planwirtschaft für das Denken einführen, freies Schaffen wird durch bürokratische Zentren ersetzt, Propaganda wird an die Stelle des autonomen Durchdringens der Gesellschaft treten […].

Diese Maßnahmen wären lächerlich, wären sie nicht auch gefährlich. Ein ungebildeter oder eher ein halb-gebildeter Mensch, der eben gerade davon hörte, daß man eine Pferderasse künstlich gezüchtet hat, versucht ein Pferd mit Flügeln zu züchten ... Doch vor allem droht die folgende Gefahr: Die Generation der zukünftig wissenschaftlich Arbeitenden wächst im Glauben heran, daß es die Wahrheit im guten alten Sinne des Fachs nicht mehr gibt. Einige werden zu Fanatikern, denn man nahm ihnen das Vertrauen in die Vernunft, – die anderen werden zynisch, denn sie erkennen, daß es keine noch so große Dummheit gibt, die nicht dank einer schlauen intensiven Propaganda Anerkennung fände.
Das ist der Grund, weshalb das Problem der Abhängigkeit des Wissens von der Umwelt und der Epoche heute besonders aktuell ist."
„Podczas kiedy ‚dobrze wychowani', więc konserwatywni uczeni z pewnym lękiem zamykają oczy na nowość powstających aspektów, sprytni politycy co prędzej przerabiają wyłapane wiadomości na hasła demagogiczne. Z faktu socjologicznej, zespołowej natury poznania zrobiono naprzód polityczne hasło socjalnego, klasowego uwarunkowania wiedzy, a potem konkurencyjny kierunek polityczny stworzył ducha narodu i rasy, by peprzez epoki snuł mit światopoglądowy. Ponieważ każda wiedza jest zależna od środowiska, więc trzeba proces odwrócić: do zmienionych sztucznie środowisk dorobić odpowiednią wiedzę. Przecież i tak nie ma obiektywnej nauki! Więc co prędzej trzeba ‚zrobić' lewicową lub prawicową, proletariacką lub narodową fizykę, chemię itd. Do politycznie potrzebnych, z góry przyjętych wyników dorobimy dowody. Zaprowadzimy planową gospodarkę myślową, biurokratyczne ośrodki zastąpią wolną twórczość, propaganda zastąpi autonomiczne przenikanie społeczeństwa.
Zabiegi te byłyby śmieszne, gdyby nie były poniekąd groźne. Nieuk, czy raczej pół-nieuk, który co słyszał o wynikach sztucznej hodowli ras końskich, próbuje wyhodować konia ze skrzydłami... Lecz jedno przede wszystkim niebezpieczeństwo grozi: rośnie pokolenie przyszłych pracowników naukowych w tej wierze, że nie ma już prawdy w dobrym dawnym sensie fachowym. Jedni stają się fanatykami, bo odebrano im zaufanie do rozsądku, inni stają się cynikami, bo widzą, że nie ma tak wielkiego głupstwa, które nie uzyskałoby uznania dzięki sprytnej intensywnej propagandzie.
Oto dlaczego zagadnienie zależności wiedzy od środowiska i epoki jest dzisiaj szczególnie aktualne." (ebd., S. 151)

Fleck legt seine Theorie nun als Ideologiekritik an. Er warnt ausdrücklich davor, seine Wissenschaft der Denkstile mit der ästhetischen Wissenschaftsauffassung der neuen Wissenschaftlergeneration zu verwechseln, *die bereits relativistisch zu denken begonnen hätte*:

> „Doch ein solcher – eher künstlerischer und literarischer als wissenschaftlicher Ansatz, der von den Autoren hauptsätzlich verfolgt wird und der auf einem intuitiven Erfühlen von Gemeinsamkeiten [...] und Zusammenhängen beruht, ist für die Forschung noch ungeeignet. Zu viel Literarisches und Beliebiges ist darin: Aus einem schönen Text herausgerissene Sätze überzeugen, kalt betrachtet, niemanden. [...] Deswegen scheint mir, daß der Ausgangspunkt für ein positives Erforschen des Einflußes einer Epoche auf die Wissenschaft nur die allgemeine Soziologie des Denkens sein kann."
> *„Lecz takie ujęcie, jakie przeważnie stosują autorowie, ujęcie raczej artystyczne, literackie niż naukowe, polegające na intuicyjnym wyczuwaniu podobieństw [...] i związków nie nadaje się jeszcze do badania. Za dużo w nim literackiego, dowolnego: wyrwane z pięknego tekstu, oglądane na zimno, zdania te nie przekonywują. [...] Dlatego zdaje mi się, że punktem wyjścia dla pozytywnych badań nad wpływem epoki na naukę może być tylko ogólna socjologia myślenia."* (Ebd., S. 151f.)

Innerhalb dieses Argumentationskontextes gelingt es Fleck, das Problem, wie man fremde Kulturen verstehen kann, genauer zu erklären. In seinen Augen handelt es sich nämlich eher um einen Akt der Einfühlung ins Fremde als um eine Übersetzungsaufgabe (die die Gemeinsamkeiten aufspürt). Weniger wichtig sei, wie man alte Begriffe in moderne Terminologie *übersetzt*, sondern wie man ein Gefühl für die Färbung von Stilen und für die Atmosphäre fremder Begriffe in ihrem jeweiligen Kontext bekommt:

> „Die Stil-bedingte Aura von Begriffen unterliegt dem Wandel, ihr folgen die Veränderungen der Anschauungen. Daher muß man zuerst die Aura der Begriffe untersuchen, ihre Stilfärbung, die sich im sprachlichen Gebrauch beim Verwenden bestimmter Worte, insbesondere ihrer metaphorischen Verwendung, widerspiegelt. Dies erst eröffnet den Weg zum Erforschen eines Denkstils in einer gegebenen Epoche."
> *„Stylowa aura pojęć zmienia się, za nią zmieniają się poglądy. Otóż trzeba przede wszystkim badać tę aurę pojęć, ich stylowe zabarwienie, odbijające się w zwyczaju językowym odnośnie używania pewnych słów, zwłaszcza metaforycznego ich używania. To dopiero otwiera drogę do badania stylu myślowego epoki."* (Ebd., S. 154.)

Auf den ersten Blick scheint es, diese Mischung von Einfühlung, dichter Beschreibung und Metaphorologie sollte die epistemologischen Konsequenzen vermeiden können, die ansonsten aus der Idee der Übersetzbarkeit zwangsläufig folgen. Doch Fleck vermischt sogleich epistemologische und politisch-ethische Argumentationen, indem er versucht, seine Beschreibungen an eine exzeptionelle Über-Wissenschaft anzudocken, die sie von einer höheren Warte aus rechtfertigen soll:

> „Wir lernen die Stil-bedingte Aura von Begriffen kennen, archaische, unverständliche Sätze erhalten einen Sinn, wir stellen fest, wie die heutige Bedeutung aus einer primitiven entstand.
> Artistische Eindrücke, intuitive Vermutungen und das subjektive Erfühlen lassen sich auf diesem Wege in Zusammenhänge umwandeln, die sich aus den unabhängigen Gesetzen der Soziologie des Denkens und der Entwicklung des Denkens ableiten. Wir [...] erhalten eine Wissenschaft über das Erkennen, die ausbaufähig und reich an Details ist."
> *„Poznajemy stylową aurę pojęć, archaiczne zdania niezroumiałe nabierają sensu, stwierdzamy, jak dziesiejsze znaczenie powstało z prymitywnego.*
> *Artystyczne impresje, intuicyjne domysły, subiektywne wyczuwanie daje się tą drogą zamienić na związki wyprowadzające się z odrębnych praw socjologii myślenia i rozwoju myślenia. [...] Otrzymujemy zdolną do rozwoju i bogatą w szczegóły naukę o poznawaniu.*" (Ebd., S. 153.)

In der Absicht, den wissenschaftlichen Status seiner Einsichten zu verteidigen, wechselt Fleck auf eine Metaebene und vermengt unterwegs epistemologische und normative Rechtfertigungen. Man könnte nun zwar einwenden, dass womöglich jede erkenntnistheoretische Rechtfertigung mit normativen Interessen verquickt ist. Dennoch bliebe es notwendig, zwischen verschiedenen Weisen der Konfusion zu unterscheiden. So könnte man nach dem Vorbild Nietzsches gerade aus der Denkstiltheorie eine subjektive bzw. individualistische ‚Moral' des Erkennens folgern, deren ‚objektiver' Status sich über Machtkämpfe reguliert.[17]

---

17 Die größte Nähe zu Nietzsche findet sich allerdings in Flecks früher Schrift zur „Zur Krise der Wirklichkeit". Hier relativiert Fleck den Wahrheitsbegriff: „Es gibt keinen grundsätzlichen Unterschied zwischen ‚Schein und Wahrheit', sondern nur einen Entwicklungsunterschied" (ET, S. 56) und rückt damit in die Nähe von Nietzsches Erkenntniskritik. Unverkennbar färbt Flecks optimistische Zukunftsverheißung einer neuen Wissenschaft ein nietzscheanischer Tonfall: „Wir haben gegenwärtig das Glück, das Schauspiel der Geburt, der Erschaffung eines neuen Gedankenstils zu erleben. Man lasse dem Schaffenden, den Fachleuten, freie Bahn! ... Man wird anders

zum Leben erziehen, Leben und Kunst anders gestalten. Man wird eine neue, zeitgemäße Wirklichkeit schaffen. Wozu plumpe Metaphysik, wenn die Physik von morgen jede Phantasie überflügeln wird?"

„[...] *Wahrheit.* Sie ist nicht ‚relativ' oder gar ‚subjektiv' im populären Sinne des Wortes, sie ist fast immer, innerhalb eines Denkstils, vollständig determiniert. Man kann nie sagen, derselbe Gedanke sei für A wahr und für B falsch. Gehören A und B demselben Denkkollektive an, dann ist der Gedanke für beide entweder wahr oder falsch. Gehören sie aber verschiedenen Denkkollektiven an, so ist es eben *nicht derselbe Gedanke,* da er für einen von ihnen unklar sein muß oder von ihm anders verstanden wird. Auch ist Wahrheit nicht Konvention, *sondern im historischen Längsschnitt: denkgeschichtliches Ereignis, in momentanem Zusammenhange: stilgemäßer Denkzwang*" (EET, S. 131). Es ist nun allerdings überhaupt nicht einzusehen, weshalb diese strukturalistische Grundeinsicht Flecks nicht auch für seine Ur- oder Präideen gelten sollte, deren Überzeitlichkeit und die mit ihrer Hilfe konstruierten Denklinien ebenfalls kontextualistisch aufzulösen wären.

Denn Unterschied zwischen Wissenschaft und Kunst ist auch bei Fleck nur ein quantitativer: „Der Künstler übersetzt seine Erfahrung in ein gewisses konventionelles Material durch konventionelle Methoden. Seine individuelle Freiheit ist tatsächlich limitiert. Überschreitet er diese Grenzen, hört das Kunstwerk auf zu existieren. Der Wissenschaftler übersetzt auch seine Erfahrung, doch seine Methoden und Materialien sind enger der spezifischen wissenschaftlichen Tradition verhaftet. Die Zeichen (Begriffe, Worte, Sätze) und die Arten des Zeichengebrauchs sind strenger definiert und mehr der Gegenstand des kollektiven Einflusses. Sie sind mehr von sozialem und traditionellen Charakter als diese die vom Künstler verwendet werden" (FB, S. 271 f.). Warum verteidigt Fleck dann noch hartnäckig die Grenzlinie zwischen Wissenschaft und Kunst, zwischen wissenschaftlichen und nicht-wissenschaftlichen Aussagen?

„Gegen den Positivismus" wandte bereits auch Nietzsche ein, dass er „bei dem Phänomen stehen bleibt ‚es giebt nur Thatsachen'", und konterte: „nein, gerade Thatsachen giebt es nicht, nur Interpretationen" (7 [60], KSA 12, S. 315). Die Wissenschaft ist daher ebenso wie z.B. die Kunst zunächst eine Welt*deutung* (vgl. JGB Nr. 14 u. Nr. 22, KSA S. 28 u. 37.) und hat als solche ihr Recht. Die wissenschaftliche Weltinterpretation tendiere jedoch dazu, ihren Interpretationsstatus zu verkennen und sich absolut zu setzen. Hingegen solle man nach Nietzsche gerade darauf aus sein, das „Dasein [...] vor Allem nicht seines vieldeutigen Charakters entkleiden zu wollen" (FW Nr. 373, KSA 3, S. 625), deshalb, – und nun folgt die Stelle, deren Echo man bei Fleck noch vernimmt – müssen wir: „*Physiker* sein, um in jenem Sinne *Schöpfer* sein zu können [...] Und darum: Hoch die Physik!" (FW Nr. 334, KSA 3, 563f.). Der Vergleich mit Nietzsche ist insofern erhellend, als er vorführen kann, welche theoretischen Auswege auch damals historisch möglich waren. Fleck nähert sich mit seiner Konzeption einer schöpferischen Wissenschaft der Philosophie Nietzsches an, ohne jedoch dessen erkenntnisskeptische Prämissen und relativistische Folgerungen zu teilen. Die Differenzen sind letztlich zu groß, als dass man unter dem Vorzeichen eines Philosophierens mit Möglichkeitsentwürfen Fleck in eine Linie von Nietzsche zu Mu-

Für Fleck jedoch ist charakteristisch, dass er eine nicht-subjektive Wissenschaft zu etablieren versucht. In diesem Lichte erscheint es vielleicht nicht mehr ganz so seltsam, daß Bilikiewicz Fleck zu dessen Erstaunen als „transzendentalen Idealisten“ attackierte.

(5) Der letzte Schritt: Das Ideal einer mathematikgleichen Fundamentalwissenschaft

Als letzte Etappe in der Ausformulierung seiner Epistemologie ist noch kurz der späte Essay *Krise in der Wissenschaft* zu nennen. Es war bereits die Rede davon, dass Fleck in seinen früheren Arbeiten die Wissenschaft als demokratisch klassifiziert hatte.

Die demokratische Verfassung der heutigen Wissenschaft sah Fleck jedenfalls erstaunlicherweise darin, dass das Wahrheitskriterium bei der Allgemeinheit liege, bei der Masse, womit eine allgemeine Überprüfbarkeit der wissenschaftlichen Forschung einhergehe (ET, S. 117). Diese Charakteristik war insofern eine Folge von Flecks (zweck-)optimistischer Metawissenschaft, da diese Machtfragen weitgehend ausblendete und zu bloßen Verständigungsfragen zwischen unterschiedlichen Denkkollektiven herunterkochte. Das Problem bei dieser Bestimmung ist, dass sie im Grunde mit seinem Denkstilkonzept konfligiert, denn je pluraler die Denkstile gedacht werden, desto schwieriger wird die Verständigung und desto unmöglicher die Kontrolle der immer esoterischer und unverständlicher erscheinen müssenden Wissenschaft. Auch diese Inkonsequenz Flecks sollte man vielleicht vor dem Hintergrund des aufkommenden Totalitarismus bewerten.

Im späten Aufsatz *Krise in der Wissenschaft* (1960) korrigiert nun Fleck gleich zu Beginn seine Ansicht, dass die Naturwissenschaften demokratisch seien, mit dem Eingangsverweis auf die Einflussnahme seitens von Politik und Geldgebern, die zu Opportunismus in der Forschung führe. Seine Ursachendiagnose wie auch sein Therapievorschlag sind verblüffend einfach: Die von ihm

---

sil stellen könnte. Nietzsche bringt die unterschiedlichen, doch allesamt ästhetisch entworfenen Wissenssysteme antagonistisch gegeneinander in Stellung und begreift ihre Relationen zueinander als Machtrelationen. Und dies vor dem Hintergrund einer Kulturtheorie, die darlegt, inwiefern die allgemeine Erosion der Werte zu Zeiten der Decadence auch in der Wissenschaft zum Verlust traditioneller Gewissheiten führt und wie qua Selbstreflexion, Perspektivierung und Relativierung der Glauben an Objektivität der Wissenschaften von dieser selbst unterminiert wird. Fleck ist dies weitgehend fremd.

früher bereits konstatierte Kluft zwischen den geweihten Idealen der Objektivität und Wahrheit einerseits und der konkreten Forschungspraxis andererseits sei als Ursache der Misere zu erkennen, so als ob mit einer Entzauberung dieser Ideale zu bloß temporären Richtlinien zugleich sich wieder die Forschungsfreiheit einstellen würde. Dies erhofft sich jedoch Fleck als Effekt gerade von seiner Theorie und er fordert daher, die „Soziologie des Denkens sollte als grundlegende Wissenschaft entwickelt werden, wertgleich mit der Mathematik" (179). Dieser späte Aufsatz lässt vieles von dem vermissen, was Fleck in seinen früheren Texten auf beeindruckende Weise gelang: Flecks Überlegungen bleiben hier so allgemein und resümieren lediglich frühere Einsichten, dass man nicht allein aus dem Umstand, dass viele Fachzeitschriften diesen Text abgelehnt haben, auf einen generellen Widerstand gegen das Denken Flecks in den 60iger Jahren folgern kann.

Überhaupt ist Flecks Kultur- wie Gesellschaftsverständnis oft sehr vage, konkrete politische Konstellationen, Ideologien und persönliche außerwissenschaftliche Interessen werden in den Analysen weitgehend ausgespart. Differenzen zwischen Denkstilen werden konstatiert, die Kämpfe zwischen ihnen aber ohne Rückgriff auf materielle und gesellschaftliche Interessen und Machtfragen analysiert. Sein Traum von einer „demokratischen" Wissenschaft unterscheidet sich daher sehr von einer Wissenschaftskonzeption, wie sie etwa Michel Foucault vertrat, der die Diskurse von Denkkollektiven stets als Dispositive der Macht analysierte.

V. Ausblick

Kann man Fleck aus der von ihm selbst gestellten Relativismus-Objektivismus-Falle befreien? Oder müssen wir uns gänzlich von Fleck als *spiritus rector* buntrelativistischer Wissenschaftskonzeptionen der Postmoderne verabschieden und ihn gar den Fängen orthodoxer Wissenschaftstheorie überlassen?

Keineswegs. Ich habe ja bereits erwähnt, dass man zuweilen Flecks Wechsel auf eine Metaebene als normative Entscheidung verstehen kann, und was normativ geboten scheint, muss epistemologisch keineswegs zwangsläufige Konsequenz sein. Außerdem könnte man hervorheben, dass die Inkommensurabilität von Denkstilen bei Fleck nicht auf den unterschiedlichen Weisen zu *denken* beruht, sondern auf den unterschiedlichen Denk-*Stilen*. Man kann eine dichte Beschreibung von fremden Denkstilen unternehmen, ohne diese übersetzen zu müssen. Dieser Aspekt könnte gegen moderne kontextualistische Wissenstheorien ausgespielt werden.

Bei epistemischen Kontexualisten wie Michael Williams, Wilfried Sellars oder Bob Brandom[18] geht es stets um das Etablieren eines *Raums des Gebens und Nehmens von Gründen,* der jeweils den kontextuellen Rahmen für Wissensansprüche abgibt. Bei dieser Konzeption liegt es auf der Hand, dass man auf basale Rationalitätsbedingungen des Verstehens rekurrieren muss, denn ausschlaggebend bleiben argumentative Begründungsverfahren. Auch bei Flecknachfolgern, die von *styles of reasoning* sprechen[19], ist die Ausrichtung auf rationale Verfahren unverkennbar.

Bei Fleck indes liegt der Fall anders, denn er müsste gemäß seiner epistemologischen Prämissen sich nicht auf dieses Begründungsspiel einlassen und, wie gesehen, ist sein Wechsel auf eine Metaebene gerade nicht epistemologisch erzwungen, sondern konfligiert im Gegenteil mit zentralen Grundannahmen seiner Wissenschaftstheorie. Sein Begriff des Denkstils, der zwar suggeriert, es gehe primär ums Denken, ist eher in Hinsicht auf das zweite Glied, also den Stil zu akzentuieren, und dieser ist keineswegs nur eine äußerliche Zutat, sondern eine formierende Größe. Man darf nicht übersehen, dass Flecks Stilbegriff weder nur logisch aber auch nicht primär sozial (Porus, Harwood),[20] sondern auch ästhetisch konzipiert ist und sich einer Überführung kunstgeschichtlicher Stilkategorien (wie sie bei Wölfflin oder Riegl entwickelt worden waren) in die Wissenschaftsgeschichte verdankt. Nicht-propositional fassbare Komponenten wie Fühlen, Stimmung und Gestaltwahrnehmung haben bei Fleck einen weit größeren Anteil, doch sollen sie nicht, wie bei Bilikiewicz, der sich explizit auf den Stilbegriff Wölfflins beruft, dazu dienen, pauschale Ähnlichkeiten zu konstatieren. Während Bilikiewicz simultane Gemeinsamkeiten von Wissenschaft und Politik herausstellt, betrachtet Fleck einzelne Denkstile in ihrer Entwicklung und ihrer Differenz zueinander. Die „Intuition" wird im Unterschied zu Bilikiewicz also zum distinkten Erfassen einzelner Denkstile eingesetzt und nicht für das Kon-

---

18 Z.B.: *Sellars, Wilfried,* Empiricism and the Philosophy of Mind, Cambridge (Mass.) 1997; *Brandom, Robert,* Making It Explicit. London/Cambridge (Mass.) 1994; *DeRose, Kenneth,* „Contextualism and Knowledge Attributions", in: Philosophy and Phenomenological Research, 52 (1992), S. 913-929; *Williams, Michael,* Unnatural Doubts: Epistemological Realism and the Basis of Scepticism, Oxford 1991.

19 *Hacking, Ian,* „‚Style' for Historians and Philosophers", in: Studies in History and Philosophy of Science 23 (1992), S. 1-20.

20 *Porus, Vladimir,* „Ludwik Fleck's epistemological conception and contemporary discussion on the nature and dynamics of scientific knowledge", in: Kwartalnik Historii Nauki i Technik, 28 (1983), 3-4, S. 545-560; *Harwood, Jonathan,* „Ludwik Fleck and the Sociology of Knowledge", in: Social Studies of Science 16 (1986), S. 173-187.

struieren von Analogien zwischen Kultur und Wissenschaft. Durch den starken Anteil von ästhetischen Elementen werden die jeweiligen Denkstile tatsächlich untereinander inkommensurabel und die Verstehensmöglichkeiten entweder stark eingeschränkt oder gar dispensiert. Dies fällt nicht wenigen Interpreten schwer nachzuvollziehen.

Jonathan Harwood stößt sich z.B. bezeichnenderweise an dem Begriff des Stilzwangs und behauptet, er könne nur so gemeint sein, dass ein soziales Kollektiv mit Hilfe eines Stildiktats Zwang ausübt, der Stil selber könne nicht zwingen.[21] Fleck ist anderer Auffassung: „Auch Gemälde kennen einen Zwang eigenen Stils [...] jedes Produkt geistiger Schöpfung enthält [...] Beziehungen, ‚die gar nicht anders sein können‘ und den zwangsweisen passiven Koppelungen in den wissenschaftlichen Sätzen entsprechen. Man kann diese Beziehungen sozusagen objektivieren und als Ausdruck der ‚Schönheit‘ oder der ‚Wahrheit‘ ansprechen.“ (EET, S. 132)

Es sind solche nicht-rationalen Faktoren und ästhetischen Elemente bei der Formierung von Wissen, die Flecks Konzeption sichtbar zu machen in der Lage ist, und die die meisten gegenwärtigen kontextualistischen Wissenstheorien aber gerade nicht einfangen können. Im Lichte von Flecks Einsichten werden vielmehr diese kontextualistischen Theorien des Wissens in ihrer Begrenztheit transparent.

Wenn wir jedoch mit Fleck gegen Fleck und über Fleck hinaus denken, gelangen wir zu einer anders ausgerichteten kontextualistischen Erkenntnistheorie: Flecks historisch-soziologische Analysen fungierten hierbei, gegen die Intentionen ihres Schöpfers, als Antidotum wider den grassierenden Universalismus, Anti-Historismus und szientistischen Reduktionismus in der Wissenschaftstheorie.

---

21 *Harwood* (1986), S. 183.

Literatur

Siglen

EET = *Fleck, Ludwik,* Entstehung und Entwicklung einer wissenschaftlichen Tatsache, Frankfurt 1980.
ET = *Fleck, Ludwik,* Erfahrung und Tatsache, Frankfurt 1983.
GDF = *Fleck, Ludwik,* Genesis and Development of a Scientific Fact, Chicago 1979.
CF = *Cohen, Robert/Schnelle, Thomas (Hg.),* Cognition and Fact. Materials on Ludwik Fleck, Boston 1986.
FB = „Fleck-Bilikiewicz-Kontroverse", in: *Löwy, Ilana*, The Polish School of Philosophy of Medicine: From Tytus Chłubiński (1820-1889) to Ludwik Fleck (1896-1961), Dordrecht, Boston 1990, S. 249-275.
KSA = *Nietzsche, Friedrich,* Sämtliche Werke. Kritische Studienausgabe in 15 Bänden, hg. v. *Colli, Giorgio* und *Montinari, Mazzino*, München 1988.

Babich, Babette (2003): „From Fleck's Denkstil to Kuhn's paradigm: conceptual schemes and incommensurability", in: International Studies in the Philosophy of Science, 17/1, S. 75-92.

Babich, Babette (2003): „Paradigms and Thoughtstyles: Incommensurability and its Cold War Discontents from Kuhn's Harvard to Fleck's Unsung Lvov", in: Social Epistemology, 17, S. 97-107.

Bilikiewicz, Tadeusz (1939): „Odpowiedź na replikę Ludwika Flecka", in: Przegląd Współczesny, 8-9, S. 175-176.

Bilikiewicz, Tadeusz (1932): Die Embryologie im Zeitalter des Barock und des Rokoko, Leipzig.

Bilikiewicz, Tadeusz (1939): „Uwagi nad artykułem Ludwika Flecka ‚Nauka a środowisko'", in: Przegląd Współczesny, S. 157-167.

Bohr, Nils (1928): „Das Quantenpostulat und die neuere Entwicklung in der Atomistik", in: Die Naturwissenschaften, 16/35, S. 245-257.

Bonah, Christian (2002): „‚Experimental rage': the development of medical ethics and the genesis of scientific facts. Ludwik Fleck: an answer to the crisis of modern medicine in interwar Germany?", in: Social History of Medicine, 15/2, S. 187-207.

Borck, Cornelius (2004): „Message in a bottle from ‚the crisis of reality': on Ludwik Fleck's interventions for an open epistemology", in: Studies in History and Philosophy of Biological and Biomedical Sciences [Special Issue - Ludwik Fleck: Epistemology and Biomedical Sciences], 35C/3, S. 447-464.

Cohen, Robert/Schnelle, Thomas (Hg.) (1986): Cognition and Fact. Materials on Ludwik Fleck, Boston.

Dąmbska, Izydora (1937): „Czy intersubiektywne podobieństwo wrażeń zmysłowych jest niezbędnym założeniem nauk przyrodniczych?", in: Przegląd Filozoficzny, 40/3, S. 288-294.

Egloff, Rainer (Hg.) (2004): Tatsache – Denkstil – Kontroverse: Begegnungen mit Ludwik Fleck, Zürich.

Fischer, Franz (1936): „Rezension von Ludwik Flecks ‚Entstehung und Entwicklung einer wissenschaftlichen Tatsache'", in: Der Nervenarzt.

Fleck, Ludwik (1937): „W sprawie artykułu p. Izydory Dąmbskiej w Przeglądzie Filozoficznym, rocz. 40 zesz. III [In der Angelegenheit des Artikels von Fr. Izydora Dąmbska in Przgląd Filozoficzny, Jg. 40, Heft III]", in: Przegląd Filozoficzny, 41, S. 192-195 [Deutsch: siehe Anhang].

Fleck, Ludwik (1939): „Nauka a środowisko [Wissenschaft und Umwelt]", in: Przegląd Współczesny, 18/8-9, S. 149-156.

Fleck, Ludwik (1939): „Odpowiedź na uwagi Tadeusza Bilikiewcza [Antwort auf die Anmerkungen von Tadeusz Bilikiewicz]", in: Przegląd Współczesny, 18, S. 168-174.

Fleck, Ludwik (1979): Genesis and Development of a Scientific Fact, Chicago.

Fleck, Ludwik (1980): Entstehung und Entwicklung einer wissenschaftlichen Tatsache. Einführung in die Lehre vom Denkstil und Denkkollektiv, Frankfurt am Main.

Fleck, Ludwik (1983): Erfahrung und Tatsache. Gesammelte Aufsätze, Frankfurt am Main.

Fuchs, Thomas (1992): Die Mechanisierung des Herzens. Harvey und Descartes – Der vitale und der mechanische Aspekt des Kreislaufs, Frankfurt am Main.

Griesecke, Birgit (2005): „Was machen normale Menschen, wenn sie nicht schlafen? Ludwik Fleck, Izydora Dąmbska und die ethnografische Herausforderung der frühen Wissenschaftssoziologie", in: Tatsache – Denkstil – Kontroverse: Auseinandersetzungen mit Ludwik Fleck, hrsg. v. *Rainer Egloff*, Zürich, S. 21-28.

Hacking, Ian (1992): „‚Style' for Historians and Philosophers", in: Studies in History and Philosophy of Science, 23, S. 1-20.

Harrington, Anne (1996): Reenchanted science: Holism in German culture from Wilhelm II to Hitler. Princeton.

Harwood, Jonathan (1986): „Ludwik Fleck and the Sociology of Knowledge", in: Social Studies of Science, 16, S. 173-187.

Kroh, Oswald (1936): „Rezension von Ludwik Flecks ‚Entstehung und Entwicklung einer wissenschaftlichen Tatsache'", in: Zeitschrift für Psychologie Leipzig, S. 1-3.

Levy-Strauss, Claude (1973): Das wilde Denken, Frankfurt am Main.

Löwy, Ilana (1990): The Polish School of Philosophy of Medicine: From Tytus Chałubiński (1820-1889) to Ludwik Fleck (1896-1961), Dordrecht, Boston.

Löwy, Ilana (2000): Medical acts and medical facts: the Polish tradition of practice-grounded reflections on medicine and science, from Tytus Chałubiński to Ludwik Fleck, Krakau.

Löwy, Ilana (2004): „‚A River That Is Cutting It's Own Bed': The Sereology of Syphillis between Laboratory, Society and the Law", in: Studies in History and Philosophy of Biological and Biomedical Sciences, 35, S. 509-524.

Löwy, Ilana (2004): „Introduction: Ludwik Fleck's epistemology of medicine and biomedical sciences", in: Studies in History and Philosophy of Science Part C: Biological and Biomedical Sciences, 3, S. 437-445.

Nietzsche, Friedrich (1988): Sämtliche Werke. Kritische Studienausgabe in 15 Bänden, hrsg. v. *Giorgio Colli* und *Mazzino Montinari*, München.

Petersen, Hans-Christian (1936): „Ludwig Fleck's Lehre vom Denkstil und dem Denkkollektiv", in: Klinische Wochenschrift, 15, S. 239-242.

Płonka-Syroka, Bożena (2004): „Ludwik Fleck und die innere Emigration", in: Emigrantenschicksale, hrsg. v. *Albrecht Scholz* u. *Caris-Petra Heidel*, Frankfurt am Main, S. 347-357.

Porus, Vladimir (1983): „Ludwik Fleck's epistemological conception and contemporary discussion on the nature and dynamics of scientific knowledge", in: Kwartalnik Historii Nauki i Techniki, 28, 3-4, S. 545-560.

Riezler, Kurt (1927): „Die Krise der Wirklichkeit", in: Die Naturwissenschaften, 16, S. 705-712.

Rorty, Richard, (1993): „Ist Naturwissenschaft eine natürliche Art?", in: *ders.*, Eine Kultur ohne Zentrum. Stuttgart: Reclam.

Schrödinger, Erwin (1994,1932): „Ist die Naturwissenschaft milieubedingt?", in: Quantenmechanik und Weimarer Republik, hrsg. v. *Karl von Mayenn*, Braunschweig, Wiesbaden, S. 295-332.

Sellars, Wilfried (1997): Empiricism and the Philosophy of Mind, Cambridge (Mass.).

Stachel, Peter (2004): „‚Was ist eine Tatsache?' Ludwik Flecks Beitrag zur Wissenschaftssoziologie und Erkenntnistheorie", in: Simon Dubnow Institute Yearbook, 3, S. 351-382.

Stock, Wolfgang (1980): „Die Bedeutung Ludwik Flecks für die Theorie der Wissenschaftsgeschichte", in: Grazer Philosophische Studien, 10.

Symotiuk, Stefan (1983): „Two Sociologies of Knowledge. L. Fleck – T. Bilikiewicz", in: Kwartalnik Historii Nauki i Techniki, 3-4, S. 569-582.

Wittich, Dieter (1981): „Rezension von: Ludwik Fleck, Genesis and development of a scientific fact", in: DZfPh, S. 723-728.

Wittich, Dieter (1983): „Das Verhältnis von Wissenschaft und Kultur in der Wissenschaftstheorie von Ludwik Fleck", in: DZfPh, 31, S. 852–855.

Wittich, Dieter (1978): „Eine aufschlußreiche Quelle für das Verständnis der gesellschaftlichen Rolle des Denkens von Thomas Kuhn", in: DZfPh, 1, S. 105-113.

Zittel, Claus (2002): „Konstruktionsprobleme des Sozialkonstruktivismus", in: Wissen und soziale Konstruktion, hrsg. v. *Claus Zittel*, Berlin, S. 87-108.

ANHANG[22]

Ludwik Fleck: In der Angelegenheit des Artikels von Fr. Izydora Dąmbska in „Przegląd Filozoficzny"[23] (Jg. 40, Heft III)

Ich weiß nicht, ob die Behauptung, dass „*die normalen Menschen unter den gegebenen Wahrnehmungsbedingungen im Allgemeinen geneigt sind, dieselben Behauptungen anzuerkennen*", begründet ist. Die Erfahrung lehrt, dass nicht ausgebildete Menschen in gewissen Beobachtungssituationen unter gegebenen Bedingungen sehr verschiedene Behauptungen anerkennen. Jeder Richter weiß, wie widersprüchlich die Aussagen sogar völlig glaubwürdiger Zeugen sind und dies sogar in Bezug auf einfache Situationen, die nicht mit einem besonderen Gefühlszustand verbunden sind. Auseinander, äußerst auseinander gehen auch die Beschreibungen sich gerade abspielender Ereignisse, abhängig von Ausbildung, Alter, Gemütsart, Geschlecht, Beruf, Milieu, Epoche etc. des Beobachters. Jeder Lehrer weiß, wie widersprüchlich die von Kindern gegebenen Beschreibungen von Erscheinungen und Gegenständen sind. Die Geschichte lehrt, wie widersprüchlich in verschiedenen Epochen die Beschreibungen und Zeichnungen der Naturgegenstände waren. Die Ethnologie lehrt, wie fremd und unbegreiflich für uns Beschreibungen sind, die primitive Menschen geben. Ein Mann und eine Frau, ein Maler und ein Nicht-Maler haben meistens eine andere Beziehung zu Farben und Schattierungen, ein musikalischer Mensch spricht oft ganz andere Behauptungen über einen Ton aus als ein nicht musikalischer [Mensch].

Um im Allgemeinen zu gleichen Behauptungen zu kommen, muss man die Menschen extra schulen lassen oder sehr künstliche Laborwahrnehmungsbedingungen schaffen. Doch im ersten Fall haben wir eben eine Gemeinschaft des Denkstils und im zweiten kann weder von der Autorschaft der Behauptungen die Rede sein noch davon, dass die bei diesem Versuch beteiligten Personen die volle Verantwortung für ihre Behauptungen anerkennen: Wir setzen diese Personen auf eine von uns bestimmte Schiene; kein Wunder, dass sie sich alle in derselben Richtung bewegen. Indem wir eine Frage stellen, bestimmen wir zum

22 *Fleck, Ludwik,* W sprawie artykułu p. Izydory Dąmbskiej w Przeglądzie Filozoficznym, rocz. 40 zesz. III [in „Przegląd Filozoficzny", Jg. 40, Heft III], in: Przegląd Filozoficzny, 41 (1937), S. 192-195.

23 [Fleck bezieht sich auf den Artikel: *Izydora Dąmska*: Czy intersubiektywne podobieństwo wrażeń zmysłowych jest konieczną przesłanką nauk przyrodniczych, in: „Przegląd Filozoficzny" 40 (1937), S. 288-294, Anm. C.Z.].

großen Teil bereits eine Antwort. Es kommt zu uns nur ein Echo unserer eigenen Behauptungen, wir erkennen die Behauptungen der unter diesen Bedingungen untersuchten Personen nicht wieder.

Unabhängig davon möchte ich auf die Unbestimmbarkeit des Terminus „ein normaler Mensch" zu sprechen kommen, der völlig unbrauchbar ist, wenn wir einen wirklich großen Kreis verschiedener Menschen in Betracht ziehen: Was für die Neger aus dem Urwald normal ist, kann für die Bücherwürmer anormal sein, was für ein vierjähriges Kind normal ist, muss für einen dreißigjährigen Mann nicht normal sein und *vice versa*. Schwangere Frauen – ein angeblich ganz normaler Zustand – erkennen sehr oft unter den gegebenen Wahrnehmungsbedingungen für die Umgebung sehr sonderbare Behauptungen an. Das betrifft vor allem Geruchs- und Geschmackswahrnehmungen. „Die Gesamtheit der normalen Menschen" ist, so verstanden, eine Chimäre, eine anachronistische Schulfiktion.

Man kann also nicht behaupten, dass „*die normalen Menschen unter den gegebenen Wahrnehmungsbedingungen im allgemeinen geneigt sind, dieselben Behauptungen anzuerkennen*", sondern man muss gemäß dem modernen Wissen sagen, dass „*die Menschen unter den gegebenen Wahrnehmungsumständen geneigt sind, mehr oder weniger verschiedene Urteile anzuerkennen, wobei man eine Reihe kleinerer oder größerer Gruppen von Menschen unterscheiden kann, die ähnliche oder sogar identische Urteile fällen*". Das ist eben der Ausgangspunkt der Denkstillehre.[24]

Ich kann nicht anerkennen, dass „*die empirischen Wissenschaften ... solch eine Welt beschreiben, wie sie sich den Menschen darstellt, wenn sie wachen, richtig vorhersehen, effektiv handeln und zusammenarbeiten*". Eine von traditionellen, heute bereits veralteten Vorurteilen freie Beobachtung lehrt, dass die Tatmenschen sich die Welt ganz anders vorstellen, als sie in wissenschaftlicher Sicht erscheint. Flieger, Matrosen, Leistungssportler, Spieler, politische Aktivisten, Leiter großer Unternehmen und Führer großer Nationen sind fast immer abergläubische Menschen, die z.B. Maskottchen[25] haben und Aberglauben solcher Art anerkennen, wie z.B.: schwarze Tage, aufgetragene Missionen und irrationalen, mystischen Glauben. Ich bezweifle, ob sie ohne dies, so auf die kühle Art, effektiv und intensiv handeln und insbesondere zusammenarbeiten und führen könnten. Der praktische Mensch erkennt gleichzeitig mehrere in

---

24 (1) Jeder Mensch meint, dass die Mitglieder seiner Denkgruppe einzig „normale" Menschen sind und dass die anderen mehr oder weniger „nicht-normal" sind. Jeder meint auch, dass seine Gruppe die maßgebliche „Gesamtheit" ist, und dass die anderen nicht zählen.

25 (2) [Umberto] Nobile tapezierte in seinem Luftschiff „Italia" die ganze Wand mit Maskottchen. [Es ist dennoch abgestürzt, Anm. C.Z.].

ihren Konsequenzen widersprüchliche Theorien an, bloß weil sie für ihn in bestimmten Bereichen nützlich sind. Der systematische Aufbau der wissenschaftlichen Theorien und ihre Ansprüche auf die konsequente Gültigkeit für überall und immer, stehen im Gegensatz zu der Gelegenheits- und Nützlichkeitsnatur der Ansichten von Tatmenschen. Diese schätzen oft die Experten, doch sie akzeptieren nicht und missachten den grundlegenden Glauben der Menschen der Wissenschaft, dass man von einer Denkposition aus die ganze Welt erfassen könne.

Ihnen stellt sich also die Welt ganz anders dar, als dies aus den Beschreibungen der empirischen Wissenschaften hervorgeht: Der Bezug der Theorie zur Praxis ist sehr verwickelt; weder ist die Praxis eine ausschließliche Anwendung der Theorie (es geht dabei mehr um das Spüren als die Theoretiker dies vermuten) noch geht die Theorie ausschließlich aus der Praxis hervor, weil sie auch die Phantasien des Theoretikers, ohne die nicht einmal die einfachste Synthese auskommt, immer beinhaltet.[26]

Doch der Autorin geht es vielleicht gar nicht um die Psychologie der Menschen, wenn sie handeln, obwohl sie darüber spricht, wie sich ihnen die Welt darstellt. Es geht ihr eher um die sog. privilegierte Anwendbarkeit der Wahrnehmungssätze (und ihrer Konsequenzen) als solche, d.h. in der völligen Isoliertheit davon, wer zu ihnen gelangt und wie. Doch die Wahrnehmungssätze sind eine unzweckmäßige Fiktion; man kann nämlich keinen Satz aussprechen, der nur ausschließlich Wahrnehmungsdaten beinhalten würde; es hängt von der Position ab (die man bei den Überlegungen einnimmt), welchen Teil eines gegebenen Satzes man für einen Wahrnehmungssatz hält. Darüber hinaus: In den empirischen Wissenschaften spielen die Wahrnehmungssätze gar keine grundlegende Rolle. Je tiefer wir sie in einem bestimmten Fall analysieren desto mehr schrumpft und verflüchtigt sich der Wahrnehmungsinhalt in dieser, nach meiner Überzeugung, völlig zwecklosen Bedeutung. Detailliert habe ich darüber andernorts geschrieben, somit möchte ich mich nicht wiederholen.[27] Was und wie wir sehen, hängt vom Denkstil ab. Sehen bedeutet, ein von der Denkgemeinschaft, zu der man gehört, unter den gegebenen Bedingungen erzeugtes Bild wiederzugeben.

---

26 (3) Die Autorin schreibt: Natura nisi parendo vincitur. Das scheint mir ein Mißverständnis zu sein: Die Naturgesetze befehlen nichts; ich bezweifle, ob es heute einen ernsthaften Naturforscher gibt, der die Naturgesetze anders ernst nehmen würde als die kleinen Regeln der Naturforscher, die dazu da sind, um schnellstens einer Veränderung zu unterliegen. Sie sind alle unvollkommen, niemand „hört“ heute auf sie, sondern jeder möchte sie möglichst schnell verbessern. Darin besteht doch der Fortschritt der Wissenschaft.

27 (4) Entstehung und Entwicklung einer wissenschaftlichen Tatsache, Schwabe Verlag, Basel 1935. O obserwacji naukowej i postrzeganiu w ogóle, Przegląd Filozoficzny XXXVIII, 1935.

Die Erkenntnistheoretiker dürfen vor allem eins nicht vergessen: Der Rückbezug zur Anwendbarkeit als Prüfstein für den biologischen Wert irgendeines Erkenntnisprozesses ist nur scheinbar, weil die Feststellung der Effektivität oder Nicht-Effektivität eines Verhaltens (das aus dieser Erkenntnis resultiert) ebenfalls ein Erkenntnisakt ist. Aller Aberglaube, alle Zauberei, alles Wissen der vergangenen Jahrhunderte, wie z.B. Astrologie und die Alchemie, die ganze mittelalterliche Medizin und schließlich das für uns phantastisch bizarre Wissen der primitiven Völker – all diese Anschauungen haben ihre „Beweise", die aus erfüllten Vorhersagen und erklärten Enttäuschungen hervorgehen, nicht anders als unsere Naturwissenschaften. Sie alle scheinen ihren Anhängern anwendbar zu sein – wer würde sich sonst zu ihnen bekennen? Ein afrikanischer Urwaldbewohner „geht" überhaupt nicht „erbärmlich unter", obwohl keine Rede davon sein kann, dass er die „empirischen Thesen" in unserem Sinne konsequent berücksichtigt. Ein mittelalterlicher Hexen- und Häretikerverfolger „ging" nicht „erbärmlich unter"; sehr wirksam handelte der abergläubische Römer, obwohl er nichts ohne Wahrsagung aus tierischen Eingeweiden unternahm, die ihm sagten, was er wie zu tun hatte.[28]

„Der am meisten inspirierte Prophet, Dichter oder Mystiker findet in gewissen Lebenssituationen eine gemeinsame Sprache mit einem nüchternen Naturforscher und sie gehören zu einem Stil"[29] – doch nur in dem Fall, wenn sie in demselben Alltagsmilieu leben. In diesem Fall denken und handeln der Prophet, Dichter, Mystiker und Naturforscher nicht als Prophet, Dichter etc. sondern als die Mitglieder derselben Denkgemeinschaft: eines bestimmten Kollektivs des Alltagslebens. Wenn sie jedoch in verschiedenen Milieus leben und einer von ihnen z.B. ein kanadischer Fünfling[30] und der andere ein Kuli ist oder wenn einer ein Hindi aus der Brahmanen-Kaste und der andere ein durchschnittlicher europäischer Intellektueller ist, finden sie nicht einmal in einer so simplen Angelegenheit des Lebens, wie z.B. sich waschen oder essen, eine gemeinsame Sprache. Obwohl „*sie nicht schlafen und die Lebensbedingungen nicht ernsthaft berücksichtigen müssen*" oder vielleicht eben deswegen. Denn jede Reaktionsweise ist „*natürlich*".

28 (5) Als Marc Aurel die Wohltaten aufzählte, die ihm die Götter schenkten, vergaß er nicht, seine prophezeienden Söhne zu erwähnen, durch die ihm Heilmittel gegen Blutspeien und Kopfschwindel offenbart wurden. So verschieden von der unseren war die „Welt" der Römer, so anders sahen sie.

29 (6) Dąmbska.

30 [Das ist eine damals aktuelle Anspielung auf die berühmten kanadischen eineiigen Dionne-Fünflinge, fünf Mädchen, deren Geburt 1934 großes Aufsehen erregt hatte, Anm. C.Z.]

Man kann also nicht behaupten, dass „*die empirischen Wissenschaften solch eine Welt beschreiben, wie sie sich den Menschen darstellt, wenn sie wachen und effektiv handeln*“, sondern man müsste diese Behauptung wie folgt modifizieren: *In allen Kollektiven gibt es das gleiche Verhältnis von Anschauungen zu Taten, nämlich eine Harmonie im allgemeinen Sinne und eine Diskrepanz in der bestimmten Konfrontation.* Sowohl diese Harmonie als auch die eigenartige Diskrepanz sind soziologisch bedingt. Die Anschauungen entstehen als eine Übersetzung der Erlebnisse in ein sehr plastisches Material, das sich leicht von einem Mitglied des Kollektivs auf ein anderes übertragen lässt: in Worte. Ihr Zweck ist die Verständigung der Mitglieder eines Kollektivs. Doch wenn sie für sich selbst ein Zweck werden, d.h. wenn sie zur Arbeit einer isolierten Gesellschaftsschicht werden und anfangen, eigene Tendenzen auszubilden, (z.B. eine konsequente Ordnung), entsteht daraus eine Diskrepanz zwischen Theorie und Praxis, die aus der unterschiedlichen psychischen Struktur eines Theoretikers und eines Praktikers resultiert. *Diese Diskrepanz weist ein eigenartiges Merkmal auf. Sie zeigt sich verschieden aus verschiedenen sozialen Perspektiven: Vom Standpunkt eines Theoretikers betrachtet, verschwindet sie völlig oder scheint zum Verschwinden zu tendieren, von der Seite eines Praktikers wird sie aber als eine grundsätzliche Unzulänglichkeit der Theorie gesehen und dies führt zur Missachtung (seitens) der Tatmenschen gegenüber den Schamanen, Intellektuellen und Philosophen.*

Man kann keine Ansichten unabhängig von der Gesamtkultur der gegebenen Gesellschaft in einer bestimmten Epoche untersuchen. Der Ausgangspunkt muss eine Gemeinschaft der zusammenlebenden Menschen sein, und solch eine Methode führt vor allem zu einer Soziologie des Denkens, die, weil sie eine vergleichende Wissenschaft sein kann, die allgemeinsten Auffassungen umfasst. In der Epoche, der wir uns nähern, der Epoche der Synthese und des Verschwindens von Partikularismen wird sie unvermeidlich sein. Die Spezialisierung und die Differenzierung innerhalb der Gesellschaft wachsen und werden weiter wachsen. Von einer dauerhaften (bleibenden) Wirkung der brutalen Versuche den Menschen gleichzuschalten, kann keine Rede sein. Die Verständigung ist nur auf der Grundlage der Vergleichsmethode möglich: Nur so schafft man das gemeinsame Denkkollektiv, frei durch Kritizismus und allgemein durch Toleranz.

Darin besteht der Inhalt und Wert der Denkstillehre und von diesem Standpunkt müsste man sie, wie ich glaube, untersuchen. Das sind weder Sophismen noch relativierte Wahrheiten. Ich behaupte nicht, dass das alchemistische Gold das echte Gold in unserem Sinne war. Ich behaupte, dass die Alchemisten Gold und überhaupt die materiellen Elemente, anders begriffen haben als wir. Sie suchten nicht unser Gold; unsere Elemente wurden erst später eine nützliche Konzeption. Ich behaupte nicht, dass eine Negertrommel ein besseres, sondern ein genauso gutes Kommunikationsmittel auf Entfernung ist wie der drahtlose

Telegraph; ich behaupte jedoch, dass das, was ein Neger von dem ihn elektrisierenden Rhythmus der Trommel unmittelbar erfährt, nicht von einer radiotelegraphischen Depesche ersetzt werden kann.

Wenn ich über die Zweckmäßigkeit und Notwendigkeit der Stiltheorien spreche, möchte ich darauf hinweisen, dass man nur durch die Soziologie des Denkens und die vergleichende Stillehre einige Fragen untersuchen kann, wie: historische Denkentwicklung im Allgemeinen und der Wandel in den empirischen Wissenschaften insbesondere, z.B. die Entstehung der wissenschaftlichen Anschauungen, wissenschaftliche Zusammenarbeit, Grenzgebietswissenschaften etc. Man kann sich doch weder auf die Denkmäler der vergangenen Epochen ausschließlich mit hilflosem Lachen berufen noch auf die Entdeckungen und wissenschaftlichen Arbeiten mit genauso hilfloser Bewunderung beziehen. Darüber hinaus sind die Rolle der Ausbildung und die erkenntnistheoretische Bedeutung des Fachwissens zu untersuchen, die man heute naiv für eine Art mystischen Sakraments hält. Durch eine bestimmte Ausbildung erreicht man angeblich ein absolutes Recht, den „menschlichen Verstand“ zu vertreten, der nun von Angesicht zu Angesicht die „Logik der Natur“ sehen kann. Kann man noch lange glauben, dass eine Ansicht, die für einen auf einem gegebenen Gebiet eine gewisse Zahl von Jahren arbeitenden Menschen klar ist, eigentlich kein Kriterium für seine Ausbildung ist, sondern ein Prüfstein für irgendeine unabhängig existierende Realität?

Die Denkstiltheorie befreit von vielen veralteten Vorurteilen und enthüllt riesige Gebiete, die untersuchungswert sind. In dieser Bedeutung, d.h. für ihre befreiende und heuristische Rolle, ist sie, glaube ich, wahr.

Aus dem Polnischen von *Sylwia Werner*

AUTOREN- UND HERAUSGEBERVERZEICHNIS

Berg, Gunnar, Prof. Dr. Dr., Martin-Luther-Universität Halle-Wittenberg, Fachbereich Physik, Friedemann-Bach-Platz 6, D-06099 Halle (Saale)
Email: gunnar.berg@physik.uni-halle.de

Berger, Bettina, Arbeits- und Koordinierungsstelle Gesundheitsversorgungsforschung, Am Fallturm 1, D-28359 Bremen
Email: beberger@uni-bremen.de

Chołuj, Bożena, Prof. Dr., Professur für deutsch-polnische Literatur- und Kulturbeziehungen und Gender Studies (Collegium Polonicum), Europa-Universität Viadrina, Große Scharrnstr. 59, D-15230 Frankfurt (Oder); Universität Warschau, Institut für Germanistik und Gender Studies
Email: choluj@euv-ffo.de

Dornhof, Dorothea, PD Dr., wissenschaftliche Mitarbeiterin, Kulturwissenschaftliche Fakultät der Europa-Universität Viadrina, Große Scharrnstr. 59, D-15230 Frankfurt (Oder)
Email: dornhof@euv-frankfurt-o.de

Doroszewski, Jan, Prof. Dr., ul. Sewerynow 6 m. 18, PL-00-331 Warszawa
Email: jan.doroszewski@quicksilver.pl

Egloff, Rainer, Collegium Helveticum, in gemeinsamer Trägerschaft von Universität Zürich und ETH Zürich, Schmelzbergstr. 25, CH-8092 Zürich
Email: rainer.egloff@collegium.ethz.ch

Górny, Justyna, Mag., Doktorandin am Institut für Germanistik der Universität Warschau. Tiriotstr. 7, D-13127 Berlin
Email: justynagorny@poczta.onet.pl

Graf, Erich Otto, Dr., Fleck-Archiv Basel, Institutionsberatung, St. Johanns-Parkweg 1, CH-4056 Basel
Email: eograf@institutionsberatung.ch

Grzybowski, Andrzej, Dr., Abteilung für Medizingeschichte, K. Marcinkowskie-University Medical School, Collegium Stomatologicum, ul. Bukowska 70, PL-60-189 Poznań
Email: grzyb@am.poznan.pl

Heering, Peter, Dr. habil., Carl-von-Ossietzky-Universität Oldenburg, Institut für Physik, D-26111 Oldenburg
Email: peter.heering@uni-oldenburg.de

Joerden, Jan C., Prof. Dr., Europa-Universität Viadrina Frankfurt (Oder), Interdisziplinäres Zentrum für Ethik, Große Scharrnstr. 59, D-15230 Frankfurt (Oder)
Email: joerden@euv-frankfurt-o.de

Leszczyńska, Katarzyna, Mag., Germanistin, Freischaffende Übersetzerin. Aemtlerstr. 39, CH-8003 Zürich
Email: kasia@leszczynska.ch

Möller, Torger, M.A., Berlin-Brandenburgische Akademie der Wissenschaften, Jägerstr. 22/23, D-10117 Berlin
Email: moeller@bbaw.de

Mutter, Karl, lic. phil., Kinder- und Jugendpsychologe, Heilpädagogischer Dienst für den Vorschul- und Schulbereich, Basel-Stadt
Email: kmutter@bluewin.ch

Neumann, Josef N., Prof. Dr., Martin-Luther-Universität Halle-Wittenberg, Institut für Geschichte und Ethik der Medizin, Magdeburger Straße 8, D-06097 Halle (Saale)
Email: josef.neumann@medizin.uni-halle.de

Roczeń, Robert, MD, Ph.D., University of Adam Mickiewicz, Poznań, Institute of Philosophy; correspondence address: Peonii 20/20, PL-04-794 Warszawa
Email: robert.roczen@sanofi-aventis.com

Sak, Jarosław, Dr., Abteilung für Ethik am Lehrstuhl der Geisteswissenschaften, Feliks Skubiszewski-Akademie für Medizin in Lublin, ul. Szkolna 18, PL-20-124 Lublin
Email: jareksak@tlen.pl

Sauerland, Karol, Prof. Dr., Germanist, Philosoph, ul. Bohaterow Warszawy 11 m. 21, PL-02-495 Warszawa
Email: sauerland@uw.edu.pl

Schaper-Rinkel, Petra, Dr., Freie Universität Berlin, Fachbereich Politik- und Sozialwissenschaften, Otto-Suhr-Institut für Politikwissenschaft, Ihnestr. 22, D-14195 Berlin
Email: psr@zedat.fu-berlin.de

Schulz, Reinhard, Prof. Dr., Carl-von-Ossietzky-Universität Oldenburg, Institut für Philosophie, Postfach 2503, D-26111 Oldenburg
Email: reinhard.schulz@uni-oldenburg.de

Schütz, Alexander, Dr., Gerhard-Möbus-Institut an der Universität Würzburg, Röntgenring 10, D-97070 Würzburg
Email: alexander.schuetz@mail.uni-wuerzburg.de

Stahnisch, Frank, Dr., M. Sc. (Edin.), Johannes Gutenberg-Universität Mainz, Institut für Geschichte, Theorie und Ethik der Medizin, D-55131 Mainz
Email: stahnisc@uni-mainz.de

Wasserloos, Arnd, Dr., Martin-Luther-Universität Halle-Wittenberg, Institut für Geschichte und Ethik der Medizin, Magdeburger Straße 8, D-06112 Halle (Saale)
Email: arnd.wasserloos@medizin.uni-halle.de

Wegmarshaus, Gert-Rüdiger, Prof. Dr., apl. Professor für Politikwissenschaft, Kulturwissenschaftliche Fakultät, Europa-Universität Viadrina; Direktor, EuroCollege, Universität Tartu, Lossi 3-310, EE-51003 Tartu / Estland
Email: gert.rudiger.wegmarshaus@ut.ee

Zittel, Claus, Dr., Kunsthistorisches Institut in Florenz / Max-Planck-Institut, Via Giuseppe Giusti 44, I-50121 Firenze / Italien
Email: Zittel@khi.fi.it

Studien zur Ethik in Ostmitteleuropa

Herausgegeben von Jan C. Joerden

Band 1 Jan C. Joerden / Josef N. Neumann (Hrsg.): Medizinethik 1. 2000.

Band 2 Jan C. Joerden / Josef N. Neumann (Hrsg.): Medizinethik 2. 2001.

Band 3 Jan C. Joerden / Josef N. Neumann (Hrsg.): Medizinethik 3. 2002.

Band 4 Jan C. Joerden (Hrsg.): Über Tugend und Werte. Beiträge von Andrzej Szczypiorski, Bożena Chołuj und Heinrich Olschowsky. 2002.

Band 5 Michael S. Aßländer / Jan C. Joerden (Hrsg.): Markt ohne Moral? Transformationsökonomien aus ethischer Perspektive. 2002.

Band 6 Matthias Rothe / Hartmut Schröder (Hrsg.): Ritualisierte Tabuverletzung, Lachkultur und das Karnevaleske. Beiträge des Finnisch-Ungarischen Kultursemiotischen Symposiums 9. bis 11. November 2000, Berlin - Frankfurt (Oder). 2002.

Band 7 Jan C. Joerden / Josef N. Neumann (Hrsg.): Medizinethik 4. 2003.

Band 8 Jan C. Joerden / Josef N. Neumann (Hrsg.): Medizinethik 5. 2005.

Band 9 Michael S. Aßländer / Robert Kamiński (Hrsg.): Globalisierung. Risiko oder Chance für Osteuropa? 2005.

Band 10 Gangolf Hübinger / Andrzej Przyłębski (Hrsg./red.): Europäische Umwertungen / Europejskie przewartościowania. Nietzsches Wirkung in Deutschland, Polen und Frankreich / Recepcja Nietzschego w Niemczech, Polsce i Francji. 2007.

Band 11 Bożena Chołuj / Jan C. Joerden (Hrsg.): Von der wissenschaftlichen Tatsache zur Wissensproduktion. Ludwik Fleck und seine Bedeutung für die Wissenschaft und Praxis. 2007.

www.peterlang.de